SHUINI XINXING GANFA
JIDIAN SHEBEI CAOZUO SHOUCE

水泥新型干法
机电设备操作手册

● 谢克平　编著

化学工业出版社
·北京·

本书内容主要分为三篇，具体涉及水泥生产机电设备的维护、维修与技改。维护操作篇以维护和巡检人员为读者对象，汇集各种经济有效地维护、调试设备的方法；安装维修篇面向设备维修人员，内容包括各类设备的安装与拆卸要求，以及设备损坏后经济实用的维修方法；设计技改篇则是为企业技术人员服务，以节能为核心，介绍各类装备的设计与选型要求，以及减少维修、方便维护的改造方法。所有内容均按条款详细列出，直面读者需求，具有很强的实用性。

本书可供水泥生产企业的设备管理人员和机械维修、维护人员阅读使用，也可供水泥企业管理者参考。

图书在版编目（CIP）数据

水泥新型干法机电设备操作手册/谢克平编著. —北京：化学工业出版社，2016.9

ISBN 978-7-122-27647-6

Ⅰ.①水… Ⅱ.①谢… Ⅲ.①水泥-干法-机电设备-技术手册 Ⅳ.①TQ172.6-62

中国版本图书馆CIP数据核字（2016）第165195号

责任编辑：韩霄翠　仇志刚　　　　装帧设计：刘丽华

责任校对：王　静

出版发行：化学工业出版社（北京市东城区青年湖南街13号　邮政编码100011）

印　　刷：北京永鑫印刷有限责任公司

装　　订：三河市宇新装订厂

787mm×1092mm　1/16　印张25¾　字数677千字　2016年10月北京第1版第1次印刷

购书咨询：010-64518888（传真：010-64519686）　售后服务：010-64518899

网　　址：http://www.cip.com.cn

凡购买本书，如有缺损质量问题，本社销售中心负责调换。

定　　价：128.00元

前言

为实现水泥生产的精细化管理，笔者编写了《水泥新型干法中控室操作手册》，初步实现了与广大读者交流的愿望。但正如它的前言中所述，“不能只要求中控操作者做到什么，更要阐述清楚良好的操作所需要具备的条件。”也就是说，中控室正确精准的操作离不开现场设备维护人员的辛勤劳动，更离不开第一线的设备管理者的智慧与责任。然而，现代水泥生产的装备种类繁多，它们在生产系统中又相互牵制，彼此影响，需要设备管理者有非常广泛的知识面，且需要有较高的应变能力及分析能力。而查看现已出版的水泥装备技术书籍，大多涉及的是制造原理、选型、安装等高层次的专业技术，介绍一线如何减少维修量、如何能及时发现装备运行中的隐患、如何能实用快捷地排除故障，以及企业中如何实现装备的技改等实践内容的图书并不多。

因此，编写一本有关机电设备管理的操作手册，为企业设备管理者与操作者提供参考资料，是提高企业素质、实现对设备的精细管理所需要的。我虽不是这方面的行家里手，但毕竟在企业中摸爬滚打数十年，耳濡目染知道企业设备管理中需要哪些方面的参考资料；又联想到中国水泥不断发行的技术刊物中，不乏大量实践者发表的优秀论文，我可以从中收集、学习、总结他们的经验，力求向国内同行提供实用的参考。当然，这确实需要不断的揣摸、对比、分析，工作量非同小可，需要有甘当人梯、耐得住寂寞的精神，好在笔者已退休闲暇在家，做点有用的工作，也理所应当。

为读者查阅方便，本手册按维护、维修、技改三类内容分别汇集为三篇：维护篇将侧重安全操作下的设备有效维护要求及正确操作；维修篇搜集了包括各类设备的拆装及维修实用做法与经验；技改篇则介绍了各类装备的设计与选型指南，以及以节能为核心的技改实践。三篇内容将分别服务于维护巡检人员、设备维修人员、企业技术人员，并能对企业各级领导的管理提供咨询。

编辑本书得到《水泥》、《水泥技术》、《水泥工程》、《新世纪水泥导报》等杂志社的大力支持，对他们为祖国水泥事业的辛勤劳作及支持深表感谢！从这个意义上讲，本手册正是行业内有共识者共同劳动的结晶。

最后，还要感谢杨德柱、魏铸等专家百忙中对此书相关章节的认真审阅及提出的宝贵意见。也要感谢为此书校对工作付出辛勤劳动的李玉兰女士。

编著者　谢克平

2016 年 5 月

目 录

第1篇 维护操作篇

第2篇 安装维修篇

第3篇 设计技改篇

参考文献

第1篇

维护操作篇

概　述

当前大多水泥企业的设备管理仍是以抓维修为主。如冀东等大集团，在集团内部就是采取专业维修的管理办法，并向集团外部推广专业维修的经验。与此同时，拉法基等外资企业在认真执行自主性维修管理制度，也为不少同行仿效。尽管两种提法在维修主体上截然不同（前者是委托专业队伍、让别人维修，后者则是以自力为主、自己动手维修），但相同的是：设备管理仍以维修为主，如何处理维修与维护的关系，却并未涉及。

众所周知，企业的设备管理，如果不以扎实的维护作基础，必会增大维修工作量，提高维修成本、缩短维修周期。因此，处理好设备管理中维修与维护间的辩证关系（尤其是对于现代水泥企业来说，如何开展以维护为主，怎样才算以维护为主），将是企业管理的重大课题。

（1）劳动组织结构上，维修与维护应当是一班人马。

在当今大多数水泥企业中，仍沿袭着传统的水泥生产企业的人员组织结构——车间岗位制，其最大特点是：车间下设若干岗位，负责设备运行的巡检，即维护；另有一批人则专门负责设备维修，他们不论是归属于生产车间，还是单独成立车间，与生产维护一定是两批人，维修与维护有着明确界定。然而事实上，这种陈旧观念已不适于现代水泥生产企业。更重要的是，在组建维修与维护队伍时，企业往往将懂机电技术的精兵强将，组建成专职负责设备检修的队伍，他们专门分管抢修设备事故，或是完成计划检修，其综合素质要远远高于普通维护人员；同时，安排未完全掌握设备维护基本知识的人进行设备维护，这些人甚至连巡检技能都不具备，不但无法及时发现设备隐患，更谈不上迅速排除设备故障。他们实际只是负责现场清洁、加油等一些简单操作而已。又因巡检质量无从考核，他们的素质与待遇只能偏低。这种重维修、轻巡检的本末倒置的安排，颠倒了维护与维修的主次。

维护与维修的关系，就如同人体保养与治疗的关系，人们关注自身健康，如果不注重日常保养，只是患病后，才被迫治疗，不仅不可能获得高的生活质量，而且还要付出更大的生活成本。这些警钟的敲响，已使当今社会进步到重视健身及卫生。显然，设备管理应当尽快从“维修住院治疗”的陋习中走出来，提高到“维护为主健身预防”的水平上。

（2）正确处理自主维修与社会专业维修的关系。

随着社会劳动组织机构的优化，生产企业应当学会利用合理的专业大分工，比如，企业可将每年的主要大修工作，交给有一定维修实力和经验的专业维修公司完成。因为从编制计划到组织实施，这些专业维修公司都驾轻就熟。这样做不仅有利于企业精干员工队伍（无须保留一套专业门类齐全的维修队伍），而且有利于提高专业公司的技术水平，提高维修质量与速度。

但是，专业性维修决非替代设备管理的一切，它仍是建立在各水泥企业自身维护的较高水平的基础之上。因此，水泥企业自身拥有一支熟练、尽职的设备维护队伍，不仅是确保设备完好状态下运转的关键，更是减少维修工作量，并逐渐向预知性维修过渡的关键；还是专业维修企业与水泥生产企业良好合作的前提。

（3）重视设备维护工作的表现。

① 建立新的设备管理制度。让维护与维修紧密结合，实质性地开展三级巡检。该制度需要落实三大方面内容，即科学地改善劳动组织，开展有充实内容的培训及实施严谨易行的考核制度。三大内容有机结合、滚动式推行后，企业设备管理就会出现崭新局面。

② 建立设备管理的完好运转率指标。不能只停留于设备在运转就是设备管理的概念，而是要看不带病的完好运转状态能保持多久，这才能充分挖掘企业效益的巨大潜力。

③ 建立合理的、落实到人的考核奖励机制。一定要突出奖励那些能发现且排除隐患的巡检人员，而不能只重视抢修中的贡献者，只有这样，才能充分调动所有员工维护设备的积极性。

④ 强调润滑专业管理和先进的润滑理念。润滑是设备维护工作的首位，应设置专职润滑队伍，贯彻现代润滑理念。即增加润滑频率，减少每次润滑量，要求有先进的自动润滑设备、油质检验手段及合格工具。

(4) 实现高水平维护设备的三大条件。

① 购置高性价比的装备是必要前提（见文献 [5]）。

② 拥有责任心强、技术精湛的设备维护员工队伍，人不在“多”而要“精”。

③ 高水平的工艺操作，选取能耗最低的操作参数，不允许有超负荷、高能耗的运转（见文献 [2]）。

1 原物料加工与储存设备

1.1 破碎机

1.1.1 锤式破碎机

◎ 日常维护要求

（1）每班巡检内容如下：对轴承腔用油脂润滑一次，确认油脂占腔体 1/2～1/3，并保持注油洁净；检查螺栓及键等连接件无松动；检查锤头、篦板、反击板等各耐磨件磨损情况。

（2）当锤头磨损时，用弹簧调整恰当位置。磨损严重时，要及时用硬度大于 HRC55 的焊条堆焊；当锤头前边、棱边磨至宽度的 3/5 时，应将锤头翻边使用；重量减少为初重 80%时，应更换锤头，避免对转子端盘与锤架加速磨损；更换锤头时，如发现锤轴磨出凹槽，产生棱边时，应拆下重新打磨或碾平。

（3）发现有异声时，要立即停机检查锤头与篦板的间隙，查明原因并排除故障。

（4）巡检中要重视物料含泥量或含水量，大粒物料进入，或含水量过大会在卸料篦板上形成“垫层”，加快锤头磨损。

（5）破碎反击板应位于转子正前方、破碎腔水平中心线以上，它与转子工作圆间的间隙应与排料最大粒径相近，要正确调节装在上面的齿形反击板，随着磨损量加剧，及时调整该间隙，以利于提高产量；同时，调节下端齿板与转子工作面间的间隙，应为排料粒度的 1.1～1.3 倍；当破碎衬板磨损剩余不足 10mm 时，要及时更换。

◎ 电机振动大的原因

当发现电机振动值超标时，在检查电机本身、联轴器找正及相关部件的刚度正常之后，就应怀疑基础刚度是否足够。电动机滑轨的二次灌浆不能只灌到工字钢下表面，要求加高灌浆高度，达到滑轨上表面下 10mm，以不影响电动机底座滑动为界；同时，在二次灌浆表面下 25mm 处铺设钢筋网，电机功率≥900kW 时，ϕ5mm 钢筋之间间距应≤100mm，以防开裂；提高电动机底座水平度，若出厂前机加工质量不高，在安装时就要由滑轨垫铁找正。

◎ 主要故障类型

（1）轴承温度过高

① 润滑不良。可以通过清洗轴承并重新更换润滑油解决。

② 轴承磨损。发现润滑油脂会由于高温流失。

③ 轴承游隙过小。油量少无法带走因摩擦产生的热，采用垫片调整游隙达到规定要求。

④ 轴与轴承安装不同心，破碎机转子与电动机同轴度偏差较大，皮带张紧力过大，转子不平衡，飞轮轴承与电机轴承的底座不在同一平面，都会使轴承存在挠度，不但使轴承发热，而且使之产生振动。为此，可采用百分表找同轴度，用垫片数量调整轴承底座，调整皮带张紧程度，并考虑调整联轴器橡胶板等措施，便可消除高温。

⑤ 两轴承座水平有过大误差。轴承座本为龙门刨一次加工成型，但可经水准仪测量，若误差过大，说明焊接中有释放应力，另外运输不当也会产生变形。

(2) 转子不平衡

造成转子不平衡的原因可能有主轴弯曲，锤盘松动、锤头脱落或磨损不均，或配合过紧、不能自由转动等。

◎ **烘干破碎结皮防治**

电石渣烘干破碎机用于100%使用电石渣的生产线上，往往会发生局部结皮现象，如处理不及时，就会压住破碎机。这是因为，来自三级预热器的废气温度较高（550～650℃），带入含有害成分的生料，与电石渣一起吸附于管壁，再加上喷淋装置的水汽雾化不良，呈水滴状挂于管壁上，加剧结皮。对此，必须稳定下料量及废气温度，确保喷淋雾化，并配之适当的空气炮，才能消除结皮与塌料。

1.1.2 锤头

◎ **提高寿命的维护**

(1) 定期调整锤头与反击板之间的间隙，确保此间隙小于篦板篦缝宽度，不让篦板上积料，就会减少锤头在运转到篦板上方时，被此处积存物料磨蚀的可能性。

(2) 定期检查并调整篦板与锤头之间的间距，尤其是在锤头转动时，最先遇到第一块篦板的间隙，同样要小于篦板篦缝的宽度，使积料在第一块篦板处就被锤头破碎而出破碎机。

(3) 按照新锤头制作锤头样板，每三天测量一次锤头磨损情况，当端面磨损的圆弧长为总长的1/3时，应尽快翻面使用。这样，不但确保产量，降低耗电量，而且还能保证破碎粒度符合要求。

(4) 充分发挥给料辊的作用，要做到既不让物料直接掉落锤头上，又不能卡住来料。

(5) 选择优秀制造商制作的锤头，而不能只看价格。

◎ **材质选择**

锤头材质主要有三大类：高锰钢、超高锰钢、双金属液热复合材料。最近，又有金属陶瓷技术制造的锤头进入市场。

选择锤头材质时，必须考虑破碎的石灰石品质。当石灰石品质较差［$w(SiO_2)\geqslant 2\%$、抗压强度≥120MPa］，转子转速较低（30～35m/s），进料粒度较小（500～800mm），物料综合水分含量较低（≤2%）时，应选用高锰钢镶铸高铬合金铸铁、镶铸钢结硬质合金锤头或双金属液复合锤头。与此相反，当石灰石易破时，转速可以适当提高（35～40m/s），进料粒度可以放大（800～1000mm），物料水分含量上限可以放宽（≥2%），可选用高锰钢及超高锰钢表面堆焊耐磨层锤头。

1.2 均化装备

1.2.1 堆料机

◎ **应用变频器控制停车安全**（见第1篇9.6.2节“堆料机应用”款）

1.2.2 取料机

◎ **提高斗轮取料机能力**

生料磨产量提高后，如果取料机供料不足，可从以下几个方面提高其能力。

(1) 增加取料机单次前进距离，即提高斗轮的吃料深度。该距离可由操作人员通过输入程序决定，通过安装在四台行走减速机之一的脉冲测速器反馈控制。但有时会因抱闸线圈线路断路而无刹车，使取料机前进距离不足，在接好线圈线路后，要调整闸瓦松紧。

（2）因堆料量不足影响取料量。应让堆料机设备完好率及石灰石供给量达到额定值。

（3）外送料皮带的带速太低，或出料后被撒出或过载。应提高电机功率及减速机速比。

（4）调整斗轮与轨道高度。轨道过高会造成底层剩料太多，等于降低料堆容量，还给轨道行走增加阻力；过低则由于悬臂摆动，易让斗轮挖到轨道。此高度应以50mm左右为宜，可经实践摸索确定，且要随钢轨水平度及悬臂钢丝绳伸缩的变化，定期对此高度进行复核调整。

（5）耙子倾角要适宜。倾角过大，耙子很晚才能接触到料堆，前期料斗充料不足，后期如产生塌料更易让机械受伤；倾角过小，耙子插入料堆太深，会加大耙子摆动阻力，加快耙子磨损。将耙钉插入料堆一半深度较为合适，此时倾角约为50°。

◎ 桥式刮板机提产

对于桥式刮板取料机，当发现耙架不能将煤从堆顶滑落到底部，且耙架有向后滑移的现象时，就会极大降低取料能力。调整耙架角度，使之大于物料休止角，若物料含水量增大，耙架角度可调高些。同时，将耙架向底部延伸，让下部物料不成为死角，减小刮板运行阻力。

◎ 黏湿物料的取料要求

在我国南方，常会遇到黏湿物料，因此设计与制作取料机时，必须重视以下环节。

（1）驱动料耙框架的液压装置的压力要足够大，不能因取料阻力大，使耙齿受阻。

（2）框架刚度要足够大，让一定的垂直力作用在刮料面上。

（3）要保证刮板及与链条连接板的厚度，刮板和连接板不能受力变形。

（4）耙齿应适当加密、加长，耙齿间应增加横向圆钢，刮板侧面及刮料面下端应增加耙齿。

（5）当物料休止角较大时，堆料点可适当提高，以增加堆料储存量。

◎ 延长刮板寿命

刮板取料机的刮板是用钢板制作的，底板通过M12mm螺栓和树脂制作的不粘板连接，但在使用过程中，因物料挤进夹板连接位，使不粘板产生变形，容易从固定螺栓处撕裂。其关键原因在于，底板和不粘板间紧固力不足，只要将连接螺栓在板的上、下沿最大限度对称紧固，物料就无法挤入，其寿命自然延长，即使下沿磨坏，还可将上沿颠倒过来使用。

◎ 取料机到位不返回防治（见第2篇11.1.2节“料耙不返回防治”款）

1.2.3 均化库

很多均化库是带病运行，表面看虽未中断熟料生产，但因窑喂料成分无法实现均质稳定，使窑的产量、质量与热耗受到严重影响。

◎ 维护生料均化效果

（1）一般生料均化库内分六个区，每两区一组轮换下料，以达到均化生料成分的效果。因此，必须合理确定换区的充气间隔时间，一般在20min左右，过短、过长都不适宜。

（2）下料的罗茨风机充气压力应足够大（在50kPa左右），且各组区压力应当均衡。当相差较大时，势必发生堵塞或漏风，应逐区查找、排除。压力过高可能使均化库内透气层损坏，物料漏入并积存在风道内。

（3）均化库内的料面应稳定在该库直径一倍左右的高度，不宜过高或过低，才能确保稳定料压。如为减少库壁粘挂生料，可定期大幅变动库内料面，但变动时间要快。

（4）从均化库到计量仓的管道上应设置气动截止阀、气控电磁阀、电动流量控制阀及手动截止阀等多种阀门，并定期检查它们的可靠性（见第1篇5.1.2节“两类阀门故障检查”款）。

◎ 稳定生料入窑量（见第3篇10.1.3节）

1.3 除异物装备

◎ 混入金属类型与危害

(1) 原材料中带入的金属异物。如水渣中会含有2.5%左右铁杂质；钢渣中含铁占15%，而且它包裹在颗粒内部，只有破碎后才能暴露；铁质配料用的铁矿粉中会混入铁渣。

(2) 生产设备自身磨损掉落的配件。如矿山挖掘机的断齿、潜孔钻杆等；磨机内碎裂的钢球、钢锻、衬板、隔仓板等；收尘器、提升机内的磨损配件等。

(3) 检修与巡检过程中，人为将工具、螺栓等小配件遗漏或掉落在设备、容器、料库内。

所有金属异物在系统内只能起到破坏作用，具体表现在以下几个方面。

① 降低设备运转效率。如在选粉机中不断循环，就要降低选粉效率；如沉在料库中，会堵塞帆布，使物料出库困难；若混在原料中，会加快研磨体磨损，降低磨机台时产量，增加能耗。

② 破坏设备正常运行。在料床粉磨设备中，对磨辊与磨盘有致命威胁；会加快选粉机叶片及管道磨损；在随物料转运过程中，它可能随时卡在执行器的阀门等处，堵住通道。

③ 降低产品质量。不仅影响产品细度、比表面积，当异物直接进入水泥后，更会受到用户质疑。

1.3.1 除铁器

◎ 除铁设备设置原则

在辊压机、立磨等料层粉磨系统中必须强化除铁。

(1) 对可能含铁原料（如铁质配料、炉渣、矿渣等）的配料仓，下面的皮带计量秤前滚筒应改为永磁滚筒。

(2) 在粉磨设备的进料皮带上方悬挂自卸式除铁器。但一定要反复验证其悬挂的合理高度。并将对应皮带下方的皮带托辊架改为平滚筒，不要用能形成死料区的槽形皮带。

(3) 在易掉落铁件的设备出口处，应增加除铁器，防止掉落的金属件混入下道工序。

(4) 对收集的含铁物料进行再分选。让其落在由小电动机及皮带轮带动运转的永磁滚筒上，铁除后的物料再进入下道工序。

(5) 定期清理稳料仓。当发现操作参数不变时，若料仓重量增加，表明仓内可能掺混一定量的非磁性金属物，应及时清理。

(6) 拆除经过确认没有效益的金属探测器，反而有利于除铁。

◎ 预防胶带撕裂（见第1篇4.5.2节）

1.3.2 金属探测器

◎ 正确维护要求

(1) 安装金属探测器后，要定期检查，确保皮带接头及修补处无金属、皮带内无钢丝。

(2) 不要过高追求灵敏度，但也不能将灵敏度调得过低。在实现磨机连续生产与磨机安全保护之间寻找平衡点。当发现金属需要外排时，恰当设置时间，避免磨机断料时间过长。

(3) 定期用金属块测试其可靠性，核实外排设备动作正常。

1.3.3 真空吸滤机

◎ 滤布应用选择

用电石渣配料时，因料浆水分过高，可以选用真空吸滤机。原滤布为无纺布，但拆装难度大，极易损坏滤板。清洗困难，在线酸洗会损伤设备，且残留物影响工艺，离线清洗人工成本高，滤布强度大幅降低，寿命缩短。使用后期水分过高，造成后续工艺困难。经过反复对比试用，最后选定代号为JA207的锦纶微孔高效单丝滤布。可保证滤饼含水量稳定（低于38%）；免酸洗，紧急时用高压水清洗即可；使用寿命长，从原仅40天延长到3个月以上；拆装方便，滤布尺寸也可适当加大。

1.4 料（仓）库

◎ **粉料结壁结块原因**

（1）原料中带有水分，哪怕仅0.5%，也是水泥等粉状物料结块的主因。如使用脱硫石膏，含水量更大，粉磨过程中高温脱水成无水石膏，吸水性很强，再吸入库内空气中的水分又转化为半水石膏，胶凝性能使结块更为严重。

（2）库的收尘器排风能力偏小时，粉尘在库壁聚积而结壁。如果吹入含水的压缩空气，又加剧结壁。再加之库内物料长期处于高料位，旧料未排空，新料又进入，就严重结块。

（3）库外的湿冷空气被气箱所带入，与高温料粉混合，增大结块概率。

上述原因还不包括库顶漏雨及库壁渗水等库的建造质量问题。

◎ **电石渣储库操作**

电石渣储库属于危险源，定期监测储库内乙炔浓度，防止爆炸事故发生。

严格控制入库电石渣水分小于7%，如超标，应停车处理；严禁随意在库内动火作业，必须全方位监测后方可进行；非工作人员不得无理由、无手续自行入库；库底必须保持通风良好，打开库门时要固定位置，不为风力改变；库顶各检查口必须全部关闭，保证库内压力正常，严防雨水入库；库底罗茨风机与库顶收尘器不得停运；定时对库内乙炔浓度检测，大于0.5%就应采取措施，并按浓度等级向上级报告；库顶作业应有两人以上相互保护，不要在防爆阀处逗留；严禁在库区吸烟及进行任何产生火花的作业。

1.4.1 钢板库

◎ **严寒地区应用**

为避免低温下钢板库发生倒塌事故，要从以下几个方面采取措施。

（1）因−20℃以下钢板会变脆，抗拉强度急剧下降，应该选用耐低温钢板，将原普通Q235B、Q345B材质改换为Q345D、Q345E。

（2）低温下钢板收缩量远大于库内水泥收缩量，而入库时水泥温度都会在50℃以上，钢板与水泥的巨大温差，所产生的收缩应力远高于钢板的拉伸强度。为此，应考虑在库外壁增设一层保温层，减小钢板与水泥的温差；在内壁设置压力传感器，当钢板受力较大时，可以通过倒库，减小其产生的应力。

（3）为克服钢板与混凝土基础因热胀系数不同及钢板内外温差所产生的巨大应力，库立筋由原H型钢和槽钢换成螺旋焊管，增加支撑力，并将库内壁和螺旋焊管用连接板抱住焊接；与混凝土直接接触的法兰，每隔6～8m（取决于钢板长度）设置一个宽10mm的伸缩缝；在对应伸缩缝处的底层板底部做倒U形开口，开口顶部宜圆弧光滑，用机械切削，底端用气割割开，开口宽度相当于气割的割缝，开口内焊上倒U形补强板，宽150～200mm，高400～600mm，该尺寸应根据气候温差确定。

1.4.2 煤粉仓

◎ **防止煤粉仓着火的措施**

（1）不要冷态开磨，最初无热风可用时，应取用水分小于1.5%的干煤入仓粉磨。

（2）若使用烟煤等挥发分高的煤质，停窑时应清空仓，不让煤粉在仓内储存时间长于24h。

（3）运行中要关注煤粉仓的表面温度，当高于正常温度时，就应怀疑有局部煤粉不能流动。对这种煤粉应进行振动敲打、清出，令其尽快随其他煤粉入窑使用。

1.5 出库装备

1.5.1 刚性叶轮给料机

◎ 维护操作要求

（1）当叶轮给料机两端出轴处有物料漏出时，要及时调整端盖密封压圈或者更换密封毡圈。要及时调整或更换叶轮，以保持叶轮机壳的合适间隙。

（2）长时间停机时，要将上部螺旋闸板关闭，并排空叶轮内物料，以免物料在叶轮内结块卡死，重新启动时烧毁电动机。

（3）操作中要适当控制上部仓位，使之不能过低，不要为冲料创造条件。

1.5.2 仓壁振动器

◎ 粉煤灰库下料通畅措施

粉煤灰库经常发生干料窜料与湿料堵塞现象。为此，在库顶增加旋风筒，再进收尘器，可减少粉尘排放量；在库底增加减压锥，下增设双分格轮稳流器，可以避免窜料；安装空气炮，或仓壁振动器可以防止结拱堵塞。

1.5.3 筒仓卸料器

◎ 筒仓卸料器的维护

对易堵塞的物料，宜选用强制卸料的装备，且运行中需要做好如下维护工作。

（1）要适宜调节卸料量，除订货时要恰当选型外，使用中可通过变频器调节转速，以控制卸料量；但若输出频率过低，变频器的固有特性无法满足低频转矩输出，而不能转动，此时应利用停机清库，调节减压锥下方的调节环与卸料底盘间的高度，一般出厂时此高度为最大流量，当卸料量要变小时，可将此高度变低，直至50Hz以下能满足最大卸料量即可。

（2）卸料斗下方非标设备处不应有溢料。对于非粉状物料，不建议在此处实行密封连接，以便观察卸料情况，避免卸料量大于皮带秤输送能力时有溢料发生。

（3）定期向润滑泵注入润滑油脂，查看传动装置中齿轮副和带油轮的润滑状态。

（4）注意观察显示在中控屏幕上的变频器电流，如发现电流瞬时增大，说明库内存有异物或大颗粒，要及时排除；定期清除卸料底盘的板结料，减少阻力与磨损。

（5）避免停机后，让物料在仓内长时间静止存放。

1.6 包装机

◎ 调试要求

调试包装机要注意以下几个环节。

（1）在满足相关规范的前提下，包装袋的尺寸不能过小，且袋上部排气孔要足够多，不要因包装袋的有效容积及包装袋的透气性影响产量。

（2）包装中所用压缩空气一般为3.5～4bar（1bar=10^5Pa），过大则气压会使袋内充气过多，反而影响水泥灌入量，且扬尘量大，易发生喷料，加快磨损软接头、压袋头等气动元件；逐个调整包装嘴灌料叶轮的用气量，只要不堵嘴即可。

(3) 应反复测试、调整三位气缸的极限位置。在粗细流转换值最终确定47.5～48.5kg间后，再对三位气缸依据灌包所需时间微调，保证每一灌装嘴到粗细流转换值的时间<7s，细流灌装有3～5s时间后推包。这一流程应在12s内完成。

◎ **维护要点**

8RS (FE) 型回转包装机的维护要点如下。

(1) 每周润滑一次振动筛轴承。

(2) 包装机传动为无级变速器，除检查三角传动带和减速箱润滑外，应关注变速轮的压紧力，它会影响转速，防止变速轮及传动带磨损打滑或失速；要有备件更换。

(3) 底部轴承关系到包装机回转的灵活度，应一人能推动空机，每半年检查润滑与密封。

(4) 给料叶轮不应有磨损与变形或根部开裂，当出灰量小时，要检查此处。

(5) 对称重装置的称量传感器、称量托架、倾翻架、灌装嘴、簧片机构等部件必须按说明书的规定进行周检，发现问题应及时处理或更换；秤架应避免冲击力，不能踩踏，不能影响其转动灵活，包托的调整高度要与包装袋相适应，秤架上不能有物料堆积，否则会增大袋重误差；每班工作结束后，必须及时清理灰尘，确保部件无卡、碰、刮等情况，称重架各部位螺栓应无松动，簧片无断裂。

(6) 喷嘴处出料阀板夹紧螺栓的松紧度应适宜，过紧将使阀板动作不灵活，过松会使阀板间隙过大，影响密封而漏料。阀板开度要适于粗、细料流，一般粗流全开、细流开度为1/4～1/3，包装机回转一周时间控制在10～15s。

(7) 电气控制箱应密封，保持电气柜内高度清洁，各接线端子接触良好。

(8) 叶轮箱气动助流和气动控制部分所用压缩空气，不能含水分和油质，压力要满足0.5～0.6MPa。

◎ **振动筛维护与调节**

与八嘴包装机配套的DZS-120A水泥振动筛，使用中需要加强维护以下几个方面。

为防出渣口堵塞，应防止包装袋中混有纸片，并对中间仓的收尘风量进行适当控制；定期打开振动筛两边侧板，清理筛网上、支承弹簧下的杂物；检查引起堵塞的物质与原因。

为了减少筛网破损概率，加大筛网金属丝直径，从ϕ1.25mm提高到ϕ2.24mm，以增强筛网强度，虽然筛分面积开孔率减小，但是不会影响筛分能力；同时为了减小进入包装机的物料粒径，延长物料在筛面上停留时间，应根据具体情况，对筛子的振动频率、振幅、筛孔尺寸、筛面倾角等参数进行调整。

在满足筛分能力的条件下，尽量减小两偏心块的重合弦长，以减小激振力，降低振幅，延长振动电动机及筛箱、筛框的使用寿命。

1.7 袋装水泥装车设备

◎ **装车机减速机改造** (见第3篇1.7节)

◎ **移动袋装车机收尘** (见第3篇6.1节)

2 粉磨设备

2.1 管磨机

◎ **操作管理技巧**

(1) 应稳定入磨物料粒径、易磨性、综合水分及温度（特别是熟料），如难以控制稳定，就只好跟踪这些入磨物料特性的变化，适当调整操作参数；如长期变化，就有必要采取重新分配磨机各仓有效长度、优化仓研磨体级配；重视入磨物料及系统循环物料中的除铁。

(2) 定期监测衬板磨损程度，当粗磨仓阶梯衬板带球端尺寸减薄 1/3，或细磨仓衬板表面磨平时，都应及时更换；研磨体单仓磨耗的国际水平≤10g/t，国内联合粉磨应<30g/t；钢球破损率应<0.5%，该值过高或钢球磨损后变形，都表明钢球质量欠佳；当各仓研磨体及衬板工作面缺乏光洁时，影响粉磨做功，应考虑使用助磨剂；检查磨内筛分隔仓板及出磨篦板缝，不能堵塞及损坏，确保出磨产品温度低，水泥不宜超过 115℃。

(3) 运行中合理用风“五原则”是：磨头不冒灰——保持负压；入口不溢料——料流通畅；磨机不饱磨——磨声正常；磨尾不跑粗——比表提高；温度不上升——通风顺畅。磨内风速，开流磨应控制在 0.8～1.2m/s，闭路磨 0.5～1.0m/s 内为宜，不排除特殊情况增大风速的可能。

2.1.1 传动装置

◎ **大小齿轮间隙调整**

目前，很多安装单位对管磨机大小齿轮的齿侧间隙重视不够。首先要明确，无论是标准齿轮，还是变位齿轮，都不应将齿顶间隙作为磨机大小齿轮副的安装检测标准，只能作为安装时的参考，而应当控制齿侧间隙。其次，要留够齿侧间隙，并要求小齿轮轴线与加载后的大齿圈相适应，对 JC/T 334.1—2006《水泥工业用管磨机》中所推荐的齿侧间隙，应加大 30%～40%，才有利于保证磨机正常运转。其原因：一是磨机安装在一个并不稳定、有弹性变形的钢筋混凝土基础上；二是磨机大齿圈尺寸较大，制造误差大，国内最多 8、9 级精度，而大齿圈又安装在挠性圈套的磨机筒体上，在装入研磨体及物料后，挠度更大，使大齿圈发生歪斜，两侧的侧隙值出现更大偏差，往往空载时调好的齿侧间隙，加载后靠近筒体内侧的一面齿侧间隙就会减少，甚至会吃掉已经调整好的量，使齿宽两侧的侧隙不一致。因此，若齿侧间隙调整得不够大，大小齿轮啮合侧隙势必不正常，径向和端面跳动超差，运转中必会产生振动和冲击，难以保证磨机平稳运转。因此，安装中计算出提高进料端主轴承基础高度数值，补偿因筒体挠度产生的大齿圈歪斜，是必要条件。

◎ **大小齿轮啮合调校**

磨机传动异常时，需要调整大小齿轮的啮合。但首先需分析如下因素是否会影响啮合：小齿轮基础松动状况，并检查垫铁受力，重新二次浇注混凝土；不能只追求小齿轮至电动机端传动的水平精度，还要核实磨机两端主轴承同轴度误差，提高筒体水平度（方法见第 2 篇概述部分）；排查大齿轮与轮毂连接螺栓的可能松动，用两只百分表测量大齿圈的径向和端面跳动值，并记录供调校用，如果超限，应更换大齿圈，否则要控制顶隙数值。

调整大小齿轮的啮合的程序是：小齿轮安装角按图纸要求，用框式水平仪大致调平小齿轮；对于新齿轮，侧隙与顶隙要同时控制，旧齿轮只需控制顶隙；为双齿间充分接触，需排除齿轮磨损产生的最大误差；用 0.02mm 塞尺分别塞入啮合齿两端，通过调整斜垫铁，以塞尺两端都拉不出为准；顶隙取值为 $d_x=0.25m+j_t+r_z$（m 为模数，j_t 为径向跳动值，r_z 为热膨胀量，一般生料磨取 1.5mm，水泥磨为 3mm)；再焊牢每组垫铁，重新二次浇注。

在调校联轴器时，要将两联轴器装配上 30%～50%的连接件，将两只百分表放在一个半体呈 90°夹角的两个点上，测量头放在另一半体上，其中一个测量头置于半体的端面或轴肩，获取端面跳动值，人工用辅传让两半体同步回转。在找平新零部件时，可简单用百分表座放在一个半体上回转，测量头触及另一个静止不动半体。

在调整减速器轴承的游隙和自由度后，轴承不能有异响和高温。

◎ **开式齿轮润滑磨合**（见第 1 篇 8.2 节）

2.1.2 支承装置

◎ **中空轴裂纹早期发现**

中空轴发生裂纹和断裂，将威胁磨机正常运转。为避免发生事故，应做到如下要求。

绝对不允许超负荷运行，根据实际能力调整参数。

实施定期检查制度：每年大修时，要对磨机标高，减速机中心线、水平线进行测量、记录，并及时调整；每 3 个月利用停车机会，用慢盘车装置，检查中空轴表面，尤其是 R 角处表面，检查法兰螺栓紧固程度，检查螺栓孔表面是否存在裂纹与松动。

裂纹多发生在轴肩 R 角处，并向中空轴表面或向法兰延伸。为防范此现象，除在设计上加大中空轴 R 角处厚度、制造中降低应力、出厂前重点探伤检查外，运行中要重点检查稀油站油位。若油位不稳定且持续降低，又未发现轴承箱、热交换器有外泄时，就应怀疑中空轴出现裂纹，它随磨机旋转张合，使润滑油不均匀漏入中空轴。当然，此时应先排查轴瓦座循环水套是否开裂，与主轴瓦高压油是否贯通泄漏。

◎ **磨尾瓦温偏高对策**

当磨尾滑履温度偏高而稀油站冷却不力时，除对润滑油强制冷却系统改造外（见第 3 篇 2.1 节)，操作中可采取如下手段：加强磨内通风，将磨机收尘系统风机风门开度从 35%开大到 70%，并要降低收尘系统阻力；降低入磨物料温度，特别是熟料温度，改善熟料冷却操作；及时维护滑履，避免带伤运行，建议更换锌基合金瓦，效果会更加理想；下策是适当提高温升控制磨机跳停的设定温度，从原 70℃逐步摸索到 78℃。

◎ **润滑油控制滑履瓦温**（见第 1 篇 8.2 节“控制滑履瓦温”款）

◎ **磨瓦保护电路措施**（见第 3 篇 11.1.1 节）

2.1.3 衬板与隔仓板

◎ **开流磨筛分隔仓板选用**

(1) 筛分隔仓板要与预粉磨设施配套使用，且辊压机最为理想，能发挥更好的作用。如果入磨物料粒度较大时，应适当加长破碎仓，反之缩短。

(2) 筛分隔仓装置应放在磨内头仓和二仓之间，即便三仓磨，最后二仓也只起研磨作用。

(3) 研磨体级配应适宜配套使用，使破碎能力与研磨能力相称。

(4) 筛分隔仓板的结构以及仓长度分布要根据入磨物料情况而定。入磨物料水分较大时，隔仓板应设有篦缝，提高通风效果；水分小的物料不必开缝，如果有缝应予堵塞。

(5) 筛分隔仓板要与适宜的衬板种类配套，头仓最好用沟槽阶梯衬板，后仓用分级衬板。

◎ 联合粉磨隔仓板选择

在同一水泥联合粉磨系统中，只要辊压机效能发挥正常，入磨物料粒径都小于1mm，管磨中的隔仓板若采用双层筛分隔仓板，只能使一仓流速过快，没有发挥研磨作用，反而使磨温升高，改为单层隔仓板，出料篦缝呈中心放射状分布后，就可大幅提高粉磨效能。如果调配合理，隔仓板都可能取消，效果会更好，这在国外已有案例。

◎ 更换隔仓板的征兆

(1) 发现研磨体串仓时，必有隔仓板已破损，应尽快查出更换。

(2) 当发现隔仓板有塑性流变而堵塞时，说明板的材质硬度过低，应改用高硬度抗磨材料（硬度>HRC55)，并优化篦缝形状设计为曲线形。

(3) 当入磨物料因水分过大或过小使钢球堵塞篦缝时，应选用防堵型隔仓板及出磨篦板。

(4) 发现衬板与研磨体表面有料黏附时，应提高磨尾用风量，并选用优质助磨剂。

(5) 当集中于隔仓板中心卸料与通风时，应将其出口盲板结构改为全通孔篦板，使物料在磨机截面上均匀卸出；细磨仓活化环磨损后，应及时更换新活化环。

2.1.4 钢球

◎ 研磨体对易磨性的影响

(1) 在填充率相同的条件下，研磨体材质密度越大，越能提高物料的易磨性，粉磨效果越好。如钨钴合金球密度（$13.98g/cm^3$）是轴承钢球、铸钢球（$7.85g/cm^3$）的1.8倍，是刚玉球（$3.98g/cm^3$）的3.5倍。在粉磨矿渣时，同样15min粉磨时间，比表面积分别为$250m^2/kg$、$150m^2/kg$和$100m^2/kg$。

(2) 生产中合理选择研磨体。当需要增大球径时，最好引入标准试验值，用邦德公式计算最大球径，无需进行大球试验；而对于小球及其他特种材质的球，在标准试验的基础上，还应进行该种研磨体的对比试验，求出两者易磨性W_i的差率，即实际生产电耗的变化率。此结论仅对有粗磨功能的球磨机适用，如联合粉磨中管磨只承担细磨功能时，不一定对。

2.1.5 磨内喷水装置

◎ 掌握安装位置

为了保证达到喷水效果，出磨水泥温度应在90℃以下；用水量不能过多，水压不宜过大，以防止磨尾收尘袋上结露被堵，影响排风，反而使磨温升高。喷水位置离出料篦板距离应适宜：过远时，降温后又会重新升温；过近时，水雾会喷到篦板而被糊堵。掌握此距离可按喷水压力调整，有时可借用活化环位置，支撑喷头支架。

◎ 系统调试

开始喷水温度的设置原则，首先以保证系统收尘器不结露（气流温度≥60℃）为前提，实际设定时，要根据后续管道与收尘器的保温水平而定；开始喷水的启动温度是下限温度，一般为100℃，并考虑3℃的回差，上限温度为130℃，最初设置应偏高控制，待稳定熟练后逐步下调温度；喷水量要与喷嘴孔径对应，喷孔$\phi 3mm$、$\phi 4mm$、$\phi 5mm$、$\phi 6mm$所对应的喷水量分别为$0.5\sim0.8m^3/h$，$0.8\sim1.3m^3/h$，$1.3\sim1.8m^3/h$，$1.8\sim2.4m^3/h$四个档次。制造商已经编制好自动控制系统，喷水时不喷压缩空气，但不喷水时一定要喷压缩空气，以防喷孔堵塞。出现故障或异常时，停止喷水、喷气并报警。

2.1.6 助磨剂

◎ 使用效果

(1) 助磨剂是起表面活性剂作用，对细微颗粒表面电荷起平衡作用，明显减小颗粒间的黏附和凝聚，消除磨内因高温、产品过细所造成的糊球、糊磨，避免饱磨、包球现象，加快物料流速，达到提高产量，最终实现节能的目的。

（2）提高水泥产品的流动性，减少粉磨、输送、储存等工艺过程的堵塞及结块现象。

（3）有利于水泥粒径级配趋向合理、均匀，改善产品质量。

选用助磨剂不要只追求复合性能，而应重点突出，个性化使用。某些助磨剂强调增强效果，目的是提高混合材的掺加量，降低成本。这要了解其化学作用与物理作用的科学性，特别是着眼于后期强度增加，并要符合搅拌站的要求。

2.1.7 卸料装置

◎ 除渣器操作维护

生产流程中，粉料混入杂物后，都会给下道工序运行带来困难，乃至影响产品质量。因此，在进入下道工序前，应及时清除这些杂物。

除渣器分磁选式、筛选式及气化沉淀式三类，对于粉料中混入的杂物，用气化沉淀原理的除渣效果最好，因为它不仅对于磁性物质或大粒径物料都能除去，而且对于各种密度大于粉料的异物也能清除干净。根据要求，该装备应接在斜槽或溜槽后，分斜槽式及溜槽式两种，使用中不能混入水气，不能浸湿或损坏透气布，并配专用罗茨风机，注意单向阀安装方向；开机时应先开风机，停机时应后停风机；清渣作业时，先打开两个清渣区的蝶阀，再调整翻板位置，最后关闭蝶阀，保证料流通畅，风机不超压。

2.2 立磨

◎ 磨机振动原因

立磨振动是正常运行中的主要防范内容，操作员必须随时观察安装在减速机上的横向、纵向振动传感器的检测数据。但影响振动的原因很多，可分工艺操作、设备故障两大方面。

工艺操作原因：

（1）料层厚薄不当。过薄是因喂料量小，或物料易磨性变好，都会瞬间让辊面与磨盘直接接触，引起振动。此时，应适当降低辊压，增加喷水量、喂料量；过厚是因料量过大，使磨盘上出现“犁料”现象，料层难以稳定，磨辊与磨盘面间断性接触而振。此时，同样要减小辊压，并降低喂料量。

（2）入磨物料粒度，包括平均粒径、粒径级配不当及有无离析现象，都会引起磨机振动。典型情况有：粒度大于40mm占80%以上，内在水分少，难以形成稳定料层，外循环量增大，饱磨振动；入磨物料过碎，粒度小于5mm占80%以上，料层过薄或有“犁料”而振动。此时，只能从调整喂料量及辊压着手改善。

（3）喷水量偏小，不能对稳定料层起帮助作用时，尤其物料自身含水量小于1%时，或磨内温度较高而用风量难以调整时，或断水时，都会引起振动，应迅速调整水量。

（4）辊压与上述因素不匹配。对于LM、ATOX磨，开磨时如降辊压过早，停磨时升辊压过晚，都会在料少时产生振动，因此要熟练操作，掌握降辊压与升辊压时机。

（5）饱磨会引起振动。造成饱磨的原因：喂料量过大，选粉转速过快，内循环过大，辊压低、循环负荷过大，或通风量过小，细粉过多，超过磨内气体携带能力，物料埋上磨辊。此时应适当降低选粉转速，增加辊压，增大拉风量，稳定磨机工况。

设备故障原因：喷水管道断裂；金属或异物进入磨内；辊皮或衬板松动（此时伴有规律的沉闷声响）；液压站氮气囊压力过高、过低引起预加应力不平衡；挡料环过低或过高；回粉重锤阀故障，造成漏风，既影响向上带料，又会让料堆积在锥形斗内形成塌料；磨辊掉架、撑架、上炕或下炕，引起跳停；RM磨导向槽衬板脱落，磨辊在磨盘上摆幅较大；磨辊扭力杆断裂；磨辊与液压缸连接杆断裂；仪表振动信号失误等。

要采用螺栓止动装置，防止经振动后松动［见第2篇2.2节“安装关键点控制”款（5）］。

◎ **排除立磨撞击声**（见第1篇9.2节“接线盒接线松动”款）

◎ **磨内料床自动控制**（见第1篇10.5节）

2.2.1 进料装置

◎ **轴配合松动处理**

B4DH10B型立磨喂料分格轮减速机，是靠锁紧盘将输出空心轴与分格轮轴紧固连接。因每年一次检修，使得两轴配合过盈量变小，而出现相对转动。为维持生产，采用在两轴配合面环向均布钻3个孔，分别加设ϕ12mm×50mm的防转销，与锁紧盘联合作用，重新正常实现两轴的紧固传动。

2.2.2 磨辊磨盘

◎ **需堆焊前征兆**

很多立磨总是在磨辊与磨盘严重磨损得无法运转时才堆焊，这将使得液压缸内无杆腔变小，活塞杆活动余量变小，甚至没有，磨辊根本无法对物料预加压力。因此，当发现磨机主电机电流变小，且产量也变低，电耗升高时，就应及时组织堆焊。

当磨辊与磨盘磨损严重时，如果还坚持运行，不但研磨效率下降，而且让磨辊加压的所有环节都承受风险。某立磨液压拉杆的地脚被齐齐拉断，就是例证。

◎ **磨辊轴承维护**

MLS立磨磨辊轴承的维护要求如下。

（1）遵守润滑要求。使用黏度大于$9\times10^{-5}m^2/s$的润滑油，如ISO VG 680AG型合成油；加油时，要将三个磁性螺塞处的注油孔中的两个连线成水平状，打开这两个磁性螺塞，一个加油，一个排气，油位达到油孔位置后旋紧螺塞，再用铁丝将三个磁性螺塞连起，防止螺塞脱落；每月检查一次油位，每两个月检查油的清洁度，不能含有杂质、磨粒；排油时，将任意一个注油孔调到最低位置后，打开磁性螺塞即可；定期检查磁性螺塞上是否有铁末，就可判断润滑油的清洁度。

（2）重视密封措施。分密封件及密封空气两类（图1.2.1）。密封件为耐磨衬套与磨辊轴间的O形密封圈与轴承盖1之间的两个带弹簧圈的旋转油封，两个油封间设有隔环，并通过轴承盖上的油杯注入ZL-3锂基脂润滑；密封空气由专用风机提供，风机入口设滤清器，风进入磨辊轴承密封区，阻止灰尘进入磨损密封件，防止润滑油从轴承向外泄漏，还可降温，因此，当风机负压小于5kPa时报警，小于4.5kPa时立磨跳停。

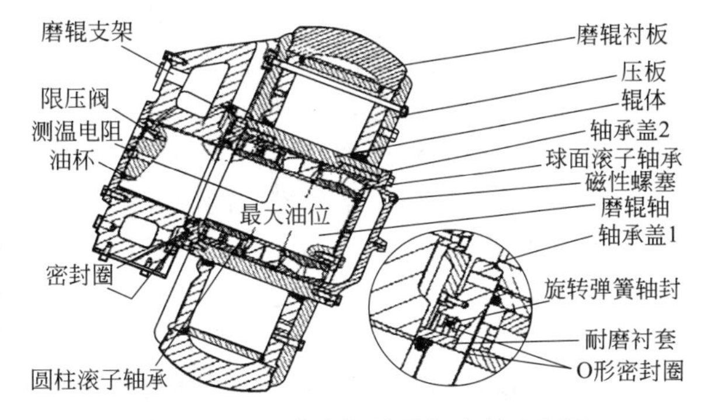

图1.2.1 立磨磨辊轴承与密封示意图

（3）对轴承温度进行监控。在轴承润滑油池有测温电阻，并有报警与跳停连锁，分别设定100℃及120℃，不可随意摘除。当此温度过高时，先检查润滑油位、油质，再检查密封，最后检查限压阀设定的放气压力（<0.007MPa）。这些都无异常，就要检查轴承本身。

（4）磨机负荷不应超载，运行振动也不应超标，磨机升温不应过快。

◎ **保护立磨磨辊轴承**（见第1篇5.9节）

◎ **立磨润滑站维护**（见第1篇8.1.1节）

◎ **立磨磨辊润滑故障**（见第1篇8.1.1节）

◎ **磨辊漏油处理**（见第1篇8.1.1节）

◎ **立磨轴承铠装热电阻改进**（见第3篇10.2.1节“铠装热电阻改进”款）

2.2.3 分离装置

◎ **主轴下轴承损坏原因**

LM立磨选粉机投产不到半年，就发现下轴承高温报警，系轴承箱内油脂硬化，轴承损坏所致。由于上、下轴承共用一个油泵，下轴承油量不足，而设置油泵的运行时间又短，且润滑油的进口设置在轴承上端面，油脂由上端盖迷宫环溢出后，下轴承就会润滑不良。将下轴承单独增加一套进油管，采用手动泵加油，就可排除此类故障。

◎ **立磨选粉润滑装置维护**（见第1篇8.1.2节）

◎ **立磨选粉轴承测温设计**（见第3篇10.2.1节）

2.2.4 传动装置

◎ **减速器功率超高原因**

在安装磨盘下环形风道内的刮料板时，要注意与下壳体间隙保持在20mm左右，如果间隙过小，就会使减速器功率升高。

◎ **HRM减速器推力瓦移位处理**（见第1篇5.6节“推力瓦移位的操作”款）

2.2.5 加压装置

◎ **蓄能器充氮操作**

当测试蓄能器氮气压力低于6MPa时，应进行充氮作业：切断液压柜电源，将液压站液压模块的卸荷阀打开泄压，直到系统油压降为零；将充氮专用工具的一端连接蓄能器，另一端连接氮气瓶（压力范围10～12MPa），开始充氮，并观察专用工具上的压力表，当压力升到6MPa时关闭氮气瓶，卸下工具，即完成充氮过程。

◎ **转矩支撑维护**

提高转矩支撑系统的运行可靠性，就会提高立磨的运转率及可靠性。其维护要求如下。

（1）每天检查铜套润滑，确保干油泵正常工作，导杆与铜套结合面应有润滑油溢出。

（2）每月检查缓冲器，氮气压力应保持为3.5MPa，偏低时要及时补充。检查时要注意充氮工具放气阀不应有液压油冒出，否则说明缸体内密封损坏。缓冲器失效时，要立即更换。

（3）每月检查压力框架各安装间隙，第Ⅱ组压力框架防撞板与壳体防撞板的间隙应为5～8mm，而第Ⅰ组要求约为50mm。在满足安装尺寸要求时，撞击头与压力框架防撞板Ⅰ组间隙应确保为0，并且三个转矩支撑都要符合此要求，保证它们同时均匀受力，否则要用垫片调整。

（4）定期检查各易损件的润滑和磨损，铜套每班加油一次，球头杆、球窝碰块、导杆撞击头等件磨损后要及时更换，尤其球头杆的球面磨损后，会影响缓冲器平衡运行。

（5）每半年检查磨机对中，确认压力框架中心与减速机中心重合。

◎ **拉伸杆维护**

拉伸杆维护实际是指对它和关节头连接螺栓的维护。

(1) 空气密封是保护关节轴承的重要配件。在正常工作中，它受到物料和气流冲刷后，内、外环间的间隙变大，通过此间隙的气压变小，使粉料进入关节轴承，轴承的调节作用失效，就要引起拉伸杆螺栓断裂。所以，应该遵循如下要求：当空气密封内、外环的间隙变大时，要及时调整，可在外环下面加垫子或同时更换，保证此间隙在 0.5mm 左右；同时，为保证密封风机的正常运行，风压要保持在 2MPa 以上，不得低于 1.5MPa；为保证进入的正压风清洁，要在风机入口处加装滤布，以防止微细颗粒进入磨辊密封风腔内，损坏磨辊密封圈和油封，导致磨辊漏油；润滑油要保持清洁，根据油质情况及滤油器更换的间隔判断更换润滑油的时间。

(2) 及时更换不平整的连接法兰，并且保证材质硬度和强度。由于拉伸杆连接螺栓断裂，经常更换螺栓，导致拉伸杆法兰表面凹凸不平，液压板的压机头表面也不够平整，使得打压过程中，螺栓受力不均，且对螺栓产生弯曲力矩。还因紧固螺栓时施力不均，使受力大的螺栓最先断裂。

(3) 紧固螺栓时，拉伸杆螺栓的紧固顺序要分三次进行，第一次打压至 54MPa，第二次打压至 72MPa，第三次打压至 96MPa，不可一次打压到位。

◎ 液压拉杆密封

原立磨液压拉杆和圆柱空心体上口，是用螺栓压紧两组剖分圆环，利用立磨内部负压密封，因运行中与上下运动的拉杆摩擦，双方都磨损较快。采用帆布密封，方法虽然土些，但较为实用（图 1.2.2）。裁剪一块帆布，直接裹在拉杆和圆柱空心体上，帆布侧面接口用钢丝缝合。如此裹五层帆布，每层帆布上用二硫化钼润滑脂全部涂满。帆布上、下两端都用钢丝绳及卸扣锁紧，并分别固定在拉杆和圆柱空心体上，钢丝绳上也用帆布加二硫化钼润滑脂保护和密封。此方式每运行 1～2 周，可停磨检查，当温度较高时，二硫化钼润滑脂易板结，应及时更换。

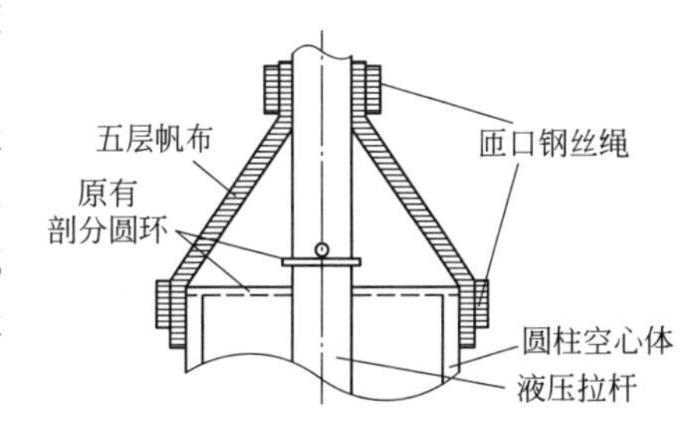

图 1.2.2 液压拉杆土法密封示意图

在原防尘罩与活塞杆之间增加一层胶皮，改善两者之间的密封，防止异物通过缝隙进入液压拉杆缸头，拉伤活塞杆，损坏导向圈和 O 形密封环。

◎ 液压管道喷油操作

无论何时，一旦发现液压缸压力下降，判断为液压油泄漏时，都应立即做三件事：停主电动机；停油泵电动机；泄有杆腔和无杆腔油压。但是，必须区分泄漏来自何处，当泄漏发生在无杆腔时，应先停液压油泵电机，再停主电机，再手动泄压，因为程序若先设定主电机停止，主辊便快速升起，油站动作，将使无杆腔压力迅速上升，而液压油站未停止工作，反而加速泄漏。而当有杆腔泄漏时，则需先停主电机，此时主辊的快速升起，让有杆腔压力下降，更有利于后续操作，然后再停油泵电机、手动泄压。

2.2.6 卸料装置

◎ 出磨溜子堵料原因

立磨主电动机功率升高是反映堵料的最敏感参数。如果喂料正常而料床较薄时，主电机功率却较高，则表明刮板腔里有积料的可能；如磨机差压升高，选粉机负荷升高，磨机出口温度降低，磨机持续振动在较高水平上时，也要怀疑出磨溜子堵塞。此时应尽快打开出磨溜子上人孔门清堵，如不能奏效，应停磨清理。

当入磨物料含水量大于 3%时，掺有大块物料、风量不足、喂料过多、风速不稳都会使喷口环堵塞。表现为磨盘四周风速、风量不均，产生大振动（RM 型立磨喷口环不易堵塞）。停磨清理后，应重新调整喂料量及用风量，减少大块。

2.2.7 矿渣立磨

◎ **易损件检查**

矿渣立磨中四大易磨部位是停机检查的重点。

配风口百叶环：看百叶环叶片角位，并根据磨损状况适当调整叶片角度；百叶环上沿与磨盘间隙不应磨损过大，重点检查磨辊下方百叶环，若整体磨损严重，应尽快更换。

磨辊与磨盘：当发现局部区域密集磨损，或磨损槽口达 10mm 深时，有必要及时在线补焊；关注耐磨层有无脱落，因为它会危害所有磨辊、磨盘寿命，当耐磨层减少 10mm，就应组织现场修复堆焊；同理，应仔细检查磨辊的连接螺栓、扇形板的连接牢固度。

分选器动、静叶片：在分选器内部鼠笼式回转仓中，每层都有上百片的动叶片，需要逐一用手锤振打，如检查出松动，必须及时紧固并焊牢；如发现磨损严重或变形，应及时更换，并要选择重量，保持动平衡；检查静叶片时，需要拆除部分动叶片，逐片检查并维修磨损、开焊及松动状况，为保证选粉质量，应重视其角度及间距。

2.3 辊压机

◎ **消除跳停因素**

（1）当磨辊辊面或辊侧端面出现凸凹不平，动辊与定辊电机电流差大于 5A 时，辊压机就会跳停。此时，操作中应精心控制动辊、定辊侧电动进料推杆调节阀门，尽量稳定电流差。但关键是尽快检修辊面（见第 1 篇 2.3.2 节），并严格控制金属异物进入。

（2）当液压站工作环境恶劣时，不仅使快速卸压阀磨损加快，而且连缸体都会被拉伤或研磨，不但难以保压，而且更难加压。除必须更换阀件，乃至缸体外，关键是改善液压站的环境，并酸洗管道，不允许存在铁渣、焊渣等杂物。

（3）冬季油温较低时，油泵会跳停。为此，应在启动油站后，立即开启主电机，便可起到加热油温的效果，而且需温度测定达 40℃以上时，再开启冷却水。

（4）当高压柜与辊压机电路不可靠时，只有高压柜断路器辅助触点一对，就会因接触不良引起辊压机频繁跳停。如再并联一对辅助触点，便可防止。

（5）当某侧比例阀的阀芯不灵活，阀芯卡死使油路不通时，就会造成此侧比例阀故障，手动加压都不会有反应，此侧辊缝就会加大。为此，应加强滤油，对管道定期清洗，防止润滑油中杂质将润滑阀件卡死或堵塞。

◎ **轴承润滑特殊性**（见第 1 篇 8.2 节“辊压机轴承润滑剂”款）

2.3.1 进料装置

◎ **振动与冲料的原因**

无论辊压机是振动，还是冲料，都与喂料粒径稳定有关，特别是细粉过多时，更易发生。而导致细粉过多的原因较多，需要一一排除：配料站各料库料位变化较大，易导致物料离析，如熟料；检修时，将潮湿物料送入仓内存储易造成结块，从而造成开车后偏料，使辊子间隙超差，此时不应随意怀疑液压系统压力故障；使用矿渣粉配料，细粉效应更会严重；喂料稳流仓因粘料使容积变小；选粉效率低使细粉返回过多；风机能力不足或漏风等。

当然，下述设备原因也会导致振动发生：控制料量的气动闸板因非空心结构而动作不灵活，下料不畅；辊压机蓄能器和液压站不能正常加减压和保压；辊面磨损或侧挡板磨损等。

2.3.2 磨辊

◎ **辊面维护**

（1）选择辊压机稳定工作的参数，确保料压、物料粒度与磨辊压力三要素合理相配。对料仓饱和喂料是实现料压的条件，物料粒度受来料与回料量影响，因此，控制回料量确保小于辊径3%的颗粒要有95%，个别粒径也不能大于5%；而磨辊压力过大或过小，都会加速辊面磨损，运行中必须摸索出适合物料粒径的压力，且保持稳定。

（2）及时发现辊面局部损伤或掉块，并选用适宜焊丝尽快修补，不容发展。

（3）严禁硬质金属及物料进入辊面。为此，认真维护除铁装置、定期清理稳重仓中富集的硬质物料，是不可缺少的维护手段。（见第1篇1.3.1节及第1篇1.3.2节）

（4）严格控制辊面工作环境温度，其中熟料温度及生料烘干用风温度不应高于100℃，且要稳定。

◎ **待焊表征**

当运行中辊缝一直保持不动，物料通过量小，斜插板调节无济于事，液压系统压力无变化，主电机功率低，并且这些情况都是在进料溜子顺畅，料压正常时发生，便表明辊面需尽快堆焊。

◎ **判断辊轴断裂**

辊压机辊轴（ϕ480mm）设计为空心结构（ϕ200mm），内有冷却水通过，加工时经过锻造且超声波检测，断轴的可能极小，但若有制造缺陷，或操作液压力过大，或有长时间疲劳应力，开裂并非没有可能。当发现外端盖与空心轴旋转密封小压盖间有水渗出时，不仅要考虑密封件失效，更要怀疑是否为辊轴开裂。

2.3.3 传动装置

◎ **减速机维护**

（1）为防止减速机上端透气帽冒油，除油量适合、油质洁净且要根据季节更换油种外，还要注意油温与轴承温度的关系，定、动辊的油温及温差都应正常，异常时必须查出原因。定时检查更换润滑油，建议使用在线滤油装置，确保油质，并能及时发现和清除异物。

（2）长时间停车后，再次启动减速机时，应由人工盘动输出轴一周，确认没有卡阻现象；当辊压机跳停，就必须手盘发现原因，排除故障后再行开机。

（3）辊压机喂料必须稳定，粒度、水分等不应随意变化，不能混入金属异物。

（4）每月检查一次磨辊挡环螺栓有无松动，并用专用扳手紧固；发现松动时，要防止因螺栓断裂使辊套有轴向窜动，且断螺栓混入物料会对辊面有重大威胁；检查活动辊的减速机与电机之间的万向联轴器，看伸缩量是否在要求范围内，及时调整活动辊的位置。

检查减速机高速轴与电机输出轴的同心度，巡检紧固锁紧盘螺栓、减速机螺栓、地脚螺栓和侧挡板螺栓，确保轴承润滑。

◎ **智能集中润滑系统**（见第3篇8.1.2节）

2.3.4 加压装置

◎ **位移传感器阀块维护**

对其维护的主要内容有：紧固传感器下的固定螺栓；将辊压机加压到预加压力时，观察原始间隙，根据传感器及保压能力判断阀块；两侧阀块蓄能器的压力应当平衡；检查液压缸排气管回油量及液压缸有无窜油。

◎ **液压系统维护**（见第1篇5.5节）

2.3.5 卸料装置

◎ **快速泄压阀失效防治**

快速泄压阀是常通电磁换向阀，当辊压机压力、间隙、电流或外部卸料设备中任何一项大于设定值时，它可快速动作，泄掉油缸内的油至油压为零，是保护系统安全不可缺少的部件。致使快速泄压阀失效的原因很多：电磁铁电压不稳或过低，阀芯推力不够；阀动作频次大而磨损；油液温度高使密封失效；阀件磨损产生铁屑等杂质，使阀芯磨损大或动作受卡；阀件质量差，阀芯偏斜等。这些原因可以相互促进、彼此影响，但其中最为关键而不可忽视的原因仍是油液因磨损而污染，因为该阀两端压差过大，流速过快，磨损最快，才是促使泄压阀动作频繁的原因。为此，不仅要及时更换所有液压油，而且在换油之前，必须认真将混入液压系统的油污及金属屑清除干净，并严防粉尘进入油箱管道中。

2.4 煤磨

◎ **防止燃爆的措施**

（1）煤磨进料溜子为多块阶梯排列的斜台板，原煤在下落过程中，会有煤块经台板间空隙落入下方的热风管内堆积，成为燃爆隐患。故应该用废旧篦条封堵台板空隙。

（2）防止饱磨时料球面升高，让原煤随钢球一同溢流于热风管道内，造成自燃。

（3）磨尾抽风管路与螺旋筒间不应有水平设计，为积存煤粉等杂物创造条件。

（4）煤磨系统用的锁风阀应使用刚性分格轮，尽管有易漏油等弊病，也不应使用重锤翻板阀，因为在负压较大时，不易密封，使煤粉不能顺利泄出而自燃。

（5）当煤粉仓上既连接至煤磨系统收尘器，又有专用收尘器时，若无阀门控制，便会出现系统争风。将会使进收尘器的进风管道内风速很低，甚至个别位置风速为零，便有近1m的水平管道内积存煤粉，挥发分高达30%的烟煤，经一定时间停留后必会自燃，甚至爆燃。

（6）煤磨全系统任何漏风都要消除。如某磨系统的防爆阀被磨漏一个小洞时，因位置难以发现，导致漏风处风速极高，使临近的滤袋长期高频振动，当滤袋和龙骨磨损后，煤粉进入滤袋，积存到一定时间和数量后，煤粉燃烧使滤袋着火。又如除尘器壳体存在漏风点时，雨水会被负压吸入，湿煤粉便易堆积于灰斗等处，时间长久便会自燃。系统内的任何可堆积煤粉的死角，也同理是自燃的诱因。因此，消除漏风点及用浇注料消除死角，消除小角度管道（$>50°$）是机械安装制作的基本要求。

（7）煤粉不宜磨得过细，尤其是挥发分含量较高的原煤，不但浪费电能，而且对煅烧并没益处，还易燃爆，80μm筛为挥发分含量的一半即可。

（8）煤磨的操作要力求稳定，不要大风大料般突然变化，当磨机温度有上升趋势时，不应通过开大冷风降温。

（9）在煤磨排风、灰斗及煤粉仓等处应设置准确的温度测点，在灰斗设置测压装置、分格轮处应配置接近开关，定期检查仪表准确性，以免误导操作员；软件编程要符合开机操作顺序，先拉风再开磨，以排出停磨时磨内可能产生的可燃气体。

（10）停机时应连锁关闭煤粉计量所用的助流风。

◎ **煤粉袋收尘防爆**

煤粉袋收尘维护难点不仅是要求排放达标，而且必须实现100%防燃防爆。引起煤粉燃爆的原因是，积存的煤粉缓慢氧化产生热量，自燃成火星促成爆炸。因此，每次检修时，都应检查收尘器内部是否有积存煤粉的可能，并立即整修，消除这些可能。

（1）收尘器壳体的气密性。运行中不允许有任何漏入冷风的可能，包括检修门、压板等处，冷风不但易使水气结露，清袋困难，还可改变气流方向，这些都会增加煤粉积存的可能。

（2）收尘器内没有让煤粉积存的死角。其中灰斗壁倾角要大于70°，灰斗棱角内侧需焊接曲率半径不小于100mm的溜料板，并在每个灰斗外壁配备一台振动电机和加热装置，振动频率为每小时一次，各斗振动时间相错；各类型钢不应采取小倾角支撑；回转卸料器为浅斗型等。如有死角都应用混凝土或钢板改形为圆角。

（3）除尘器壳体要可靠接地，电阻≤4Ω；重视壳体保温性能，对损坏的保温层及时修复，否则易形成结露。

（4）检查电磁阀用的压缩空气中油水分离效果的可靠性，并稳定风压。

（5）更换滤袋必须符合抗静电、阻燃、憎水要求。

（6）安全防爆设施完备且符合要求，如防爆阀、CO监测仪、进出口温度报警、CO_2自动灭火及卸灰监测装置等。

◎ CO_2灭火装置维护

CO_2灭火装置本是煤磨系统的安全防范设施，但如果维护不当，一旦自身爆炸，反成为重大安全隐患。应从如下方面防范。

（1）该装置应处于通风较好位置，设计时必须确保本身保护预警设施齐全。在罐体上部管道加设机械式压力表，并设置巡检平台，检查与电磁泄压阀及压力传感器的压力信息相符，准确反映罐内气体压力，并将相关信号接入中控室DCS系统。

（2）应检查确认安全阀畅通，泄压管道阀门无关闭堵塞可能。

（3）补充液态CO_2时，要保证纯度，含水量$<0.015\%$，防止低温下产生冰霄堵塞管道。

（4）该装置应配置UPS电源。

◎ 着火后操作

（1）若煤磨着火，应立即关闭气动阀，并立即停主排风机；关冷热风阀门；保持适量的湿煤喂入量，必要时停主传、开辅传，温度下降后，开磨头入孔门清理积灰，再开机。

（2）若袋收尘着火，应先关闭排风机冷风门或停主排风机，立即停细粉绞力，防止火星带入煤粉仓，再启动CO_2灭火系统，并将细粉绞刀外排，灰斗温度要降至50℃以下。

（3）若煤粉仓温度高，仓底烫手，应适当控制入仓物料温度，频繁操作涨仓与降仓，使仓内煤粉充分流动，开启仓底搅拌器，停止仓底供入压缩空气，温度降低后才能供风。

（4）若煤粉仓着火，应先关闭仓顶小袋收尘器入口冷风门或者停小布袋收尘器风机，再启动CO_2灭火器，若温度持续偏高，或CO浓度高，应喂入适量的生料粉；窑应继续运转，尽量排空煤粉仓。

◎ 消除煤立磨自燃

（1）当煤立磨发生袋收尘自燃，或CO浓度高报警时，表明煤磨全系统存在原煤或煤粉堆积的位置，它们在启动时就会随着通风加大而自燃，甚至爆炸。这些位置常是入磨热风的水平管道、收尘器进出气体的水平管道等处，应采取措施取消水平管道。不应过分强调降低入磨热风温度、增加煤粉出磨水分、改变入磨煤质等措施，否则，不仅不能降低煤磨系统发生自燃的可能性，还更不利于熟料煅烧。

（2）煤粉仓发生自燃往往是在停窑后不久，虽未用煤粉，但煤粉仓的助流风未停，或送煤的罗茨风机未停，新鲜空气继续进入仓内；因此，挥发分高的煤粉不能在仓内存放时间过长，如非计划停窑，时间长就要将煤粉仓放空，如计划停窑，就应将煤粉用空；停窑时不应再向煤粉仓鼓入任何空气；煤粉仓锥部设置的温度计应有报警功能，且与喂煤设备连锁，并自动向煤

粉仓喷 CO_2。

◎ **煤立磨液压泵自控**（见第 3 篇 11.1.3 节“液压泵自控”款）

2.5 选粉机

◎ **细度跑粗和振动**

（1）与制作及安装精度有关（见第 2 篇 2.5 节“制作安装要求”款）。

（2）密封环槽、转子叶片和导风叶片、撒料盘磨损后，对间隙控制、垂直度、同轴度、动平衡都会产生影响，迷宫式密封间隙会变大，就会出现跑粗与振动。

（3）检修后要确认选粉机风叶的旋转方向，不能仅看接线与电机标注，而应以电流小、细度合格为标准。

◎ **选粉机耐材选择**（见第 3 篇 7.1 节）

◎ **选粉机漏油处理**（见第 1 篇 8.1.1 节）

2.5.1 O-Sepa 选粉机

◎ **效率降低的原因**

如果发现 O-Sepa 选粉效率逐渐降低，由 65%～70%下降到 45%～50%时，磨机产量也会从 160t/h 降至 145t/h，若此时入磨、出磨物料细度未变，就应从选粉机自身找原因。如果导风叶片间无糊堵、进风通道无堵塞、转子叶片及内部结构正常，就要考虑物料的分散性或撒料盘结构对分散性的影响。如检查在进风管道内有少量碎钢锻沉积，说明磨机出料篦板有了较大缝隙；但引起选粉效率降低的更大诱因是，这些碎锻已经极不均匀地沉积在后续四个选粉机的进料斜槽内压住，只剩下离提升机最远的斜槽还能进料，极大影响进料的分散均匀。修理篦板缝隙、清理碎锻后，一切才会转为正常。

2.5.2 V 型选粉机

◎ **维护要点**

（1）利用停磨检查下料溜子及内部分料板的磨损，并及时补焊或更换。

（2）当发现返回料中细料过多时，应调整分料板角度，并适当增减分料板数目，提高对物料的打散与分级作用。

2.5.3 K 型选粉机

◎ **频繁跳停的原因**

造成 TLS3100 选粉机电流大而跳停的原因较多，工艺、电气与机械各专业都应各自排查。如选粉机内进入异物、旋转部件间隙过小而产生刮擦、转子不平衡或叶片开焊脱落、轴承损坏、电机本体故障等。这些故障排除后，还有一个不容忽视的原因：即在回磨细粉与分支阀连接处发生堵塞。尤其该部分连接因空间限制，拐角较大、较多时，有必要在此处设置检查孔，随时检查有无异物堆满，包括上游设备故障，如磨机篦板破损漏出钢球等，均可在此处存积。

◎ **电流波动的原因**

正常运转时，选粉机电流不可能有大的波动。但某企业却发生过 ZX3000 组合式选粉机突然发生电流大幅波动，同时出磨和入库斗电流并不高。经反复检查才下决心割开内锥下料管，发现此处存有大量杂物，包括脱落的选粉机叶片、棉纱、钢球等，堵塞程度十分严重，使得这些与选粉机鼠笼触碰，电流当然加大；在打开人孔门后，发现内锥下部有一被磨穿的300mm孔洞。维护者常常以为这些杂物能从光滑的内锥体滑入后续设备，难以预料反成为影响选粉效率的因素，尤其是检修后，因内锥不易进入，而忽略检查。此案例说明，此处应当作为检修后的必检内容。

2.6 旋风筒

◎ **提高蜗壳耐磨性**（见第1篇7.3节“组合陶瓷片应用”款）

3 热工装备

3.1 回转窑

◎ **避免窑体变形**

当停窑、冷窑过程中采取急停、急冷时，就会引起筒体变形。表现为几组托轮与轮带接触程度不同、受力不一，窑转动时会有振动。

当雷雨迫使全厂突然停电，而又不能用柴油发电机或其他方式让窑慢转时，都会造成窑筒体弯曲。筒体一旦变形，便会改变托轮与轮带的接触状态，改变托轮支承装置的受力，导致瓦温升高；同时，液压挡轮的上推力将会明显增大，远超过 5MPa（ϕ4m 窑）、7MPa（ϕ4.8m 窑）的正常推力范围，导致液压挡轮损坏。因此，适时检测电流、瓦温、振动、挡轮推力的动态运行数据，保证其在正常范围内，是维护窑正常运转的重要内容。

◎ **窑体弯曲判断**

因窑体温度不均衡变化、窑静止状态时间过长或土建基础不均匀沉降，都会引发窑筒体弯曲，继而将引发轴瓦及推力盘受力不当、轴瓦发热、窑衬开裂掉落等弊病。

为此，首先要学会判别窑体弯曲的方法，有下列症状之一就表明筒体已有弯曲。

(1) 蹲在某挡轮带下，查看轮带与托轮的接触，如接触区域不断变化，接触面或长或短，透明的光线位置无规律变化。

(2) 观察托轮轴及推力盘的油膜是否出现规律性厚薄变化。

(3) 液压挡轮油压出现规律波动，主电机电流也出现规律波动。

(4) 窑头、窑尾密封存在时好时坏的规律变化。

◎ **变形窑体的启动**（见第 2 篇 9.4 节）

◎ **窑体变形测量**

简易方法：用钢板将液压挡轮锁住，在筒体基础间的平台上固定一个划针，经窑连续转动后，便在窑体周长方向划出环向线；用求心规求出头尾两挡轮带顶面中心，用经纬仪以这两点为基准，划出各个环向线上最顶部的点；以顶面中心点的标高为准划出直线，用经纬仪或水准仪测量筒体顶面到视镜的高差，并记录，再用经纬仪将此高差调成一致，前后对比，并考虑原筒体各段钢板厚度，便可得出结论；将两挡轮带间距离八等分，每个位置再重复上述测量，比较对称点的数据并做简图分析。此测量结果可作为修正托轮位置及更换筒体的依据。

精确方法：国外有各类动态测量窑轴线的方法，如丹麦 FLS 的激光轮带位置测量法、德国 Polysjus 的托轮位置测量系统等，国内则有武汉理工大学研制的 KAS 回转窑轴线动态测量仪，而且在不断改进。现仅介绍它的改进型第三代产品，在用直径测量传感器代替原有的水平位移传感器之后，水平位移传感器配备有无线控制步进移动标靶机构，该机构由数字位移传感器、无线数量标尺、无线数传模块、标靶、单片机无线控制模块、步进电机、遥控器、周期传感器等组成，其中周期传感器由磁铁和霍尔开关构成，步进电机通过一条齿形带与定位标靶相连；控制电路采用 89S52 单片机分配步进脉冲，步进精度可由程序根据电机的步距角参数自由设定。该改进型的优点在于：因有步进电机对水平传感器的标靶控制，有笛卡尔功能，可防止标靶不正常移动，保证测量的准确与精度；由一名经纬仪观测员便可远距离遥控完成，消除了因多人配合的失误；用笔记本电脑可实时读取标尺位置数据，消除人为读数误差。

以往回转窑检测只是针对支撑托轮处的筒体中心轴线测量，利用各个支撑托轮处筒体的中心连线来确定窑的轴线，不能完全反映窑筒体的旋转轴线状态。如果对窑选择合适的测量截面数（达 30～40 个），选择合适的测量起点，并在筒体的同一条母线上，利用高精度的高速激光测距传感器，测量它与已固定转速旋转的筒体表面之间的距离，测量次数达 4～8 次/s 时，采集记入这些测量数据，便可获得动态检测的筒体轴向弯曲与变形状态。

该测量的意义在于：因为窑筒体受热的不均匀，能为窑内衬砖的受力是否合理提供依据，为延长窑衬砖的寿命创造条件；可以对支撑托轮处窑筒体上下窜动情况进行分析，避免类似“狗腿”形状的永久弯曲变形，导致轮带旋转中出现大的中心跳动；还可对轮带、托轮轴线的偏斜有准确解释；对大齿轮啮合性能提供评估依据。

当窑墩整体摆动或振动较大时，应尽快测量、计算并找正其轴线。

测量各轮带平均厚度、垫板厚度、垫板与轮带最大间隙，查阅轮带制造尺寸、安装记录和图纸，计算出轮带内、外圈磨损量，并换算得到轮带直径；用细线测出托轮平均周长，计算出托轮直径；测轮带顶部标高；测相邻两挡托轮之间跨距。

用一根直线校准原安装时留下的基准水平轴线的直线度，并进行校正；每个托轮工作面上吊两个线坠，测出线坠到基准水平轴线的公垂线长度；在筒体靠近轮带外圆处搭两个线坠，也分别测出其到基准水平轴线的公垂度长度，掌握筒体相对于该轴线的位置。

根据以上测量数据，对筒体水平直线度、轴线垂直直线度及热态下的筒体轴线倾斜度分别测算及校核。为检查筒体实际水平直线度，先做出轮带和托轮的配合图，确定各托轮组的中心位置，将托轮圆连心，经轮带的中心向托轮连心线作垂线，各垂足与基准轴线间距离就是轴线各点的近似直线度偏差。此结果与各轮带的筒体直线度偏差核对，基本趋势一致时，说明测量与计算符合，在确定水平调整时，要考虑齿顶间隙的允许调整量；在计算垂直直线度时，假设三个轮带的筒体内表面底部在同一条直线，则要将计算理论标高，与实际标高对比，且要考虑各轮带处筒体温度的热膨胀量，再决定垂直调整量。

◎ 窑体轴线调整

窑体弯曲后，应适当减产、慢转，让窑温趋于一致，运转中逐渐伸直。若瓦温升高，应加强对托轮与轮带表面间，轮带与挡轮、垫板间的润滑；暂停挡轮的上下窜动调整，窑固定位置旋转；用干净冷风、淋油等方法对轴高温点降温；加大冷却水量，必要时更换润滑油；及时根据右手定则调窑，让与同挡托轮推窑方向一致，减小发热瓦的载荷，每次调整量控制在 0.5～1.0mm 之间，并观察推力盘受力情况。当瓦的发热点不再左右移动时，可暂时停止调整。如仍有高温点，可用油石打磨，让瓦温逐渐降下来。

窑热态下恢复原形方法：维持窑尾温度在 800℃左右，窑二挡托轮处筒体温度在 220℃左右；用辅传转窑，每次转动 1/4 转，停 5min，当二挡轮带与两个托轮都不接触时，停 10min，每次二挡轮带部位可下降 4mm；同时用辅传连续开停，迫使窑筒体抖动，有利于恢复同心度。如此连续执行 5h，窑筒体基本恢复正常，窑速一天后提至 2.6r/min，逐天提升，最后能稳定在 4.1r/min，说明窑筒体同心度满足要求，托轮轴瓦温度稳定。

当筒体变形较小时，可以按上款热态运行自动恢复；但变形较大时，要采用喷水校正的方法，能较快恢复。但要禁止对高温筒体采取长时间喷水急冷的做法，具体过程如下。

连接水管，准备喷头，水管头部砸扁，让喷出水流分散，有雾化效果；用窑辅传将筒体最大弯曲变形点转到顶部；操作人员站在齿轮罩顶部；按照“小水量、多次喷水，同时检测”的原则，对准变形筒体的母线方向喷水，每次喷水时间控制在 1min 之内，检测牙轮齿顶间隙变化，并观察托轮与轮带的接触变化，达到要求便可开窑。

◎ **窑体振动处理**

当窑体出现较大周期性振动时，认真观察其规律，在排除支撑表面不平及传动、基础下沉等因素后，采用压铅丝方法检测各挡托轮与轮带的接触面，可找出托轮的具体移位数据，确定窑中心线偏离、导致振动的位置。然后设计托轮的调整方案，总的原则是每天只调整一次，每次只转动调节丝杆顶丝60°～90°，用百分表检测托轮座，每次移位不能超过0.1mm；当振动减小后，每次调整量更小，分别为15°～30°，0.05mm；调整后必须严密监视振动变化趋势，只有减缓时，下次方可沿此方向继续，否则应向回调；不仅要观察振动，还要密切注视各挡托轮油温、轴温，以及挡轮承受压力，都达正常范围，可能需一个月左右；记录每次调整前后数据，并标记各托轮座位置，为日后检查判断用。

某生产线ϕ4.8m×72m窑自2011年投产以来，窑一直饱受振动困扰，且液压挡轮基础与二次灌浆面出现间隙。两年多时间，曾先后采取对基础加固、更换挡轮轴承、车削挡轮、调整窑中心线、调整挡轮压力、向挡轮表面喷涂黏稠石墨润滑脂等措施，均无效，反而愈演愈烈。待2013年年底大修，经仔细检测，虽各中心线均与安装基准中心线一致，且液压挡轮轴承座中心与底板中心线重合，但发现挡轮中心向窑中心转出方向偏离15mm，对照图纸方知，是液压挡轮地脚螺栓孔不对称所产生的偏差。在调整该偏差后，振动消除。说明千万不能忽视挡轮中心与其轴承座中心的误差。

◎ **筒体开裂原因**

窑运转数年之后，筒体在钢板厚度过渡处发生开裂。除钻止裂孔、开坡口补焊外，必须查找原因，如果对应窑内位置有挡料圈，应当取消；如果是窑中心线已不同心，则应测量调整。测量方式见上述各款，实际开裂原因还不止于此，如钢板材质及厚度选用过低、操作环境变化剧烈、窑内气氛腐蚀等。

某窑筒体环向开裂修补后再次开裂，对三个挡标高测定后，发现二挡高7～10mm，为安装误差过大，而头挡低3～28mm，则属基础沉降所致。

◎ **筒体冷却方式**

每条窑都配有一排轴流风机，窑一旦运行，便开启作不均匀冷却，连北方严冬也不停歇。实际上，当窑筒体钢板在280℃以下时，都会有较高强度；筒体温度均匀在350℃时，整体膨胀量均在设计控制范围内。因此，正常阶段不必强制冷却，既可省电、又可节煤，而且因筒体没有冷缩，窑内砖衬膨胀就不会因受约束而出现应力损坏。同理，用淋水冷却筒体害处更大。有人以为用强制冷却，有利于挂窑皮，实际上这种方式挂上的窑皮，很容易掉落，反而威胁衬砖寿命。只有筒体温度明显不均衡时，才可有针对性地强制冷却。

◎ **窑减速机轴承升温诱因**（见第1篇5.6节）

3.1.1 喂料装置

在入窑与回库三通管道上应选用快速切断三通阀，是窑投料与止料最理想设施。

3.1.2 传动装置

◎ **大小齿轮啮合表现**

有两种处理情况：

（1）若窑筒体弯曲变形，大小齿啮合必然受到影响，每次开窑都要振动一段时间，只待温度上升后，才会减缓。长期如此，齿轮磨损加剧，小齿轮齿面上已出现6mm台阶。同时，大齿圈弹簧板销轴和销轴孔磨损，间隙增大，导致大齿圈轴向、径向圆跳动，齿顶隙变化。

（2）当大齿圈一周与小齿轮齿顶间隙偏差太大，且部分区域齿顶间隙明显小于标准齿顶间隙值时（模数为28时，热态标准齿顶间隙为7mm，冷态齿顶间隙控制为8～9mm），就会出现严重顶齿现象，筒体每转一圈就会产生一次间歇振动，表明窑体严重变形。

◎ **窑大小齿轮润滑改进**（详见第3篇8.1.3节“窑开式齿轮润滑装置”款）

◎ **开式齿轮润滑磨合**（见第1篇8.2节）

3.1.3 预热器

◎ **影响压损的参数关系**

在结构固定情况下，影响旋风筒压降，从而影响电耗的三大因素是：进旋风筒的气流温度、进口风速及固气比（气体中所含粉尘浓度），具体影响如下。

（1）同一温度、同一风速条件下，旋风筒压降随固气比的增大逐渐减小，固气比在1.5～2.0之间出现最小值，之后随着固气比继续增大，旋风筒的压降逐渐增大。这是两种相反因素相互抵消的结果。当气体中含尘量增加后，一方面降低了气流的湍流强度，另一方面却加大了气流和器壁间的摩擦，提高由滑动变为滚动的比例，减少了阻力损失；而含尘量进一步增加后，气流携带固体粉状颗粒所消耗的能量就要增大，又使阻力变大。

（2）同一风速、同一固气比条件下，旋风预热器压降随着温度升高而逐步增大，一般在200～400℃间出现最大值，随着温度继续升高，压降会逐渐减小。因气流黏度随温度升高而增大，增加了阻力；而气流密度是随温度升高而减小，阻力变小。因此，最终变化方向是两个因素相互抵消的结果。

（3）同一固气比、同一温度条件下，进口风速的提高只能使湍流度提高，旋风筒阻力损失将与速度的平方成正比。

◎ **四级分料阀作用**

当来自四级预热器入分解炉的下料点有两个以上时，锥部的分料阀作用不可小视，它直接影响分解炉内的合理温度分布。如某企业一个月内先后多次发生分解炉掉砖烧红、四级下料管堵塞、窑尾烟室大块料堵塞等故障，迟迟未找到原因，最终发现是分料阀的阀板与轴脱离，中控调整时，轴虽转动，但阀板并无动作，造成炉内局部高温、掉砖红炉或结皮垮落堵住窑尾烟室，只是将轴与阀板焊牢，正确分配上下料量后，生产一切正常。由此可见，细致观察闪动阀翻动次数及规律在巡检时绝不可忽视。

◎ **翻板阀维护**

发现翻板阀配重锤扬起无法关闭时，说明阀板已损坏或断裂。损坏原因有：使用温度过高，或温度变化太大；或投料前用投砖检查预热器畅通中，受冲击过大；或因物料中含碱多，对翻板阀腐蚀严重等。为此，冷、热窑过程中温度变化不应太大，符合耐火衬料要求，应保持系统温度稳定；煤粉应在窑与分解炉内燃烬，不能有进预热器内燃烧的可能；检查预热器畅通可用小钢球代替投砖试验。若翻板阀处易结皮，应考虑旁路放风除氯等应对措施。也必须考虑翻板材质的耐磨及耐热性能。建议采用微动型闪动阀，以减少内漏风量（见文献[5]）。

3.1.4 轮带

◎ **避免轮带开裂**

窑筒体热膨胀与轮带不同步时，会使轮带与筒体垫板间的间隙过小，滑移量小于3mm/r时，轮带内侧会承受很大热应力而开裂，或者直接导致筒体与轮带胀死。为此，应做到以下几点。

（1）窑的操作应当稳定，升降温阶段的温度变速不能过大，导致筒体胀缩过快。

（2）停止托轮表面水冷却，避免轮带内外温差过大。应设置托轮隔热罩以减少筒体对托轮组的热辐射。可在轮带两侧设置轴流风机，对轮带下筒体降温，距离宜控制得当。

（3）加强轮带内侧润滑，增加相对滑移量。

(4) 更换垫板时要严格控制与轮带的间隙，正常滑移量应为3～8mm/r。

◎ **轮带间隙不当危害**

当窑某部位耐火砖寿命仅一个月，且发现是挤压断裂时，就应考虑：轮带间隙是否偏大，垫板滑移造成了窑椭圆度变大，随着窑的旋转，筒壁上每点曲率大小都在不断变化，使窑衬之间受到挤压，产生巨大应力让耐火砖断裂，一旦间距再次被拉开，断裂的砖就会脱落。因此，当头挡及中挡轮带垫板滑移量超过(18±2)mm/r时，就应及时更换调整，确保前后轮带滑移量实测值为18.5mm/r。

轮带间隙过大，不仅影响耐火砖寿命，而且轮带应力负荷增加，使轮带开裂、托轮轴瓦温度过高、窑大齿圈产生裂纹、主传电流峰谷值增长、筒体与垫板间焊缝处形成裂纹等一系列故障出现；而轮带间隙过小，会使轮带处筒体产生缩颈效应，也同样缩短窑衬寿命，甚至造成轮带崩裂。因此，调整轮带间隙是维护窑正常运转的基本功，调整的前提是准确测量间隙，方法见下款及第2篇3.1.4节“轮带垫板调整”款。

◎ **轮带与垫板间隙测量**

(1) 直接测量法。有两种方法：①用内卡在轮带最高点分别测量头、尾两端的顶间隙，计算平均值，但因受两端挡圈影响卡尺塞入，不易准确；②在轮带下方最低点侧面做一标记，再转窑180°到顶部最高点，分别二次测量该标记到轮带垫板的距离，它们的差值即为轮带与垫板的间隙。

(2) 间接测量计算法。冷态慢盘窑一圈，测量轮带相对筒体的滑移量，除以3.14(π)，得到轮带的顶间隙。

(3) 借助辅助测量工具测量法。在筒体上固定一个磁力表座和铅笔，在轮带上用胶带纸固定绘图纸，窑转数圈后，便可取下绘图纸，对铅笔所画轨迹进行测量、计算即可。

◎ **维护误区**

(1) 不能及时更换磨损的轮带垫板。垫板磨损后一方面会造成轮带下的窑筒体椭圆化，直接影响窑衬寿命；另一方面会使窑中心线降低，影响大小齿轮间的接触面，出现顶齿。

(2) 轮带表面抹油。本以为抹油可以减小托轮所受的轴向力，避免托轮发热。但这会为油渗入托轮表面创造条件，与水渗入有相同破坏作用；同时，减少与轮带摩擦力，使托轮丢转，造成托轮表面不再呈圆形。

◎ **轮带全石墨块自动润滑**(见第1篇8.2节“石墨润滑轮带”款)

3.1.5 托轮与托轮瓦

◎ **维护要求**

回转窑经一定时间运转后，就会发生如下变化：各紧固螺栓因窑冷热开停而松动，造成轴承座位置变化；托轮与轮带、大齿圈、小齿轮都会发生磨损，如果磨损一致，就会导致齿轮传动系统中心距变小，齿轮啮合不良而振动；若磨损不一致，则传动齿轮啮合不好，托轮瓦温升高、轮带受力不均。这些状态都须及时调整。如遇回转窑基础出现不均匀沉降，更要对窑基础进行全面测量与调整。除此之外，还有如下要求。

(1) 定期对托轮进行清洗检查，确保托轮表面无任何杂物黏附，避免与轮带接触时，局部接触面受到高压应力而出现裂纹，每2～3年，可用超声波检查一次内部有无裂纹。

(2) 托轮表面应保持有高温润滑材料，避免它与轮带直接接触带来磨损。

(3) 合理控制液压挡轮，使托轮表面处于全行程循环工作状态，使上下均匀磨损。

(4) 避免让托轮表面运行中受到温度剧变而产生应力，尤其不要突然或周期性与冷水接触。

(5) 定期检测轴向力并调整(见下款)。

◎ 维护误区

（1）托轮瓦水槽中存水。水槽本是在托轮瓦温过高时，才被迫用水缓解降温，但如果长期存水，托轮作为大型铸件，难免有铸造缺陷，在轮带压碾下的存水必然会扩展，导致表面出现较多深达 100mm 的水坑，钢材呈多层疏松状，最终出现较大裂纹。

（2）托轮轴淋水降温。当温度过高时，直接淋水会导致轴表面急剧降温，在较大应力下，金属冷缩系数不同会开裂脱落，轴表面损坏。正确做法是：用与轴润滑相同的油冷却，不断交换热油，逐渐降温，如超温严重时应减料减转速。

（3）选用黏度高的托轮润滑油（见第 1 篇 8.1 节“托轮润滑要求”款）。

◎ 托轮轴向力检测

在回转窑维护中，除了要关心窑轴线准直，还要关注托轮轴向力与正压力状态，否则会导致轴瓦发热。为了让窑能合理窜动、减少磨损、减轻挡轮的工作压力，避免托轮“小八字”歪斜而使轮带偏斜，甚至筒体开裂，准确检测每个托轮所受轴向力，就成为正确、安全调整各挡托轮的依据。

单个托轮所受轴向力是各种力的合成，它包括：重力在轴向的分力、筒体下滑趋势所受摩擦力，托轮自身歪斜产生力，以及挡轮异常作用力等。

用液压轴向力检测装置，便可获取各托轮所受轴向力数值。它是通过液压装置让托轮保持轴瓦不受轴肩接触时，检测并记录、分析此时所需施力的大小。该装置由推动托轮轴的液压装置及处理液压压力信号的软件系统组成（图 1.3.1）。使用时，首先通过轴承座的观察窗确定托轮轴肩与轴瓦有间隙的一侧，并安装该装置于此侧，将其连杆接在轴承座两侧，通过手动加压泵给液压缸加压，活塞被推动，将测头压紧在托轮轴中心，其中传力中间件协调压紧与旋转的关系，加压中，当另一侧的托轮轴轴肩与轴瓦分离时，推力达到最大值并保持稳定，数字液压检测仪会检测到此压力值，并将其传递到电脑中。

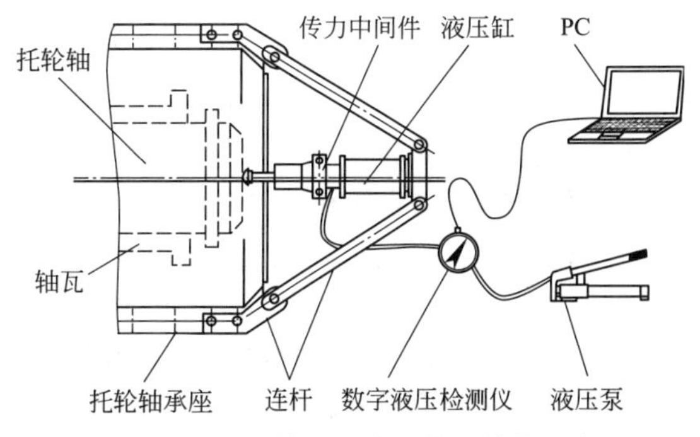

图 1.3.1 液压轴向力检测装置结构示意图

◎ 托轮直径测量误差

了解托轮磨损量，为调整托轮提供依据的最准确方法是测量托轮直径，但测量直径常用的滚轮法，会因与被测工件打滑、滚轮受压易变形、装置受温度影响较大等原因，难以准确。如利用专用测量装置（图 1.3.2），测量弓高弦长，便可计算出托轮直径。该装置是由百分表、左支撑杆、右支撑杆和支架组成，此法也会有引起测量误差的因素，如测量时左右支撑杆不等高、百分表安装精度不够等。

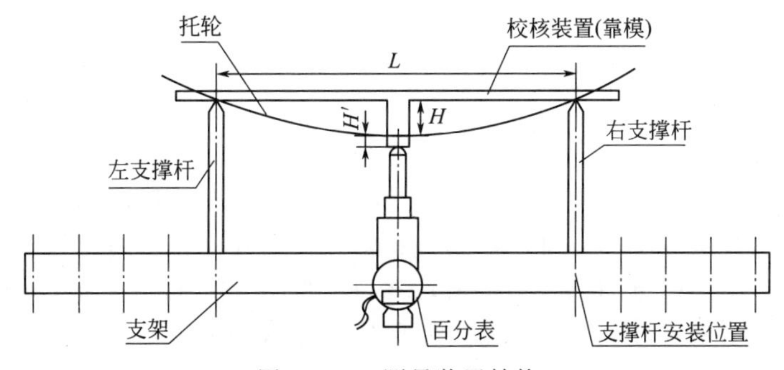

图 1.3.2 测量装置结构

◎ 间歇性“歇轮”处理

当中控发现窑主电机电流波动幅度较大，现场会观察到托轮有间歇性“歇轮”发生。除了因窑筒体可能变形外，还有一种可能，就是窑内窑皮偏重，筒体温度一圈相差较大。此时，只有要求工艺操作纠正偏重窑皮。出现这种现象，多因操作不稳定、点火时采用间歇性转窑且窑速偏慢所致。慢窑速点火投料易产生窑皮不均。

◎ 轴瓦发热原因

托轮轴瓦一般分四种不同程度的高温。

(1) 所有托轮合金瓦边都没有和托轮轴挡圈接触性摩擦，瓦和轴间没有粘连。这有三种可能：窑筒体对托轮瓦的热辐射较大，应采取隔热措施；冷却水对瓦的冷却能力不足，最好安装水流量计予以监督；润滑油的量与黏度确保形成一定厚度的油膜。

(2) 托轮轴挡圈与托轮瓦直接接触，相互摩擦，但尚未出现相互粘连。此时挡圈温度高，但同一托轮的另一侧轴承不但无接触，而且间隙较大。此时应调整该托轮轴承座位置，根据托轮轴挡圈所处位置、托轮轴上油膜等情况综合判断进退。

(3) 托轮轴挡圈与托轮瓦不仅已直接接触，且相互粘连。如果仅是线形粘连，首先更换轴承座内润滑油，然后再微量调整轴承座位置，消除挡圈与瓦间的相互摩擦；并清除轴承内部可能有的杂质，更换内部润滑油。若轴上有大面积铜合金，应停窑更换或修复轴与瓦。

(4) 合金瓦边和托轮轴挡圈没有接触，但却有粘连，且托轮内部温度高。说明托轮座内有杂物污染，此时要彻底更换润滑油，并检查污染来源，若端盖密封弹簧掉落，则会严重拉伤轴与瓦。如果粘连不严重，可通过慢转窑恢复正常。

托轮轴瓦发热的原因可归纳如下。

(1) 托轮轴线与窑筒体中心线关系不符要求：机械挡轮要求有一定夹角；而液压挡轮要求平行。这种情况在调试阶段或运行中不均匀基础沉降及磨损时，最易发生。

(2) 因窑体弯曲引发轴瓦发热（见第1篇3.1节）。

(3) 轴瓦与瓦胎接触面精度低造成发热。

瓦与轴有三层接触面，从下而上分别是：瓦座与球面瓦；球面瓦与瓦衬；瓦衬与托轮轴。三层接触面的接触要求不同。接触不良会造成托轮轴在轴向温度差别较大、油膜分布不均。

当球面瓦与瓦座接触不良时，摩擦阻力会很大，自我调心性能差，瓦易发热。此时要松动瓦的限位顶丝，大幅降低窑速；若球面瓦仍不能自由动作，需对托轮瓦座调整，扩大接触面，但要注意瓦座不能歪斜，同时加强对瓦冷却；若仍未见效，则应该停窑刮研，让接触宽度小于瓦座的1/3，接触斑点由高到低，逐渐加重。确保球面瓦在瓦座内晃动自由。再检查瓦衬与球面瓦、托轮轴的接触条件，要分别符合1～2点/2.5cm^2、1点/cm^2、包角30°～60°。

(4) 轴瓦受力过大引起发热。

当运转中发现轴温度呈均匀分布性过热，轴油膜也薄时，说明瓦受力过大，超过油膜强度极限。此时调窑要小幅进行，每次0.3～0.5mm，观察油膜变化。

(5) 托轮与轮带间隙过大，接触不良，受力集中，会造成同一挡托轮的两个轴承座受力不均。让窑从上限位轴向窜动到下限位，找到托轮与轮带接触的最好位置，减小受力。

(6) 润滑与冷却不良引起发热。

油量不足，不可能均布到轴上；因开瓦口不当无法形成油楔而建立油膜；油内混有杂质集中在瓦口内影响油楔形成，可用手捻油判断，及时清洗油池、更换新油；当托轮轴密封圈破损时，负责约束唇口的弹簧丝扯坏，落入油腔，卷入并拉伤瓦口；密封圈处位置隐蔽，不易发现润滑不良；油勺带不上油或分油板导不过去；瓦口间隙无平滑过渡，不成楔形，或包角不当。为此，要及时调整，用塞尺检查时，能塞入较深位置；换用毛毡密封代替老式密封圈，就可避免类似托轮拉伤。

冷却不好时，要采取各种降温方法，尤其是冷却水不足，或水管结垢时，可在进水管道上改一个三通，制作较大的循环桶，加装除垢液，关闭进水，用泵让除垢液在瓦座内循环，恢复水冷却功能。当使用锌基合金瓦时，可大胆使用水冷却，并配有油水分离回收装置，并随时掌握用白铅油调合稀油，均匀从靠近托轮侧的观察孔加注，避免油膜变薄和局部消失。当瓦温超过 100℃时，不能过快降温，待温度降低后放油，再通入冷却水研磨，否则会造成轴瓦冷缩抱轴翻瓦。

(7) 当托轮轴与轴瓦表面硬度匹配不合理时，相差不够大，在巨大压应力下，两者表面都产生塑性变形，在摩擦面上难以形成油膜，导致粘连发热，这是轴瓦易发热的内在原因。只是在对托轮轴机械加工，在表面重新中频淬火（轴两端靠近托轮侧各留 50mm 不处理），并通过矿棉包裹保温后，提高表面硬度到 HRC53～56。

(8) 窑内温度分布不合理。正确分布是：筒体最高温度位于Ⅰ、Ⅱ挡轮带之间，靠近Ⅱ挡的位置，即Ⅱ挡筒体温度最高、Ⅰ挡次之、Ⅲ挡最低；这样Ⅱ挡轮带处筒体中心会高于Ⅰ、Ⅲ挡轮带处筒体中心的连线，弥补窑头冷态下设计的翘起量，使三挡轮带都能与托轮良好接触。如果窑内温度分布是Ⅰ挡最高，Ⅱ挡次之，表现为Ⅰ挡托轮与轮带间的缝隙大于Ⅱ挡托轮与轮带之缝隙；这种缝隙变化，就会导致托轮受力变化，轴瓦受力当然也随之变化。此时如果不是Ⅰ挡托轮安装标高过高，或基础不均匀沉降，窑的操作就应先纠正窑内不合理的温度分布，只有在更正之后，若瓦温还高，再调整托轮也为时不晚。

窑筒体径向温差大也会引起轴瓦发热。

对来自窑筒体表面温度的热源，应改进托轮轴承隔热装置（见第 3 篇 3.1.5 节）。

(9) 轮带与筒体垫板间隙大时，轮带变形椭圆度加大，会引起轴瓦温升（见第 1 篇 3.1.4 节）。

(10) 液压挡轮上行速度慢且不均匀，下行速度偏快时，当一个托轮止推盘和轴瓦端部接触间隙小时，轴瓦便会发热（见第 1 篇 3.1.6 节）。

◎ 托轮异常窜动判断

(1) 用测温枪测量各处温度判断轴瓦发热类型。

轴端发热型：为保证窑筒体中心线不变，应调整与发热轴承同一挡托轮的斜对面的托轮轴承座，或内推或外移，取决于托轮轴的位置及所受力的大小或方向，以纠正轴线偏斜方向。如图 1.3.3 所示，当 3 号瓦轴端发热时，其受到的轴向力是向下，则推窑的力向上，如果将此轴承座外移，托轮就会更向上推窑，自身会继续承受更大向下的轴向力，发热会变得更严重，甚至造成翻瓦事故。此时正确的做法是：把 3 号轴承座内推，让向下的轴向力减小，但受到的径向力会增大。

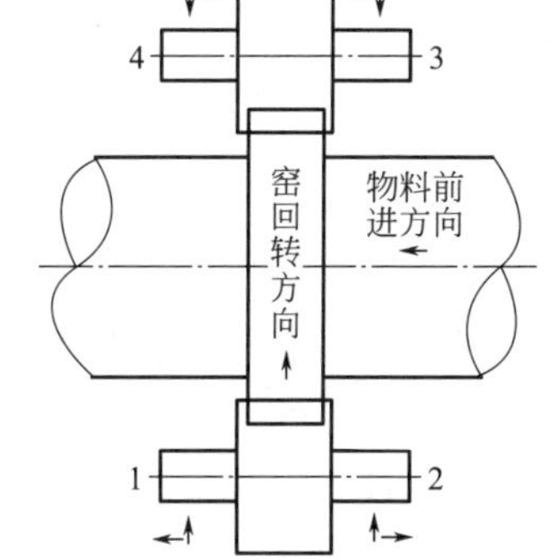

图 1.3.3 托轮调整示意图
1,2,3,4—不同测量位置

瓦面发热型：将发热的托轮轴承座向外移，以减轻托轮轴向力。

轴端与瓦面同时发热型：应以处理轴端发热为主，兼顾瓦面发热。

(2) 观察并记录轮带和挡块间的间隙，间隙在高端时，托轮对窑的作用力为向窑头方向；间隙在低端时，则托轮对窑作用力为向窑尾方向。

(3) 观察并记录托轮轴端止推盘与轴瓦端面间隙，判断托轮的受力情况。间隙在低端，托轮会将轮带和筒体推向窑尾方向；反之，间隙在高端，就将轮带和筒体推向窑头方向。

(4) 用略长于托轮宽度的 2mm 铅丝检验，经平行托轮母线旋转碾压后，铅丝呈矩形长条，说明托轮轴线与窑中心线平行；同时与其他托轮比较，宽度大的矩形受力较大，说明该托轮离窑中心线近；若铅丝呈三角形或棱形，说明两轴线不平行。

◎ 翻瓦原因分析

托轮翻瓦可能原因有以下几点。

（1）轴承座橡胶圈密封老化后，不能补偿磨损间隙，杂物进入轴承座内，沉淀在底部，细小颗粒被润滑油带入轴与瓦之间磨损，使两者接触角逐渐增大，瓦口与轴的侧隙减小，出现局部接触，引起轴瓦发热，窑电流升高。

（2）循环冷却水水质不好，在球面瓦冷却腔内形成污垢，影响轴瓦散热；且进排水压头小，水流速慢，冷却效果差。

（3）在安装刮研时，错误地对球面瓦内面用角磨机打磨，拆检时发现有异常打磨痕迹，破坏了瓦背与球面瓦内面紧密均匀的贴合，两者发生相对滑动，造成轴与瓦的摩擦力增大。

（4）外循环油泵安装中，错误地将轴承座排出口作为循环泵的进油口，造成原来沉淀的油污和杂质再次被抽起又淋到托轮轴上，加快、加重磨损。

上述前两条理由带有普遍性，说明托轮维护中要及时更换轴承座密封圈及改善冷却水水质；后两条是某瓦翻出的个因，安装中应当控制，并建议为托轮制作外循环油泵喷油装置（见第3篇8.1.3节“托轮外循环喷油装置”款）。

◎ 托轮调整方法

调整托轮是为了维持回转窑轴线的直线性，使窑体能沿轴向正常往复窜动，各挡托轮均匀地承担筒体载荷。理论上讲，托轮调整量包括：同一侧托轮的安装直线度误差；托轮及轮带的加工误差；窑体上行所需托轮的倾斜度。三者之和不应大于3mm。

用两种方法判断托轮推力：一种是观察托轮轴上止推盘（挡环）与大瓦的间隙。当挡环设于托轮轴轴端时，推力向上，则间隙保持在托轮轴头的下端（热端），上端应无缝隙。当挡环设于中间时，则缝隙应保持在上端（冷端），下端应无隙接触。推力大小应根据挡环与轴瓦挡圈接触处的油膜厚度判断。油膜少而薄说明推力大，油膜厚说明推力小。另一种判断是观察托轮轴承座的中心线与底座中心线的偏移方向。因为窑旋转时，托轮对轮带有作用力，阻止窑体下滑，轮带也对托轮有反作用力，为大瓦和托轮轴上的挡环所承受，上端托轮轴端部的挡环与下端设于轴头内侧的挡环，都能和大瓦的挡圈相接触。

具体调整托轮的方法：让窑体向上窜的调整，因窑在安装时已将托轮歪斜一定角度，在窑转动时，窑体下滑过大，说明此力不足以抵消窑体的轴向分力作用，此时根据窑的转向，适当调大一对或几对托轮的歪斜角，以增大托轮向上的轴向分力，使窑体上行。相反，如果窑体上窜力过大时，适当调小它们的歪斜角，减小托轮向上的轴向分力，窑体便在自重作用下下行。

在调整前，要全面检查正确判断，而且应先调上推力小的托轮，增大歪斜角，不要调整窑传动装置附近的托轮；逐步调整，每次只允许转动顶丝30°～60°，最有经验者也不能大于120°～180°，而且托轮的中心线歪斜不要超过0°30′；严禁调成各类八字形，使托轮迫使轮带在接触面上产生滑动而磨损，并消耗窑的动力，传动过负荷。

调整托轮时要注意以下几点。

（1）调整托轮时，操作人要密切观察受力及温度变化，不得离开现场。只有调整后温度下降，或维持温度不升，才能证明调节方向正确。要随时记录调整量及方向，并保存记录。

（2）一次调整量不宜超过0.5mm，每次调整完要观察30min左右，再决定下步调整方向及调整量。也不要只在一对托轮上调整，但尽量不动大齿圈附近的托轮。

（3）调整时不能停窑，但可以适当减料，稍减慢窑速。

（4）可在托轮表面涂抹润滑脂，但若用料粉会损伤轮带与托轮表面。

◎ “八”字托轮调整

发现轮带低端挡铁陆续被挤掉时，表明托轮是“八”字轮，轮带已异常受力，应尽快纠正。

调整托轮最大难题是：托轮瓦座顶不动，100t 千斤顶都无济于事，200t 空间又放不下。对此，一般是用手拉葫芦拉板子、用千斤顶顶板子或用吊车吊板子，三种方法各有利弊，最简易办法是用吊车，甚至可以无需松开地脚螺栓。但它的条件是要有足够大能适应转矩 20000N·m 以上的套口扳子套在大顶丝上。如果是小顶丝，且顶丝的六方是在顶丝中部，则无法实施吊车作业。此时只好借用 RSM 分离式油压千斤顶，它的体积小，顶螺栓的力量足够，又有过载保护。

调整前先在托轮瓦座侧面装一块百分表，用于准确记录调整数据。分别调整每个托轮，在顶托轮组低端瓦座时，推进量一次为 1mm，观察调整效果，当轮带与挡铁的挤压声逐渐减小、轮带与托轮低端的缝隙（原高端无缝隙，低端有缝隙）逐渐减小时，说明调整方向正确。当声音与缝隙都消失时，挡铁就不会再脱落了。

◎ 瓦衬端面磨损调整

当托轮止推盘与瓦衬端面间没有缝隙时，瓦衬端面一定受到磨损，且在油箱中看到许多从瓦衬上磨下的铜末。为判定托轮倾斜对筒体窜动的影响，可以用图解法、仰手律法、口诀法等，还可采用相对滚动法。若视轮带不转动，托轮在轮带上滚动，相对轮带就是向右窜动，而实际上托轮在轴向并未移动，说明是轮带和筒体向左窜动。有液压挡轮的窑，并不需要托轮向上顶轮带，为保证托轮中心线与窑筒体中心线平行，调整左侧托轮的顶丝旋紧 60°，右侧调整顶丝旋松 60°，尽管托轮中心线相对窑筒体中心线距离未变，但其倾斜角度减小了，意味托轮左顶轮带的力变小，止推盘对瓦衬端面压力也小了。经一天运行观察，再调整一次，止推盘离开了瓦衬端面 2mm。更换新油后，油内再未出现铜末。

◎ 巧换托轮轴瓦密封

为了在托轮与瓦座间的小空间中简捷更换轴瓦密封，将原来上、下部 8 个紧固螺栓中的 4 个（上下各 2 个），由 M12mm×35mm 普通螺栓更换成长 45mm 双头螺柱，先安装螺柱，有了定位，就容易使压盖及挡片上的螺孔与瓦座上的丝孔对中，后 4 个螺栓再装挡片、密封圈、压盖，就轻而易举。

另外，安装前要将密封圈切斜口，斜口朝向应与托轮轴旋转方向一致（图 1.3.4），即应偏向使紧固螺栓锁定斜口的厚唇一端。当轴旋转时将会在摩擦力作用下，密封圈直径有变小趋势，而使密封更严。

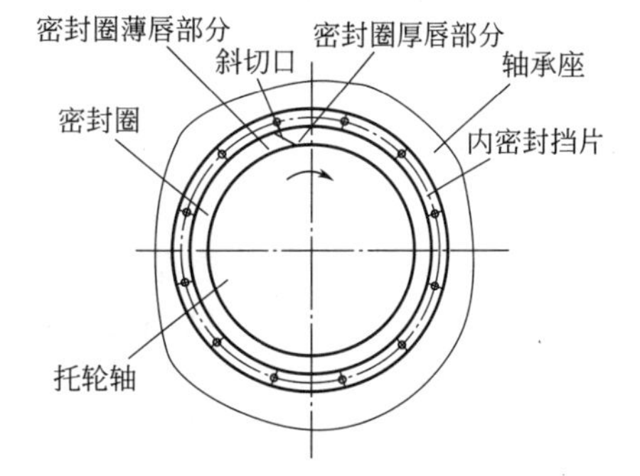

图 1.3.4　密封圈切口斜向与轴转向

◎ 托轮油封更换

托轮油封失效后就会漏油，其主要原因是托轮带水过多，当水位高过托轮轴颈时，就要腐蚀油封拉簧断裂，油封与轴颈无法紧密贴合。因此，适当降低托轮水槽水位，正常时无须存水，托轮侧面清理干净，防止此处挂水。

更换油封前，要先将轴颈打磨干滑；油封切口方向要正确（见上款），防止油顺着油封切口流出；在切油封多余长度时，掌握切除长度十分关键：切除较少，油封与轴颈贴合不紧；切除过多，切口处缝隙过大，会造成漏油。

◎ 冬季停窑水路维护

天寒停窑，要关闭托轮瓦进水管路的三通旋塞阀与进水口相接的接口，打开压缩空气接口，同时，关闭回水管路上的三通旋塞阀与回水口相接的接口，打开与排放口相接的接口。用压缩空气将球面瓦内冷却水排净，以防冻球面瓦等部件。长时间停窑，要将托轮轴承等处的齿轮箱内润滑油排净，若短时间停窑，要通过电加热器确保油温介于5～10℃之间。

◎ **托轮润滑要求**（见第1篇8.1.1节）

◎ **托轮外循环喷油装置**（见第3篇8.1.3节）

◎ **改进托轮轴瓦测温位置**（见第1篇10.2.1节“重视测点选择”条款）

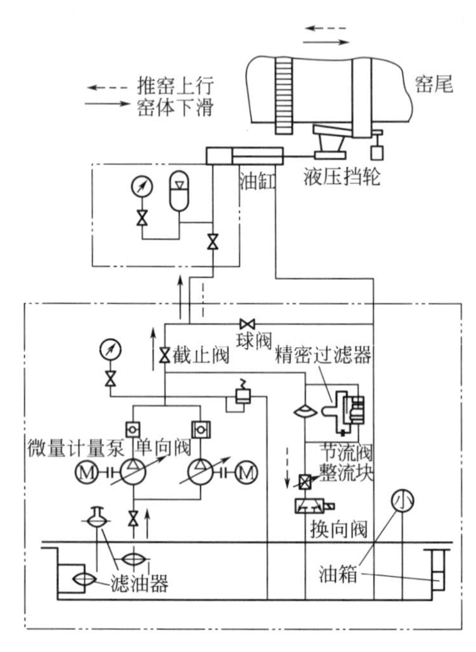

图1.3.5 液压挡轮及液压站

3.1.6 挡轮

◎ **防治运行故障**

大多数窑已采用液压挡轮装置，控制窑体上下正常窜动，该结构装置见图1.3.5。它需要及时发现如下故障并消除之。

（1）挡轮上下运行过快。正常窑体上滑速度应不超过2～3mm/h，若过快就会增大大齿圈与小齿轮间接齿面擦伤，两半大齿圈的结合面固定螺栓拉松，造成齿圈偏摆太大，加大齿圈磨损。当每一个上下行程周期快于8～16h，都是因节流阀整流块故障或循环油太脏，使整流块关闭不严所致。此时应更换液压油，清洗整流块，若整流块损坏，暂时可调整微量计量泵流量，或通过球阀人为减少流量。

（2）挡轮不上行。应先检查系统及管道压力表，若系统压力过低，可调节节流阀，若不奏效，表明微量计量泵损坏；若管道压力过低，则是管道系统或油缸漏油所致，应进行管道堵漏或维修油缸；若管道压力过高（≥10MPa），可能是托轮轴线歪斜太大，需要重新测量窑筒体和各支撑点受力状况，并调整窑和托轮中心线到正常位置。

3.1.7 窑口密封装置

◎ **密封装置种类**

窑头、窑尾密封状态常被忽视，因为漏风再严重也不影响运行，但实际热耗、电耗都遭巨大损失，远高于更换费用数倍，且窑口与其护铁都不可能长寿。

迷宫式密封。该密封结构简单，没有金属接触，优点是磨损少，但为适应径向和轴向筒体窜动和热胀冷缩，间隙不能太小，它只能在负压不大时，与其他密封方式结合使用。如在外围再增加一组弹簧钢板，紧贴在筒体上，且中间置入耐高温硅酸铝纤维毡，会取得较理想的密封效果。

石墨块密封。属接触式密封，是由弹簧压紧石墨块紧贴筒体实现密封，其结构简单，维修方便，对摩擦件材料要求较高。但此法摩擦件磨损快，检修频次较高，弹簧会因热辐射而老化。改进型是用杠杆式弹簧代替加压式弹簧结构。

气缸式密封。也属接触式密封，是借助气缸轴套施压在烟室端面上，靠专门配备的空压机为其连续供气，保证滑动摩擦板和固定摩擦板之间紧密贴合。但它时刻受到窑尾高温威胁，气缸在100℃左右就会失效，影响密封。如材质能耐受200℃才会好。

按照密封机理，可分为径向型密封及端面型密封。前者主要是叠片式密封（鱼鳞片）和石墨块密封两类；后者是由动摩擦块通过紧固件连接在窑头或窑尾筒体的法兰上，而静摩擦块用紧固件连接在窑头罩或窑尾烟室的法兰上，主要有气缸式和弹簧压紧式两类。无论何种类型，其密封效能都要建立在可靠的材料性能的基础上，如叠片最好是美卓公司产品，中间有陶瓷纤维夹层的双层叠片，决不能用1Cr18Ni9Ti简单实现密封；所用气缸性能，更不是国产产品所能达到的。若使用国内材料，只能开发用弹簧实现压紧式密封应用效果仍有待实践检验。

3.1.8 三次风管与闸阀

◎ 延长弯头寿命

正常情况下，含熟料细粉的三次风工况温度在750～950℃，风速在20m/s以上，且风向的突然变化，对该部位耐火衬料冲刷非常严重，短则2～3个月，长则不足半年，常常使耐火衬料磨完后钢板也磨透，造成三次风阀板损坏。为此，建议该部位采用耐磨耐火浇注料。

以前使用高铝浇注料、莫来石刚玉浇注料及HMS高耐磨砖等均未达满意效果。后改用JP-85超高强耐磨浇注料，它由刚玉及碳化硅组成，以水泥为结合相，并添加一定量的钢纤维；与此同时，在施工浇注中表面形成类似梯形高出的结块，凸起作用有两个：一是能使气流产生涡流，缓冲气流及其挟带的固体颗粒的动力；二是能阻止固体粒子运动，制止气流中颗粒沿着衬体表面磨滑。实践证明，这种材料与结构优化，可提高使用寿命三年以上。

对于三次风管设计中采用硬弯进入分解炉，弯头处浇注料再厚，都经不住两个月磨损。为此，在三次风阀两侧管壁上用废旧耐火砖砌筑挡风墩[400mm（宽）×200mm（厚）×1200mm（高）]，改变三次风对浇注料的冲刷；同时，将三次风管弯头外侧浇注料厚度由原300mm改为200mm，再在浇注料上用废旧硅莫砖砌出保护层，增加耐磨度。此措施经两年后停窑检查发现，挡风墩完好，三次风管弯头虽已磨损掉外层耐火砖，但浇注料仍未发生磨损，只需再重砌耐火砖即可。最好是设计时取消弯头，让三次风直通向分解炉。现在已有不少设计采用这种方案，不仅无弯头磨损之说，而且阻力减小。

3.1.9 清障设施

◎ 空气炮的布控

（1）实践证明有些位置无须设置空气炮。

（2）仍需人工清理结皮的位置，应当调整增加空气炮数量，或调整运行时间间隔及频率。如果控制系统能有较多通道，可不再用现场PLC控制，转移到中控室统一操作，并按控制单元需要重新组合。空气炮并非必要设施，如果预热器设计合理，操作得当，没有空气炮，也能完全不结皮、不堵塞。即便使用，也要讲究效果，因为无效吹入冷空气，浪费能耗，也不利于系统稳定。

◎ 高压水枪维护

NRJ15/50高压水枪使用与维护要点如下。

（1）控制使用水压。该高压水枪的额定水压为50MPa，但使用中高压阀调节到40MPa即可，太高或太低都会引起水泵跳停。操作中影响压力变化的主要诱因是喷头口径与阻力，口径磨损后压力变小，出口变形或堵塞时压力变大，枪头出水口径为ϕ0.3mm适宜。

（2）防止管道及软管漏水。要使用不锈钢连接头，管壁厚应不小于4mm；软管管壁厚薄均匀，有漏水时要及时更换，或截断后用压接头连接，否则影响水压。

（3）使用前，工作人员必须穿戴全套安全服；管道进入高温区前，应先通水；软管部位不应碰坏外保护层。作业中严防发生爆管。根据处理故障的距离远近，选用不同长度焊接而成的枪杆，操作中要小块剥离结皮，防止大块砸落到枪体。

（4）定时活动安全阀调节杆，避免被水垢锈住，起不到安全泄压的作用。

（5）水箱要保障供水，避免水泵因缺水抖动；停枪时，回水应回水箱。

3.2 燃烧器

◎ 点火油枪操作

点火油枪使用好坏，直接影响点火过程用油量。维护与操作油枪的关键是：为提高油枪的雾化效果，要关注三要素。

（1）喷油孔数量、面积与位置。当油孔数量过多或面积过大时，油雾中大颗粒油珠较多，甚至会在喷口滴油。此时，为维持火焰稳定，只能加大喷油量。为纠正此现象，可在停窑时，逐个用铝条封堵喷孔。可以先堵下方及靠近窑皮的喷孔，直到点火时喷雾效果改善为止。

（2）喷油泵油压以 0.5MPa 为宜。过高，高于风压；过低，会影响雾化效果。

（3）喷油口相对燃烧器位置，使油枪头部向燃烧器内部缩回 100mm，让喷出油雾不打在燃烧器给油通道前端内壁，最为合适。

操作中应先以压力 0.4MPa 给风，然后给油，油压最初控制为 0.4～0.5MPa，待油喷出后，再调至正常风压、油压。避免油喷洒到耐火衬砖表面。

◎ 燃烧器浇注料施工要求 （见第 2 篇 7.5 节“燃烧器上施工要求”款）

3.3 篦冷机

◎ 驱动轴密封装置调整

如果在篦冷机驱动轴与壳体间的密封装置中，滑动密封板、调节环与密封壳体间存在较大缝隙时，篦板下风室就会有熟料细粉，并在内部风压作用下，通过缝隙向外泄漏，使驱动液压缸下支撑轮和导轨间、活动篦床下支撑轮和导轨间、篦板间等部件磨损严重；同时，活动篦板梁与活动框架间、篦板间的螺栓松动、断裂；以及活动篦床跑偏等。

为此，将活动篦床水平度控制在 1.5mm 之内，控制调节环对滑动密封板的压力，让它与内侧密封箱板紧靠无间隙（图 1.3.6），是维护篦冷机的重要内容之一。

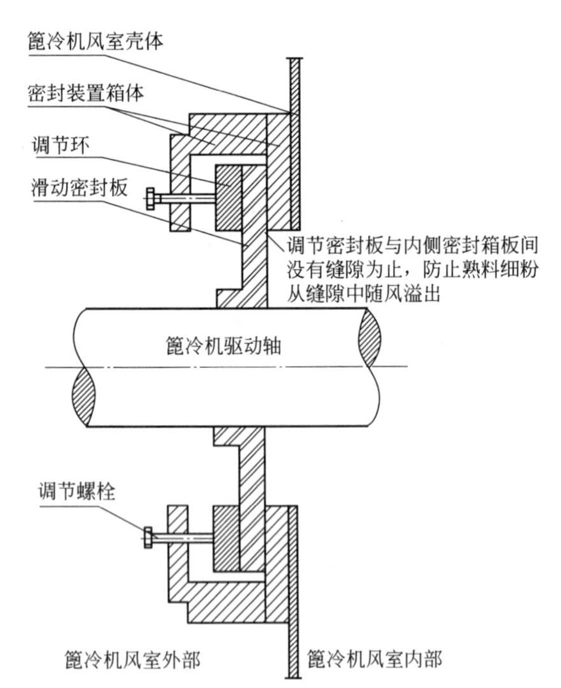

图 1.3.6 密封装置调节示意图

◎ 延长端护板寿命

当端护板经常烧损，更换频繁时，一定有下列情况需要处理。

（1）端护板固定支架已被熟料冲刷磨损，应将整个支架拆下，重新焊补修复或更换。

（2）端护板与第一排活动篦板的平面间隙，必须用垫片调整为 3mm，防止有料流形成。

（3）检查端护板的冷却风管不能被料堵死，清理堵料同时，还要防止冷却风机漏风。

（4）原端护板凸边从原 30mm，延长至 40mm。不仅减少与篦板端面产生缝隙的漏料，也有利于此处浇注料成形。

◎ **锤破失速报警**

篦冷机锤破时，经常会因传动皮带松动或断裂而失速，导致熟料在篦冷机内堆积压住，而不易被操作员发现。使用测速传感器可预防这类事故，即用强力万能胶将一块永久性磁铁固定在破碎机轴端边缘处，S极向外，将霍尔双极开关探头固定在距离磁铁8mm处锁紧即可。当磁铁随主轴同步转动时，霍尔效应便可探测到磁铁所产生的磁场，主轴转速变化就会引起磁通密度改变，探头就会发出开关量的脉冲信号，使频率大小能反映转速高低。

使用实践证明，它不仅可以反映传动皮带断或卡住大块（此时转速已跌至原转速2/3以下）；还可反映有大块熟料或窑皮出现（此时转速只减少不足1/3）。

◎ **辊破维护**

对辊式破碎机的操作与维护要求。

（1）恰当选择工作模式。当熟料为细料时，尽量选用低破碎模式，即只有一个辊反转模式；当熟料中粗料较多，甚至窑皮或大块出窑时，应选用高破碎模式。

（2）保证自动控制回路正常。自动回转循环程序将实现过载保护功能：当驱动破碎辊电机电流过大时，相关辊子应自动改变运转方向，将卡住的物料自动退出辊子间隙；若该程序反复多次而未解决，说明有异物在破碎机辊组内，必须止料停窑，停机人工清除，并确保预热器不会有物料冲下；破碎机顶部壳体上设置料位测量仪，以防破碎机上部堆有大量窑皮或窑砖，堵塞篦床；对破碎机下部输送设备故障也应有报警措施，以免堵塞而造成严重事故。

（3）停机时要及时检查辊套磨损情况。根据程度不同，可采用在线堆焊或离线修复，但要求通过焊前预热、焊后热处理消除应力；当辊套破损超过2h，必须立即停机维修。

◎ **篦床压死处理**

当发现篦床上因料层过厚，篦床驱动力不足而无法运动时，必须立即止料停窑，加强供风，保持下游设备运行；与此同时，尽量借用现场能用的孔洞，将高压风管、高压水枪等清障工具伸进料层，将过厚物料吹散，减轻篦板上负荷。处理时，动作迅速，间歇给风给水，观察效果；此法无条件或无效时，应尽快对控制传动行程的限位滑块进行调整，先减小其行程，逐步提高液压缸缸头伸出量，当篦床能有活动量后，加快活动频率，然后逐渐恢复行程，扩大战果；若此法仍无效，说明较高温度的熟料已结成整体大块，只有彻底冷窑，清干净预热器内存料并锁住闪动阀后，人工进入机内处理。

◎ **弧形阀自动开启控制** （见第3篇11.1.6）

◎ **自制熟料温度检测装置** （见第3篇10.2.1节）

4 输送装备

4.1 板喂机

◎ **质量验收条件**

（1）资料要求。质量检验项目齐全，报告完整，数据符合要求，包括外协件的检验。

（2）安全防护要求。对运转与移动部位应有全部防护的防护罩，包括液力耦合器、尾部轴承座的调整丝杠（可在侧面留出调节孔），防护罩上检查门应牢固、方便。

（3）结构外观要求。焊缝不能留有焊渣、焊瘤、药皮、毛刺、飞溅、咬边、气孔等；油漆不能有不均、挂流及过薄现象，尤其是隐蔽部位除锈与油漆，不能遗漏；导轨、链条不能有切割缺口、凹陷、毛刺、凸起等；所有应加的弹簧垫圈及垫片，不能有遗漏。

（4）运行要求。整体试车时，裙板间没有剐蹭和异常声响；头、尾轮与链条间没有啃咬现象；头尾部及裙板间不能漏料。

4.2 大倾角链斗（槽式）输送机

◎ **维护要点**

（1）避免料斗搭接处互相碰撞及剐蹭。及时修整料斗变形斗唇；及时更换因磨损延长的链板；紧固料斗与链板的连接螺栓。

（2）链斗运行跑偏。当两条板链长度相差过大时，可将左右板链部分链节对调或更换；头部链轮磨损后要修理或更换链轮轮齿；尾部张紧链轮要使尾轴与输送机纵向中心线垂直；调整回料溜子位置，以实现回料均匀；通过调整托架与轨道之间的垫片，确保同水平面上轨道高度一致。跑偏严重时，只有重新更换调整轨道、料斗及滚轮。

（3）滚轮不转动。保证轴承内润滑；清除滚轮与链板之间卡住的杂物；对不转动滚轮要及时换下修整清洗；已被磨出平面的滚轮要及时更换。

4.3 提升机

◎ **传动故障应急办法**

当提升机高速轴传动齿轮损坏等故障发生时，一般提升机都有辅传，可以临时采用辅机传动轴加装皮带轮的方法保证生产，在此期间，可对原主传动抢修。

◎ **返料缓解办法**

当发现提升机返料严重时，如果只靠减料、调节入磨粒径等办法，并不足以解决返料时，应该从严格控制下料口和接料板间隙着手；若还有返料，应尝试在原接料口下部 1.5m 处，增加一个高 900mm、宽 1500mm 的新接料口，用 ϕ280mm 的料管将此口接到的物料，直接返回 V 型选粉机（或其他设备），便可彻底解决返料现象。

◎ **斗提轴承测温技术应用**（见第 3 篇 10.2.1 节“无线测温技术应用”款）

4.3.1 钢丝胶带斗提机

◎ 钢丝胶带纠偏

现仅介绍两种情况：

(1) 欲克服 BW-G800/360 型提升机胶带的跑偏，在用轴承座下垫片找正头轮时，还要考虑两侧胶皮磨损的偏差量；同时，用角向磨光机对头轮两端胶皮打磨倒角。

(2) N-TGD630×86000 型钢丝胶带斗提机，当头轮包胶长期磨损使滚筒表面中部直径变小，而滚筒两端分别有一条相对磨损少的圆周带。当胶带跨上该圆周带上，就很难使它自动回到滚筒中部，严重时会使料斗碰擦提升机壳体。

此时利用斗提不停机状态，用手提砂轮，对滚筒高端表面磨削，如果用钨钢打磨碟、磨橡塑的专业磨轮，磨削时间可缩短为原来的 1/3 以下，而且只有正常运行速度才能保证磨削的均匀性。磨削时的安全要点是：以顺向小角度搭在滚筒面上，操作人员要戴好防护目镜和防尘等劳动保护用品，操作中要防止较大硬质颗粒掉入机体卡住分格轮。

◎ 更换钢丝胶带要求

(1) 钢丝胶带使用到期后要及时更换，而且是整体更换，与窑检修同步进行。

(2) 如果要分段更换，必须要确保新钢丝胶带的质量与原胶带相同规格，不能只看宽度与厚度相同，其中钢丝数量与直径对皮带强度关系极大，特别是内部钢丝的直径、水平方向的钢丝数量等，都应相同；对于钢丝胶带的接头要严格按照要求进行，将钢丝折回紧固，并按要求灌胶或铅，满 24h 后方能使用。

4.3.2 板链式斗提机

◎ NE 型维护要求

(1) 增加检查门。原设计仅在底部有检查下链轮的检查门，但无法检查提升机链板、料斗及销钉的磨损状态。为此，在便于检查的高度上，增设能关闭自如的检查门，门两侧有螺栓活扣与销子连接。并根据磨损速度，规定检查频次。

(2) 根据物料提升量的改变，及时调整张紧装置的配重。以便有效地保证提升机的张紧及上、下链轮平行度，防止下链轮跳链。为此，中控操作员增减提升机料量时，应当及时与现场巡检人员联系。

◎ 异常运行判断

当发现距地面 20～30m 处的壳体有异响时，如果检查确认没有跑偏，就应怀疑机尾张紧装置是否发生卡涩，即轨道与导套之间因有雨水从螺杆进入，加之粉状生料，便使该部件受潮生锈、卡住，使得张紧装置对胶带张力不足，促使胶带水平方向晃动，发生了与壳体碰擦的异响。只要检查浮动的机尾装置有无闪动，便可得此结论。处理起来相当简单，打开两侧检修门，松动导轨外侧固定螺栓，小心敲击导轨，用压缩空气吹扫，很快排除故障。但如能对露天提升机上方增设防雨棚，才是彻底防治方法。

(1) 有异声。机座底板与链斗相碰，可能是链条松弛；传动轴、从动轴键松弛，链轮移位，使链斗与机壳相碰，应调整链轮位置，将键装紧，或调整机壳垂直度；导向板与链斗相碰，需修正导向板位置；导向板与链斗间夹有物料，应放大机壳部物料投入角；轴承表现故障，需及时更换；大块物料在机壳内卡死，立即停机清理；链轮齿形变化，与链条配合不当，应修正或更换链轮，或调整链条。

(2) 电动机底座振动。电机本身的振动，要拆除后重找平衡；电机与减速机安装不同轴，需重新调整对轮间隙；电机底座水平度不够，需重新调整；传动链轮的安装松紧度不当或齿形不良，应对症处理。

（3）漏灰。机壳法兰部密封垫损坏或未装，更换新垫并涂密封胶，拧紧法兰螺栓；若物料投入的高差过大易起灰，应增加下料缓冲装置。

（4）输送量不够。物料若较湿、黏度较大黏附在料斗上时，应清除，并从防止黏附的措施上根除；如排料溜子堵塞，应检查堵塞处的溜子角度及溜子内径；修正料斗尺寸与间距。

4.4 FU链运机

对链运机的巡检主要是检查堵塞及链条跑偏的可能。

◎ 防堵措施

链运机运行中常见物料堵塞，即使安装过载报警器，但环境变化大，经常失效。若将链运机出料方的端面改为铰接活动端板，当物料过多时，自动将端板挤开，并加大接料口，就会解除堵塞。

◎ 防止链条跑偏

当轨道磨损后，会发生链条跑偏而停车。可在上方机壳上焊接长400mm的压板，与链条上方距离5mm，每隔5m一块，并在压板下面加废旧皮带，压住上链条，跑偏故障停车就可避免。

4.5 胶带运输机

◎ 运行故障排除

（1）皮带机跑偏调整。中部跑偏时，通过对托辊组在中间架上长孔的位置调整，皮带偏向哪边，该侧托辊就朝皮带前进方向移动；短皮带跑偏时，安装调心托辊组较为有效，但对皮带磨损较大；长距离胶带机容易分段跑偏，此时要加装自动纠偏托辊组；将托辊架固定螺孔改成长孔，多组调整托辊角度，可改善皮带跑偏程度；在改向滚筒前几组的下托辊上，从两端分左右旋向缠绕上ϕ16mm的钢筋，纠偏效果明显；驱动辊筒与改向辊筒不垂直于皮带机运行中心线时，会产生跑偏。应调整驱动辊筒，头部辊筒向皮带前进方向移，尾部辊筒相反；张紧辊筒轴线与皮带纵向方向不垂直时，也会跑偏，应对张紧装置调整，根据张紧方式分重锤张紧、螺旋张紧及液压张紧等类型，调整原则与前相同；落料位置造成跑偏时，来料落点应有一定高度，避免物料在皮带上有偏斜，可借助挡料板及导料槽改变落点；可逆皮带跑偏时，先调整好常用方向的跑偏，再调整另一方向。

（2）皮带机撒料处理。转运点处撒料，可检查导料槽挡料橡胶裙板的安装位置与长短，且皮带机不应超载运行；凹段皮带在设计中应取较大曲率半径；因跑偏撒料，按纠偏办法处理。

（3）皮带机压料处理。设计PLC控制单元，实行联锁保护，避免烧毁电机等故障发生。

（4）皮带打滑处理。根据不同类型张紧方式增加配重或增大张紧行程，若行程不够，可截去一段皮带重新粘接，或重新硫化。

◎ 钢丝胶带维护

胶带使用5年以上老化后，会出现鼓包及局部磨损，应及时修补，将鼓包切开，清理、冷粘，破损处用硫化枪粘补；对磨损较快的滚筒定期修复菱形花纹，增加摩擦力，延长胶带寿命；对胶带交接落差较大处，可对溜子加装分料板和缓冲板，改变下料方向，降低冲击力，还减少扬尘；随着季节变化，要根据热胀冷缩及时调整胶带张紧度，避免打滑磨损；当边缘芯胶脱落时，要及时将裸露钢丝截断，用修补胶将钢丝头与芯胶粘结住，避免钢丝缠绕到滚筒上，酿成事故。

◎ **自控检测要求**

胶带输送机虽是辅机，但因输送距离长，发生意外可能性大，故需加装如下控制仪表，在线检测，以防发生事故。

为预防输送机超负荷，使液力耦合器易熔合金温度升高而溶化，应该在耦合器内装设热电阻，对温度监控，且当油温达70℃时，设置报警，以便及时发现，并予以排查。

为防物料突然增加时，传动辊筒与胶带打滑摩擦，压死皮带机。此时电动机仍在运行，但胶带只是滑动，如不及时发现，很快就会摩擦着火，直到胶带断裂。如果将胶带机运行图标和负荷电流设置在主机操作画面上，电流显示及红色闪光报警都能随时提醒操作员。

在胶带输送机头部从动轮上设置速度传感器，也可随时发现胶带打滑现象，采取措施。

在头部安装监控摄像镜头，能清晰地反映胶带机工作实况，有利操作。

◎ **下料口增设缓冲板**

物料中如有黏性物料及纤维性物料时，就会经常堵塞下料出口，影响系统运转，并损坏胶带。只要在下料口处上方的壳体顶部加挂一个可以自由摆动的耐磨板予以缓冲，就可改变物料下落方向，不会让黏性物料堆积在机壳内造成堵塞，如在耐磨板下方焊上若干小钩，纤维性物料就被挂住离开物料，定时清理钩上物料即可。

◎ **拉绳开关安全**

拉绳开关随着皮带增长及使用时间延长，可靠性就会降低，因为它是常闭接点串联至控制回路，长皮带常因某个接点闭合不实，而又难以及时发现，经常采取将可疑拉绳开关短接措施，以减少对生产的影响，但却埋下了重大安全隐患。为此，在拉绳开关外部装上220V的指示灯或发光二极管，以明确显示有故障的拉绳开关，并及时更换，才能确保拉绳开关的安全作用。

◎ **防止下料口堵塞**（见第3篇11.1.7节）

4.5.1 托辊

◎ **托辊与滚筒粘料处理**

当胶带输送机输送潮湿物料时，皮带托辊及滚筒就会经常粘料，如不及时清理，势必影响胶带寿命，皮带跑偏也易发生。为此，工厂可自行制作螺纹托辊，即将三根ϕ6mm钢筋同时缠绕在普通平托辊表面上，再用电焊小段焊接即可，焊制时左右旋对称、螺距要相同，用割枪配合加热，用钳、压、敲方法使螺纹高低一致。加热时要避免损伤滚筒两侧的尼龙轴承座。这类单旋向螺纹托辊对称放置代替普通托辊的数量不必过多，仅放置在皮带头部、尾部、改向滚筒及张紧滚筒处，且应将螺纹旋向与皮带输送方向相反，使螺旋提升力朝向皮带中心，便能清理掉皮带表面95%以上的积料。

4.5.2 橡胶输送带

◎ **预防胶带撕裂**

（1）改进入胶带机下料溜子，将前端的直面改为30°坡面，增大溜子空间，让有类似篦条等长形铁件进入溜子后，可以顺利随胶带送走，而不再挂扯。

（2）在出调配站胶带上方安装除铁器，并配有监控摄像头，使中控操作员可以随时掌握下料状况。

（3）当除铁器与输送胶带为考虑加大磁性而安装距离过小，再加之下方托辊为槽型，使大型铁件吸出后无法排出，一端被除铁器吸附，另一端却成为划撕胶带的罪魁祸首。为此，下方的托辊改为水平型，并要求除铁器与胶带间垂直距离大于200mm。

4.6 空气斜槽

◎ 巡检要点

（1）投料前要认真检查斜槽内有无杂物，有无内漏风，检查门是否密封完毕，检查风机转向是否正确。

（2）如物料中经常混有不能流态化的块状物料，如碎钢球、铁渣等，应当在输送斜槽中加设气分式清渣器（图 1.4.1），可将这些杂物沉降在清渣器内，定时从出渣口排出。

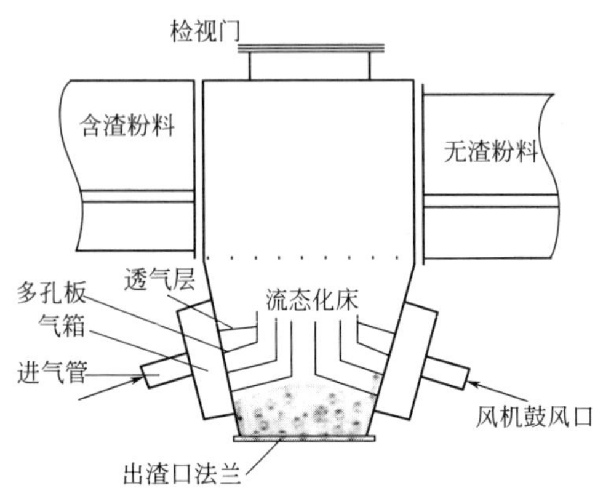

图 1.4.1 气分式清渣器结构示意

（3）当斜槽上游设备下料波动较大时，甚至有塌料情况（如旋风筒与下面的分格轮其间的密封条损坏漏风时），就会造成斜槽瞬间料量过大被“压死”。此时应对症解决引起塌料的原因。

（4）停机时应将头伸入内部检查及处理斜槽内的杂物、堵塞与漏风等。检查门的设置不能过小，并在进料口及每隔 3～4m 必须设一个长方形（而不是圆形）检查门。

（5）入槽物料中如常混有块状杂物，为避免斜槽堵塞，应增加对气分式清渣器的检查与除渣次数；有清渣器的斜槽，要加大用风量。

◎ 透气层破损处理

运行中发现斜槽有堵塞现象，且仅表现在刚开车阶段，待主机设备运转正常后，堵塞就会消失。此时应检查有无透气层破损，因为来料流态化后，其流速就能克服来自斜槽底部短路风的阻塞作用。停机找到破损位置后，清理斜槽风道内积灰，停止鼓风机，打开斜槽人孔盖，找到斜槽在除尘器下料管处常用的透孔接料板，在上缠绕三层除尘器滤布，紧贴透气层盖住漏洞；在透孔接料板两端，紧贴斜槽壳体分别压两根长 300mm，30 号角钢，将接料板固定；将角钢点焊在壳体上，不要烧坏透气层及滤布；开启鼓风机，透气层上凸，说明斜槽下风道内正常。

4.7 螺旋输送机

◎ 用于库顶入库要求

当用螺旋输送机作为多库库顶的粉料输送设备时，一定要考虑它在卸料时可能卸不干净，而将余料继续带向前行，最后在末端可能堵塞，造成设备或工艺事故。此时应当考虑用设备正反转控制物料入库，即在向第一个库入料时，螺旋输送机有可能只需反转即可，不会有料带入后面；在向末端库入料时，就改为正转。还需注意，过库下料口后面的绞刀叶片要反向。

4.8 料封泵

◎ 料封泵故障防止

料封泵是气动输送设备，虽然电耗较高，但在输送量不大，输送距离较远，工艺布置较难时，不失为技改应急的方便设备。但它对制造、安装与操作都有较高技术要求。

它对物料的输送原理是：在打开进料开关后，输送风嘴与喷嘴间产生了间隙，在主风管变径时产生负压，将物料吸入输送管内完成输送。如遇下述故障，可参照介绍排除。

(1) 料封泵及其上方有正压。如进料调节装置的开关位置尚未摸索合适，若均化进风阀门开得过大，此风进出料封泵需要平衡，一条风路随料从风嘴外部进入喷嘴，另一条风路向上，经料封泵进入料罐，当风嘴与喷嘴间隙过小时，成为正压；而且不能让即将送出的物料充分流态化，也易产生正压；如内外管间隙漏风，主风管伸缩部位是活塞式双层管道，内、外管间隙密封不好时，会增大均化用风，此处需要用黄油密封。

(2) 输送能力小。输送物料不只是罗茨风机要有足够风量与风压，还必须要有充足的物料能连续不断地自动注入主输送管道内。因此物料充分流态化，在流化区有足够正压；同时，主管道吸料区有一定间隙和负压，间隙越大，流态化程度越高，输送量越大。因此，操作程序是先送风、后送料，即先关上放料开关，将气体全部通过内风管后，拉开螺旋闸板，打开均化气流闸阀，让气体充分流化物料，再逐渐顺时针摇动调节装置手柄，使伸缩管后移，拉开风嘴与喷嘴间的距离，让物料自动注入出料管内，然后逐渐开大放料开关。反之，在关机时，要先停料、后停风。换库时先开空库、再关满库。

(3) 充气箱堵塞。防止雨水进入仓内，物料受潮结块，流化困难；充气箱底部滤布不能有破损，尤其是上方电焊作业的气割物，或有重物掉入砸坏滤布，使物料进入充气箱；支气管道应安装在罗茨风机出口的单向阀出气口后方，防止输送系统阻力突然增大引发物料倒流，进入支气管道内及气室；定期打开泵底的清灰放风阀清理内部积灰；每天定时将出气管道阀门打开，用高压风对充气箱内杂物进行清吹，可排除水分及异物。千万不要无根据地随意放大风机及送料仓，浪费电能及投资。订货要选择可靠制造商（见文献［5］），否则会反复多次修改，甚至成为废品。

5 动力与传动装备

5.1 离心风机

◎ **巡检内容**

检查联轴器是否有掉销；轴承响声、润滑、振动、温度是否正常；壳体是否冒灰、有无振动；地脚螺栓有无松动；运转部件有无摩擦声响；并核实现场保护装置能否正确反映负荷、振动、温度和润滑状态。

◎ **振动限值设定**

描述风机振动有 3 个参数值：位移、速度和加速度。它们分别表示设备位置变化的极限值、设备零件的变形能量与载荷的循环速度（即疲劳寿命）和惯性力的影响。国内外风机行业都以振动速度有效值（均方根值）作为风机振动的评定参数，现行标准都要向此过渡。

新安装的风机，应严格符合国家标准中的规定振动限值要求，越小越好。风机的支承分为刚性支承与挠性支承，即以风机固有频率是高于、还是低于工作主频率为区分，它们应分别≤4.6mm/s 和 7.1mm/s。

对运行中振动报警值与停机值的设定要适当：过高会使风机错过最佳检修时间；过低则会对风机过度维修。具体设定，需考虑如下因素。

（1）报警值为风机的基线值，即风机在稳定工况运行时多次测得的统计平均值，新安装风机可用振动验收值，待运转一段时期后，便可根据记录累积的参数数理统计建立。此值即使是相同型号风机，由于工作环境不同并不一定相同。

（2）停机值与风机的机械牢固性有关，取决于设备所能承受异常动载荷的特定设计性能。因此，同样设计的设备有相同停机值，并与报警值的稳态基线值无关。

（3）限值的选取不要滥用各类标准，如不应按照 GB/T 6075.3—2011 评价非旋转部件的振动标准要求，否则就会过分严格而无法进行。

（4）对于中小型风机，可适当放宽限值，如某斜槽风机的振动值达到 22mm/s，电机电流与轴承温度都正常。

（5）要善于观察风机振动变化，如突然超过正常振动值时，一定要查找原因，哪怕某设备故障造成的空气含尘浓度增加，都可能引起风机异常振动。

◎ **测振仪分析故障**

风机振动测点应在风机左右轴承及电机前后轴承四点，使用 HY-106C 工作测振仪，将各点测试数据送至设备点巡检管理系统中分析，利用振动参数变化特征、频谱图和时域无量纲指标分析法，便可很快从中得出故障来源及类型，采取对策排解故障。

◎ **液力耦合器常见故障**（见第 1 篇 5.8 节“常见故障与防治”款）

◎ **降低风机噪声**（见第 3 篇 6.4 节）

◎ **风机启动困难**（见第 1 篇 9.4 节）

◎ **风机轴承测温联锁改进**（见第 3 篇 10.2.1 节“风机轴承测温改进”款）

◎ **热继电器分流改造减少跳闸**（见第 3 篇 11.1.5 节“热继电器分流改造”款）

5.1.1 叶轮

◎ 降低磨损措施

辊压机系统循环风机叶轮磨损寿命较短时，应从如下方面考虑。

（1）改善风机工作介质条件。当作为介质的空气带入风机的粉尘粒径较大时，就会加快对叶片的冲击磨损及磨粒磨损；物料硬度越大，磨蚀性越快；含尘量越大，磨损速度越高。当辊压机挤压效果较高、磨辊压力较大、能及时更换磨损的磨辊时，粉尘颗粒对叶轮的磨蚀能力就会降低；提高风机前旋风筒的除尘效率，避免漏风，就可减少进入风机的粉尘量。

（2）正确调节风机的风量与风压。当使用变频手段调节风机转速时，应完全打开原风门的开度，降低阻力；尽量压低风机转速，获得合理风量与风压。

（3）提高风叶材质的耐磨性，如使用复合耐磨钢板等。改善风机结构，减少粉尘对风叶的接触，不但延长风叶寿命，且提高风机效率，降低电耗。英国豪顿华风机比现有国产风机效率高 20%以上，已为不少企业选用（见文献 [5]）。

◎ 转子不平衡振动防治

当风机振动排除了轴承座刚度不足、滚动轴承间隙过大或损坏、风机轴与电机轴的同轴度、轴弯曲度大小、联轴器连接不同心（轴向振动较大）、平直度偏差过大、轴径不圆、叶轮变形、地脚螺栓松动（垂直方向振动较大）等制作与安装原因后，就应是转子不平衡所致。

转子不平衡引起的振动特征是：振动稳定性比较好，对负荷变化不敏感；振幅不随负荷增减而变化，但随转速增高而增大，振动频率与转速频率相等；振动值以水平方向为最大、轴向很小，并且轴承座承力轴承处振动大于推力轴处；振动值与偏心质量、偏心距成比例；双支承风机，径向振动大于轴向，水平振动大于垂直；悬臂支承风机，轴向振动等于或大于径向；空心叶片内部粘灰或个别零件未焊牢发生位移，测量的相位角值不稳定，其振动频率为工作转速的 30%～50%。

引起转子不平衡的原因有：叶轮叶片的局部腐蚀与磨损；风机翼型空心叶片局部磨穿进入飞灰；叶轮上平衡块质量与设置位置不对；检修后未进行动、静平衡；叶轮强度不足造成叶轮开裂或变形、叶轮上零件松动或连接件不紧固等。这些原因多为气流中粉尘不断冲刷叶轮，或氧化皮在高温气流中不均匀脱落所致。应设观察孔随时观察这些变化。

对于叶片表面结垢脱落不均衡的防治，可采用面对叶轮叶片径向方向，安装若干高压水喷嘴，沿风机轴向为两排，且成一定角度，利用风机停机时，慢转叶轮，开启高压水泵，对叶片高压喷水冲刷，并让污水能从壳体底部排水口排除，风机开启后，便吹干壳体内水分。某风机检修中，仅对叶轮两端轴径向加橡胶板密封，同时对上部外壳体补焊。但开车后发现振动加大，经分析此次检修纯属为上部壳体作业，却将壳体内壁粘挂的结皮碰落，且不能均匀地撒到叶轮叶片上，局部增加叶轮重量，破坏了动平衡。因此，略降转速继续运转，让积灰在转动中自动清除。果然 20min 后，振动恢复到原状态。

若系统塌料引起振动，需查堆积物料的原因与位置，予以消除。

轴承损坏引起风机振动时，必须坚决更换（见第 1 篇 5.9 节）。

5.1.2 阀门

◎ 两类阀门故障检查

气动截止阀气缸损坏时，阀门就会卡在某一位置，此时表现下料减少。气控电磁阀元件多，易损件多。当 PU 管漏气或过滤器堵塞都会使气压低甚至断气；线圈松动、电磁阀及控制线路故障，都会导致电磁阀失灵，无法控制气控阀工作；而气控阀也会因活塞或密封圈损坏，使阀内窜气；限位螺钉掉落，螺栓孔会漏气；控制气路还可能接反。因此，每个元件质量都须可靠，坏了必须及时更换。

电动流量控制阀最常出现的故障是，阀门卡住不动，或阀位与中控显示不符。检查阀门，除观察管路上的压力表之外，还有一个可靠的笨办法：在各管道电磁阀后的充气管道上，增装与管径一致、相对可靠的手动阀门。通过依次开、关各手动阀门，观察各线路的原有阀门是否得到准确控制，凡与手动阀门控制效果不一致的阀门，都表明有问题，应在更换之列。

◎ **百叶阀维护**

百叶阀在使用中常发生如下情况：粉尘凝固在阀门叶片上，增加阻力使进风量减小，风机电流降低，甚至使阀片难以转动，无法调节；阀门叶片磨损严重，无法关闭严实，风量处于漏风失控；部分叶片无法打开，或因转轴锈蚀，或因阀门连杆长度不适（安装不当或运行中受力不当）。这些情况经常无人留心，实际已为企业带来损失。

为此，转轴需定期加油润滑；叶片上需用耐磨陶瓷片防护。此外，还需精细调节每个叶片的连杆长度，及时清理阀门叶片上的积垢（必要时设置人孔门），风机变频调速后应拆除阀门。

5.1.3 电动执行机构

◎ **调试要点与力矩调整**

（1）AI/M1 系列（带红外线手操器）的电动执行机构，调试时“现场”、“中控”、“阀门实际位置”三种状态中，应以现场的实际位置为准。

（2）使用电流加速和中断功能时，要适时修改信号死区的控制大小，防止执行器振荡。

（3）当出现开、关方向堵转，可手摇或重新设置开/关限位，消除堵转。

（4）当显示“电池电量低、阀位丢失”时，就更换电池并重新设定开关限位。

（5）当显示“位置错误”时，应检查接线输出端子是否同时存在开关限位信号，并修改内部预留触点通道，或接线端子予以消除。

（6）当主电源丢失后，内部电池仍可供记录阀位用电，但不向背景灯和阀位指示灯供电。

（7）电池电量低时，执行器仍可正常使用，当外电失去时，阀位将丢失，再供电时，需重新设定供中控操作的相关参数。

（8）设置执行器开关限位时，阀门一定要处于全开或全关位置，防止执行器振荡。

5.2 罗茨风机

◎ **启动困难原因**

用罗茨风机送煤粉等物料时，每次停止之前，应让风机适当延长数分钟，确保管道里存有的煤粉等物料吹净，避免受风的负压影响，使未送完的煤粉回流，造成下次开机困难。如果在输送管道靠螺旋泵一端加一只单向阀，将有利于防止煤粉逆流。

5.3 空气压缩机

◎ **正常使用维护**

（1）重视空压机周围空气的洁净与低温，加强对入口空气的过滤保障。在出气后，还应在冷干机前后分别配置过滤器，除油精度分别为 0.1mg/m^3、0.01mg/m^3，除尘精度为 1μm、0.1μm。定期清洗与更换过滤器，达到其精度要求。

（2）储气罐应配自动排水器，保证气罐内少含冷凝水，管道低点应配良好的排水阀，并定期放水，不只是为保证压缩空气质量且节能，而且是冬季防冻所必须。当环境温度高于 4℃时，应使用冷干机连续工作除去水分，温度低时要停运；否则要配置吸附式干燥器。入冬前应清净储气罐中油泥。

（3）配变频电机，以便按使用需要，根据压缩空气用量调节转速。并应选配空压机智能控制系统，减少空载与爬升耗能（见文献 [5]）。

◎ 油冷却器防堵措施

当水冷空压机油冷却器堵塞严重时，将会导致空压机轴承温度过高。而堵塞原因常是冷却塔等处脱落下的材料、循环水池的杂物、沉淀淤泥及结垢。为此，在进水管道上加装网孔为2mm 的筛网，过滤较大杂质；装置除垢剂的测定装置，不断对内壁的结垢清洗；加装增压泵，适当提高冷却水循环速度，避免污物在冷却器沉淀。

5.4 水泵

◎ 缩短启动时间

为减少水泵启动时间，满足空压机冷却用水需要的紧急启动，需特设计一启动用的灌水装置（图 1.5.1），由 ϕ114mm 管道及阀门组成，在启动泵时向泵内灌水。灌水装置的 4 个阀门正常时均关闭，如开启某台循环水泵，迅速打开该泵对应阀门，使循环水池补水环管到泵进水管形成通路，由水塔提供一定压力的水，强行由此向泵内灌水，以减少泵排气时间。当泵正常工作后，关闭该阀门。增加灌水装置后，泵启动时间由原 25min 缩短为 4min。

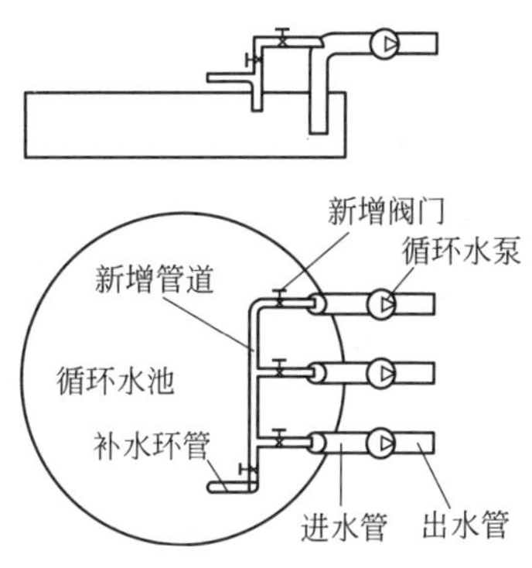

图 1.5.1 灌水装置循环水泵系统

5.5 液压系统

◎ 工作原理

以辊压机液压系统为例。液压系统是为设备提供稳定的挤压力，还在出现故障及检修时提供退辊压力（图 1.5.2）。只有熟悉了液压系统工作原理之后，才有可能在系统发生故障时，准确分析原因，有针对性地处理故障。

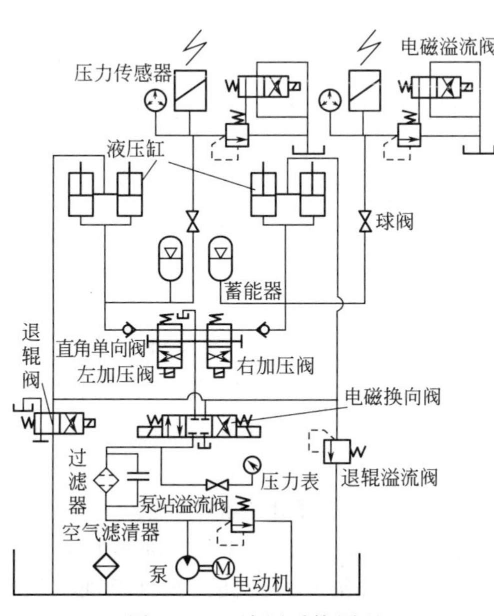

图 1.5.2 液压系统原理

五类工作油路。进油为：油泵→电磁换向阀带电右位接通→液压缸上腔；回油为：液压缸下腔→球阀→常闭型先导式电磁溢流阀带电打开→油箱；加压为：油泵→电磁换向阀带电左位接通→左右加压阀带电打开→单向阀→液压缸下腔、蓄能器；当辊压机退辊后，液压缸上腔油→退压阀→油箱；紧急卸压为：液压缸下腔、蓄能器→常闭型先导式电磁溢流阀带电打开→油箱。

各阀压力设定值为：系统压力设定 7MPa，压力上限 8MPa，下限 7MPa，上上限 10MPa，过高自动卸压；泵站溢流阀 10MPa；退辊溢流阀 3MPa；电磁溢流阀 8MPa；蓄能器 5.5MPa。

◎ **压力控制调节**

现场液压站加载油压分停磨油压、启泵油压、停泵油压三种，应重视这三个压力值的调节，只有正确启停，才能为立磨提供合适的压力工作区，提高磨机效率。原磨机制造厂对PLC程序已设立此功能：当压力升到停泵油压时，液压站油泵停；压力降到启泵油压（停泵油压信号必须提前消失）时，油泵启动；如果压力一直下降到停磨油压，则立磨联锁跳停。现场调整理应遵循该要求，特别要做到：为阀加压后，阀泄压有一定区间，在调整停泵油压时，应在油压上升时调整；调整启泵油压时，应在油压下降时调整。

◎ **液压油泵自控**（见第3篇11.1.3节）

◎ **系统科学维护**

运行三个月内的检查要求：对新的或大修后的液压系统，要注意运行后液压泵、管路振动和声音，从中发现受负载、气泡、杂质、润滑、温度的影响之处；检查液压油、管路、液压缸、各控制阀的温度变化及与室温关系，掌握冷却系统是否正常；分析液压油油质有无劣化及水分；检查压力表指针摆动和控制阀稳定性；每周检查过滤器堵塞状况，并判断系统受污染程度。

液压设备启动时，应先点动，再启动；根据气候，应先进行无负荷运转10～30min。

对压力阀和流量阀的调整应在掌握说明书要求后谨慎进行。

运行三个月后的检查，是关注设备各部件的老化与磨损进度：即检查油质变化，必要时应清洗整个系统，去除残留油液及污染物。

运行一段时间后，当发现中控给定值与现场显示偏差较大时，在确认液压部分正常后，应检查各电气控制柜上安装的接线端子是否振松，导致比例阀内放大器内部电控部分出现偏差。凡遇到停磨机会，应紧固接线，对应比例电流，及时校对调整放大器内的电位器，标定零点和量程。

避免设备在高温下长期运行，以延长泵及控制阀、密封件的使用寿命。

（1）减小液压管路压力损失。控制液压管路中吸油管内流速小于1～1.2m/s，压油管小于3～6m/s。压力高、管路短、黏度低时取大值，反之取小值；减少管路长度和局部阻力个数。两个局部阻力间的距离应大于$20d$（d为管道直径），避免相互干扰形成阻力；管道内径合理，没有过流断面突然扩大或缩小现象。

（2）正确维护与使用液压油（见第1篇5.5.4节）。选择各种润滑油脂时，要选低温黏度较低型号油脂。

（3）降低系统运行温度。不仅延长油液使用寿命，而且可以减少冷却设备投资。

（4）减小外泄漏量。密封材料抗磨性好，元件内表面光洁度和精度高，装配中无毛刺，防尘。

（5）设备较长时间停机时应及时卸压。如果让液压系统始终处于保压状态，必然会降低液压系统中诸多元件的使用寿命。如立磨张紧装置、回转窑的液压挡轮、辊压机及篦冷机在长时间停机时都有卸压要求。但对短时间停机，不必对液压缸油缸卸压，否则反有漏油隐患。

具体卸压步骤如下。

① 停机后关闭油泵电源时，并不等于油缸上腔内的油放出。如果设计未考虑中控室内卸压操作，则要在现场电气控制室或液压站进行。电气控制室可自动完成操作，在手动换向阀处于工作位置时，将电磁换向阀通电，待油缸油压为零时，卸压完成；也可关掉触摸屏电源，在液压站用手动换向阀直接卸压，但最好采用自动卸压方式。

② 要注意开车前的复位操作，即卸压阀必须关闭到位，不能发生漏油。

③ 回转窑在停窑后如果处于上行时，需要在液压站处，将截止阀打开，油缸腔内的油便可回油箱，压力为零后，再关闭截止阀。当窑位为下行时，油缸腔内的油可自动返回油箱，不需要再进行任何操作。

莱歇液压系统由磨辊液压站、环和连接管路、带有皮囊式和活塞式蓄能器的液压缸组成。日常维护应定期更换空气滤芯、取油样化验、检测蓄能器氮气压力；检查液压管路接头的渗漏油，根据需要紧固；勤清扫液压仓内卫生，防积灰过多使电磁阀线圈短路、烧毁；定期更换油过滤器滤芯，将滤筒内清洗干净，新滤芯放进滤筒内注满油后，方可安装滤筒；安装的蛇形皮囊是防止矿渣或灰尘粘在活塞杆上，但半年要打开皮囊，用毛刷清净活塞杆或液压缸出口周围的粉尘，再用白布蘸上酒精轻轻擦洗表面积垢后，将皮囊两头扎紧；检查辊位的接近开关，防止松动误导油泵。

5.5.1 液压缸

◎ **维护要求**

（1）准确调整液压缸活塞与缸盖、缸底间隙。新辊压机两辊间隙为 15mm，活塞与缸盖、缸底间隙分别为 20mm、40mm，但在辊面磨损及重新堆焊辊面后，由于辊子尺寸变化，为保持辊子原始间隙，就需采取磨损后减薄或堆焊后增厚挡块的办法，且控制幅度应在 10～15mm。这种及时调整，有利于缸体与活塞间运动始终保持较长轴向移动距离，延长缸体内磨损部位的使用周期，有利于提高缸体寿命。

（2）及时处理液压缸的内漏油。这是指液压缸内工作油腔与非工作油腔之间的泄漏，但在加压与静止状态时，不表现为泄漏，也不为压力表所显示。可在停机时，拆开非工作油腔的回油管，再开启辊压机，看活塞杆移动时，有无漏油，即可判定有无内泄漏。该泄漏较大时，会影响系统稳定，纠偏加压次数增多，加速阀件、油泵磨损。

◎ **加压不保压原因**

当拆开液压缸检查时，发现 Y 形密封圈翻转，而且是无杆腔与有杆腔的两个方向密封圈都翻转时，就要考虑是否因密封件尺寸、缸筒失圆、沟槽加工及表面粗糙所致，尤其是在更换新的合格密封圈之后，仍有因翻转泄漏现象时，一定是密封沟槽表面尺寸与精度，或缸筒内孔形状、尺寸公差出了问题。必须重新制作活塞。

5.5.2 阀与密封件

◎ **节流阀开度**

每套液压系统一般有三个节流阀（辊压机为左右两套），根据作用不同，要求开度不同。加压节流阀是用于检查时调节流量的，所以，一般工作时应全开，在检查阀门泄漏时只开半圈，检查完仍要全开；减压节流阀用于调节减压速度，工作时只开 2 圈；与蓄能器组成回路的节流阀，是系统的稳压装置，一般要求左右开度一致，以打开 6 圈为宜，在某侧间隙变化大时，可适当调小此侧开度。

5.5.3 氮气囊

◎ **压力设定**

氮气囊一般有三种状态的压力设定：p_0 为预充气压力；p_1 为最小工作压力；p_2 为最大工作压力。设备厂家根据原材料特性和设备能力预先对其计算设置，p_0 应为 $0.6 \sim 0.9p_1$，且$\leqslant 0.25p_2$，以维持氮气囊更长使用寿命。当原材料易磨性能好时，并不需要过高的研磨压力，因此氮气囊预研磨压力就应该降低。如石灰石易磨性好，立磨的研磨压力仅有 6MPa 就够了，可使 p_0 从原来的 4MPa 降低至 3.5MPa，就不会发生氮气囊破损。

立磨蓄能器是液压系统的稳压装置。如果氮气压力低，起不到稳压作用，系统压力及间隙就会波动大，尤其是刚投料、止料时，甚至会因间隙差大而跳停；如果氮气压力大到与工作压力接近，就会产生振荡现象。一般应为工作压力的65%～75%，即在5.5～6.4MPa范围内，并以取低值为宜，也不宜高于预充气压力。

◎ **蓄能器温度异常原因**

当动辊左右侧蓄能器温度差异较大时，原因之一是：油缸的工作状态不同，有泄漏的油缸因不断有冷却油补充，会比无泄漏、自循环的油缸温度低；原因之二是：蓄能器充的氮气压力不同，偏高的一侧已接近预加压力，当系统再加压时，只能有少量油液进入，该侧间隙变化速度要慢，动作次数也少，当然温度就低些。为调整此温度，应重新调整两侧气缸的充气压力、节流阀开度，情况就会好转；也可利用停机，将液压系统压力泄为零，让储油回到油箱冷却后，再重新启动，高温一侧就会下降。

5.5.4 液压油

◎ **油质选择依据**

一是遵照液压设备说明书中的要求品牌，尤其是进口设备；二是根据液压元件的类别、系统压力、工作温度、工作环境和经济性等因素选购油品。购油一定要以确保设备安全稳定运行为标准，在此条件下，也可选用国内质量过硬、能够替代国外品牌同等性能的液压油。

为满足环保要求，在可降解的合成油及不可降解的矿物油中，如选用矿物类油，更换下来的油不能随处倒掉，而应降级使用在一些不重要的润滑位置。

合理选择液压油的黏度：黏度过高，虽可使泄漏减少、容积效率高，但内摩擦阻力增大，管道压力损失增加，机械效率降低，并导致泵的自吸能力下降；黏度过低时，与上相反，同样效率也低。当天寒使液压油黏度≥1000m^2/s时，液压系统就不易启动，应选用低温抗磨液压油，如L-HV及L-Hs等型号；低温会使油品中的水分凝固，并附着在阀的零件或滤油器表面上。

◎ **正确维护油质**

(1) 保持液压油清洁。即使添加合格新油，也无法满足系统NAS9级要求，仍应过滤净化，过滤芯等级为3～10μm；确认符合管路安装要求和安装后的冲洗要求（见第2篇5.5节“管道清洗”款）；建立定期化验制度；当系统压力无法保持时，伴随阀芯长时间通电，电磁线圈发热，应检查油缸有无絮状物或化纤物存留，卡塞在比例阀的阀芯上，阀无法动作到位。

(2) 初次运行或检修油缸后，使用前要排尽空气。避免形成气穴，破坏流动性，并会出现局部高温，使油变黑，且易使与该油接触的金属产生疲劳。

(3) 加强巡检。发现漏油及时处理；检查加压油缸的防护罩，如有损坏要及时更换，以保护油缸的防尘密封圈不受损伤；定期换油并记录台账：第一次为三个月，以后每半年更换一次，以排除因工件磨损腐蚀及油液氧化，使系统内部生成残留物。

(4) 在处理阀件故障时，应在卸压后进行，避免液压管道爆裂伤人。

◎ **液压油温度高的原因**

一般原因有：液压泵通风不好；油箱电子温控器损坏；油冷却器结垢或堵塞；溢流安全阀设定压力比泵的设定压力低；循环油和回油过滤器已有脏物，液压油是经旁路管回油；冷却器损坏；冷却器脏等。上述所有原因中，唯有溢流阀压力过低的隐患难以被发现。因为溢流压力越低，就越无法达到泵的设定压力，使油泵控制流量的斜盘处于最大斜角，油泵则一直以最大流量输出，电机就长期处于最大负荷工作状态，回油量大，从而导致油温升高。对其技改是根本降温措施（见第3篇5.5.4节“液压站降温改造”款）

◎ **油管防漏油**

液压油管常因液压缸往复运动冲击而开裂漏油，焊接工作量大，且漏油损失也大。用高压胶管代替原焊接弯头，两端焊接高压活节，开焊漏油问题便迎刃而解。

◎ **防止液压油站过度加热**（见第3篇11.1.1节）

5.6 减速机

◎ **启动要求**

当辊压机跳停后，重新启动前应该用人工盘车，让辊间残留物料全部排出，通过人工盘车可判断减速器存在故障，尤其是运行异常时停机检查后，更要人工盘车，而且必须让减速器输出轴转一周，还可反向旋转，看转动的灵活程度。如有阻卡，不得盲目开机尝试，而要仔细检查，排除原因后方能开机。

◎ **RPG型维护**

根据RPG减速机特点，较难检查存在的隐患，故日常维护分日、周、月三级定期形式。

日检查内容：检查齿轮箱油位、油温（温升）；观察油泵和冷却水、润滑油路、通气帽；观察辊压机电机的电流、辊压机磨辊压力；观察减速机轴端是否漏油，是否有温度过高。（润滑油及轴承温度分别超过70℃、80℃时，应停机检查）；自制专用听筒，检查减速机每级传动有无异常噪声。

周检查内容：清洗过滤器，同时注意润滑油油质，如有铁质杂质出现，必须停机拆卸后，送专业厂家维修；通过输入端、输出端防尘盖上的接头式压注油杯添加润滑脂；检查各螺栓连接处是否松动。

月检查内容：拧紧齿轮箱各连接部位螺栓和锁紧盘螺栓，防止松动；检查扭力盘支撑摆动是否灵活；检查冷却器是否需要清洗。检查上一次换油时间，发现油质突然变脏、变质、乳化等，停机检查其原因，并更换新润滑油。

对重要减速机，必须在油路上安装压差控制器，以及时发现油路有无堵塞；并在油站出口装电接点压力表，并合理设置最低油压报警点。定期检查仪表可靠性。

◎ **大型减速机研轴判断**

当减速机轴与相配伍轴承内圈发生相对滑动时，轴就会发生磨损，称为“研轴”。为了及早发现研轴现象，保护轴的安全运行，绝不能依靠打开端盖用塞尺测量的方法，判断有无研轴。最有效的方法是：打开轴端盖，在轴端与轴承内圈之间划好粗细不同的连线标记，如图1.5.3所示，运行一段时间后，再开端盖检查，如果此标记线已经错位，不在同一条直线上，就表明研轴已发生，此时运行中也会发出间断杂音。

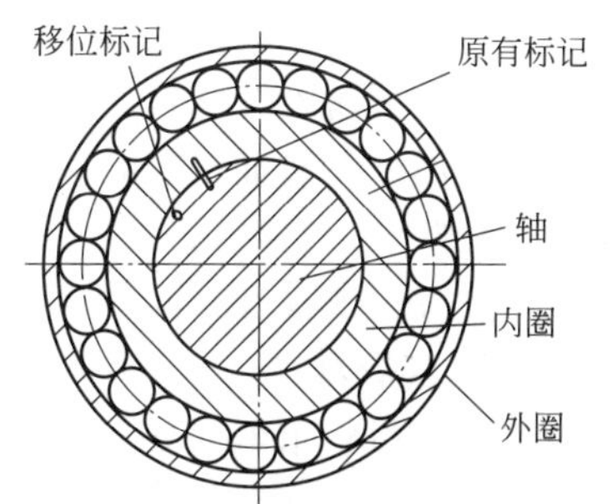

图1.5.3 用标记移位判定研轴

◎ **轴承升温诱因**

当检修更换齿轮时，一定要充分考虑减速机运行升温的膨胀性，如果安装时未预留足够间隙量，尤其是对当地环境温度差及最高工作温度考虑不足时，就会导致高温时轴向游动间隙不足而升温，这种升温又进一步加剧膨胀，成了恶性循环。

某窑大修后，刚投料不久就发现轴承温度达95℃，且减速机上部透气孔冒烟，只有减慢窑速，温度才回落到55℃。重新核算二级轴膨胀量后，决定在线处理，加大间隙，将二级轴靠窑尾端的闷盖压盖螺栓均匀退出1.0mm，拆除原安装时0.2mm铜皮垫，并清净，再制作0.7mm调整垫，在垫子上将各螺栓内侧一次性剪成开放性插孔，把调整垫平均分为两半，回装此垫，将剖分接口留在水平位置，以免接口漏油。处理后恢复窑速运行正常。此处理须有各种应急手段，动作迅速，轴承不能有大幅游动，防齿轮副打齿。

◎ 油温过高原因

正常运行中，如果发生油温突然升高现象，应查找原因：检查减速机有无异常噪声，尤其是轴承有无异声；检查润滑站过滤器是否有堵塞，是否需要清洗；检查进出水温差，一般进水应小于 30℃；检查热电阻接线是否松动，所测温度是否属实。

◎ 漏油原因分析

相当多减速机都存在或多或少的漏油，且管理者不以为然，或表现为无能为力。然而，现代减速机完全可以按照以下要求防止漏油发生。

（1）要重视消除减速机的内外压力差。因减速机箱内随着齿轮相对摩擦发出累积热量，造成箱内温度逐渐升高，压力随之增加，飞溅在箱体内壁的润滑油在压差作用下，从缝隙向外渗漏。为此，可制作油杯式透气帽焊在盖板上，孔盖加厚至 6mm，透气孔直径为 6mm，实现机内外压力均衡。回油时可通过油杯加油，减少漏油机会。

（2）疏通润滑油回流通道。在轴承座的下瓦中心开一个向机内倾斜的回油槽，且在端盖直口处也开一个正对回油槽的缺口，让齿轮甩在轴承的多余润滑油沿一定方向流回油池，不在轴封处积聚，减少漏油可能。

（3）采用新型密封材料。静密封点处的泄漏，在结合面可采用高分子密封胶，运行中还可用表面工程技术的油面紧急修补剂黏堵。

（4）认真维护与检修。油封件不可反装，唇口不可损伤，外缘不可变形，弹簧不可脱落，结合面不可留有污物，密封胶不可选择不当或涂抹不匀，加油量不可超过油标刻度，油品不可过高追求黏度，存在问题不可不及时更换。

（5）减速机安装要达到精度要求。凡减速机底座螺栓松动者，都会加剧减速机振动，加快高、低速轴孔处密封圈磨损而漏油。

（6）不可购置设计不合理或加工粗糙的减速机。凡有漏油记录的减速机品牌，在制造商未找到成功使用记录者之前，即便价格低廉，也不应轻易购置。比如：结构中采用油沟、毡圈式时，因毛毡补偿性能极差而使密封损坏；油沟上回油孔极易堵塞而无法回油；制造铸件未进行退火或时效处理，存在的内应力必使间隙变形后发生漏油；铸造存在砂眼、夹渣、气孔、裂纹等缺陷是漏油来源；加工精度不足也会引起漏油等，都为先天产生漏油的原因。

当发现减速机输入轴轴头出现摆动，就会破坏骨架油封唇口，一定是轴承间隙过大，此时，应当拆下输入轴承端盖，通过加调整垫，减小轴承轴向间隙，提高输入轴中心精度。

当发现因骨架油封长时间在轴头上摩擦，磨出一条小沟槽时，轴端也会漏油。此时可躲过沟槽，改变密封唇与轴颈接触位置；或用 AB 组分的 LOCTITE 轴面修复剂对沟槽处修复；或为密封位置单独设计衬套更换。

◎ 发现异常表观

当发现齿轮箱密封处有锈水流出时，表明齿轮箱内部有锈蚀现象，检查密封橡胶圈外观并无损伤。停磨检查，从外在看：减速器底座位置防潮板发生大面积锈蚀，板下多有积水，表明该防潮板安装时未涂防锈漆，未焊死，有水分进入；与轴瓦接触的外层盖板上部边缘密封处锈蚀，但靠近边缘环带并无锈蚀现象，说明水分不是从减速器中部腔体进入，但锈蚀已发生在减速器密封内部或轴瓦处。从内部看：吊出中间两层盖板，均无明显锈蚀现象，说明齿轮箱内部尚好；吊出外层盖板，发现迷宫密封环槽间锈蚀严重，盖板底部与轴瓦接触处亦有锈蚀，轴瓦侧面也有局部锈蚀。此时最大可能是安装持续时间较长，尤其磨机位于炎热多雨、昼夜温差较大的地区，安装也不注意密封，比如对防潮板不进行防锈漆处理，又未焊死，导致雨水进入齿轮箱内结雾，使润滑油内含有较多水分。这些疏漏极大威胁齿轮箱正常运行，必须及早处理（见第 2 篇 5.6 节“锈蚀分析处理”款）。

减速机未在轴承座上加装温度传感器和智能温度变送器时，只凭稀油站的正常运行，并不能保证轴承与齿轮的正常润滑，更不一定能保证减速机不被烧毁。某减速机因分配润滑油的油管断裂，使润滑油泄漏而酿成大祸的事实表明，必要的检测仪表应配备齐全，对大型减速机最好配备在线滤油装置，随时检测与观察油质变化。

◎ **推力瓦移位的操作**

HRM 立磨减速器推力瓦是铸合体，瓦体 35 钢，表面是巴氏合金层，材质是 zehsnhb11-6。它的移位会造成高压油表压力异常，有高有低；减速器推力盘与减速器外壳的间隙不一，推力盘高低不平。这有可能是磨内进入金属，磨机振动，工作缸压力失重、失衡、不保压或缸裂及磨辊断裂所致。为此，运行中要做到以下几点。

（1）操作中要尽量避免磨机振动，一旦发生必须尽快采取对策。

（2）运转前应开启 4 台高压油泵 10min 以上，保证推力瓦与磨盘间形成稳定等厚的油膜。

（3）巡检检查稀油站油箱温度，低于 20℃时，开启加热器，并间歇开启低压油泵进行热循环，泵出口压力要高于 0.25MPa，监测油路过滤器的差压信号。规定推力瓦油温在 25～75℃间，不得超过 85℃；并记录每个高压油管的压力值（空载 1.5～3MPa，有载 5～12MPa），瓦的压力值 3～6MPa，遇异常应及时处理。

（4）停机时，要检查工作缸装置，磨盘清料后，如磨辊直接与磨盘衬板接触，抬起磨辊，将限位丝杆向下调 20mm，将磨辊再次放下，核实磨辊与衬板间距离后，将螺帽拧紧。

（5）为保护径向瓦，减速机行星架与输出法兰的内六角螺栓在初始运行后的第一个月必须拧紧防松，三个月后要再次拧紧，并在后续运转中定期检查。

◎ **使用转矩信号检测技术**（见第 3 篇 5.6 节）

◎ **重视轴承润滑**（见第 1 篇 5.9 节）

◎ **立磨润滑站维护**（见第 1 篇 8.1.1 节）

◎ **润滑油冷却要求**（见第 1 篇 8.1.1 节）

◎ **减速机润滑油选择**（见第 3 篇 8.2 节）

5.7 联轴器

◎ **膜片式的巡检**

对膜片联轴器的巡检中，发现膜片联轴器跳动量过大或有异常响声时，要及时停机检查。如发现连接螺栓有松动或断裂，说明膜片已断裂，必须更换膜片，甚至更换联轴器。否则，联轴器轴向窜动量过大，就会引起主电机轴瓦发热乃至烧瓦。

◎ **输出端轴承发热原因**

引起输出端轴承发热的原因有：电机、耦合器与主机三者同心度超差；冷却油系统堵塞油路不畅；轴承损坏等，更不能疏忽联轴器膜片厚度不均或间隙量大所带来的危害。膜片的安装距离应严格设定在±0.50mm 以内，最小可考虑到±0.20mm，只有对中数据严格，才有利膜片的使用寿命。

◎ **联轴器振动的手段**（见第 1 篇 10.2.3 节“测温枪测联轴器振动”款）

◎ **尼龙销断保护电路**（见第 3 篇 11.1.8 节）

5.8 液力耦合器

◎ **漏油危害**

液力耦合器分调速和不调速两类，调速液耦是控制泵轮和涡轮之间的油位实现丢转调速，而不调速液耦的油位不会改变。但如果液力耦合器有漏油现象，油位就会下降，其转速也会跟着下降。若此时液耦带动的是提升机，随着转速变慢，料斗内物料就会增多，且物料因甩出速度变低、无法甩净。两个因素叠加后，就必然导致斗提电流不断增加；同时，由于液耦丢转，涡轮和泵轮与油之间产生位移摩擦，油温必然上升，最终导致易熔塞熔化喷液。因此，对液力耦合器漏油绝对不能坐视不管，掉以轻心。

◎ **常见故障与防治**

当大型风机调速选用液力耦合器时，常会发生出油温度高及供油油压低两类问题。

出油温度高的原因：液耦不适宜在输出功率低区域长时间工作，此时发热量大，出油温度就高，因此操作启动风机要避免低速段运行，尽快提到600r/min以上，特别是要避开比转速0.667（相当于990r/min）最大发热点，即使风机振动也不应降低转速，而应排除振动诱因。其他原因还有：冷却水不足或冷却器结垢或积炭而冷却效果差，运行一段时间后，可以用专用的积炭清洗剂清洗；油箱内油位过高产生热量；因堵塞，使供油量不足，无法带出液耦的热量。

供油油压不应低于0.07MPa，低于0.05MPa报警，低于0.03MPa停机。导致油压低的原因是：滤油器堵塞、油泵故障、转动外壳漏油、溢流阀失效泄漏及转动体泄漏等。应采取的措施做好设备密封，防止杂物或粉尘进入润滑系统中；检修后的油箱及油泵一定要清净杂物，可以通过多次试开机提速，再拆除滤油器检查清洗，直到无杂物黏附于此，方能正式开机；要及时更换因高温而变质的液压油。

◎ **防爆炸措施**

在同时不符合下列条件时，就会出现液力耦合器内传动油体积急剧膨胀，使壳体炸裂。这种炸裂不但使设备毁坏，而且铁片横飞对周围人员及设备都是重大威胁。

（1）液力耦合器内传动油加的过满，超过80%。绝不能因为怕漏油造成缺油，且加油位置高，就一次多加些。而应当努力防止耦合器漏油（见第3篇5.8节）。

（2）主机负荷突然增大，表明主机内因有异物（如大件金属件）而卡住。此时，必须停机将异物取出，并清理掉机内所有积料。然后再开车，如果启动仍困难，则不能急于重复启动，清理阻止启动的障碍。并等待传动油冷却后再启动。由此可见，重视金属件清除十分重要。

（3）提升机传动逆止器未保持完好，不能定期检查，损坏了也不修复。提升机维修过程中，若发生倒转飞车事故，同样会造成传动油高温。

◎ **防易熔合金熔化**（见第1篇4.5节“自控检测要求”款）

5.9 滚动轴承

◎ **保护立磨磨辊轴承**

介绍不同立磨情况：

（1）ATOX型立磨设计用密封风机防止灰尘进入辊子轴承，当该风机负压低于2.5kPa（25mbar）时，磨机会自动保护跳停。但此类故障原因很多，需逐一排除，如进风口滤网堵塞，风管脱落，取样管脱落或接头折断，窄V带打滑等，这些机械故障均可在立磨停机时排除。但并不能排除操作不当原因，因为立磨循环风机负压会抵消密封风机的吹风量（抵消量与密封风管出口位置及风压取样管位置有关），此时应增加入磨吹风量，以补偿该压力损失。即在开磨物料进入立磨的瞬间，将循环风机的排风开到90%，并将入磨热风门全开，启动磨机主电机，将入磨物料稳定在磨盘上，开启喷水阀门，确保出磨风温低于130℃。另外，当磨辊磨损后，密封风机压力也会下降，此时入磨热风门全开，冷风门全关，循环风机回风全开，且出口风门开85%，进口风门开95%。这类操作应与窑操作密切联系。

（2）当密封风压报警时，MLS立磨不应运行，这是防止磨内粉尘窜入磨辊轴承的保护性措施，此时应检查风压不够的原因并及时排除。其原因有：一是风机本身压头偏小；二是风管有漏风处；三是管道与磨辊连接处密封环已坏或没有。

（3）MPS5000B立磨在更换磨辊与磨盘衬板后，密封风压如果变低，原因是磨辊位置升高、料层增厚，带动活动立管位置上升，使上端伸入到固定密封管道内，高压空气便从上升的球形密封外侧缝隙中泄漏，使磨辊密封风压降低。此时略提高磨辊张紧压力10Pa（仍小于设计允许值180Pa），磨辊密封风压就能升高，达到正常运行要求。

◎ **振动发展规律监测**

滚动轴承在使用中表现出很强的振动规律，并且重复性非常好。在开始使用时，振动和噪声均比较小，但频谱有些散乱、幅值都较小，可能因制造过程存在缺陷，如表面毛刺等所致。运行一段时间后，振动和噪声维持一定水平，频谱单一，轴承状态非常稳定，进入稳定工作期。运行到使用后期，轴承振动和噪声开始增大，有时出现异声，但振动增大的变化较缓慢，此时，轴承峭度值（峭度值表示轴承工作表面出现疲劳故障时，每转一周，工作面缺陷处所表现的冲击脉冲越大，冲击响应幅值越大，故障越明显）会突然达到一定数值。此时轴承表现类似初期故障，需对它严密监测。此后，轴承峭度值又开始快速下降，并接近正常值，而振动和噪声开始显著增大，其增大幅度逐渐加快，当振动超过振动标准（如ISO2372标准）时，轴承峭度值又开始快速增大，当超过振动标准，峭度值也超过正常值时，轴承就进入晚期故障，已临近抱轴、烧伤、保持架散裂、滚道、珠粒磨损等故障发生，需要及时检修，更换轴承。掌握此规律，对滚动轴承的振动监测、预防故障十分关键。

◎ **重视轴承润滑**

减速机内轴承与齿轮啮合面共同润滑时，当油压处在允许下限，或油站与减速机高差较大时，会增大轴承的润滑阻力，造成轴承润滑不足，若发现轴承内、外圈有点蚀，不要轻易以为是轴承自身质量。继续疏忽就会造成严重胶合，继而轴承碎裂，并卡坏若干齿轮，酿成重大事故。这种润滑不足，往往因观察口被齿轮盘遮挡，难以发现。为此，安装冲击振动传感器（见文献[5]），将是最早发现轴承异常的工具。

在二级平行轴处应加装该轴温度监控装置，当发现轴承温度较高时，应考虑润滑油管移位或堵塞，进而导致冷却油量下降。此时可对该轴承位置淋油，向油箱补充冷油，让油位能浸没到该轴承高度。

根据季节更换润滑油品种，夏季用N320中负荷闭式工业齿轮油，冬季用N220，上述两种同品牌油品可调配，以求黏度适应环境温度，减少从透气帽漏油。观察油质清洁程度，判断减速器磨损状态；从油温与动定辊轴承温度差，可判断运行正常与否。

◎ **处理轴承轴向漏油**

当高速轴承密封轴向漏油时，应检查轴承座密封方式，如为填料密封，用油浸石棉盘根或羊毛毡，当压盖压紧力过大或不均匀、且轴承转速较高、轴颈与轴承发热温度较高时，它会过快磨损而漏油。如果用骨架密封，效果虽好，但更换麻烦；若用剖分式骨架油封，每个需200元以上；现建议用5元/个的骨架油封锯开一条直口，将断口朝上装入轴上，再将唇口弹簧加装好，用原压盖将油封置入轴端盖内，效果极好，不仅密封廉价不漏油，而且轴承寿命提高一倍以上。

◎ **提高油封密封效果**

对轴承密封一是为防内部润滑介质泄漏，二是为防外部灰尘或水分进入，两者都直接影响轴承的使用寿命。辊磨的磨辊密封因是动态密封，虽转速较低，但通过接触式密封达到零泄漏就更难，一般选用油封形式，具有耗材少、重量轻、拆卸容易、占空间小、密封性能好、使用寿命长、成本低等优点。它是通过其唇口与轴接触面间存在一层很薄的黏附油膜，既可对液体介质密封，又可起到轴与唇口间的润滑作用。

为提高密封效果，油封应选用氟橡胶制作，以适应磨辊的高环境温度；一般为组合设计，采用主副唇相配，副唇防尘。对使用油封的轴应满足：提高接触辊轴的表面光洁度，*Ra* 在 0.8～1.6 之间；严格控制与油封接触位置的轴、油封座尺寸公差及相关同心度；提高轴径表面硬度至 HRC50 以上，或加轴套；在油封座和轴肩处应有 15°～30°的倒角，便于油封装卸。

安装油封时，应在唇部涂抹锂基润滑脂；对于组合油封，应按一定顺序组装，使其性能相互补充，外唇要有润滑功能；连续 200～300h 需更换一次油脂。

◎ 保管要求

大型轴承在库内应平放，且做防锈处理。若站立存放会引起变形，或发生锈斑，都会严重影响使用寿命。安装好密封的磨辊存放时，要将磨辊装置大头向下，使磨辊轴垂直于地面，使密封圈受力均匀，不会变形影响效果。

◎ 立磨选粉轴承测温设计（见第 3 篇 10.2.1 节）

6 环保设备

6.1 袋收尘器

◎ 维护要求

（1）开机前应检查全部气路系统、清灰系统和输排灰系统，关闭人孔门并密封；接通压缩气源、控制电源，启动清灰系统，启动输排灰和锁风装置及必要的加热装置。

（2）确保清灰用压缩空气质量。清洁、干燥、无油水，喷吹压力稳定。

（3）对脉冲阀工作状态严格监控，及时更换无效的脉冲阀。

（4）严防冷空气进入使局部结露腐蚀，必须严禁人孔门、盖板漏风、漏水等。

（5）检查系统各阀门工作状态正常，尤其卸灰锁风阀不能停止工作。

（6）润滑各输排灰机械装置，严格按规定进行。

（7）检查校准各检测仪表，尤其是压差计，对有粉尘排放处，及时查找原因排除。

（8）停车后，应将冷却水和压缩空气冷凝水排除干净；切断配电柜和控制柜电源；长时间停车应取下滤袋。

◎ 收尘节能

特别是大型袋收尘，欲降低其自身能耗，主要有以下措施。

（1）合理选择过滤风速。过滤风速过低时，同等过滤面积所能处理风量会小，即收尘器体积要大，袋子数量多。但过滤风速过高时，不仅对滤袋磨损加快，要选用高质量滤袋，增加成本；而且增加系统阻力，消耗更多能量，故以过滤风速 1m/s 为宜。

（2）清灰间隔时间适宜。清灰压力过高及频率过大，会消耗更多压缩空气，威胁滤袋寿命，应以达到收尘效果追求最低耗气量，操作中应观察收尘器进出口压差，以小而稳定为宜。

（3）减小进入的烟气含尘量。当进入收尘系统的烟气粉尘浓度过高时，收尘器工作负荷加大，势必要求清灰频率及清灰风压增大，增加耗能。

（4）烟气温度不能过高。当排出废气温度提高时，尤其是生料磨或煤磨停车时。此时窑废气体积增加，不仅处理废气量加大，且排风机电耗增加。废气温度在 110～120℃间为宜。

（5）降低系统漏风。采用内换袋结构，使人孔门及灰斗底部锁风阀密闭（见下款）。

（6）尽量减小系统结构阻力，不论是风道连接，还是阀口变径都要减小弯头及管道阻力。注意每个气室阀门的关、开程序要正确。

上述措施表明：提高收尘效率与耗能两者并非不可统一，只要重视降耗，提高收尘效率及配件寿命并非难事。为节能，应选用引射式脉冲袋收尘器（见第 3 篇 6.1 节和文献 [5]）。

◎ 漏风分析与防范

漏风率是反映除尘装备整体性能的重要指标，一般不应大于 3%。主要漏风部位是顶部人孔门、反吹风阀门、下游卸灰和回灰设备、壳体漏焊等处。漏风不仅影响窑系统有效风量，清灰时设备冒灰，且增加运行阻力，还会增加设备内壁结露，易形成糊袋、设备锈蚀。

为防范漏风，在设计与安装中，要确保壳体有足够强度与刚度，优化安装程序，消减累计误差，让焊接中少产生变形及应力；做好人孔门、反吹风阀门及系统下料器及与输送设备连接管道及检查门等处的密封；对脉冲喷吹压力要适当，过大压力清灰，不仅滤袋易坏，而且自身就是增大漏风。

◎ **阻力影响因素**

袋收尘阻力的高低直接影响除尘效率及风机能耗，也影响系统的生产能力及设备自身寿命。它由机械阻力和过滤阻力组成，一般对过滤阻力重视，对滤袋质量及清灰效果关心，而忽视设计与订购配件所决定的机械阻力。作为收尘器整体阻力，应控制在1200Pa以内。

机械阻力包括：结构阻力指进出风道截面尺寸（风速高、阻力大，8～10m/s为宜）、风室数量、均风装置及锁风、检修门密封（不漏风）和设备保温；进气形式有下进风与侧进风两种，后者阻力小、效率高；清灰气动元件阻力，即脉冲阀和进、出气阀门气缸的阻力大小。

过滤阻力包括：过滤风速，允许高风速时阻力大，滤袋磨损快，但节约空间与滤料。针对不对粉尘特性及滤料特性，确定风速允许范围。粉尘特性主要是浓度（通过预收尘降低）、粒度（细粉阻力大）与湿度（湿粉阻力大）；滤料特性是指透气性大小，与粉尘粘接性，好的阻力小，但排放浓度易高。应选覆膜、超细纤维、高密面层滤料。清灰效果，主要依靠合理的电气控制装置，使阻力降低。它包括清灰顺序、清灰周期（取决于脉冲宽度和脉冲间隔时间）、喷吹压力（在线或离线）的合理组合（见第3篇6.1节“整机优化设计”款）。

◎ **降低阻力的维护**

（1）正确调节电气控制装置。出厂时均设定了脉冲阀的开启时间、间隔时间，电磁阀的关闭时间及间隔时间等，但在生产中均需根据烟气粉尘浓度、压缩空气压力、滤袋材质、清灰效果及脉冲阀性能等条件，进行必要调节。就以喷吹间隔时间为例，出厂时均设置为5s，但可在2～30s间调整。所以，需对每台收尘器逐台调整，以达到消耗最少压缩风量、维持系统最低压差的节能效果。

（2）稳定压缩空气压力在0.2～0.4MPa范围内的定值上，既保证清灰质量，又不浪费能耗、提高滤袋寿命，保证压缩风质量。清灰顺序逐室进行，但每个袋室都应采用间隔喷吹，确保气包补气及时。

（3）要定期检查更换配件质量，当脉冲阀膜片老化或磨损时，不但浪费风源，还会影响喷吹效果；若控制脉冲阀的电磁阀不工作，或长时间得电不断开，都会导致清灰异常，甚至气包及储气罐压力为零；出气口阀故障时，阀板密封不严，引起二次扬尘，阻力增大；气缸电磁阀动作故障或限位失灵，则该过滤室无法有效清灰。

◎ **气箱收尘故障**

（1）阻力过大。一是因为多个气箱室打不开，或是气缸压力过低，或是将“开”与“关”装反，造成应有的过滤面积减少；二是滤袋积灰过多，未清干净，当尝试增大用风时，清灰周期相对太长，再加之风压不足，新收尘器最初的调试，主要关注此现象。

（2）结露糊袋（见下款）。

（3）排放超标。滤袋口与花板孔的配合不严；风道内导流板与两侧板的焊缝有孔洞或开裂；滤袋上有孔洞或撕裂，或质量欠佳。

（4）内部构件严重锈蚀。因烟气中SO_2高、水分高，且烟气温度过低形成酸腐蚀，或有漏风使冷空气进入，结露锈蚀。为此，新设备要选择耐腐蚀的沥青漆或耐高温的耐温漆，袋笼要采用喷塑加工。凡所有防结露糊袋的措施都有利于防腐。

（5）集灰斗堆料或堵塞。当除尘器进出口压差过大时，应及时检查灰斗回转下料器及各灰斗温度，温度偏低时要检查下料器是否堵塞、灰斗内是否有结壁现象，并及时敲打，对于煤粉收尘，必要时要停机断电，打开小检修门清料。

在灰斗内加装均风板（图 1.6.1），每个室灰斗采用分布叶片，实现一次均风，保证含尘气体均衡进入各个滤袋，并让大颗粒下降到灰斗；在内加装 4 条 L 形均风板和 2 条 I 型均风板，使气流向下流动达到最小限度，并有一组叶片使气流向上流向过滤区域，达到二次均风的目的。

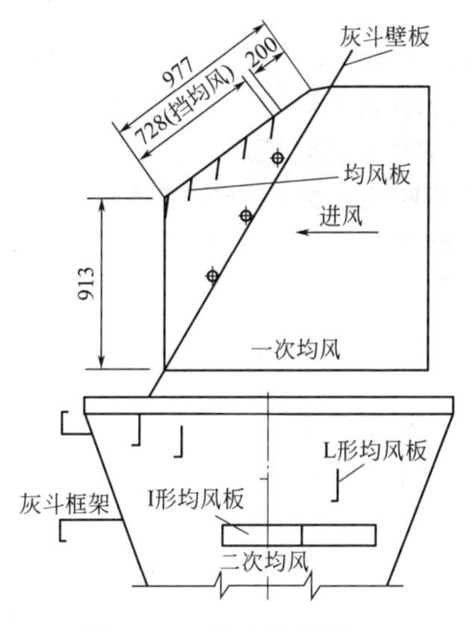

图 1.6.1 灰斗均风板一、二次均风示意图（单位：mm）

◎ 结露防治

结露是袋收尘运行的大敌，不仅易使滤袋堵塞，收尘器壳体腐蚀，而且大多数滤料会与水反应而水解，降低寿命。因此，收尘必须避免气体中水汽析出饱和水凝为水滴。

（1）控制烟气露点温度。控制首要条件是掌握变化中的露点：在大型收尘器上应装设露点仪随时监测；或用相对湿度仪检测相对湿度计算；或测得气体湿含量查表；还可巡检过滤室内壁有无水滴，卸出灰尘是否结块等症状，确定结露与否。应严格控制烟气温度高于露点 30℃ 以上，凡小于此差值，就要找出改善烟气温度的措施。通过自控装置正确调节烟气温度，且进、出热电偶安装位置正确后，可降低袋收尘所选安全系数。

为降低除尘器的漏风率，除加强密封措施外，除尘器不要在高负压状态下运行，设计零压面应选于除尘器中部；除尘器保温层外应使用薄铝板或彩钢板，进出口温差应小于 30℃，必要时增设加热器，或蒸汽加热管；尽量减少主机开停次数，即使欲停车时，对除尘器也应有必要的保温措施，排灰装置也应待积灰排尽后再停。

（2）减少烟气含水量。工艺上要尽量少的引入水分，减少增湿用水量；点火阶段，用油烘窑时，废气应从点火烟囱排出；对压缩空气中的含水量应严格控制，不仅对过滤器的三元件随时保证有效，而且有必要在管道中装设单独的干燥器，必要时，将冷冻式及吸附式干燥器组合使用。

为减少结露，应选用引射式脉冲袋收尘器（见第 3 篇 6.1 节“引射式清灰”款）。

◎ 烘干收尘维护

当发现矿渣立磨运转数月后压头变大时，应考虑废气水汽与烘干热源中气体腐蚀性，已使袋笼与滤袋粘在一起的可能，尤其周边袋笼更为严重。因此，应选用防腐有机硅涂料的袋笼，并重视除尘器的保温层要有足够厚度，防止结露。同时，提升阀密封圈及压盖密封条都应使用耐 150℃ 的密封材料，并定期检查更换已损坏的密封件。

凡有加热设备的袋除尘器，都应在开机前 2～4h 开启加热器，停机后也不能立即停止，在完成清灰并排空灰斗后，再停电加热。

巡检中应注意保温完整，消除漏风；且要稳定烘干温度等参数。

◎ 清灰系统短路检测

对大型袋除尘器，都有上百个清灰阀，每个点都会成为电气短路点，逐个查找不但要花费大量时间与人力，而且不及时，影响排放浓度达标，造成除尘器停机。

为了能迅速排除电气短路故障，大型袋除尘器应当配置短路故障检测装置，通过增加检测电路、软件编程和触摸屏组态，便可实现对故障点的自动检测、锁存、报警和查询等功能，以便在上百个清灰阀与提升阀运行中，迅速确定其中的短路故障点，降低了对操作工的专业技术要求，缩短了排除时间。该检测装置对 PLC 输出点只需将原来的 EM222 换成 EM223，并增加少量快速熔断器和中间继电器，不改变原控制柜尺寸、布线与接线方式。只要某组脉冲发生短路故障，相应的快速熔断器熔断，检测继电器失电，将继电器常闭触点作为检测信号送

PLC锁存后，显示到组态的触摸屏中，并借助通信模块或硬接点将此故障送中控显示。该装置成本不高，但提高收尘效率显著。

◎ **煤粉袋收尘防爆**（见第1篇2.4节）

◎ **袋收尘温度检测**（见第1篇10.2.1节）

◎ **袋收尘压力检测安装要求**（见第2篇10.3节“压力检测安装”款）

◎ **除尘器电控设计要求**（见第3篇11.1.4节“电控设计要求”款）

◎ **用DCS直控袋收尘**（见第1篇11.2节“DCS取代PLC案例”款）

6.1.1 滤袋滤料

◎ **延长滤袋寿命**

滤袋寿命不仅直接影响成本，而且也会影响能耗及收尘效果。

（1）根据工艺要求，选择合适过滤风速和介质温度的滤袋材质。

（2）防止机械磨损。袋笼上不能有任何毛刺、飞溅等不光滑物磨损滤袋，表面有防腐有机硅处理，上部不要加保护套；尺寸与袋笼配合不能过松；滤袋间距及与壳体边距不能过小，应取0.5倍袋径，最小不能低于40mm及100mm。

（3）减少气流磨损。掌握合理气流风速，风速越高阻力越大，磨损越快，且气流分布均匀；脉冲阀工作压力不能大于0.35MPa，对于颗粒较粗、水分较低的粉尘，压力还应低些；喷吹管和滤袋保持同心；灰斗进风时，应采用侧向进风；喷吹管喷吹口直径应均匀；对窑尾袋收尘，建议使用集束喷头的低压喷吹系统，比文丘里管要减少阻力。

（4）保证系统工况稳定。废气温度要恒定，过低会产生结露，过高会烧毁滤袋。

（5）清灰振打频率与振打持续时间设置适当。不应过密、过长，很多企业安装使用后，从未按实际需要调整过，不但浪费压缩风源，而且滤袋也磨损过快。

（6）压缩空气质量必须洁净。避免造成袋笼因空气含水而易腐蚀，减压阀与脉冲阀膜片被污染损坏，滤袋被糊等恶果。

（7）投产时，新袋应预涂生料粉。防止点火时油烟黏附难以清除，增大滤袋阻力。

如发现破损部位均在距袋口20～40cm处，且磨损来自内部时，若不能及时换袋，可在布袋内增加用普通白铁皮制作的护套，此办法简单且成本低。并控制系统进出口压差及反吹压缩空气压力，适当加长喷吹脉宽（250ms），均可减少磨损。

◎ **及时发现破袋**

当发现袋收尘不连续性冒灰时，多为袋子破损，及时发现处理至关重要，不仅满足环保要求，而且是提升缸活塞杆及风机叶片不受粉尘粘结、减少袋子损失的条件。人们习惯通过袋收尘前后压差变化判断破袋，即压差变小表明有破袋，或观察排放冒灰规律。但这类方法灵敏度差、滞后误时。现推荐利用摩擦起电原理，制作摩擦电粉尘监测设备，用探针与附近尘粒之间有摩擦电荷形成的电流，通过监测并记录、放大，再转到除尘器监控系统平台上，根据显示波形，就能为维护人员指明破袋具体位置，予以更换。

6.1.2 电磁脉冲阀

◎ **维护条件**

（1）脉冲阀要防雨防晒，保护电缆及膜片不易老化，需加装顶棚。

（2）选用需要清灰压力低、清灰周期较长的滤袋。

（3）压缩空气气源应保持洁净，不能有水油及杂物。

◎ **动作不灵活的原因**

导致脉冲阀动作不灵活的原因：安装过程未对压缩空气管道除锈、除渣处理，在与用气设备连接之前，也未对管道内部清吹，压缩空气管道内的遗留杂物被风带入阀体，致使阀芯卡死而无法工作。因此，当发现脉冲阀通、断电正常，却不能工作时，应逐个对其阀体进行解体清洗，并在脉冲阀的气源前增加油水分离器，便可恢复正常工作。

新安装或维修后的脉冲阀，在与高压气管道连接前，要先对高压气管清吹，将管道内的焊渣等杂物吹净，否则它们会堵住脉冲阀，使脉冲阀漏气、储气罐没有压力等。如有此现象，必须打开所有脉冲阀，对阀体内及膜片上的焊渣、锈片仔细清理。

6.2 电收尘器

◎ 维护要求

（1）稳定生产工艺与操作，尤其要重视原燃料稳定，防止大的波动。

（2）保持烟气是以正态均布气流进入电场，对均布板的堵塞或冲刷损坏要及时处理，确保阻流板、折流板完好；避免各种导致旁路窜风的可能；不能随意在壳体、灰斗处开孔，严禁漏风，尤其要注意排灰处漏风所造成的二次扬尘。

（3）确保极板清灰功能完好，振打机构健全有效。防止极板出现“包灰”。

（4）严格满足高压电源技术性能要求，防止发生电流、电压同时从近额定值瞬间衰落一半的“落电流”。做到上述要求，其收尘效果不会比袋收尘差。

（5）做好升压试验与启停。在升压试验中，当第一个电场升压正常并稳定后，才可试验第二电场，并不关闭第一电场，全部电场升压完成后，应启动全部振打装置，此时电场的二次电压、电流应没有变化。停机时，应先停止向电场供电，再切断主回路和控制回路电源；若停机时间超过24h，应切断电加热器电源。

◎ 电石渣配料收尘维护

电石渣配料入收尘器的废气温度比石灰石配料要低10℃，而露点要高出10℃以上，烟气湿度为30%～40%，且有较高腐蚀性；又由于粉尘粘附性大，且粒度超细，很易使袋子堵塞或表面严重结板。此时，用电收尘的条件要优于袋收尘。但除设计时要重视对灰斗及排灰系统的要求外，操作中也要符合下述要求：启动前要提前加热灰斗上的加热器；运行中不能随意漏入冷空气；停窑后，仍要继续运行振打器；关注灰斗温度，不能低于露点温度；重视灰斗的高料位报警，及时处理过多存料。

◎ 二次电压闪络

（1）收尘极板变形，两极间局部距离过小。

（2）有杂物挂在收尘器极板和电晕极上，造成短路。

（3）保温箱或绝缘室温度不够，绝缘套管内壁受潮漏电。

（4）电晕极振动装置绝缘套管受潮积灰造成漏电。

（5）保温箱内出现正压，含湿烟气从电晕极支承绝缘套管内排出。

（6）电缆击穿或漏电。

◎ 故障成因

（1）当电收尘壳体与管道连接法兰及检查门处都有明显漏风时，不仅影响收尘效率，灰斗内也易存灰，回转下料器卡死，而且收尘器壳体振动严重。

（2）阴极线断裂和松弛，电场短路。阴极大型化后，制造、运输及安装中难免有变形，因此除安装前矫正外，改进阴极线安装原有程序，在安装张紧后先不要点焊，而是检查刚装完的前几根张紧程度保持均匀后，才对前根阴极点焊。以每个小框架为单位调整好。

（3）收尘灰输送装置故障，FU链条断，电机虽转，但灰斗积灰，造成电场短路。

（4）雨雪后高压室出现“爬电”现象。如除尘器顶部选材尺寸偏小，施工与巡检人员踩踏会变形，使之雨雪后，积水渗漏进电场。

6.3 增湿装备

◎ 优化控制系统

增湿塔运行中会发生如下情况，都需要及时反馈并控制，否则不仅影响收尘效率，而且不利于工艺状态稳定。

（1）在工况正常时，要设定安全模式下的流量最大值，当出口温度不正确时，系统可自动切换到安全水量控制。避免增湿出口温度失灵时（如变送器故障、遇干扰或超量程及热电偶损坏等情况），对增湿水量失控。

（2）当工作水泵收到变频器或配电回路故障信号，或电动机电流、绕组温度及轴承温度高高限时，均需自动切入备用泵。但程序设计应有 2s 以上延时，或超过高高限才能切换。

（3）当喷嘴部分堵塞时，泵的变频转速并未改变，但实际流量已经减少 10%以上，压力比正常值高出 30%以上，系统应发出“喷嘴可能部分堵塞”的信息，要求现场人员检查清理。当喷嘴完全堵塞时，持续 1s 流量值低于 1L/min，压力增加 50%以上，泵应联锁停止，并发出报警信号。

（4）当水池缺水时，水池的液位计报警，告知现场人员处理。

◎ 维护增湿水质

增湿塔因使用雾化喷头，再加之喷头工作环境温度在 300℃以上，故对水质要求严格。为防止水硬度过高产生结垢、堵塞喷嘴。建议用软化处理的生活用水作为补水水源，并在喷水泵前设置不小于 30 目的过滤装置。

6.4 消声装备

◎ 噪声治理

（1）设置隔声挡墙，封闭噪声源设备。如在厂区墙上设置比墙高 5m 的声屏障，让受噪声干扰地区处于屏障背后的声影区；对磨机、风机设置隔声罩或将厂房整体用隔声墙封闭，大门、窗户使用隔声门、隔声窗；操作室设立隔声间，顶棚及四壁采用吸声和隔声材料，减少声波反射次数，降低声波的叠加效应。

（2）降低声源能量浪费。风机出口管道与烟囱的夹角由 90°改为 45°，以降低此处湍流引起的振动噪声；在风机、空压机等设备出口管道上加装阻抗消声器，并加大消声器内部空间，外壳设计人孔，运转一段时间后要及时清理积灰，切忌消声棉覆盖的孔板小孔被粉尘堵死；购置噪声低的设备，在设备机组与基础间安装减振器。

（3）重视物料溜子设计。减少物料对设备壳体的碰撞。如皮带机转运站不可落差过高，且用橡胶垫作缓冲；对于大角度溜子，可做成阶梯溜子。

（4）加大厂区绿化带建设。

（5）短时间进入高噪声环境中工作，应佩戴耳塞。

6.5 脱硝设备

◎ 烧成脱硝得与失

到 2015 年，以水泥总量为 22 亿吨，熟料用量 64%计，全部为新型干法窑生产，熟料产量14.08亿吨，当NO_x排放量从$800mg/m^3$降至$400mg/m^3$时，全年全国减排总量为104.74万吨/年，比2011年降低68.94万吨/年；每年为减排总量100.34万吨时，脱硝耗氨总量为41.50万吨，占全国2011年氨产量5364.1万吨的0.77%，该耗氨量已扣除从窑煅烧采取的措施减少10%排放量，也包括逃逸量及生产输送损失量5.73万吨，该值对氨的产销平衡影响不大；但为多生产该量的氨，又要增加电耗及煤耗（1.3t标准煤/tNH_3；1280kW·h/tNH_3），折合每年多排NO_x 86.58t；水泥企业为脱硝需要增加电耗0.65亿千瓦·时/年，加上氨生产用电为5.30亿千瓦·时/年，这些电又要增加氨排放量459.8t/年；这些25%浓度的氨水运距按100km计，所用柴油增加的NO_x年排量为188.7t/年；基建投资老线按500万元，新线按800万元计，包括运行费用2.95元/t。实际运行综合增加总成本达5元/t以上，该计算未考虑窑为脱硝将增加煅烧煤耗而增加的脱硝量，也未考虑脱硝过程中氨的逃逸量。因此，水泥脱硝应首先从降低NO_x生成量着手。然而，目前这方面潜力虽大，却努力很少。

◎ **SNCR脱硝故障**

（1）NO_x排放浓度超标有两种原因。或是因煅烧系统不正常，NO_x排放过高，氨水流量已达设定值，此时只能降低窑的生产量或烧成温度；或是因喷枪套管堵塞，氨水无法喷入，此时只有取出喷枪，清理套管内结皮后再插入。

（2）氨水输送管道结晶堵塞。氨水在−20℃或含有杂质时，都会发生结晶，此时除用水清洗结晶外，应规定在氨水泵停止运行时，全开泵旁回流阀、DDM柜气动调节阀旁路及气动球阀，让氨水在重力作用下回流储罐。

（3）喷头气孔及管路被异物堵塞，表现为出口压力异常。检查喷头可将液路关闭，让气路对喷枪头降温；关闭气路拔出喷枪冷却后拆下喷头，拧开两螺栓，检查清洗；安装前要检查螺栓是否松动，且不能损坏石墨密封垫圈。检查管路应停泵，打开回流，放空管道内氨水；检查泵前过滤器，卸下清洗后装上；卸下减压阀，对管路清洗，清出异物后装回。

（4）当流量反馈过小且管路发热时，说明没有氨水通过管路，定子和转子已严重腐蚀，需要将泵拆下，更换损坏部位，并清除杂质。

（5）生料磨停机时氨逃逸值高，从而导致氨水控制量下降，NO_x浓度升高。这是因为生料磨运行时，窑废气通过生料磨风管，氨气被管中的水分吸收或漏风冲淡，显示逃逸值不高。为此，修改PLC程序，将生料磨停机时设定氨逃逸值由原8×10^{-6}提高到50×10^{-6}，不影响脱硝要求。

◎ **降低脱硝成本**

（1）当操作参数没有大幅度变化时，突然发现系统氧含量增设，首先要怀疑在线检测设备是否有漏风点，常在取样管连接阀体处有微漏风，导致氧含量增加2%～3%，氨水用量增加$0.2\sim0.5m^3/t$，折合吨熟料成本多0.65～1.65元/吨。

（2）在DCS系统中直接植入NO_x折算后的浓度，并设置高低限报警，确保排放达标，又节约氨水。并定期更换采样过滤器、老化的取样管道、并用标准气体校验、检测监测室内温度。

（3）加强对操作中用风量与用煤量的合理控制培训；用支路上闸阀开启圈数调节脱硝效率，通过试验在不使用氨水时逐渐加大闸阀开启圈数，每加大一圈观察窑工况一小时，发现窑况开始恶化后再减少一圈，以确定闸阀开启的最佳圈数，再投运SNCR系统，效率达65%。

（4）加强对进厂氨水质量管理，储罐上安装液位计，便于清晰观察存量，改进氨水取样检验方法，确保氨水浓度达到合同要求，并逐月盘点核算。

7 耐磨耐高温材料

7.1 复合式耐磨钢板

◎ **使用方向选择**

复合耐磨钢板的耐磨性能远大于普通钢板，有利于提高设备运转率，减少维修成本；也有利于减少系统漏风、漏料，降低能耗、改善环境。所以它是高性价比材料。但因它的表面都有应力释放裂纹，使用中如能选择物流及气流方向，与裂纹方向合理规避，有利于延长使用寿命。当用于含尘气体输送的管道及设备壳体衬板时，通常让含尘气体方向垂直于堆焊纹路（与微裂纹方向平行），减少气体中尘粒对裂纹的冲刷；如果用于输送块状物料的管道及壳体，可以不考虑焊接纹路方向，但最好是平行纹路方向，即与裂纹方向垂直。

在选择切割方向时，如制作选粉机转子叶片、立磨分离器转子叶片时，都应沿焊纹纵向切割，会有较好使用效果。但无论用于何种环境，在使用前都要检查材料有无缺陷，特别是堆焊层与基板结合层间不应存在裂纹。

7.2 耐热铸钢件

参考第 2 篇 7.2 节与第 3 篇 7.2 节对应内容。

7.3 耐磨陶瓷

◎ **组合陶瓷片应用**

立磨出风口后的旋风筒，蜗壳部分会因风速较高磨损较快。此处试用各种陶瓷片粘贴，效果会有不同改善。如选用耐磨陶瓷片和磁性耐磨陶瓷片组合，成为复合陶瓷片，提高使用寿命预计可 8 年，大为节约成本。具体做法是：将磁性陶瓷片平放，再将 A、B 胶 1∶1 混合均匀，涂抹在表面，截取与其面积相同的耐磨陶瓷片粘贴在磁性陶瓷片上，晾干后成为复合陶瓷片。在对壳体粘贴时，先应对磨损部位挖补为光滑平整表面；打磨除锈，用清洗剂清洗壳体表面异物；将瓷片直接吸附在壳体上粘贴。该工艺可以提高粘贴工作效率，且小块陶瓷片，可防止随设备振动脱落。

◎ **涂料应用**

耐磨陶瓷涂料实际就是水泥基复合干粉砂浆，它强度高、耐磨性好、与混凝土粘结强度高、体积稳定，由水泥、矿物掺和料、超微粉体、高强耐磨骨料、增强材料以及外加剂组成，但配方并非固定。使用中要加清水，不能用胶水。因是不同级配使颗粒达到最紧密堆积，常温强度达 150MPa 以上，它与耐磨钢板、堆焊钢板相比，使用更加方便。

水泥生产中，选粉机出口、磨机溜槽、下料斗、筒仓锥体内壁、输送弯管、三次风管等都可使用这种耐磨涂料，在窑处理垃圾中，其耐酸耐碱能力也将得到展示，它的无缝施工特点，比陶瓷片粘贴有较大优势。

但在应用中要注意选择供应商，应具有全套工艺生产能力，也必须使用同批次产品，且能有相关证明，否则会发生因材料质量差异大而降效；并对制造商提出明确使用环境温度，才能选用合理涂料。要根据接触材料的粒径设计耐磨陶瓷涂料的施工厚度：块状物料，厚度应为50～60mm；粉状物料，厚度可为20～30mm；钢纤维加入量一般只为干粉的5%，掺入时应缓慢均匀，不能形成块状；严禁为赶工期多加水，或搅拌不匀。

7.4 耐火砖（定形耐火材料）

◎ 窑口衬砖选用与维护

维护好窑口衬砖，使用周期应在一年以上。频繁停窑且保温措施不到位，就会缩短寿命。规范的冷窑制度为：当止料后，高温风机风量应大幅减少；待止煤后，更要大幅降低风量；同时，篦冷机高温段风机继续开，窑头排风机风量可比中低温段鼓入的风量略大，延缓窑口冷却速度；筒体表面测温扫描仪不能忽略对窑头的监测，注意观察此处窑皮的稳定性；燃烧器喷嘴端面不应结焦，避免火焰疵火伤害窑头窑皮。

需合理选用耐火衬砖。原0.8～2.0m处使用通达镁铝尖晶石砖，寿命仅6个月，改用耐磨性好、热震稳定性好的硅莫红砖，但开停窑操作升温不当时，仍易炸裂，因此，1～2m处又改用奥镁的镁铁尖晶石砖，只剩前2环用硅莫石砖；同时重视点火时用油、煤的切换时间不可过早，否则煤粉会因环境温度过低熄火，让油溅落在砖面上燃烧。

◎ 易结圈部位用砖

基于结圈是KCl、Na_2SO_4和K_2SO_4在砖表面渗透黏附的理论，抑制渗透就成为不让这些有害成分与耐火砖反应的首要措施，因此，耐火砖制造商开发出显气孔率远低于硅莫砖的高致密砖，便可抑制这种渗透，再增加SiC，以减少碱盐的黏附。实践证明，此砖有利于抵制结圈发生，但正因致密，再加之无黏结窑皮，此处筒体表面温度提高了30～40℃，散热增加。如果只强调结圈是与物料有害成分有关，为何煅烧过程中始终存在有害成分，但绝大多数窑绝大多数时间都不结圈呢？看来，窑砖表面温度的控制及煤粉灰分的影响不能忽略，因此，合理调整火焰长度及一次风用量，是不可忽视的操作要点。

◎ 三次风管衬料

三次风管为连接窑头罩与分解炉的供热风管道，由若干节组成（每节约2.5m），并满焊成整体。每节用高于保温层厚度的加强筋加固。保温层全部为厚为140mm（两层70mm）的硅酸钙板，将其紧贴在钢板上；为提高保温效果，建议选用与风管弧度相同的弧形硅酸钙板。在内镶砌高强耐碱砖相配，厚度为180mm；并确定三次风管有效内径为窑有效内径的0.6倍，既保证耐火砖不易脱落，也保证管道内不易存料。砌筑中如无设计锁砖，每环砌砖可借用窑插缝砖代替，确保每环砖不超过3块锁缝钢板，且不能用于一个插缝。

◎ 更换窑衬条件

判断需要更换窑衬的原则是：砖的厚度已低于原砖厚度60%，如曾经受过温度剧变的恶劣条件，发现砖面已有裂纹，就须及时更换。新砌筑的耐火砖，升温过程不应过快，要充分考虑砖的烘干及筒体与砖的温度传导过程，升温曲线中至少要有两个班以上的慢升温，并应在指定温度下，有两次数小时的恒温。

◎ 超短窑优化配置

ϕ5.2m×61m超短窑经摸索，根据国内耐火材料发展，得出最佳窑衬配置方案如下。

窑口0～0.8m，用抗磨损低水泥浇注料；下过渡带0.8～1.4m，用R-2000耐火砖；烧成带及上过渡带1.4～38m，用镁铝尖晶石砖；上过渡带38～48m，用Ⅰ型硅莫红砖；放热反应带

48～60.2m，用硅莫砖；后窑口 60.2～61m，用莫来石高强度浇注料。如此选择的理由如下。

（1）前窑口寿命本是全系统窑衬最薄弱部位，是影响全窑安全运转的关键，选用抗磨浇注料代替莫来石浇注料，用 R-2000 耐火砖代替镁铝尖晶石砖，依靠它们的优秀机械强度、抗磨性能和热震稳定性及抗结皮性能，延长寿命。实践已达到 12 个月以上。

（2）上过渡带曾使用镁铝尖晶石砖，但它的热导率高，窑筒体温度达 350℃，热震稳定性也差，易开裂剥落。改用硅莫红砖后，不仅使用寿命延长达 18 个月以上，且筒体温度下降 60℃，降低了筒体散热损失。

（3）用硅莫砖代替传统的抗剥落砖，是耐火砖技术进步的大势所趋，寿命已达两年之久。

（4）国产砖已能实现全窑最佳配置，窑衬每年更换一次便可。标准长窑与超短窑的窑衬配置原则基本相同，只是增加了窑尾到烧成带的长度，即增加了硅莫砖与硅莫红砖的长度。

7.5 耐火浇注料（不定形耐火材料）

◎ 维护要求

除掌握正确的施工要领外，窑温的升降速率控制将是影响使用寿命的关键。升温时要按升温曲线规定，尤其 500～600℃阶段，是耐火材料结合水脱水的温度范围，如果在此温度段时间过短，会导致继续升温后仍有水分蒸发，将使其内部产生巨大内应力而开裂，甚至大面积剥落；在非计划检修的冷窑时，开始止料后降温不能太快，要给系统自然冷却时间 4～5h，此时不能强开风机，从 1100℃降到 400℃，应该持续 8h 以上，400℃以下才能快冷；窑头罩应保持微负压状态，可使浇注料寿命比正压长 1/3。对无水浇注料，此升温时间可缩短（见第 3 篇 7.5 节）。

◎ 锚钉选用原则

合理选用锚钉是提高浇注料衬体寿命的重要环节，尤其是承受高温的浇注料。

形状选用分 U 形、Y 形和波形，三种形式所承受的最大应力分别是 1530MPa、2080MPa 和 2380MPa，显然以 U 形最低，波形最高。锚钉所能承受的应力应大于耐火浇注料及燃烧器管道承受的应力；用 Y 形时，一边纵向可缩短 10mm，以减小剪切应力；锚钉之间应以 90°交错。

在材料选用上，虽然都为耐热钢制作，但承受温度不同，锚钉的最高使用温度应低于浇注料热表面温度 150～350℃，因此，锚钉的材质耐高温性能很重要。有如下几类可选用：304 耐热钢（900℃）、310 或 310S 耐热钢（1000℃）、601 镍铬合金钢（1200℃），甚至用陶瓷制作。

考虑窑筒体的旋转会为砌体带来应力，可设计活动锚钉。将固定块焊接在窑筒体上，锚钉穿过固定块上的孔洞。

8 润滑装备

8.1 润滑设备

◎ **润滑不当危害案例**

进口弗兰德减速机为矿渣立磨相配。使用五年后，突然功率过高报警，接着润滑站过滤器压差高报警跳停。经查，过滤网处发现大量黄色铜屑，判断来自二级行星轮。拆检中发现：两侧推力瓦严重烧蚀熔化；铜瓦处存积大量油泥，并将润滑油道堵塞，而且铜瓦完全开裂；销轴局部开裂。此症状说明润滑油极不洁净，使铜瓦润滑油孔堵塞，铜瓦急剧升温后膨胀延展且开裂，与两侧推力瓦接触挤压而烧蚀，销轴为此承受较大转矩及高温而开裂。企业为此蒙受巨大损失。从中应该吸取的教训是：润滑油应由专人负责添加；每月至少对油品进行一次检查；落实巡检滤网检查内容；选购优质滤芯，并及时更换。

8.1.1 高低压稀油站

◎ **调试前检验**

大型减速机配套的油站及高低压管路的制作质量与安装质量，是保障减速机润滑的重要条件。这些配套配件必须根据现场尺寸、标高专门设计，并在制造厂内试装合格；其管道要经过酸洗、磷化处理，刷好油漆。即便如此，在调试前，应在低压管进油口加设不锈钢网，打循环2h后，对网前检查：如内有杂物及碎屑，说明出厂未做过酸洗处理；如发现有铁锈，说明减速机在运输或存放阶段有雨水浸入，中心盖板等处密封不好；除此之外，还应检查轴承与齿轮磨蚀情况。

开机前不但要检查高压油泵的润滑压力是否满足，而且还要仔细检查润滑部位的油量，因为管路上任何一处漏油，都会造成滑履瓦润滑充足的假象。冬季要处理好各油站加热器与冷却水关系，先开油泵让油循环，并迅速加热。

核实稀油站控制程序编制的合理性，注意某些稀油站生产商（如华立）存在的缺陷：采用主备泵转换控制程序，在启动备用泵到油压正常后，不应停止备用泵，而且在油压过低需停主机时，应有2s延时，给备用泵启动加压时间；当油泵热继电器信号表示过载时，应切断该泵回路，待故障排除后，由人工复位启动该泵；主备泵主回路空气开关辅助触点不应串联进入PLC，而改为两路空气开关的辅助触点各自单独控制；将油泵运行信号引入PLC，便于监督启动后的实际状态；在加热器回路里串入两个温度数显表温度报警点，增加按复位按钮停加热器功能，避免无限制加热，并允许人工调整电接点温度表（有关报警设置要求，见第1篇11章“报警功能设置”款）。

◎ **油池润滑维护**

MLS立磨磨辊轴承采用油池润滑，由于磨辊为倾斜工作状态，轴承一侧要全部浸入油中，需经定向导油叶片将油导入磨辊支架端的圆柱滚子轴承中。轴承盖上配有三个呈120°相间的磁性螺塞，加油时让其中两个连线呈水平状，打开螺塞，一个加油，一个放气，当油位到油孔位置后，拧紧螺塞，用铁丝将三个螺塞连起，防止松动；一般运转3000h需换油，每月应检查一次油位，两个月检查一次清洁度（检查螺塞上有无铁末）；排油时将一个注油孔调到最低位，打开螺塞即可排油。

每个轴承润滑油池都设有测温电阻监控：任一点温度>100℃，就应报警；温度>120℃，磨机自动跳停。不得随意摘除控制联锁或改变设定值。油池温度一旦超标，首先检查磨辊油位、油质，再看密封风压力及管路严密状态，最后检查限压阀。当磨辊温度升高时，腔内压力超出限压阀设定放气压力（0.007MPa）时，限压阀自动卸压，保证磨辊腔内正常压力和温度。如上述因素排除后，轴承内部就可能有异常，需检查。还可参见第3篇8.1.1节“磨辊润滑系统改进”款。

◎ **润滑油冷却要求**

对待减速机的润滑冷却，惯性思维是冷却效果越大、温升越小越好，从而尽量加大冷却水用量，以为冷却水温低才保险。但事实恰恰相反，当忽略了全系统运行温度工况时，过分冷却将会导致两个齿轮传动付产生过大温差，导致膨胀量不同步，当超过设计的允许偏差时，齿轮齿尖运行将受力异常，发出齿轮传动的周期性振动、异响和磨损，成为发生重大事故的前奏。如某ϕ4.2m×14.5m水泥磨的DMG2-22边缘双传动减速机，即便设计、制造与安装都无问题，但当大齿圈温度已达73℃，小齿轮却由循环水强制冷却在20℃左右，运转一段时间，就发生了上述异常；当冷却温度控制在50℃时，反而正常运行。

◎ **防止过度加热**

现场经常发生稀油站过度加热，轻则造成整箱油液报废，重则仪表及油泵损坏。其原因或是人工现场按钮只开忘关，或是自动控制温度反馈信号出现故障。应当对硬件控制回路加入硬联锁，并进一步优化软件编程，就能避免这类误动作产生的危害（见第3篇11.1.1节“防止油站过度加热”款）。

◎ **对保护电路的保护**

稀油站可靠运行是保证主机正常运行的关键，而对油温、油压、油位等的监测，是对电路保护必不可少的参数。但如果稀油站保护电路自身只有一个单独电源（常用DZ47型空气开关QF1提供），它一旦跳闸，KAG故障继电器信号就无法送至高压柜，使保障落空。因此，应在稀油站控制电路中，加装一只与控制电源并联的继电器KAX。一旦QF1失电，高压柜就能收到KAX常闭点故障信号，使中间继电器切断主电路，确保主机安全。

◎ **利用PLC开发润滑保护**（见第1篇11.1.1节“稀油站低压控制系统”款）

◎ **立磨润滑站维护**

立磨减速机为RENK KPBV170型，润滑站由循环泵、检修油泵各1台，高压泵4台及一组双筒复式过滤器、滤油器、油冷却器组成。维护时，应关闭油站上三个手动切断阀；把滤筒下排油阀打开，排出筒内油污，并取样化验；取出滤芯后，用新毛巾或白布擦洗筒底内油污，并观察金属颗粒量或形状；定期从油箱底部、高压油区、滤筒取油样做在线分析；检查各管道法兰连接螺栓或接头，须勤紧固振松处，防止渗漏的油伤及立磨混凝土基础；定期清理油冷却器管壁内结垢，提高油冷效果；当油温≥25℃时，循环油泵开启；轴温≥25℃时，四台高压泵启动；北方冬季开机时，应先将加热器打到“现场”位置，让高压油仓的油温快速升高，待止推轴承温度≥25℃后，将加热器改到“自动”位置。

ATOX立磨每个磨辊的外循环润滑系统，都由供油管、回油管和平衡管组成，分别有回油泵及供油泵，维持油箱与磨辊腔平衡，平衡管连接两者，使磨辊与大气压相同，并在回油管不畅时起到溢流作用。保持润滑站正常运行的标志是：回油泵连续工作，供油泵间歇工作，它的开停由回油管真空度控制间歇运转，即由回油管路上的测压点——真空开关的负压上下限控制，为避免磨辊轴承腔中润滑油过多，设计要求回油泵能力要大于供油泵。

润滑站常见故障是，因影响测量点负压值的因素较多，使供油泵不能按照设定的负压值启动和停止。主要影响有四点：一是长期运行后，油管变窄、粗糙度增大，使负压值过大，很难在规定的20min之内达到启泵的设定值，磨机系统跳停。二是油温较高，油液黏度变小，流程损失小，供油泵需要更长供油时间，才能让负压值升到停泵的设定值，为此，轴承腔内油位升高，加速了油温升高，当回油温度超过设定值时，磨机仍要跳停。三是回油管上测量真空度的压力变送器不准确，供油泵就会保持运行，可视窗中可见到大量润滑油流回回油泵，并可能使磨辊轴承腔内充满润滑油，逼迫油封损坏、漏油。因此，需用万用表定时检测，证实输出压力值应与毫安值匹配，并将供油泵运行状态信号引致中控画面及时监控。四是回油管接头松动或油封磨损后，造成回油管进气，当空气集聚到一定程度，憋在回油管进口，将会使油泵空转，可视窗将见不到润滑油流动，也无法向供油泵发出停止信号，同样发生油封泄漏，且油站油箱内油被打空，发生重大事故。因此，需及时松开回油泵进口管接头，排空回油管空气，再复接管接头；在回油管上安装流量计，在规定时间无流量检测时报警。

为此，有必要调整供油泵的控制参数设定值。但在调整之前，应先排除供油泵控制元件存在的故障，可以通过更换元件予以确认。然后再设定控制参数，使供油泵在较长时段(40min）内，供、停时间比大约为1：2。此比值还要根据季度环境温度变化调整。长期运行后，不必苛求保持新态的负压设定值，或供与停负压的差值，而是重视供油泵维持合理的供停时间比。夏季如回油温度超高，当中控画面显示磨辊回油温度达64℃时（报警68℃)，现场应人工排油一次（20min)；冬季则可利用人为升高磨辊油位到一定位置，不损坏磨辊油封即可，可使回油温度迅速上升到正常工作油温，有利磨辊润滑站尽快恢复自动运行。

当油管阻力确实大到需要人工清理时，可将油管断开，用压缩空气清吹管道，直到洁净为止。但此法为万不得已，一定要保证清下的污染物能清理出管道，压缩空气也必须保证清洁。可靠做法应使用真空抽吸装置代替压缩空气。另外，此润滑方式的维护过于复杂，可改造为强制润滑方式，见第3篇8.1.1节“立磨磨辊强制润滑”款。

磨辊回油管负压决定了磨辊腔内的油位，尽量保持不变。应配置并正常使用回油管、平衡管的伴热带，但回油温度过高时使用，会使电器发出错误信号。

冬季应将冷却水断开，用压缩空气吹扫冷却器，防止冻裂冷却器；夏季清洗油冷却器时，用国产滤芯一次性使用、半年更换一次的办法代替高价的进口滤芯；取油样化验并记录回油温度；全部更换润滑油前，应彻底清洗油箱，方可注入新油；辅传润滑为油池润滑，每次停磨时，6000h更换一次新油，放油时检查渗漏情况。

对于冬季严寒地区，滑履磨高压油管路较长时，因温度过低而使黏度过高，导致高压柱塞泵损坏，且润滑油量减少，启动困难。应在管路上敷设温控伴热电缆，并在外边包裹50mm厚的岩棉保温层，确保油温控制在（15±5)℃。

◎ 稀油站故障分析

(1) 油站供油温度高。有几种致热可能：供油设备的发热过高，如齿轮啮合不良、轴承磨损或与轴配合松动等，应解决设备本身故障；稀油站选型偏小时，可串联一台冷却器；环境温度高，改善环境降温，清洗冷却器内结垢；冷却器选型偏小，管内结垢可在管内放清洁球，用圆钢插入管内带动清洁球摩擦管壁，管外结垢用积炭清洗液（单螺杆空压机专用）浸泡清洗。

(2) 供油压力低。设备原因为：油泵磨损、备用泵单向阀泄漏、过滤器堵塞使进出压差过大。可对症处理，但更多是操作原因，即错误地将供油口球阀全开，以为这样可使供油温度降低，但因稀油站用的是定量油泵，它的调节不会影响供油量，反倒使供油压力过低，给压力控制器的限值设定带来困难，易引起因压力低而报警或跳停。在观察轴承及齿轮进油量正常的前提下，应适当关小球阀，提高供油压力设定值，反而使保护装置能发挥作用。

夏季因环境温度高，润滑油的工作压力降低，在管道上又设置有节流孔板，当压力低于设定压力时，磨机就会跳停。此时如更换为小孔径的节流孔板后，此故障迎刃而解。

（3）油耗大。设备周围环境差，密封不好，油质很快变差报废；油温高易让油氧化变质；润滑与冷却管路泄漏。将稀油站迁移到干净低温的位置，若距离延长，可加大回油管直径。

（4）维护环节。即使是南方，冬季停机时也应将冷却水放净，避免将冷却器端盖密封垫胀破或端盖破裂；仍宜配置加热器，在油温低于20℃时使用，有利于控制运行时的油压及回油。当油位偏低时，可在主轴承腔至稀油站的回油管上增设一球阀。开机时，阀打开，让回油畅通，并将稀油站的油位补足到稍高位置；停机时，将阀关闭，不让主轴承腔中的油回流到稀油站，防止溢出。

◎ 立磨磨辊润滑故障

ATOX立磨润滑系统常见故障有：润滑站油箱油位明显下降；润滑油颜色变化；供油泵长开不停或长停不开；磨辊轴两侧密封处漏油；回油过滤器上有金属杂质。判断故障发生的主要迹象是：连通管路中有液体；触摸屏上真空压力值变化；回油管路有渗漏；磨辊内外侧发生漏油；润滑站油箱油位迅速下降等。下面依次介绍故障处理方法。

（1）连通管路堵塞。该管路将磨辊轴承腔与润滑站油箱顶部直接相连，让大气压直接作用在磨辊轴承腔油面上，保证磨辊润滑系统得到真实真空压力，它绝不是溢流管。因此，该管路铺设要平滑，无U形弯，出磨辊时要向磨辊润滑站方向倾斜。如果从连通管路上的视孔镜中发现有液体，可以判断它已堵塞，此时磨辊轴承腔内压力紊乱，真空压力和供油泵不会正常。为此，必须停磨清理。将磨辊落在磨盘上，让磨辊上的排油塞转至顶部位置，清理排油塞周围，并松开，从润滑站上解开连通软管，连接到真空机上抽吸。如果磨辊中心架或磨辊轴通道堵塞，同样要直接在中心架上抽吸，而决不能用压缩空气清吹，因为这要冒堵塞物吹到轴承腔、污染润滑的风险。

（2）触摸屏上参数调整。标准设计磨辊轴承腔内真空压力值为－0.25～－0.45kPa，部分厂设定值已严重偏离，说明磨辊润滑系统已不正常。因为它显示的压力值是对润滑外部系统工况的监控，不应用它强行控制系统。决不能为临时运转，用触摸屏控制参数，而要从外部系统找出故障排除。需要明确：润滑系统的冷态参数运行到热态时，需要调整；同时，三个磨辊的真空压力值因环境温度、管路损失等的不同，也不一定完全相同。此时可用供油泵的启动及停运时间，判断磨辊中油量是否适中，而不会在密封处漏油。即供油泵的实际运转时间超过停泵时间，或供油泵不能按要求值再次启动，真空压力值都应进行调整，将低限位值由原－25kPa变到－33kPa，使供油泵运转时间与停止时间之比为1∶2～1∶3。为防止磨辊内油位过低，如果系统真空压力已超出供油泵的启动时限10min，供油泵尚未启动，就应报警，再长则就需停车；为防止油位过高，当系统真空压力过高，供油泵却仍在运转，延时超过600s时，就应报警，再长则停车。当润滑系统故障没有排除，若为解除上述保护，直接调整触摸屏参数，势必威胁磨辊轴承寿命。

（3）磨辊轴承两侧漏油（见本节“磨辊漏油”款）。

（4）过滤器发现金属杂质。说明磨辊内轴承有损坏，应准备更换轴承。过滤芯污损时，要及时更换，很多厂商的进口过滤器是纤维型一次性使用件，不应洗后再用，也不能随意用国产品取代。但对于刚启动时的高压差，要观察热态变化。

（5）回油泵能力与回油管渗漏。出现该故障后，就无法保住润滑系统真空压力，润滑就不可能正常。安装回油管路要尽量减小阻力，多圆滑过渡，少用接头；管路焊接为氩弧气密焊，清除焊渣。首先检查回油泵的回油能力：从润滑站视孔镜处解开回油泵入口管路，装上截止阀，管路内注满油后关闭截止阀，启动回油泵，短时能见到压力表负压值达到（－90±5）kPa时，证明回油泵能力足够，否则要换泵；再检查回油管路渗漏：恢复入口管路，从磨辊中心架上解开回油软管，再装上截止阀，管路注满油后启动回油泵，负压达到（－80±5）kPa时，表明管路无泄漏，否则要查出泄漏点，处理后重新测试。

◎ 磨辊漏油

不同漏油情况应有不同方法处理：

ATOX 立磨的磨辊内侧油位比外侧低，若密封件损坏，应该内侧漏油，如果外侧也漏油，说明磨辊内油位偏高。为提高密封效果，在磨辊轴两侧双骨架橡胶密封件中间添加有耐高温 KruberBE41-1501 润滑脂，并在组装前添加，运行后要求每年添加 4～6 次，每次外侧加 $110cm^3$，内侧 $180cm^3$，分三份随磨辊转动 1/3 加入一次，磨辊两侧同时完成。新密封加入量为正常量的 3 倍。此量不可多，否则会进入轴承腔内，不仅污损轴承腔润滑油，破坏密封，且使回油过滤器频繁堵塞。

（1）当平衡管出现溢流现象时，说明回油泵压力不足，此时会因油品变质，未及时更换滤芯，回油中带有杂质，导致密封件磨损。因此，应尽快检查回油管，更换滤芯或回油泵。

（2）磨辊内侧密封圈渗油，并不一定是密封圈损坏，而是因回油速度慢，磨辊腔内油位升高所致。为磨辊密封圈添加符合要求的润滑脂，适当调小磨辊回油压力，就不会再有渗油出现。磨辊润滑应设档案，定期定量为密封圈加油，以保证磨辊腔内润滑油位正常。

（3）外侧密封圈漏油则是密封圈损坏造成。凹凸密封间隙磨损达 2.5mm（正常为 1.5mm），密封套也出现 1mm 的沟。此时密封风机也多为异常，4 个风道会有来自滤网的絮状物堵塞，使得凹凸密封处没有风量，才会磨损加剧，进而磨辊密封失效。为保证密封风机压力不低于 20mbar，滤网应用不挂絮材料；定期补加密封油，且一次加量适宜，最多 30g，且在两个回油孔中加 10g 后，将磨辊盘动数圈再加，让油均匀布满密封圈。

ZGM 立磨的磨辊轴骨架密封圈损坏漏油时，大修前可采取如下临时措施：更换黏度稍大的油品，如将美孚合成烃 680 换成亚米茄 904，以延缓漏油速度；同时在磨辊轴肩和支撑吊架间仅有的 20mm 空间中，缠绕电工绝缘橡胶带，减少油脂泄漏量，直到大修更换密封件。大修组装完成后，应进行气体保压试验检查密封质量。

◎ 选粉机漏油

稀油润滑选粉机可以降低摩擦，有利于带走热及杂质，但密封质量将成为润滑关键。

它的润滑密封如图 1.8.1 所示。在上、下透盖中都装有骨架油封和 O 形密封圈，上轴承室装有放气阀，轴下部与下透盖中的骨架油封配合处，装有随轴一起运转的镀铬密封套，套内装有 O 形密封圈。

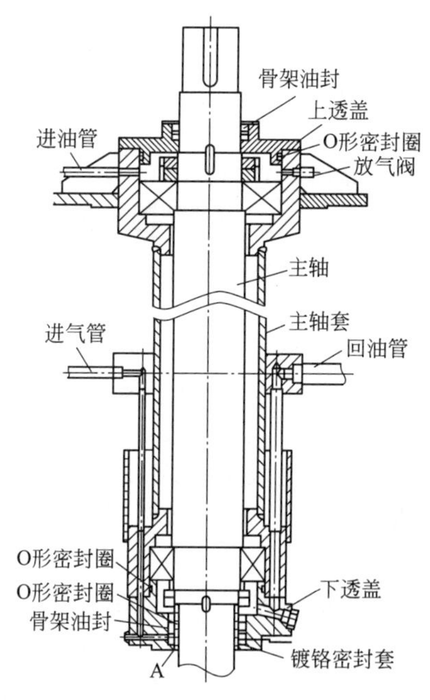

图 1.8.1 选粉机稀油润滑

为防止漏油，应保持放气阀畅通，为了保证环行腔内的润滑油只受重力，应在此密闭环行腔设一放气阀，排出油气，且小孔向下不易堵塞；同时，选择恰当油品，冬季用 ISO VG220，夏季 ISO VG320，既有流动性，又能形成油膜；定期换油，运行第 1 个月必须换油，以后可对油品理化指标检验后确定，约一年一次；稀油站操作压力适当，应为 0.15～0.25MPa，流量适宜，过大就会从放气阀流出，严重时冲坏上部骨架油封油唇，使密封失效；掌握润滑油温度在 20～45℃之间，用好电加热器及冷却器。

特别强调利用好气封设计：因选粉机为负压操作，为使微粉不易通过镀铬密封套与下透盖间隙进入下轴承室，从外界引入清洁空气，从环行间隙向下吹出，它不是为封住润滑油，而是为封住微粉，以保护零件，气封压力一般为 2500～3000Pa，流量为 0.5～1L/min，压力过低不能起到封尘作用，过高会冲坏骨架油封的油唇。气封的空气来源不能引自斜槽风机，而要用压缩空气或专用风机。

◎ **电机瓦漏油**

采用稀油润滑的端盖式滑动轴承的高压电动机，即使供油压力在规定0.04～0.05MPa范围，也普遍存在漏油。尤其安装找正精度不高、基座不平或电机磁力中心线不符要求，电动机一窜轴，轴瓦端部和轴肩就会摩擦高温，导致跳闸时，就易提高油压，则更易漏油。

究其原因是：(1) 所设浮式密封的下半圈靠滑动轴承侧，只有第一道迷宫留有三个回油孔，油回流不畅进入储油室，油内污染物就会沉淀，长时间后填满迷宫，就失去密封作用。为此，应将第二至第四道迷宫也同样钻孔，确保油顺利回流而不污染破坏密封。

(2) 储油室出油口和电机端盖排油口在同一高度，连接用橡胶管接头密封不严，当油黏度大而缺乏压力时，油很难从排油管流出；安装回油管时，回油视镜后的水平距离过长，甚至还略微上倾，回油也不畅，轴承室内呈微正压而漏油。如将两个排油口只留一个，用塑料软管代替橡胶管做好密封，从下端盖最低螺孔中引入油盒，而另一侧盲死；且确保出滑动轴承的回油管为水平，回油视镜后150mm处做弯头，使回油管垂直或向下倾斜，让回油畅通。

(3) 冬季油黏度高时，要为供油管路保温。一旦发现排油管正常时有油流出，应停机检查浮式密封迷宫内是否堆积油污，堵塞了加油孔。

◎ **托轮润滑要求**

托轮处于高负荷和高温下，它的润滑油黏度不能太低，建议采用黏度（40℃）为460或680的润滑油，而基础油应选用从原油中提炼出来的石油产品，聚乙二醇醚类润滑油（如KlubersynthGH6系列），工作温度可达160℃，承载能力及抗磨能力都很优秀。

其他要求也应例行完成：定期检测油样，确保油的性能，做好托轮密封，保证油位；紧固润滑勺；确保循环水管正常，避免漏水，降低油黏度等。

◎ **发电润滑系统控制**

汽轮机、发电机、励磁机和盘车装置等轴瓦的润滑、冷却及清洗杂质都要依靠一套专门的润滑油系统，它是由主油泵、高压电动油泵、低压润滑油泵、直流油泵、冷油器、事故油坑和过滤器等组成。该系统的维护就是严格控制各点润滑油压、油温及油的洁净。

(1) 几大油泵的切换是根据润滑油压联锁控制，主油泵出口油压为1.0MPa；当小于该值时，高压电动油泵将自动启动，并维持油压为0.078～0.147MPa。如油压继续降低，润滑油压控制器再次动作。油压≤0.05MPa时，启动低压润滑油泵；油压≤0.04MPa时，启动直流油泵；油压≤0.02MPa时，停汽轮机；油压≤0.015MPa时，停盘车。

(2) 当系统两台冷油器投入运行，且阀门全开，油温仍高时，控制油温有如下手段：用加药井水代替地表水；油箱和冷油器加装轴流风机和冷却风扇；将钻过孔的胶质软水管围到冷油器四周，使通入的冷水顺着冷油器外壁下流；加装与就近消防管道的连接阀门，使用加药处理的消防水；合理调整循环冷却水泵台数；定期清洗冷油器，缩小隔板与外壳间隙，减小油短路，提高油流速，增大冷油器换热效率。

(3) 重视油的净化。冷油器出口侧有双联式滤油器，每个滤油器前后压力表的压差表明滤油器的洁净程度，当压差较大时，就要轻柔清洗铜丝网，小心弄破铜丝；系统还备有透平油滤油机，尤其在大小修后或冬季启动机组时，除用高压电动油泵进行油循环外，要开启透平滤油机，加热并过滤油，真空泵可迅速抽出蒸发出的水蒸气和其他气体，高效清除杂物。

(4) 避免其他一切可能引发润滑劣化的故障。如为防止轴封漏气，使油系统进水；机组振动或油温变化大时，会造成油膜破坏，并造成轴瓦移位或堵塞进油孔；转子接地，电流会击穿油膜；控制油泵切换的自动控制必须可靠；油箱油位低时，油系统内会积存空气。此外，还有油管道断裂、冷油器铜管破裂或油系统泄漏等。

8.1.2 干油润滑设施

◎ 立磨选粉润滑维护

ATOX立磨选粉机装配有盘柜型定时定量添加油脂装置，对轴承润滑，它由内部配电气控装置、7～8L油脂桶、装在桶底的液位开关、油泵及24V直流电机、油脂分配器及接近开关、供油管路及安全阀等组成，盘柜上设有数字计数显示器及就地启停操作按钮。寒冷地区还配有温控器自控加热器，油管上敷设自调温度伴热带。维护工作中，应当遵循以下各点。

(1) 该装置应直接安装在喂料楼平台上，距离轴承润滑油管接口最近的位置。避免受选粉机平台振动损坏电气元件。安装油管连接时，要保证清洁，且无泄漏。

(2) 先用手动泵或其他机动润滑脂回流设备，对油管及轴承充填油脂，待有油脂从回油管出口溢出时，再接上本装置供油管路。且一定要保证添加润滑脂时的绝对清洁，因为任何脏物都会导致管路及油孔堵塞。

(3) 如果发生低油位报警，应在运行中向油桶添加润滑油脂；如果发现安全阀出口有油脂溢出，则表明油路堵塞，或油泵故障，应及时排除。所有工作要在24h内完成。

(4) 润滑脂性能要经得起140℃极端温度，40℃油黏度为1500mm^2/s。

◎ 智能润滑系统维护

辊压机主轴承润滑都应采用智能集中干油润滑系统（见第3篇8.1.2节），加脂原则为少量频加；油泵压力可调；单次供油量可调。每间隔1h运行7min，周期性重复工作，如果PLC连续4个周期未收到信号，就会发出系统停机信号。智能润滑系统不仅解决有些润滑点难以润滑、检查的问题，而且极大地提高了润滑质量与效率，既提高轴承运转寿命，又节约用油。但要做到如下维护要求。

(1) 在初始加油时，应拆开所有进油口管接头，开启油泵，让各点都有油脂出来，当清洁度达到要求时，停止油泵，连接管道。对暂时不用的接口要用塑料布包扎，以防灰尘。

(2) 在为润滑泵首次充填油脂前，应先加些润滑油，有利于排除空气，建立压力。

(3) 在设置正常供油参数之前，需对轴承进行初始润滑，并应每小时人工盘动减速机带动辊子及轴承运转数圈，直到从轴承密封处隐约发现黑色脂状物溢出为止。

(4) 关键是保持加油系统的清洁：防止灰尘进入储油桶；要用电动加油泵向加油桶供油，通过加油口过滤；定期清洗过滤网，若发现油压过高，会有堵塞，需拆下洗净。

为避免灰尘进入，分配器卡死而停机，在其上方做一防护挡板，并定期对其清洗检查。

(5) 在调试、维修时只能使用手动控制，此时不允许各润滑点未给油时，长时间开启润滑泵，否则会憋坏管路，损坏油泵及阀门。

8.2 润滑材质

◎ 石墨润滑轮带

用石墨代替高温轮带油的润滑方案，节约费用，又简单可靠，有两个位置（图1.8.2）。

(1) 从轮带高端放入石墨块［图1.8.2(a)］。轮带和挡块、垫板之间形成朝向空气方向的空腔内，装入特殊设计的L形勾头石墨块，长边稍短于轮带宽度，短边稍长于挡块与轮带侧面的接触高度，石墨块能在空腔中活动，并保证轮带内通风。窑的斜度不会让石墨块掉出。为解决轮带靠窑头端的内表面润滑，再加装几块长度与轮带宽度相当、没有勾头的长方体石墨条。

(2) 在轮带低端设置石墨块［图1.8.2(b)］。当窑况异常时，轮带在窑头方向端面也会与挡块摩擦，为此，此方向需要加装几套石墨装置。选择两个挡块之间且与轮带端面保持一定距

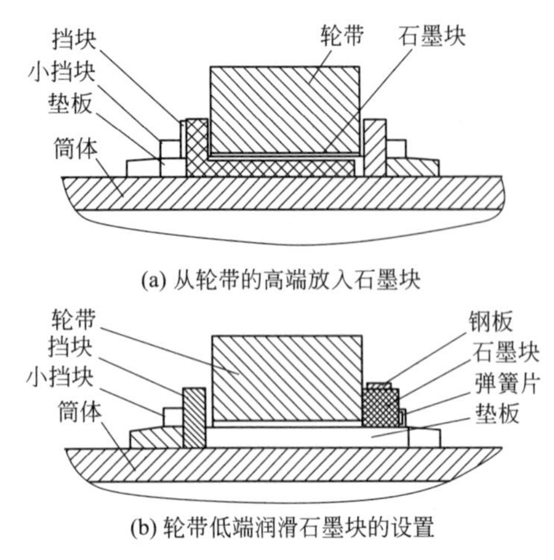

图 1.8.2　石墨块润滑轮带方案示意图

离，在其顶面焊上一块钢板，它与两挡块间也构成石墨块的活动腔。但它需要在外侧加弹簧片顶住。可借用包装机上废弃的弹簧片，上面有两个孔，一个穿入螺栓固定弹簧片，另一个穿入螺栓用螺帽调节力度。石墨块长度能保证它在空腔内滑行，可从窑尾密封石墨块上切制。

两种位置加装石墨块，通过它与轮带端面、挡块之间摩擦，形成石墨粉，完美地满足了在窑上升与下行阶段中所需要的润滑。

◎ 开式齿轮润滑磨合

窑、磨等大型设备都使用开式齿轮传动。对它的润滑目的是：要在啮合齿面形成足够厚的油膜；承受较高齿轮温度；降低摩擦系数；吸收齿轮啮合时的冲击；降低冲击载荷；均分接触压力；最终达到延长齿轮寿命的作用。

全新小齿轮和大齿圈在正确找正对齐后，齿面接触面积通常不高于 50%～60%，如此时投入传动，就可能造成局部超载、齿侧受损，为避免初始创伤，在满负荷运行前，对它的润滑应分磨合和正常两个步骤。

第一阶段是传动初期，使用磨合润滑剂，以降低齿面粗糙度，减小安装中有可能的微小偏差，提高小齿轮与大齿圈的啮合度，增加齿面接触比例。此时用的润滑剂是 Kluberfluid B-F2 Ultra 含有矿物基础油及硬脂酸铝皂基增稠剂和其他添加剂，在磨合期间，要不断检测大小齿轮齿面温度、各方向振动值等，观察啮合面积及粗糙度变化，判断齿面受润滑的均匀程度，不断调整载荷分布，以使剩余局部加工痕迹尽量消失，最后确定磨合时间长短（2000～4000h）。第二阶段使用正常操作润滑剂，Kluberfluid C-F3 Ultra 合成烃基础矿物油，不含沥青、溶剂、重金属、氯和固体颗粒，具有良好黏附性，极高承载能力和优异抗高压性，形成较厚油膜保护齿面。在此期间一定要严密观察油位，及齿面磨蚀情况，检测相关参数。每一步骤使用润滑油如有不当，出现擦伤、点蚀、胶合等失效形式，都应及时调整载荷及润滑油种类，防止其扩展。尤其对传统 3 号开式齿轮润滑油的使用，要提高警惕。

为检查磨合效果，在准确调整大小齿轮的齿顶间隙在 $0.25m_n$（齿轮法向模数）+（2～3mm）的范围内，可进行涂色检查，记录接触斑点：用红丹涂在大齿圈的齿面上；用窑辅传慢转一周，让大齿圈上的红丹染料粘到小齿轮上；用透明胶带粘小齿轮上被染的颜料。使用磨合油及磨合时间取决于窑制造商使用要求，其数量与磨合时间取决于新的大小齿轮啮合度。接触面大于 40%时，一般用油 1～2 桶（180kg/桶），最多 3 桶；达到观测接触面 80%～90%后，再投入正常生产用润滑油；磨合过程应设置喷雾系统润滑，油喷时间 30s，间断时间 10s，无负荷辅传运转下约 200h，磨合后还可进行涂色检查，对比磨合后的效果。当使用同一品牌磨合油时，可直接转用日常润滑油。

◎ 控制滑履瓦温

水泥磨滑履轴承润滑应根据磨内物料的工作温度、环境温度及冷却水温度综合考虑润滑油的品牌。前滑履瓦使用 CKD320 重负荷极压工业齿轮油，报警温度 65℃，跳停温度 70℃；后滑履瓦使用 CKD680 重负荷极压工业齿轮油，报警温度 95℃，跳停温度 100℃。生产实际分别是 61℃及 83℃，完全满足正常生产要求。

但这种润滑油黏度较大，特别是冬季时，油的流动性差，因此，在启动磨机 2h 之前，用电加热器对润滑油加热，油站自循环阀门全开，让润滑油温度逐渐升高，再分多次逐渐关小自循环油阀门，逐渐加大热润滑油进滑履的循环量，控制油站油位不低于下线。

将高压油泵进油口从油箱中，改在低压油泵过滤出口管道上，使其启动总处于带压状态，就会避免油黏度高、易污染、过滤器易堵、吸油不畅而损坏的尴尬。

◎ 辊压机轴承润滑剂

在辊压机启动、加速、停止和非正常振动时，轴承要求油脂非常抗磨极压承载力，具有良好的阻尼吸振性、各向异性、很高的屈服极限和低速重载轴承工作时的低摩擦系数，为此，油脂要含有特种抗磨添加剂：精细石墨和二硫化钼固体润滑剂，而且这些固体润滑粒径应非常细小，能通过润滑系统滤网和细长的输油管而不堵塞。

根据轴承工况选用适宜的特种低速、重载轴承脂，经济效益显著。选用 KLUBER 高性能润滑脂和国际知名品牌合成脂不仅价格昂贵，润滑效果并不一定好。

润滑油的油膜厚度大，黏附力强（基础油黏度＞1000cSt)；极压承载力强（四球焊接负荷＞500kg)；耐冲击载荷，需要额外固体润滑保护（如含有石墨)；泵送性好，结构稳定，工作温度范围宽。德国倍可公司生产的 FA50MO，是用超高黏度基础油制成，含特殊 EP 和 AW 添加剂，是适合辊压机主轴承润滑的优质润滑脂。

◎ 汽轮机油维护

(1) 添加汽轮机油应当使用板式滤油机，从油桶中直接抽油，避免杂质混入。

(2) 在运行初期，要求每天不少于 8h 用板式滤油机对油质过滤，但随着运行时间的延长，要交错使用真空滤油机去除汽轮机油内的水分。

(3) 严密观察汽轮机油温，避免产生大波动，缓慢细心开启冷油器。

9 电气设备

◎ 电气装备节电措施

（1）三相负荷平衡。若三相不平衡，不仅有碍于变压器和电动机安全运行，还会加大供配电系统的相流及低压供电系统中性线的电耗。因此，要求最大与最小相负荷，不宜超过三相负荷平均值的±15%。

（2）合理选择变压器容量和台数，选用容量与实际负荷接近为好，应介于30%～80%之间。选用节能型变压器，S10-M以上系列干式。

（3）优化线路敷设，减少线损。尽量缩短线路敷设，禁止迂回敷设。适当加大导线截面。

（4）通过无功补偿，提高功率因数至0.9以上，选用功率因数高的用电设备。

（5）选用中压变频器调节中压风机转速。

（6）采用新型高效节电装置。该装置因内部并联了自耦固定式调压器，可将较高电压值调整到合理范围，并调节内部的电感量，利用磁电交换、磁势再分配，使其三相电压保持平衡；串联电抗器，抑制电动机启动电流，减少为额定值的2～3倍；又并联可消除高次谐波的线圈，抑制低压设备发出的谐波电流，降低线路、变压器及电机绕组的铜损；该装置还依靠线圈移相，调整组别接线方式，提高功率因数。

◎ 电源电路质量的表征指标

电力质量是指电压或电流的幅值、功率因数、频数和波形等参数与标准值的偏差。它主要表现为：电源各回路功率因数大小；电源各回路三相的不平衡度多少；电源各回路的总谐波畸变率（THD）和含有率高低。

（1）功率因数应当介于电感性的0.9～1之间，以使线路总电流和供电系统的电气元件容量降低；增加负载容量；稳定负载电压，改善电能质量；节约电缆支出。当用电设备感性负载过多时，且低压补偿电容柜损坏或故障时，功率因数都会低于0.9。必须对现场各低压供电回路的补偿电容量统计清楚，重新检查电容补偿柜中电容器、电容投切开关和自动控制器的可靠性，并核实电容器间距是否有利于散热。

（2）公共连接点正常电压不平衡度允许值应在2%以下，暂时也不得超过4%；负序电流不得超过10%。不平衡过大会引起电动机附加发热和扰动；引起以负序分量为启动元件的多种保护发生误动作；发电机容量利用率会下降；导致变压器寿命缩短，并增加磁路的附加损耗；增加对通信系统的干扰。解决办法是重新三相平衡分配整流电源负荷。

（3）电压总畸变率要小，即各次谐波有效值平方和的平方根值与基波有效值的百分比要低于5.0%（0.38kV）、4.0%（6kV）。谐波状态会产生过电压、过电流；增加谐波损耗；加速电气设备绝缘老化、击穿；设备运转出现异常；干扰通信系统，破坏信号传递。整流装置是产生谐波的主要来源（40%），最好的治理办法就是在谐波源处安装滤波器，或串联电抗器对谐波过滤。

9.1 电动机

9.1.1 高压电动机

◎ 日常维护

（1）结合电动机绝缘等级，检查其绕组温度和温升，10kV电机F级绝缘的最高允许温度分别为155℃和100℃，但电机不能在较高温度下长期运行。设法降低定子电流，包括降低负荷及增加静止式进相器；控制滚动轴承温度上限为90℃，滑动轴承80℃，正常为75℃与70℃。

（2）加强对电机的振动监测，判断机械负荷、联轴器、轴承状态对电缆的影响。

（3）电机外观无渗漏油，冷却设备运行正常；对稀油站润滑的电机、滑动轴承的电机，要特别关注油压及油量，油位应在观察窗的一半即可，过多会甩至机壳内，轴承润滑油路畅通，油质符合要求；滚动轴承要注入润滑脂，多于2/3会发热，用听棒听运转声音与磨损状况。对10kV高压电机要有润滑计划及记录。

（4）保持轴承座周围清洁。检查轴电流短路电刷是否接触良好，并用500V兆欧表定期检查转子绝缘电阻，应≥0.5MΩ。

（5）重视设备开停前的检查。鼠笼式要检查液力耦合器，绕线式要检查液体变阻器。绕线电机启动时要观察碳刷是否打火，判断水电阻液体量是否适宜。冷态启动不能连续2次。

（6）关注综保装置。要及时处理报警信号，检查电流、电压互感器变比及保护定值符合正确设置，运行设备严禁随意修改参数。

◎ **定期预防性测试**

某公司两次磨机主电机跳停的重大教训是：因电机在运行中，绝缘材料会随着运行周期、工况变化而逐步老化，有必要每年都要检测各相线圈直流阻值是否平衡、绝缘材料交直流电压的耐压值等，以便发现线圈匝间、相间有无短路，焊接点及接头部位有无缺陷发热等隐患。如企业无技术力量，可与专业维修厂签订定期维护合同。

◎ **电机差动保护分析**

电机差动保护有若干整定值，除电流整定取决于装置动作一次电流与电机额定电流的比值外，还要重视“比率制动系数”（斜率），该值大，说明保护动作区小，灵敏度高，不易动作；该值小，则反之。如果电机轻载时正常，重载时差动动作，则说明定值偏低。还有两个差动动作原因应引起重视：一是两侧的相序；二是两端的电流互感器极性。当电机单独带电运行启动时，若保护动作，则接线错误的可能性极大。

◎ **微机保护装置电机过热整定**（见第1篇9.8.2节“电机过热整定”款）

9.1.2 进相机

◎ **对高压静止式的维护**

为大型电动机无功补偿用的进相器，如果选购与维护不当，不仅不能起到节电作用，反而加大设备跳停机会，无端增加电耗和维修费用。

（1）定期检查每个可控硅的完好及阻值是否正常，只要有一个损坏，就要立即更换，否则就会造成12个可控硅全部击穿。

（2）检查触发板指示灯，若不亮应检查板子和可控硅，及时处理，否则可控硅会逐个击穿，直至造成进相器的电流大幅度波动。

（3）定期利用停机时间拆下检查并清擦真空接触器触头，不允许粉尘较多、接触不良。

（4）检查晶闸管，无过压、过流和驱动能力不足等情况，更要及时发现冷却系统的缺陷，不允许工作温度超过125℃上限：晶闸管必须合理排列，便于散热，排列层次不能超过两层；冷却风机要设置合理，让冷却空气有合理流向，不能在柜内有冷却死角，并避免其他电气设备发出的热量对它的影响；必须配备超温保护设施（QQL/A-161SOVO多路巡检仪），冬夏分别设定不同温度。当发现晶闸管阴极与阳极阻值下降时，说明温度在逐渐上升并超过上限，当阻值小于100kΩ时，虽有超温保护电路，也应加强观察，一旦温度上升较快时，必须及时更换。

◎ 事故预防举措

进相机柜上控制真空接触器吸合的两个保险烧断，未能及时发现，当辊压机启动时，2KM2 和 2KM3 由于与 2KM1 互锁吸合，电动机转子回路通过它们短路，两接触器起火。为防止此类事故发生，采取的措施是：在高压柜合闸回路串入进相机控制柜 2KM1 吸合，高压柜合闸回路才能接通；在中控辊压机启动程序中，串入进相机启动信号（2KM1 常开接点），确保该信号满足时，才能开启辊压机；进相机柜控制 2KM1 吸合的保险换成额定 10A 的空气开关，避免保险烧坏不能发现；在两接触器 2KM2、2KM3 下端与转子回路之间串入额定 800A 的保险，避免启动后电动机转子回路短路的更大风险。

9.1.3 低压电动机

◎ 窑电机连续烧毁原因

（1）电动机维修质量不好，换向器升高片未焊牢，有虚焊现象。

（2）励磁模块使用多年，老化损坏，励磁电流不稳（减小），引起电枢电流不稳（增大），升高片焊接处温度升高。

（3）环境温度过高，使升高片温升大。

（4）长期运行后电机散热不好，散热风机风量不足，升高片温升大。

窑主传电机间断性跳闸后，中控显示备妥状态（黄色），有时也有瞬时断电显示（红色）一带而过，之前偶尔出现高电流。此故障是因励磁控制器长期使用后性能变劣，且应答信号（RN）丢失。只要更换励磁控制器、主传控制器到 DCS 的控制电缆、相关中间断电器，便可解决。

◎ 输送设备电机故障

水泥生产中输送设备电机的使用特点是：负荷波动大，瞬时超负荷可能性也大，电流很不稳定，常处于过电流状态；同时它们也不受关注：如基础螺栓松动，输送设备本身固定不牢；联轴器间隙过小，运转时产生轴向力的可能性大，常处于如下亚健康状态。

缺相运行：当电机不能启动，即使空载能启动，转速缓慢上升，也会发出嗡嗡声，电机冒烟发热，并伴有烧焦味。拆下端盖可以看到绕组端部有 1/3 或 2/3 极相绕组出现烧焦或变成深棕色。其原因有：供电回路中熔丝回路接触不良或受机械损伤，使某相熔丝熔断；三相熔丝规格不同，容量小的先断；隔离开关、胶盖开关以及接触器的触头接触不良、烧伤或松脱；线路某相缺相；绕组连线间虚焊。只要确定故障来源，排除措施并不难。

过载运行：电流超额定值后，电机温升超标，严重时三相绕组全部烧毁、轴承无润滑脂、定子与转子铁芯相摩擦。可能原因为：负载过重；电源电压过高或过低，应加装三相稳压补偿柜；电机长期严重受潮或受腐蚀，绝缘电阻下降；轴承缺油干磨或转子不同心，导致电机转子扫膛；机械传动部分故障，导致负荷增大。

绕组故障：绕组接地，电机空载无法启动，供电回路熔丝熔断或开关跳闸定子槽口绕组和铁芯有烧伤痕迹，并有铜熔点，槽内绕组与铁芯击穿，绕组引出线外皮绝缘损坏；绕组相间短路时，电机无法启动，电机绕组冒烟、有烧焦味；绕组匝间短路，三相电流不平衡，有数圈线圈变成裸线。电机损坏原因 85%是绕组烧坏。

漏电故障：漏电保护不灵敏，漏电后保护组件不动作，系统不跳电，三相电流不平衡。

其次是定、转子摩擦、断条等机械原因。

维护中要避免水、油进入电机，每天测量电机对地绝缘和相间绝缘、轴承温度并做好记录；定期测量电源电压及空、满载电流，努力稳定电压；定期检测保护插件的灵敏度，不允许电流超过 110%时尚未动作；漏电保护动作后不要盲目送电，必须排查原因后送电。

◎ **保护器设定**

有时电机保护器功能虽完善，但也会发生因短路保护未动作，电机烧毁。当电机电缆线路较长时，配置的断路器瞬时脱扣线圈动作电流和保护器过电流速断保护的动作电流，被整定大于线路末端短路电流时，就有此可能。为此，低压电机过电流速断保护的整定值，应为供电系统电波运行方式下，线路末端单相接地短路电流的 0.85 倍；另外，可视线路长短，电机容量或负载电流的大小，统一按电机额定电流或负载电流的 4～6 倍整定。若有个别断路器瞬时脱扣器躲不开电机启动电流，仅将它视为近距离短路保护，而线路末端保护由保护器承担。

◎ **电刷选用**

因更换电刷需要停窑，因此应关注它的使用寿命。除要关心电刷压力、电刷长度及整流子表面光滑程度外，还要慎选电刷品质：原直流电机使用的电刷为 D374B2×(12.5mm×40mm)，每块 55 元，后改用 D374N2×(12.5mm×40mm)，仍使用时间不长。有的企业用进口石墨制作电刷 N48，寿命长，但价格高至 260 元/块。后与电刷生产厂联系，重新生产长度增加 10mm 的电刷，价格仅高 10 元，但使用时间可达 7 个月之久。

9.2 电缆

◎ **重视电缆维护**

在电气故障诊断中，常常忽视电缆绝缘故障，如空气开关发热严重、跳闸，热继电器过热动作，都会就事论事，当未查到原因时，一定不要忽略对电缆的检查。

拉法基水泥集团严格要求对电缆夹层实行喷淋消防设计（见第 3 篇 9.2 节）。

在 10kV 中性点不接地配电系统中，当发生单相接地故障时，非接地相电压会升高$\sqrt{3}$倍至线电压。此时如配电系统存在绝缘不足，就会发生异地两相接地短路故障。

为此，应该将电缆沟纳入设备管理常规内容，保证沟盖板密闭，定期清理沟内杂物，保持电缆良好散热；并及时对受损电缆进行绝缘检测，恢复电缆外护套绝缘，更换不合格电缆；每年定期做开关柜和电缆的预试检验并记录；装设小电流接地选线装置，以便能迅速准确查找出接地的线路。

◎ **高压电缆烧毁**

有两个不同案例：

(1) 某生产线试产时，变压器高压侧电缆与零序电流互感器同时烧毁，而变压器及高压柜都安全无恙。此时不要轻易认为是电缆头制作不合格，应将过电流、过电压、电缆质量及环境温度等因素一一排查，并应考虑电缆屏蔽层带电发热烧毁的可能。需核实三相是否有因某触点接触不良造成缺相或严重偏相，且零序保护装置因整定值漂移过大后不动作，它们都会造成此类事故发生。

(2) 某排风机 Y2-355M2-6，MM440 变频器拖动，电缆型号 YJV3×185mm^2+1×95mm^2，沿电缆沟和桥架敷设 70m。调试启动仅 10min，一声巨响，靠电动机侧 0.5m 电缆烧黑。查原因时，发现风机叶轮反向安装，使负荷猛增，负载巨大，导致电缆过热烧毁；而变频器与上位机并未保护停车，其原因在于，出厂时电气人员将电动机过载因子参数缺少值为额定电流的 110%，改为 400%，导致变频器不会停车。两种错误叠加虽很偶然，但损失巨大。

◎ **克服感应电压**

(1) 在设计设备回路时，所敷设的电缆要尽量短。

(2) 通过 DCS 控制的设备，尤其是使用 PLC 控制时，通信尽量使用 PA 总线或光纤。

(3) 对会产生干扰源的线路，尽量使用单独桥架敷设。

（4）对已经敷设好的线路，若发现有设备异常开停时，除检查线路连接外，不要忽略可能产生的感应电压，会引发 PLC 内部继电器误动作。为此，可在控制回程中添加中间继电器，取其一组常开点，作为设备开停驱动信号；也可在故障回路中串联一个与中间继电器内阻值相近的电阻，最大限度降低感应电压值；甚至对讲机也会引起感应电压激发继电器动作，应规定电缆 3m 以内不能使用对讲机。

◎ **接线盒接线松动**

实践中发生案例：当接线盒中某相接线松动时，竟会引发立磨撞击声。这是因开磨后，线松动处产生位移，导致接触不实而引起磁中心线变化，引发电动机轴窜动量，超过了联轴器允许值，对主减速机输入轴产生冲击，发出了无规律的金属碰撞声。

9.3 开关柜

带电负荷运行一两个月后，应利用停机检修时对所有柜内连接螺栓再次紧固。这是及时发现隐患，保证避免事故的重要措施。

9.3.1 高中压开关柜

◎ **熔断器损坏原因**

35kV 直配系统，采用中性点不接地的接地方式，但多次发生三次熔断器损坏，并导致计量柜内电压互感器 PT 损坏。其原因可能有：铁磁谐振过电压，使电压互感器一次侧熔丝熔断；低频饱和电流，使饱和点过低的电压互感器一次熔丝熔断；电压互感器一、二次绝缘能力降低或消谐器绝缘下降，使熔丝熔断；外部弧光接地，引起电压互感器入口电容的冲击电流熔断熔丝。

9.3.2 低压开关柜

◎ **低压配电系统的选择**

企业中常用 TN-C 系统作为低压配电，但此系统中只能采用接零保护，即借零线形成单相接地短路电流的回路，使故障线路的保护装置迅速动作，切除故障源。而保护装置一般是断路器或熔断器，但它能否准确而迅速动作，将取决于短路电流的大小和保护装置的整定。为满足此要求，因它的保护线与中性线的合一性，工作零线不但要通过单相负载电流、三相不平衡电流和短路电流，还要承受意外故障的冲击电流，该线断线的可能性较大，且没有电流通过的可能性极小，因此零线触电的可能性极大。因此，设计时就要满足不少条件。

如果选用 TN-S 系统，将保护线 PE 与中心线 N 分开，常称为三相五线制，实际因 PE 线不工作，实际还是三相四线制。此时，工作零线只通过单相负载电流和三相不平衡电流，而保护零线只作为接零保护使用，只通过短路电流，就会大大提高供电可靠性和安全性。尤其当今低压配电柜内增设 PE 接零保护母线，已满足电机要求，即便照明，也可在配电进户线处设重复接地，将 PE 和 N 线分开进入建筑物。而无需使用 TN-C 系统。

9.4 高压启动设备

9.4.1 水电阻柜

◎ **简单调配水阻液**

（1）水箱每格内注入搅拌好的水（原沉淀后的水阻液），让 3 格的水平液面保持一致。第一次注的水阻液为 3/4 液位，以留有后续的调配空间，最终液面应不低于箱体上沿 2cm。

（2）将活动极板上行至限位断开并电源停电，电动机高压柜小车退出（接地刀开关断开），将 380V 电源接入电动机定子侧，在电缆任意一相及水阻柜引入固定极板铜柱侧，同时分别卡入两块钳形电流表，如有静止式进相器时，需将进相器送电（不进相），使进相器内接触器吸合转子回路接通。

（3）380V 三相电源送电，可在两块钳形电流表上，分别读出一次与二次回路的电流值，然后，再如法测出其他两相电流值。对比电机额定电流与实测电流，如存在三相电流不平衡或电流值不符合要求时，可通过自吸泵将水或含有电液粉的溶液抽出或注入，调配水阻液，在保证液面一致的条件下，达到三相电流平衡，且得到计算值即可。

◎ 启动调试经验

实践证明，调配水阻液时，不必过分追求三相电流平衡一致；根据负载特性，对于磨机等重载设备，启动电流一般为电动机定子额定电流的 1.2～1.5 倍，风机则是 2～3 倍。按照 Na_2CO_3 和水的比例配制电阻液，用温水溶解较快，充分搅拌或用泵循环，使溶液均匀。如启动电流过小，在液体电阻切除转换星接真空接触器瞬间，会有较大冲击电流，电机过流速断跳闸，此时应适当增加 Na_2CO_3 浓度；若启动电流过大，表明液体电阻值偏小，同样容易引起过流速断跳闸，此时应加清水稀释。在读取电流表时，一定要读电动机启动瞬间上冲后恢复的数值，然后观察液体电阻切除瞬间的电流值，该两个数值应在合理范围，电阻液配制就不难。

掌握启动时间，即极板开始运行至星接真空接触器吸合，切除液体变阻器的时间，对于功率小、轻载启动，时间应控制短些，25～30s 即可；磨机和大型风机电机启动要设定在 38～45s 间。启动时间延长几秒，对设备的冲击力会小些，只要温度允许，可以适当设置停顿。

电极板间距的调整也很重要，过近容易造成动、静极板短接，极板易拉火、烧灼、变形等；过远则电阻值大，电机不易达到正常启动转换条件，电阻切换时易让过流速断跳闸。一般距离掌握在 10mm 左右即可。

开机前除检查真空接触器吸合断开良好外，还不宜使用搅拌泵，以防将水阻柜底部碳酸钠及金属杂质搅起，增大启动电流。中控操作前要注意水阻柜的转子短接信号，如有此信号时，严禁开机，须经处理消除此信号后方可开机。如先开辅传电机运行一段时间，料层平稳后再开主电机，更有利于控制启动电流。

◎ 维护基本要求

（1）当有电器部件损坏时，不能强制运行。如温控仪坏了，就不能及时掌握温控柜温度，发生“开锅”会使柜体板变形；又如，没焊牢位置出现开裂和渗漏点，就会漏液。

（2）定期检查液阻柜内液面高度，低于液阻柜盖板 50mm 时，或水质电解液挥发，启动电流过大，就要及时加水。

（3）电机启动过程中要密切关注电流变化，判断水阻状态，若电动机达不到额定转速，就应稍加电解粉。

（4）定期停机检查水阻箱，若采取避峰用电、电动机频繁启动，就要缩短定检周期。现场着重检查水阻液有无异常：如颜色浑浊发黑，有大量气泡溢出水面，有杂质漂浮，水箱底部出现亮光，或水阻柜发出“噗噗”声响，都应停机检查；尤其是活动极板与连接铜柱未经焊接时，有可能引起连接部位严重发热而烧断；电阻柜内柜底三隔槽不应相通，否则会表现启动电流很大，启动之初会有打火现象，三相电流不平衡，重载启动困难；电解槽下的定极板应固定在液阻柜底，而不应有活动变形。

（5）定期检修主电机星点接触器（短接接触器），确保可靠吸合。

（6）每半年对水阻液值按上款方法检测。

9.4.2 其他设备

◎ **风机启动困难**

当首次带料启动高温风机时，发现电动机轴向窜动严重，并伴有轻微撞击声。这是安装找正时，没有充分考虑高温风机的热态膨胀，造成磁力中心线偏离，导致轴向窜动发生。如果待高压变频柜内高压电容放电完成后，再次快速启动提速，减小升温带来的膨胀量，便启动成功。为此，将高压柜的分合闸改到现场高压柜上操作，中控只负责开停高压变频器并调速，就会彻底避免此类故障。

9.5 变压器

◎ **高压综保的管理功能**

DVP-600S变电站综合自动化系统已经落后，且不具备电度计量功能，更换为DMP3300系列变电站自动化系统后，可以利用内置的积分电度功能代替原电子式电度表功能，所累积的电度通过485总线通信方式上传至本站通信管理机，再通过新增光纤转换器的光纤传至总降后台，它还兼有下挂低压电力室电度表功能，并汇总发送到总降后台。如此功能不仅方便企业用电结算，更能提高生产能耗的管理水平。

现有变配电计算机监控系统在精密计量、数据传输、远方控制、报警处理及事件记录、电能质量及谐波测量、波形捕捉、精确度等方面都能满足水泥厂变配电站监控要求。可实现变配电站无人值班。借助它可不同工段、区域实行单独经济核算的电量使用计量与检测。提高管理档次，从管理中出效益。

9.6 变频器

◎ **调速操作要求**

（1）当工频与变频相互切换时，电气现场人员要认真核实两条回路的切合情况。不可同时接通，将变频器烧坏。

（2）变频跳停的原因较多，如变频设置过低、过压或过流，变频器自身存在故障等。操作人员不应将给定频率设置过低。

（3）变频故障报警时，中控不应再操作，变频柜上应切换至就地停止位置，等查找到故障并排除后，报警复位，关上变频柜门，方可重新操作。

◎ **重视参数设置**

如果施奈德ATV71变频器的参数设置不对，就会出现错误报警。如更换电动机后未经自整定，变频器仍会按以前建立的电动机模型阻抗控制，启动时就会出现“电机接地”故障报警。只有在“请求自整定”之后，或将参数设置从“SVC U”改为“2点压频比”后，启动才能正常。又如在正常停机后，再次启动还出现“电机过载”误报时，可能是因天冷，阻抗发生较大变化所致，所以应以冷态20～25℃建立电动机模型为宜。

◎ **变频设备严禁转动启动**

须牢记：风机在旋转状态下变频启动就容易飞车。当前变频技术已能解决如何避免飞车，但为此功能所需成本，却因方法不同而有较大差异，其中以直流母线最小电流法的费用较高，但最为可靠。除采购中有明确要求之外，在改造原无此功能的变频器时，就应关注最为经济的方法。很多情况工频风机启动不成问题，但在变频风机操作中，就必须谨慎对待。因为系统风机相互影响，有可能使变频风机发生低频旋转；或者是风机再启动时，因风机停车尚未停稳，就需要花费较长时间等待；当因偶然原因导致跳闸时，就应立刻重新启动，避免低频而造成过流跳闸；如做不到立刻，就必须等到完全停稳后再重新启动；对于常见特定频率转动的启动，可以设定，但这毕竟不是万全之策。

变频电机带动的设备未停稳时，再启动就易将变频器冲坏。如选粉机虽已断电，但还在转动，电机实际处于发电状态，此时强行带电启动，冲击电流必然很大，且并未降频启动，电机转矩与频率成反比，频率越高，转矩越小，负载转矩反而变大，电流会更大，加大了冲击电流，变频器又未配“抑制”装置（单元），烧毁便成定局。因此，任何设备电机断电后，需要等待电机停止运转、冷却后，才能低频下启动。

9.6.1 高压变频器

◎ **维护要点**

（1）风机使用变频器时，原风门应全部打开，最好在更换变频控制成功后，将风机入口控制阀门切除，彻底消除风门阻力。

（2）当风机串联使用时，变频风机调整时，下游风机也应相应调整，否则会使功率模块出现过电压故障，甚至损坏。同时，适当延长变频减速时间，以抑制减速产生的过电压。为避免旁路可控硅误触发，升级可控硅两端的滤波电路，减少误触发概率。

（3）当所在电网电压波动时，需要对变频器跟踪监测，重新设定参数，使电压波动在±15%以内，让变频器满额输出；电压降落在35%以内时，变频器开始降低输出频率，如果能在6s以内短暂时间恢复，则重新按照设定的加速时间至设定频率；如果6s不能恢复，变频器处于待机状态，等电网电压按原设定的20s内恢复，变频器自行启动，系统自动搜索电动机转速，实现无冲击再启动，恢复原来工作状态。

（4）变频器应具备良好散热条件。周围环境温度不能高于40℃，否则跳闸，故应当在室内设有专用空调，并确保空调电压足够，确保室内通风设备正常运转；必要时制作风筒将柜顶散热风机排出的热风引出室外；并定期用带塑料吸嘴的吸尘器，清扫变频器及柜内积灰，确保冷却风路畅通；数台散热风机要单独配置小型断路器，避免发生故障相互影响；设计DCS回路，让变频器与散热风机开停联锁；增加温度变送检测回路。

（5）巡检变频器内部电缆间的连接可靠，所有柜内接地可靠；每隔半年紧固一次变频器内部电缆各连接螺帽；所有电气连接要紧固，看有无异常放电痕迹，有无异味、变色等。

（6）保持变频器室的清洁卫生，清洁时要精心，不要碰到功率器件；检修后现场不能遗漏各类小金属物品，如螺钉、导线等，成为变频器短路的隐患；并认真检查电气正确连线，防止“反送电”事故发生；长时间停用后的恢复运行，应测量变频器、移相变压器及旁通柜主回路绝缘合格后，方能启动。

◎ **中压变频器维护**

（1）ACS5000变频器在检测U、V、W三相瞬间对地泄漏电压的EAF板上，有可供用户选择的三个档次的量程范围，应该酌情NP电压实测值转换成适合的挡位，以避免此因故障跳停。

（2）该变频器是通过检测柜门内外、集成导通板与后背板之间的风压压差保护运行，保护定值为80Pa，因此，要重视滤网选用，若透风性不强，容易沾灰，就会跳停。

（3）如果电路板上积多灰尘，不利散热，就会造成I/O模块通信故障，而且要有20min的冷却时间才能恢复。为此，清理积灰，采用酒精清洗各功能主板通信管脚及光纤跳线插头；利用吸尘器吸清电路板灰尘，不要采用鼓风方式吹灰，使飞灰重新回落。

（4）重视装设散热风道。在冷却风机出风口直接安装风道，确保冷风直接进变频器系统，进散热风机后成为热风，进入风道排出室外。选择风道离墙壁较近、出风口到墙体无障碍物的现场，出风口要弯曲，防止雨水回灌，热风出口要远离空调进口。

◎ **防止变频器结露**

当变频器突然跳停后仍能再次启动，则表明变频器功率元件并未损坏。检查中会发现整流器件上有结露现象，这些细小水珠就可使变频器的功率元件瞬间短路而跳停。当天气湿度过大，而空调温度又过低时，是导致结露的原因。因此，在夏季空调温度设定时，要取决于整流器散热器的温度：当散热器温度高时，空调可定在低温；反之，要提高空调设定值，以避免结露。

9.6.2 低压变频

◎ **维护要求**

（1）冷却设备必须可靠，整流柜、逆变柜内风扇运行正常，停机时检查轴承转动灵活。

（2）保持设备清洁，运行一定时间，应清理表面积尘，至少3个月清理一次。

（3）定期检测中间直流回路的电容器。停车时检查有无漏液，外壳有无膨胀、鼓泡、变形，有条件时应测试电容容量、漏电流、耐压等，不符合要求应及时更换，对长期闲置的新电容器，更换前要进行钝化处理。

（4）检测整流、逆变电路部分的二极管和IGBT晶闸管质量，用万用表检测正向、反向电阻值，做好记录，分析变化。

（5）检查接线。仔细检查各端子排无老化、松脱现象，连接线牢固，连接处无发热氧化，无短路隐性故障，各电路板接插头接插牢固。

◎ **堆料机应用**

长形侧式悬臂堆料机在频繁制动停车过程中，上部悬臂皮带机头摆动幅度会大于400mm，造成电机联轴销易断裂、高速轴易断齿及车体大梁连接螺栓易断等事故。而变频器的强大制动功能，并与制动单元及外部机械式液压制动器相结合，就可实现堆料机车体的快速平稳停车，极大减小对设备的冲击，避免事故发生。

为此，合理确定变频器型号、选择制动单元负载，以及根据物料均化效果及制动情况，适当调整变频器运行速度及制动参数，才能达到最佳使用效果。

◎ **水泵变频应用**

凝结水泵安装变频器后，热井水位控制阀门全开，再加上PID的微调控制，水位的控制精度能在9mm以内稳定，而且还节电，又延长设备寿命。锅炉上水的给水泵也一改阀门控制为变频控制，锅炉能长期在零水位运行，如此降低了操作人员劳动强度。

但使用变频水位控制要注意：启动汽轮机时，要开再循环阀门，在工况未稳定之前，要用手动控制；变频下限不能过低，以免水泵出力不足；PID参数的微分量不可太小，避免电机加速过流和PID振荡；给水泵的频率给定，要使两锅炉上水压力一致。

9.7 功率补偿器

◎ **电容器高性能标准**

（1）介质损耗低。区分电容器质量的重要参数是介质损耗角正切 $\tan\delta$，它表明电容器的有功损耗少，特别是介质损耗少，它不仅有利于节电，而且因散热少，布置可以紧凑，不易产生“鼓肚”，寿命长。特别是采用新型绝缘材料，改变介质结构，可以使常规的介质损耗从0.05%降低为先进的0.02%。

（2）容比特性小。即电容器单位 kVar 的质量小、体积小、单台容量可以做得较大。国内的容比特性一般为 0.2～0.8kg/kVar，但高品质电容器可达 0.1～0.2kg/kVar，它是反映电容器制造商水平的重要指标。

◎ **无功补偿方案优化**

在全厂无功损耗补偿的方案中，要重视额定容量大、运行功率因数低的大中型电机，可针对不同负载特性，合理选择就地无功补偿装置，能改善电机的启动电流，提高电机使用寿命，降低对变压器容量要求，同时也大大降低无功在传输过程中的线路损耗，节能效果更加明显。而不要只寄托于中压母线与低压母线两种集中补偿的方案。

确定高压电机就地补偿的容量时，先根据相关规范与公式，计算容量基数、电容器额定电压，再计算电压修正容量、串联电抗器修正容量、进行电动机自励磁校验，以此确定参考值，最后依据功率因数计算确定，并针对电机所服务设备的惯性大小，如风机类惯性较小，补偿容量可适当减小，而磨机、立磨、辊压机惯性较大，补偿容量就要适当加大。

补偿接线一般采用电容器串联电抗器单星形接线，中心点不接地。优点在于一旦某一相有故障时，不会影响电动机正常运行，也不受接地故障影响。安装位置最好在配电站内，与高压电机距离较近，但与其他高压配电装置要有不低于 1.5m 距离。如对于单台设备的补偿应与电机就近安装，尤其是长皮带输送等电机，此时电缆可将高压开关柜的馈出电缆直接接入补偿柜，再从补偿柜引出一根电缆至电机，在补偿装置中，可将两根电缆的并联点放在电机出线柜内，一根至电机，一根至补偿柜，也可将两根电缆的并联点放在补偿柜内。

◎ **无功补偿装置维护**

（1）要检查电容器是否有异声、异味，外壳有无凹凸或渗油现象，引出端子连接是否牢固，有无过热现象，垫圈、螺帽是否齐全，外壳及构架接地必须可靠，柜门闭锁装置完好。

（2）电容器室应保证室温控制在 35℃以下，且要防尘清灰，保持柜内清洁。

（3）选择喷逐熔断器熔体额定电流，应不高于电容器额定电流的 1.5 倍，不可过高或过低。

（4）定期检测二次回路的可靠动作。

9.8 保护装置

◎ **电气安全设计**

（1）安全色。用于标志电气设备的安全要求及提示：红色表示禁止、消防等；黄色表示危险位置的安全标记；蓝色表示必须遵守的指令安全标记；绿色表示安全环境。上述安全色标记都应配上对比色（白色或黑色）作为条纹，将更为明显。

（2）保护性接地。因目的不同而分为保护接地、雷电防护接地、静电接地。

保护接地在我国多采用 TN-C-S 系统，有部分线路的中性导体 N 和保护导体 PE 合为一体。

雷电防护接地有三类，其中矿山炸药库为一类，总降、油类储罐及雷电频次较高的中控室、宿舍楼、办公楼等为二类，其余为三类。

静电接地主要是针对易产生静电的易燃易爆管道、储罐以及电子器件、设备等。

（3）电气安全装置。指照明、安全联锁、现场安全装置（启动预告警示、可视断路开关、急停按钮及现场安全检测元件）、个人防护装置（绝缘手套、绝缘垫、绝缘凳、接地装置、中压验电器、中压救身绝缘杆等）以及安全控制电压及报警故障信号等方面的装置。

（4）其他设计包含电气设备结构、防护等级、噪声、防火与防爆等。

9.8.1 接地保护

◎ 真空断路器保护

目前真空断路器的过电压保护装置有以下几类：阻容吸收装置、无间隙氧化锌避雷器、有串联间隙氢化锌避雷器等。现在的复合型避雷器，在相间和相地间都连接有一定比例的 ZnO 电阻片或带火花间隙，对相间过电压有比较好的保护作用，且因相对单体式避雷器，结构体积紧凑，对开关柜尺寸影响较小。因此，要选用质量可靠的复合型避雷器适用中压开关柜。

但选择型号时要根据额定电压、最大持续电压、标称电流、雷电冲击保护水平、操作冲击保护水平等重要技术参数，不能片面追求低价，选择 ZnO 阀片通流截面过小、不能释放热能、发生膨胀外爆而爆炸的产品，造成全厂电源中断。

为抑制过电压，可装设配电聚优柜（见第 3 篇 9.3.1 节“配电聚优柜应用”款）。

◎ 电击保护措施

直接接触的电击保护措施为：将带电部位包以绝缘；用遮拦或外护物防止人体接触；用阻挡防止人体无意接触；将裸露带电部分置于伸臂范围以外；用漏电保护器作为后备保护，但不能代替前述措施。

间接接触的电击保护措施有：自动切断接地故障电路；采用Ⅱ类电气设备；电气隔离常用隔离电压器；用隔离特低电压供电；设置绝缘场所；采用不接地的局部等电位联结。

避免电击和电气火灾危险，需要在电气产品选型和工程设计时互相配合，如对水泥厂，可选Ⅰ类防电击绝缘等级设备，设计为带有连接 PE 线的接地端子，加自动切断接地故障的电路。

◎ 仪表防雷措施

电子信息系统规定有防直击雷和感应雷（雷电电磁脉冲）两类，其中感应雷对仪表控制系统的侵害有如下几种：

（1）静电感应。因雷云电场作用，各类信号电缆在接闪前能感应出大量电荷，接闪后这些电荷会向控制系统泄放，形成很高电位差，击坏模块或变送器。

（2）电磁感应。当工艺装置接闪器发生接闪时，巨大能量会在瞬间流过防雷引下线对地泄放，周围会感应出强大瞬变电磁场，处在其中的导体就会感应出较大电动势，附近有闭合回路，就会产生感应电流，同样，仪控信号线回路中也会感应出强电流浪涌，击穿控制模块和变送器。

（3）雷电反击。雷电接闪后，在雷电流泄放过程中，导体上产生的高电压或电位差，对其他物体产生电击。它又分为击穿反击和传导反击，“击穿反击”是指产生的高电压击穿空气、土壤或其他电介质、人、电气设备和物体；“传导反击”是指在流经的接地体、引下线以及与之相连的导体上形成电位差，再通过线缆、连接导体传导，耦合并击坏仪表、电气设备线路接口。

（4）电涌流入。它包括电源线路和信号线路上的浪涌，使供电电源质量下降，出现电压和频率偏差，产生谐波和暂态过电压等，对仪控系统危害。此外，雷击电磁辐射干扰也有破坏。

针对上述危害来源，根据工业现场仪表控制系统的特点，提出七项措施：有效接闪（选择落雷点、避雷针、避雷带、避雷网）、合理分流（引下线数量及承受电流、引下线材质、形状、截面积、顶层金属屋面及引下线焊接点距离、个数、排部对称等）、良好屏蔽（壳体屏蔽、网格屏蔽、屏蔽材质、栅格间距、线缆屏蔽、双层屏蔽信号电缆、屏蔽层接地方法，各类桥架保护管材质、直线方式、埋地敷设地沟屏蔽等）、恰当接地（接地干线、总干线和人工接地体参数、土壤、漏电流源、电压梯度等）、均衡电位（等电位连接方式、等电位地网网格宽度、地网材质、地网检测方便性）、规范布线（电力电缆、信号电缆、电子通信网络线和各种金属管线防雷引下线，各类大型研发用电负载间的距离和走向）和浪涌保护（在重要电源系统、信号电缆上加装浪涌保护器 SPD）。

◎ **接地装置防腐**

无论是保护性接地，还是工作接地、防雷接地及仪表为了防干扰的接地，它们都会受到腐蚀而威胁安全；也无论是化学腐蚀，还是电腐蚀原因，在设备接地引下线、连接螺栓、焊接头、电缆沟内的均压带、水平接地体等处都会是薄弱环节，成为生产的重大安全隐患。

对此，所能采取的措施如下。

(1) 增大接地体的截面积，采用耐腐蚀的有色金属或应用镀锌、热镀锌等复合材料，这些办法都需增加投资成本。

(2) 较新的防腐方法是：阴极庇护法，连接电位正负，更易腐蚀的镁合金、锌合金阳极，让接地设施阴极化，通过它们被腐蚀溶解，保护接地设施；或外加直流电源，让接地网与其负极毗连，形成阴极化，避免对金属侵蚀。

(3) 使用物理类型新材料。如高效膨润土降阻防腐剂和导电防腐涂料。它的电阻率低于土壤电阻率，与接地网的电阻率接近；对酸、碱、盐等化学溶剂有较强耐受能力；施工工艺简单，价格适宜。石墨为主要材料的接地产品，可以分压制和烧制两类，且对环境无污染。

(4) 对接地线实施保护。可在接地引下线临近地面 10～20cm 处套一段绝缘材料，以防腐蚀；从地下与水平接地体毗连处的起头部位，到地上与装备毗连处，刷沥青漆或防锈漆。

(5) 对埋接地装置的土壤要求。采用无腐蚀性或腐蚀性小的回填土，代替腐蚀性强的土壤，且避免施工残留物混于其中；用石灰提高 pH 值，接地体周围包上碳素粉加热形成复合钢体后，再涂防腐涂料。

9.8.2 微机保护装置

◎ **重视连接相序**

在选用某些微机保护装置时，首先要向厂家了解该装置的保护单元电流回路有无按一定相序连接。否则，当电机跳闸时，会误认为整定值设定小了，过热所致。如果在加大整定值后仍有跳闸发生，说明仍未考虑微机保护装置相序连接的特定要求。

此现象还可通过保护装置的显示予以判断：正常运行的正序电流为 2，负序为 0；而不是负序为 2，正序为 0。因为负序分量对电机“过热”影响极大。

将带差动保护的电动机定子进出线两侧电流互感器 A、C 两相互相换接，电机跳闸故障便可排除。

◎ **保护曲线应用**

微机保护装置早已取代了单纯的继电器保护，全面应用于 6kV 以上所有电压等级的设备、线路的保护，可以方便地输入整定参数值，可以根据设备情况选择保护方式，其中的反时限保护方式还可选择不同的保护曲线（见第 2 篇 9.8 节“反时限保护优势”款）。

在中压设备的保护整定计算时，既要考虑设备本身的保护，又要考虑上下级之间的保护和时间配合。在选择保护曲线时，应是采用反时限或者反时限与定时限相结合的方式，并在确定曲线参数之后，把所有曲线绘制在一个坐标系图上，以便清晰地分析保护曲线，确定各曲线之间组配的正确性，从而使保护系统的设计安全而可靠。

◎ **电机保护器应用**

现在开始推广的智能型电动机控制器及保护器监控管理系统，简称为电动机保护器。它替代了电动机传统过载保护方式——热继电器。后者虽结构简单、成本低、使用方便，但保护功能单一、精度低、动作不稳定，容易误动作或拒动，不能实现集中监控。

保护器主要由主体模块和各种辅助模块组成。主体模块完成测量、保护等功能，辅助模块主要有显示模块、外置电流互感器、外置漏电互感器等与主体模块相配合。主体模块由电流、电压、温度采样电路、端子按钮采集电路、DSP、出口继电器、显示接口、通信等几个部分组成。显示模块基于LPC2134（arm7）平台，通过人机界面显示测量和设定参数，并能对部分参数进行设置操作，查看运行工况，故障信息、报警信息。

电动机保护器带有标准485接口，采用MODBUS规约，亦可选配PROFIBUS-DP接口，便于用户组网。可方便地构成集中式、集散式和分布式控制系统，可以通过增加模拟量输出模块，输出4～20mA模拟量信号给DCS系统，便于用户集中控制。

保护器的功能有：温度保护、过（欠）载保护、过（欠）压保护、频率保护、断相保护、相序保护、不平衡保护、堵转、漏电、接地保护等，端子功能可编程。

◎ **变压器差动保护误动作**（见第2篇9.5节“差动保护误动作”款）

◎ **电机过热整定**

微机保护装置的不同制造厂家，对高压电机会有不同的过热保护整定项目和发热模型公式，但有两个参数是相同的：一是发热时间常数r，另一是负序值k_2。r值本应由电机制造厂提供，但一般可根据经验确定，风机电机为240，破碎类电机为190，在操作中，有些电机运行有保护动作时，可连续调试从150逐渐调高。k_2为负序过热系数，它代表负序分量导致电机过热的影响大小，反向拉着电机旋转的能力，同样根据经验确定为1、4、6，根据电机发热模型公式计算得到的过热保护动作时间t，应大于电机启动时间。否则要修改r及k_2值。

◎ **余热发电后的保护变化**

水泥生产线增加余热发电后，供电系统保护会与原来有所不同，尤其对余热发电侧增加了方向保护，当余热发电出现电气故障时，不能只依据经验习惯操作，而要严格遵循说明书再处理，避免相应设备再次跳闸，发生故障。

◎ **调速器使用**

Woodward 505/505E是专为调控汽轮机而设计的控制器，它采用现场可编程形式，根据发电机或驱动机械负荷需要，有针对性地配置参数。既可独立使用，也可与DCS结合。当在和利时SmartPro3.1.3DCS系统中组态了启动条件、故障复位等，在505上组态远程自动启动、远程转速给定（给定调门控制）和远程负荷给定（自动负荷控制）等功能。只要中控给定发电量控制值，DCS给505模拟量信号，并根据给定信号经PID控制，自动控制调门开度，便可使发电量稳定在给定值上，避免人为操作疏忽。

需要提醒，在使用负荷控制调节调门时，汽轮机调整装置内的轴承也会发生磨损，卡涩，使调速滞后。为此，一般6个月就需要检查、更换轴承。

◎ **对汽轮机联锁保护**

为了实现汽轮机安全运转，发电站虽小，但如下联锁保护功能不可缺少：汽机超速保护；汽机轴承振动保护；汽机轴向位移保护；抽水机胀差保护；汽机推力瓦温度保护、润滑油压保护等。并应通过DCS系统实现：其中温度和油压的保护，可直接在相应的检测开关上预定限值即可，一旦有超限发生，相应报警、跳停信号便可给DCS实现；其他参数的保护，则要将读到的模拟值转换为4～20mA电流信号传送至DCS，同时还需要将报警值与跳停值，以开关量形式到DCS系统，常用8500B系列汽轮机监控组合式仪表，便可完成。

在编制软件时，为了能及时发现汽机跳停原因，应在程序中增加RS触发器功能模块；编制程序时，要考虑各种状态要求，如静态试验时，汽轮机未启动，若将运行状态的冷凝器真空条件作为联锁，就无法试验，此时应以手动方式解除其联锁信号；为了加快急停指令的实施，不能将大量定义功能块占据控制器CPU内存，加长了用户程序的运行周期，应将控制逻辑程序放在一个单独DCS程序块中。

◎ **汽轮机保护功能测试**

（1）分别进行辅助油泵与交流事故油泵在润滑油压力低时的保护试验。分别启动油泵或交流事故油泵，开启出口阀或进出口阀；启动回转设备盘车装置；分别将辅助油泵、直流事故油泵和回转设备盘车置于联锁位置，前者试验还包括交流事故油泵、手按辅助油泵停运按钮或关小交流事故油泵出口阀，分别试验：当主油泵出口油压下降到0.65MPa或润滑油压力降至0.085MPa时，能发出报警信号，且辅助油泵自动投运；当润滑油总管压力降至0.13MPa时，发出报警信号；两个保护试验润滑油压力分别降至0.085MPa或0.8MPa时，分别为磁力断路油门动作，交流事故油泵或辅助油泵自动投运；润滑油压降至0.07MPa时，直流事故油泵自动投运；降至0.015MPa时，发出回转设备自动停止盘车的信号。

（2）现场停车试验。速关阀和调节阀开启，在主控室手按停机按钮。速关阀、调节气阀和补气阀均关闭，光字牌“主气门关闭信号”同时出现。速关阀从全开至关闭时间应小于1s。

（3）轴向位移（绝对值大于0.5mm时报警，大于0.6mm时电磁阀动作）、轴承温度高（高于95℃报警，105℃停机）、凝汽器真空低（小于－0.086MPa报警，－0.06MPa停机）、汽轮机转速高（≥3150r/min报警，≥3340r/min停机）、发电机主保护动作（电磁阀、速关阀、调节汽阀和补汽阀均关闭，光字牌“发电机主保护动作信号”出现）等保护试验，以及汽轮机轴承振动大联锁保护（≥0.03mm报警，≥0.05mm停机）、汽轮机控制器Woodward505试验（检查加减负荷方向正确）分别进行试验，均由模拟法进行。

9.8.3 UPS电源

◎ **电池需定期检查**

当UPS电源使用超过两年，性能就会变差，不是有鼓包现象，就是供电时间明显缩短。为此有必要定时检查与更换。UPS电池机壳上清楚说明：此UPS每隔两周自检一次，自检时将自动停止市电正常供电：如果此时电池性能变差，电力不足，就会使电力输出中断，自检也无法进行，但它还能自动恢复市电供电。在DCS系统运行中，就表现为规律性跳停的干扰，并在几秒钟之后又自动恢复供电。

◎ **取料机启动良策**

当取料机动力电源较远（1500m）时，较大的电压降很难使取料机启动接触器吸合，使启动失败。如提高供电电压，虽能暂时满足启动电压要求，但却使PLC和触摸屏等模块损坏频繁。为此，应将取料机的整车控制电源单独供电，原是一台容量为500V·A的控制变压器作为控制总电源，输入的AC380V电源直接从控制柜主断路器上线B、C两相取得；现改为由一台3kV·A的在线式UPS电源，为全车控制电源。因UPS电源稳压良好，即使启动瞬间电压降至300V以下，它依然可以保证电源稳定在AC220V左右，有效保障控制接触器可靠吸合，改后的取料机启动再没有受到影响。

10 计量仪表

◎ **仪表防雷措施**（见第1篇9.8.1节）

10.1 重量计量

10.1.1 配料计量秤

◎ **维护要求**

（1）注意滚筒和托辊润滑，保持皮带运行轨迹不跑偏。

（2）电焊作业要避免电流通过皮带秤传感器，更换皮带要旋起传感器的保护支架。

（3）保持皮带清洁、防止漏料是最重要、也是最易疏忽的要求。皮带秤只应称通过的物料荷重，而不能对黏结在皮带上及漏在秤架上物料一起称重；且堆积在簧片、卡在皮带与托辊间的漏料，都要降低计量精度。为此，皮带内外侧应设刮料清扫器。

（4）防变频器干扰。当发现配料秤计量失准时，除要排除有无卡秤、称重传感器有无故障外，还要查找速度传感器有无丢速。如果真有丢速，就不能只是更换速度传感器，还应认真排查附近有无变频等干扰设备，而且是否实施了符合要求的屏蔽与接地。

（5）严密观察物料品质变化（见下款）。

◎ **物料品质影响计量**

某厂水泥配比所用的石膏配料秤居然累计量会减少，表现整数溢出，虽然现场检查流量反馈信号正常。经查，石膏秤流量累计的功能块中的暂存值出现负值，再查暂存、累计变量的数据类型、格式以及地址属性都正确无误。但在检查程序时，发现秤的最大量程却是200t/h，实际生产石膏秤的最大量程只是200t/h，显然这是编制程序时粗心所致。但为何投运三年仍没有暴露此问题呢，原因是以前的石膏质量好，掺加量少，没有表现整数溢出现象。只是在石膏品质变差后，掺量增大，才导致累计递减结果。如果将石膏质量提高，就会使暂存值又在整数范围内。由此可知，计量人员要关心物料品质变化，而品管人员也不要以为单方面改变配料比，就能应对原料的质量变化。

◎ **误差原因与处理**

（1）称重辊两侧卡料。裙边环形皮带易卡料，使称重十字簧片压死而无反应，压力传感器不受力而飞车。为防止颗粒物料卡住，应更换不带裙边皮带，再在秤体两侧加装外罩密闭。

（2）皮带跑偏。当发现校正秤偏差较大，需要反复校正，尤其要防止环形皮带跑偏，可能会剐蹭到秤体。此时应调整皮带重力张紧装置（内侧配重辊），使其能灵活上下滑动，且应在皮带两侧加装防跑偏活动辊或增设跑偏开关。

（3）零点不稳。空秤除皮后零点漂移，是因物料粉末黏附于托辊及称重辊表面，过湿物料直接粘在皮带上。为此，要控制进料水分，并及时用刮料板或压缩空气清吹黏附物料。有时由于振动会导致称量段托辊不水平，当皮带张紧力变化时，零点气发生变化，应用水平尺予以调平。

（4）信号干扰。由于计量电缆与动力线缆在敷设时没能分离，包括电缆接头没有屏蔽而受到感应电压干扰，使流量反馈波动。对此，要重新检查电缆敷设。

◎ 模拟实物标定法

调速皮带秤为保证计量准确性，需要定期校验。一般有挂码、链码和实物标定三类方法，各有优缺点。挂码标定只能校验称重传感器的线性，因砝码是放在固定称重架上的，不能反映运行中皮带张力等变化所形成的计量误差；链码标定虽接近实物标定，但链码较重，操作费时费力；实物标定虽校验较为理想，但投入的人力物力太大，而且也会有物料在运送过程中的抛洒，只有过量较大时，误差才会小，即重复多次方能准确，因此是繁重劳动。

现介绍一种新的模拟实物标定法，只需 4 个手提式砝码及 4 位身强力壮的员工。该法步骤为：先校准皮带速度。测皮带运转数周所用时间，算出一周运转时间，再按皮带长度，计算皮带速度，调整仪表参数，让显示速度与其一致。零点校准。让皮带空载运行 5min 以上，通过多次运行零点调整程序，让误差在允许范围内。动态实物标定。启动皮带机以适宜带速恒速运行，控制仪表的累计量清零，在秤的料斗出口及下料口两侧各站一名员工，料斗出口处的两名员工将 4 个砝码以均匀间隔放到皮带秤上，下料口两侧的员工随时将达到的砝码提起，再交回原放置砝码的员工，如此循环往复，四个砝码不断周转，重复次数越多越好。由此便核对出砝码通过量与仪表累计量间的误差，是否控制在允许范围内。

◎ T 形架挂码标定

在皮带秤承重托辊两侧分别各做一 T 形支架固定，作为预压力处理，校对时直接将砝码放置在 T 形架上（图 1.10.1），只需一次去皮测试，便可完成皮带秤的校正，省去二次去皮步骤。标定步骤如下。

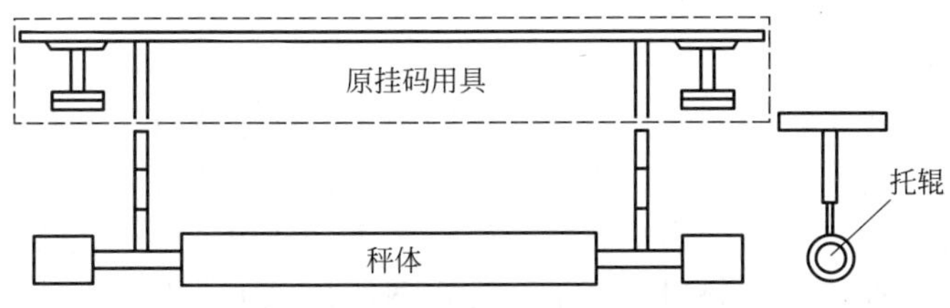

图 1.10.1　T 形架校秤挂码用具

（1）列出计算公式并计算结果。皮带负荷值＝砝码质量/计量段长度，kg/m；瞬时流量 I＝负荷值×皮带运行速度×3.6，t/h；比例系数 $K_{新}$＝理论计算值/仪表显示值×$K_{原}$；皮带速度 v＝皮带周长/皮带运行一周时间（50Hz），m/s。

（2）调整皮带秤预压力。调整荷重传感器，使其预先受到一定压力，并输出相应电信号（皮重），避免计量时传感器不受力或受力出现负值时产生的计量误差。

（3）检查和调整速度信号。手动开启变频器，按 50Hz 运行皮带秤，检查仪表输出的速度信号最大值应正确，并用锁紧螺栓固定测速传感器。不正确时要检查原因，排除故障。

（4）调用去皮程序。变频器仍按 50Hz 运行，秤无任何装载，在容积模式下去皮测试。

（5）砝码标定。将定量砝码悬挂在 T 形架上，运行皮带秤，看仪表显示值与理论值相符；若不一致，调整比例系数，并输入到仪表中修正误差；若一致，说明皮带秤计量准确并记录下标定数据；经过一段时间，再按相同条件动态挂码标定，若数据接近不变，说明秤零点未漂移，稳定性好，计量精度能保证。

此方法要求理论值必须准确；标定时皮带速度与理论计算用速度一致；不允许外力施加到 T 形架上。

10.1.2　定量给料装置

◎ 防环形皮带撕裂

因带棱角的料块从下料溜子进入称量皮带，被下料溜子的前挡板阻碍后，向两侧挤压，便划伤皮带。如果适当提高前挡板开口，让大块物料能顺利出来；同时，在溜子内部焊接倾斜放置的承料板，将下料溜子的下口全部焊死，让物料落在斜承料板后，再从前挡板开口滑落到皮带上，就可消除它们原垂直落下冲击皮带的可能。

原设计要求 T 形料斗下边缘与皮带间距要大于物料最大粒径，但实际运行仍不足于保证皮带安全。为此，将料斗下边缘两侧与输送带的间隙增加为物料最大粒径的 3 倍，并将侧板下缘切为圆弧状；为防止物料向两边挤，在料斗两侧内壁加一耐磨胶皮，与输送带间隙应小于 3mm，并用压板通过螺栓压紧；将与尾部挡板之间切成圆弧形，减少物料在此处卡紧的可能；并在料斗外壁间隔性增加数块高低可调的钢板（图 1.10.2），协助胶皮挡料。使进入间隙的小粒物料能很快弹出来，不再划伤皮带。与此同时，将原下料斗与运行方向平行的两侧钢板，在前行方向改为有扩大敞角，不让物料受侧板挤压。经上述措施，原寿命不足三月的皮带，现已到 1.5 年。

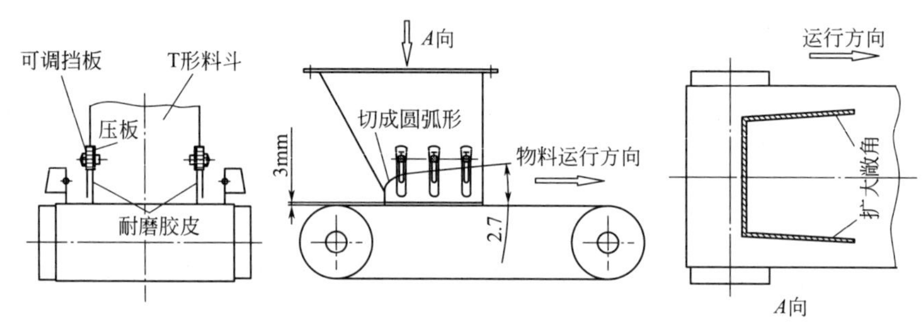

图 1.10.2 料斗两侧挡料结构改进示意图

◎ **密封喂煤堵料排除**

当喂煤密封给料机皮带秤间歇性发生“飞秤”现象，即喂煤计量数据急剧下降，而实际是满量程运行时，一定是有小颗粒物料（煤粒）卡在传感器与称重托辊顶丝的间隙处，导致秤架下传感器虚接不受力。这种堵料会影响立磨空转。关键是原煤在输送皮带上掉煤，且皮带下方的清扫器失效。为此，在进、出料口之间平行焊接两块挡风板，减少落入清扫器原煤量，并加强对清扫器巡检、维护。

将原拉链机链条加粗，更换新的环形皮带；原煤仓下料口加长、缩小横向宽度，避免皮带跑偏造成漏料；停磨时清扫机运行至漏料清净为止。

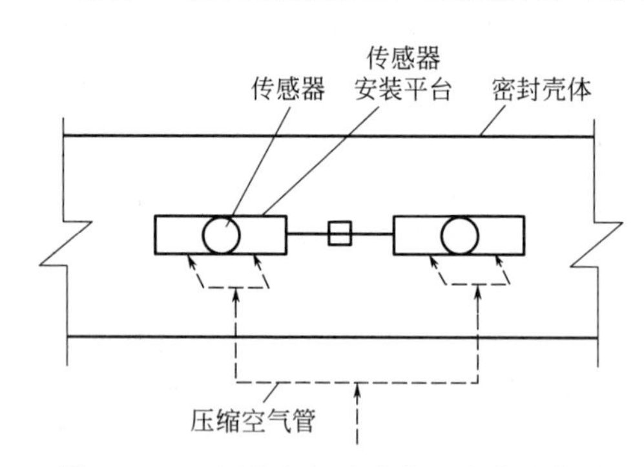

图 1.10.3 压缩空气清吹装置安装示意图

由于秤体是密封结构，往往被迫停机处理。为此可对卡料安装清吹装置，在秤体壳体上开孔焊接压缩空气管道，延伸至传感器的安装平台处成 60° 夹角（图 1.10.3），并用时间继电器控制电磁阀，根据现场情况设置自动清吹间隔时间，便能保证颗粒不会再卡在受力间隙处影响称重。在压缩空气主管道上安装手动球阀，方便调节用风量，压缩空气压力可保持在 750kPa 左右。

◎ **查找精度不高原因**（见第 2 篇 10.1.2 节“安装要求”款）

10.1.3 转子秤

◎ **维护要求**

（1）每天核对各计量秤消耗量、进厂量和库存变化量，发现误差大于 5%，要查找原因。

（2）操作中，经常观察变频器上显示的输出电流，当超过额定电流时，说明秤有异物卡住。此时应立即关闭闸板，并停止喂料机，用手盘动电机，打开清料口，清除异物。

(3) 圆盘上严禁践踏，不准堆放杂物，每班清扫一次；定期或异常情况时要及时校秤；不可随意调整传感器上压杆螺钉；设备长期停用时，应将料仓清空。

◎ 科氏秤维护

(1) 向煤粉仓喂煤时，一定要控制煤粉称重仓容量合理，让料位保持为正常喂煤量的3倍以上，减少进煤时对煤粉秤的冲击。

(2) 及时调节煤粉仓的松动风压，当中控给定值长时间大于显示值时，现场应增加压缩空气用量，加大煤粉流动性；下料正常时，应及时关闭阀门，并保证出气压力0.1～0.17MPa。如用罗茨风机供松动风压，喂料前应提前10min启动，正常时，供风频率不要太高，停车检修阶段，应每4h鼓风一次，防止板结。并在输送设备处能观察料位情况，避免冲料。

(3) 当给料机闪动阀密封不好时，会造成泵顶仓及给料机观察孔出现正压，应调整闪动阀配重，提高密封性。

◎ 菲斯特秤断煤防治

当转子秤转子不动时，多为有杂物卡住，或转子间隙调节过小所致（刚调节完）。

当反馈值波动较大时，一是因输送管道积料，检查喷煤管找到积料部位，清理并消除原因。二是转子内腔吹洗压力过高，调节相应风管阀门即可。当煤粉水分过大，下料口结皮太厚，煤粉无法顺利进入转子内时，清理结皮，并严格控制出磨煤粉水分。

当计量不准确时，多为煤粉水分高（＞3%）所致，使煤粉粘贴在转子上或秤体表面，拆卸清洗后，严格控制煤粉水分。

所用压缩空气含水或油较多时，在助流过程中反使煤粉变湿变黏，再加之煤粉仓保温不好，轻微结露，就会造成粘壁、易堵、下煤不畅。

转子上表面与顶板间隙过大，使喂煤风从间隙中向下煤管回窜，在出口处形成气阻，也会使下煤波动，或断煤。要求定期校准间隙在0.2mm。但间隙过小会加大转子盘面的运转阻力，使转子秤过载跳闸。

当煤粉秤的负荷率与流量反馈同时降低时，若输送管道压力增大，且波动严重，则表明转子与盘间隙过大，造成煤粉通过时未经盘上传感器计量，反而还会让转子秤提高转速，下煤量更大，形成严重冲煤。此时可在不停机状态下，用手操器或者笔记本电脑终端连接CSC，监控转子电机有功电流，依次调整3个定位螺栓1/6转，直到下料不再波动为止。

若输送管道压力也减小，就应检查是否有煤粉仓下煤不畅等问题，尤其没有中间缓冲仓和稳流搅拌装置的系统，更易发生。只有清理结壁、积灰等故障。

如果冬季喂煤量波动大，虽用助流风有时会缓解，但未根治。拆开锥体和下料管后发现，煤粉的挂料现象严重，约有一半横截面积被堵。说明煤粉中含有水量已结冻此处。为此，在锥体和下料管外部缠绕电热线，用保温毡包好，并严格控制煤粉出磨水分不超过1.5%。这是保证下煤正常的必要措施。

除上述措施外，还可参考第3篇10.1.3节“菲斯特秤断煤改造”款。

◎ 防富勒泵喂煤结块

通过螺旋给料机转速控制下煤量，用富勒泵喂煤的工艺方案，最怕原煤水分过大，造成富勒泵叶片结皮结块，堵住煤粉输送。因此，严格控制原煤水分及煤粉水分，定期清理螺旋叶片上的结皮，是必不可少的要求。

10.1.4 其他类秤

◎ 流量计精度影响因素

影响固体流量计精度超过2%的因素在于：计量原理是称重传感器测得重量的电信号与设备系数之积，其中设备系数代替本应检测的物料流速，因此影响流速变化的因素均为对

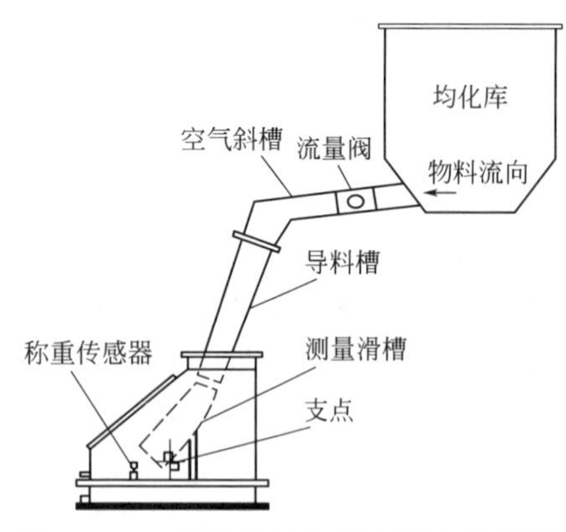

图 1.10.4 固体流量计的计量原理示意图

设备系数的影响。如生料均化库内的料位（仓压）、气压及物料温度（越高越趋近于流态化），都会影响物料通过流量计的速度，当然检测的物料量就会变化。

影响重量信号的主要外部因素有：当生料粉经固体流量计的导料槽时，会有部分生料粉形成飞灰而无法称重；输送管道中的气压也会直接对测量滑槽产生或正或负的压力影响。

因此，只有当仓压、气压及料温都相对稳定时（图 1.10.4），将实物标定的结果，输入到相关的量程校正参数中，才能保证流量计的相对精度。

10.2 测温仪表

10.2.1 热电偶、热电阻

◎ 袋收尘温度检测

待处理气流温度过高会损坏滤袋，过低会引起结露；温度突然升高，表明可能有内燃或爆炸；进出口温差过大，表明有漏风存在。因此，袋收尘进出气流测温不仅要准确，而且反应时间要快。通常选用铜制热电阻，套管直径过大，会影响响应时间；过小，强度低。如果未采用一体化热电阻，应采用三线制，以抵消引线电阻对测量结果的影响。

安装测温元件要做到以下几点。

（1）热电阻的安装位置应保证它的测量端与被测介质有充分的热交换，避免在阀门、弯头、管道及设备死角处装设。

（2）热电阻插入深度应接近管道中心处，可垂直安装或倾斜安装。

◎ 重视测点选择

某煤磨出口热电阻每当磨损，就会误报温度，使系统跳停，平均 5 次/月。根源是热电阻置于管道内煤粉含量较浓，加快了护管磨穿，但经观察，管道内有一段气流含尘浓度相差较大，原安装位置恰是浓度较高一侧，如改换在对面管壁，粉尘浓度就偏低，于是，改换测点，选在气流含尘较少的位置与高度，使检测温度既有代表性，护管又少受磨损。经此改换，热电阻寿命已达 2 个月。

轴瓦测温装置若安装在托轮轴承组的油池中，常会因该温度并不代表瓦温而酿成事故，应在托轮轴瓦的下缘预留测温装置安装孔，使用端面热电阻，便可正确迅速反映轴瓦的表面实际温度。

三次风管内热风温度高、风速快，并夹带有大量熟料细粉，很快将热电偶铠装管壁磨透，但热电偶套管的磨损只是一面，如果隔 6 天将其套管旋转 180°，迎风面就变成背风面，使用寿命就可延长一倍。

◎ 寒天应用

热电阻在寒冷天气时要注意检查和保护测温传感器。当环境温度低于零度时，测温传感器可发出 0℃ 的最低信号，造成中控信号失真，又因信号联锁而无法开启设备。因此，对这些部位应进行保温。

10.2.2 红外扫描测温装置

◎ 更多使用效益

很多用户在使用红外扫描测温装置时，都会用于通过观察筒体旋转一周各处温度的显示，判断窑衬与窑皮的变化，以能及时调整窑的相关操作参数，这是完全正确的。但应该更多利用它的累积资料，用于指导窑衬的设计与选用，如窑皮长度、厚度是否合理，窑皮经常脱落的位置与不同窑砖交接位置是否对应，并能用以及时验证补挂窑皮效果。在调整参数中应当包括燃烧器内外风、出口风速与位置，以及喂料量、喂煤量、窑尾高温风机风压与风量、三次风闸板等，但一般不应调整窑的转速（见文献［5］）。

法国 HGH 红外系统公司生产的 KILNSCAN23 型筒体扫描红外测温装置独家拥有的功能有以下几项。

通过对窑筒体热变形计算，实施对轮带滑移的监测，可避免筒体温度过高，使筒体椭圆度发生形变和径向弯曲，也可避免间隙过小而使轮带处筒体缩颈，甚至轮带崩裂。从而保证耐火窑衬的安全长寿。

当在扫描仪上看到热力图像高温区域后移，且二挡轮带滑移量小于其他两挡时，则应考虑燃烧器的火焰是否太长、煅烧带已向后移到二号轮带位置，此时窑筒体中间位置会受到较大扭力，耐火砖易脱落。

对突发高温点有敏感的探测跟踪能力，可清晰地看到高温点具体位置，并计算出脱落的耐火材料数量。

还可计算运行中窑每小时向外界散发的热量，对分析热耗有益。

10.2.3 测温枪

◎ 测温枪测联轴器振动

当辊压机传动振动时，用 AR802B 型测温枪扫描动辊与定辊的万向联轴器温度，若发现温度差竟高达 12℃，说明振源由此而起。当连接盘未压紧，两侧间隙相差较大时，可检查组成零件的磨损情况及连接是否恰当。

10.3 测压仪表

◎ 防测压误差

(1) 排除压力管堵塞，当预热器锥部结皮，或环形管内被正压吹入积灰较多时，负压会减小或显示正压，影响中控操作判断。为此，需在测负压的管道侧面接通支管，或环形管对准测孔的上方开孔，支管端设丝堵或孔口焊接带丝堵的管固，当需要通管时，拧开丝堵，用钢筋便可将管内异物捅出，再辅之小锤敲击，便可使管道畅通。

如原结构不方便操作，经常取下或拆坏后，就用布条塞入，导致此处成为漏风点，极大影响计量准确，也不利系统节能。可将此处改安装球阀，用手柄开关。

(2) 防测压偏低，当发现某测压结果比原应有值偏低时，其中原因之一可能是原测压管局部磨透，此处物料部分堵塞所致。当非检修时间更换测压管并不很方便时，可以拆下四通及法兰，在原管内穿一直径小一号的钢管作为新测压管，如原管径为 ϕ32mm 时，在内可穿一个 ϕ25mm 的管子，上端与法兰焊接，下端与原管口平齐。

(3) 当全系统无负压，却仍能有一定压力显示时，就表明零点漂移，应及时进行零点校正，否则就失去对系统压力的准确掌握。

◎ 三次风压测点

测量三次风管风压，一是应安装位置合理，二是在中控显示准确。尤其对于有两个入分解炉进风点的三次风管，显示负压值后，对如何掌握平衡、正确操作闸阀位置，有极大参考作用。负压表型号为 EJA110A，模式为 S2，量程为－1～0kPa，负压管安装位置应在三次风管闸阀后，距离分解炉入风口 1m 处，以防在阀门附近负压突然增大，或在弯头处涡流影响。

10.4 化学成分分析

10.4.1 废气成分分析仪

◎ 维护要求

（1）防止系统漏气。当氧气浓度≥4%时，如果不是拉风过大，就是在探头到采样泵的管件中有漏气。如电磁阀关不严，电磁球阀阀芯磨损，伴热带温度失控烤裂采样管等。也不排除探头自身漏气，靠近拉手处密封圈损坏或没有压紧，还可能反吹电磁阀阀芯损坏等情况。采样泵以后的系统是正压，漏气会影响采样流量在0.5L/min以上。

（2）防止冷凝水使滤芯外粉尘硬化，堵塞探头滤芯。尽量缩短采样管长度；让分析仪机柜低于采样探头；压缩空气要配自动排污的油水分离器；采样管应加装保温层、伴热带等。

（3）防止采样管大量存灰。必须重视探头过滤器的密封和保护。

（4）排除其他故障。周期性氧含量高，是由于反吹结束后，数据逐渐恢复正常，说明压缩空气通过电磁球阀进入分析仪；分析数据氧气含量过高，是分析气体因粉尘堵塞而压力过高所致；分析仪上显示流量不足，或是因取样泵前的管路堵塞，或是因采样泵膜片老化破损，或是泵出气管严重泄漏等；采样泵不运行，轴承损坏卡死，线圈烧毁等，还可能因电磁球阀上的限位开关掉落，反吹时不能被执行器触发而泵不运转。

（5）材料选择。采样导管的材料在北方要选用不锈钢管以利保温，在南方可选用高分子材料，不要采用易老化的橡胶导管；管路接头要采用耐腐蚀的PVDF塑料接头；过滤材料要保证过滤效果；定期使用标气标定，减小数据误差。

◎ 防取样探头弯曲

当探头冷却用循环油温度达到180℃时，会有冷却风自动开启，若油温达220℃时，探头就应自动保护性退出。但如果取样管弯曲，这类保护性动作便难以实施。造成取样管弯曲的原因：在清理结皮时，未将取样管退出而被砸坏；或探头上黏料过多、过重压弯。

采取的措施是：在控制电路中，原急停开关触点一旦闭合，此时探头不会自动退出，应将其短接；防止吹扫单元上的停止吹扫按钮被振开，以保障吹扫；在取出气体成分不变的情况下，现场摸索探头进入的最小长度；定期现场检验移入移出装置的可靠性；对探头上的黏料要定时清理，可掌握冷却油测温规律，当窑运行正常时，此油温不应随意降低；在探头送入窑内后，先将按钮打到自动位置，再按复位按钮。

◎ 防误导窑跳停

废气分析仪在离线维护后，在切回监测位置前，应确认窑内煅烧是否稳定，有无CO含量波动，及CO含量过多的可能；还要确认气体分析仪检测的CO含量是否准确。否则，当检测窑内CO含量不符实际、超出设定上限时，窑就会发生误停而造成损失。

10.4.2 中子活化分析仪

◎ 使用要求

（1）切勿为适应原料变化需要频繁改变配料目标值。

（2）配料秤要能够连续、准确给料，上游料仓不应有堵料等干扰因素存在。当参与配料的原料显示值变小或为零时，说明有堵料现象，若现场不能迅速排除，要转为手动配料。

（3）当原料发生重大变化等非系统性原因有偏移时，应进行动态标定；当发生中子源强度、皮带负载及更换皮带等系统性重大变化时，应进行静态标定。此时，应改为人工调节。

（4）遇到检修等停车情况时，要始终保持电控柜处于开启状态，保证探测器温度与谱型，防止探测器晶体裂开而损坏。分析仪断电后的重新开启，需预热 2h，才能工作。

10.4.3 X-荧光分析仪

◎ 硬件使用与维护

ARL9900 OASIS 荧光分析仪的硬件维护内容如下。

（1）该仪器需放置在清洁、无腐蚀性气体、无振动、热辐射小的室内，与抽样系统分隔开，避免粉尘。严格控制室温 22℃h±1℃/h（短期）、22℃h±3℃/h（长期），避免影响测量结果。每天要对室内温度、湿度进行监测，并采取措施恒定。

（2）突然断电会严重损伤仪器，因此要配 UPS 稳压电源；为延长光管寿命，功率激发不要过高；电压为 30kV、电流为 20mA，兼顾重元素（高电压）与轻元素（高电流）的检测。

（3）分子泵负责光谱室真空度＜8Pa，只能用荧光厂家供应的专用保质期内油润滑，泵的油位下降要及时补充，观察油质不能变黄色或凝固态，否则要尽快更换。

（4）封闭循环的去离子水柱，负责冷却高压射线管。要经常检查水位，报警时要添加离子水；离子水或由厂家供，或由蒸馏水经离子交换器自制；当水电阻值低于 450Ω 时，要及时更换新的去离子交换柱。

（5）需要打开光谱仪器时，一定要在大气状态下，而不是真空状态，否则会振破窗膜；如窗膜损坏，一定要按操作指南更换。

（6）P10 气体为氩-甲烷气体，纯度均在 99.99%以上，用于流气正比计数器，发现压力值下降较快时，一定要尽快找到泄漏点，并处理；当压力数值小于 0.2MPa 时，要及时更换新 P10 瓶；更换前，吹净瓶口灰尘，以防进入仪器内部；不能等 P10 气体用完才换，否则影响检测数据；更换完气瓶，要对仪器能量描述，与标准值相差较大时，需高压校准后，才能使用。

（7）经常用吸尘器对进样系统清洁；制样过程中要加黏结剂，以减少粉尘影响。

（8）当过滤网积尘较多时，会影响 X 射线高压发射管通风，半年应更换一次，且不能用水清洗，只能用吸尘器。

（9）仪器关键参数值达到要求后，方能投入使用。主要参数有：分光晶体温度 43℃，使分光晶体晶格间距保持不变；光谱室压力＜8Pa；P10 气体流量控制为 6000μL/min；冷却水进口温度 34℃、出口温度 42.6℃。

◎ 主要故障点

Axios 荧光分析仪故障点有以下几处。

（1）外围设备故障。水泵电机底座减震橡胶断裂、与水泵连接的万向节断裂、轴承跑套等；水冷机温度过低（5℃），是由于加热继电器接线焊点脱开；外循环水温度过高，是因水冷机水泵电机不工作，冷媒高压过高，水冷机外机散热不好；UPS 主机箱尾部冒烟，是因场效应模块烧坏；声音异常是因风扇轴承坏；箱体过热是因电源线老化短路，应定期清理其积灰。

（2）主机设备故障。Venus200 荧光仪出现闪烁，表明电源不稳、空气湿度大、电缆有小击穿；机械方面有电磁阀、控制电路板、密封圈灰尘、电磁阀万向节破裂，挡光板支架变形等；真空较高是因窗口膜漏气、真空泵油位较低、真空泵故障、进校系统密封圈污染等；当室温较高时，若高压发生器上风扇瞬间停转，测温探头接触不良等现象，水温就会偏高；灯管、电缆故障，真空太高、水位较低时可引起高压故障；如果测样处后的月牙形接触片下落，X 荧光被盖子挡住成虚影，或外电有瞬间变化，都会发生 kV/MA 设置变化；“up，card”报警说明风扇故障或 UPS 超负荷；如 P10 气体流速高，说明窗口膜破裂；“time out on MA”表明高压处理器、电缆或零线与地线间高压，UPS 负载过大等；“Spectrometer error，PCM2-theta pos err too large”的原因是 2-theta 角度转盘条码污染或它的集成电路板松动。

制作标准样品曲线是检验样品元素含量的基础工作，可从生产中积累一定梯度的样品中制作，但应在企业生产原料与配料相对稳定时进行。对分析仪的维护包括定期换水、换油、换气，长期不用的仪器要间断开机、暖机。

◎ 用于煤炭全硫测定

生产中需要了解煤炭中硫的含量时，如果用库仑滴定及重量法，都可得到准确数值，但均需时较长而有滞后性。用 VENUS200 型荧光分析仪，事先制作标准样，并绘制好工作曲线，建立线性方程，就可按如下方法很快检测出结果，且精度符合要求。

准确称取 10.000g 待测煤炭试样，加入 0.2g 硬脂酸作为助磨剂，置于已经设定 2.0min 研磨时间的震动磨内粉磨，磨后的试样倒入压片机钢环中，在压力为 120kN、恒压时间 60s 条件下制成样片，吹去样片表面浮灰，用 X 射线荧光分析仪测试硫元素的 X 射线强度值。根据线性方程，便可计算出样片的硫含量。

10.4.4 废气含尘浓度检测

◎ 收尘排放浓度检测

衡量收尘器的收尘效果是以排放粉尘浓度为依据，不合格就要报警，并通过排放浓度出现的峰值，快速找到破袋，尽早更换。目前有三种技术检测粉尘浓度：交流耦合技术、直流耦合技术、光电技术。第一种是利用粉尘颗粒流经探头时与探头之间的动态电荷感应产生信号，监测精度可达 0.01mg/m^3，对实芯不锈钢探头可加特氟隆镀层表面保护；后两种技术都要使用压缩空气喷吹，因此价格较高。

探头安装要求应位于被检测设备下游，安装位置应有操作空间，便于维护；并要求避开弯头、阀门和断面等剧变的断面，在其下游部位，距离不小于管径的 4 倍，在其上游，最小距离为管径的 2 倍。无论如何，上游直管段长度应大于下游直管段。

10.5 料位检测

◎ 集灰斗料位检测

集灰斗中粉料的料位控制是袋收尘正常运行的基本条件。现选用阻旋式和射频导纳式的开关式料位计较多，能消除检测中的挂料影响，但价格昂贵。

气箱式用提升阀的袋收尘，检测阀的位置可以判断清灰袋室与系统的隔断状态。因此，可用电磁式或光电式接近开关作为检测传感器，判断料位。

◎ 防音叉料位假象

有两种情况可介绍：

（1）常因音叉料位计的料位下限位时有物料黏结，尽管仓内料空，包装机仍不能得到信号自动给料，造成无料可包。因此，安装输送设备时，要考虑不允许雨雪进入而变成水汽，使物料黏结在料位计上；停机时应将料仓清空，避免物料停止状态时料位计粘结；开机前应对料位计检查清理。

（2）料仓内用音叉料位计自动控制料量时，因物料湿黏会使信号发生故障，从而导致仓内物料断料或溢流，如果将下限位的常开触点与上限位的常闭触点串联，而不是并联，就可避免上、下限位信号同时出现而无法实现控料的事故。同时，在下限位料位计的常开触点上并联一个送料设备的应答信号，就可确保送料正常。

◎ 磨内料床自动控制

有两种方式介绍：

（1）德国倍加福 UC2000-30GM-IUR2-V15 型超声波传感器，试用于 ATOX 立磨磨内物料厚度监测，应用效果待查。该测量仪由带有 LED 窗口和信号连接插座的传感器、温度补偿/

设定插塞及 3m 长带插头的专用连接电缆组成。LED 窗口有两个用途，取决于传感器工作状态：是处于工作监视方式，还是处于设定方式，以分别反映传感器的工作状态变化，或传感器参数设定情况。影响该仪器检测准确性的因素很多：如温度补偿、气流和气压变化、变频对信号的干扰、传感器支架松动改变位置、连接电缆松动、端面积满灰尘、磨辊磨盘磨损变化等，且要求调试程序复杂严格。

(2) TRM 立磨有应用位移传感器的案例。通过检测磨内料层厚度，对操作有预知指导作用，便于及时调整喂料量、研磨压力、挡料圈高度等。它由磁块、传感器及支架、磨辊高低限位开关组成。将传感器和磁块分别安装在摇臂轴承座和摇臂上，通过摇臂带动磁块运动，产生的位移经传感器感应后输出 4～20mA 电流值，换算后经过 DCS 传输到中控画面上，操作员便可准确掌握料层厚度。为避免电磁干扰，要选择屏蔽电缆，长度不宜超过 20m，必要时要屏蔽接地或增加隔离器。安装完毕后，需要对传感器调试和量程计算。

◎ 汽包水位测量及校验

汽包水位是表征锅炉安全运行的重要参数，一般采用差压式汽包水位测量装置，它由冷凝罐、压力信号表管及差压变送器三部分组成，通过对水位的高低压信号转换为差压信号实现测量，正压测仪表取样管从单室平衡容器引出，负压侧从汽包下侧取样孔引出，引出后都按 1∶100 向下倾斜 1m 以上。取样管延伸是为平衡容器内的热量沿取样管传递，使取样管垂直段接近环境温度，以减少环境温度对测量精度的影响。因汽包内饱和蒸汽在冷凝筒内不断散热凝结，筒内液面总保持恒定，正压管内的水柱高度是恒定的，负压管的水柱高度则随汽包水位的变化而改变，水位越高，差压值越小，越低则越大。

传统的检验方法是关闭阀 1、阀 2（图 1.10.5），打开冷凝罐内加水，但用时较长，并不够方便。现介绍一种快速校验法：为避免生产中水位显示不准确的原因：冷凝罐中参考水柱降低或差压式变送器零点漂移，开通平衡阀时，汽包与参考水柱实际是一个连通器，再关闭后冷凝罐不加水就已经使参考水柱有 H_w 高的水位，剩下的水位只要在冷凝罐外面加上凉水，罐内水蒸气便可瞬间冷凝成水，参考水柱很快达到要求。校零点更为简单，先将一、二次进水阀关闭，打开平衡阀通过仪表便可确认零点。

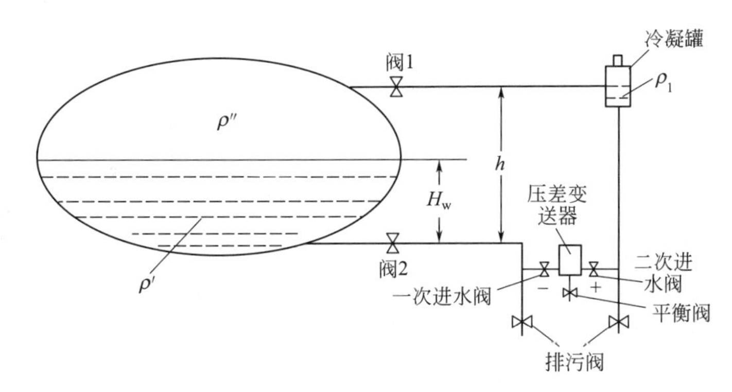

图 1.10.5 汽包水位测量单室平衡容器取样管的安装示意图

H_w—汽包重力水位；ρ_1—冷凝罐中水的密度；ρ'、ρ''—汽包压力下饱和水、汽的密度

变送器的安装与维护中，安装位置应低于汽包高压引压管即可，同时观察并修改汽包与变送器的高、低压侧相互对应；引压管焊接处不能有漏气、漏水现象，引压管太长也会增大压力损失；冷凝罐到变送器的管道内应当充满水，不能有气泡影响检测真实性；为水质排污时可以通过汽包的高、低压侧，相互反冲引压管以及三组互通阀进行；定期检查零点和量程设定正确，屏蔽接地符合标准；冬季应加伴热管，防止结冰影响测量。

11 自动控制系统

◎ 信号量程设置

凡设备都有额定值要求，在自动控制中，就有 4～20mA DC 信号量程的对应设置问题。它将直接影响信号的准确性，甚至会误导操作员。而且设置的工作量很大，粉磨站的模拟量（AI、AO）约 330 个，熟料线有 450～600 个。对它的设置要注意如下几点。

（1）功率信号的量程不是电机的额定功率，还应乘以电压电流互感的变化。变频器控制电机的电流量程，要取变频器中设置的电流值，而不能取进线侧电流互感器对应的量程。

（2）阀门调节尽量到达机械限位。对生料库底料量的调节，要确保 4～20mA DC 信号准确对应 0～100%，将开关信号引入中控监视。若去掉气动阀，必须将流量阀设置成断电，即恢复零位状态，防止多点溢料，甚至发生无法控制的事故。

（3）生料调配秤、各种仓重、料位计、喂煤秤等信号量程，在参考工艺设计数据后，一定以到货设备设置量程为准，否则要与厂家协商。

（4）振动信号要区分是振幅（mm），还是振动加速度（mm/s^2），量程一般设置为 10 挡，或根据供货厂家提供的量程准确设定。

（5）参与控制的模拟量，如调配秤、变频器等给定信号、反馈信号，量程必须保持一致。

（6）对设定的报警值和跳闸值，不同制造商会因材质与工艺不同而有差异，应以随机资料为准。某些在夏季调高的温度报警，在夏季过后应调回。

（7）对某设备的控制，是由现场设备、控制装置、上位程序共同完成的，在现场对一些信号无法处理时，通过程序编程处理，便很容易解决。

◎ 报警功能设置

设置报警是为提醒维护人员能及时发现设备运行中存在的隐患，如果报警后缺乏自保功能，或对可能重大隐患未设置报警，就失去意义。为此，报警设置必须按如下内容完善。

（1）每台设备都应设空气开关跳、热继电器跳、设备未启动、运行信号丢失、自动信号丢失和系统掉电等报警信号，而且不论是否主机设备已停机，都应保持住，不能随停机后故障消失而消失，应等待人工消除；因此，处理人员在处理报警原因后，应及时人工消除。

（2）增加送往 DCS 的报警点，让中控操作员能及时发现，并与有关人员联系。

（3）针对电气故障特点，对某些信号增加延时，避免误报发生误停机。

◎ 判断控制元件可靠

接近开关的信号指示正常，并不完全表明控制系统一定能收到正确信号，还要观察控制柜内指示灯是否接收到正常信号，尤其是控制信号的换向动作应该明朗，否则会造成被控设备运行故障。当现场控制柜不能防尘、防振和防高温，缺乏维护和保养时，这种情况就难免发生。

11.1 自动调节回路

◎ 智能调节仪优势

用 SDC36 智能调节仪代替 PID 调节器，可接收热电偶、电阻、电流、电压及脉冲信号，也可根据被控对象自动演算出最佳控制参数，因此适于水泥生产的自动调节回路。比如，应用于分解炉温度自动调节回路，其结果比在 MODICON QUANTUM 控制系统、UNITYPRO 软件编程、PID 功能块的效果要优越得多。它可将分解炉温度经温度变送器输出 4～20mA 信号接双路隔离器，一路接 DCS 系统在中控显示，另一路接 SDC36 作为调节仪温度反馈值。在上位程序中编写两路控制，一路为分解炉喂煤冲板流量计流量（手动），另一路为分解炉温度经 DCS 模拟量模块输出 4～20mA，作为 SDC36 调节仪设定值（自动），都由操作员直接设定。控制系统正确连线后调试，同样修改 PV 量程，设置库中 C01-C14 参数及 PID 库内比例、积分时间、微分时间。将控制仪设定为 860，窑点火时可采用手动控制，当正常稳定后，可切换为自动控制，事实证明，调节仪输出控制响应速度快、稳定、超调小，分解炉温度波动能稳定在 40℃之内。

◎ **PLC 巧编程**

同样的 PLC，利用工艺上不要求同时输出、需要循环工作的控制特点，如气箱脉冲收尘的清灰喷吹、预热器等处的空气炮吹扫、库底均化电磁阀开闭等，都可利用这类特点，巧妙布置外围接线，通过编程合理分配输出点，而不再用传统单点控制单阀，使用输出继电器予以实现。这样，既达到同样效果，又可以解决 PLC 所配输出点不足，在使用继电器时可以增大接点容量，有效保护 PLC，并降低成本；在使用脉冲阀的场所，使用地址码编程方式，还可成倍增加 PLC 的输出点控制对象。

11.1.1 用于稀油站

◎ **稀油站低压控制系统**

稀油站低压控制系统主要功能是：自动稳定稀油站油压，自动控制稀油站加热器、磁性过滤器、压差高自动切换等，它还能与 DCS 连接。利用 PLC 开发的此系统，克服了驱动部分可靠性差、保护功能差等缺陷。控制方案选用德国 SIEMENS 公司 S7-200 系列可编程控制器，具有定时中断、自检功能、自定义故障中断服务程序、网络通信功能等，使维护工作简单化。

（1）用户程序和部分数据存放在 CPU 的 EE-PROM 中，无须利用锂电池进行掉电保护，手持编程器 PG702 中的用户程序和部分数据也可存放其中。

（2）具有存储卡插孔，将存有程序的存储卡插入 PLC 后再上电，几秒后断，该程序便可自动下载到 PLC，为更新程序提供极大方便。

（3）利用 S7-200 编程软件，在电脑上可方便编写程序与存储、使用 PPI 电缆与 PLC 通信。

（4）具有两个模拟电位器，可以实现对计数器与定时器的给定参数预设置，方便实现对一些随季节变化的参数调整。

（5）具有三级口令保护功能，防止泄密。用此，可以对稀油站的压力、压差、温度设计控制程序。

11.1.2 用于堆取料机

11.1.2～11.1.8 节见第 2 篇与第 3 篇对应章节内容。

11.2 DCS 系统

◎ **软件二次开发**

对 DCS 系统比拼价格的结果，不仅要小心硬件会缩水，而且对软件功能的开发也会不足。因此，有必要在运行一年后，结合生产线实际运行，对 DCS 系统软件二次开发，审慎其不足，以提高自控水平。严格审查生产线主辅机设备软件程序的保护条件，避免软件错误导致系统故障；结合运行中所发生的故障找出规律，开发出系统的辅助系统，以确定各类事故前各项参数的征兆及它们之间的关系，显示在DCS中，为操作人员提供可靠信息，将隐患消灭在萌芽状态；更重要的是让系统能以最低能耗生产优质产品，为操作员选择最佳参数提供依据。

为此，首先要对各类仪表信号的电气量程、仪表量程、DCS软件量程以及工艺量程的一致性做好对应；电气量程是由设备的电动机额定电流、空载电流、电流互感器等现场硬件决定；仪表量程由电流变送器、信号隔离器和DCS的AI模块组成，核实带载能力是否匹配，防止变送死区或误差；软件量程为DCS上位机软件的AI变量所默认。这些量程的严格对应，是减少系统误差的条件。然后，针对生产中各类典型设备和工艺故障，找出关联条件，编入二次开发程序，比如，汇总篦冷机堆雪人、窑托轮瓦发热等故障的前期征兆，将为系统正常运转提供条件；最后才能优化工艺参数（见第1篇11章“信号量程设置”款）。必须明确优化的标准是什么，如果只追求高产量，则往往会导致质量下降、拼设备运转率、不顾能耗升高等恶果。

◎ **避免振荡输出**

当设备运行指示闪烁，与其联锁的设备跳停时，便可发现接触器在不停地吸合与断开。说明线路中有虚接点，造成DCS系统振荡输出，但当虚接脉冲时间大于Δt_1，就不会出现振荡现象。为此，要及时紧线，每次检修后都要对电气设备各控制回路检查并紧固；如果在DCS程序中加入时间继电器延时虚接脉冲时间，这种现象也会消失；但无论何时，不允许在未查清原因前开机，否则会损坏电气设备，甚至酿成人身事故。

◎ **DCS取代PLC案例**

袋收尘器制造商一般都配置PLC控制清灰、卸灰，而且可在电控柜上调整，再与全厂DCS点对点通信。但这很难让操作员结合生产实际及时调整喷吹的间隔时间与喷吹时间。如果在订货时，原厂家所配PLC控制系统的CPU、电源模块、触摸屏、通信模块等均被省去，开关量输入输出模块由全厂DCS系统的模块代替，只需设计一台端子箱和两台机旁箱控制风机，节省了开关量点数。从DCS过来的线先接进端子箱，再将端子箱分出来的线接到控制提升阀和脉冲阀的每一个电磁阀上。软件编程可实现定时自动喷吹，或手动单个喷吹，也可选用差压控制喷吹，既能有效减少糊袋可能，又能节约投资与运行成本。

11.3 网络通信

◎ **串口通信**

串口通信可实现计算机现场数据采集、自动控制等功能，常用模式有两种：RS232、RS485。因后者为两线制，传输距离长，支持总线形式通信（1∶N），应用范围广。

（1）用于智能抄表。能做到计算机服务器远程采集显示与电能表计量数据一致。首先安装支持串口通信的数字式智能电表；根据区域划分若干站点，各站点配置一台NPORT510串口转换器及相应采集串口；各电表通信线间并联，通过一根电缆接到串口转换器；逐一检查电表设置、地址、通信参数与服务器一致；对串口转换器设置IP地址、虚拟串口号；配置服务器，安装采集软件及电能表驱动程序，设置现场电表的地址、ID号、电表名称、通信协议、波特率和串口号等；将服务器与串口转换器由网线接入同一网络。

（2）用于生产配料（见第3篇10.1.1节“用串口通信配料”款）。

（3）用于计算机数据采集。原用过程参数采用模拟仪表盘显示方式的中控，可用串口通信代替增设DCS系统改造：现场仪表盘配置DUT6000智能采集模块，根据对模拟量和开关量的采集数量选择通道点数；设置模块的地址、通道和波特率等通信参数，RS485通过RS485/RS232转换器与计算机连接；在计算机上安装工控软件和设备驱动，完成相应软件设置；过程参数计算机便可采集显示，具有报表、统计及趋势分析功能。

◎ OPC通信

企业在投入余热发电后，需要熟料生产与发电系统两个DCS系统共享数据，便于双方的优化操作。通过OPC通信，便不需要在此之间敷设数百米电缆。

（1）设置通信，首先安装OPC-Server 800F组件，重新启动电脑。

然后，增加DCOM端口，打开控制面板，找到防火墙并打开，在例外设置中增加端口，名称为DCOM，端口号为135。添加以后，在例外设置中尽量勾选相关设置；对两台电脑设置相同的登录账户及密码；对用户身份验证后，指派用户权利，添加或清除用户；其他设置如启动服务设置，保证网上邻居能找到对方电脑，以共享文件。

（2）ABB Freelance 800F软件组态与设置，将A电脑做服务部，B电脑做客户端。分别打开各电脑程序，添加OPC网关及OPC服务器，做相应设置，注意OPC服务器名称必须与A电脑名称一致；分别设定config，在PLC-Server 800F选项中，添加新资源ID：27；在A电脑配置执行OPC服务的账户及密码，在B电脑程序CBF中添加OPC服务器，并制定服务器位置在A电脑IP上地址；分别对其两电脑权限配置。最后，设置OPC通信变量，编译两个程序并下载，选择联机调试状态，A电脑网关、B电脑服务器都在运行，表明OPC连接成功。

◎ GPRS无线通信

GPRS无线通信可用于远程计量控制系统，它由DCS、RS485现场总线、数据通信模块、GPRS无线网络和4套计量控制系统、一套输送机控制系统、一套破碎机控制系统组成。其中计量控制系统用于完成现场秤体控制、实物标定、现场与中控选择及维护；计量控制柜用于完成秤体各参数数字量与模拟量的转换；RS485是将计量控制系统输出信号转化为网络转收发数据；GPRS无线网络则是完成数据信号与DCS系统的上传与下载。

它代替了以前只能靠现场人员电话通知远距离输送带巡检工，由巡检工反馈信息后，再由现场操作人调节给定量的烦琐过程，提高了DCS实施自动化监控效率。使系统实现最佳运行状态，并在中控即时控制改变调节，对故障能及时发现、显示并处理。

具体实施中只增加一台远程通信控制柜，用于安装数据采集通信模块和RS232通信转换器，增加GPRS远程通信模块，并结合实际情况，增加UPS电源，为通信模块和GPRS模块供电。将原计量、输送机、破碎机等控制系统中的备妥、启停、运行、故障、电流反馈、流量反馈和流量给定等信号接入新增远程通信控制柜的数据采集模块，经RS485传输至GPRS收发模块中，再经GPRS无线网络传输到厂区DCS中增加的GPRS收发模块，再由RS485总线接入DCS的模数模块。如此便将所有采集信息传输到DCS集中控制中心，并通过局域网络与各部系统链接，利用编制的监控软件，充分实现资源信息共享。

◎ WinCC通信软件

西门子WinCC是集成SCADA、组态、脚本语言和OPC等先进技术，为用户提供Windows操作系统环境下的各种通用软件功能。利用它可读取生产线Excel表格数据，再转换成画面显示为管理人员在各处监控。它的设置步骤为：如在会议室，设置一台WinCC操作站，安装Windows xp操作系统，Microsoft sql server2005数据库软件及WinCC6.0组态监控软件。在监控软件中设置：打开WinCC Explorer，在变量管理上按鼠标右键，添加新驱动程序“Windows dde.ch”；在DDE上按鼠标右键，进行新驱动程序连接，再点属性，在连接属性中，“计算机名称”为空，“应用程序”为Excel，“主题”为[]工作名表，Book 1.xls为文件名；在DDE/Excel下建变量，并设置属性。

12 余热发电设备

◎ 电站并网操作对策

余热电站并网操作中，必会有发电机及供电网络的安全问题，限制对电网出现过高冲击电流，这是核心要求。为此，需要计算非同期合闸的冲击电流倍数，才能确定是否需要在发电机与厂内6.3kV供电系统之间增加限流电抗器，或增加其容量。

根据发电机、电缆及6.3kV总降三者的阻抗标幺值，其和为总的串联正序阻抗标幺值；计算出冲击电流的最大值，并依据发电机额定容量及系统设备额定容量，计算出发电机的非同期合闸电流倍数；将发电机超瞬变电抗标幺值与计算出的最大允许冲击电流倍数相比：当实际电流倍数大于允许倍数时，若发生非同期合闸，常规的接入柜断路器很难在极短时间内解列，产生的电流将使总降的主变低压侧进线柜保护装置速断跳闸，全生产线失电，且发电机组损坏。为此，应增加发电机出口限流电抗器，且在该侧并联大容量高速开关装置。在正常运行时，该电抗器被FSR短接而旁路，只是在非同期合闸时，FSR能在极快时间内将超过其整定值的合闸电流分断，电抗器串入主回路中。但调试期间不得投入FSR，仅与限流电抗器并联。

如发生并网困难，有两个原因：一是当发电机输出电压的频率波动较大，而又无法通过数字式调节器WOODWARD505调整汽轮机转速时，表明液压机构油孔堵塞，液压传动不灵，只要用煤油清洗油动机，便可使发电频率与网调整相同；二是并网开关合不上，即红灯不亮未合上、绿灯也不亮说明并网开关系统故障，如辅助开关触点触发机构不灵活等，对症处理即可。

◎ 电网波动的应对

因余热的发电是并网不上网，虽然降低了对大电网的影响，但对余热发电却有影响。

（1）为向余热发电系统提供更多的有功功率，通常要提高发电机组的功率因数至0.94，但不能超过0.95，否则会导致发电机组在迟相变为进相的临界状态下运行，引起机组振荡。用户变电站无功控制系统应先改到手动操作，使无功补偿保持稳定，再靠发电机组微调无功功率，达到稳定运行。

（2）当水泥生产线中有大功率设备（如磨机等）启停时，主动降低发电机组的发电功率，以增加抗干扰能力，避免莫名其妙地跳停发生。

（3）电网断电对余热发电系统的影响是灾难性的，需要认真应对。首先操作人员要正确穿戴各种防护设施，进行如下操作：对于热力系统，应尽快泄压以避免爆管，打开疏水阀；若爆管，应远离事故源，迅速打开远离事故区的疏水阀门泄压，直至压力恢复正常；系统来电后，尽快打开废气旁路阀门，将锅炉解列运行；尽快给锅炉补水。对于汽轮机和发电机系统，要首先检查直流供油泵是否运行，保证轴瓦不断油；适时人工盘车，避免转子变形。

◎ 开机操作要求

（1）启动机组前，应先投入油润滑系统，油温最佳控制为38～42℃，若油温控制过低，可提前开启高压启动油泵，加强油循环，提高油温，或使用暖油装置。否则，因汽轮机和发电机径向轴瓦的油膜未形成，就会发生振动，机组很难顺利通过临界转速。

（2）随窑的投料，窑尾锅炉应该先带炉，可以充分利用窑正常前的时间和热量，进行暖管和暖机，但要注意升温速率。先带窑尾锅炉，避免与窑头锅炉同时启动，导致窑头AQC炉省煤器温度过高，发生汽塞现象。

（3）低速暖机时，真空不可太高，否则，暖机蒸汽量不足，会使机组预热不充分，此时真空维持在－80kPa，不能低于－60kPa。要求冲临界转速时间不能长，避免瓦振动大引发机组损坏，为此需要提高真空；但冲转最初的真空过高，也会加长冲转时间，并提高蒸汽压力和升速率，此时蒸汽压力可从0.6MPa提高到0.75MPa，升速率设定到480r/min。

（4）机组在冲转时，随着汽轮机转速升高，主油泵将逐步进入正常，此时应及时停止替代主油泵的高压启动油泵。因一般汽轮机转速为2800r/min时，主油泵油压已超过高压启动油泵油压，如两台油泵仍同时运行，不是高压启动油泵因油压低烧坏，就是主油泵因油压低发生出油受阻故障。

（5）水泥窑纯低温发电机组会经常遇到热态启动。应严格控制新蒸汽温度要高于气缸温度50～80℃，以保证蒸汽温度始终不低于气缸的金属温度，避免气缸和法兰金属产生过大应力，使转子出现负胀差，损坏设备。

（6）热态启动时，转子和气缸金属温度较高，应先向轴封供汽，后抽真空。避免冷空气沿轴封进入气缸，使下缸温度急剧下降，上下缸温差增大，气缸变形。

◎ 停电应急操作

（1）手动打开真空破坏阀，防止高压蒸汽冲破气缸安全膜。当停电时，主蒸汽旁路和外排阀都无法打开，此时手动打开真空破坏阀，不会使气缸内部压力过高。

（2）当突然停电时，会联锁启动直流油泵，操作员应予确认，若未启动，必须人工启动。

（3）立即关闭轴封供汽，避免转子轴封局部受热，气缸产生不均匀膨胀而变形；也避免均压箱和汽封系统滞有大量冷却水，影响开机时暖管。

（4）开启主蒸汽管道疏水阀和排污阀，以尽可能泄压，减小进汽轮机的气压，但开启量要适当，以防锅炉水位下降过快。

（5）开启事故照明和应急照明，以便操作人员安全。

（6）与总降尽快联系，直流油泵的运行时间有限。

（7）现场巡检人员要严密监视汽轮机惰走时间，停止转动后，每隔5min手动盘车汽轮机180°，防止气缸和转子上下部冷却速度不同产生的热变形。

（8）送电后，启动交流润滑油泵，投入电动盘车，按照顺序启动辅机，注意要缓慢向锅炉补水；启动循环冷却水泵和开启阀门时，要确认凝汽器温度，太高温度时要待自然冷却；以5%速度缓慢打开冷却水泵出口电动阀，开至20%后，保持至排汽室温度降至50℃以下，方可全开此阀；加强中控与现场联系。

◎ 系统维护要点

（1）窑、磨系统要降低不必要的热耗，如生料用湿粉煤灰改用干粉，减少烘干用热，且减少漏风及不必要的磨内喷水，便可关闭窑尾锅炉旁路阀门，有更多余热发电；窑稳定操作，也是保证余热量稳定发电的必要条件；发电操作不应与窑争风，保证窑系统用风稳定。

（2）重视对系统电动百叶阀、导流板及管道的检查，采用迎风面涂抹耐磨陶瓷涂料、阀轴用碳化钨耐磨焊条加固等措施；重点检查各沉降室正常下灰量，防止积灰量过多引发事故，要尽快改造积灰过多位置。

（3）使用在线仪表监控化学水质，避免系统腐蚀、结垢（见第3篇12章“在线化学仪表配置”款）；为保证在线测量准确性，要注意排查系统泄漏；防止电极污染、钝化；定期校验测量误差。监测仪表应用不锈钢管代替塑料管，在线仪表表头与传感器应分别装在不同柜体；取样管道各有超温保护装置；检测取样口应避免在负压较大处。

（4）每周定期对汽轮机油过滤和清洗，从冷油器出口取样监测，从油箱底部取样检查油中杂质和水分，保证黏度、水分、杂质及破乳化度等各项指标在合格范围内；重视控制润滑油温，保持冷却进水温度恒定。

(5) 循环水温度直接影响机组的真空度，要保证循环水的冷却效果。

(6) 重视对窑头重力沉降室维护。沉降室既要有较高的收尘效率，且阻力损失还应当小，这样，才对 AQC 炉磨损减小，收尘负荷降低。为使在沉降室内烟气分布均匀，进出口都应是扩张和收缩的喇叭管，扩张角一般取 30°～60°，如空间不足，要装导流板和多孔分布板；保持一定的烟气流速。另外，要努力降低漏风及散热损失。该设备大多不为发电系统管理，企业领导应统筹兼顾，明确分工落实。

◎ **系统防冻护理**

北方冬季的余热发电防冻与保温始终是维护工作的重中之重。运行中保温可以多发电，而停机后防冻则为系统安全所必须。

(1) 运行时的保温。

① 现场仪表防冻。水位计、压力表和流量变送器都应关闭在严密的仪表箱内，仪表测点的管线要保温，接点不能有跑、冒、滴、漏。

② 管道与阀门防冻。各类水管道和蒸汽管道阀门应保持小流量常开状态；一旦发现被冻，应在明火或温水加热处理后开启，而不能强开；重点检查锅炉事故防水阀、启动阀及暖管阀的保温完整。

③ 露天设备防冻。在冷却塔风扇、振动装置和拉链机等设备开启前，要先用手盘电动机，或先卸下传动链条，让电机启动空转一下；启动要点动，间断性停启，直到电流正常；微开窑尾 PH 炉备用强制循环泵的暖泵阀，保持泵体正常温度。

④ 压缩空气防冻（见第 1 篇 5.3 节“正常使用维护”款）。

(2) 停机 6h 以内的保温。

先停窑头锅炉，在停窑前 0.5h 开启窑头锅炉旁路烟道阀、关闭原进出口阀，锅炉解列保温与保压；停汽轮发电机；再解列窑尾锅炉；卧式锅炉要强制循环泵运行。停机期间锅炉给水量维持最低值，不得中断，每小时管道疏水 30s，且不能有冻；维持冷却塔循环正常。

(3) 停机 6h 以上的保温。

与上述停机顺序相反，先停窑尾锅炉，即停窑前 8h 开启旁路烟道，关闭锅炉入口烟道阀；停止窑尾锅炉各给水阀，开启入水门及空气门，排尽管道内存水；当汽包压力降至 0.5MPa 时，进行带压放水，即停止卧式锅炉强制循环泵，或有循环水保持通过泵体，或解体与泵连接管道，并清净泵内存水保管；打开所有排污阀、放水阀、空气阀，包括在线仪表及汽包水位计的排污阀，以及泵体的暖泵阀、放水阀；再打开锅炉进口烟道阀、关闭旁路阀，利用余热烘干炉内残余存水；当所有空气门及疏水门已无蒸汽冒出，锅炉出口烟气温度大于 250℃时，说明锅炉已蒸干；开启旁路烟道阀，重新关闭烟道进出口阀；拆除室外需防冻的仪表妥善保管；对各取样管等不能放尽存水的管道，需拆除法兰，用压缩空气吹净。

窑头锅炉的停机要求内容、顺序与窑尾锅炉相同，只增加对加药管法兰的拆解与吹净。

闪蒸器和汽水管线的放水，在关闭闪蒸器至汽轮机补汽管道手动阀后，开启疏水阀，并对所有为仪表、就地水位计及闪蒸器本体等的汽管线放水，并向空排汽，将其存水放完。打开窑尾、窑头锅炉汽包给水总阀及各种阀门，特别防止水平管道存水，可用气门通入压缩空气吹扫干净。其他热井、凝汽器的放水，空压机与水泵的防冻都要遵循相关规程。

(4) 临时停车处理。

当遇紧急情况停机且时间过长时，若窑尚能提供热源，可以采用上述办法带压放水，烘干锅炉内部存水；否则关闭烟道出入阀，运行强制循环水泵，若电流低无法运行时，停泵并排空水泵与管道所有存水，并打开泵体用棉布吸干存水；密切观察锅炉炉膛温度，当低于 20℃时，用燃油、燃煤或电加热等方式保持炉膛内气流温度高于10℃。

◎ **发电润滑系统控制**（见第1篇8.1.1节）

12.1 余热锅炉

12.1.1 水处理设施

◎ **水质管理要求**

余热发电的水质管理严格、层次多，从原水、循环水、给水到炉水，每个阶段都有不同的质量标准，通过控制加药量和加药时间，并进行检验，方能实现系统发电安全。

原水：水站抽出来的天然水，加入浓度为0.0010%～0.0015%的聚合氯化铝和浓度为0.0001%～0.0002%的聚丙烯酰胺，经预处理设备过滤和沉淀。

循环水：在循环水池内加入阻垢缓蚀剂羟基亚已基二磷酸（HEDP），与铁、铜、铝、锌等离子形成稳定络合物，溶解金属表面氧化剂，防止管道腐蚀；加入二氧化氯的杀菌灭藻剂。每天排污后将浓度为50～60mg/L的药剂加入到水流急处。若水质不合格，应加大排污量。

纯水：原水经多级砂过滤器、阴阳床和中间水箱等设备制出的合格水，pH值为7～8，电导率≤10μs/cm；运行一段时间后，离子交换树脂需要再生，再生液阳床用浓度3%～5%的HCl溶液，阴床用同样浓度的NaOH溶液，时间45min；再分别用原水及纯水进入正洗，使其下排口pH值分别为4与9左右，电导率达标，时间10～20min；阴阳床每运行半年，要进行一次大反洗。

锅炉给水：纯水基础上，加入5%吗啉于凝结水泵，控制pH值；1%联胺于闪蒸器中除氧。

炉水：将3%固体磷酸三钠加入冷凝水配制成溶液，通过加药装置加到汽包，清除炉水中的钙离子和镁离子，防止汽包与管道结垢。

（1）防结垢措施。补水必须用混凝沉淀处理后的水；冷却塔水池旁设置阿速德旁滤系统，或用国产无阀过滤器，让旁流水量为循环水量的1%～5%；配置高效胶球清洗装置（见第1篇12.2.2节），或停机时，人工用压缩空气和高压水枪冲洗。

（2）处理污垢措施。在冷却塔吸水井或水池中加硫酸，使水的pH值为7.4～7.8，可消除碳酸盐水垢；加阻垢剂，有机磷酸盐比聚合磷酸盐更为有效。

（3）控制微生物和藻类物质。循环水中加入杀虫剂，其中每天加一次氧化杀虫剂，以高效漂白粉为安全，每周加一次非氢化杀虫剂，如氯酚和季铵盐等；每三年在冷却塔的内壁、支柱、配水槽及循环水管内涂抹防菌藻涂料，水玻璃做基体、氧化亚铜做毒料、氧化锌为副毒料及固化剂，硅胶提高水玻璃模数；停机时采用化学浸泡清洗。

（4）加强排污和补充新水，既可降低水温，又可提高水质。

◎ **循环水预处理**

通过混凝处理、沉降澄清和过滤处理，除去水中各类杂质和微生物。预处理得到的除盐水用于锅炉补给水；循环冷却水作为冷却水池的补给水；窑循环冷却水池作为补充水。

用出水浊度评价混凝处理效果。混凝剂有铝盐、铁盐两种，铝盐的聚合氯化铝和硫酸铝中，前者投药量只是后者的1/3，且絮状物形成快、密实易沉降、适用范围广，受水温影响小，腐蚀性小；铁盐以上优势更大，特别对溶解性铁的除去率可达97%～99%，最优pH的范围宽，只是易在水中带有铁离子色，故在冬季水温低时，铝盐、铁盐可联合使用；影响混凝处理效果的因素是：水温低不利于混凝剂的吸热水解，需用排污余热加热；pH过低不利于矾花产生，过高时除去有机物的效果差；混凝剂要适量；如能接触石灰则有利絮凝。

沉淀处理是用沉淀剂与水中的结垢性离子反应析出难溶化合物。石灰是理想沉淀剂。处理后的水pH值调节在8.5～10之间；沉淀池常用斜管板式，占地少，但对水量和水质变化适应性比平流式差，要加强排泥管理。

◎ 冷却水清洗和预膜

余热发电循环冷却水系统通常为间冷开式，即管道和换热设备内的水均为密闭状态，而冷却塔和循环水池的水与大气接触。因此，运行前的清洗和预膜处理直接关系到循环水质的优良及发电系统的稳定性。处理流程为：人工清扫、水清洗、化学清洗及预膜。

人工清扫就是将安装中带入的泥沙、杂质清出，以避免对管道堵塞。在循环给水管封闭前应清扫干净，对冷却塔应自上而下进行。

水清洗是对人工清扫难以清净的补充，但不能让水再进入冷却塔、凝汽器，而是通过由清洗泵、循环槽与其组成的临时体外循环清洗系统。先开启循环水池补充水管阀门和循环回水管旁通管阀门，用浊度低于5NTU洁净水进入水池和管网，达到最高水位；关闭冷却塔进水管阀门及汽轮机房各用水设备循环给回水阀门，开启上述凝汽器的旁通管阀门；开启两台循环水泵，水循环冲洗8～10h后，如温度浊度仍高，停泵并排掉全系统的水；再向循环水池补水到要求水位，开泵清洗，一边排污、一边补水，直到循环水浊度低于10NTU，稳定3h，然后停泵排放；开启凝汽器二组进出水管阀门，并关闭旁通管阀门，开启冷却塔进水阀门并关闭循环回水旁通管阀门，对全系统循环清洗，直至循环水池浊度达标，稳定3h，水清洗完成。

化学清洗是对防锈油及浮锈的处理，用化学清洗剂清除锈蚀，并让系统内的金属表面处于活化状态，为下步预膜做准备。先除防锈油，在循环水池水泵吸水口处，投加配制好的无机酸及表面活性剂组成的清洗剂20mg/L（按保有水量24kg计），开两台循环水泵，在自然pH值下运行4h，再将脏水排出，直到循环水浊度及总铁（<1mg/L）达标；再除锈垢，在同一处投加由无机磷及酸洗缓蚀剂组成的清洗剂120mg/L（按保有水114kg计），用两台水泵，加入硫酸调pH值，硫酸量由沉淀物溶解试验确定，并且不要加到离池底太近，4h内pH值达到4.3～4.7之间，清洗结束。其效果用挂在循环水池水泵吸水口处的三组挂片腐蚀速率表示，碳钢≤3g/(m^2·h)，不锈钢、铜<0.5g/(m^2·h)。

预膜是在化学清洗后投入相当数量的预膜剂，对金属表面形成完好的缓蚀膜。先关闭冷却塔进水阀门，开启循环回水旁通阀门，补充循环水到最高水位；向循环水池投加聚磷酸盐和锌盐组成的预膜剂1000mg/L（按保有水量1200kg计）；开一台循环水泵保持水流速在0.5～1.0m/s间，用硫酸调节pH值到6～7、高浓度的预膜剂，能快速在金属表面形成薄而致密的保护膜；8h后加阻垢分散剂100mg/L（按保有水量120kg计），2h后测水中的总无机磷，如不足150mg/L，要补加药剂；热态预膜时间为48h，冷态为72h，此阶段始终用硫酸调节pH不变；最后用循环水系统对系统水转换，至无机磷低于7mg/L为止，再加阻垢缓蚀剂转入正常运行。预膜效果同样可重新挂新挂片观察，目测碳钢表面有均匀的开彩膜；试膜液检测，膜对滴液反应色变时间差大于10s。

◎ 运行后化学清洗

运行一段时间后，当真空度下降、发电量降低时，会发现在凝汽器钢管内壁有大约0.4mm厚的结垢，为了防止结垢对铜管的腐蚀及提高发电量，应对凝汽器离线进行化学清洗。先建立临时由凝汽器、循环槽、清洗泵组成的循环清洗系统。

具体清洗步骤如下：先用消防水清洗水槽，再通入循环冷却水对附着率低的污垢清洗，并检查系统有无泄漏情况；循环水中加入黏泥剥离剂杀灭管内的藻菌和分解生物黏泥软垢，降低附着力；控制时间都是1～2h，水浊度<20NTU；排掉清洗后的液体，加入新的消防水和铜

缓蚀预膜剂，防止污垢对铜管进一步腐蚀；加入盐酸缓蚀剂，让铜管内壁形成抗腐蚀的吸附膜，既可防止铜管腐蚀，还能抑制铜管在酸洗过程中产生氢脆现象，保持原材质的机械性能；盐酸清洗时用精密试纸，精确测量清洗液的 pH 值（1.0～2.0），当该值基本不变或清洗液中不再有 CO_2 溢出，清洗完毕，控制时间 3～5h；用消防水不停地加入循环槽中，通过水泵在凝汽器内循环，当排出水的液体 pH＞5 时，再持续 1h 即可，冷却水浊度＜20NTU，清洗过程结束。真空明显上升，油温明显下降。

◎ **操作控制要点**

（1）锅炉在排污时用水量较大，操作员要根据热水井水位及时用手动调整闪蒸器给水阀及热水井水位控制阀，100%全开，而让回水阀自动控制，确保闪蒸器水位及热水井水位都稳定在设定值，只有在稳定后，才能将前两个阀门打回自动。否则，闪蒸器和热水井会被抽空，使给水泵和凝结水泵进气，无法出力，水系统瘫痪。

（2）窑系统计划止料时，SP 炉要提前以 5%幅度补水到 200～300mm 处，甩炉过快会导致锅炉缺水；甩炉时要关小强制循环泵的出口阀，以缓解锅炉用水量大的要求。

（3）窑临时止料时，无须甩 AQC 炉，只需根据汽包压力逐渐关小锅炉的主蒸汽截止阀，直至全关，同时开锅炉的启动阀泄压。之所以如此操作，是因一旦窑恢复投料，可根据主蒸汽温度及汽包压力的逐渐上升，随时打开截止阀，恢复发电。

◎ **综合节水措施**

（1）射水箱排出的水可通过管道与离心泵，打入化学水处理车间，代替原用消防水作为原水，但要严防管道或阀门漏水，与其他含化学成分的水相混；经化学水处理的水成为锅炉水，一股为混床排放的废水排到地沟，而另一股可由中间水箱排放的中和水进入中和池，作为生产与非饮用水；射水箱的溢流水可用 $2m^3$ 小水箱收集，为解决高度差，由水箱内的 3kW 的潜水泵送到冷却水塔，并自制一套自动控制装置开停泵。此措施可节水 $8.5m^3/h$，一年可节水 7 万余立方米。

（2）锅炉给水泵的冷却水可以引致新增的小水箱内，做好标签。

（3）AQC 及 SP 锅炉取样冷却水，都可使用水泥生产线的冷却水，并且用完后再回到水泥线的冷却水回水管，只是要对各取样点的冷却水阀门调节平衡。

（4）冬季将锅炉产生的低压蒸汽，引入化学水处理车间的汽水混合加热器中，恒定原水水温，提高化学水处理的制水效率 10%以上，并延长反渗透膜的使用寿命；制水反渗透出的浓水可以用来反正洗多介质过滤器和活性炭过滤器，需要挖出 $30m^3$ 相对封闭的水池收集，并在水泵的进水管处加上引水管路。

（5）冷却塔循环水池的水经循环反复使用后，为保证符合水质指标，将去排污管道，这些水完全可用于增湿塔、立磨的喷水，以及厂区绿化用水。只要在 SP 炉辅机冷却水回水管道上安装三通及控制阀门，敷设两路管道便可。

（6）建设整套污水处理设施。整合排污管线，每隔 30m 设置一处小型沉淀池，可减缓终点污水处理的负荷；设立污水终点处理系统，包括沉淀池、过滤池和净化池，原生产及生活排污管道接到此系统上，要求各池池壁做防渗处理，顶部有活动式覆盖，池壁上方按污水走向设 30cm 见方的溢流孔，过滤池内布置三层隔离框架网，厚度为 40cm，框架网内填充鹅卵石（2～5cm）作为过滤层，隔层中间加装高压冲水装置，底部设污水排放孔和闸板；沉淀池使用明矾、聚合氯化铝（BAC）等沉淀剂，过滤池有三道过滤，净化池有漂白粉、次氯酸钠等消毒剂，水生植物吸收有害元素等；污水沉淀物清理风干后可做有机肥使用，或送到磷肥厂做原料。该设施可使污水只有 3%以下的过盈排放，年节约用水量达 70%。

余热发电项目建有一座水处理专用冷却塔池，要定期向外排“废水”，而水泥生产要用循环冷却水，因废水中添加了除氧剂、除藻剂、除垢剂，其质量比现用循环水高，因温度在

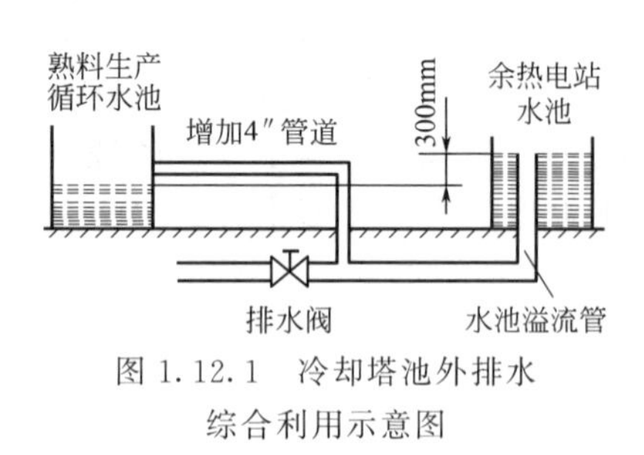

图 1.12.1　冷却塔池外排水综合利用示意图

25～30℃之间，除夏季不用外，其余各季节都可综合利用，尤其在冬季，因水温稍高，更有利于设备润滑冷却使用。恰巧电站水池与循环水池相邻仅 20m，且水位高 300mm（图 1.12.1），在电站排水阀前端接出一 4″管道，打通循环水池壁，让出水端口置于循环水池液位上方，利用连通器原理，就可将废水用于水泥设备的冷却需要。春、秋、冬三季关闭补水阀，药剂停止加入；夏季打开排水阀。每年可节约用水 3 万余吨，节省药剂成本 10 万余元。

◎ **水泵变频应用**（见第 1 篇 9.6.2 节）

◎ **阴阳树脂分步再生**

锅炉用水要靠混合离子交换器的定时清洗获得，清洗共五个步骤：分层、准备再生药液、再生、混合及在线清洗。其中再生应采用阴阳离子交换树脂分别再生方式，与同步再生相比，不仅少用酸碱药液、操作用时短（0.5h），而且离子交换树脂寿命大为延长，制水量成倍增加，最终清洗成本降至原来的 1/10，且操作简单。这是因为分别再生过程，避免了酸碱接触后的中和反应，而强化了分别进行的酸碱与阴阳离子树脂间的反应，提高了再生效果。

分别再生的具体步骤如下。

（1）阴离子交换树脂再生。开启顶部排气阀，打开中排阀、排空阴离子交换树脂部位的水；关闭中排阀，开启碱泵，让碱溶液浸过阴离子交换树脂时停泵，浸泡 20min；开启中排阀，放出部分阴阳离子交换树脂结合面的碱液 1/3 左右；再开启碱泵，加碱至液位刚浸过阴离子交换树脂为宜，浸泡 25min。

（2）阴离子交换树脂清洗。打开中排阀，开启清洗水泵，上进水冲洗后，检测中排水，pH 值在 7～8，电导率在 30μs/cm，时间为 30min。

（3）阳离子交换树脂再生。打开下排阀，排空阳离子交换树脂部位的水，再关闭下排阀，将酸泵开启、进酸溶液至中排阀，有酸溶液排出后停止酸泵，关闭中排阀，浸泡 25min。

（4）阳离子交换树脂清洗。开启下排阀，排空阳离子交换树脂内部酸液。开启上进水阀门进水冲洗，检测下排水排放 pH 值在 7 左右，电导率下降至 10μs/cm 以下，需时 10min。

◎ **无阀过滤器维护**

用无阀过滤器预处理冷却水效果很好，但需正确维护（见第 3 篇 12.1.1 节）。

（1）视情况调整沉淀池中高效聚氧化铝絮凝剂的掺加量，确保絮凝效果。

（2）定期对沉淀池有效排污，减少进入过滤器的污染物。

（3）控制补充水通过沉淀池及该过滤器的流速，是提高污染物絮结和沉淀的有效手段。

（4）对过滤器的反冲洗过程要紧密跟踪，及时发现异常并中断，减少反冲洗耗水量。

（5）每年对过滤器内的石英砂和无烟煤检查补充，其高度分别不能少于 1000mm、300mm。

◎ **加药系统防腐**

羟基亚已基二磷酸（HEDP）是效果较好的阻垢缓蚀剂，但它对加药系统的阀门与法兰有较强的腐蚀作用。为了延长阀门与法兰的使用寿命，可以在新法兰和阀门内侧涂一层 302AB 胶作为隔离剂，并在上面铺一层玻璃布，便可延长寿命。

具体做法为：先将表面打磨，除去各种附着物，最好用丙酮和氯仿等溶剂清洗黏结面。将 AB 胶以 1∶1 的比例混合，3min 内均匀涂在法兰与阀门内壁，再粘上一层玻璃布。边角用合适的木楔压平 10min，自然晾干 24h 后即可安装。

◎ **汽包水位测量及维护**（见第 1 篇 10.5 节）

12.1.2 锅炉与管道

◎ **沉淀物腐蚀防治**

锅炉管道直接受到的腐蚀有：氧腐蚀、酸腐蚀、水蒸气腐蚀、应力腐蚀及沉淀物腐蚀，而沉淀物腐蚀为主要形式。当锅炉受热面上有沉积物存在时，由于传热不良使沉淀物下的金属壁温度升高和炉水蒸发浓缩，从而产生酸性腐蚀、碱性腐蚀和电化学腐蚀，统称为沉淀物下腐蚀。它发生的条件是：结垢性物质带入锅炉；凝汽器泄漏；补给水水质不良。这类腐蚀的特征是：发生位置多在管道汽水分离较激烈处，烟气温度较高，即第一级蒸发器靠近烟气进口处；管道是水平管，管中汽水流动差，易蒸浓。

防范此类腐蚀的措施是：按规定严格控制水质指标；检查凝汽器，如有泄漏立即修复；调节药剂添加量，使炉水 pH 值为 9.0～11.0，PO_4^{3-} 含量在 5～12mg/L 间偏低值；严格执行定期排污和连续排污，以有效排除沉积在底部的水渣、沉淀物和盐分。

◎ **氧腐蚀防治**

如果只是局部管道腐蚀，尤其只在省煤器入口处腐蚀，则表明主要是氧腐蚀形式，而且这种氧腐蚀绝非是除氧系统有问题。

从氧腐蚀机理看，管壁微坑及非金属夹杂带状等微观缺陷是腐蚀源头；氧气与金属将发生一次腐蚀，形成氧化铁与铁离子；而铁离子再进一步腐蚀金属，成为二次腐蚀；当工质中含氯离子时，它的强去极化作用及钝化膜破坏作用，将主导后续的腐蚀，大幅加快腐蚀速率。

所以，当热水中含有空气及氯离子，且又不易排出时，是发生氧腐蚀的根本。为此，认真检查除氧水管路，防止管路泄漏进入空气；检查各加药环节，严格控制给水中氯离子含量；同时进行必要的管道改造：为让空气尽快排出，避免锅炉管道受氧腐蚀，应将省煤器给水改为“下进上出”，让水中气泡的上升与水流方向一致，还不影响传热；在省煤器入口集箱增设自动排气阀，定时打开排孔，将集聚此处的氧气排掉。

◎ **防 AQC 炉过热器堵塞**

当发现窑头锅炉出口压力逐渐降低时，应怀疑过热器是否因积灰严重，换热片被料黏附且有积块，过热面基本不通风。为清理四层换热管的堵塞物，因管道错位排列，人工只能清除表层结块；若要全部将过热管割开，工作量太大，耗时太长；将一块 600mm×600mm、8mm 厚的方形铁板放在过热管上，用没有棱尖的废弃风镐振打铁板，铁板将振动力再传递给各层过热管，结垢等积物便不断从下层掉出。操作时，控制窑头风机在 20Hz，保持有微负压，既方便清灰，又能降温。用三天时间能清理完毕。

应分析过热器严重堵塞的诱因。要检查焊缝有无开焊、管道变形等现象，当雨水在锅炉负压作用下，从焊道开焊处进入过热器与粉尘混合，必然堵塞快而严重。所以，及时检查管道及负压变化，加强维护巡检才是关键。

◎ **锅炉受热面漏水**

当发生汽包水位下降较快，给水流量明显增大。现场可见水位急剧下降，甚至看不到水位；蒸汽压力和给水压力下降，给水量大于蒸汽流量；排烟温度升高，锅炉负压波动大；轻微泄漏有蒸汽吐出的响声等症状时，都表明锅炉有漏水。应该迅速采取以下措施。

（1）若尚能维持锅炉水位，可以短时间甩部分锅炉，当有显著响声，应立即停炉，关闭锅炉入口风板，打开旁路风门，关闭锅炉主蒸汽截止阀。

（2）根据情况启动备用给水泵，提高给水压力，但如果损坏严重，应停止给水，以防急剧加水造成高温金属部件产生巨大热应力而损坏。

（3）停炉中，严禁开启冷风门强制锅炉冷却，在锅炉入口风温低于 100℃时，要为锅炉放水。故障处理完毕投入运行前要经水压试验合格。

为延长锅炉使用寿命，停机时要检查布风板有无穿透和分布不均现象；锅炉人孔门不得有漏风，检查受热面与壳体间隙；严格监测水质，保证水 pH 值 9.4～10.5，电导率≤200μS/cm，例行对水质检查检验；严格控制锅炉入口风温和负荷，不得超负荷使受热面产生热力变形；注意沉降室和振打清灰正常，减少积灰及烟尘冲刷炉管。

◎ 气控阀故障防范

在汽包给水流量突然升高时，虽然气动控制阀百分比显示正常，汽包水位很快上升，事故放水阀已联锁全部打开，此时会直接引起锅炉满水，主蒸汽带水事故，甚至发生汽轮机击水事故。其原因在于气动阀故障，导致该阀实际位置为全开。操作人员应立即通知现场关闭该阀的前手动阀，观察汽包水位下降到正常添加后，再逐渐开启手动阀，在保持水位稳定一定数值后，停止开启。同时与窑及生料磨操作员联系，准备快速甩炉，避免耗水量大增，且不影响窑磨运行。

气动控制阀的故障类型如下。

(1) 没有动作或动作迟缓。其原因有：空气泄漏，如空压机压力不低时，应检查空气配管是否堵塞或泄漏，使正作用型阀的气压降低；定位器及附件异常，负载弹簧需更换；执行机构异常，取下连接架检查维修。

(2) 动作不稳定、发生振荡。可能是各种原因造成的执行机构输出力不足，因阀座受损或泄漏等；定位器信号变动，要重新调整原设定，并检查信号；减压阀故障。

(3) 填料、垫片处泄漏，系螺钉松动和阀杆受损，或材料老化。

◎ 满水的防控

当低温余热锅炉因温度、压力及蒸发量无法及时得到有效调整时，就易发生满水事故。

为此，操作中要密切关注烟气温度和压力的波动，当波动过大时，应及时调整用汽量与发电量，正常时锅炉水位控制在－200～＋100mm 之间；窑投料时，余热锅炉汽包水位应控制在－200mm 以下，让汽包有足够大容积；窑止料时，适当降低给水泵变频，减少给水流量，将水位控制在 0mm 以下；定期对平衡容器、电接点磁浮水位计与就地水位计校对，必要时冲洗水位计，并重新校对，做好冲洗记录。

◎ 管道保温与防冻

(1) 增加室外管道的保温厚度，用高温伴热电缆代替普通伴热电缆。

(2) SP 炉与 AQC 炉不要共用加药装置，避免管道长不易保温又易堵塞的弊病。

(3) 在阀门集中的位置（如给水平台、取样、排污、汽包处）加盖封闭暖房，并通暖气。

(4) 给水管道有弯头、易存水的位置加装针形阀放水点。

(5) 具体操作中，当停机后，汽包压力降至 0.4MPa 时，由下至上全开两炉定排放水；全开两炉的蒸发器、省煤器、过热器和下降管疏水放水阀，以及给水管道各类阀；用压缩空气吹净给水管道存水；检查放水后，将两炉进口阀、出口阀分别开 30%、50%，全开放气阀，且维持锅炉内部温度 100～250℃，时间 12h 以上，蒸干遗留存水。

原 C_1 预热器出口至 SP 炉的风管外保温仅是 100mm 厚泡沫石棉板，一段时间后热导率明显上升，此段管道温降达 25℃以上。利用大修机会，将此保温内层增加 90mm 厚硅酸铝板，外层仍用泡沫石棉，全投资 40 万元。经此一举，管道降温只在 5℃以内，相当于吨熟料发电量提高 1.7kW・h/t，按照电价 0.6 元/(kW・h) 计算，3 个月便可收回投资。

◎ 停炉保养

锅炉停用时金属管道所受的损害大大超过工作状态的腐蚀，这是因为水汽系统内有氧气，且金属表面潮湿，易形成水膜，导致水膜中铁与氧反应发生腐蚀。尤其当运行有爆管而未及时清理时，很容易积垢，形成水渣；且与受热面电位不同，形成阴阳极，更加速腐蚀。

按照停炉时间长短，确定以下保养方法。

5天以内的停炉，可利用余热烘干法，将锅炉的所有排污口打开，过热器及汽包排空阀全部打开，烘干炉内水分，缓慢冷却后，再检查内部。

5天到一个月的停炉，可用氨液法保养：停炉放尽存水后，用氨液作为防锈蚀介质通过加药装置加入汽包，充满锅炉，此时应将所有排污阀门及人孔门关闭，完成水的碱化，减轻腐蚀。但要注意氨浓度不能太大，并要隔离凝汽器铜合金部件；当需要开炉时，还要充分反冲洗，加强排污，降低炉水中氨含量，尤其在并汽前，要确认蒸汽中氨含量<2mg/kg。

1～3个月停炉，采用氨-联胺保养，氨起到调节给水pH值作用，联胺去除给水中的氧。此保养要求开炉前将联胺-氧液排放干净，并彻底冲洗，并汽前，打开锅炉的启动阀，将含氨蒸汽向空排尽。并化验蒸汽中氨含量符合要求。

停炉三个月以上时，常用的简单防腐保护法是充氮法。当锅炉压力降至0.3～0.5MPa时，接好充氮管，待压力降到0.05MPa时，从锅炉最高处充入氮气，并保持压力在0.03MPa以上，迫使重度较大的空气从锅炉最低处排出，使金属无法与氧接触。此法要注意对人的保护，不能吸入过多的氮。

12.2 汽轮机组

12.2.1 汽轮机

◎ 启动操作

（1）轴封送气与抽真空。轴封送气前，开启均压箱和汽封加热器沿线疏水阀，让暖管充分、疏水排尽；送汽时要连续盘车，保证转子与气缸均匀受热膨胀，不产生热应力和热变形；当均压箱压力在2.94～29.4kPa，温度在100～200℃时，射水池液位及水温正常后，关闭真空破坏泵，开始抽真空至－70kPa，过高会延长汽轮机暖机时间，上下缸温差不易缩小；过低会导致排汽室温度快速上升，真空下降，低到限值会保护跳闸。

（2）油温与油压要求。冲转前机组油温保持在35～45℃，以保证轴瓦有正常油膜。当油温上升时，要及时调整冷却水泵出口阀和冷油器循环水阀门。冲转时，OPC、AST和保安油压都要在0.65～1.3MPa；润滑油压为0.08～0.15MPa，且根据升速，油压应在规定范围值内。

（3）冲转开始后，要适当关小或关闭主蒸汽管道沿线与门前的疏水。否则，一是疏水膨胀箱形成正压，阻挡疏水进入气缸；二是水冲击下面的管子，损坏管道；三是热损失过大。

（4）降低排汽室温度，缩短冲转或空负荷运行时间。冲转暖机时，排汽室温度会上升很快，此时要开启汽轮机排汽管和出口喷水装置，再开启一台冷却水泵或开大冷却水泵出口阀。

（5）正确切换油泵。汽轮机冲转至2800r/min前，由高压交流电动油泵保证油温和油压；达到该转数后，主油泵已达出口油压正常，且电动油泵电流已渐小，应及时停运此泵。

（6）当发电机并网，汽轮机带负荷时，阀位闭环升负荷率应为每米2%～3%，若过快和过多带负荷，会使发电机轴瓦振动增大，瓦温升高；当到额定负荷1/3时，要全面检查机组无异常，方可继续提升负荷；并随之逐渐调大高调门的阀位限制，否则进汽压力过大，容易使调门行程漂移。

◎ 盘车装置启动

在汽轮机启动过程中，为了避免盘车装置在挂闸装置作用下无法移动到位，在每次冲转前，先把盘车装置手动退出，通过盘车装置头部的油镜，确认小齿轮已退到汽轮机运行位置；投盘车前，再从油镜确认涡轮轴和小齿轮上已充分淋油，若交流润滑油泵不能满足要求，可开启高压油泵淋油，只有淋油充分后方能挂闸、投盘车。

若不遵循以上程序，就会发生盘车装置小齿轮不能移动到盘车位置。某汽轮机在停机后，用505系统进行第一阶段600r/min暖机时，仅在15r/min时，盘车装置就产生巨大异声，紧急停机后，汽轮机转速已升到450r/min，此时蒸汽已经对转子加热，为避免轴弯，最为迫切的是尽快盘车。应立即拆除挂闸装置，用撬杠强行将小齿轮推到盘车位置，开启电动机盘车（抢修见第2篇12.2.1节“盘车装置拉伤”款）。

◎ **防主汽门故障**

若主汽门一旦卡涩或不严密，将直接影响汽轮机安全。其影响原因有：丝杆氧化或蒸汽品质不好结垢，或主汽门活塞不严密，因油质不好，都能造成卡涩；丝杆下端与活塞结合不紧密，活塞表面环形区缺少油膜，必会让高压油泄漏，油压下降。为此，在机组启动前，进行调速系统保护装置试验时，应多做几次危急遮断油门试验，活动主汽门多次后，方可顺利启动汽轮机。

◎ **故障种类与处理**

（1）紧急状态处理。当有下列情况之一时为紧急状态：机组强烈振动，轴承振动>0.05mm；汽轮机转速升高到3339r/min，危急遮断器不动作，打闸后速度降不来；出现水冲击；汽轮机内出现金属撞击声，甚至轴封处冒火花；任何轴承温度超过105℃；油系统着火不能很快扑灭；油箱油位突然下降至最低油位；主油泵等故障导致润滑油压降至0.08MPa，而不能控制；主蒸汽管道破裂；轴向位移超过允许值，保护失灵；发电机冒烟或有火花；后气缸上薄膜安全阀动作等。此时应由手打危急遮断器油门，关闭汽封进汽门，破坏真空紧急停机。

（2）主蒸汽压力或高或低。压力表超过1.8MPa或低于1.0MPa，是锅炉汽压调整不当、大量甩负荷或负荷猛增、窑及锅炉运行故障、主蒸汽管道破裂所致。此时都应与锅炉联系，要求降低汽压或恢复正常；当上升至1.9MPa，或下降至0.9MPa时，应立即报告值长；上升至2.0MPa时，关小主蒸汽阀，必要时开疏水阀放汽，仍不能下降时，则停机；下降到0.8MPa时，通知电气减负荷，并调整汽封；下降至0.7MPa时，减负荷为零，空负荷运行15min，并不破坏真空停机；注意推力轴承轴向位移、振动和排汽温度。

（3）凝汽器真空降低。表现为：压力变送器真空表和弹簧真空表数字同时下降；机组负荷降低或带同样负荷主蒸汽流量增大；排汽温度升高；凝汽器水位升高；机组声音异常。原因可能是：循环冷却水温升高或中断、水量不足；负荷降低，调节汽阀关小，导致汽封压力减小，汽封漏气；凝结水泵故障或凝结器铜管破裂，水位过高或满水；射水泵故障；真空状态时管道阀和阀门漏气；真空破坏时，阀门漏气；凝结器铜管结垢太厚或杂物堵塞；射水抽气器进水温度过高或水压降低、工作不正常。此时，应迅速与弹簧真空表和排汽温度表核对，确认后，立即报告班长，并确定真空下降原因；真空下降至−0.087MPa以下时，按规定减负荷，当发现真空不再下降，维持振动正常后，且汽封无摩擦现象、推力瓦块温度正常时，允许原负荷运行，并最短时间迅速排查确定原因；真空急剧下降至−0.06MPa以下时，紧急停机。

（4）水冲击（见本节“预防水冲击”款）。

（5）汽轮机超速。症状是功率表指示到零，汽轮机有异声；转速和周波超过规定值并继续上升；主油压、脉冲油压迅速升高；机组振动增大（见本节“轴过临界转速振动”款）。可能为机组负荷突然降到零，调速系统有缺陷，不能控制转速；安保系统动作后，速关阀和调节汽阀关闭不严。当转速升高至3330r/min，危急遮断器不动作时，应立即手打危急遮断器油门，破坏真空停机；继续迅速关闭电动隔离阀；完成正常停机的全部操作；待查明原因并排除后，才可重新启动。

大修后一个月应进行超速动作试验，在带20%负荷1h后，将负荷降到零，分别进行电调超速保护动作及机械超速试验。造成超速故障原因有：一是高压蒸汽参数异常，压力和温度超出额定值，电流转换器CPC调不过来；二是发电机励磁系统故障。

（6）汽轮机转速波动。系统本可以由数字式调节器 ADR505 自动纠偏，纠偏步幅为 2r/次，若 CPC 开度已 100%，而汽轮机转速降至 2950r/min 仍不能稳定，则是故障。有两种可能原因：一是系统与电网解列或并网时，数字式调节器发生异常、并网开关故障，会接到解列信号，将自动降低汽轮机转速 50r/min。如果并网失败而并网辅助开关并未发出失败信号，则汽轮机转速不变，对此应足够重视，尽快靠 DCS 系统通过磁力断路器关闭主汽门，让转速降至零。二是受蒸汽输送系统影响，如高压电动阀阀芯与阀杆脱落，堵塞汽路，在 CPC 调节下，气流不断变化，使主汽门前后压力在 0～1MPa 间往复，转速忽高忽低。

◎ **防范飞车要点**

（1）启动前要对系统主要保护功能进行试验。包括静态的油泵联锁、低真空保护、轴瓦、回油温度及四号瓦绝缘；动态的喷油试验、OPC 试验、电气超速 110%及机械超速试验。

（2）操作中要重视启停时的相关技术参数。冷态启动与热态启动参数会有差异：升速率分别为 100r/min 及 200r/min，转速分别设定在 400r/min 和 500r/min，暖机 1200r/min；过临界时要确保汽机上、下缸温度在 100℃以上，绝对膨胀在 1mm 以上；机组启动时阀位限制在 10%～20%之间，根据升速和并网后要求，再行调整。

（3）利用停机机会，要对汽轮机组重要部位及仪表测点进行维护与保养。关键部位有危急遮断器和飞环、固定测速齿轮盘松动、主油泵挡油环间隙、轴瓦及中心等；仪表测点为轴向位移、转速测速装置、轴瓦及加油温度、绝对膨胀等。

◎ **轴过临界转速振动**

主要有三种可能原因。

（1）制作过程中转轴上内应力残留较大，运行后会释放，使转子弯曲，转轴振动便增大。此类故障须进行动平衡测试，重新调整配重。

（2）由于疏水不畅，转轴与水接触，使转轴产生热弯曲，此类振动产生快，但只要轴不与水接触，消失也快。因此，要严防抽汽系统及门杆漏气管道向气缸内漏水。

（3）转轴在从静止到运转过程中，气缸上下存在的温差将决定转轴残留的热弯曲量，这正是对启动操作要求较高的关键所在。特别是利用余热的主蒸汽温度，受窑工况影响较大，频繁过度变化就会引起转轴、气缸金属温度过大变化，这种内应力的快速释放，就会加快转轴磨碰至晚期，操作者必须随时观察主蒸汽、气缸金属温度变化率；尤其是启动时要监视气缸膨胀，气缸进冷气或进水，热态启动时气缸长时间吸入冷气，下缸保温不良，都会造成上下气缸温差偏大；冲转前，转轴连续盘车时间要够 2～4h，并避免中间停止，否则要顺延盘车时间；主蒸汽温度至少高于气缸最高金属温度 50℃，但不能超过额定汽温；蒸汽过热度不低于 50℃；在启动升速过程中，应有专人监视振动：中速暖机时，轴承振动不得超过 30μm，临界转速时，轴承振动不得超过 100μm，否则必须停机。

◎ **通流部分动静摩擦**

这类故障发生在气缸内，无法直接观察，只能关注如下现象，判断并分析事故原因。

（1）动静间隙超标就会引起动静摩擦。操作员应掌握机组热态、冷态的膨胀量与时间，摸索出相应规律，及时调整进汽量控制胀差；检查通流部分间隙，机组应具备调整汽封温度等手段，分析动静间隙的合理性。

（2）监视启动、停机及工况变化时的胀差，同一机组对应两条熟料生产线时，要关注某一条开停的影响；机组启动过程中，应严格控制上下气缸温差和法兰内外壁温差不能超限。

（3）严格控制蒸汽参数的变化，防止发生水冲击损坏推力瓦（见下款）。

（4）监视转子的挠曲度指示；加强对叶片监督，防止断落；严格控制机组振动，一旦超限，要采取措施，直至解列发电机。

◎ 预防水冲击

水冲击主要象征是：主蒸汽温度急剧下降50℃以上，气缸温度急剧下降，上下气缸温差增大；主汽阀法兰处、气缸结合面、调节汽阀阀杆、轴封等处均冒白汽或溅出水珠；负荷下降，汽轮机声音低沉，蒸汽管道内有水击声并振动；转子轴向位移增大，推力瓦温度和轴承回油温度升高；补汽口处压力降低，让补汽调节阀开大；并列运行时负荷下降；胀差减小或出现负胀差。这些水冲击现象不一定同时出现。锅炉满水引发水冲击形成的特征过程是，锅炉侧显示接近饱和温度的蒸汽低温，几秒钟后恢复正常，随后汽机侧蒸汽温度降低，几分钟后就迅速下降至接近饱和温度，并携带饱和水进入汽轮机。

水冲击的原因是锅炉满水；锅炉蒸发过度强烈；锅炉负荷突增或水质不合格，汽水共腾；启动前未充分暖管疏水，或疏水排泄不畅，积水带入汽轮机。其机理是：当水或饱和蒸汽随主蒸汽带入汽轮机，就会引发水冲击事故，使汽流不能按正确方向进入动叶通道，而是冲击动叶进汽口边的背弧；蒸汽携带水或冷蒸汽进入汽轮机后，虽然速度低，但动能较大，对动叶产生较大制动作用，尤其更多增大轴向推力；且因蒸汽不能连续向后移动，会造成级叶片前后压差增大，级叶片反动度增加；处于高温下的金属部件突然冷却而急剧收缩，出现很大热应力与热变形，动静部分轴向和径向碰撞。所有这些症状的最终结果是，损坏机组的动片和推力轴承。对于利用余热的汽轮机特点是：额定蒸汽参数过热度较低，易出现蒸汽温度下降；受水泥窑头锅炉温度变化影响，锅炉蒸发量变化较大；当补汽方式采用闪蒸时，后面几级补汽叶片更易发生水冲击；误操作也可引起：启动时主汽系统暖管时间短，管道积水，使冷水汽进入汽轮机，或给水DCS设置自动调节品质差，锅炉满水。

预防水冲击的措施如下。

设计中，应在主蒸汽管道每个最低点设置疏水点，速关阀前的水平管道上，应选较大直径的疏水阀，以节省启动时的暖管时间；设置可靠的一组锅炉水位监视装置，有报警及联锁保护功能；锅炉和汽机侧的主汽温度都应设置温度报警功能。

操作中，要控制加负荷速率，保证蒸汽过热度≤70℃；汽轮机冲转前要充分暖管疏水，严防低温水汽进入汽轮机；闪蒸补汽量不要过大，保持水平管道上疏水阀适度打开；余热锅炉应采用－100～－50mm的低水位运行；运行中各锅炉水位的联锁保护必须开启，并经常检查可靠；增加负荷要缓慢，避免锅炉满水并进入蒸汽系统，若增加过快，应打开锅炉烟气旁通阀；若出现锅炉侧蒸汽温度快速下降，应立即开启主汽集箱前的疏水阀，关闭并汽阀，并根据压力变化开启排汽阀，降低机组负荷。

水冲击发生速度很快，一旦发生，要在几分钟处理完毕。当汽轮机进汽温度下降50℃时，或突然发现主要位置冒白汽时，都应迅速破坏真空，紧急停机；开启主蒸汽管道所有疏水阀，迅速报告值长；检查并切断水冲击来源；如在惰走过程中没有听到异声，且主蒸汽温度、轴向位移、推力瓦块和轴承回油温度正常，惰走时间正常时，可以重新启动汽轮机，但必须全开主蒸汽管道疏水阀，提升转速时，要仔细倾听内部声音；若声响正常虽可带负荷，但要监视轴向位移及推力瓦块轴承回油温度；如有异声和转动部分摩擦，应迅速停机检查；水冲击症状同时存在时，必须停机检查推力轴承，严禁再启动；并以推力轴承状态，决定是否揭缸检查汽轮机内部。

◎ 停机操作

欲停汽轮机，首先是降发电机负荷，负荷下降至零时，发电机解列，汽轮机开始打闸降速。关键是降负荷速度要按规程进行。只要中控与巡检配合得当，并注意以下两个环节即可。

(1) 转速降至500r/min时，开始破坏真空，而轴封送汽必须真空到零后才能停止。否则，冷空气进入转子和气缸局部冷却，它们会严重变形。

(2) 汽轮机打闸后，现场要配合中控调整真空破坏阀，准确控制真空下降速度，以确保转子转速为零时，真空正好为零。两者无论谁提前，都会给系统带来损失：或气缸内积水腐蚀设备，或转子受热不均。

◎ **真空系统维护**

（1）关注射水池的补给水。凝汽器铜管通入的冷却水不足或中断，将造成真空下降。冷却水是否充足，取决于水量及出口温度，应将此信息送到中控，它将决定循环冷却水泵的启动以及冷却塔风扇台数和风扇电机频率；还取决于冷却水池到水泵入口的滤网堵塞状况，要利用停机清理堵塞物或更换滤网；循环冷却水泵一台跳停时，应联锁启动备用泵，避免断水；且应用设备电源，准确控制冷却塔水位，确保冷却水万无一失；定期检查铜管结垢，当发现凝汽器端差增大和冷却水温度变化大时，要利用停机对铜管清洗，运行时胶球清洗；使用阻垢缓蚀剂HEDP和杀菌灭藻剂二氧化氯，加强对水质浊度、电导率和pH值控制。

高温季节要开大射水箱底部，且保证上部溢流口有水流出，充分置换射水箱的水，以控制射水箱温度；在射水箱溢流口安装机械温度计，监控水温；关注冷却水的电导率，浓缩倍率为2.5～3.5之间，要加大补水量和排污量；为控制菌类和藻类，要保证冷却塔的加药量。

（2）避免凝结水位升高和满水，使真空急剧下降。中控密切关注凝结水泵电机电流和水泵出口压力，现场巡检电机温度、振动和异声，凡有异常，均应怀疑凝结水泵故障；锅炉排污或甩炉用水量较大时，若凝汽器下的热水井水位被抽空，凝结水泵进汽而无法出力，此时巡检应现场开凝结水泵空气管排汽；与热水井相连接的管道有漏气时，中控水位计无法正常显示；若锅炉刚启动，或恰遇汽轮机负荷增加、补水量增加时，锅炉里的大量炉水要回到凝汽器并及时打回纯水箱。如凝结水无法及时抽走，中控应尽快启动备用泵，开大出口控制阀，必要时将凝结水排放至地沟内，直到水位恢复正常；当凝汽器水位控制阀失灵，或操作不当时，有水位升高和满水趋势，应立即手动关闭凝汽器给水阀至零，回水阀开到100%，凝汽器不能补水，只能回水；时刻保持补水与凝结水、回水与锅炉水达到平衡，不能只补不回，或只回不补。当凝汽器铜管因磨损破裂时，大量循环冷却水进入凝汽器，凝结水泵出力很大，纯水箱水位反而会升高，累积为凝汽器只有回水，检测水的硬度会增大，此时真空急剧下降，应立即打闸停机。

（3）抽气器不断将漏入空气和不凝结气体抽走。射水泵系统必须完好投入使用；应随时检查抽气器与进水管因水中泥沙冲刷的损伤，扩散管因水中空气腐蚀，喷嘴被堵塞，定期试验抽气器效率，并及时切换备用抽气器；射水池水温和水位直接影响真空，当水温越低（≤30℃）、水位越高时，射水抽气器抽吸能力越大，效果越好，真空越高；通常补冷水、排热水，要根据季节调整，水位与水温同时满足；观察泵的电机电流和出口压力正常。

（4）调节轴封供汽时要缓慢。均压箱压力、温度分别控制在2.94～29.4kPa、100～200℃，以防轴封供汽中带水，损坏轴封汽封，降低真空；后低压缸轴封供汽中断时，会有空气漏入排气缸，降低真空，且冷气使轴颈冷却转子收缩为负胀差；负荷不应大幅度调整，以稳定主蒸汽温度和压力；中控调整电动阀门，或现场调整手动阀门，都须微调，更不可两处同时调整，待观察数分钟变化趋势后，再确定下步操作。

（5）严防真空系统漏气。通过检修期间的灌水试验，定期检漏，先用木头将凝汽器底部垫起，避免弹簧受力变形，切除水面以下真空表，关掉与凝汽器相连的管道与阀门，用补水泵将纯水打入，观察汽轮机低压缸上部的排汽门水位及灌水高度；或不停机时可用蜡烛火焰法检漏，一旦有泄漏，火焰会被吸向法兰或阀门漏气点。

因锅炉运行需要甩炉时，如果速度过快，主蒸汽压力控制过低，引起轴封供汽不足漏气，汽轮机真空度会快速降低，危及机组安全。此时不仅甩炉要慢，而且有必要通过升负荷率的设定从2%/m提高到5%/m，将汽轮机负荷快速降低。

（6）重视混汽管道的暖管技术。在机组正常运行后，在投入混汽前要先对混汽管暖管。此时可将闪蒸器内压力从平时控制的0.12MPa提高到0.18MPa，并且适当开启闪蒸器排空阀，完全排出积存的空气；暖管时，一定要缓慢停止闪蒸器电动阀，关注积存空气的排出程度，确保汽轮机的真空度；严防部分蒸汽通过混汽旁路进入排汽室，使排气温度增高，真空下降，此旁路是为冲转前节约用水，让暖管后的主蒸汽进入排汽室，再冷却成凝结水，所以，一旦开启旁路阀，为防排汽温度上升，就应开启汽轮机排汽管，且出口喷水降温；冲转时真空可以低些，以缩小上下缸温差，充分暖机，但不要忘记关闭真空破坏阀，同样可用蜡烛火焰法检查阀门严密，否则要及时更换。

◎ **汽轮机油维护**（见第1篇8.2节）

◎ **UPS不当应用发电机拉瓦**（见第3篇9.8.3节“润滑油泵不应选UPS”款）

◎ **调速器使用**（见第1篇9.8.2节）

◎ **对汽轮机联锁保护**（见第1篇9.8.2节）

◎ **汽轮机保护功能测试**（见第1篇9.8.2节）

12.2.2 凝汽器

◎ **射水抽汽器应用**

余热发电机组中的凝汽器真空若达不到规程要求（≥0.072MPa），将直接影响机组排气温度高且波动大，进而影响发电量。

造成凝汽器真空缓慢下降的原因是：系统不严密；凝汽器水位升高；循环水量不足；循环水冷却效率低；抽汽器工作效率降低或不正常；凝汽器铜管结垢等。

应用射汽抽汽器时，若机组主蒸汽压力、流量低于设计值，机组运行效果不佳，抽吸能力就会不足，导致机组真空偏低；如果采用射水抽汽器以压力水为工质，完成抽吸作用，系统简单、耗能低、成本低、维护方便。但要配置专用水泵、水箱及专用管道，则耗水量大、占地面积大。总体评价是射水的抽吸效果好，可维持较高真空，有利于发电量。

两种方案比较，对于小型机组，射水优于射汽。有两笔效益可计算：一是无须再用蒸汽抽吸真空，增加了用于发电的蒸汽，节省的电能为：增加的发电量减去水泵的耗电量，2MW机组约有9kW·h节电量；二是提高真空度，增加10%以上发电量。

射水式抽气器是维持凝汽器真空系统的重要部件，但绝非是全压运行效率最高。因为此时抽气器有明显冲击振动现象，设备旁可听到强烈水汽冲击爆炸声，不到一年，扩压管缩颈接口处就会出现针眼大小穿孔，压力水从中喷出，汽轮机真空下降；相反，如果调低射水压力，仅在稍大于凝汽器真空绝对值0.03MPa下运行，不仅听不到水汽冲击声，运行平稳，抽气器完好无磨损，而且射水泵电流明显降低，节电达67%。与此同时，对现场冲刷部位进行材料优选，将更耐冲刷（见第3篇12.2.2节“材质优选效果”款）。

◎ **凝结水罐漏汽操作**

当闪蒸器中控水位计凝结水罐漏汽时，除及时通知维修现场补焊外，水位会因凝结水泵向闪蒸器补水量小于锅炉给水泵用水量而不足；且凝汽器往纯水箱回水阀自动全开，凝结水泵的出口压力降低。这些都将造成闪蒸器内补水困难。因此，在闪蒸量大时，不能轻易退出混汽，而是随时观察闪蒸器水位；并同时开启备用凝结水泵，增大水泵出口压力，往闪蒸器内补水，就会为有效控制事故发展，赢得时间。

◎ **胶球清洗装置使用**

凝汽器胶球清洗装置是对凝汽器冷却管运行中清洗的设备，它利用凝汽器冷却水流作用，将与冷却管内径相配的海绵胶球挤进管内，在机组连续工作且不降低负荷条件下，完成冷却管内壁的擦洗除垢。该装置将提高管壁传热效率、减少管壁腐蚀，是高效发电、安全运行、降低劳动强度的得力设施。

开始使用时，应先用温水浸泡胶球12h以上，去除不合格的湿胶球；胶球投入规格比管径小1～2mm，宜由小到大；胶球数量为冷却管根数的8%～14%，由少到多；运行收球时间由长变短，最后达到运行45min，收球15min，夏季每日一次，冬季两日一次。启动胶球泵前，要首先准确确认五个橡胶密封蝶阀的位置，并复核收球网上、下手柄位置及分汇器分切位置，核实注水与出水的放气阀门方向；启动后通过窥视窗观察胶球运行情况，确保收球率在98%以上；观察二次滤网上的杂物量，以判断它的自动除垢作用；胶球泵加油试运正常，其他附件无渗漏。

该装置正常使用后，管道自动清洗效益明显：增大了换热系数，降低凝汽器端差3～5℃和汽轮机背压，提高机组热效率，对于3MW机组而言，凝汽器真空提高1.5kPa，发电增加142kW·h。

◎ **凝结水泵给水泵变频**（见第1篇9.6.2节“水泵变频应用”款）

第2篇
安装维修篇

概 述

本部分将主要介绍设备安装、机械加工和设备维修方面的基础知识及方法。

（1）设备安装基本知识。

① 安装前质量验收。

a. 对土建基础验收。按图纸对基础基座板预埋铁及地脚孔中心线间距尺寸、地脚孔深度及空间进行复查。

b. 对设备验收。大型铸锻件质量验收。铸件试块必须与铸件同时铸造6～8块。材料检验：一项是材质成分的检验，化学成分基本采用光谱分析仪，材质性能首先应按合同明确热处理方式，调质处理要高于正火加回火处理；一项是力学性能测试，力学性能则需两次拉伸强度、三次冲击试验，即“两拉三伸试验”，采用锤击式硬度计检验硬度。

上述检验合格后，外表面缺陷采用磁粉或着色探伤即可发现。内部缺陷应进行超声波探伤才可，采用直径ϕ2.5mm探头对铸件每个部位进行，通过调节反射次数，更换高精度探头等办法，再根据经验，最终判断缺陷类型，提供书面探伤报告。要求三级探伤质量的铸件，发现非裂纹或线性缺陷直径小于6mm时，可以忽略，但总的缺陷面积占铸锻件整体面积的比例，不能超过国家相应标准。

如果有缺陷且能修复，就应出具修复方案和办法，并要求在修复72h后才能复检，防止漏检产生应力后的新缺陷；验收标准要提高一个等级；不允许补检部位硬度高于母材。

② 设备安装垫铁要求。

a. 设置要求。垫铁厚度最好在30～40mm，便于设置砂浆墩，砂浆墩质量可用薄铁片重复敲打检查；靠近地脚螺栓两侧必须每隔500mm设置垫铁；如果二次灌浆前，在基座板和混凝土基础间配置钢筋，就无须计算垫铁承压面积；若用双头托板地脚螺栓时，要将地脚螺栓拧紧到规定力矩；检查基座板各部分找正尺寸，并进行精找；用一根ϕ20～30mm、稍长的圆柱放在基座板上，用滚动方法检查它们的接触情况，滚柱应走直线，否则要微调到要求。

b. 面积计算。设备安装中，垫铁的安放位置、垫铁与设备底座及混凝土之间的分别接触固然重要，但垫铁面积更应计算设置：过大是浪费，会影响接触系数；过小则会影响设备运行稳定，而且作为隐蔽工程处理时，更会费时费力。

JCJ 03—90规范中的垫铁面积计算公式为：

$$A=\frac{100C(Q_1+Q_2)}{R}$$

式中 A——垫铁面积，mm^2；

C——安全系数，取1.3～3；

Q_1——设备等重力加在该垫铁组上的负荷，N；

Q_2——地脚螺栓拧紧后分布在垫铁组上压力，N（同地脚螺栓的许可抗拉强度）；

R——基础或地坪混凝土的抗压强度，N/cm^2（可采用混凝土设计标号）。

在计算中上述参数的选取要注意以下事项。

Q_1是指作用在垫铁组上的静荷载，数据来源为设备铭牌上的重量，或安装总图或工艺图中标注的设备基础受力大小或标明的静荷载，或总荷载除以设备的动荷载系数。

$Q_2=m[\sigma]\pi d^2/4$

式中 m——地脚螺栓数量；

d——螺栓的直径，mm；

$[\sigma]$——许用应力，$[\sigma]=\sigma_0/n$。

σ_0 为材料屈服极限，单位是 MPa，它的选取根据安装总图中给出的资料确定。分两种情况：给出规格型号和材料，如 Q235，可取为 240MPa；35 钢，则取 320MPa。给出地脚螺栓的力学性能等级，则该等级小数点前后的两个数字乘积的 10 倍，即为所需要的屈服极限，如 3.6 极的屈服极限为 3×6×10=180MPa。

n 为安全系数，与材料及螺栓直径有关，见表 2.0.1。

表 2.0.1 安全系数

钢种	M6～M16	M16～M30	M30～M60
碳素钢	5～4	4～2.5	2.5～2
合金钢	5.7～5	5～3.4	4～3

R 值在设备基础采用 C30 级混凝土时，可定其轴心抗压强度为 20MPa，即 2000N/cm^2。

③ 地脚螺栓安装质量控制。

地脚螺栓安装质量直接影响设备安装，以及日后运行寿命。为此，应严格控制以下要点。

土建施工前，必须对土建基础施工图与设备安装基础图认真核对。

用预留盒施工时，要认真检查预留孔洞的预埋盒深度、垂直度，尤其上口小的孔洞，在浇灌混凝土时，不允许振捣器触碰到预埋盒上；待混凝土达到规范强度时，才可安装设备。

对于较长的地脚螺栓，不用预留盒时，先将地脚螺栓置入钢筋网中，用铅丝找正地脚螺栓垂直后，要将锚板套在螺栓上，与基础绑筋相焊接，螺栓底部不能碰到孔底，螺栓与周围孔壁间隙要有 15mm；待监理检查所有螺栓中心位置、标高、垂直度及固定牢固度后，方能浇筑施工；浇筑前，应该用胶布缠好螺栓的顶端螺纹，在振捣密实后，对地脚螺栓周围的混凝土面抹平，并注意有倾斜要求的螺栓（如窑墩），便于后续砂浆墩、垫铁放置。

在基座安装找正合格后，进行二次（有时要三次）护脚混凝土浇注，在养护期满后拆除模板，并再次对地脚螺栓尺寸复查验收。

④ 设备对中要求。

对中（同轴）是指两根或多根旋转轴工作状态时，其中心线应要求为同一直线。绝对的对中很难达到，更何况是对连续运转的设备始终对中，就更加困难。但满足设计要求，规定两轴对中在允许的规定偏差之内，则是设备节能而长期运转的基本条件。因为不能对中运转的设备，就会对轴承产生附加力，严重降低轴承寿命，加快轴承密封件及联轴器的磨损；并成为设备振动及增大噪声的原因；更会降低能量传递效率，是设备节能的大敌。

不对中有平行不对中、角度不对中及综合不对中三种类型，更多的是综合不对中。产生不对中的原因有：制造与安装中未符合要求；因主动轴与从动轴工作温度不同，导致热膨胀不同；运行后轴产生弯曲；轴承不均匀磨损；设备地脚螺栓松动；设备基础不均匀沉降等。

不对中可以通过直尺、塞尺、百分表、激光仪等工具测量确认，但巡检工完全可以通过测振仪的如下特征判别：特征频率是角频率的 2 倍；振动值会随转速提高而加大；振动值比较稳定；平行不对中时，轴向振动值较大；非平行不对中时，径向振动值也大。现场设备表现为：刚性联轴器磨损量增大，弹性联轴器弹性元件失效快；联轴器工作温度较高，噪声大。

对中校正的操作要点如下。

a. 对中精度要符合设备说明书要求，至少要符合相应国家或部颁标准。但因考虑工作中温度与载荷影响，安装时允用偏差，要比联轴器标准中所允用偏差小一半。

b. 设备安装时，是以主机中心从动轴为基准轴，再调整主动轴位置达到精度要求；但在使用过程中，就要考虑实际引起不对中的原因，找准关键部位，或对从、主动轴同时调整。

c. 对中校正前，先要确认地脚螺栓是否紧固，螺栓下面应加平垫板，防止紧固时螺帽旋转带动机座位置变动。同样要检查轴承座螺栓，各轴的轴承磨损情况，并应先行处理。

d. 用百分表校正时，一定要保证测量准确和精度。一般要求再从半联轴器临时固定，尽可能两轴同时向一个方向旋转，并确保两半联轴器相对位置不变，以消除测量面本身与主轴中心线不同轴和不垂直所产生的误差。测量中，将联轴器分为相邻90°的四个准确位置，水平方向的读数之和与垂直方向的读数之和误差不得超过0.02mm。

e. 核对测量数据后，计算调整量。一般先调整轴向位移，使两轴平行，再调整径向位移。较小设备，可用锤击方式移动设备；较大设备要用千斤顶及加焊调节顶丝方式。调节中随时用百分表掌握变动量，确保微调而不过量。

f. 冷态找正时，要在垂直方向为运行中温度高的一侧留有一定偏移量，以补偿热态变形。考虑滑动轴承的轴向量及磨损量，测量联轴器的端面间隙时，应使两轴的轴向窜动到两端面间隙最小的位置上；考虑滑动轴承的磨损趋势，垂直方向上，轴承连接的轴不宜高于滑动轴承的轴。

⑤ 筒体水平度测量。

用于筒体水平的检测器具为：马鞍铁加光学水平仪、1000mm游标卡尺和一台150mm框式水平仪。将光学水平仪旋转在筒体中部，把马鞍铁分别放在筒体两端的径向加工面上（即筒体和主轴承连接止口处），测量点要用电动钢刷清净，先用框式水平仪把马鞍铁调水平，再将游标卡尺放在马鞍铁上，用光学水平仪读出两点高差进行比较。（可参见第1篇3.1节“窑体变形测量”款）

⑥ 高寒地区选材与安装。

高寒地区选用钢材、橡胶、工程塑料等材质时，要注意它们在低温下的脆性。一般稳定在−20℃以下工作时，就要考虑选用低温用钢，如低温锅炉用钢（16MnDR）等；在运行中如果温度过低，应该降低使用负荷，对于冷作业设备，甚至应该停车；在厚钢板焊接时，要防止出现层状开裂，并选择低温冲击韧性较高的焊条，焊接作业中要严格控制摆动宽度，限制单根焊条的焊接长度，以保证较低的焊接热输入；结构设计中要避免有积水可能；焊缝强度计算与结构刚性计算，要考虑热膨胀力对水平应力载荷的影响。

高寒地区配套电器设备时，要明确向电器仪表设备制造商提出低温使用要求，如果不能满足，则必须加强保温采暖等措施，尤其是传感器、变频电机及变频器。

⑦ 电气设备安装与监造要点。

设备开箱时，应与设备制造商及安装单位共同确认卸货后的数量与质量，对随机备件、随机附件及随机资料认真清点、登记与保管。发现异常必须履行手续，明确责任及补救措施。

a. 对每台高低压设备的主母排、分支母排、变压器母排、接线端子、接线螺栓、一/二次插件、柜内接触器、断路器和热继电器等主回路的螺栓和螺钉，要专人负责紧固检查，进行紧线，消除虚接隐患。

b. 对桥架和电缆支架，以及即将敷设的电缆，必须按照施工规范检验其规格与材料；电缆接地要符合规范要求，必须满足接地电阻，避免受模拟量干扰。

c. 对设备带控制盘柜的安装位置，要充分考虑检修、人身安全和粉尘等实际情况。

d. 盘柜和按钮盒接线要用压线鼻子压紧，线上要套有机打的清晰线号管，电缆牌的字迹清楚，书写规范。电缆绑扎符合要求。

e. 平衡三相电缆的截流量。在单根电缆敷设时，要使用同型号、同厂家的电缆，尽量长度一致，电缆头压接可靠，接线面积充分。同相的各电缆阻值要求相同，避免截流量不平衡。电缆室应安装排风扇，确保电缆通风散热。

f. 变压器出线端要使用母排连接，方便多根电缆连接，减少接头处的发热量。变压器不要用大容量一拖二方式，而应选择独立供电方式。

监造要点如下。

a. 直接感官判断。检查设备铭牌所示的型号、制造日期、产品批号连贯、能效等级、表面保护、测控装置等与合同相符；检查涂层质量，如表面平整、光洁均匀、无滴流、无裂纹、无反锈，注意角落及隐蔽处；确认各对外接口、百叶窗、门的IP防护等级符合合同要求；电缆接线盒有足够空间接线并有接线图、入口与电缆外径匹配、接口密封；水、气、油等冷却介质对外接口配置、密封，无渗漏；设备门窗刚度、平整、开启自如，关闭合缝；箱盘柜内各器件全新，铭牌清晰，电子组件的印制电路板平整光洁、排列整齐、稳定，焊点均匀、无虚焊、补焊，无飞线。接插件镀层光洁、稳固、插拔力适中；带电导体的相间及对地净距满足相应电压级的绝缘要求，控制导线按功能分色并布线整齐、入槽、横平竖直，外接端子适于接线；外包装唛头规范、清晰，满足运输后不丢失、不损伤、性能不劣化的要求。

b. 借助仪器检测。检测仪器要有年检合格证书，现场环境，如海拔高度、温度、湿度要记录准确；不仅要按相关标准进行绝缘、耐压和温升等电气通用性能的检测，更要关注特殊电气设备的重点要求：变压器连接组别、相序、阻抗电压；旋转电机转子动平衡、振动与噪声；开关装置短路电流分断能力、分合闸时间、三相触头动作同步性、弹跳时间、接触电阻；测控仪表的测量及控制精度、共模仰制比等。

c. 取得质量凭证。产品合格证、说明书、出厂试验报告、原材料质检报告、动平衡试验报告、振动与噪声检测报告、相关有可能存在质量隐患的照片、监造中的处理书面材料。

⑧ 备品备件准备原则。

如何使用较少的资金，使备件储备能最大限度满足生产需要，应遵循如下原则：对它的损坏能直接造成窑磨主机不能运行的备品、备件（如窑主电机）及影响中心电力系统及控制系统正常运行的备件应重点考虑。另外，在同等重要情况下，转速高的设备所需配件，环境恶劣、使用寿命短的配件，在线应用较多的配件，制造周期长的配件，都应作为优先考虑计划。

电气备品准备可分生产线投产初期及生产正常后两个阶段。

投产初期应考虑：各种类型的保护熔断器，如抽屉柜二次回路的控制保险；抽屉柜和现场非标控制盘柜内的开关、接触器、热继电器、继电器；各种绕线电机、直流电机的电刷、刷裤、卡簧、80mm绝缘棒、8mm以下各种规格绝缘板；大型开关的合闸、跳闸线圈；小型2、4级电动机；温度传感器。对于供电质量较差的地区，应备有可调电压的正负直流电源。

生产正常时期要考虑：高压绝缘子（1年后）；高压补偿电容器（3年后）；低压的空气开关、接触器、热继电器按不同规格准备一套；一次、二次插头和抽屉柜引线多套。一定数量的中小型电动机及电机全套风叶和电机接线端子；PLC的备品、各收尘器所用电磁阀线圈；低压变频器，按功率分几档次；DCS系统中的通信、电源、DI、DO、AI、AO模件适量。

（2）机械加工基础知识。

① 耐磨件铸造技术选择。

耐磨件铸造技术进步分三个阶段：以纯金属溶液浇铸成形为传统铸造技术；在普通基材表面堆焊耐磨层为微型铸造技术；将硬质陶瓷颗粒通过铸造镶嵌在合金基体表面，即为陶瓷合金复合铸造技术。

传统铸造产品有高锰钢、镍硬铸铁及高铬铸铁三种材料为代表，它们能兼顾硬度与韧性要求，还属高铬铸铁，现在有加入纳米变质剂（TiN、SiC、TiC等）的尝试。该技术产品工艺简单、成本低、韧性好，但硬度低、不耐磨损，且不易修复，只能一次性使用。

微型铸造技术按施工方法分为埋弧焊与明弧焊两类，埋弧焊的质量较好，但焊件应为平面或斜度不大的平面。该技术因贵金属仅在表面堆焊中发挥作用，并可多次堆焊修复，硬度与韧性都较好，当前，在磨辊与磨盘中应用最为广泛。

陶瓷合金复合铸造技术可以发挥陶瓷硬度高、合金韧性好的结合优势，使用寿命可提高为其他类产品的 2～4 倍。但它只能一次性使用，且制造工艺较复杂。

② 铸造件质量缺陷。

铸造中的缺陷有裂纹、夹渣、黑皮、疏松等。

a. 裂纹。它是铸件质量中危害最大的缺陷，会在使用中随着拉伸应力不断地延伸而变大、变长，甚至导致铸件断裂，为此，必须采取相应措施消除。导致产生的因素有：化学成分、金属的可塑性、浇注条件、铸件形状等。它有冷裂纹与热裂纹之分。

冷裂纹是由于铸件处于弹性状态时，铸造应力超过了合金的极限强度形成，它往往出现于受拉伸部位，应力集中区域，所以，形状复杂的铸件容易产生。它的表现为直线连续状，较干净或呈暗红氧化表面，一般有金属光泽，说明它是在较低温度下产生的。

热裂纹是铸件在凝固后期收缩过程中遇到外部条件的阻碍，在高温下产生的裂纹，因拉伸应力裂纹可由铸件表面延伸到内部，主要产生于截面形状突变、最后凝固处。裂纹可横穿铸件整个端面，裂缝较宽，呈撕裂状，氧化严重，无金属光泽。

铸件表面裂纹通过肉眼观察、磁粉探伤、渗透探伤等方法发现，但内部裂纹较难断定。

b. 夹渣。夹渣有金属与非金属两类。砂眼是铸件表面带有砂粒的孔洞，它分粗加工后与精加工后两种情况，对其处理方法也不同。前者经判定允许补焊，并热处理；而后者不行，只能打磨、圆滑过渡。由于合金中各部分化学成分不均匀就会有偏析，它也属于夹渣缺陷，有区域偏析和晶内偏析，这种缺陷只能用射线探伤检查，而不能用超声波发现。

c. 黑皮。它是铸造部件外表面形成的一层氧化皮，机加工后仍未能切削去除的部分。分布具有随机性，表面呈黑色，面积较大，凹凸不平，硬度极低，若粗加工量小就无法去掉。

d. 疏松。是金属液在铸模冷却和凝固时，铸件的厚大部位及最后凝固部位，易形成分散性小孔洞。断口呈海绵状，虽在内部，但用超声波可发现之。

对上述缺陷处理的规定是：粗加工后，当切凿宽度不超过工作面的 10%，切凿深度不超过该面总面积 2%时，可以进行挖补、补焊。补焊前必须对铸件预热，并进行消除应力的热处理，焊补处硬度应低于母材硬度，差值小于 10%；精加工后如还发现有小缺陷，只能仔细修整，并对粗加工后的补焊再度用磁粉探伤，检查有无裂纹。

热处理中的缺陷。当铸件的透声性不适合超声波探伤，力学性能及硬度不满足要求时，都有可能是热处理存在缺陷。透声性差的原因是晶粒粗大、组织不致密、组织不均匀等，与高温冷却速度过于缓慢有关。

③ 中碳钢铸件焊补工艺。

a. 焊前准备。用磁粉探伤（位置不够处用着色探伤）确认缺陷位置，用洋铳打上标记；清除缺陷，有条件用钻削、铣削、镗削清除，否则用碳弧气刨，并用探伤配合检查清净；用手动电砂轮或旋转锉修磨坡口，若用气刨修磨时，必须将新产生的渗碳层打磨至金属本色；焊条有底部与上部之分，分别选用 Ni307、J507Ni，直径分别为 ϕ4mm、ϕ5mm，厚度为 10mm，烘干温度 150℃、300℃，保温时间 1h、1～2h，并用保温筒盛装；焊机最好选用直流焊机且反接；对工件表面预热，对裂纹长超过 80mm、缺陷深度超过 20mm、表面积超过 2500mm^2 时，采用陶瓷电加热器预热，其余用氧-乙炔预热，堆焊区预热温度保持在 200～300℃。

b. 焊接。电流、电压与焊接速度的综合配给值要低于管通材质焊接值；焊接工艺为短弧、不摆动、短焊缝、分散焊，并按层用小锤消除应力；当温度低于层间温度时，应加热后再施焊；发现焊接缺陷要立即返工。

c. 后续热处理。工厂粗加工阶段，可根据厂内热处理工艺标准，焊后入炉消除焊接应力；精加工或现场时，焊后要用硅酸铝纤维毡覆盖缓冷；焊缝处要在250℃保温7～8h。

d. 焊后修补。用角向砂轮等工具修整焊缝，根据光洁度要求，可用砂纸、油石打磨。

e. 焊后检验。用磁粉或着色探伤对补焊表面检验。

④ 耐磨件堆焊质量控制。

a. 堆焊前的准备工作包括对工件的探伤检查；对工件表面去除油、水、杂污，防止堆焊中内部出现气泡；采取工件变形的加固措施；维护好焊接设备及对焊材的保管，防潮、干燥；创造适合稳定堆焊作业的现场环境。

b. 堆焊开始时，打底层要及时消除结合层应力；堆焊过程中，及时清理焊渣、飞溅物，避免焊层中夹渣。一旦发生气泡、夹渣，就应打磨，减少局部修补。

c. 保持焊接时的温度恒定，保证焊件的冷却速度适宜。

⑤ 消除钢板焊接应力变形。

当用钢板堆焊耐磨层时，若焊接过后变形严重，此钢板便难以使用，即使加热校正，也效果不大。为此，设法制作一焊接用的水池，有排水口，水深刚好没过钢板下表面，为保持水温不升高，就要让水流动，为此，在该水池上源设一储水池，高于该水池5mm，让水自动以控制速度进入焊接水池便可。

用喷雾降温效果可消除焊接应力，而不会在焊道上形成蒸汽薄膜。

⑥ 铸工胶黏结修复工艺。

铸工胶是一种为金属软管分别包装的双组分常温固化型胶黏剂，由环氧树脂、固化剂、增韧剂、活性稀释剂及各种优质填料配制而成，具有较好的耐热、耐蚀性和较小收缩性，可用于铸铁、铸钢、铸铝等铸件的气孔、砂眼、麻坑修补，也可作一般结构胶使用。其优点如下。

a. 黏结力强，各种金属或非金属材料经黏结后，可达到较高强度，常温下剥离强度为1000N/cm^2，剪切强度为3200N/cm^{2}以上。但最终强度与施胶工艺及温度有关。此强度在使用温度200℃以内不变，常温时达到的硬度为HB80左右。

b. 因黏结工艺温度不高，不会引起基体金属的金相组织变化和热变形，不会产生裂纹。黏结不会破坏原有材料强度，也不易产生局部应力集中。

c. 黏结工艺简单，操作方便，成本低廉，工期短，质量易保证。具体工艺：用工业汽油对欲黏结材料表面油脂、污垢及杂质清洗、干燥；将A、B两组按规定比例，放在玻璃上用棒将胶调匀，一次调胶的量要30min内用完；在需要黏结面上涂抹调好的胶，涂层不宜过厚或过薄，若需要较厚时，可多次施胶，冬季施胶时，要对工件预热至30～50℃；为加快固化速度，可适当加热50℃以内；最后可按要求对黏结表面精加工处理。

高分子胶黏材料可在一定条件下代替金属堆焊、刷镀和喷涂等，能对磨损后的配件进行修复，以及预防磨损。它无须专用设备，操作简便高效。它固化前为液态或胶泥状，可任意成型；固化后具有优异的机械强度和耐磨性。

面对一些拆卸困难的设备突发故障，可直接在现场应用它。如某煤磨小齿轮轴承跑内圈，轴径磨小3mm，应用某金属修复剂采用剖分式对夹模具成型法，仅用10h便修复完毕，并运行9个月到大修更换新轴，仍可使用。

对于长径比较大的轴，如采用传统堆焊、喷焊修复，都会因热应力产生热变形而无法使用，如果用金属修复剂后再进行机械加工，还能保证零件精度；对于非钢铁材质零件、铸铁件的缺陷，无法用堆焊工艺，同样应考虑使用这种胶黏材料修补。如铝质皮带轮槽口断裂，可用某膏状铝修补剂。

该材料还有耐粉尘及耐微粒磨损的优势。如某收尘风机在喷涂抗磨损涂层后，运行三年仍无磨损；在富勒泵的混合仓内喷涂也能达到令人满意效果。

福世兰高分子复合材料在突发事故中能对设备损坏磨损部位修复，大大缩短系统停车时间，降低维修成本。它包括各种不同场合应用的系列产品，其中2211复合材料的抗压强度达1030kg/cm³，黏结力达415kgf/cm³（1kgf/cm³＝98.07kPa）和抗磨蚀性能，具有良好的吸波性和退让性，可以缓冲金属之间的相对冲击而紧密配合。因此，将其材料性能与设备维修技术有机结合是应用黏结技术的核心。比如，它所需固化时间与环境温度有关，温度每升高11℃，固化时间缩短一半，加热至68℃时，固化仅需1.5h。又如，材料具有非常好的机加工性能和抗化学腐蚀性能，在修复转速1500r/min以上的电机轴时，完全可以采用机加工保证同轴度。应用案例见第2篇3.1.5节“底座地脚螺栓断裂”、3.3节“传动轴磨损修复”、5.1节“轴颈损伤修复”各款。

（3）设备维修基础知识。

① 设备隐患类型。

维护设备的目标就是防止发生故障，为此，不断发现能导致故障发生的隐患，并及时消除，就成为维护设备的核心任务。隐患表现有三大类。

a. 来自设计、运输、储存及安装、调试等阶段操作的不规范，在使用前就为设备故障埋下隐患。它纯属管理范畴，应该在相应阶段采取措施，它对运行效益的影响将是生产维护努力的十倍、百倍，尤其是不比性能、只单纯追求低价选购装备的策略，必须尽快彻底更正。

b. 任何运转设备无法避免磨蚀性隐患面导致故障，但能通过措施减少磨损，并尽早发现磨损的程度对运行的影响。设备维护者应通过使用耐磨蚀材料、科学润滑及预知诊断等手段，达到减少隐患发生的目的。

c. 系统中各类设备都会有不同的额定值，它们之间不会绝对平衡，额定值小的设备就会成为系统提产中的隐患，而使系统发生瓶颈性故障。对此，严格遵守设备操作规程，随时掌握瓶颈规律，以能耗最低为最佳目标，是根治这类隐患发生的措施。

② 检修标准化作业。

任何检修都应开展标准化作业，既能提高检修质量、延长部件使用寿命，又能大大缩短检修工时，增加生产时间。如检修中，经常会碰到修理与更换的选择，就需要标准。

首先是制定标准操作程序，可以由参加检修人拟定：初稿着重工作步骤详尽化；二稿从中确定起决定作用、提高效率的内容；三稿确定具体数据，最后定案。并可不断反复实践验证与修改该操作程序达到更高水平。

在推广中，不仅要求参加人能理解学会，更要在逐台设备检修中落实（案例见第2篇2.2节“检修标准化作业”款）。

③ 瓦的刮研。

粗刮：用角向磨光机磨平瓦面，发现裂纹，用扁铁剔除乌金部分，重新焊接，也可对轴瓦进油口用角向磨光机粗磨后再用刮刀刮削；用刮刀对明显凸起部分细刮一遍，并用面团除去铁屑，涂显示剂。将瓦吊起落在中空轴上（备用轴可缩短时间），由三人手动推动瓦反复与中空轴研磨，观察瓦与轴的结合斑点，并观察补焊层的严密、牢固程度，不得有裂纹、气孔、脱落等现象，刮研直到接触带均匀连续分布，且接触斑点不小于1点/10cm²。

细刮：将轴瓦移到原装中空轴上进行，反复与轴研磨、刮研，达到1～3点/cm²标准。如轴上有拉伤痕迹，还必须对轴修磨，用油石蘸煤油小心除去伤痕，以手感光滑为好。

精刮：先刮轴瓦与中空轴接触点，同时照顾30°小接触角，减小球面接触范围，适当加大瓦口间隙，接触面内瓦边倒坡，用专用刮刀控制接触斑点的轻重，斑点间距≤5mm，且均布于轴母线下部，接触宽度为全瓦宽的1/3。配合接触斑点的分布区，应有一条连线的接触带，保证轴向包角在35°左右，瓦与轴在任何情况下都有良好接触。

④ 无损检测水泥装备。

无损检测（NDT）是指不损坏工件状态下，对部件表面及内部质量进行检查。较多采用的种类为：超声波检测（UT）、射线检测（RT）、磁粉检测（MT）和渗透检测（PT）。四种检测方法各有其适用范围和局限性，UT与RT具有互补性，铁磁性材料优先采用MT。针对不同的金属材料和加工方法，选择恰当适宜的检测方法。

铸造加工件，常见的体积型缺陷有气孔、缩孔、疏松、冷隔、偏析、夹渣等；面积型缺陷有冷裂纹和热裂纹。但面积型缺陷比体积型缺陷危害更大，应采用UT检测面积型缺陷，结果敏感；在铸件转角处易出现变形或热裂纹，在毛坯阶段就应该用PT检验。

对锻压和轧制的塑性加工，常见的加工缺陷为折叠、分层、白点、裂纹等，因此对托轮轴、小齿轮轴等锻件，以UT检测内部裂纹更有意义。

焊接过程实际是冶炼和铸造过程，工件不同焊接的接头形式、坡口形式、焊接方法和工艺，将为影响缺陷产生的因素。这些缺陷常为裂纹、未融合、根部未焊透、气孔和夹层等。其中前三种为面积型缺陷，危害较大，用UT检测。

热处理是对金属材料加温，并用不同方法冷却，使其晶型组织结构发生变化。在铸锻件及焊接件的热处理中，容易出现的缺陷是淬裂，采用UT、MT检测更为必要。

检测的时机选择，对检测效果十分重要。粗加工工序后，表面达到一定光洁度，检测仪器探头与工件表面才会有良好的耦合效果，此时UT、MT、PT都更适合。热处理的精加工后，对表面裂纹的第二次NDT，才是有效的。而MT、PT在原材料及半成品中检验简便易行，应当尽早进行，以避免发生无效的加工成本。

在超声波检测中，对铸钢件，探头应选择低频率，0.5～2.5MHz；耦合剂选择黏度大的，并选择合适的扫查灵敏度；在检测裂纹时，探头必须采用转向扫描，才能获取最大反射回波，根据裂纹位置，可用一次波或二次波检测。

1 原物料加工与储存设备

1.1 破碎机

1.1.1 锤式破碎机

◎ **转子堆焊修复**

PCS1430×2000 大型锤破的转子圆盘和销轴套磨损严重时，可现场堆焊修复。

(1) 焊前准备。拆除锤头与锤轴，固定好转子，用钢刷除尘、除锈，并切割毛边、尖角；用手工电弧焊和 CO_2 保护焊方式堆焊，先用 ϕ3.2mm J422 焊条打底恢复圆盘尺寸和焊接销轴套；再用 ϕ4mm D256 高锰钢焊条完成表面焊接。焊机性能要保证空载电压大于 40V，易起弧且电弧稳定。

(2) 修复圆盘上的销轴套孔和焊接销轴套。割掉失效的销轴套，修复原套孔，采取先中间、后两端的顺序；用 25 钢制作新销轴套，套间同轴度要≤2mm，销轴能自由转动，为此要求焊接后销轴套不变形；焊销轴套要与圆盘垂直，先焊两端销轴套，用 4 块小垫铁（5mm×10mm×60mm）将销轴套上下左右固定后，再定位焊 8 个点，长度不超过 20mm，移除垫铁，以此为基准，组装其余销轴套，分别穿进销轴后再正式焊接，尽量用立焊，避免仰焊。两名焊工对称施焊，先 J422 焊条焊至 2/3 时，再用 D256 焊条，用小电流，控制每层焊接温度在 150℃以内，避免变形及出现热裂纹，不断用小锤消除应力。

(3) 修复圆盘。对磨损严重处，要先补焊钢圈，避免直接焊接造成堆焊层裂纹，甚至焊缝剥离。用乙炔切割圆盘上的尖角、毛刺等，用角向磨光机磨出端面硬化层；用 16Mn 钢板制作一块弧形板，内径 ϕ1430mm，外径 ϕ1480mm，弧长 500mm；将此弧形板焊接到圆盘外圆上，焊接方法与要求同上。磨损轴轻处可直接堆焊处理。

(4) 堆焊耐磨层。用 CO_2 保护焊，用 ϕ1.2mmH08Mn2SiA 焊丝，电流用 200～220A，先对转子两端的两个圆盘和销轴套堆焊耐磨层，再焊中部；圆盘外弧面用跳焊法减小应力，每 50mm 为一段，堆焊高度 20mm，宽度 25mm。用手动葫芦翻转转子，平焊。

为减缓转子圆盘和销轴套磨损，见第 3 篇 1.1.1 节“锤轴与锤盘耐磨改造”款。

◎ **机体振动与断轴处理**

当锤头质量不良，易出现断裂失衡时；或原锤轴设计有为插入销轴的 ϕ12mm 通孔，降低轴的强度时，均易导致轴的变形及断裂，而引起机体振动。将锤轴改为光轴，不再钻孔，并在锤轴两端增设永久性挡板，代之轴销定位，防止锤轴移位。

1.1.2 锤头

◎ **堆焊修复**

(1) 为使锤头同时具备良好的抗冲击性能及抗磨损性能，且降低成本，采用 H1Cr13 焊芯代替原 D618 焊条；焊接设备采用直流电焊机 ZS-500，反极型正极接焊条，焊接电流 140～190A，焊接电压 40～44V，焊条需烘干并加热到 350～400℃保温；焊前工件表面不得有气孔、夹渣、裂纹，并做探伤，对凹坑、掉块部分，气刨处理后打磨出金属光泽，再选用熔合与耐磨均佳的过渡焊材堆焊到平位。

(2) 为防止堆焊合金层裂纹向衬板基体扩散，先焊接一层韧性极高的打底层厚 2～6mm，后续焊 3 层，总高度 8mm，每焊完一层都要降至 300℃以下，消除热应力，并检验堆焊层与机体的牢固度。最后用车床加工堆焊层高度。

(3) 焊接时，工件表面处水平位置，焊条须垂直于工件表面，并尽量采用短弧焊；根据堆焊层宽度要求焊接中做适当摆动，借助于凝固在焊道两侧的熔渣形成的"围墙"托住铁水，使焊层宽度均匀，成形美观；整个堆焊不宜中断，如遇特殊中断，重新起弧时，应清除已凝固的熔渣，但此时易出现铁水"流淌"形状，不易控制熔池形状。

1.1.3 反击式破碎机

◎ 冲击破碎机故障处理

$CJ_2$1100×1280 冲击式破碎机因长条槽钢进入卡在转子与反击滚筒之间，造成下部的反击滚筒断轴，转子体局部撕裂，只得更换转子滚筒，并局部修补转子体。

为方便拆卸压在中部的部件，将壳体上部改为由法兰连接的分体式。

修复转子体直角面：用碳弧气刨对需要焊接直角面的部位刨出 X 形坡口，并用角磨机打磨至露出金属光泽；用厚 50mm 的 Q235 钢板制作出新直角面，与割除的直角面尺寸与重量相同，并对焊接部位同样处理；用钢板制作一块定位板，尺寸为 530mm×60mm×20mm，按照板锤上的孔距配孔 4×ϕ40mm，以转子体仍存的直角面为基准，用定位板将新制作的直角面与转子体连接；点焊定位，检查无误后正式手工焊接。这将方便新转子体直角面的找正，又能减小和防止焊接时引起变形和移位，焊接后拆除定位板；选用 ϕ3.2mm CHE507 焊条，电流为 120A，直流反接，焊接电流以能焊接为前提，越小越好。施焊时采用短弧焊接，分段、对称进行，尽可能减少焊接变形。短焊道不超过 50mm、多层焊接，焊条不摆动。焊缝厚度控制在 3mm，尽量减少向母体传递热量。边焊边用风铲均匀、适度地锤击焊道，降低应力，发现缺陷要及时处理；对转子静平衡试验，用手盘动，转子可在随机位置停留。

1.1.4 颚式破碎机

◎ 提高衬板寿命措施

衬板材质采用 ZGMn18Cr2，增加铬、镍含量，提高材质韧性；增加衬板厚度，并在衬板背面设计空心减重槽，槽间增加网状加强肋；衬板工作面的波形可根据物料粒度调整；在颚板上焊接防松的固定卡块，对应在衬板上设计 2 个卡孔，可以防止衬板松动；衬板螺孔边缘要用棒形砂轮打磨，消除应力集中，且在孔周围不开设减重槽。

1.2 均化装备

1.2.1 堆料机

◎ 防脱轨措施

悬臂式堆料机常在极限位置因不能及时刹车而脱轨，极大增加维修工作量。如能让全速运行的堆料机在接近极限位置时减速，就可降低对制动系统要求。为此，在堆限位内侧 5m 处加装 2 个接近开关（最外侧原有 2 个极限限位开关）；将原直接启动的行走电动机采用 ACS800-01-0030 变频器控制，冷却风机及现场调速的电位器安装在控制柜内，电动机的故障信号接入原控制回路。当堆料机遇到减速限位接近开关后，PLC 发出信号到变频器，使其从原 25Hz 降至10Hz慢速运行。保证了停车安全可靠。因变频器只能同时接收一路信号，所以，现场调速电位器的0～10V DC信号不能直接进变频器，而是和感应减速开关固定由PLC同一个点输出，再输入到变频器。此改造并不改变原现场操作方式。

1.2.2 取料机

◎ 刮板斗加固

原煤桥式刮板取料机的刮板在使用中容易变形，刮板斗与链条吊耳连接螺栓也易断裂。为此，需采取如下措施加固：延长悬板长度，且在悬板与刮板的夹角处加强筋板，增强抗挤压能力；在刮板斗悬板连接螺栓孔处加焊一块加强垫片，增加螺栓孔处厚度，不让螺栓孔变为长孔。

◎ 螺栓与链板销加固

取料机运行中，经常因刮板螺栓与孔磨损使螺栓断裂，也常见到链板销子切断后链板脱出，链板与刮板挤压变形。经如下方法加固后，可确保二三年内不再发生此故障。

(1) 在取料机刮板耳座上加装螺栓套（图2.1.1）。此方法新旧刮板均可适用。

(2) 对链板销子可加装挡圈并焊接（图2.1.2）。但要调节尾轮丝杆，确保头尾轮的链轮直线度，防止链轮与链板啮合时产生侧向力。

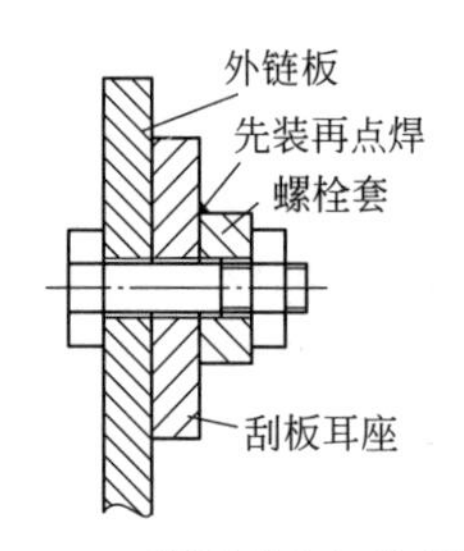

图2.1.1 刮板耳座加装螺栓套

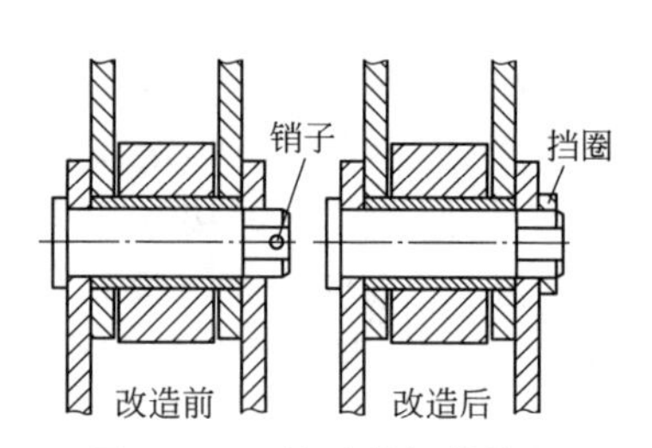

图2.1.2 销子外加装挡圈

◎ 行走轮脱轨复位

当取料机行走轮轨道挡边磨损严重时，它就很容易从轨道上滑落脱轨，无法运行。若复位中不得法，需要7～8h。现介绍只用20min便可复位的方法（不包括工具准备时间）：用两只液压油缸顶起支架，将行走轮抬起；在行走轮下方铺上2m长的短轨道，与原轨道成人字形贴合（图2.1.3），并使接触面修整吻合，类似于火车轨道的“尖轨密贴”，短轨道底部要垫实；液压油缸卸油，让行走轮压在短轨道上；向A向缓慢启动取料机行走，并复位到原轨道上。取料机开始行走时，要注意倾听设备四处发出的声响，一有异声就立即停止。当然，关键是要及时更换挡边磨损的走轮。

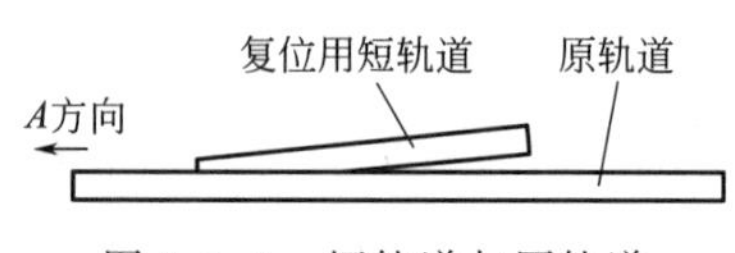

图2.1.3 短轨道与原轨道连接示意图

◎ 料耙卡死及取料机超限原因 （见第2篇5.5节“取料机液压故障”款）

◎ 控制故障排除 （见第2篇11.1.2节）

◎ 排除开关量信号干扰 （见第3篇11.1.2节“控制线路改进”款）

◎ 开关量控制改造案例 （见第3篇11.1.2节）

1.2.3 均化库

均化库年久后，维修工作量很大，首先要清库，且不能简单修复，而是应按第3篇1.2.3节“库底充气箱及管路改进”款改造，可起到较好作用。

1.3 除异物装备

1.3.1 除铁器

◎ 磁滚筒设计与安装

磁性过滤滚筒是在皮带输送机当作头辊或驱动辊，与永久磁铁组合成的磁性分离器。当含铁物料通过时，非铁磁物质将沿正常轨迹下落，而铁磁物质在滚筒磁力的吸引下落入专门的分离通道。其优点是无能耗、无污染，结构简单，使用寿命长；且价格便宜，无须人工操作。但要求有专门足够宽敞的排放通道，避免大尺寸金属异物堵塞通道。

为此，对分隔两个通道的板，应设计能够调节，以便调试时正确调整位置。分隔板及排放通道顶部都应为不锈钢、锰钢等非铁磁性材料制作。滚筒作为头轮，转速不宜过快，有利于让物料以抛撒状态出料，有利于吸引铁磁物质，实现高效除铁。

◎ 矿渣磨除铁（见第 2 篇 2.2.7 节“除铁办法”款）

1.3.2 金属探测器

◎ 正确选购与安装

（1）必须选购质量可靠制造商的产品，并向制造商提供准确的金属探测要求。目前国内产品尚不能与进口产品媲美。

（2）设计合理的安装位置与控制程序（图 2.1.4）。周围不能有较大金属构件移动或明显振动，对晃动较大的皮带机架要加装隔振缓冲胶垫或另安在独立支架上；避开强电磁场干扰，远离变频器；使用纯净的供电电源，避免与其他大功率设备共用电源；提供可靠的单点接地，即所有与金属探测器有关的接地均连接到一点后接地，最好设立单独接地。

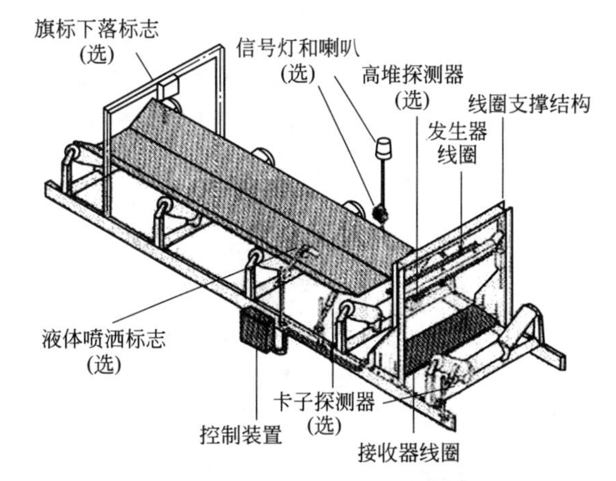

图 2.1.4 金属探测器的安装示意图

1.4 料（仓）库

1.4.1 钢板库

◎ 结构施工要求

钢板库焊接施工分搭接施工与对接施工两类，搭接工艺较为简单，但上部内径减少会影响库容；对接工艺要求较高，环缝坡口加工量大，但上下内径无变化。无论采用何种工艺，都应遵循完善的焊前、施工及检验工艺规程，否则会出现倒塌等重大事故。

（1）对于直径 26m，体高 31m 的库体，其材料应选用 Q345E（也可 345B），符合－40℃高寒地区使用。库体搭接共 19 圈，底圈与环形法兰焊接。由下而上板厚由 25mm 开始，22mm、20mm、18mm、16mm 各 1 圈，逐渐过渡到上边的 14mm、12mm、10mm、8mm 各 3 圈，6mm 的 2 圈。

（2）编制装配、起吊和焊接作业指导书，查验焊工资质证书，并代样考核。

（3）搭接接口见图 2.1.5，对接接口见图 2.1.6。库体钢板由电动辊子卷板机完成。焊条采用 E5016 或直流反接 E5015，由 ϕ3mm 焊条封底，ϕ4mm 焊条盖面。

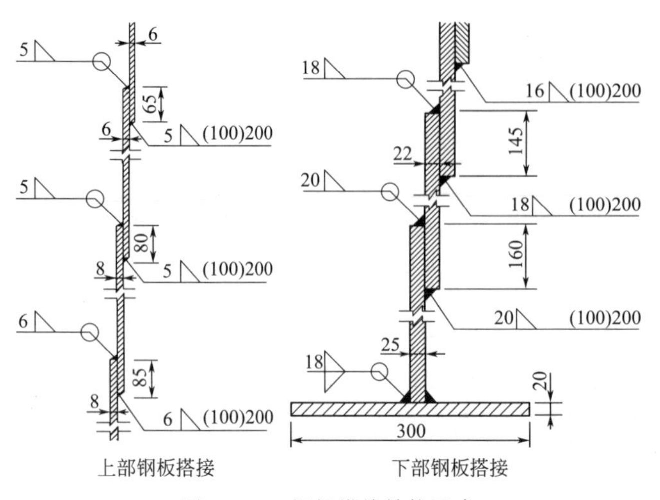

图 2.1.5 钢板搭接结构要求

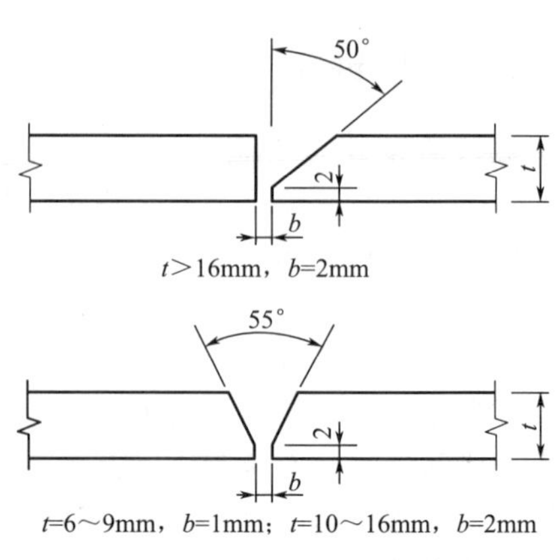

图 2.1.6 钢板对接结构要求

（4）为保证每圈之间的组对焊始终在地面进行，先从最上圈开始，并制作专用提升机构依次逐渐提升。由 14 根周圈均布的抱杆组成（ϕ159mm×6mm 钢管），每根长度为 3.5～4m，底部焊接在垫板上，垫板焊接到 25mm 厚的基础法兰上。每圈库体整周设置胀圈，其上每隔 1m 焊有三角板。胀圈及抱杆上焊有吊鼻，上下吊鼻由 5t 电动葫芦连接，完成每圈提升。

（5）焊后质量检验。搭接焊缝按 GB 50661—2011 进行三级检验，无表面气孔、裂纹、夹渣和电弧擦伤，焊缝尺寸符合标准。对接焊缝除表面要求外，要进行无损检测，依据 JB/T 4730.3—2005 进行三级焊缝超声波检测全部合格，对接纵缝抽 10 条焊缝，按 JB/T 4730.2—2005 进行 X 射线检测，9 条焊缝为Ⅰ级，一条为Ⅲ级，检测合格。

1.4.2 煤粉仓

1.4.3 熟料仓

1.4.4 水泥库

1.4.2 节～1.4.4 节见第 1 篇与第 3 篇对应章节内容。

1.5 出库装备

1.5.1 刚性叶轮给料机

◎ 故障排除

（1）叶轮轴向两端密封失效。多为叶轮两边无挡板，当通过粉状物料和小颗粒料时，它们直接与端盖接触，进入密封处，使其失效。只要在叶轮两边加挡板，并适当加大挡板与端盖间距，避免两者之间摩擦，漏料便可制止。

（2）频繁烧毁电动机。有块料或异物进入叶轮卡住时，或后续管道堵塞跳停时，都会造成电机负荷过大而烧毁；叶轮轴承损坏，叶轮位置下降卡在下部机壳时，也可能烧毁电机。可改掉带轴套的刚性传动连接为尼龙棒连接，与减速器连接由端面法兰连接改为底座地脚螺栓连接；并将电机电流信号引入中控显示并报警；根治办法是适当加大电机功率。

(3) 安装过渡节，方便抽芯检修。当叶轮需要抽芯时，包括需要排除异物时，或清理螺旋闸板阀托辊时，都必须将上部的螺旋闸板关闭。如果叶轮给料机与螺旋闸板间增加一个高200～300mm的带检修孔的非标过渡节，在此插入钢板检修，就会方便和安全。

(4) 易发生冲料。当叶轮与机壳的径向或轴向间隙较大时，可以在叶片上添加可更换的橡胶板，以调节径向间隙，并将6片叶轮增加为10片，排料口尺寸从220mm减小为130mm。

1.5.2 仓壁振动器

见第1篇与第3篇对应章节内容。

1.6 包装机

◎ **故障处理**

8RS (FE) 型回转包装机易发生如下故障。

(1) 气缸损坏，当气路通畅而气缸不动作时，就需更换损坏的气缸。

(2) 各气动元件损坏或堵塞，表现气路不畅，阀门动作迟缓，尽管秤体准确，却直接影响袋重的计量准确。为此，需重视下列各点：当叶轮箱内的防尘塞表面被水泥堵死，或与单向阀脱落，水泥灰就会进入压缩空气管路，堵塞电磁阀，此时需更换防尘塞；当发现无法调节助流气流时，应更换节流阀；当发现出料量小且喷嘴无异物堵塞时，可拆卸气管上快速接头，检查压缩空气压力和流量，需要清洗阀芯或及时更换气动控制阀；电磁阀会因压缩空气内含水而锈蚀，影响袋重或包装掉袋、撕袋、堵袋、挤袋，此时应清理电磁阀阀芯或更换；每周在检查电磁阀同时，要检查阀座的消声器是否畅通排气。上述气控部件检查内容，每周约需4h。

◎ **振动筛故障排除**

振动筛常见如下故障。

(1) 网上物料流速过快或过慢。调整方法为振动筛进料管角度、形状与直径，它们应与其软连接的进料溜管相同。由原椭圆形改为长方形（260mm×600mm）、原垂直改为倾角45°安装，让物料沿筛体宽度分布均匀；若物料流速过快，部分水泥未经筛分就冲至出渣口时，可在进料管下部加焊一块50mm角铁，并在水泥流向前方加一块高240mm的橡胶挡板。再配合对筛子振动的调节等，便可控制筛分效果（见第1篇1.6节）。

(2) 筛箱开裂。增加筛箱整体强度，将槽钢由8号增大为10号；将筛框与筛箱的螺栓连接改为焊接，在筛框左右两侧分别焊两块带筋板的钢板，钢板放在压筛网的压板上，并与之焊接，筋板焊接在筛箱侧板上。此改造会增加更换筛网时间，但有利于延长使用寿命。

(3) 物料偏斜。当筛箱两边振幅不一致时，或因两端偏心块夹角不对称、筛下弹簧积料时，都会发生物料偏斜。在调整振动电动机两端的两块扇形偏心块时，一定要注意对称，让活动偏心块与固定偏心块的重合弦长一致，重合方向也一致。这可以通过测量振动电机连接板左右侧的振动值来判断，或在观察孔看筛面上物料有无偏斜。

◎ **漏料处理改进**

包装机的水泥料仓下方，原用闸板阀和叶轮喂料机控制去小料仓的水泥量，但因喂料机叶片磨损，水泥便从料仓漏出，一旦该小料仓满，且包装机停包时间较长，就会从溢流管流到螺旋输送机，而它的输送能力不足，料就会从下料管处往上堵。

为此，在叶轮喂料机上方增加一气动闸板，以控制水泥漏料，此闸板开闭与包装机同步。同时，为解决主风管内积灰，在弯头处开设清灰门，安装一只卸灰阀接入螺旋输送机便可。

2 粉磨设备

2.1 管磨机

◎ 磨头端盖更换

当发现大型管磨机磨头端盖开裂，多处裂纹裂透，焊接多次无济于事时，只有更换端盖。

(1) 前期准备。将磨筒体环向均分8份，并在筒体上做标记，测改造前磨头、磨尾中空轴及磨头端面的径向圆跳动值，掌握原始磨机精度，为修复后对比数据依据；根据端盖所配部分新筒体的长度，考虑割缝宽度及焊接收缩量，确定对筒体的切割线，再向旧筒体移内10mm作为基准线，沿筒体内周每隔30mm取点，用划针划线。在距接口220mm处的新旧筒体内，分别焊接米字支撑，以防施工自重及热变形，精找时还可利用热变形提高精度。新磨头端盖与旧中空轴的找正，用塞尺测量中空轴法兰与端盖法兰止口四周间隙，并根据垂直与水平两方向最大间隙，分别各塞上两块相应1/2厚度的铜皮，紧固外圈中呈120°均布的三条连接螺栓，连接中空轴法兰与端盖；依次用镗床镗制端盖内、外圈各螺栓孔，根据绞孔尺寸配制绞孔螺栓；并安装40条绞孔螺栓到位，复查磨头止口间隙，误差应在0.2mm以内。

(2) 筒体粗找正调节。新筒体短节坡口在机床上完成，精度可不用修整，但旧筒体为手工气割开坡口，开完后要在坡口处均布8个3mm厚薄铁条，避免调整间距时发生咬边，也为焊接时留有足够收缩量；用千斤顶和2t手拉葫芦调整新旧筒体衬板螺栓孔顺线；用8条M44×620丝杠调整新筒体短节与旧筒体间距；测量新筒体短节端到基准线的距离，凡大于此距离的位置用气割割掉，并对旧筒体坡口修整；磨内旧筒体上焊接斜铁12个（图2.2.1），以调平新旧筒体接口内侧，用钢板直尺以光隙法检查；在接口处焊尺寸如图的搭接板，与斜铁间隔放置；慢转磨机，打表观测端面跳动和中空轴外侧径向圆跳动，测量粗找正结果，若偏差过大时，可将跳动值大处的搭接板去掉，微调调整丝杠，再打表测量。

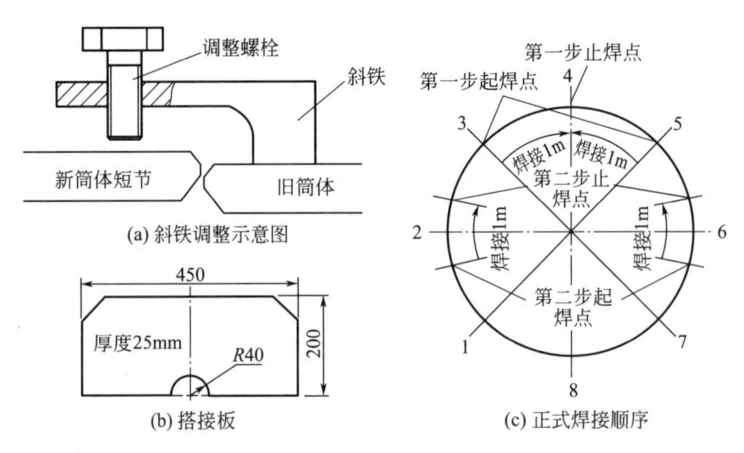

图2.2.1 磨头端盖更换部分工序示意图

(3) 筒体精找正并控制焊接变形。将端面圆跳动值大的位置转于上方，利用重力与焊接收缩量纠偏；起焊点与止焊点在最大跳动值区域约1/4象限；焊完冷却2h打表，再将较大跳动值位置转于上方焊接，周而复始，逐步提高精度，使中空轴径向跳动偏差≤0.2mm；正式焊接筒体内外坡口，分别各焊3层，使磨机转到如图2.2.1所示位置，每层焊接前均需测量端面圆跳动值；4点平焊2m左右，2、6两点同时立焊各1m，再将3、5、8转至上方，并依次平焊，将两侧焊接接头作为起止点；第一层焊缝6mm左右，熔透并边焊边锤击，用J506焊条，350℃烘干1h；检测焊完后端面圆跳动值的数据变动，按以上规律确定第二层、第三层起焊点；第三层为多层多道焊接，每道焊缝再薄些，4mm左右，顶部平焊位置焊接，焊完整周。

（4）收尾工作。焊接完成后，将磨内米字支撑和搭接板切割，对内坡口清根打磨；磨内侧用气刨将内坡口第一层杂质和焊渣刨开约10mm，并用角磨机打磨出金属光泽；内坡口焊三层，焊接方式同外坡口，但是将端面圆跳动最大者转至下方侧平焊。

◎ 进料端盖开裂加固

因进料端中空轴和喇叭套之间的空腔被进入的物料磨损，喇叭套支撑圈完全磨完，端盖衬板支撑筋板也严重损伤。为此，必须对端盖采取补强措施（图2.2.2）。

（1）将补强板外缘延伸到中空轴外圈螺栓以外，补强板外缘加工出斜角，避免应力集中。

（2）增大端盖衬板支撑筋板的厚度（50mm）及高度（150mm），筋板高度增加后，使喇叭套与内圈端盖衬板之间有50mm的间隙，要新增一喇叭套内套圈作为喇叭套轴向固定用，并在套圈内表面加焊一层耐磨层（5～10mm）防磨。以后重新订货喇叭套时，让其整体长度增加50mm，不用新增内套圈，利用喇叭套的止口进行密封，也方便今后更换。

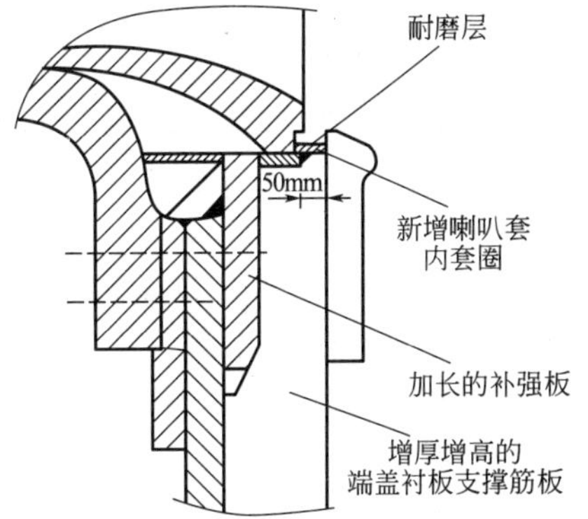

图2.2.2 进料端端盖的加固

（3）为减少割焊时的应力变形，在割焊作业时，要在圆周方向对称进行，并且要在上一步充分冷却后，再进行下一步。焊接中为将筒体变形减少到最低，采取焊接工艺应为：用4条做有标记的中空轴外圈铰孔螺栓，将中空轴、端盖、端盖加强板和补强板连接到一起，让中空轴在原位基本固定；外圈的原16条铰孔螺栓孔用普通螺栓连接，再对另外16条原普通螺栓配铰成铰孔螺栓连接；将中空轴所有连接螺栓（共三组16条螺栓）全部紧固后，再对新增补强板对称焊接。

（4）因近年内要对磨机筒体整体更换，故对端盖加强板存在的环裂缝实行环向连续焊接，而不再打坡口整体焊接。

◎ 废止双层平端盖结构

1992年出版的《管磨机》一书曾论及采用双层平端盖的筒体，说承载能力可提高6.33倍以上，然而此理论不仅不成立，而且实践中也证实为错误。为此，今后不能再采用这种设计和结构形式。另外，目前在磨机筒体设计中，虽采取了过渡钢板的结构形式，但厚度仍偏薄，对长径比为1.27的磨，过渡钢板厚度应为筒体钢板厚度的1.75倍，随着长径比增大，该倍数也要随之增大。在施工工艺上，不能将磨机筒体与端盖、中空轴焊为一体，避免其中只要有一个损坏，整个磨体都要报废；在材料选择上，筒体和端盖都要选用含碳量低、抗冲击韧性好、抗疲劳强度高和可焊性好的材料，而不宜选用20g的材料。

◎ 解决磨头倒料

NY磨头倒料不仅污染现场，而且令操作工不敢加料，直接影响磨机产量。在排除饱磨原因之后，应从如下方面着手解决。

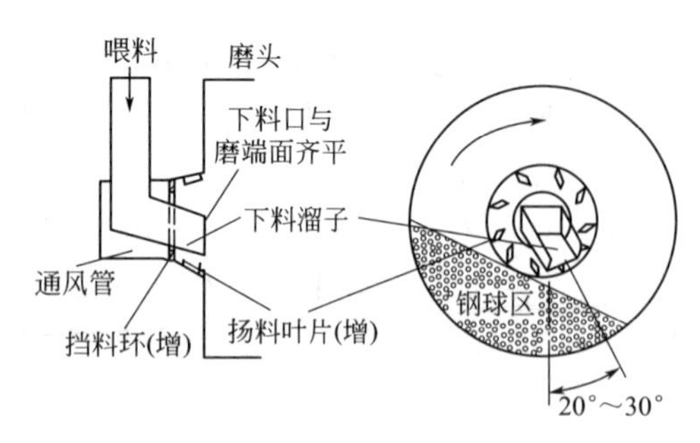

图 2.2.3 防磨头倒料改造图示

(1) 要确保下料溜子出口与磨头通风管接口面齐平（图 2.2.3），保证进料不会落在通风管的倒锥处。

(2) 在通风管倒锥交界处增焊一圈高度为 50mm 的挡料环，即便在一仓料位瞬时较高时，料面只要不超过挡料环高度，就不会有物料从磨头溢出。

(3) 在通风管倒锥入磨头处，焊接一周与磨轴顺时针成 30°的扬料叶片，叶片规格为 400mm×10mm×50mm，一方面将磨内溢出的物料扬起，靠磨机负压重新将物料带入磨内；另一方面，有利于配合下一步骤，改变物料进磨点。

(4) 当物料较湿时，有意为物料进磨点偏向远离钢球区，让下料溜子方向与磨机轴线有 20°～30°夹角，避免物料直接被风带到隔仓板，造成篦缝堵塞。

(5) 稳定磨机喂料量，凡有影响料量波动的因素均需改变。

当磨头漏料严重时，应对结构重新审视，尤其是锥筒进料的出口端直径，既受结构限制，也受一仓填充率的限制，确定它的大小要考虑磨头进风面积、进料斗尺寸、入磨物料量等综合因素，锥筒锥度应避免让物料堆积于料斗与套筒的结合处形成漏料。现在 ϕ3.8m 与 ϕ4.2m 磨都有这种问题。建议按图 2.2.4 进行改造。

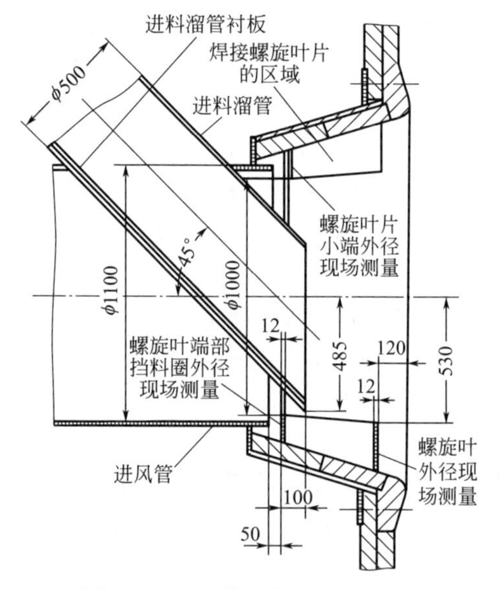

图 2.2.4 锥筒进料改造示意图

具体做法是：在锥筒铸钢衬板上焊接 6～8 头螺旋叶片，螺旋角不大于 30°，在螺旋叶片小端焊接一个环形挡料圈。这种将锥筒与螺旋筒进料相结合的办法，避免了物料积聚在磨头的漏料现象，已经在实践中得到证实。

2.1.1 传动装置

◎ 边传小齿轮振动

边缘传动磨机的小齿轮运转五年后，虽轴承温度平衡，但出现异常振动。检查发现，大小齿轮的齿廓都因长期磨损，齿底都形成有 10mm 的台阶，出现间断顶压光亮啮合印痕，表明齿顶啮合间隙变化，有顶齿现象发生，轴承座才有较大振动。解体小齿轮，继续检查两轴承室，轴承结构完好，游隙不超差，当拆卸轴上环形密封套后，发现内圈与轴颈发生严重转动，且有不均匀磨损，最大单侧间隙 3mm 左右。轴承温度之所以不高，是因润滑脂能到达轴颈处，且转速不高。将轴车细、镶套，恢复原轴颈尺寸，便维持生产。

◎ 快捷拆除边传小齿轮

从维修角度，不动边缘传动小齿轮轴承座，就能拆装小齿轮，是最为便捷方法，但必须在设计与安装中满足如下条件。

(1) 设计时要满足小齿轮位置角 $\theta \leqslant$ 拆出角 θ_1 的关系。

(2) 小齿轮轴承座的结构设计中，要考虑容易拆装。如在滚动轴承座对开外接口孔上，加工一个近似三角形的削角，减弱轴承座的阻卡；又如轴承座与上盖应当用双头螺栓，而不应是 T 形螺栓，还要考虑连接螺栓的中心距及高度。

(3) 磨机安装时，适当拉开大齿轮和小齿轮的中心距，也即增大齿顶间隙。

即使上述条件已满足，在拆卸前，仍要测量大齿轮齿顶圆的径向圆跳动量，选择大、小齿轮齿顶间隙最大处为检修位置；并充分利用大、小齿轮的齿顶间隙及齿侧间隙，在拆卸小齿轮中，边旋转、边向上提边、向内推动，以避开轴承座的阻卡。

◎ 大齿轮张口处理

当齿轮尺寸过大采用分片结构时，齿轮产生故障的各种可能都集中反映在齿轮的把合面上，最常见是张口现象，轻者降低传动效率及使用寿命，重者损坏设备。张口分运转前产生及运转中产生两种。后种产生是因在干磨、烘干磨中磨机筒体温度较高，当高出齿圈温度 50℃以上时，筒体法兰热膨胀将通过铰孔螺栓或止口传到大齿轮上，将结合面拉开形成张口。这类因筒体温度升高引起的逐渐张口，首先应从设计考虑消除或减小膨胀力，采取措施（见第 3 篇 2.1.1 节）；在运转中发生张口后，必须通过以下办法及时消除，防止变为永久塑性变形。

(1) 当径向圆跳动公差不符要求时，应重新调整。对面连接螺栓未采用铰孔螺栓时，在每个半齿圈的中间部位增加一个铰孔螺栓，即可有效地防止大齿轮的中心线发生偏移；或在热磨停机后，每间隔一段时间转动筒体 180°，直到磨机降为常温为止。

(2) 检查大齿轮法兰内径与筒体法兰间隙，若设计时采用止口定位，就会将筒体法兰的热膨胀传递到大齿轮上，此时应重新加工大齿轮的法兰内径，保持与筒体法兰间隙适宜。

(3) 如果随着运转筒体温度升高，逐渐产生周期性振动和冲击声，说明已发生张口，此时在大齿轮法兰内径与筒体外径间，位于半齿圈的中间部位打上两块楔块，并尽量让楔块沿整个大齿轮法兰宽度接触。此措施要考虑把合螺栓的强度，并测量打入后把合面的缝隙。

(4) 检查大齿轮把合面的螺栓数量与规格是否符合设计要求，经常每隔几个连接螺栓松开一个，便可消除大齿轮张口。

(5) 当把合面发生永久性塑性变形时，只得将大齿轮拆下，打磨把合面角度，且大小不得超过张口角度，此方法较难，要有较高技术水平，且用时较长。

◎ 大齿圈无定位螺栓安装

ϕ4.3m×8.5m 边缘传动磨机的安装难点在于：大齿圈与筒体法兰配伍间隙大，如何在无安装基准，又无定位销的情况下，能保证两者的同心度。

用槽钢支撑固定筒体，防止偏心翻转。用吊车把一个半齿圈吊到筒体上，使齿圈止口端面紧密贴合在筒体法兰内侧，连接好螺栓，用塞尺确认配合面间隙≤0.15mm 后，紧固螺栓；在磨机旋转的反方向安装一台绞车，通过钢丝绳拉紧大齿圈后，拆除支撑槽钢，缓慢启动吊车和绞车，将筒体旋转 180°，再固定筒体，吊装另一半齿圈；两个半齿圈合拢前，清净对口配合面，按标记定位合拢到位后，紧固对口连接螺栓。此时用塞尺查对口间隙≤0.1mm，且特别关注对口处齿距误差≤0.005 齿轮模数。

因大齿圈止口与筒体法兰外径都是加工面，只要保证两者在径向上间隙差为零，则表明两者同心。经测量计算，考虑加工误差的影响，此间隙差控制在 0.2mm 以内，不但能实现两者同心度，而且大齿圈径向跳动也能满足<1.8mm 的要求。为此，在大齿圈上均匀找 18 个点做好标记，利用大齿圈止口法兰上 3 个均布的 M30mm 顶丝，进行对称点调整，再制作标准垫块，高度为 $10_{-0.01}^{\ 0}$mm，位于顶丝位置，在上述两者间隙里，用顶丝微调，就可实现两对称点间隙差≤0.2mm 要求。制作量块辅助塞尺对间隙测量合格后，便可拧紧全部螺栓。

垫块与量块的具体高度尺寸，取决于间隙大小；用扭力扳手按计算值紧固连接螺栓；最后用百分尺以大齿圈的径向与端面圆跳动的合格为验收。

◎ 重载大齿轮断齿修复

当轮齿有疏松缺陷，或齿轮处于偏载或进入异物时，局部应力集中，疲劳源在交变载荷下扩展形成裂纹，最后导致齿轮失稳瞬断。

可采用型模堆焊法修复：用紫铜制作齿模，通过焊接成型试验确定齿模尺寸放量而成；将断齿部位转至最高点，用砂轮打磨平滑，并探伤检测断齿面再无裂纹；用丙酮和钢丝刷清洗缺陷部位及残留的探伤着色剂、油污、水等杂物后，将齿模装卡在断齿上；用 5 块 200mm×1000mm 远红外加热片持续预热（断齿位置左右各两块，中间一块），升温速率≤50℃/h，确保焊接时层间温度≥350℃，施焊过程焊接部分外露；用 ϕ4mm 的 J857CrNi 低氢型焊条，并经 350℃下烘烤 1～1.5h，随烘随用，焊接电流 130～180A，快速施焊，焊条不做横向摆动，直流反接。焊完每道焊缝用电动冲击锤振击，并用钢丝刷清净焊渣；重新加盖加热片加热、均温、缓冷至 100℃，进行退火处理；堆焊高度超过 70mm 的断齿，需在堆焊到一半时，进行中间去应力退火及 UT 探伤；根据齿轮图纸，采用线切割制作修磨用齿形样板；用角向砂轮、手动角磨机，对堆焊后的齿形打磨粗加工，用样板检查；齿面涂上红丹粉，大小齿轮对研，精磨、抛光，达到要求的齿面接触率。此法修复快捷，效果好。

◎ 大齿圈螺栓断裂处理

因制造大齿圈时刚度不够，为接口螺栓带来较大剪切力，使很多高强螺栓都无法适应而频繁断裂。应设法让螺栓不松动，断裂的可能就会减少。为此，将原来的单头螺栓和双头螺柱全部改用正反扣双头螺柱，并配正反尼龙复合材料的螺帽、5mm 厚的尼龙垫片；并用双螺帽，外侧螺帽再用 40Cr 材质背紧，效果更好。定期观察螺栓的松动情况，紧固力以尼龙复合螺帽不出现裂纹为极限。

◎ 边缘传动油位过高的异响（见第 2 篇 8.1.3 节）

2.1.2 支承装置

◎ 大型瓦与轴承安装

（1）复核两组基座板间距离与两轴承间距，校对等于两滑环间实际尺寸加上设计间接提供的热膨胀量。

（2）为确保安装精度，可自制一辅助找正工具（图 2.2.5）；将它固定在混凝土基础上，使它的中心线、标高与基座板接近；在基座板的四个角边上焊上 4 个 M24mm 螺帽，将基座板吊置到辅助找正工具框架中；用它的调节螺栓及基座板的螺帽，调整基座板上任何位置；借助 30°找正规找正基座板斜度，再用水准仪测出数据 $x=(L+77)/2$；用水平仪测量，利用调节螺栓调整，使基座板高度满足图纸上所标 h，同时找正基座板与工具的纵横中心线重合。上述每一步调整都要不断复查，避免对已有调整发生影响。

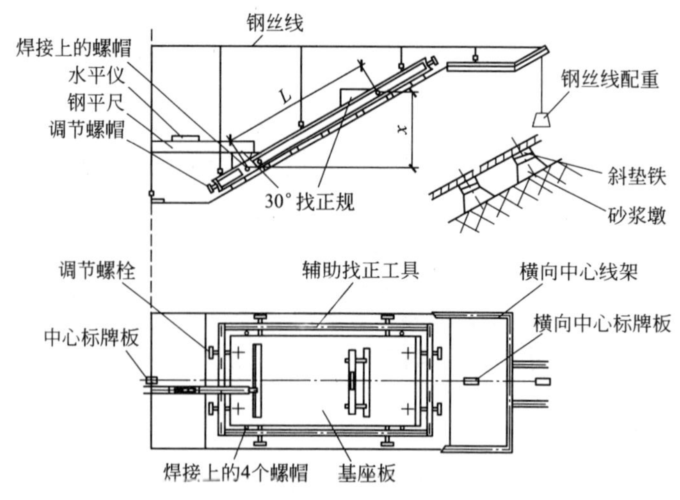

图 2.2.5 基座板辅助找正工具

（3）垫铁调整（见本篇概述）完成，做好标志后，便可拆除辅助找正工具。并为地脚螺栓孔灌浆。

（4）安装滑瓦。用塞尺插入20mm，检查滑瓦与滑环间隙应在0.05～0.10mm之间，如间隙过大，要在滑瓦两端20～50mm的范围内按规范刮研；安装滚柱、止推座和滚柱座圈，安装后滚柱及定位隔片能自由移动而无卡壳；将侧导座和球截体装在滑瓦上，在球形面上涂MoS_2润滑剂，球截体必须能在滚柱座圈内灵活移动；用木块垫高滑瓦，尽量接近最终位置，用铁丝固定；为磨机就位，在滑环与滑瓦接触前，拆掉垫物及铁丝，让滑瓦在滑环内自由调节。

（5）磨机坐落到滑瓦后，用塞尺测量滑环与导轨间隙不小于0.15mm；用千分尺检查滑环轴向摆动量，如果间隙过大，应在滑瓦与导轨间插入厚度为0.15mm＋摆动量的垫片。

（6）辅件安装。在磨机找正前，应完成高压油泵润滑系统安装，以便找正时使用；水管安装后保证2～3h无渗漏；油盘安装后要让滑环浸在油里20mm运转；用压缩空气清洁基座板和滑瓦，装上滑履罩；安装刮油器，弹簧压力为0.7～1.0kg。

◎ **安装不当使瓦发热**

（1）保证衬板寿命条件下，要减轻衬板总重：减少不必要的衬板厚度；优化活化衬板结构，适当增加长度，以便保护润滑油膜，减少滑环与滑瓦间摩擦。

（2）控制滑履瓦端面铜夹板和滑环间隙3～4mm，避免摩擦生热。

（3）在磨筒体内部靠近滑履部分做隔热处理。

将最外圈出磨篦板用激光截短，省下空间为隔热层厚度，包括原矿渣棉部位都用超高强钢纤维耐磨浇注料灌入。为此，事先在扬料板外弧面焊接Y形锚固件数个；最外圈篦板所在位置用3mm厚花纹钢板封堵，支撑盘后端用钢板制作成模，避开衬板螺栓；考虑好浇注过程与安装篦板的顺序，浇注过程随磨运转分步实施；在回装出磨篦板及衬板时，底部铺12mm厚隔热橡胶板及5mm厚石棉板；回装通风盘时，圆孔尺寸从原8mm加大为10mm，以弥补因最外圈篦板封堵减少的通风面积。经此措施，瓦温可降低12℃，且不再受物料温度影响而稳定。

在筒体内部滑环前后2m的位置上，在衬板与筒体间安装一层5mm厚的硅酸铝纤维隔热板，或橡胶石棉板、矿渣岩棉层，减少热量向滑履瓦传导。

（4）加强滑履罩内空气循环，避免水汽在罩内冷凝成水进入滑环、滑瓦和润滑油中，导致部件生锈，润滑质量降低。为此，在罩上安装进风管及排汽管各一只。并定期清理及更换空气过滤网。

（5）控制滑履轴承托瓦与滑环间，以及滑履轴承托瓦座凸、凹球体间的配合接触面积。尤其高压油囊周围的接触斑点必须达到标准，否则影响油囊保压效果，直接威胁静压启动油膜，导致托瓦持续高温，此时可参考高压泵压力大小，判断动压油膜状态。

（6）防止粉尘污染。将滑履罩最顶部一节拆下，在其正上方增设一个具备防尘功能的排气口。

（7）加强温度检测仪表的准确性。

（8）关注冷却水的质量与流量。即使是冬季，也要适量加大循环冷却水，并可增加有足够冷却能力的小型冷水塔，并设计随时可投入和切除的旁路系统。

及时检查安装不当的方法：

（1）查是否漏装定位销。

某ϕ4.6m磨机投产滑履瓦一直发热，虽说加强润滑、冷却等各种措施略有缓和，但始终为心病。只是五年后一次大修中，将滑履瓦拉出检查才发现，瓦面受损严重，瓦中心底部有多处斑点，最深伤痕达5mm，表明滑履长期为不同心运动。而且发现滑履瓦座与凸球面之间居然缺失定位销，纯属安装遗漏。造成运转中随着磨体的热胀冷缩，滑履瓦向各方向的移动无法在两球面间消除。将此定位销就位，并重新刮磨瓦面后，又进行水压试验，从此一切正常。

（2）羊毛毡密封条未进行浸油处理。

如果将未经浸油处理的羊毛毡直接装入滑履后，与滑履的接触发热能将羊毛毡烧焦，瓦温也会在几小时内快速上升，让磨机跳停。天冷时，为油浸羊毛毡，应将润滑油倒入铁盆内加热到90℃后，密封条放入2～3min即可取出装入滑履。

◎ 滑环表面拉伤修复

当滑环表面拉伤后，若将其拆解送外修复，预计需时60天，现场打磨将大大缩短时间。

（1）手工打磨。利用两个托辊作为支架，磨机辅传带动磨机旋转，用角相磨光机，先装树脂砂轮磨光片粗磨，打磨时要用钢板尺以轻微拉伤面为基准，检测滑环表面横向高低，保证滑环表面轴向平直；再换不锈钢抛光片对滑环表面抛光。约用一周时间完成此打磨修复，轴向高差为±3mm，粗糙度为$Ra1.6\mu m$。

（2）刮瓦。在托瓦两端150mm处开瓦口，刮出油契形状，剩余为接触面，用涂色法按照接触点不少于1～2个/cm^2的标准对接触面刮研，两端面瓦口间隙约为1mm。

（3）复装滑履托瓦、滑履罩及所有附件。

（4）开机前修改滑履稀油站的控制程序，让高压泵与磨机同步运行，增加托瓦带油量；开启高压油泵预润滑10min，观察孔中确认接触面有油溢出后，再开启磨机辅传，慢转磨机5圈，令滑环表面均匀形成油膜；磨机加载程序为：空载运转12h，滑环温度53～58℃，然后分别在装球量为额定负荷的30%、50%、70%、90%时，运转72h、120h、360h、720h，滑环温度稳定在57℃以下，最终逐渐降至51℃以下时，加载至100%运行。

◎ 巴氏瓦简易补焊修复

水泥磨巴氏合金轴瓦高温烧融，1/3瓦面漏出底铁，用简易补焊法现场修复。

（1）分别清洁中空轴与轴瓦。用浸油油石将中空轴分上、下各半修磨，用枕木支撑磨体后，再用100t液压千斤顶支撑，取出轴瓦，继续修磨轴面，至表面光洁度恢复原状，并用汽油清洗，再用面团沾去铁屑、残渣、杂物；将烧毁轴瓦放置加热炉内，温度控制在130～150℃，出炉后立刻趁热用10%～15%盐酸酸洗15～20min轴瓦断口油污，用70～100℃热水冲去残酸，再用同样温度、浓度10%的碱水溶液15min浸泡脱脂，最后用此温度热水冲去残碱。用钢刷刷出金属光泽，不要用砂纸打磨。

（2）对轴瓦补焊。先挂锡：将轴瓦烧毁部分根据严重程度划分成小区域，对未露出底铁区域分区挂锡，加热轴瓦面至300～350℃，将$ZnCl_2$溶液分小区域涂沫，锡条熔化后，薄薄覆盖在露出底铁的瓦面上挂匀；对未露出底铁区域不用挂锡，但要清净，用刮刀均匀薄薄刮出金属光泽待焊；用气焊火焰熔化巴氏合金焊条，氧气压力不要大于0.3MPa，按顺序分区补焊。焊道宽度5～10mm，厚度为2～3mm，逐块补焊成整体，重复此操作至总体厚度超过应有合金厚度为止。用小锤全面敲击检查一遍。

（3）对瓦刮研。（见本篇概述“③瓦的刮研”部分内容）

◎ 中空轴裂纹修复

首先将磨机裂纹部位朝上，让中空轴各部处在不受力状态，用30mm钢板制作磨机筒体托架和千斤顶支墩，并用千斤顶将磨机顶起200mm；拆除塌料端上轴瓦的上部瓦罩，用白布塞住轴瓦瓦口，并遮盖全瓦；用碳弧气刨清除缺陷，刨出坡口；用乙炔焰对坡口预热，层间温度为200～280℃，选用烘干的中碳钢焊条，遵照堆焊要求焊接；焊后对焊接部位用氧气乙炔焰烘烤至暗红色，并用保温棉覆盖缓冷，再打磨检查。

◎ **传动端面裂纹在线修复**

发现双滑履磨传动端面出现裂纹，长约 1.5m，已有漏料，此处板材材质为 Q235B，厚 44mm，因距滑履较近，不但自身热应力很难消除，若稍有不慎，还会危及滑履变形。补焊工作应请专业焊师完成。具体做法如下。

（1）在端面内部与筒体腹板之间，沿裂纹处，分别增加两层厚度 40mm 的加固筋板，上层 8 块，下层 6 块。既提高传动端面与筒体腹板间的承载强度，又降低焊接热应力。此外，还应在裂纹首尾处打止裂孔。

（2）用碳弧气刨清除端面外部裂纹，打 V 形坡口至端面内部，严禁渗碳；砂轮打磨坡口至光滑，露出金属光泽。

（3）采用 CO_2 气体保护焊，焊丝为 ER50-6、ϕ1.2mm；焊接规范底部偏大，其他层采用中等规范；分三段焊接；焊后打磨光滑，并着色探伤，无裂纹为止。

◎ **“从”字形胶条密封滑履**

管磨机配置的滑履密封经常效果不好，原因是依靠挤压螺栓压紧密封胶条至滑履，在运行中，胶条与滑履有相对运动；同时，在滑履轴承与密封胶条间没有挡料环，润滑油能溅到胶条上，减少了与滑履间的摩擦。不仅使密封胶条快速磨损，而且滑履也会发热升温。经过多次更换试用后，摸索“从”字形胶条与滑履的合理安装方式（图 2.2.6），此时滑履密封胶条一周选取 60 个点紧固和压紧，每点由全丝螺杆通过压紧扁钢，将密封胶条压在滑履上，因有螺帽夹紧在壳体基座上，且胶条背面有卡槽，使密封胶条与扁钢始终保持同一形状与滑履密贴，改变曾靠螺杆点接触，使滑履正压力不足；且“从”字形的三道密封，既能密封，又少摩擦；调节密封胶条的压板，便能掌控合适压力。如此改进，使密封胶条寿命提高，不再漏油，且因滑履温度降低，减少了维护量。

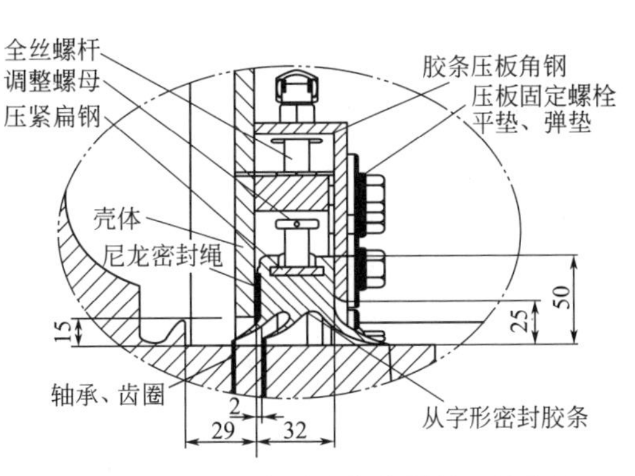

图 2.2.6 “从”字形胶条在滑履上的密封

◎ **高压柱塞泵损坏分析**（见第 2 篇 8.1.1 节“柱塞泵损坏分析”款）

2.1.3 衬板与隔仓板

◎ **防止衬板螺栓断裂**

当发现衬板螺栓断裂过频时，应采取以下对策。

（1）用 Mn13 制作的磨机衬板，具有冷作硬化特点。在温度变化时，衬板会因膨胀变形，严重时凸起，拉断螺栓。因此，衬板不易制作过大尺寸，应在 300mm 以内，只需用一个连接螺栓即可。并适当增加衬板厚度，让螺栓尾部深深沉进衬板中。

（2）改进衬板铸造质量，尤其是螺孔为椭圆球曲面，必须严格控制尺寸误差，避免螺栓尾部受力不均。衬板尺寸严格，安装后预留间隙应为 4～6mm，间隙过大会发生相对位移。

（3）提高螺栓材质由原 Q235A 改为 45 钢；并调质处理；一仓衬板用耐磨合金钢。

（4）安装衬板要紧固螺栓三次，最后一次要用扭力扳手紧固到位。

◎ **防止烘干仓扬料板脱落**

凡管磨机承担烘干任务时，就需要有内设扬料板的烘干仓。但经常发生扬料板脱落，且连接螺栓从根部切断。其原因在于：扬料板底平面与筒体弧面不是以紧贴面接触，当扬料板边缘的线接触稍有磨损后，物料便挤入产生的缝隙中，导致扬料板频繁转动，切断连接螺栓。

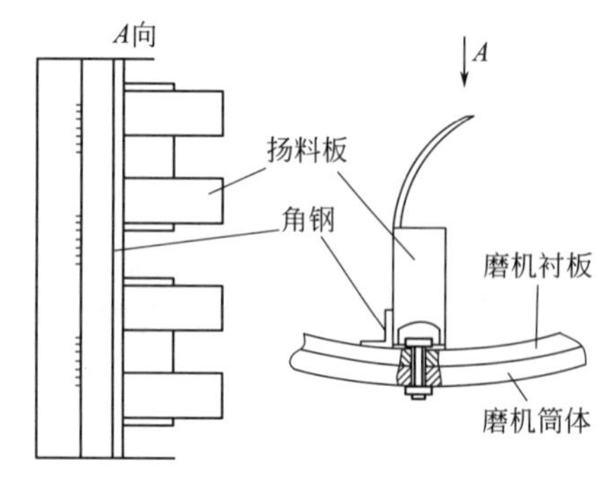

图 2.2.7 扬料板加固角钢示意图

如在扬料板背后断续焊接一根长 2.5m 的角钢（图 2.2.7），为扬料板起定位作用，防止扬料板旋转，使其脱落现象迎刃而解。此法不影响扬料板磨损后更换，该角钢也能有两年以上使用寿命。

2.1.4 钢球

在检修时，为重新配球，要清磨、清仓，将废球挑选出来，需要花费大量劳动力，且费时。使用钢球分选机（见文献 [5]），可以提高分选效率，且能准确实现配球方案。

2.1.5 磨内喷水装置

维修内容主要是检查回转接头，及时更换；对管道及喷嘴清堵。

2.1.6 助磨剂

◎ 定量控制系统要求

使用助磨剂时，不仅要选择理想的供应商，而且要能准确均匀控制掺量。凡使用助磨剂就要有合格的定量控制系统，其功能为：所选计量器具量程精度必须满足要求；计量动态精度必须优于计量秤精度 1.5%；助磨剂配比量可在中控设定、修改，并能随配料总流量调整自动改变；实际掺量与中控显示值保持稳定，并能显示每班的累计值；设备启停与配料秤连锁；助磨剂液位显示在中控操作界面上。

为此，应选择质量优异可靠的液泵（GM 型隔膜计量液泵）、液体流量计（WYLDA 型电磁流量计）及液位计（投入式液体变送器）；液泵安装时应在泵的进口前加装过滤器，防止管道中杂物进入泵内损坏隔膜泵；为了避免泵的脉动影响，在泵出口外要加装管道阻尼器；为防止泵发生堵塞造成事故，在泵出口管道上加装安全阀。流量计普遍采用垂直安装并尽可能靠近液泵。其软件编制要完成：PLC 流量与液位输入信号的处理；助磨剂累计用量程序；PID 功能编制调节器程序；液泵电机与变频器的启停及联锁程序。并将该控制系统组态到 DCS 操作界面上。

2.1.7 卸料装置

◎ 螺旋筒连接螺栓断裂

磨机运行多年后，其中空心轴与螺旋筒法兰的连接螺栓就会频繁断裂，其原因在于两者间因磨损而间隙过大，无法弥补原预留热膨胀量间隙，使配合松弛；再加上螺旋筒法兰连接的回转筛为悬空状态，磨机运转中，中空轴会出现径向圆跳动和轴向窜动，并伴随不规则摆动，让螺栓承受较大的拉应力和剪切力而断裂。

处理方案较多，最简单方法为：沿磨机出料方向，中空轴与螺旋筒装配位置右侧 60mm 处，以此点 A 为中心，在出料螺旋筒壁上沿环向分 120°依次开 3 个 ϕ50mm 圆口，将 3 个 M48 螺帽的中心与 A 中心对齐，依次焊接到出料螺旋筒壁上，取 3 条 M48mm×240mm、丝扣长 100mm 的螺栓，分别与螺帽配合，依次逐步拧紧。实施后再未发生螺栓断裂。

2.2 立磨

◎ 安装关键点控制

CRM 立磨安装应控制如下关键点。

（1）安装调整基础框架。磨机底座及传动装置都要安装在大型H型钢组成的基础框架上，但它是分为6块发到现场拼装焊接，为达到设计的整体平整度和焊接强度要求，要符合如下要求：先在地坑内按图用细钢丝绷出五件框架型钢面的中心线，再用粉线绷出型钢边缘线，凡是与型钢有干涉的钢筋切断；根据线的水平高度，预留钢筋保持地坑面距离型钢面70～90mm，待调整好框架后再与型钢面叠焊钢筋；按图在砂浆墩位置打孔植筋进入地坑中100mm，每个墩植入4根ϕ12mm螺纹钢筋并折成弯勾，用无收缩灌浆料按现场型钢作高度不等的300mm×300mm砂浆墩32件，墩上焊200mm×200mm×12mm钢板，找正各砂浆墩水平标高，整体误差在1.5mm以内，且在墩上钢板弹出装配线，用楔铁精调；依次将各基础框架件按中心线找好的相对位置水平放入，框架接头处用250H型钢点焊固定，各立柱地脚螺栓按画线找正，并严格按图就位，加调整块点焊后，再焊框架筋板。先立焊、再平焊；先断焊、再整焊，边点焊、边找水平、边调整，要采取反变形焊接，焊完后用电子水准仪等工具测量，水平度要控制在2mm左右，各地脚螺栓距离差<1.2mm。

（2）调整减速机底板。底板的水平和标高控制是安装重点。粗调：待二次浇筑的混凝土达到规定强度后，先打磨基础框架，清洁表面、除锈及氧化皮，装入调整螺栓，并保持24颗顶丝端部距底板底面11mm，吊底板到基础框架上，再按基础框架上的中心线和对角线找好底板就位，用电子水准仪找四周16个点的水平度，达到每米0.1mm水平即可。精调：按平面度每米0.06mm要求，用平尺和塞尺查底板不平度，并用减速机压紧螺栓与调整顶丝配伍调整，压紧螺栓作精准记号。

（3）浇注环氧树脂。采用美国某公司的环氧树脂时，要清理干净框架顶面及底板底面的铁锈、油渍、毛刺、污渍、漆膜等杂物；将减速器底板放在基础框架上，并对准定位销孔，装入定位销；将调节螺栓插入底板上的调节螺孔，调节底板与底座间的间隙8～10mm，并用精密水平仪测量底板顶面的水平度，符合图纸要求；利用圆钢或扁钢点焊将调整螺栓头部互相固定，防止松动；利用扁钢沿底板外轮廓及内部圆孔，在基础框架上设置封闭挡边；对框架上所有螺栓孔、销孔及调节螺栓周围，用发泡橡胶或密实海绵围成圈，高度20～25mm，挡圈内圈与孔边距离为30mm，用密封胶封住挡圈缝隙，防止黏结剂渗流到这些孔内；按说明书调配专用树脂胶，规定搅拌后将其灌注在框架上的挡圈外，厚度8～10mm，多点灌注，不断测量厚度，保证均匀，且要大于底板与基础间水平度调整所用间隙，避免产生气泡，并确保每个冒口均有树脂冒出，以保证充填完全；所有搅拌及灌注都应在凝固前的20min之内完成，要练习控制最少时间；调整时用下压螺栓压紧，并记录拧入的圈数及转矩等，以备底板起吊复位用（如调整只用顶丝未用下压螺栓时，压紧也不要用它），完成调整后，所有顶丝头部应用钢筋点焊相互锁死；底座各螺栓孔、销孔及底板调整螺栓用锂基润滑脂涂满，防止树脂流进螺栓孔与其粘牢；施工现场温度应在22～25℃之间。

LM立磨（规格为56.4）的安装关键工序易出现如下缺陷，应有相应对策。

（1）底板基础框架焊接产生翘曲及收缩变形后，只得返工，将焊缝刨掉，找正合格后重新焊接。采取如下措施：①组对时，预留焊缝根部间隙2mm，确保根部焊透，若间隙过大或过小，应修阔或补焊，以利于ϕ3.2mm焊条打底。②为防翘曲与收缩变形应做到以下六点：一是让原向上翘曲的部件找水平时低于1mm；二是找正搭接部件时，适当放大中心距尺寸2mm；三是焊接时将地脚螺栓拧紧，增加向下压力；四是在焊缝处焊接搭接板（750mm×450mm×20mm）；五是先焊腹板、再焊翼板，先焊下翼板，再焊上翼板，且交替进行；六是基础框架周边用槽钢与混凝土基础定位，防止焊接中移动。③焊接中，随时监测各部件变形趋势，通过测量各设置点标高，观察其变化，以便能及时发现异常，并调整之。以上措施为有效防止焊接中的变形。

（2）摇臂立柱定位焊接后中心尺寸与标高超差，说明焊接收缩变形量特别大，原预留量不足。返工时，应二次定位：将立柱上端轴承座平面，相对于减速机中心底板平面标高间尺寸比图纸大4mm，而沿径向内侧A点的标高比外侧B点标高大0.5mm，使立柱沿高度方向向外倾斜，轴承座中心与减速机中心距离比图纸大2mm，并将立柱水平往外移动3mm；立柱找正定位后，安装立柱间连接桥，先焊连接桥，再焊立柱脚；先焊立柱与扁铁间焊缝，再焊扁铁与底板间焊缝；且每焊一遍交替进行；柱脚焊接时先焊两侧焊缝，并两人同时对称焊，再依次焊外侧、内侧。以上措施可解决超差问题。

(3) 连接桥焊接后，焊缝出现裂纹。因为摇臂立柱上端轴承座部位材质为铸钢，而连接桥材质为普通碳素结构钢，每段连接处用扁铁包边，焊缝以角焊缝为主。虽用E5016低氢型焊条，且有烘烤保温措施，但仍有不易发现的内部裂纹。说明铸钢侧温度下降较快，为此，延长焊缝的预热时间，且焊接后继续烘烤，并对同一条焊缝每次焊接前的预热和焊后的保温都相同；每一段连接桥都先焊立缝，后焊接平缝，内外侧及对称位置都由两名焊工同时焊接；每道焊缝平设置两块定位搭接钢板，防止水平焊接时，收缩变形量增大。

(4) 减速机底板Chock fast浇灌改进。在底板就位前，先将基础框架面分成四个区域，用海绵条分离，再用海绵圈垫围住螺栓孔，防止浇注料流入；底板就位找正后，无须吊离，而用玻璃胶将ϕ100mm×250mm钢管固定在每个灌注孔处，将调配好的Chock fast从钢管注入，充满底板与基础框架间的空隙。这种浇灌方式进度快、质量有保障。

(5) 螺栓紧固不足。立磨安装要重视各部位螺栓紧固，不能因振动而松动，引发事故。如某磨辊轴挡板螺栓松动后断裂，轴在支撑架内套发生窜动，磨机振动而被迫减产。

用力矩扳手，对磨辊磨盘装置上的楔形块压紧螺栓复核一遍，然后用ϕ16mm圆钢在锁紧螺帽侧面连成一体焊接，让螺栓止动。对于ZGM煤立磨，需要如此处理的螺栓有：拉杆底座、减速机底座、压架的导向阀、液压缸尾部铰轴挡板等。

◎ **检修标准化作业**

未实施检修标准化作业时，常会出现如下各类问题：拆除辊套前，顶出摇臂底部胀紧套时，因退出螺栓不到位，装入顶丝时，紧固力度不够，胀紧套顶不到位，或左右顶出不一致，导致翻辊时紧固螺栓剪断；在磨辊卸压落辊过程中，如磨辊下所垫钢板尺寸不对，使磨辊未落到位，导致连接磨辊与摇臂胀紧套始终受力，无法拆出，而浪费工时；拆除中如方法不当，辊套配合面易受破坏，再安装时，配合处易进入物料，降低使用寿命；拆除辊套时，如配合拉码使用的四个液压千斤顶施加压力无准确数据依据，加压不均匀，将使辊套重心偏离，无法拆除；安装磨辊顶部压盘螺帽时，若随意使用工具，转矩大小不一，螺帽紧固不一，运转中会出现松动，导致辊套产生相对运动；安装新辊套前，如不在磨辊总成配合面上涂沫油脂，使用后将会生锈，为以后拆除带来障碍。

实施标准化检修作业后，上述问题将不复存在。不仅如此，每次的辊套更换工时都受到严格控制，越来越少出现中途故障受阻，工时缩短50%；减少了零部件损坏；工具准备与存放都能井井有条，延长工具使用周期。

◎ **国产立磨电控故障**（见第2篇11.1.2节）

2.2.1 进料装置

◎ **三道锁风阀维修**

当三道锁风阀因物料落点较高受冲击掉块时，首先，阀板材质应选用1Cr18Ni9Ti耐热板等韧性较好材质，替代原高铬合金耐磨堆焊复合板，并在下部加焊四道筋板；制作若干钢板条，沿阀板宽度方向立焊到底板上，借板条间存放的物料保护底板。

◎ **防回转阀堵塞**（见第3篇11.1.3节“回转下料器自控改进”款）

2.2.2 磨辊磨盘

◎ 磨辊故障排除

MLS立磨磨辊常有如下故障。

(1) 磨辊位移偏离。压力框架几何中心与磨盘的几何中心不重合是其根本原因。必须对此重新找正，合理调整压力框架护板与磨机壳体衬板间的间隙在8mm之内，并定期检查它们的磨损程度。

(2) 磨辊严重倾斜。当磨机剧烈振动后，下固定销就会在安全开口处断裂，压力框架与磨辊支架脱开连接，磨辊极易倾覆成为重大事故。为此，除尽快修复外，用三根ϕ36mm钢丝绳将磨辊支架与压力框架、磨机壳体柔性连接在一起，但捆绑不要过紧，可起保护作用。

(3) 辊套固定螺栓断裂。当固定螺栓的紧固扭力不够时，立磨振动就易使固定螺栓断裂，辊套一旦脱落，就会被磨辊碾压碎裂。为此，用扭力扳手确保力矩达到45～50MPa，并利用停磨检查螺栓有无松动；运行中发现振动缓慢并持续高于0.2mm/s时，就应怀疑辊套可能松动，应及时处理；磨盘上布料应均匀，避免辊子随料层厚薄跳动，可在下料溜子出口处加焊挡料板等办法调整。

◎ 辊体磨损应急处理

MPS5000B立磨每个磨辊有12块衬板、一个整圈挡圈及24件压板，每块衬板由挡圈及2个压板固定。当发现磨机振动值及电机电流稍高时，就要警惕磨辊衬板是否有松动异况。停磨检查会发现有数条固定螺栓松动的磨辊衬板，紧固后仍可撬动，说明衬板与辊体接触面处已有较大磨损、变形。用塞尺测量接触面的*A*处（图2.2.8）有5mm间隙。拆开衬板见该衬板下的辊体磨去10mm左右，辊体在靠挡圈侧及压板侧分别形成宽约5mm及25mm的翻边。检查其他11块衬板都正常。正常修复需要2天，应急处理用氧气割掉2个翻边，用磨光机将接触面及气割处的毛刺磨平；在*A*处垫5mm厚的Q235钢板，长、宽根据具体位置而定，使衬板稍向压板侧移动，再用紧固衬板固定螺栓。开机后，在运转1天、2天、4天、8天后停机都要检查，并按图纸要求紧固固定螺栓，以后每月检查紧固一次，如此运转半年至年底大修，立磨运转都正常，说明检修有效。

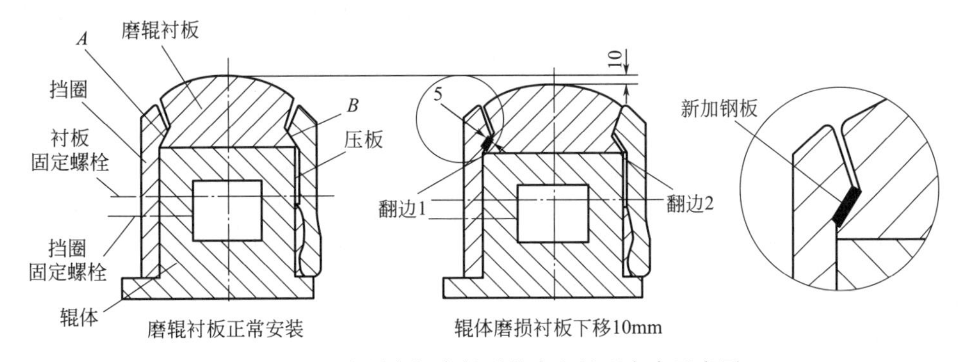

图2.2.8 个别磨辊磨损后的应急处理方案示意图

◎ 辊套开裂在线修复

当发现ATOX立磨磨辊辊套的两端夹持面位置开裂，并呈磨辊内外侧对角分布时，这是因磨辊随磨盘转动，内外侧因速度差而受到两个相反的力，再加之压紧夹板的螺栓预紧力，如果此时衬板定位销损坏，就会导致衬板与轮毂产生相对运动，轮毂加快磨损，加大衬板与轮毂间隙，从允许值0.1mm可发展到最大2mm，衬板便出现裂纹。

最早使用高分子复合材料对轮毂表面和裂纹在线修复，虽效果尚好，但价格昂贵。实践证明，使用可塑性好的铜皮，可以达到同样效果。铜皮厚度0.3～0.5mm，长度为衬板长度，即1m，宽度按衬板裂纹长度选择100～200mm。填充部位选择沿轮毂轴向、衬板和轮毂接触面两侧。以后要求每次停磨都需逐个检查，并记录备查，发现间隙大处就要拆检，并重新充填处理。折断的定位销与磨损的轮毂要及时更换。

◎ 辊套和轮毂磨损修复

MPF煤立磨辊套高铬合金KMTBCr20整体铸造，轮毂为球墨铸铁QT45-10，两者采用热装，为防止两者相对运动，辊套上铸有三个止动槽，用止动压板与轮毂紧固。但使用一年多，因原配合精度不高，加之磨损程度不一，辊套与轮毂松动，且辊套内外圆磨损量相差4倍之多。为继续修复使用，不能焊接，仍以镶套为宜，其中关键是确定两者的装配加工尺寸，不要以最大磨损量为加工基准，允许局部未加工，相互有80%以上接触面就足够了。

(1) 镶套要选择与高铬铸铁的热胀系数相当，且有良好塑韧性、抗冲击性、加工性和焊接性能的材质，为此选用16Mn钢。

(2) 机加工中依照测绘确定的加工配合尺寸，用立车分别加工轮毂、镶套和辊面的配合面。轮毂保证与内装轴承的同心度，并为基准找正外圆，为了安装方便，轮毂上的加强筋要加工至和镶套间有2～4mm间隙；镶套为卷制的大于30mm厚的钢板，为减小圆度误差，先加工与轮毂配合的内圈，与轮毂热装固定后，再整体加工镶套的外圈，最终厚度不应小于25mm，并保持与轮毂的过盈配合量2～3mm；辊套加工要保证两配合面的同心和圆度，而它与镶套的配合过盈量取0.6～1.6mm。所有加工面粗糙度均取$Ra\,3.2\mu m$。

(3) 为镶套热装，镶套可放入加热炉内，升温到300℃，保温0.5h，即可取出装配到轮毂上；为防止松动，在两端配合部位沿径向均布钻6个ϕ12mm孔至轮毂基体内，配制45钢销钉嵌入，与镶套焊实，再整体加工。

(4) 为装配辊套，应采用弱火，距离辊套100mm以内缓慢均匀加热，升温不得大于0.5℃/min，用测温笔监测过程到60～70℃后，即可装配。

◎ 不抬磨辊在线堆焊

MLS立磨设计的磨辊不能抬起，因此在线堆焊就需将磨辊吊出，一个磨辊重达36t，拆卸安装费时费力。现摸索出不用吊装拆卸磨辊，便可在线堆焊的办法。

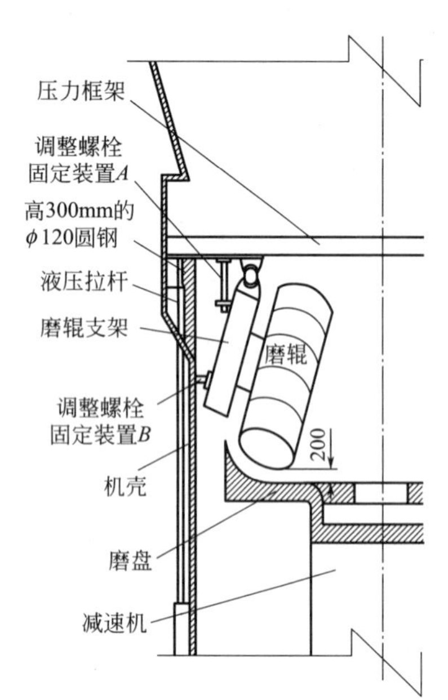

图2.2.9 磨辊固定示意图

在磨机停机前，有意让料层达200mm，提高磨辊，在压力框架与液压拉杆连接处垫3段高300mm、ϕ120mm的圆钢，以固定框架。磨辊上部用M42调整螺栓固定装置A将磨辊支架与压力框架固定在一起；磨辊中部用M42调整螺栓固定装置B将磨辊支架与磨机壳体连接固定（图2.2.9）。此后，人工清理磨盘上物料，将磨辊底部物料掏空，磨辊悬空并能自由转动，此时与磨盘都能同时在线堆焊，既省力又省时。

◎ 磨盘衬板在线修复 （见第2篇7.2节）

◎ 轮毂失圆和衬板变形

ATOX立磨磨辊衬板通过内、外侧平板固定在轮毂外圆上，两者间隙应小于0.1mm，接触面积不小于70%。若轮毂失圆、衬板变形，就会直接伤害磨辊寿命。而导致轮毂外圆失圆的两大主要因素是：磨辊螺栓松动未及时紧固及衬板堆焊次数多于三次、堆焊厚度超过60mm。因此，在维修时，应采取如下措施。

(1) 对螺栓不能只机械地三次紧固，而要多次紧固，每次紧固后都要详细记录，才能达到自动磨合，增大接触面积。

(2) 安装中必须严格清理轮毂外圆和磨辊衬板间表面异物，安装衬板后要实测间隙，做好记录，未达到接触面积时，要据实打磨衬板和处理垫物。

(3) 当外圆失圆面积较小且磨损厚度小于 1mm 时，可用金属修补剂及时修补。

(4) 外圆失圆面积较大、磨损厚度过多时，可用堆焊菱形纹方式修复。即清净后用 506 焊条平行焊缝交错堆焊，间距 20～30mm；用标准样板测量打磨焊缝，直至贴合紧密，装上衬板，拧紧螺栓。此时虽接触面积不大，但仍可延长使用。

◎ 边衬板固定螺栓磨断

MPS 立磨结构会使磨盘衬板与边衬板发生摩擦，当衬板孔磨损到 ϕ57mm 时，边衬板固定螺栓就会磨断，而更换的新边衬板与原有磨盘衬板不相配，而引起振动。因此，可以拆除衬板螺栓，用磁力钻平钻头将 ϕ57mm 沉孔钻深 30mm（图 2.2.10），螺栓长度由 M100mm 缩短为 M70mm，如此处理，磨辊与物料就摩擦不到固定螺栓，便可使其安然运行。

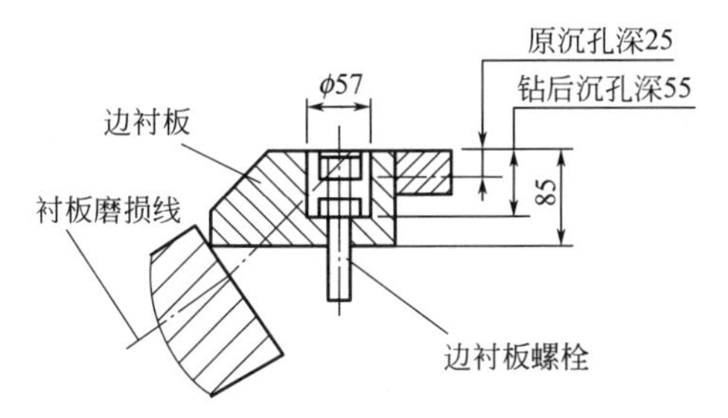

图 2.2.10 保护边衬板螺栓的方法

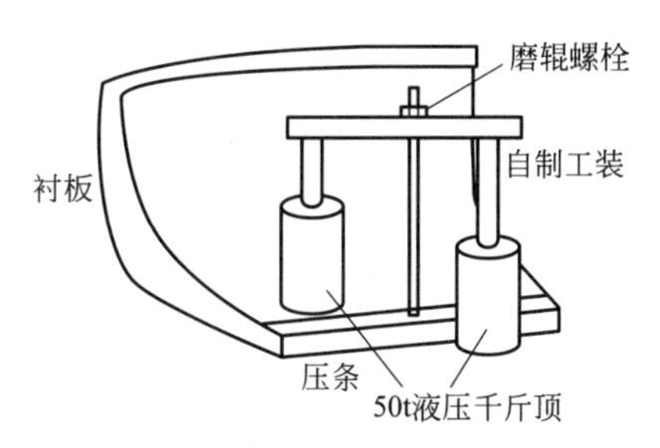

图 2.2.11 磨盘衬板楔形压条取出

◎ 取出楔形压条

取出磨辊磨盘衬板楔形压条是直接影响检修进度的关键工序。磨辊上的 6 根楔形压条中，只要取下 4 根，再将磨辊盘动到千斤顶对面位置，用千斤顶将磨辊顶松，剩余 2 根便容易取出，节约检修时间 1/5；而在取磨盘每块衬板上的楔形压条时，先取下 3 个螺栓，利用现成的磨辊长螺栓，再自制一个工装与其组装，置于楔形压条中间的螺孔上，用两个 50t 的液压千斤顶，一个放在衬板上，另一个放在磨盘中间（图 2.2.11），将工装同步往上顶，楔形压条便可轻松取出。如此，12 块衬板可节省 1/3 检修时间。

◎ 磨辊压板失效

MPF2217 煤立磨磨辊上 3 个槽形缺口压板失效，导致辊套无法定位，辊套与辊体相对运动，加剧辊体外圆及定位台内表面磨损，甚至螺栓丝扣破坏，无法安装止动块。因辊体材料为球墨铸铁，不易焊接，只得冷加工，镶套修复。损坏严重的槽形缺口移位重开。

拆除磨辊压力叉、辊套及其他附件，清除油泥，以压力叉端轴头孔定位，制作工艺顶尖；用一夹一顶装夹方式，将辊体装夹在 C6031A 落地车床上，以 ϕ280mm 轴径和辊体未磨损的外圆找正，车削辊体外圆，要求直线度≤0.01mm，过盈量＞1.2mm，表面粗糙度 $Ra\,3.2\mu m$；镶套材料要考虑所镶部位的工作条件，如高温工作环境，不仅要考虑耐磨性，更要考虑它们的线胀系数一致，选 Q345 钢板；在 C5116A 立式车床上加工镶套、车内孔及端面；镶套 2 无法直接套装，需锯成两半，放在辊体外圆上，先焊接好一个切口，用拉紧装置将套拉紧贴实在外圆，再焊牢。镶套 1 在自制油锅里加热，待直径涨出 3～5mm，快速取出镶嵌到位；在两镶套上各钻 15 个 ϕ22mm 小孔，至辊体母材内，配制 45 钢销钉，用大锤打入销孔，满焊销钉与销套；对定位台内表面的磨损，做 3～6 个挡块，用 M12 沉头螺栓连接；将辊体夹装在落地车床上，加工镶套及挡块，保证辊套定位长度及镶套外圆尺寸；3 个缺口移位 60°划线，钻床排钻、铣床铣削、电动角向磨光机磨至能将止动块装上为止。

◎ **磨辊空气密封更换**

ATOX 立磨中，磨辊空气密封件有内、外之分。

(1) 外侧空气密封件的更换。磨辊外侧空气密封中凸、凹件的间隙应控制为 0.5～1.0mm，此间隙过大时，表明磨损严重需要更换。按原设计，更换需要拆除液压拉杆头部端盖与锁盘，让它从辊轴上退出，但因运行中大量粉尘，使拆除很难进行，甚至要破坏性割除，且液压泵因液压油泄漏，无法使锥套退出。现建议采用电火花线切割方式对密封备件整体剖分，令切割后表面精度达到 $Ra2.5\mu m$，结合面材料损失控制≤0.02mm，肉眼几乎看不到切割痕迹时，就无须采用原复杂拆装工序。可将新剖分的两半凸、凹密封直接安装，且保证接口缝隙小于 0.02mm，设备运行后，密封风机压力能稳定在 3.5kPa。如此更换密封，工序简单、省时省费用。

(2) 内侧空气密封件的更换。当磨辊内套与外套之间卡有石块时，易将内侧密封外套磨损。为更换方便，同样要由整体式改为剖分式。即内套、外套各等分成两个半圆环，并在其中一个外套半圆环上，两个内六角螺栓部位掏出两个 50mm×100mm 长孔，便于内六角螺栓安装。先割除原有的内套和外套，注意保护轴承端盖内侧的骨架密封。疏通并清洗密封空气空洞后，安装里侧密封。顺序为先安装一外套半环，紧固内六角螺栓；再安装一内套半环，紧固内六角螺栓；磨辊旋转 180°，安装另一个内套半环，并在内套剖分口处涂抹环氧树脂密封胶；再装另一个外套半环，在掏空处紧固内六角螺栓；最后焊好掏空板与外套，剖分口同样用密封胶密封。

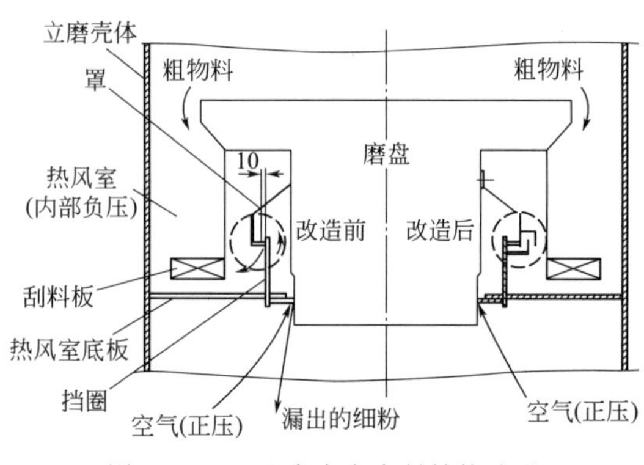

图 2.2.12 立磨磨盘密封结构改进

◎ **磨盘漏料处理**

MPS5000B 立磨的热风室底板与磨盘间有时漏出不多的细料。如图 2.2.12 所示，底板及挡圈固定不动，罩随磨盘转动，罩与挡圈间的间隙为 10mm，磨内为负压，按理说，此处不应漏料。但因磨盘周长约 10m，不能保证它与底板的间隙环周处处都相等，因而负压会有大小，粉料就会从间隙大、负压小处漏出。为此，在罩和挡圈配合面增设迷宫密封（图中黑虚线内），用 10mm 厚的 Q345B 钢板制作，动、静密封分别满焊于罩和挡圈上即可。

◎ **磨辊轴承装配** （见第 2 篇 5.9 节）

◎ **磨辊轴承拆卸** （见第 2 篇 5.9 节）

◎ **磨辊轴承移位** （见第 2 篇 5.9 节）

◎ **开发高铬铸铁焊丝** （见第 3 篇 7.1 节）

◎ **立磨磨辊焊材选择** （见第 2 篇 7.2 节）

◎ **复合陶瓷磨盘现场堆焊** （见第 2 篇 7.2 节“磨盘衬板在线修复”款）

◎ **延长 HRM 磨耐磨件寿命** （见第 3 篇 7.3 节“立磨陶瓷磨辊”款）

◎ **磨辊漏油** （见第 1 篇 8.1.1 节）

2.2.3 分离装置

◎ **下轴承安装要求**

提高安装与监理质量。安装前对油管进行检查，清洗油污等异物；主轴套装配前，彻底清净铁屑等杂物；安装中要确保主轴套组件在自由状态下，其垂直度符合要求，再固定拉杆，固定后仍要检查垂直度，但不能用拉杆强行调整主轴的垂直；安装完成后，要拆除防窜工装。

◎ 下轴承检修

HRM 磨分离器由于工作环境较为恶劣，虽然该轴承每班加一次 2 号 MoS_2 极压锂基脂润滑，仍过早损坏更换。一般立磨总成更换要用 100t 吊车吊出，HRM 仅需四个 5t 手动葫芦，将转子缓慢放下，预留约 700mm 空间，更换下轴承，无需制作工装及吊车。

◎ 转子叶片磨损修复

原 ATOX50 型立磨的选粉转子叶片运行 6 年后，最大磨损量已过 30mm。考虑转子更换成本较高，采取快捷经济的补焊耐磨板方案。所选用的耐磨材料为 16Mn、表面有碳化钨，是经高能离子注渗进钢基体内，形成 1.2～1.5mm 厚的高耐磨合金层，具有强度高、韧性强、抗疲劳强度好、结合牢固等优点，是普通钢材耐磨性的 3～8 倍。耐磨钢板的尺寸规格为两种：厚 4mm、宽 40mm、长度分别为 330mm 和 510mm，用于横向和竖向。焊接表面正对转子转动时的迎料方向。如此修复后运行已正常稳定两年。

◎ 转子叶片断裂治理

德国非凡立磨配 SLS4250B 选粉机，投产一年后虽叶片及焊缝磨损轻微，但下层叶片连续发生多次断裂。最初用 16Mn 钢板制作叶片，选用 THJ422 焊条焊接更换新叶片，两边原叶片用 50mm×5mm 方钢固定、找正并点焊，同时采取消除应力各种手段，但效果不理想，只维持 1 个月又断裂。后分析原因，认为是叶片在高气流速度中，经受振动、磨损等因素，刚度表现不够，在交变应力作用下产生疲劳而断裂。于是在叶片之间的中间位置焊接与叶片等厚等宽的钢板（图 2.2.13），提高叶片刚性，如此便提高叶片使用寿命达 3 个月。

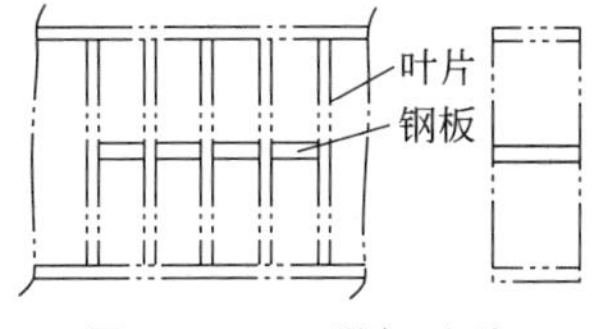

图 2.2.13 增加叶片刚性示意图

2.2.4 传动装置

◎ 传动臂轴承更换

HRM 生料立磨传动臂轴承，因传动臂处产生较大轴向力，轴承销易被剪断而产生移动损坏。更换时常采用拆除磨辊门，拔出传动摇臂的连接锥销，磨辊总成翻出。与传动臂分离，打开轴承座处的上轴承盖，用 100t 吊车缓慢吊起传动臂总成，到能更换轴承的高度便可。而 HRM 要制作四个检修工装，准备四个 50t 液压千斤顶，分别生根轴承座两侧，在动臂上焊接钢板，拆掉上轴承盖，两人同时缓慢操作，顶起传动臂高度约 130mm，便可更换轴承。

◎ 移出主减速器

立磨主减速器位于磨盘下方，因此，对它的任何检修，将其移出有较大工作量。

(1) 用吊车移开主电动机，用液压扳手卸下磨碗与减速器，对称拆卸地脚螺栓。

(2) 对磨辊、压力框架、拉杆、磨盘等工件支撑。为此，要用专门工装将磨辊连在一起，通过工装支架，整体坐在磨碗中心举升平台上，使得它们与磨碗靠液压千斤顶一同举升。升举前要在手动葫芦配合下，用垫铁将风环垫高到不与刮板发生干涉的位置，避免刮板上端在升起时与风环相碰；此过程需要一人测量磨碗底部与减速器上端面距离，另一人操作电动液压千斤顶以保持水平上升，而非靠 3 个液压千斤顶同步举升，要注意用螺帽锁死千斤顶。

(3) 磨碗被顶到销钉完全露出，并留有足够移出空间时，靠手动葫芦和圆钢配合抽取减速器。先对减速器移出轨道打磨、清洗；同时用在减速器四角的 4 个小千斤顶将其顶起，直到能将 ϕ20mm 圆钢放进为止，一侧 11 根，共 22 根，将减速器坐在圆钢上；手动葫芦一端连接在减速器两侧的两副耳环上，由两人同步操作手动葫芦，向外抽取减速器，要防止跑偏，并保证减速器底面与所有圆钢均匀接触，及时将后端退出圆钢喂入到减速器前端；当减速器到指定位置后，再用千斤顶将减速器顶起，取出圆钢，放下减速器。

2.2.5 加压装置

◎ 转矩支撑系统安装

MLS立磨转矩支撑系统的安装可有如下改进。

（1）安装转矩支撑时，一定要按图纸（图2.2.14）要求，严格控制各防撞板间隙、螺栓转矩。必须使用专用液压转矩扳手，按以下数据操作：转矩支撑与磨机壳体的连接螺栓为M48mm×420mm，拧紧力矩4800N·m；缓冲器与导向部分的连接螺栓为M36mm×300mm，拧紧力矩2000N·m。安装导向装置球头杆时，一定要确保O形密封圈安装到位，它将直接关系导向装置的使用寿命。

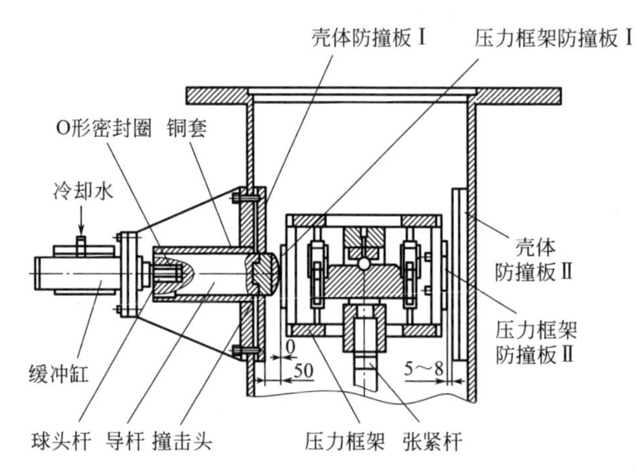

图2.2.14 MLS立磨转矩支撑系统结构

（2）改进导杆撞击头，该配件不仅承受压力框架的轴向撞击力，而且还受到自身上下移动的剪切力。原材质为40Cr调质处理，现改为42CrMo锻打处理，再在头部堆焊耐磨层，使用寿命可提高三倍。

（3）导向装置中有两只铜套，它与导杆安装间隙为1mm，每个铜套基座上有2个加油点。但加油孔易堵，故将孔直径从5mm扩大为8mm，并改进回油系统，每套转矩支撑上安装一套手动干油泵。确保润滑条件，使用寿命提高一倍以上。

（4）缓冲装置氮气囊容积小，因经不起剧烈冲击数天就会破损，且维修更换困难。后借鉴非凡立磨缓冲器结构原理，由某液压设备公司制作了改造型缓冲器，将缸径及长度从150mm、700mm分别增大至200mm、900mm，相对提高了承载能力与缓冲能力；并重新配置进口材质的密封圈；氮气室由头部改至尾部，方便对氮气压力的检查与维护。改造后缓冲器运行寿命可达一年以上。

◎ 拉杆断裂原因

ATOX立磨拉杆及拉杆螺钉频繁断裂时，应首先考虑拉杆受力情况：拉杆液压缸3个底座发生偏移；磨辊水平拉杆如固定在磨检修门上，要查磨门固定螺钉及螺孔磨损、活动间隙及磨辊为此重心偏移数据；因磨机扭力杆缓冲垫的老化而失去缓冲作用；扭力杆自身因振动磨损而弯曲，同样会加剧磨机振动，损伤液压缸及底盘基础。这些因素都会导致磨辊中心偏移，为此，首先要对磨辊与中心支架的偏差进行测量并调整。该测量有三种方法：保持支架中心与磨盘中心为基准；以磨辊内测辊皮加板面与磨盘压板外径断面距离为基准；以磨辊外侧辊皮加板面与挡料圈为基准线。

◎ 下摇臂双耳环孔抢修

当MLS3626立磨下摇臂对称双耳环孔出现失圆后，双孔同轴度破坏，磨辊无法运行，必须修复。如拆下送到专业厂修复，不仅工作量大，费用高，而且耗时长。现场维修采用扩孔镶套，是最为简单可用的方法，关键是要自制一台简易的便携式扩孔机，需要选购BWD型摆线针轮减速机、1.5kW的变频电机、SFV滚珠螺杆、MSA型滑轨及WJ11型球铰式万向联轴器等，以优化设备制作的工艺组装。

◎ **液压缸与耳环销轴断裂**

CKP 立磨在磨辊加压的摇臂杆两端，分别与液压缸及耳环连接用的连接销轴经常断裂，致使被迫停磨数日。究其原因，外因在于锁紧螺帽松动，拉杆带动油缸活塞继续转动，使两个油缸活塞与油缸缸底距离不一，当磨内料层变化时，先接触到缸底的摇杆，其销轴就要承受剧烈交变应力而断裂；内因是销轴自身加工 ϕ120mm 与 ϕ112mm 过渡圆角时存在应力，成为频繁断裂处。为此，对策一是将锁紧螺帽上钻出 12 个螺纹通孔，用螺钉通过通孔顶在耳环上，起到防止螺帽松动的目的；对策二是取消销轴的圆角加工，用 10mm 斜角过渡。如此改进后，再未发现销轴断裂。

◎ **立磨液压系统故障**（见第 2 篇 5.5 节）

◎ **CLM 煤立磨液压油泵开停控制**（见第 3 篇 11.1.3 节“液压泵自控”款）

2.2.6 卸料装置

◎ **刮料板频繁断裂**

听排渣腔内有较大撞击声，或排渣不畅时，就可能是其中刮料板严重变形或掉落。只要在两侧焊上用槽钢制作的加强筋板，提高结构强度，此现象就可消失。

◎ **卸料提升机负荷增大**

当提升机出料溜子或入磨溜子有异物堵塞时，缩小了溜子的横截面，物料积存在提升机内，而磨外循环量变小，提升机负荷却变大。此时应立即停磨清理溜子堵塞物料。

如外循环量增大，引发提升机电流突增时，应考虑如 RM 磨两侧后边喷口环上盖板脱落，降低了风速，减少了能被风带走的物料，使磨外循环量增大；或物料易磨性变差，也会更多物料落到磨外喷口环上出磨；入磨溜子磨漏，使部分原料没有落到磨盘上，而直接落入喷口环，此时外循环料粒度增大较多。

2.2.7 矿渣立磨

◎ **除铁办法**

矿渣立磨生产中，来源于夹杂在矿渣中的铁颗粒，有 80%无法在磨外皮带上除铁，而带入磨内后，虽大部分铁粒会在离心力作用下甩出磨盘，经过风环进入外循环，再次被分选掉，但剩余 20%的铁颗粒仍被挡料圈阻挡，留在磨盘内继续被磨辊碾压，并集中堆积在磨辊外侧的挡料圈处，它们将加速磨辊外缘的磨损。对此，可在磨机衬板外缘处开出一道沟槽，且在每块衬板交接处，钻孔直至磨盘外缘底部，让堆积在挡料圈处的铁颗粒，在磨辊的挤压和圆周力的驱使下，溜到开出的沟槽内，沿着沟槽移动至孔洞后，掉落到风环内，经刮板排除到外循环除铁。

2.3 辊压机

◎ **现场安装**

（1）下支架安装与找正。因下支架较宽（500～700mm），地脚螺孔都在外侧。为了避免下机架内侧底面得不到充分支撑，造成运转后横梁与及下机架间的连接螺栓变形，使上平面向内侧倾斜，轴承座也会向内侧移位，一定要正确设置垫铁；而且一定不能用多块钢板替代砂堆垫铁组，否则钢板间必会产生间隙，使辊压机基础虚位，造成运行后振动。

尽管下支架出厂前经过试组装，但在运输与吊装中，难免有变形。为此，一定要用框式水平仪及平尺（或经纬仪）对两个上平面找正：要求平行度为 0.06mm/m，倾斜方向相同；相对高度差≤0.2mm；找正数据应在地脚螺栓拧紧后，通过相应位置的斜垫铁伸缩量调整。

（2）减速机安装。要求它与辊压机轴相应配合部位轴套间隙≤0.06mm，因是悬空安装，就意味它的安装对中精度一定要小于两者相应配合部位的最大间隙。在安装中，甚至螺栓拧紧方法不对，都会影响两轴的锁紧程度，而一旦有相对滑动，就会发生金属黏合，迫使减速机中心线偏离，不仅减速机会上下左右摇摆，而且日后拆卸变得困难。（见第2篇5.6节“行星减速机安装”款）

进料装置、电动机、液压装置、润滑装置安装均见相关章节。

辊压机电控故障（见第2篇11.1.3节）

2.3.1 进料装置

◎ 安装要求

辊压机进料装置安装后的状态要同时符合4点要求（图2.2.15）：喂料插板应与辊轴工作面轴线平行；喂料插板立面作为工作面应垂直水平中心线；喂料插板工作面下边缘与固定辊切线的最小距离 s 应符合图纸要求（粉磨生料与熟料的 s 值不同）；喂料装置里所有横连杆都呈水平状态。但因制作结构件会有变形，图纸中又无尺寸公差要求，因此安装中，应根据零部件的现状和现场实际，进行修整及处理，以努力满足这四点要求。

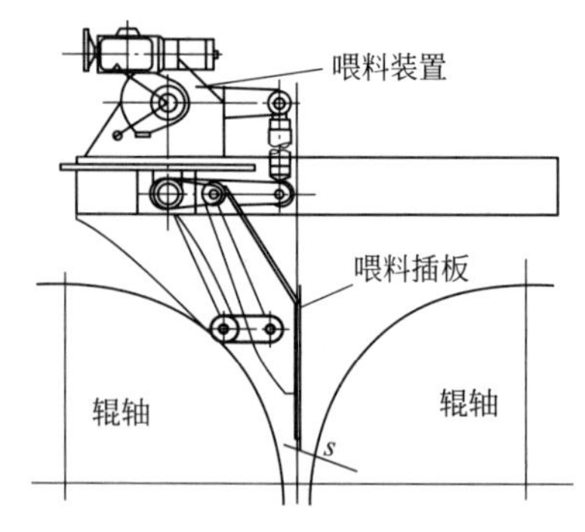

图2.2.15 喂料装置正确安装状态

◎ 稳流称重仓振动防治

进料料柱不稳是引起辊压机振动的主要原因。为此应做到以下几点。

（1）辊压机喂料上方设计的稳流称重仓及下料管断面，应与辊压机入料断面相配合，在磨辊上方不应有管径面积的突然扩大或缩小，否则都会使料流紊乱，尤其当产量增加，斜插板提起时，如磨辊上料床无法稳定，形成间隔性断料的空腔，辊压机就会强烈振动，并通过下料溜子引起称重仓振动。

（2）入料溜子上的手动棒阀与气动阀门间距离不要过大，应离称重仓底部近些，以保持溜子下方有至少1m的垂直光滑管道形成的料柱。

（3）为避免称重仓内物料离析，仓顶的布料板应改重叠平行型为空间十字交叉垂直型。

（4）侧挡板应以辊缝中心向动辊一侧偏移20mm，保持调节顶杆足够刚度不弯曲，挡板不变形，确保运行中物料不会从辊侧漏出。

（5）合理控制斜插板边侧与溜子内壁辊宽方向的间隙，以及斜插板承料面与底边间辊长方向的间隙，并能保证斜插板在中控室调节自如。

（6）操作保证正常稳流仓70%料位，全开气动棒阀，实现过饱和喂料；并让它与斗提电流联锁，避免冲料造成斗提超电流跳停。

2.3.2 磨辊

◎ 定辊辊套滑移

运行不足一年的辊压机，发现定辊一侧导料圈已因辊套滑移而严重变形，与辊子连接的螺栓全被拉断；定辊辊套与辊轴相对轴向滑移150mm，4个定位销切断；辊轴与减速机空心套也有相对滑移，空心套内表面被划出沟槽。该事故发生原因为：辊套与辊轴原基本过盈量不足以克服辊套因物料粒度不均所产生的过大轴向受力。为此，修复首先考虑过盈量从1.06mm

加大到1.25mm，并取消定位销；既然辊轴为原装，新制作的辊套表面耐磨层焊好后，再施加热与辊轴热装；加大锁紧套的紧固力矩，从2200N·m增大到2500N·m，但不能一次就达到，要沿圆周按固定方向依次拧紧锁紧套螺栓，即一只螺栓稍带紧后，便转到下一只螺栓，在达到要求力矩之前，拧紧螺栓的循环圈数越多，锁紧效果就越好。在开车运转后，应当按计划时间检查是否有滑动量，并反复按指定力矩紧固螺栓。

◎ **端盖螺栓断裂**

当发现磨辊端盖螺栓断裂时，不应简单更换螺栓，而要分析断裂原因。必是轴承座与轴承一同向端盖外侧施加了轴向力（图2.2.16），而产生该轴向力，是因为轴承座下部的导向板上，点焊有一块厚度为5mm的耐磨钢板，在润滑油通道不畅时，与导向槽干磨，将耐磨钢板扯断，并磨损了导向板，使导向板与导向槽两侧有6mm以上间隙，比原轴承座预留的3mm间隙，增大了一倍活动空间，此时不仅有了轴向力，也会有径向力。为此，除更换导向板，恢复轴承座间隙及润滑之外，在紧固端盖与轴承内圈之间，增加一个厚5mm的法兰垫圈，让内、外径与轴端及轴承内圈直径对应，达到孔、轴间的最佳配合。

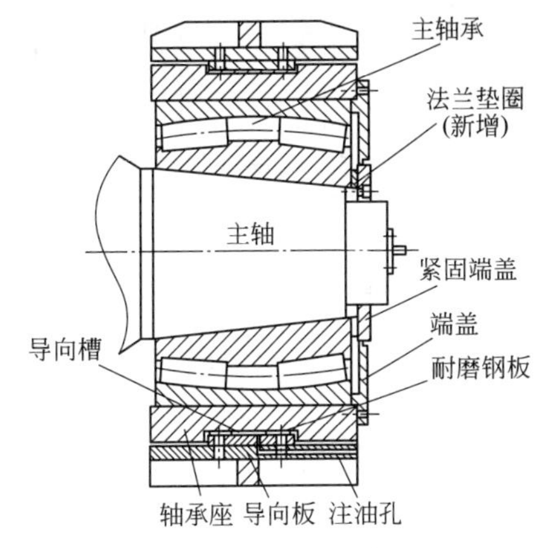

图2.2.16 动辊外侧轴承座法兰垫圈示意

若动辊非传动端轴承压盖螺栓断裂，可能是磨辊磨损后，轴受力不均造成有轴径磨损，使轴承沿锥度方向滑移，压盖螺栓受过大拉力的结果；也可能是辊子侧挡板变形严重，与辊子间隙较大，使大量物料挤到间隙中，产生巨大轴向力导致螺栓断裂。此时要先消除轴向力，再用美国福世蓝液体高分子复合修复材料在线修复。在精细测量磨损轴位后，便可确定涂抹修复剂的厚度，在对磨损部位清洁、打磨之后，按照施工技术要求涂抹修复剂（见本篇概述“铸工胶黏结修复工艺”相关内容），然后组装，待固化后便可开机运行。

◎ **ZD901焊丝的进步**（见第3篇7.1节“开发高铬铸铁焊丝”款）

◎ **辊面堆焊修复**（见第2篇7.2节）

2.3.3 传动装置

◎ **减速机安装要求**（见第2篇5.6节“行星减速机安装”款）

◎ **RPG减速机拆卸**（见第2篇5.6节）

◎ **辊压机轴承跑内圈**（见第2篇5.9节）

2.3.4 加压装置

◎ **辊压机液压故障**（见第2篇5.5节）

2.4 煤管磨

◎ **两仓应改为单仓**

凡煤管磨设计为两仓时，都会因隔仓板阻力，增加风机电耗，又因煤粉较轻，很难在两仓停留，研磨只发生在钢锻间，凭白增加球耗。再加之两仓内设置挡料圈，必将增加磨机主电机功耗。总之，将两仓改为单仓后，实践证明，产质量不变，电耗却可降低10%以上，每年5000t熟料线，仅煤磨电耗便可省百万余元。

◎ 拉杆压力低原因

ZGM 煤立磨拉杆加载压力偏低时，千万不要急于调节溢流阀加载压力，需查出原因后，再对症采取措施。用手动换向阀打到加压位，若系统压力正常，但加载压力过小时，用手感觉液压缸溢流回油管回油过大，说明缸体密封损坏，可更换缸体密封；若溢流回油管正常，便可判定溢流阀泄油严重或原设定值改变，当调节压力设定值无效时，就应换掉溢流阀；若系统与加载压力都不正常，再将手动换向阀打到升磨辊位，如无升磨辊压力，表明齿轮泵坏，需更换；如升磨辊压力正常，此时再调节溢流阀，或更换压力溢流阀。

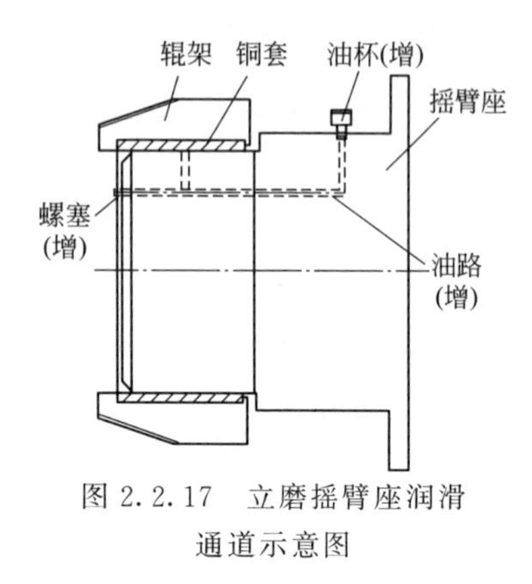

图 2.2.17 立磨摇臂座润滑通道示意图

◎ 防摇臂座轴套磨损过快

为防止 CLM 煤立磨摇臂座轴套磨损过快，除保证磨辊密封风机正常工作外，为解决摇臂座内轴与铜套的干摩擦，在轴上增加一个加油通道，在接触的铜套周围做上油槽（如图 2.2.17），便可通过润滑降低磨损，将原每半年更换一次铜套，至少延长一倍时间。

2.5 选粉机

◎ 制作安装要求

（1）必须严格控制密封环、槽间隙，它会直接影响产品细度跑粗。对于耐磨钢板卷制的密封环，更易在运输与安装中变形，安装中需多点检测，保证精度。径向间隙由制造商设计加工保证，而轴向间隙要按规格符合以下要求：500～2000 型，(8±2)mm；＜500 型，(5±2)mm；＞2000 型，(12±3)mm。

（2）主轴垂直度是由主轴上端联轴器的上端面水平度保证，水平度允许误差≤±0.05mm；主轴与减速器联轴器、减速器与电动机联轴器的同轴度要控制在±0.1mm 以内。否则，产生振动会导致拉杆松动，最终选粉机难以安全运转。

（3）转子在出厂前必须经严格动平衡测试，达到 G6.3 级。否则会导致整机振动。

（4）转子叶片和导风叶片材质应该耐磨损，寿命应在 3～5 年。

2.5.1 O-Sepa 选粉机

◎ 提高效率要素

（1）提高撒料盘的撒料效果。当撒料盘之间的立筋磨损后，应该尽快恢复。为进一步提高撒料效果，可以在撒料盘四周边缘焊接耐磨材料做成的挡圈，使已经进入选粉机内部的物料，碰到挡圈后能从 10mm 的间隙中均匀甩出，在撒料盘四周形成均匀料幕。

（2）不要随意从 O-SEPA 选粉机外接管道，如提升机的收尘管道、粉煤灰仓顶负压收尘管道，都不应接到二次风管上，从而让某些部位物料有不合理沉降，影响风的流速，形成 20%以上的隐性降低。这些风管应单独设置收尘器。

若要接入其他收尘管道，不应将接口位于下半部，而改在上半部即可，同时要计算风道面积，以物料不会沉降为准。

当磨机与选粉机共用排风机时，为同时满足磨与选粉机用风，经常在磨尾拔风管上、入选粉机的一次风管前增设补风阀，以便调节，但时而会造成一次风喇叭口至二次风进口处的风道内，存有积灰，厚度会高达 500mm，反而增加进风阻力，降低选粉效率。图 2.2.18 展示了原布置进风管不合理的 A、B 两种类型，以及改进后的布置，有两种常见补风口方案，不仅位置应进行修改，而且需核算新的补风口面积。计算原则是：一次风道总进风量不变时，排风管道中的风量为磨机所需风量，风速为 16～18m/s，余下才是新补风口应补充风量，开口面积应保证风速达到 20～23m/s 为宜。补风口与管道内各设调风阀，同时满足粉磨用风及选粉用风需要。

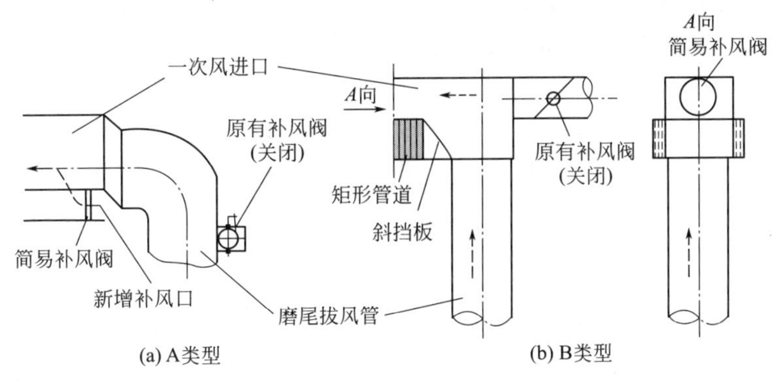

图 2.2.18 选粉机进风管道的合理布置

随着选粉机大型化，其撒料与进风均匀程度、转子与导向叶片的分级能力都会降低，因此，在撒料盘结构、进风管布置与角度、涡流打散叶片的转子及导向叶片的形状，都需要做进一步改进。

◎ **下轴承漏油防治**

有不同的处理方式：

(1) O-SepaN-3500 型选粉机立轴下部轴承上端盖漏油严重，为设备维护带来困难。分析原因是：选粉机转子旋转时产生的离心力，会使转子下部空腔有强大负压区，而橡胶油封在负压抽力下易变形，与轴间产生的间隙使稀油沿轴流出，并甩向四周。

为此，在上端盖上做一个密封压盖(图 2.2.19)，在密封腔内充填油浸盘根，为能抵挡负压影响，密封盖的厚度要能容纳 2 层盘根。为了拆装方便，压盖可分成两半，分体安装，待盘根缠到轴上后，将两半个压盖用螺栓拧紧，在压盖间隙内填满液态密封胶。如此改造后，漏油得到根治。

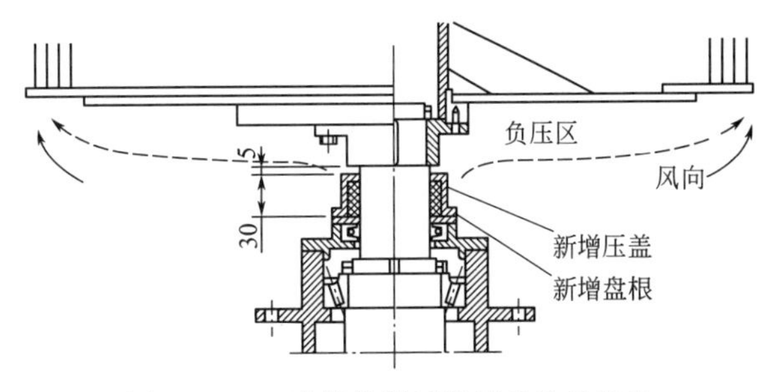

图 2.2.19 选粉机转子密封改造后结构

(2) N-2500 选粉机转速调速过快时，转子瞬间会较大晃动，加快轴承、油封及间隔环的磨损，也加快了立轴表面磨损，从而导致严重漏油，每班达 30L。应急修复办法是为轴镶套。

① 对原端盖油封孔由 130mm 扩径为 160mm，原两个油封 B 130mm×160mm×12mm 换成 B 160mm×190mm×12mm，间隔环由 ϕ160mm×130mm×3mm 换成 ϕ190mm×160mm×3mm。

② 加工一轴套，内部放置两个 ϕ7mm×140mm 的 O 形密封圈，与轴密封。轴套上均布三个 M6mm 的螺孔与轴紧固。

③ 将轴套套进立轴，顶到上部螺纹位置，在轴上与三个螺纹配钻，ϕ6mm 钻头，深 5mm。

④ 用内六角锥端紧固螺钉，把轴套紧固在轴上，外部不能漏出，以防伤害油封。端盖慢慢套入，用螺栓紧固。

◎ **选粉立轴轴承损坏**（见第2篇5.9节）

2.5.2 V形选粉机

◎ **打散板维修防护**

打散板磨损后将失去分选物料作用，但它的磨损多集中在接料前端约200mm部位。可以用厚14mm的普通45钢板自制打散板，且只在前端200mm表面用YM402焊条堆焊，分布8条焊道，每条焊道高6mm，宽10mm，间距15mm；为方便安装，可改焊接为螺栓连接，也可直接用耐磨钢板贴附其上；打散板之间增设导流板，以强行对物料导流分散，避免局部磨损；为防止大块物料直接进入V选内造成堵塞，要在配料秤下加分筛装置。

V选打散格栅板，不足两个月下部的格栅板前端就严重磨损，导致细粉变少，影响系统产量。为此，将原板变成复合板，先在下部割掉一块830mm×330mm的板，再制作一块前端有三道立式挡条的960mm×400mm的新板（VX8820型），一周用螺栓与原板连接；挡条可以存放物料，起到以料磨料的作用，减缓磨损速度；板下端背面再焊有耐磨钢板，进一步抗磨。寿命可延长至一年多，而且更换只拆卸螺栓即可。

3 热工装备

3.1 回转窑

◎ **筒体裂纹快速处理**

当发现筒体有数米开裂，宽度在几毫米时，应立即停窑，进行快速处理：直接用氧气乙炔火焰将筒体裂纹部位割出 V 形坡口，再用角向磨光机打磨割口，显露出金属光泽，采用 J507 焊条烘干 2h，对 V 形坡口手工焊接。制作筋板尺寸为 550mm×300mm×40mm 共 56 块，沿裂纹周向均布，相间 200mm，作为焊接筋板加强筋。

◎ **窑筒体弯曲机械处理**

调整开始前要准备 3 套调整工具，2 套用于托轮组的整体移动，1 套用于临时处理轴瓦温度过高的轴承座。调整中要保持窑转速及喂料量不变，停止液压挡轮。记录主电机运行电流、托轮各自振动最大值及托轮轴、轴瓦、润滑油及轮带处筒体等处温度。按计算结果调整时，每次只能动 1mm，停下观察 40min，然后密切观测各参数变化；若与原预计相反，应停止继续，甚至再反向调整，以获最理想温度与振动。

将筒体弯曲度最大处利用热态时停在最上方 5h，缓解弯曲程度；用角向打磨机粗磨大小齿轮轮齿，消除台阶，再慢转窑，用直磨机打磨齿轮接触的高点，涂上红丹粉转窑研磨，使齿面在高度方向上接触大于 50%，长度方向上大于 60%；对大小齿轮压铅、打表，测量大齿圈轴向、径向圆跳动量，割除 6 处松动严重的弹簧板叉板，取下销轴，用 5 套调整支架、10 个 32t 螺旋千斤顶、10 个 5t 手拉葫芦分别调整刚测量的跳动量，控制在 4mm 以内；销轴孔已磨成椭圆状，只能测量孔的最小尺寸加工销轴，安装时用乐泰 755 清洗剂清洗销轴孔及其轴配合位置，再用 7649 促进剂喷洒配伍件的内孔及外圆，最后用回持胶 660 涂在轴颈或孔内配伍部位作填充剂，增加销轴与销轴孔稳定性，最后焊接弹簧板叉板，再次调整大齿圈的轴向、径向圆跳动量，用压铅法检查齿顶间隙；开窑前，清理二挡周围的厚窑皮，以高窑速、低投料减少结皮，提高二挡周围筒体温度，降低滑移量，加固大齿圈其他松动的销轴及其密封，清洗大小齿轮、油池和罩壳的油污，更换新油。

◎ **窑尾漏料处理**

当窑尾出现漏料时，如果不是窑内后部结圈，就应在窑尾结构及浇注料砌筑上找原因：一是下料“舌头”至窑内衬砖间的距离过大，或下料“舌头”不光滑、有凸台，引起物料飞扬而外逸；二是窑尾两侧挡墙不够高；三是扬料勺有开裂。这些都需要停窑后进窑内对症处理。若因后窑口内结皮逸料时，表明此处有燃烧不完全煤粉、窑尾漏风燃烧所致。至于结构损坏，如托料板及后圈长时间运行后的变形、磨损，则只有及时更换。

3.1.1 喂料装置

使用快速切断三通阀时，要定期检查修理两个关闭阀位是否到位严密。

3.1.2 传动装置

◎ 大齿轮振动排除

若振动来自两托轮磨损后，大小齿轮齿顶间隙变小而顶齿。则可通过保持窑体中心线不变的条件下，分别将托轮按磨损情况顶进一定距离，并观察按瓦温正常，逐步校正。

如振动来自齿轮啮合面有磨损，停窑检查小齿轮啮合面距齿根部10mm位置，已磨出3～4mm凸台。此时使用角磨砂轮机逐个磨平齿面的凸台，但因现场打磨凸台处理不易彻底，当窑体窜动到上、下限位置时，还会偶尔感觉轻微振动。

为判断窑体是否产生弯曲，可将窑打辅传，焊临时固定支点做测点，测出弹簧板两侧位置窑体径向的跳动值，找出大齿轮位置最大弯曲点。对此，用局部降温法调整：将窑盘到最大弯曲点至最顶端，用高压水管间歇在弹簧板两侧调成下雨状喷浇窑体上部，经8min局部冷却后，该点下沉6mm，启动辅传盘窑，整个过程3h，窑开启后非常平稳。

◎ 对开裂齿圈堆焊

ϕ4.0mm×60mm窑大齿圈内圈存在长达290mm的贯透性开裂，而ZG45材质的铸钢件焊接性能较差，易产生脆硬马氏体组织；且焊材壁厚，焊接中易产生热裂纹；脱氧反应等产生的CO来不及逸出，焊缝内存在气泡；而母材根部第一次焊接时，若母材熔合比大，更易产生裂纹。因此在堆焊加固方案中，选用手工CO_2气体保护焊热焊工艺，同时采用大坡口、小电流、快速焊和多层堆焊工艺。焊条选用ϕ1.2mm的PP-MG50-6型CO_2焊丝，焊丝盘元成分为H11Mn2SiA，表面镀铜，用5%～20% CO_2保护气体。

操作要求：将工作面转到窑体正下方，拆除大齿圈外罩，清理油脂；用碳棒气刨将裂纹根部刨出U形坡口（宽80mm、深300mm）；用角向磨光机和电磨机打磨坡口出金属光泽；用着色探伤剂检查裂纹；堆焊部位用履带式陶瓷电加热器外敷石棉保温层，缓慢加热到300℃，并用便携式测温枪，时刻监测焊接过程温度恒定；焊接参数：电压19V、电流120A、CO_2气体纯度为$\phi(CO_2)\geqslant$99.5%、CO_2流量15～25L/min、环境风速小于2m/s；每层焊完都用气动小锤消除应力，用磨光机打磨焊缝，如有缺陷需刨掉重焊；退火处理用上述同样工具加热至600℃，保温2h，缓慢降温到300℃，保温2h，再缓慢降至常温，用磨光机修磨焊缝，与母材圆滑过渡；为加强焊缝区强度，根据大齿圈孔径及厚度，制作夹具（图2.3.1）并加装到位。如此堆焊后，使用2年多时间，至今未见变化。但要注意控制轮带间隙，间隙过大仍会增加大齿圈不当受力。

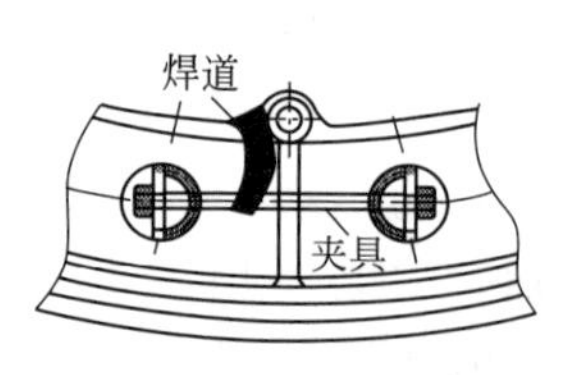

图2.3.1 夹具示意图

大齿圈作为大型铸件存在铸造缺陷时，制造厂有一套成熟的焊接修复工艺。铸件材质为ZG42CrMo；对根部焊道热影响区，作为过渡层材料，应选用A507奥氏体不锈钢焊条，对补焊缺陷区，作为主体材料，焊条选用J507碱性低氢型；齿根在清理疏松、夹渣后，修磨边缘与U形坡口相近角度，并平滑圆弧过渡；用超声波检测外部缺陷，磁粉探伤检测所有内外表面；对哈夫面的裂纹，焊接时采用窄道不摆动焊法，减少熔深降低母材溶入焊缝比例，采用电流下限，ϕ3.2mm焊条取$I=90$A，ϕ4.0mm焊条，$I=120$A；每层焊缝应控制在3mm内；焊前对大齿圈要用陶瓷加热器预热至150～250℃，焊接中严格控制温度，补焊后先消氢处理，加热至200～350℃，保温2～6h，以消除残存应力。其他与上述要求相同。

◎ 小齿轮补焊

回转窑小齿轮材质为35CrNi3Mo锻件，加工中轮齿超差，虽此材质焊接性差、易裂，但通过如下工艺可予弥补。选用抗裂性能好的铬镍基奥氏体不锈钢507焊条，直径2.5mm，控制焊缝的扩散氢含量；电焊机ZX5 400B，焊接电流60～80A，电弧电压16～18V，直流反接；焊前对焊条250℃烘焙1h，用氧气乙炔焰对焊件预热至250～300℃；焊接弧长为2～3mm，堆焊层附近做防止飞溅处理，各齿补焊要交替进行，清除焊渣，层间快速冷却；焊后作550～600℃回火处理，每小时升温不大于50℃，保温8h，冷却不能快于100℃/h。

3.1.3 预热器

◎ 内筒安装

凡预热器内筒挂片过早发生脱落，都应追究安装质量。

(1) 掌握挂片间隙。C2、C3内筒为大挂片结构，C4、C5为镶嵌式小挂片结构。安装前，应仔细校对旋风筒出风口处内筒支架相关尺寸和螺栓孔定位尺寸，若偏差较大，应做必要修整，第一排挂片安装必须做到间隙均匀，后续挂片不但要保证相邻挂片间环向间隙达到最佳，而且与上一排挂片之间竖直间隙保持均匀：间隙过小或零间隙会使挂片受热后挤压断裂；间隙过大，不仅让料流、气流短路，而且易受气流波动脱落。一定避免挂片受斜拉力。必要时，应先试挂，对尺寸不合适的挂片取下打磨或修补后再挂。

(2) 浇注料施工质量低劣。只要浇注料出现裂纹和蜂窝，热烟气就会侵入浇注料内部，引起锚固件烧蚀，浇注料塌落，使固定挂片底座的法兰钢板暴露在高温气体中氧化，底座挂片自然脱落。为此，修复中应全力关注浇注料的施工质量。严格控制水灰比，如位置施工确实困难，可选用捣打料。

◎ 管道膨胀节维修

高温波纹补偿器使用两年后，多会磨坏漏风，此时不停机很难更换或修补。有些位置更换还很难进行。此时若用内、外套管办法，便可简易施工，内、外套管间的管壁径向间隙仅为1～3mm。同时，用硅胶布包裹套管外圆，再用铁丝捆扎结实。只要内外套管间受热膨胀没有卡阻现象，且有密封效果，就达到了膨胀节效果。

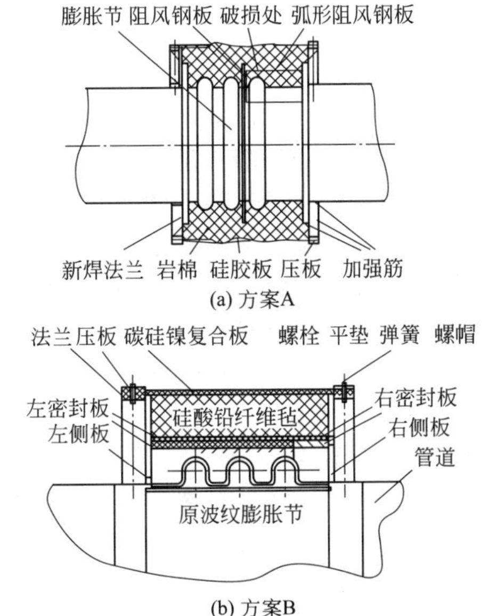

(a) 方案A

(b) 方案B

图 2.3.2 膨胀节在线维修方案

破损后的膨胀节应及时修复，不能因未影响运行，就疏忽不管，造成严重漏风。针对常在高空位置维修困难的现状，可建议在原膨胀节两端的法兰和管道上，新焊一对法兰的方法，考虑重量，法兰可分段，高度参考原膨胀节和需填充的岩棉量而定；在法兰之间填充岩棉，外面包覆5mm厚、耐400℃的白色耐高温硅胶板[图2.3.2(a) 方案A]，宽度要留有一定伸缩量；用3mm厚60mm宽压板压在法兰上，并用高温胶密封硅胶板接口；法兰主体和筋板为10mm厚钢板满焊；对破损严重的膨胀节，可在破损处再焊接阻风钢板。

用“Q235钢板＋硅酸铝纤维毡＋碳硅镍复合板”包裹原膨胀节损坏部位后，漏风系数可大幅降低，高温风机转速从920r/min降至860r/min，节约大量电能与热能。此修复能在窑运行中完成。

在原有波纹膨胀节两侧各焊一侧板，并与左右设置作为迷宫密封板的Q235钢板焊接，且密封板间焊接；密封板外侧用硅酸铝纤维毡填充，保障膨胀节的隔热保温功能；外封碳硅镍复合板，再用法兰和螺栓固定；为压实复合板，在密封板上增加压板[图2.3.2(b) 方案B]。

实施时要求：为了保证膨胀节的伸缩性和气密性，左右迷宫密封板的宽度要小于两侧板间距；碳硅镍复合板的宽度要大于两侧板间距。

◎ 取消膨胀仓

原预热器引进DD炉双系列预热器的三级等旋风筒下，为避免堵塞，在锥体下方设计了膨胀仓，但实践中此处锥体角度不适，反而成为易黏物料、酿成堵塞的位置。为此，可利用大修对其修改。保证原上口、下口及总高度不变条件下制作一新锥体，有效容积减少一半，其他不变。改后运行证明近两年堵塞大幅下降。

3.1.4 轮带

◎ 轮带垫板调整

当发现轮带滑移量已超出规范要求 8～25mm/r 时，说明轮带内径与垫板的间隙增大。经过重新测量各挡托轮中心标高、校对回转窑筒体中心线、确认窑墩基础没有下沉后，此时便可表明垫板磨损较大，一挡托轮振动变大，甚至轮带对应的窑内部位衬砖会频繁掉落。

增加垫板的厚度应为：测量所得平均间隙减去新窑时数据除以 2 加上原垫板厚度。为缩短维修时间，不拆除原垫板，直接加调节板，一挡用厚 4mm、二挡用 6mm 的 Q235 钢板制作，用卷板机将垫板压出与窑筒体外径吻合的曲率；在轮带顶部安装，在原垫板之下，与其贴合；辅传慢转窑 3 圈，分别压实 36 块调节垫板；在一端段焊，每隔 150mm 焊 100mm，以防止窑运行中调节垫板移位。此工作三天便可完成。

有两种办法调整：第一种是加垫方法，选用 16Mn 钢板，尺寸与原垫板尺寸一样。但运行 3 个月后，有 2 块板出现开焊，主要是因薄垫的热膨胀伸长率与原厚垫有差异，再可能存在焊接应力。第二种调整采取更换筒体原垫板方法，厚度由原 12mm，增加到 16mm，材质不变。但要注意垫板固定块的宽度与筒体固定槽吻合才对，如仍发生碰撞声响，可在固定块一侧焊接一块宽 10mm 的锰钢条。

◎ 裂纹产生原因

对 ϕ4.7m 窑，考虑筒体厚度及垫板厚度，轮带与筒体按 150℃、180℃和 200℃计算，其间隙量分别为 9.8mm、11.6mm 和 12.8mm，如果窑轮带与筒体实际温差过高（如超过 200℃），此时的间隙不足以对应温度要求，膨胀受限，回转窑就会被轮带抱死，无法有相对运动，此时如仍强行运转，就会出现轮带裂纹。

轮带与垫板之间的膨胀间隙和预留间隙是否合理，将决定轮带的安全性，冷态与热态间隙都可通过测量与计算掌握（见第 1 篇 3.1.4 节“轮带与垫板间隙测量”款），当间隙超过 8mm 以上就需要调整（见上款），否则就易产生裂纹。另外，窑的操作稳定，减少交变应力及热应力变化，也是减少轮带疲劳应力的重要条件。

◎ 裂纹现场修复

轮带材质为 ZG35SiMn，且在冬季（－22℃）时，现场焊接的做法如下。

（1）焊前准备。对裂纹与焊条预处理，在距裂纹两端 10mm 处打 ϕ10mm 止裂孔，并将裂纹处刨成 U 形坡口，其开口尺寸按裂纹深度取 12～20mm；并用磁力探伤或着色剂，核实裂纹端头位置，再用丙酮清洗坡口表面的油、锈、垢。

（2）焊接。根据轮带材质及焊接环境，选择 J507、J506 低氢碱性焊条，打底焊条选用 ϕ3.2mm 钛钙型药皮 A302 焊条。冬季要注意保温及焊件预热（≥300℃），采用直流反接电流 125A，每焊一层用风镐锤击一层，最大消除应力，锤击后立即测温，若低于 300℃，应用喷枪即时加热。

（3）焊后保温。始终对焊缝用喷枪加热，加热温度不低于 350℃，保温 2h 以上，再用保温材料保暖，令其缓冷。降至环境温度后，再用磁力探伤或染色探伤检测焊缝质量。用角磨机打磨多余金属，用圆度样板导向确保圆度。

其他的做法还有以下几种。

（1）冷窑后将轮带裂纹处转至上面，搭好施工脚手架，用篷布将上部四周遮挡；在轮带上的侧面和正面用钢板焊接两个加强筋，400mm×40mm×100mm。以减少焊接过程变形，防止在刨开裂纹时产生轮带完全炸裂；清除裂纹表面时，探伤深度不应小于50mm，并打磨光。

（2）焊接时分结合层、工作层及加工层三个阶段，结合层用JQ. Y. J501-1CO_2气体保护药芯焊丝、工作层与加工层用JQ. MG50-6CO_2气体保护焊丝。近年，为提高工效和缩短维修时间，可用一种功能合金材料，如FGM-KM、MSFH等，在每焊接一道，清理干净后敷设，有利于分解应力，提高熔敷层与基材的结合能力。

（3）经检测确认达到熔合标准后，拆除轮带正加强筋，进行在线修磨，分为粗磨、粗磨、研磨三道工序，力争使修复面弧度与原有弧度完全一致；修磨要沿着焊缝方向，直到焊缝平整光滑，且修复面应该稍低于轮带正常工作面0.15mm。

（4）施工完，用多层保温棉保温，进一步消除焊接应力。

万吨线ϕ7.6m轮带上裂纹较深，远大于70mm，除开U形槽外，使用小钻头开孔，再用大钻头扩孔的办法，直到看不见裂纹为止。此时用气刨容易残留碳，不易清除，用旋转锉速度很慢。轮带材质ZG35SiMn，底焊用相同焊条，但补焊焊条用4mm的E7015。

因上轮带和筒体间的间隙只有49mm，为了解决焊补后不易对上表面加工的难题，用34mm厚的铜板卷成同轮带相同的曲率半径，置于槽口上方，焊补时贴着铜板进行，焊后就无须再加工而表面光滑，保证不易损坏垫板。

万吨线轮带大型铸钢件修复中，要充分考虑冷焊时，补焊材料与母材金属可焊性及抗裂性，注重裂纹缺陷处理时，轮带结构的机械定位与刚性拘束力的合理化，预防焊接中结构断裂，为此，在补焊区采用箱式结构进行结构补强，可以改善整体的综合力学特性，并随时监控焊接工艺参数及合理的热输入量，避免焊接裂纹产生。

先实施分段刨削、分段加固的技术方案：将切口转到窑上端，在切口末端增加一块临时支撑梁，以消减内应力；持续对梁左边2/3区域裂纹刨削，横向到边、纵向到底，彻底清除裂纹隐患；底部手工打底焊接厚度不少于40mm，侧面打底不少于10mm，逐步焊接过渡层；去掉支撑梁，再对右侧裂纹重复上述工作。所用焊条为Ni基合金手工焊焊条NiCrFe-3，规格ϕ4.0mm×350mm，焊接电流120A，焊接电压38V。

主体焊接依旧采用分段分层进行，此时与Ni-Cr-Mn-Mo高合金半自动焊焊丝作为补焊材料。预先在坡口内加焊多个适当厚度的钢板，焊制成格子板，以抵消焊缝的收缩，减少变形。先用硬纸板制作格子板样板，格子板下部及两侧均打成45°坡口，焊接要求单面焊双面成形，不留死角与缝隙；由下而上，逐层将格子板定位连接后，对剩余空间实施CO_2保护焊。箱式结构的顶端要低于坡口表面30mm，形成盖面焊接层。

ϕ4.8m×72m窑轮带上出现五条裂缝，开坡口焊接，焊接中要注意轮带两侧挡块不要将轮带垫板之间的通道堵死，影响通风，此量控制轮带内外表面温差要小于50℃，避免产生过大的热应力；轮带外表面与侧面交角是轮带的最薄弱处，应当做出圆角，消除应力发生源。

裂纹停在正上方修复是否为最适宜位置，值得商榷。若将裂纹停在正上方偏45°～60°方位，更有利裂纹受力，但对施焊角度不利。

端面裂纹修复，可交直流两用全位置焊接，用直流操作时焊条接正极，短弧操作，熔敷金属扩散氢含量8mL/100g，X射线探伤要求Ⅰ级。

3.1.5 托轮与托轮瓦

◎ 热装托轮轴

托轮与托轮轴在热装配中最重要的是选择与控制过盈量：过盈量过大，热装时会使托轮涨裂；过盈量过小，托轮在高温下运行时，容易出现松动窜轴。一般ϕ4.0m窑要求两者过盈量介于0.37～0.42mm，为此，要控制配合处的形位公差，及表面粗糙度——托轮轴表面与托轮

内孔表面分别取 Ra 1.6μm 及 3.2μm。在采用电加热炉热装时，要严格控制加热温度及时间，努力做到一次装入牢固。

◎ 托轮轴承组安装

对检测定位后的轴承组，应及时划线、打点、清晰地标示其位置，便于观察运行后的位移变位，为日后调整，提供原始位置。

◎ 托轮轴瓦刮研

确定轴颈与瓦的接触角减为 30°，对同一块瓦的可靠度更高，刮瓦就是控制接触角内接触面的质量及非接触区域的瓦侧间隙。

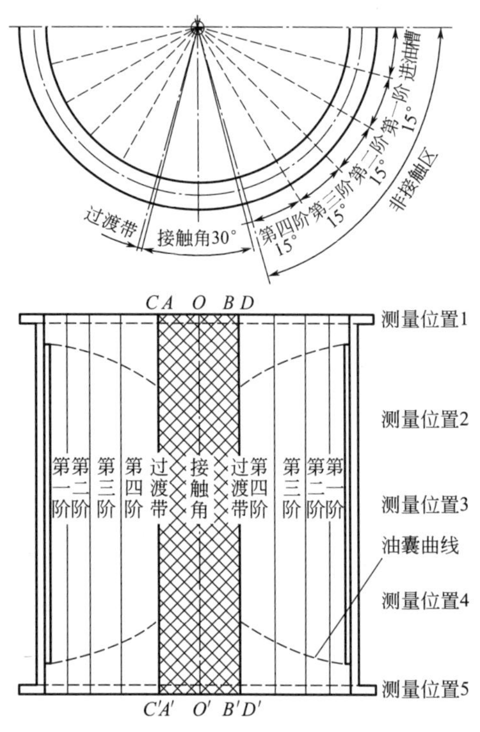

图 2.3.3 托轮轴瓦刮研区域标识

(1) 瓦面划线。Ⅰ、Ⅲ挡托轮准备钢板尺、划线笔，瓦面刮研分七个部分，进油槽（厂家已加工）、瓦侧间隙分四个段、过渡带、接触角。计算轴瓦弧长，选定瓦面轴向中心线，分别以 15°在两侧作平行线，该 30°弧长即为接触带，即图 2.3.3 中 AA'、BB'区域，并用洋冲在瓦面上做出标记；分别以 AA'、BB'为基准线，间距为 10mm 作平行线，$CC'DD'$、$AA'CC'$、$BB'DD'$分别为接触角过渡带，同样在瓦面上做出标记；按上述做法，分别以过渡带边线为基准，以 15°弧长划定第四阶、第三阶、第二阶、第一阶区域，做标记；从进油槽口位置，至过渡带区域，粗略勾画油囊区域。

(2) 确定瓦面间隙。沿轴瓦轴向等间距选 5 个测量点，对各点依据不同的塞入深度，计算相应的侧间隙。先计算瓦口侧间隙 B（非油槽口位置），再计算侧间隙总弧长（单侧、瓦面接触带，过渡带以外的弧长）；根据侧间隙计算公式计算最终结果。

(3) 刮研。粗刮、细刮、精刮相结合，初始阶段以粗刮为主，细刮贯穿于刮研全过程，而精刮用于接触角范围点的修正。用柴油洗净轴瓦、轴颈后，粗刮非接触区所有接触点；细刮接触区内的接触点，并均匀扩大到全接触面；对细刮后的接触面通过精刮，用刮刀分成小接触点（挑点）。36h 刮研后的效果要达到：非接触区无亮点出现，各测量位置侧间隙符合上述要求，整个瓦面各阶面平滑过渡；在接触角内，亮点均匀分布于整个瓦面，平均 $2.5\times2.5\text{cm}^2$ 取 1～2 个点。总之，刮研要“多配研、少刮削”。

瓦与轴颈接触角为 30°，也有接触面内研磨和不研磨两种方法之分。不刮瓦轴承理论的接触角是零，是间隙轴承，从瓦口到受力最大处，瓦面与轴颈表面间的间隙逐渐减小，如无油膜，间隙为零；而刮瓦轴承是无间隙轴承，当轴颈受力后，轴瓦受热就要弹性变形，发生所谓“夹帮”。试验证明，不刮瓦轴承的承载能力是刮瓦轴承的 3 倍，此方法要重视油囊应从瓦口开始刮研，从油囊弧顶处延伸到接触带位置，保证润滑油流入，避免烧瓦；制造厂控制两端瓦口侧间隙为锲形隙，一般为 2mm；刮研球面瓦球面的接触面积一般不少于 50%，而少刮瓦槽，否则要对瓦底部与瓦槽的接触面配合刮研。

◎ 处理轴瓦高温新技术

近年来，国内某科研部门研制出一种空气能量分离器的冷风生成专利技术，该设备能产生 0.2MPa 压力，0～15℃的低温气体，在处理和预防轴瓦发热中有明显效果。

使用方法是：当发现托轮轴瓦有发热趋势或温度已经很高时，先将窑速及喂料量降低为原有的2/3；将库存备用的同类型润滑油，通过靠近轮带一方的轴承座观察孔，向轴上不间断地浇淋，此润滑油温度越低越有利油膜恢复；卸下轴承座油位显示器，同时放出热油；用能量分离器的出风管通过轴承座端部小端盖口，对准托轮轴端部中心，使低温气流吹向轴的中心，经过持续阶段后，瓦温、轴温与油温都会明显下降，破坏的油膜迅速得以恢复。

在处理托轮瓦的温升超标中，判断方法的可靠性，应符合如下三个原则：让窑的设备能保持长期安全运转；符合机械设备摩擦与润滑机理；窑两线保持平行。与用水冷方法及用石墨或二硫化钼的方法相比，这种创新的处理方法，显然具有明显优势。

此方法也可用于磨机轴瓦发热处理，在轴承座观察孔旁开一个ϕ34mm圆孔，焊一节内径为25mm的短管，作为低温气体直接输入轴承座内的喷气嘴，迅速打开开关使冷气流向轴瓦，同样达到抑制轴瓦温度上升、并降低的效果。如用这种低温气体作为油冷却器的热交换介质，系统会复杂一些，但效果会不错。

◎ 测量托轮轴距工具

为测量窑两托轮轴中心距离及托轮轴线与窑体轴线的水平距离，依靠卷尺、直尺很难测量准确。可以按图2.3.4自制专用测量仪，使测量精度在1mm以内。

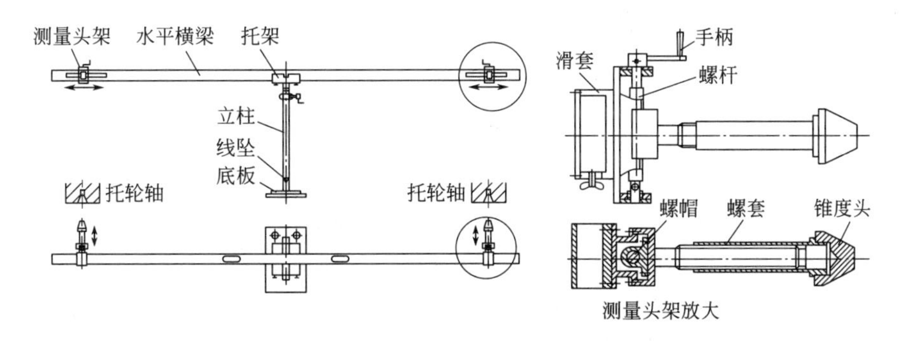

图2.3.4 托轮挡距专用测量工具

测量头架的滑套在水平横梁上水平滑动，转动手柄，通过螺杆、螺帽合金锥度头上下移动，通过螺套，可使锥度头前后移动，以使操作锥度头卡入或退出托轮轴中心孔。锥度头的锥度要与托轮轴中心孔锥度一致；立柱可通过手摇齿轮齿条传动实现升降，中心有线坠和刻线，起垂直居中和水平横梁高度定位作用；底板有十字刻线，上与立柱垂直连接，下与支承装置钢底座中心板连接。

用此工具，不但2人5min便可完成测量，而且精度高。

◎ 轴瓦防开裂制作要点

（1）适当增加水槽内壁厚，应在50mm以上，有利于降低应力。

（2）球面瓦造型时，对冷却水道芯子的摆放与固定是关键，不能发生移动；且不应有直角过渡，而应有不小于R20mm的倒角，减少应力集中。

（3）在球面瓦铸造开箱清砂后、机加工前，必须有清除应力的退火工艺，消除残余应力。

◎ 轴面拉丝处理

托轮轴面发白，有螺纹状痕迹（螺丝刀划时手感有阻挡）时即为拉丝，此时铜瓦润滑油里会伴有铜屑，瓦温升高，甚至润滑油冒烟、变稀、油膜变薄、消失。

首先要调整托轮顶丝，以均衡各托轮受力，更换润滑油，改善冷却等措施，降低瓦温、油温。在此条件下同时进行拉瓦，即不停车调整托轮的顶丝，改变托轮轴线与窑体轴线的歪斜方向，使托轮和轮带产生上推或下窜作用力，让托轮在回转同时，在推力盘与轴瓦间上下慢速窜动，让轴与瓦相互研磨，接触将会改善。

◎ **新法研磨轴瓦**

如拉丝严重，上法未能奏效，可采用新法研磨。不停窑又要使瓦温下降的办法是，用循环水冷却，时间允许时，先放出托轮油，将循环水加入轴瓦中，不超过 40min，如瓦温已高于 100℃，要先用温水，避免热瓦遇冷水收缩将轴抱住翻瓦；轴面滴上润滑油；待转为常温后，放掉水加入润滑油，并可在油中加入少许白厚漆作研磨剂，缩短磨合期。根据轴瓦磨损程度决定研磨时间，从 2～3h 到 2～3 天不等，借助轴瓦测温装置判断。

◎ **翻瓦事故处理**

托轮翻瓦后，轴承底座壳体断裂，球面瓦的内瓦面局部磨损，轴瓦损坏报废。处理措施是：对断裂的轴承底座用手工电弧冷焊填补修复，轴承底座材质为 HT200 铸铁，可焊性较差，用 Z308 铸铁焊条，纯镍焊芯、强还原性石墨型药皮，焊件可不预热。焊接前的打磨焊口及焊接后的消除应力都是相同要求，焊接用直流反接，焊接电流 110～130A，短弧焊接，短焊道、快速焊、不摆条、断续焊，每段焊道不超过 30mm，收弧时要填满弧坑；注意控制层间温度，每焊完一道，必须冷却到 50℃左右，才能继续施焊。

◎ **表面粘涂修复球面瓦**

翻瓦事故发生后，当被磨蚀的球面瓦主体完整，球面接触良好，冷却水道完好，瓦口处尚余两处连续完整加工面的情况下，运用修补胶修复是最为经济快速的办法。选用美国 Belzona（贝尔佐纳）高分子修补剂——超级金属 1111，国产铁质修补剂基本性能与其相当，也可选用。其程序如下（见本篇概述“铸工胶黏结修复工艺”）。

（1）用丙酮、毛刷初清洗，除去油污；清理毛刺、飞边、粘连物；因腐蚀区已有明显拉丝状及螺纹状，不用再粗化处理；再用丙酮及钢丝刷反复清洗轴瓦装配面。

（2）用基料和固化剂按体积比 3∶1 配制修补胶，一次配够量，留足涂敷时间，拌和中动作不要过快，始终同一方向拌和，避免拌入空气，至色泽一致为混合均匀，20℃时拌和 20min；涂敷时，要反复挤压刮涂第一层，促进修补胶与基体充分浸润，涂层达到要求厚度，留有 3～5mm 余量，表面平整无空气混入。

（3）将轴瓦小心装入瓦座，压实，使两者紧密贴合，轻击瓦面，辨别有无空鼓。清理刮除溢出的多余胶液，静置固化 16h，可用碘钨灯加热提高固化效果。

◎ **球瓦严重裂纹维修**

当托轮出现轴向贯穿性裂纹，端面裂纹已至轴孔上时，一般的在线焊接处理，不仅难度大，而且副作用也大。为此，宜采用锥套固定方案维持生产，减少裂纹扩展，以等待新托轮更换。其步骤如下。

（1）利用停窑实测托轮轴孔两端锥度尺寸，制作图 2.3.5 所示法兰、螺柱、锥套等配件，

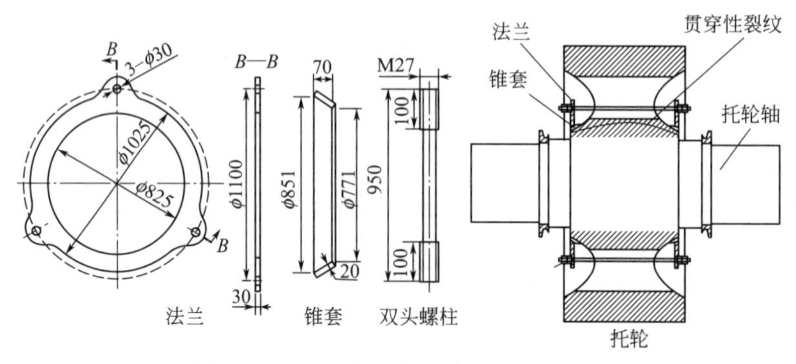

图 2.3.5 用锥套固定方式对裂纹的处理

为不拆除托轮将其使用，并将法兰与锥套分成两半，剖开位置打磨出坡口，准备焊接。

（2）用砂轮打磨托轮轴孔两锥度高点，并用金属修补料（TS216）均匀薄涂表面，确保制作的锥套与轴孔锥度表面充分贴合。

（3）将锥套分别贴合于托轮轴孔两端锥度外表面，对打磨坡口焊接，并将锥套外表面焊接位置打磨平整，为法兰贴合锥套外表面做准备。

（4）将法兰分别贴于锥套外表面，焊接原坡口成一体，并在原切开位置加焊连接板，两侧共四块，提高法兰整体强度。

（5）用三套双头螺柱分别穿过托轮的三个减重孔，用螺柱将两侧锥套通过法兰紧紧套在轴孔两端的锥度位置。

（6）为防止锥套松动，螺柱紧固后，在法兰与锥套间均布段施焊加固 3～4 段。

经上述措施，该托轮在 17 个月后更换时，仍未发现裂纹扩展。

另一种情况是，冬季突然停窑，托轮瓦内冷却水未及时排尽，造成球瓦冻裂。修复步骤如下。

（1）拆出球瓦，用汽油洗净，对裂纹部位用专用清洗剂清洁 2～3 遍。

（2）先用角向磨光机打磨裂纹成宽约 5mm、深 8～10mm 的焊沟，用烘干后的 JT-Z308 纯镍铸铁焊条，对加热后的工件焊接，边焊边锤击消除应力。

（3）对冷却后的焊缝用砂纸打磨后，用专业的 CDB112 工业填充修补剂填充黏接，逐层涂敷压实，并用热风加热，缩短修补剂的固化时间。

（4）经水压试验 0.6MPa 保持 18min，没有渗漏为合格。

◎ **轴止推盘崩裂**

当窑体上行时，如果轮带与托轮之间的摩擦力大于托轮轴颈与轴瓦的力时，托轮也被带动上移，当位移量超过设计尺寸时，止推盘便与轴瓦瓦边触碰，摩擦生热，瓦温升高。当上推力过大，超过止推盘轴肩处的强度极限时，止推盘便发生崩裂。

补救办法是制作挡盘，加固止推盘。用 Q235 钢板，制作一件如图 2.3.6 所示的挡盘，且在止推盘的外端面上，在 ϕ280mm 节圆上均布钻出 4 个 ϕ33mm 孔，再绞出 M30mm 螺纹，用 M30mm 螺栓将挡盘固定在止推盘外端面上。此时原有端盖不能使用，需要再用 3mm 厚的铁皮制作一个鼓肚端盖。

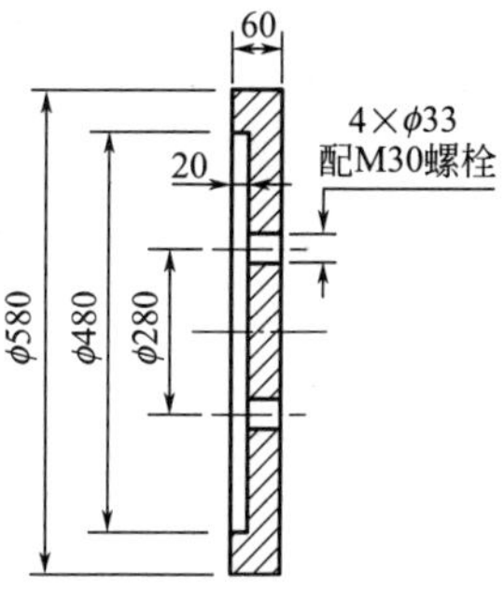

图 2.3.6 止推盘的挡盘示意图

防止类似故障的关键是：要关注窑的上行力，窑冷后的筒体收缩，轮带在托轮中部时，重新调整行程开关位移量，弥补窑其他故障产生的错位量，尽量使轮带在托轮中部上下 10mm 范围内移动。

◎ **底座地脚螺栓断裂**

用福世兰 5010A/D-1511 复合材料产品配比黏结，预计工期 5 天，如用传统方法新增 4 组地脚螺栓孔，包括一、二次灌浆，预计要 15 天，但费用基本相同。此施工要注意：将钻下的混凝土清除干净，用无水乙醇对钻孔内彻底清洗；用电热风机吹干钻孔，用高分子复合材料按重量比例调合后浇注（见“本篇概述“铸工胶黏结修复工艺”）；24h 固化后紧固螺栓；对新增的地脚螺栓焊接连接板和支撑筋板；待停机时，对振坏的二次浇灌层重新修复。

3.1.6 挡轮

◎ **轴承端盖螺栓断裂防治**

挡轮中心线与窑中心线偏差，是影响螺栓受力大小的关键，这种偏差将使轮带在挡轮表面产生向上或向下的摩擦力，当挡轮偏向于轮带的啮出力方向时，轮带旋转将给挡轮表面向上的摩擦力，导致挡轮上窜，甚至会将挡轮拔起脱落；反之，偏向于啮入力方向，表面会受向下的摩擦力，使挡轮下面的推力轴承损坏；另外，当液压挡轮底部端盖螺栓受到的实际应力大于材质许用应力时，螺栓就会频繁断裂。当安装记录表明此中心距为啮入方向 3mm 时，显然中心线偏差过大，为此要调整为 1mm。同时螺栓强度等级应从 8.8 提高到 12.9。

调整步骤如下：将窑停位于让挡轮处在上窜限位开关附近，清理干净挡轮基础；停窑后在 2 号轮带处放置制作的支架，顶在限位死挡铁处，阻挡轮带转动，也防止窑筒体下滑；对挡轮液压缸逐渐卸压，在确认挡铁支架牢固后，卸压至零；在挡轮固定机座螺栓的基础上焊接两枚 M30mm×70mm 调节螺栓，并在该螺栓对面安装两个百分表，作为精度调节工具；松开机座固定螺栓，均匀地拧紧调节螺栓，使挡轮中心线向筒体中心线靠近，缩小至 1mm 间距后，拧紧机座螺栓，完成调节；更换高等级强度螺栓，更换螺栓类型，原用内六方螺栓改为六角头螺栓，增加螺栓长度，便于发现松动及时紧固；在螺栓与端盖结合面加垫圈，使其接触受力均匀，防止应力集中。用扭力扳手紧固螺栓，确保各螺栓拧紧力矩都能达到力矩要求（915N·m）；如果还有螺栓断裂，可在挡轮下轴承端盖下加装 4 个均布的可调节小托轮，以减轻端盖连接螺栓所受剪切力。

◎ 油缸漏油应急处理

回转窑液压挡轮漏油多数是因油缸端盖密封圈损坏所致，但更换此密封圈需要停窑 3 天左右，若生产任务不允许，可用如下方法应急处理，能保证安全运行数月。

当油缸及进油管材质均为铸钢件及无缝钢管时，完全可以采用焊接方案对 ϕ70mm 孔焊封。具体程序如下。

（1）按图 2.3.7 制作密封板和楔铁。

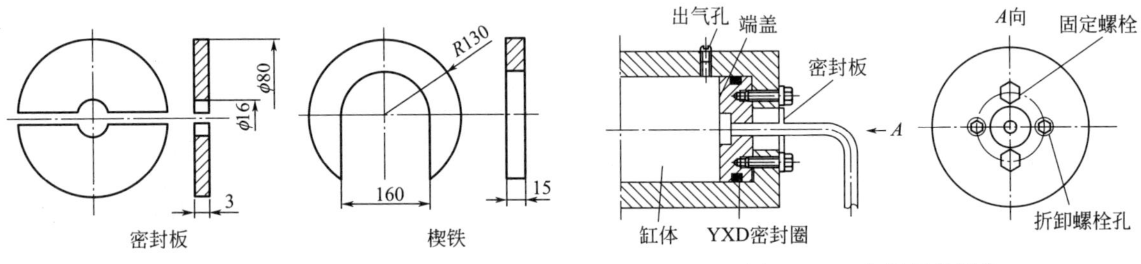

图 2.3.7 密封板和楔铁结构

图 2.3.8 密封板的焊接

（2）当窑下行到极限位置，柱塞油泵开始工作时，用楔铁卡在液压挡轮油缸两侧的滑动臂上，然后关闭挡轮稀油站电源，停止柱塞油泵工作。在压力表的三通阀门连接处把进油管卸开，将内部的油排空。

（3）将环形密封板盖在油缸后端 ϕ70mm 的外孔上（图 2.3.8），用电焊满焊钢板、缸体和油管等部位的接缝处。焊接时要用小锤击除电焊药皮，并施焊两次，以确保焊缝处不漏油。此项工作约 3h 完成。

（4）焊完冷却后，对焊缝试漏。启动稀油站，等进油压力达到 4～5MPa，挡轮开始上行时，拆下楔铁，观察密封板焊口，若有渗油，再点焊处理。

（5）对螺栓孔密封，将油缸后换的四个 M20mm 螺栓（2 个固定螺孔，2 个可拆卸螺孔）拆下，丝扣缠上生料带，涂抹密封胶，将铜垫换成 2mm 石棉垫，再紧固结实。

◎ 挡轮轴承损坏原因

ϕ4.8m×74m 窑的挡轮推力调心滚子轴承如选用轻负荷 29264，就不能承受相应载荷而过早损坏，并危及下方并列的调心滚子轴承；且当轴与轴承配合过盈量偏小时，会有走内套现象。为此，更换重负荷系列 29448 轴承，厚度比原来增加 122mm，又省去一套调心滚子轴承；同时，提高挡轮轴与各轴承位配伍的过盈量，以避免轴窜动，威胁轴承。

◎ 不停窑更换液压挡轮

当挡轮轴承不能正常转动需要更换时，停窑更换是常用办法。但尝试不停窑更换，可以减少损失。具体做法是：先采用歪斜调整托轮使窑受上推力，代替挡轮让窑上行，同时，用适当撒生料粉及抹油方法控制窑的上行与下行，此时负责托轮润滑的石墨块，要与托轮保持间隙；当窑上下行到一定位置时，在二挡轮带两侧分别装上电铃报警装置；设专人负责巡检托轮温度，并用加、放油方法控制；为拆装挡轮制作安装拆卸平台，便于吊装作业。

此时，适当降低窑速，用 16h 便可完成拆装挡轮。

3.1.7 窑口密封装置

◎ 弹簧片式的安装与更换

（1）钢丝绳缠绕弹簧片应为下出绳，即让窑下部弹簧片受到向上托力，避免下坠而降低密封效果，见图 2.3.9(a)。

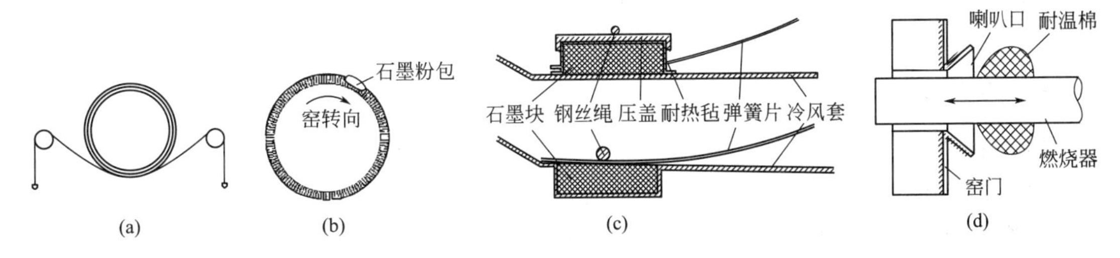

图 2.3.9 窑口密封安装更换示意图

（2）弹簧片叠加方向必须与窑转向一致，即使最后一片也不应图省事。且更换弹簧片时，对能贴合的旧片不必拆除，与新片叠加更有利于密封效果。

（3）弹簧片与密封面接触应有石墨润滑。其方法有 3 个：用耐温布袋装石墨粉，放置在摩擦部位弹簧片上方，弹簧片蠕动中让石墨粉从袋子小孔中扑出，起到润滑作用［图 2.3.9(b)］；停窑时，将石墨块嵌装在弹簧片中，先要在摩擦部位割出容下石墨块的位置，放入后在上面覆盖软耐热毡及压盖，空悬部位要填满柔性耐温材料，使各弹簧片贴牢密封面［图 2.3.9(c)］；将石墨块嵌装在密封面中，在冷风套密封摩擦部位开出 1～2 个位置，焊接与石墨块体积相同的沉头盒子，盒内最好有弹托机构，保证石墨何时都能突出与弹簧片相擦实现润滑［图 2.3.9(d)］。

（4）保证坠砣安全，将其隔离在可能坠落的空间内。

（5）关注冷风套与窑口护铁间的密封。当拼合的周向棱体与冷风套端面有间隙时，或未装有弹簧片时，或当冷风套本体磨损后，都会有漏风出现，其影响不可小视。可在窑头罩相应位置开一作业窗口，对漏风位置小心补焊。

◎ 窑门密封

燃烧器与窑门间缝隙较大，是最常见的漏风点，能降低二次风温度。方法有两个：

对燃烧器入窑门位置处密封。在两扇窑门各半个圆洞制作两个喇叭口装置，再在燃烧器相应位置缠绕耐温棉成环塞状，每次移动燃烧器，人工塞耐温棉入喇叭口内［图 2.3.9(d)］。

仿照窑口密封办法，制作密封件。左窑门做一凹槽，右窑门为正常，使右窑门插入左窑门时，恰好贴合；沿进燃烧器的孔洞，焊接一两半的法兰，再制作另一套两半带锥套的法兰，两对法兰剖分面相错后，之间塞石棉绳，通过螺栓连接；并在此锥套上固定不锈钢片，并使尾部弯曲，不影响燃烧器的轴向移动，再用钢丝绳加坠砣，收紧后便严密贴合密封面。

◎ 窑尾下料板插入

当发现窑尾漏料时，如果窑后部尚无较厚结皮或结圈时，应考虑是下料“舌头”损坏所致。为不需专门停窑，可从窑尾烟室后部开长条切口，将预制好的耐热钢溜板插入进去，

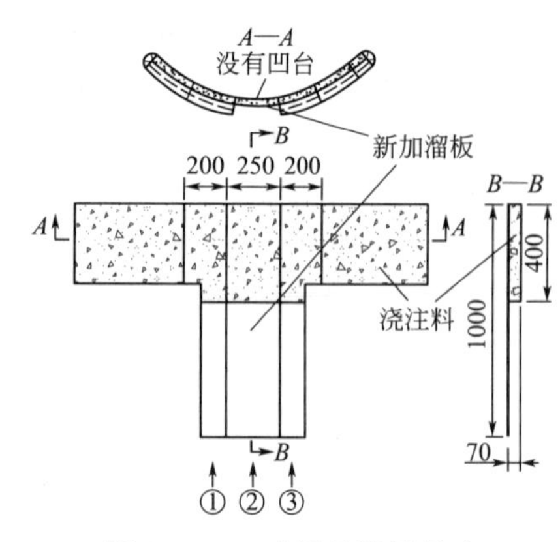

图 2.3.10 改进的溜板尺寸

溜板尺寸见图 2.3.10。注意溜板上表面不能有凹台。插入时要保持系统负压，且不能放空气炮。

3.1.8 三次风管与闸阀

◎ **改变闸阀维修工艺**

原选用在 Cr25Ni20 材质的阀板上打浇注料，使用不到三个月就发生剥落，卡死或阀板断裂，无法调节使用。采用长兴国盛耐火材料厂生产的闸阀，在制造厂预制成型并经预烘烤，增加了整体强度。三次风管内两侧均用护砖砌成框状，将阀板左右两侧固定在框架内，上部漏在外部的阀板由钢板护罩罩住，防止漏风及雨水浸蚀。两年来使用效果很好，预计寿命可至四年以上。

3.1.9 清障设施

◎ **空气炮喷嘴保护**

当空气炮喷嘴四周浇注料损坏时，喷嘴就很难耐住高温腐蚀而变形，无法施展冲击力。为此，在喷嘴上方用废旧篦板盖在喷嘴上，电焊满焊固定后再用浇注料覆盖。不但能延长浇注料停留时间，也有宜于浇注料磨损后减缓对喷嘴损坏。

◎ **水压不高缘由**

3GQ-3.5/70 型高压水枪，额定压力为 70MPa，但某次开机后随节流高压阀的逐渐关闭，压力最大值始终仅 16MPa，且无回水。查其系统的安全阀、喷枪及喷嘴、水路都正常，此时最大可能就是高压缸有泄漏，虽经多次拆卸查找，并未找到症结所在。待对照图纸才发现，图 2.3.11 中的 O 形密封圈不见踪影，原来该件可能在磨损后被水冲走，未留痕迹。只是在加上密封圈后，水压便很快上去。此经过说明熟悉结构图的重要性。

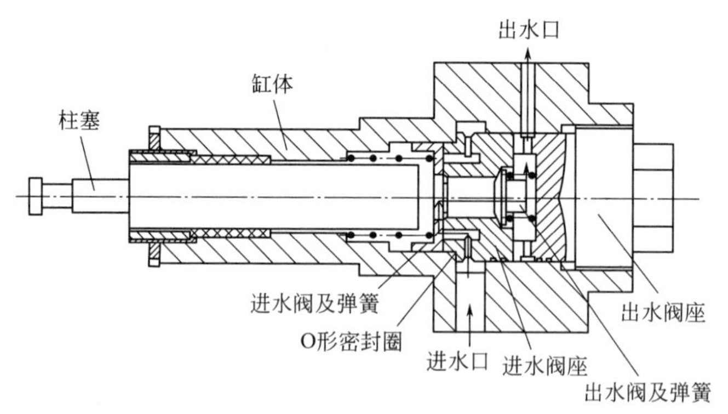

图 2.3.11 高压缸结构

3.2 燃烧器

◎ **延长端部浇注料寿命**

燃烧器端部浇注料寿命一般都在半年以内，为延长到一年左右，与窑衬更换同步，制作四块（厚）8mm×（宽）60mm 耐热钢板（也可用废篦板），长度与原燃烧器端部需要加固的长度一致，作为筋板段焊在燃烧器头部，并在所有表面焊上钯钉，再用优质浇注料立式浇注，并注意留有膨胀缝，严格控制水灰比。此结构可让耐热钢板与浇注料两者相得益彰。

在燃烧器头部增设保护板，用6块厚20mm，高度为120mm的弧形耐热钢板与燃烧器头部端面平齐满焊，块间距40mm，每块弧形板高等于两块厚6mm加强板。

◎ **用喷涂料快速修复燃烧器**见第2篇7.5节）

3.3 篦冷机

◎ **传动轴磨损修复**

篦冷机传动轴与法兰套，经长期运转的冲击、摩擦，已出现2～3mm间隙，出现相对转动与摆动。可用福世兰高分子金属修补剂对磨损部位涂抹修复：先用氧气、乙炔割炬对轴磨损表面加热处理，完全烤出渗透在金属内的油、水，用游标卡尺测量磨损尺寸；用磨光机打磨出待修表面的金属原色；用无水酒精清洗表面灰尘；按规定调和材料均匀（见本篇概述“铸工胶黏结修复工艺”），用模具或定位修复，最大程度保证同心度；涂抹材料应先外后内，然后将轴套对准键槽装配，再安装轴承、螺栓；等待固化时间可根据生产需要调节温度满足。

◎ **减少边部漏料改进**

第三代篦冷机上常发现部分盲板与活动篦板间漏红料，主要是靠近盲板的活动篦板角部受热损坏，漏料增多，降低冷却效率。如果减少边部熟料流量与流速，让熟料尽可能向篦床中部流动，就可解决边部篦板高温烧损问题。为此，将各段活动梁两端的活动篦板完好取下，将篦板上锁螺栓的吊耳用气刨割掉，再用连接板直接焊接在固定篦板上，安装时与活动梁支座的距离要大于5mm，使其固定后，就可强制边部熟料逐步向中部流动；同时，活动篦板与盲板间距离也从5mm缩减为3mm。

◎ **延长边部篦板寿命**

推动式篦冷机边部篦板原来寿命仅有一个多月，后改变材质，由ZG35Cr26Ni5改为ZG40Cr25Ni20后，寿命可延长到三个月左右，但烧无烟煤时，因熟料细粉增多，寿命又减少了。此现象证明磨损快的原因，是细粉在边部被活动篦板推动后，增加了对篦板磨损。根据此结论，决定改为靠风吹动细粉，并借助其他熟料的推动前行，减慢细粉流速，以减少它们对活动篦板和护板摩擦。

具体方案为：将相邻固定篦板和活动篦板各一块设计成相连整体的篦板组。让原有的这块活动篦板也成为固定，为保证通风不减，在固定篦板位置增加两排通风孔；拆除篦床两侧的第一排篦板及扣在活动篦板上的护板，保留固定篦板上的护板，全部更换为改进后的篦板组，调整好它与相邻篦板间的间隙为3～5mm；安装后进行空载试运行，检查固定部位与活动部位间无任何碰撞与摩擦；最后恢复篦冷机两侧矮墙。实践证实，不仅两侧篦板与护板半年后仍很少磨损，而且连矮墙都安全无恙。

◎ **防破碎机篦条脱落**

当发现篦冷机熟料破碎机篦条经常脱落而影响运行时，其原因在于，大块熟料容易卡在篦条上端与固定篦板间的空隙中，且突出部分总被后来熟料推动，此力将是掀起篦条上端的动力源。为此，只要用耐磨钢板将此空隙封死，高出篦条上端10mm，并与壳体钢板上端焊牢，再不让熟料卡住即可。

◎ **防破碎机轴磨损**

TC12102篦冷机锤破传动轴端与壳体之间原有密封钢板，但仍漏料，而且一年后轴端磨出3mm深沟。对于壳体与传动轴径上方的20mm间隙，将原壳体外侧的密封钢板去掉；制作分体一圈环形钢板，套在轴上并与轴断焊，运行中将与轴同转；在它与壳体间形成的沟槽内，再加一块厚度小于溜槽宽度的钢板，焊在外壳体上。如此形成类似的迷宫密封，不仅传动轴得到环形板保护，而且漏料大为缓解，环形板磨损后也易更换。

◎ **锤破轴快速修复**

传动皮带轮与传动轴之间的键松动后，键槽磨损并扩大为皮带轮内孔与传动轴磨损。传统做法是将磨损部位补焊后重新车削，并加工键槽，但处理时间长，工作量大。使用进口高分子复合材料——2211F 金属修复剂，便可快速修复。具体步骤如下。

对键槽磨损部位进行补焊、打磨，使之基本恢复原尺寸，表面打磨出金属光泽；用丙酮洗净表面，将 2291 材料按 1∶10 与无水乙醇调和。并搅拌均匀，直到没有色差；将材料涂抹至损坏处，让材料与表面黏结，并填补损伤部位间隙。对轴头、内孔等受损部位除上述步骤外，用毛刷涂刷到修复表面晾干，最后再用产品 2211F 严格按比例调和，并搅拌均匀，再将它涂抹至磨损处，若缝隙过大时，可采用铁皮充填，或分层涂抹固化，减少收缩量；最后将带轮当模具试装配，挤出多余材料；拆下带轮，通过磨光机、锉刀清净表面，但不要敲击。按照安装要求重新装配带轮，全过程用时 5h。

◎ **辊破轴温过高原因**

史密斯公司 SFC4×5F 型篦冷机的破碎机是装在中部的辊式破碎机。但两年过后，因篦板下的风量调节板损坏而被摘下，以为可以增加冷却用风解决，但实际却极大降低高温端的热交换效率，致使熟料热要待篦冷机中部散发，使此处破碎机轴承温度达 80℃以上，经常报警跳停，且熟料出篦冷机温度高达 200℃。当装回新的风量调节板后，轴承温度正常。拆除调节板的更大损失是减少窑回收热，增加熟料热耗。

◎ **辊破故障排除**

辊式破碎机使用不久便发现第 3、4 号辊轴的轴套与前轴头连接螺栓经常剪断，为此，现场钻绞孔 ϕ25mm，深 80mm，每圈 4 只，错开螺栓位置，铰孔后打入销轴；销轴采用 40Cr 材料调质处理，两端有 4mm 倒角；在第 3、4 号辊轴的轴套与前轴头连接处，在圆周方向加装 4 个平键，加强其连接。另外，为减少辊轴两端辊套和侧边衬板的磨损，在 4 号辊轴两端增加挡料护板，缓解因红热细料对其磨损。

◎ **篦冷机液压故障**（见第 2 篇 5.5 节）

◎ **篦床失速原因**（见第 2 篇 11.1.6 节）

4 输送装备

4.1 板喂机

◎ 锁紧套打滑处理

沙特项目石灰石破碎板喂机在调试1h后，就发现传动打滑，经检查属于板喂机传动轴与减速机中空轴配合过松，锁紧盘力矩加得再大也无济于事。因投产工期已定，必须尽快解决，在增加内套、使用固持胶黏结、中空轴开槽三个处理方案中，以最后一方案为最适宜，既不需要机械加工，扩大减速机中空轴内径，也不会有日后拆卸会伤及板喂机传动轴的可能。在减速机中空轴上开两道180°对称、100mm的槽，再按照原方式装配即可，具体做法是用5mm钻头在中空轴上打一排小孔，再用手锯锯通，最后打磨光滑即可。只用2天时间便可完成，但需再补发一个减速机中空轴和锁紧盘为备件。

4.2 大倾角链斗（槽式）输送机

◎ 制作要求

想让链板与销轴少磨损不脱落，且运转平稳的条件如下。

(1) 紧配合结构。实现销轴与内、外链板、套筒间的过盈配合（过盈量为0.10～0.15mm），防止它们有相对转动；滚轮内安装带防尘盖滚动轴承，减少滚轮内摩擦力，以转动灵活，减小链条张力，避免减速机高速轴断裂，且轴端安装油嘴；套筒外加套壁厚为12mm的滚子，成为滚子链，在滚子与轮齿啮合时，应为滚动啮入，减少彼此磨损。

(2) 选材和热处理。为提高耐磨性能，销轴采用中碳调质钢35CrMo代替40Cr，热处理为渗碳淬火+中温回火；套筒和滚子选用20CrMo合金钢，快速渗碳工艺，回火后套筒表面硬度HRA77-81，滚子表面硬度HRA72-76。

(3) 精机加工。对较长内外链板孔心距，冲孔前和热处理后都要整平处理，确保链板孔距精度，并在链板冲孔后进行挤孔工艺，提高链板孔配合面的光亮带。

◎ 安装与调试

应从尾轮开始安装，其程序如下。

(1) 定位。用经纬仪等仪器划线，标出输送机纵向中心线及各部件与其相关坐标位置。

(2) 安装尾部装置。它应整体发运现场，将螺栓上防止运输中张紧装置前后窜动的螺帽拆下；穿入地脚螺栓，对其进行严格找正：尾轮轴水平允差≤0.5mm，尾轮轴线与输送机中心线垂直度差值≤1mm/m，两链轮对中心线的对称度公差为1mm。找正完毕并调整螺栓后二次浇灌；若基础为预埋钢板，便可与其直接焊接。

(3) 安装支架。对运输中变形的支架应矫正或修补，其中心线与设备中心线偏移≤2mm，支架门框平面对设备中心线的垂直公差≤2mm，支架两支腿安装平面与其垂直度公差≤2mm；与预埋件焊接；弯段及倾斜段支架间的支撑槽钢均在轨道安装调整后焊接。

(4) 安装轨道。检查轨道直线度≤1mm/m，每根轨道长度误差≤3mm，从尾部水平段开始，按轨道的编号就位，置于支托角钢上，轨道接头用两块鱼尾板搭接夹住并用螺栓上紧，支托角钢与支架用螺栓连接，并利用角钢上的螺栓长孔调节轨道高低；轨道接头留有间隙，水平错位≤1mm，高低差≤0.5mm，且从高到低要符合滚轮运行方向，两条并列轨道的轨距偏差≤2mm，同一截面上两轨道高差≤1mm；并用自制的轨道定位量规检查间距及对称度公差≤1mm；沿轨道长度的标高差值≤1/1000，全长度标高差≤5mm；将轨道焊在托架上，扁钢的一侧紧靠托架，另一侧与支架焊牢。

(5) 安装弯道护轨。对有弯扭变形的弯道护轨矫正，并将护轨支撑或悬吊就位并调整，两条并列护轨对设备中心线的对称度公差为 2mm，与上轨道面距离要符合极限偏差要求；用护轨连接架连接护轨及轨道时，先点焊中间及现状的护轨连接架，然后撤去护轨的支撑或悬吊，在校核合格后，画线定出每个连接架的位置，并按左右对称和要求的间隔范围，逐一将连接架与轨道和护轨焊牢；最后焊接弯段及倾斜段各支架间的加强斜支撑。

(6) 安装头部装置。将头部整体就位在基础上并调整，头部轴的水平差值≤0.5mm/m，中心线与设备中心线垂直差值≤1mm/m，两链轮与设备中心线的对称度公差为 1mm。

(7) 安装料斗与链条。将料斗底部的四个孔与下部两条链条上的四个孔对准，用链条连接成一组运行部件；在尾部水平段做一辅助安装架 3～4m，放置在下轨道处，将一组运行部件料斗口向下吊放辅助架上，料斗方向符合安装图方向；安装料斗左右两侧的滚轮，并架到轨道上，两个滚轮的对称度公差为 2mm，用钢丝绳和吊钩将安装完的一组向头部方向牵引，后续再安装新一组运行部件，直到从头部绕回到尾部链轮的水平段，链条两端连接成封闭环。

(8) 安装传动装置。整体吊装到基础上，以头部链轮中心线为基准调整后，上紧固定螺栓，重新找正液力耦合器和联轴器的安装精度。

(9) 张紧链条。清除杂物后，盘动链条一周，尾轮轴与设备中心线在始终保持垂直的前提下，用调节弹簧的压缩量大小调整尾部链轮轴的水平面，张紧链条。判断张紧力适合的标志是：尾部的回程段进入链轮啮合前的 2～3 个滚轮，从轨道上抬起；在凹弧段内，滚轮在轨道上略有抬起。

(10) 安装防尘罩。先开好进料口、回灰口及收尘口，整体用螺栓连接在支架上，密封板装在料斗侧板的内侧，确保不与运行部件磨挂。

调试要求：先用人工盘车一圈无异常状态后，再通电试车。注意观察链条和链轮的啮合与分离，应衔接平稳、无冲击现象；运行中，滚轮的轮缘与轨道不接触；防止张紧力过大，圆弧段的链条不应浮起碰到护轨上。

◎ 双楔块定位装置

因大吨位熟料输送机部件较重，安装时不易保证精度。尤其长度较长时，头尾定位困难。但安装精度直接影响运行平稳性和部件寿命。采用双楔块调节定位装置，将头部装置定位分两步进行，先将 7t 余重的头部装置，按地面基础中心线粗定位，再用双楔块定位装置，将不足 2t 的头部轮轴无级精确定位，以确保安装精度和准确性。

该装置与新型弹性联轴节的开发应用技术，共同为万吨线斜斗输送机国产化奠定关键基础（见第 3 篇 5.7 节“弹性圈联轴器”款）。

◎ 常见故障处理

(1) 料斗受力变形。搭接处互相顶碰，其原因有：料斗上边缘变形；牵引链磨损后延长；料斗与链板连接螺栓松动；熟料温度过高。应及时修理料斗上缘，更换损坏链板，紧固螺栓。

(2) 链斗运行跑偏。原因为两条板链长度相差过大；两头部链轮磨损不一致；尾部张紧装置未调整正确，尾轴与输送机中心线不垂直；物料落入料斗不均，偏向一侧；输送机同水平面上两根轨道高低差超过安装要求。为此，左右部分链节对调，或更换链板；修理或更换头部链轮轮齿；调整尾部张紧链轮，使尾轴与输送机纵向中心线垂直；调整加料溜子位置，让入料均匀；在托架与轨道间调整垫片，保持轨道高度一致。

（3）停车有倒转。原因是滚柱逆止器内弹簧刚度不足或滚柱损坏，应更换弹簧或滚柱。

（4）板链折断。可能原因是：头部驱动链轮不够规整，轮齿安装误差太大，或齿形不对；拉紧装置的颈紧力过大；链斗运行中有障碍物；链板局部磨损过多。对策分别是：修补头部驱动链轮轮齿，并适当调整；调整张紧装置，减小颈紧力；清理输送机周围杂物，防止输送机下落物料的堆积。

（5）轴座连带一块料斗底板撕裂。因靠近头部的上轨道安装高度偏高所为，使滚轮运行到轨道端头时，被轨道顶住，进入空段会产生冲击力。将轨道高度降低 30～40mm 便可解决。

（6）辊轮、链条、轨道磨损严重。因滚轮内轴承润滑不当；或滚动轴承损坏；滚轮与链板间被杂物卡住；滚轮外圆磨出平台，造成滚轮不转动，对轨道磨损加剧。措施为清洗轴承，定期加洁净润滑油；更换轴承；清除杂物；更换滚轮。

◎ **安装防跑偏装置**

该装置由防跑偏挡轮、支承板、丝杆、支承调节螺帽等组成。通过支承调节螺帽将它焊接在输送机架立柱上，通过丝杆调整它的挡轮和斗子侧面距离。安装时，要求行走滚轮凸缘与轨道侧面距离 1mm 时，其挡轮能接触到槽式斗子侧面，而高度方向位置应相当于槽斗高度方向的中间；每间隔 1 个机架安装一组防跑偏装置，如跑偏严重，可适当增加数量。实践证明：此装置安装后，就不再出现运行中行走滚轮凸缘与轨道侧面挤压摩擦、磨损的现象，更不会发生滚轮脱轨等恶性事故。

◎ **头部轨道增强**

头部滚轮一旦发生脱轨事故，就会威胁窑的运行。巡检中应查看，靠近头轮的轨道支座是否有开焊、断裂等现象，从而造成头轮运行中上下摇摆、轨道偏摆，最后脱轨。处理方法为：在头轮附近的轨道下面 3～4m 范围内，每 1.5～2m 增加一组工字钢横向支撑，与轨道形成井字形框架结构，便可保证稳定性。

4.3 提升机

◎ **用镶套法修复主轴**

提升机上部轴滚动轴承紧固圈松动，使轴承窜动，靠近电机侧轴承安装部位出现超过 15mm 的磨损量。此时，用镶套法最为快捷：将磨损部位用抛光机手工磨光，将材质为 ZGMn13 的轴套安装在磨损部位。轴套设计较长，以弥补主轴磨损后的强度损失；并在轴套和轴上钻螺栓孔，用 M12 沉头螺栓固定，防止窜动。

◎ **壳体磨损防治**

装满物料的料斗在提升至头轮半径处时，物料就会随翻转的料斗逐渐溢出，并冲向壳体两侧及链条上，至头轮最高处，物料向下倾泻进入下料口的同时，还会有更多剩余物料冲向壳体直落提升机底部，这就是壳体磨损的顽疾所在。

防治措施为：延长斗子的卸料时间，降低下料口高度 500～800mm，改造下料溜子，外部加固支撑，让斗子卸料干净；并在出料口与斗提头轮之间壳体两侧，大角度制作安装导料槽，与链条距离 10～15mm 为宜，遮挡溢出物料对壳体与链条的冲砸；在下料口处安装下料“舌头”，用废胶带插入壳体，离斗子前端 20mm；稳定入提升机的物料量，防止料量波动大对提升机的冲击；若物料总是满负荷，应加大减速机，增加电机功率。

◎ **料斗增强措施**

辊压机终粉磨工艺要求提升机的负荷较高，当发现料斗在加筋板处开裂较多时，首先改用

Q235A 代替 16Mn，此时对料斗要求更多是韧性，而不只是耐磨；将加强筋位置调整到料斗口沿，并适当增加立式筋板数量。

4.3.1 钢丝胶带斗提机

◎ 安装与调试

（1）下部区段找正。将该区段装到基础上后，用斜垫铁找正，保证法兰水平度允差不大于1/1000，然后才能进行二次浇灌。

（2）中部壳体安装。每段 10～15m，各节机壳间垫入 1～2mm 密封材料，保证法兰面的水平度，并不能错位；每个通道的机壳中心线应在同一铅垂面上，用铅垂线测量时，风力不得大于 3 级，并让下端重锤浸在油桶内；如总高度大于 40m 时，应使用光学仪器测量。

（3）上部区段找正。如需调节机头水平及垂直度，不允许松动出厂已调好的各部位螺栓，可在机头与水平台连接处加垫片或毛毡调整。再对头、尾轮轴水平度允差校核≤0.3/1000。

（4）安装传动装置。按电机、液力耦合器与减速机说明书，用百分表和塞尺找正，达到液力耦合器、电机输出轴、减速机输入轴的径向圆跳动和轴向圆跳动均≤0.3mm；与提升机头轮连接时，先确认逆止器逆止方向正确，再用百分表确认减速机输出轴与头轮轴的同轴度≤0.05mm。找正后固定传动装置。

（5）安装带斗装置。输送带接头用专用带夹和专用固定螺栓进行，在胶带安装之后，再用皮带螺栓装料斗。安装时要注意将胶带中抗撕裂层（横向钢丝层）放置在靠头轮一侧。

（6）导料滑板调整。调整橡胶滑板外缘与料斗外缘运行线之间距离为 10mm 紧固。

（7）皮带跑偏调整。用管式或框式水平仪检测尾轮水平度，用两边螺帽与导管的相对移动调整；配重箱水平度也要满足≤0.3/1000，调整两边导管与导杆间隙相等；配重箱要有足够重量，才能张紧胶带；检查尾部轴承座两侧滑槽与箱体滑轨间的间隙恰当，不能有卡阻，让轴承座上下滑动自如；再检查摆杆内侧与导柱端面的间隙保持 0.5mm。如仍未纠偏，应重新检查胶带接头及头轮的水平度是否符合要求。

◎ 头轮包胶瓦片修复

钢丝胶带提升机头轮的包胶瓦片为鼓形，即瓦片总厚度达 20mm，两端面直径为 ϕ800mm，中间直径为 ϕ803mm，胶带就是依靠这个略微突起 3mm 的鼓形，保持胶带居中运行。此凸鼓一旦被磨平，胶带就会跑偏。

如果更换新瓦片，每副价值 5 万元，还费时费力。自制一台现场车削装置，对原瓦片再加工出鼓形，就相当于再造一副新瓦片，继续使用。

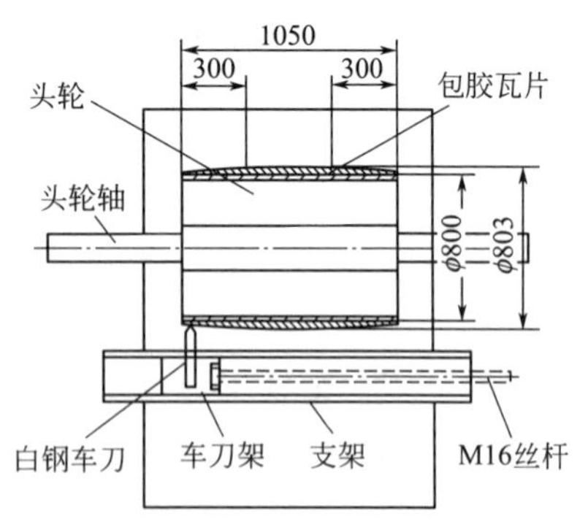

图 2.4.1 头轮包胶瓦片的切削示意图

车削装置由 12 号槽钢做支架，厚 8mm 钢板做刀架，加工的 M16mm×1000mm 双头丝杠组成（图 2.4.1)。加工步骤是：打开提升机头轮壳体两侧观察门，在头轮下部固定找正车削装置，并用标尺标好尺寸；开启提升机辅传，在距头轮一端 300mm 处调准零点；开启提升机主传，手动用（10mm×10mm×100mm）白钢车刀车削头轮包胶瓦片，转动丝杆向头轮外端移动车刀架，每移动 30mm，车刀就跟进 0.30mm；如此两端共移动、跟进 10 次，车刀架移动 300mm，车刀跟进到 1.50mm，完成加工。

对于非螺栓固定的瓦片，当原包胶瓦片已磨损到无加工余地时，就要将原胶层车削干净，再用钢丝刷清净残留橡胶；为安装新瓦片，在两侧安放磁力钻，保持平台水平；将瓦片置于头轮下方，用 4 个 U 形卡子分两侧将其固定后，盘车一圈，瓦片位于头轮上方后，开始两边同时钻孔，先中间，后两端，再其他；由此，便可在不需要拆卸头轮的条件下，完成新瓦片的安装。

◎ **胶带接头断裂连接**

有几种应急修补方式：

（1）当接头处胶带钢丝已断掉1/2，断掉的一侧只有3根钢丝连接时，料斗也被撕掉十余个。此时，需按如下应急处理，选用ϕ12mm钢丝绳，接下距断裂处最近的料斗；制作成对使用的夹钢丝绳用的夹板，下边缘做圆角处理，同时制作有吊环的钢板（图2.4.2）；将吊环钢板固定在胶带接头夹板上，用钢丝绳夹板中的一个先套在料斗螺栓上；钢丝绳绕过料斗螺栓和吊环钢板的吊环，用倒链拉紧后，用钢丝绳卡子卡住；所有料斗螺栓和吊环钢板均如此连接，保持每个料斗螺栓和胶带接头的独立性，避免某个断开后相互影响；将另一块钢丝绳平板套到料斗螺栓上，压住绕在螺栓上的钢丝绳，最后紧固料斗螺栓。采用如此应急措施，提升机仍能运转至新胶带到厂。

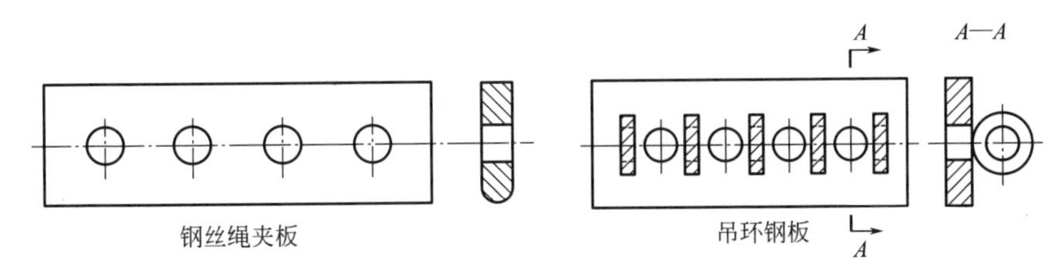

图2.4.2 钢丝绳夹板与吊环钢板示意图

（2）钢丝胶带接头中已有1/5断裂，在来不及更换新胶带时，先进行机尾改造将头式提升机两侧机尾沿轨道向上提升，机尾滚筒包括顶盖也随之上移，为胶带重做接头留出空余量：先去掉损坏部分约200mm，再加上用带夹安装需要500mm，共700mm，为满足此要求，还要去掉两个料斗。胶带修复过程：先用皮带夹板夹牢，对损坏部位重新接头；将接头处两端浸在灌入橡胶黏结剂和修补剂的油盒内，A、B两种修补剂的比例为4∶1，固化5h后空载启动16h满负荷运行，停机检查接头并紧固夹板螺栓。

（3）当提升机尾部滚筒已到上限位置，仍达不到用卡子接头的要求时，采用胶带两端叠加连接方式：取齐胶带两头有400mm重叠，在胶带接头处纵向每隔150mm打一排孔，共三排，每排4个孔均布；取6根比胶带宽度略短的50mm×5mm扁钢，在上打孔与胶带孔对应；用料斗专用连接螺栓对应夹于胶带两侧夹紧，便可应急恢复生产。

4.3.2 板链式斗提机

◎ **安装要点**

（1）安装机壳。机壳基础要能承受设备全部重量；尾部机壳上法兰面水平度允差必须≤1mm/1000mm；中部机壳的直线度与扭曲度要符合要求；最上部机壳法兰水平面为基准，在机壳内四角挂铅垂线，确保高度大于30m的斗提机，允许偏差小于9mm；在安装好的中部机壳内必须安装中间支架，支架保证机壳横向既不会位移，纵向又能自由伸缩，严禁支架与壳体间刚性连接；安装上部区段、平台后，调整头尾轮。

（2）调整链轮中心线。从上部两个主动链轮侧距离为定点吊挂铅垂线，以两个从动链轮的轮齿顶面为基准，测量并调整上部主动链轮位置（轴承座支架孔应为椭圆形，便于调节），当上、下链轮中心线重合度符合要求后（最大偏差为6mm），紧固轴承座螺栓。

（3）安装链条、链斗。先将下部从动轮组提升到最高位置；链条每组预装10m，按组依次从下部检修门用牵引装置拉入机壳，不准用斗提机的驱动装置；当链条配至能绕主动轮后，人工盘动链轮继续接装，最终在下部检修门处连接；从动链轮归位，调整张紧装置，保持链条松紧度后，让张紧装置仍有一半调节余地为宜；盘动链条一周，检查链条与链轮的啮合状况，更换啮合不符标准的链节。料斗从链条两侧同时安装，螺帽拧紧后将螺栓与螺帽点焊。

（4）安装驱动装置。安装前必须检查电机与减速器轴径向位移≤0.2mm，角位移≤30rad，检查电机与液力耦合器轴向间隙为2～3mm，判断电机旋转方向后，再行安装，盖上顶罩。

安装电机与减速机的底座必须有足够刚度，最好在12mm厚钢板上再架上槽钢，避免减速器移位，发生电机轴与减速器轴不同轴，而造成尼龙棒断裂。

在更换新链板时，可先拆下所有料斗，然后逐排更换链板，用新链板逐块更换旧链板，当整环链板都更换完后，再装上料斗，可不用吊车。

◎ NE型大修

（1）准备工作。准备工器具、备品和备件，如果更换上、下链轮，应事先组装新品；工作现场接有临时控制器，用于点动提升机；安排专人监管逆止器，严禁检修中提升机反转。

（2）更换料斗。在机壳离地面一人高位置开出两个便捷人孔门，与端盖人孔门三门同时操作。两侧两人同时用气割吹掉料斗外露螺杆与螺母，另一人从端盖人孔门处取出料斗。前一半料斗应隔一个拆一个，保持电机减速机平衡。为不伤链板，建议操作方法为：先加热螺母边沿至红，迅速调大混合气阀，用长蓝焰打开高压风阀，来回晃动气割。平均3min取出一个料斗。回装料斗顺序相反，隔一个装一个，一人托起料斗，另两人用手拧紧装螺栓；所有料斗装完后，再到提升机顶部，一人用电扳手紧螺栓，一人将紧好螺栓焊接，每2min一个。

（3）更换链条。先将从动轴的轴承总成用手拉葫芦与大链条分离，气割将两根链条断开，提升机箱体中取出从动轮，此时有四个链条头，将其中向上运动的两个链条头从端盖人孔门处伸出提升机，并接上新链条，将链条送入提升机箱体内，另一端一直留在壳体外，利用点动提升机，不断从两个便捷人孔门拉出两个向下运动的链条，并截去旧链条，以此用新链条替换旧链条，将两根链条同时更换完成。

（4）更换主动轮。拆除提升机上盖及主动轴总成，断开两根大链条，并用手拉葫芦、钢丝绳固定，将旧主动轮上的轴承座端盖、传动链轮和逆止器加装至新主动轮上，再加装到提升机箱体上，并连接大链条与传动链条，最后再加装下从动轮，连接底部大链条，加装底部箱体端盖轴承座等部件。

◎ 链条跳齿处理

NSE1100型提升机，当运行加载后，出现尾轮跳、机壳晃动现象，若只怀疑尾轮张紧度不足或头尾轮未找正、尾轮轮齿节距与链条节距存在偏差、头轮与固定框距离过大等原因，不一定抓住关键。一定要检查颗粒状物料是否在尾轮下部较多，而成固疾。

为降低流入式喂料的料流速度，一可调整回料溜槽角度，二在提升机入口处，增加2组抽插式缓冲板，板上装有可更换的胶皮，减少溢出料斗的物料量。同时，去掉尾轮轮齿为光齿，并在尾轮两侧及前后增加4组导向板，以限位导向。

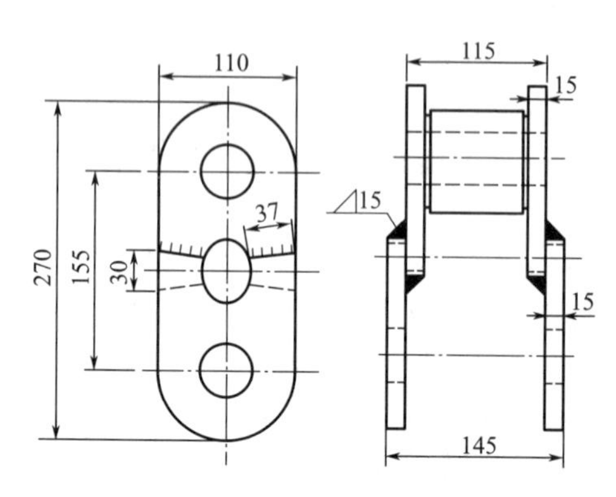

图2.4.3 过渡链节结构与尺寸

◎ 单侧链条脱开处理

当发现NSE800型提升机发生销轴脱落，单侧链条脱开时，可采用此简单省时的方法。利用旧链条，选取较好一个内链节和两个外链板，按图2.4.3切割与焊接一个过渡链节，尺寸与正常链节相同，焊缝应以不影响链节在头轮上旋转为宜；最好利用辅传将提升机慢转到便于更换的位置；用手拉葫芦固定下链轮，再用钢丝绳套将断开链条连接；

拆下影响与上链轮啮合与更换的料斗约 8 个；用制作好的过渡链节将断开处连接，取掉钢丝绳套，开动辅传，当过渡链节快要啮合到上链轮时，需要点动开车，使链节辊子与链轮充分啮合，必要时可用大锤敲击，强制啮合，过渡链节转过上链轮后，错位链条即可复位；直到过渡链节转到最初的接入位置后，再用钢丝绳套固定好它后拆下，更换新的内、外链节各一节；装回拆下的链斗，恢复下链轮自由，关上检修门；试车正常后可投入运行。

◎ **断链处理**

两台 ZYL1000 中央板链斗式提升机，其运行部件均为德国路德公司产品。但运行不足两年，其中一台间断出现 3 次断链，另一台也有少量销轴断裂。其原因是：一台的安装孔精度不够，料斗钻孔尺寸比要求大 1～2mm，虽安装容易，但在没有使用膨胀螺栓情况下，螺栓和料斗孔间磨损很快；且料斗固定螺栓的螺帽被焊死，连接缺乏弹性，更使磨损加剧；结果使外连接片与中间链滚处间隙最大能到 5mm，远超过 1mm 要求。另一原因是：链条设计中的安全系数偏低，低于 10，这是另一台虽安装较规范，但也有少量销轴断裂的合理解释。

为此，对第一台重新找正安装精度，从头、尾轮水平度、中心度，到料斗钻孔，都严格要求；更换为破断力高的销轴，安全系数从 7.15 提到 9.6；对磨损的锁定卡进行补焊；对磨损 6mm 的头轮轮缘更换；更换出料口挡料皮，减少回料。

◎ **便携式链板拆装机构**

某公司自制可携带链板拆装机构，大大提高了链板式斗提机的维修拆装效率。选用 30t RSM300 型液压千斤顶作为拆装动力，通过对链板的顶出或卡紧完成拆装。机构主体材质选用 35Mn 调制钢，强度高、韧性好。

安装与拆卸链板过程如下（图 2.4.4）。

压装：先将压板一（安装有压头一）、压板二与压板三组装好，保证双头螺柱上螺帽位置一致，将液压顶放上，拧紧 T 形丝杠，将液压顶压紧后液压缸加载压力。通过压头一将链条销子顶进链板。如一次行程不够，可通过泄压后重复二次压装。

拆卸：先安装定位压板及拆卸钩爪，并用定位卡板卡紧螺帽与链板，再将压板一（安装有压头二）、压板三安装并调整好，放上液压顶，拧紧 T 形丝杠，将液压顶压紧，为液压缸加载压力，通过拆卸钩爪及压头二将销轴及另一侧链板整体顶出。

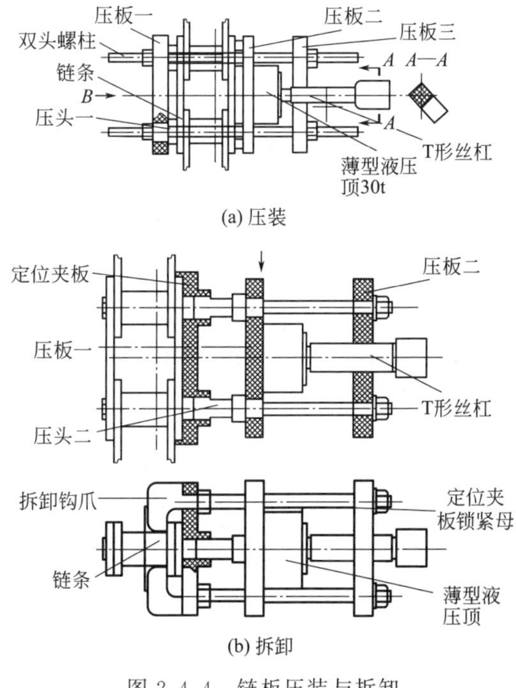

图 2.4.4 链板压装与拆卸

用此工具比用传统大锤拆卸，效率可提高 6 倍以上。

4.4 FU 链运机

◎ **自制链条拆解工具**

链运机更换易损件销轴、滚套、滚子及上下导轨时，都需要方便、快捷、完好地（以充分利用可用部件）分解链条。为此，可利用一台 50t 双向液压缸及 ZB 超高压电动油泵等设备与配件，自制 FU 链条专用拆解机。

链运机的链条组装结构为：带孔销轴与外链板、滚套与内链板，采用榫卯结构套装，再在两端穿上铆钉，以防链板松脱。

用FU链条专用拆解机对其拆解步骤如下（图2.4.5）：先将链条销轴两侧铆钉全部拆掉；将链条放入卡具中，启动油泵、手动换向阀，使液压缸活塞杆外伸，冲头1会把销轴和外链板一同压出；手动换向阀与液压缸活塞杆反复工作，依次对所有链条都拆解成：不带销轴的外链板、带销轴的外链板、内链板与滚子、滚套的组合件；再用此工具的冲头，继续将销轴与外链板分离；用特制冲头2塞到滚套同侧，放入卡具中，启动油泵，冲头侧的内链板与滚套分离，重复此步骤，使另一侧内链板与套筒分开。

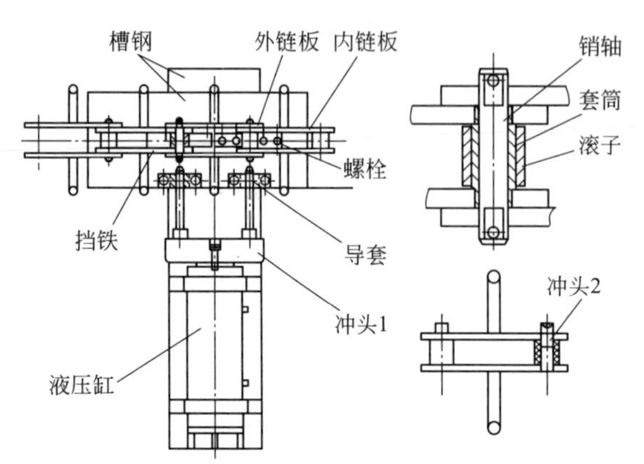

图2.4.5　链运机链条的拆解示意图

对不同节距规格的其他链条，只需松开挡铁及导套中螺栓，调节到合适位置，更换组合冲头1的规格，再加工一套相应的冲头2，使用该工具，同样有效。

4.5 胶带运输机

◎ P形清扫器安装

P形合金橡胶新型胶带清扫器能保证清净带下黏附物料，同时又对胶带损伤最小。关键是安装需注意两个环节：一是胶带与清扫器安装角度以70°为宜，既不能过大形成料皮黏附，又不能太小缺少足够力度；二是掌握清扫器与皮带滚筒距离，既不能太远，使胶带柔性大过刮力，又不能太近损伤胶带。一般控制150mm最为理想。

◎ 尾部拉紧装置加固

原皮带输送机随着来料多少，皮带受力不断变化，尾部配重箱摆动，皮带反复跑偏。原因是车架滚轮凸缘与尾架的间隙过大、且误差较大。在小车架四个角上分别焊接上四段槽钢加固限位，便可解决此现象（图2.4.6）。具体操作是用手拉葫芦吊起配重箱，用橇杠调节小车处于正中位置，焊上8号槽钢保持与尾架间隙在1～2mm之间。试车后，若有跑偏可调节尾轮。

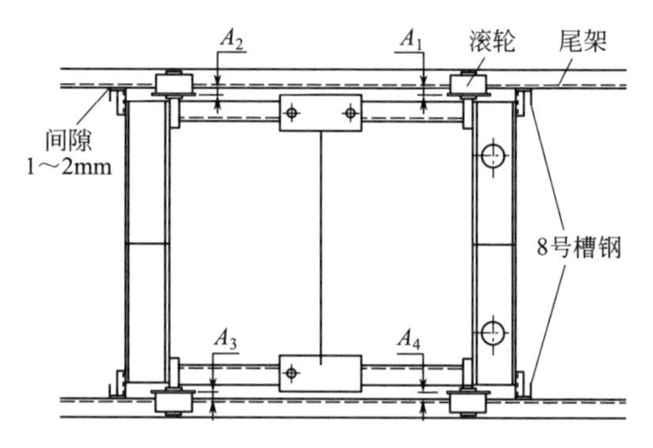

图2.4.6　皮带车式拉紧装置的加固

4.5.1 托辊

当托辊不能自由转动时，只有更换。因此要选用轴端密封好的托辊（见文献[5]）。

4.5.2 橡胶输送带

◎ 钢丝绳芯胶带撕裂修复

胶带修复分机械修补、全面修补、间断修补等方法。

机械修补：用2.5″普通铁钉去头后制作成宽35mm的U形卡钉，用于损坏部位固定与连接；用ϕ5mm钻头在胶带损坏处横向钻孔，在撕裂两侧第2根钢丝绳处，每相隔1m使用一个卡钉；在胶带非工作面用铁板垫实，卡钉插出钻孔后，将露出的卡钉两端用铁锤敲击弯曲，使卡钉紧紧扣住胶带钢丝绳，直到卡钉本身被敲击低于胶带表面为止。

全面修补（冷修补）：用规格为3.6mm×100mm×10000mm加强型修补条对损伤部位黏接；黏结前用专业角磨机，配规格ϕ125mm、粒度为K18的钨钢打磨碟打磨撕裂口周围胶带，打磨宽度为250mm，至表面呈现一定弧度，且无闪亮区域、无突起；用毛刷清净粉尘，用高效清洗剂洗净；用一罐sc2000冷态化橡胶黏结剂配一小瓶硬化剂混合并搅拌均匀（2h用完），在打磨清净后的胶带上涂抹两遍，待第一遍干透后再涂刷第二遍；在修补条表面同样涂刷；黏结过程中尽量减少卷入空气，用滚轮由内至外压突出所有气泡。

快速修补时，用皮带卡子最为快捷（见文献[5]），用大修方有时间硫化黏结。

4.5.3 滚筒

◎ 现场修复技术

以往皮带机滚筒上的包胶磨损之后，都要拆卸更换备用滚筒，将旧滚筒运回制造厂重新包胶。经过一些工厂摸索，现场可以免拆卸修复，具体方法如下。

（1）准备数量充足的包胶面板及黏结剂、固化剂、清洗剂，包胶面板宽度要比滚筒宽度小2～4cm。

（2）松开要黏结的皮带机张紧装置，将皮带撑起，留足黏结用空间。

（3）铺开割好的包胶面板，在面板上开出菱形花纹，即割出多道60°和120°倾斜角度的交叉状沟槽，槽距12cm，槽深为面板厚度的1/4，槽宽1～2cm。

（4）用磨光机打磨掉滚筒表面原来的胶皮及划痕、异物等，使滚筒表面露出金属光泽，用清洗剂对滚筒表面进行清洁。

（5）待清洗剂完全挥发后，在滚筒表面涂抹一层金属处理剂，往返直线涂刷1～2次即可，不可多次重复，反而刮开已刷上去的处理剂，干燥1h。

（6）将黏结剂与固化剂按1∶1比例混合，搅匀刷在滚筒表面上，待干燥到手背碰触时不粘手为准，在滚筒表面与包胶板上划中线，供黏结时找正。

（7）在滚筒表面圆周方向一定长度上再涂一层黏结剂，以方便黏结施工，等黏结剂稍有黏性时，揭开包胶面板背面的保护膜，对齐所划的中线，边转滚筒边逐步揭保护膜进行黏结，用压轮将包胶面板与滚筒压实，再用胶锤从中间向两边击打包胶面板。重复该步骤，将整个滚筒表面包上面板。

该方法用时5h左右，黏结后2h即可使用，省时省钱且效果好。

4.6 空气斜槽

◎ 安装关键细节

安装时应该充分考虑防止空气斜槽运行中发生物料沉积堵塞。

（1）要求在标准节连接处密封条上涂抹密封胶，不能只凭螺栓连接，尤其对于较大型斜槽，因很难夹紧“日”字形密封胶条而脱落。此时就会让透气层下的风从连接处窜到透气层上，形成“内漏风”。这种短路风很难发现，但却能降低物料的液态化，从而减小输送能力。

（2）在安装转向斜槽时，不能只注意斜槽安装角度，还更应关注转弯斜槽的高度差，一旦上游斜槽高度低于下游斜槽高度，运行后必堵无疑。三通斜槽应该在三通转接口处采用分流导向板，使分料均匀而不堵塞；同时，进料端要比透气层高出一定的正向高程，而转接头出料端需要紧贴透气层，才能确保不堵料（图2.4.7）。

（3）斜槽风机所用管道直径不能随意替换，若偏小就会提高风速，增加阻力，无法满足物料悬浮要求；但管径过大也会无端降低出口风速。一般要求管道风速为15～20m/s。

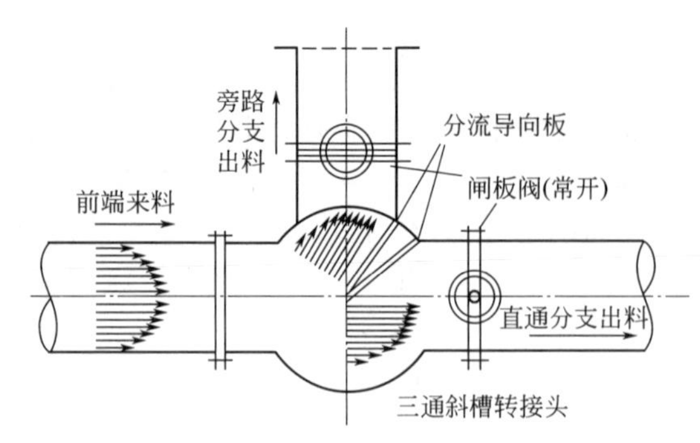

图 2.4.7 三通转接头分流导向板示意

（4）保持透气层的良好状态。严防烧伤透气层，焊接作业前要在斜槽内上方铺上粉料。另外，凡露天斜槽都应安装防雨措施，避免水及油污对透气层的浸润增加透气阻力。

（5）检查时最该关心进风与出风的平衡，鼓入风量应当足够，且出风通畅，若设备进出料有锁风装置时，必须有单独收尘器供排风之用。某斜槽居然鼓风机一直反转，只因投料量较大，依靠料自身重力与推力仍能运行，反而因此特殊原因减少喂料量时却被堵塞。

（6）当物料落差大时，可在下料溜子加装缓冲挡料板，角度应在45°以上，减少物料冲击透气层，延长寿命。缓冲板改进见第3篇4.6节“接料缓冲板改造”款。

4.7 螺旋输送机

◎ 断轴紧急处理

原螺旋输送机为实体面型螺旋，螺旋轴为ϕ89mm×7.5mm厚壁无缝钢管，断裂处已扭曲变薄。先制作短轴和轴套，短轴用45钢，长度153mm，轴套由调质过的备件套改制；短轴ϕ74mm部分插入螺旋轴管内，间隙配合，短轴凸台直径与螺旋轴外径相等或略低，确定每段长度要等于或稍长于螺旋轴管外径的一倍；将两截螺旋轴放在16号槽钢上找正，短轴一端插入一个螺旋轴管内，将凸台与螺旋轴焊接，并将轴套套在此螺旋轴上；再将短轴另一端插入另一螺旋轴管内，把轴套调至中间位置，轴套和此螺旋轴焊接；对称点焊和焊接所有需要焊接的位置，防止变形，对个别变形部位可用千斤顶校正。直线度在2mm内后可使用。

◎ 自制叶片拉伸机

螺旋输送机叶片原制作方法是：将8mm厚钢板加工成叶片模型，焊接在主体管壁上，将车削后的毛坯放在模具上，用大锤打，使之拉伸成形。公司自制的叶片拉伸机使此工作变得简单，并使叶片受力均衡、变形平稳，加工的叶片平整规范，成品率为100%。

制作该机的方法是：用冷轧拉伸工艺。应用杠杆原理，通过手摇柄将力传给主管内的丝杠，带动反、正螺帽同时运转，使牵头沿着螺旋角正、反方向呈斜角拉开，牵头分别牵引叶片毛坯两端缓缓拉开，毛坯内径边缘紧紧围绕主管外壁上。达到理想位置后，制作完成。

使用它的方法是（图2.4.8）：在切割好的叶片毛坯内径两端，按牵头的直径（ϕ17～18mm）钻两个工艺孔，将毛坯套进主管，两孔对准牵头套入，转动手柄带动丝杠转动，牵头牵引叶片两端拉伸。为防止叶片不规则变形，克服拉伸时受到的摩擦阻力，可用手锤敲打受阻力处，消除内应力，直到叶片成形，退出牵头。

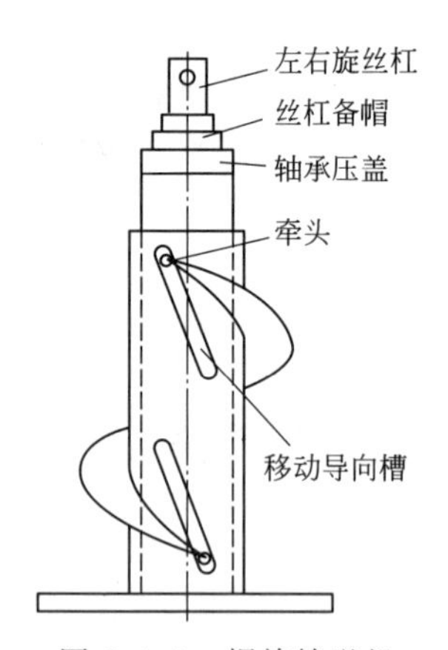

图 2.4.8 螺旋输送机叶片拉伸机

4.8 料封泵、螺旋泵

◎ 料封泵安装要求

为防止滤布被烧损，安装料封泵应采取自上而下的顺序，最后安装充气箱底壳。若是整机进厂，可拆下检查孔盖，在充气箱底部填充耐火物料后，再从检查孔清出多余砂子等。

对伸缩管道内、外层管间隙，使用前要加入足量润滑油，既为润滑，又为密封。

防止任何异物进入泵体内，也要防止施工过程有水进入。

◎ 螺旋泵轴承进灰处理

用于向窑头喷煤的螺旋输送泵，突然卸料端轴承冒黑色油烟，检测轴承温度高达 194℃，确定为过滤减压阀损坏，引起密封气压降低，使煤粉进入轴承内部。

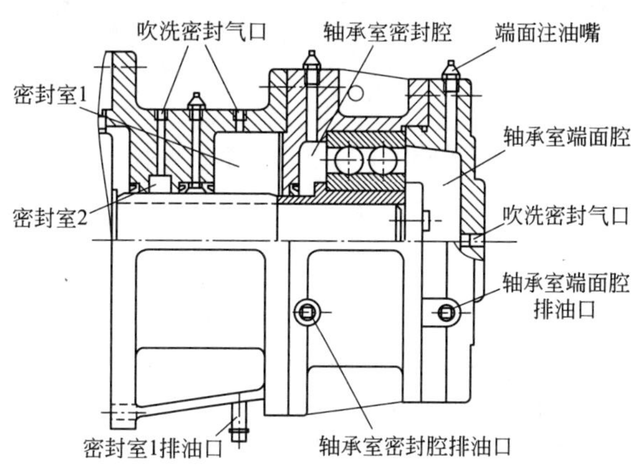

图 2.4.9 螺旋泵卸料端结构

处理办法是：更换空气过滤减压阀，调节到合适压力，恢复吹洗密封装置功能；因该泵是输送煤粉，具有自润滑性。为此，迅速旋开 3 个排油口旋塞（图 2.4.9），用压缩空气从轴承室和密封室吹出一部分煤粉；然后，采用油清洗方式，向端面注油嘴加注干净润滑脂，经过轴承进入轴承密封腔，含煤粉污油从密封腔排油口排出；随着新油注入，煤粉不断稀释，污油颜色变浅，煤粉含量下降到一定程度，就不会对轴承产生磨损；再盖上轴承室端面腔排油口旋塞；轴承温度逐渐下降，注油 3 桶后，温度下降到 110℃，以后每隔 1h 一次注油半桶，最后温度稳定在 65℃左右。整个过程，轴承密封腔排油口和密封室 1 排油口要保持常开，让多余润滑脂排出。

5 动力与传动装备

5.1 离心风机

◎ 安装要求

大型双吸 F 式风机的轴较长，为防止因温度应力及重力作用使轴弯曲，要配置慢传动，实现冷态翻身、热态慢转；并为调速配有变频器或耦合器。

(1) 安装前必做的技术准备：消化资料；严格验收风机部件；认真核对基础标高、中心线、基础孔，质量不合格必须返工。

(2) 壳体安装。壳体就位时，先要测量风机进出风口中心线与风管中心线的重合度，误差控制在±1mm 内；且送风方向管道空间应大于来风方向空间，避免风直接冲击管道。进风管不应有较长的小角度管道，尤其对含尘较大的风，若让粉尘在管道内沉积，就会发生阵发性转速突降，电流突增，严重时风机跳闸。此类管路，只好用风定时吹灰，或加装漏灰斗输送积灰，但这已是下下策。壳体支撑架上应留长孔，允许壳体热胀时有小窜动；确保支撑位置在风机水平合口面下侧，不能随意下移，避免热胀时合口面上移给相邻设备产生应力，甚至摩擦而返工。

(3) 转子安装。先复核转子纵、横向中心线，确定轴承座具体尺寸，防止叶轮与壳体相互干涉，并对轴承座基础支座就位灌浆；对支座精平，保证壳体中心线与两轴承座纵向中心线重合，支座上水平度达 0.1mm/m，两支座标高误差在 0.5mm 以内，且传动端高于固定端；前端轴承必须轴向限位，轴承外套与隔离圈间隙应于 0.2～0.4mm；后端轴承为活动轴承，让轴承在冷热时伸缩自由，且轴承座内预留窜动间隙，内侧留 1/3，外侧留 2/3，考虑当地环境与工作温度；并检查轴承座内孔的光滑程度，上盖压紧后，间隙应控制 0.05～0.10mm。

(4) 其他安装。集流器安装时必须让进风口与叶轮的间隙均匀，两者插入深度相等，若进风口插不到叶轮内部，要让厂家修理，否则会造成风机严重内泄漏；除保证联轴器安装精度外，销子必须能轻松穿进销孔，不能蹩劲；壳体合口面间要垫衬密封材料，避免漏风。安装完毕后要取出进出口膨胀节上的限位螺栓。

风机对中要用百分表，一是打联轴器外圆，测量上下偏差及左右偏差；二是打端面，读出上下张口和左右张口。平行不对中在 0.08mm 以内，角不对中在 0.05mm 以内（见第 2 篇 5.7 节“膜片式的安装”款）；风机基础螺栓应选 8.8 级强力螺栓和螺帽，并要用转矩扳手拧紧，否则水平振动大于垂直振动［见本节“各类振动治理”款（3）］。

◎ 现场动平衡测试

风机风叶找平衡方法有静平衡法和动平衡法。前者有摩擦消除法、八点法和四点计算法；后者有周移法、双转向划标线法、标线法（一点法）、三点法（解析法和作图法）、综合法及动平衡仪校正法等。

平衡校正风机最重要的是：找出不平衡质量的位置及大小；对于转速小于 1000r/min 的风机，或振动特别大时，应先用静平衡法初步找平衡为宜；测静平衡时，要消除摩擦力影响，为此，应取掉联轴器的杜销，并放掉轴承座内一部分润滑油；施工时一定要断掉风机电源；但仪器检测不能断电；测量振动时，风机前后转速要一致；采用动平衡仪校正需要专业人员，才可达到较好效果；不论任何方法，都是实践经验的摸索和累积。

HG-3538B 型现场动平衡仪不仅可以用于监测振动，还能按如下步骤分析振动原因。

(1) 在液力耦合器输入联轴器上贴上反光条，在两轴承座的水平位置吸附上振动传感器。

(2) 将转速传感器固定在磁性表座上，按下仪器“电源”键，调整转速传感器发出的激光，使之对准反光条。

(3) 检查数据线，确认仪器和设备无危险后开启风机，待电机启动后在仪器上选择“分析”键，选择测量转速功能后，调整液力耦合器的转速至 1200r/min，得出一组两轴座的振动值，分析工频处及 2 倍频处的振动能量与其他频率分量的能量，便可确定风机振动是属于不对中或不平衡所致，还是两者兼而有之，并经现场进一步检测，便可断定原因。

用该仪器完成在线动平衡测试的步骤如下。

(1) 用仪器的 A 通道，启动风机工况转速为 1200r/min，选择仪器上“平衡”主功能下的“试重法”，按“确认”键选择地址“01”和“双面”；转动中输入测量转速 1200r/min，再按确认键，拔出振动值和角度 φ，基本稳定后按“存储”键；再选择 B 面，如法重复。

(2) 按“返回”键，回到“A 面加试重”的界面，停止风机后，在叶轮 A 面选定 a 点加焊试重 1000g（包括焊条重），重新启动风机到原转速，风机振动也可能加大。

(3) 在“确认”键“A 面试重”界面中，将刚加在 A 面的试重质量输入到“试重质量”中，角度为 0°，按“确认”键，待振动值 V、f_n 和 φ 基本稳定后“存储”；再将开关选择到“B 通道”，同样操作 B 面，按“返回”键回到“B 面加试重”。

(4) 停止风机，将 A 试重块取下，做好标记，在叶轮 B 面选定 b 点加焊试重 850g（包括焊条重），再重复（2）后续启动风机及（3）步骤后，再选择 B 面开关为 B 通道测量，稳定后按“存储”键。

(5) 回到“平衡解算界面”，按确认键，得到 A、B 两界面上的配重质量和配重角度。

(6) 停风机，取下 B 试重块，做标记，按平衡解算得到的配重质量和配重角度，进行包括焊条质量的配重。经平衡后风机振动值会大大降低。

◎ 各类振动治理

(1) 轮毂和主轴配合不当引起的振动。当风机随温度升高达 68℃ 就严重振动时，应考虑转子轮毂和主轴配合不当：因为转子轮毂与主轴两端是过盈配合，中间为空，采取热装方式，如装配后冷却不均，就会造成两端间隙不一；又因是通过键槽联结，它们之间的间隙会随温度变化而改变；如果加工精度不高，过盈量不足，也会随着升温产生间隙。针对这类振动的措施为：拆除原转子的定位环，并加工两个紧定环，分别套在转子轮毂两端，并分别与主轴和轮毂焊接（图 2.5.1）。如此改造，可使 130℃ 之前振动值无明显变化。

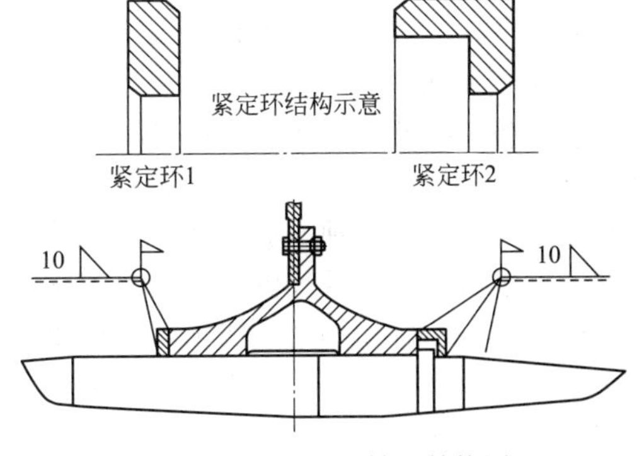

图 2.5.1 改造后转子结构图

风机叶轮两端的三角形冷却箱式结构盖板上有通气圆孔，当磨损较大时，粉尘便进入其中，而风叶运行中，粉尘不会固定在某个位置，造成叶轮平衡变化。清理积灰后，并对通气孔修复到原有孔径 ϕ5mm。

转子主轴水平偏差较大，如固定端比自由端低 4mm，风机振动就会大，而且固定端轴承易损坏。此现象与安装质量有关，但也要观察基础是否有不均匀沉降。

(2) 机翼型叶片的振动。与同功率的单板型叶片相比，机翼型虽效率会略高（1.5%），噪声也低，但在叶片磨损后，现场处理较难，寿命也短，故现在选用者越来越少。它的叶片是两块钢板在进口处放入一根钢棍，焊接形成空腔，一旦磨漏就会让灰尘进入，而进灰量的不平衡，就使转子振动。且进灰处小缝隙并不易发现，若不留神，轴承座就会振坏，甚至地脚螺栓拔出来。现场处理只能是在非工作面开小孔，将灰尘清出后，再把小孔电焊堵上，并做动平衡。但此法并不能维持长久，因为叶片钢板一旦磨漏，说明钢板已经变薄。一般要返厂上 U 形钢板套维修，或更新。

(3) 风机壳体引起的振动。调试时若发现风管、机壳振动较大时，不但无法正常工作，而且能耗损失也大。应检查：①地脚螺栓松动。②风机入口风管水平段长度应不小于风管直径的 1.5 倍；过小会形成空气紊流振动。③检查百叶阀调节门进风旋转方向，应与风机叶轮旋转方向一致。④在调节门开度为 10%～30%时产生振动，属于旋转失速引起，风门开大后就会消失。⑤检查轴承座是否与其共同振动，消除轴承座振动原因。⑥壳体与叶轮摩擦或管道振动传递到壳体，都要停机及时处理，严防扩大成破坏性事故。管道受负荷变化等因素也可能振动，继而引发风机振动。为此，应将水平布置的风管在风管法兰与壳体法兰连接处，一端加一支撑，避免风机承受风管重量；并支撑面上垫上一块废厚橡胶块，吸收振动。⑦检查系统供出风有无不稳定来源，或管道风存在不稳定障碍物，当将其吸到顺气方向时，进风量加大；障碍物复位时，进风量又变小。造成壳体吸鼓振动。

改善基础整体强度的方法是：打掉二次浇注层，在一次浇注层上垫两块钢板（250mm×1250mm×50mm），钢板长度方向与电动机轴向一致，放在轴承座两侧，分别穿过地脚螺栓，重新浇注二次浇注层。

(4) 挠性支撑引起振动。风机选用挠性支撑时，即整体底座下安装 24 只阻尼弹簧减振器。若实际运行水平摆动、振动较大，远大于 7.0mm/s 标准。只有在增加 14 只复合橡胶减振器，并用斜垫铁预紧，保证每个均匀受力后，振动明显下降。

(5) 因转子不平衡振动（见第 1 篇 5.1.1 节“转子不平衡振动防治”款）。

◎ **排除振动虚假信号**（见第 2 篇 11.1.4 节）

◎ **电流频繁波动**

当余热发电烟气先经增湿塔再入高温风机时，因管道连接不当，如烟灰去增湿塔的进口与去高温风机的进口距离很近时，大量灰尘就会短路去风机，引起锅炉灰堆积到风机的进口管道上，随着灰尘沉降量与排出量的变化，引起风机电流大幅波动，甚至会烧毁变频器的功率单元块，酿成事故。对此只有重新改造管道连接。

◎ **选型不当处理**

水泥磨主排风机型号 2500DIBB25，转子直径 2500mm，转速 951r/min，电动机 YKK500-6，原设计工况温度为 120℃，但现在仅 40℃，使得风门仅开 45%，就达到额定电流，使磨内通风不足。此时可有四种方法：加大电机功率，换高压变频，更换风机叶轮，切短风机叶片。四个方法中最后方法无须投资，于是根据计算切割叶片从 781mm 到 701mm，分三次试切，全叶轮对称进行，保持动平衡。实施后，风压从 12000Pa 减小到 8500Pa，风门开到 82%，风量 16 万立方米/h 提到 20 万立方米/h，台时提高 20t/h，电耗下降 3.46kW·h/t。

◎ **轴颈损伤修复**

下面介绍两种方法。

(1) 当风机轴承缺油高温烧坏后，内套与轴发生粘连“胶合”，在剥离粘连物时，会伤至轴颈。如运回制造厂修复，费时费钱。现场修复步骤如下。

① 先在风机机壳与轴承底座间制作一个能使用千斤顶的工作平台，安装中心架和小刀架；用千斤顶将轴顶起，移出轴承座，架设中心架；用氧炔割将轴承外套割掉，内套用切割机分块切割；用錾子将粘连物削离（为防止轴受高温不均匀变形，此处禁用氧炔切割），再用磨光机打磨，彻底清除熔融于上的轴承钢。

② 对受伤部位用 ϕ2.3mm 焊丝、CO_2 保护焊对称堆焊，焊完要用岩棉包裹保温降至室温；安装小刀架，并在慢驱动离合器上安装百分表，车削时用百分表找正找平，直至配合尺寸。

③ 装配轴承后空载试车，改变风机转速，若轴承振动与温升要求符合，便可运行。

(2) 使用福世兰 2211 材料黏结修复，无需整体拆卸，只对胶合面局部黏结，仅需 12h。程序如下。用轴径 1.5 倍的实心中碳钢，经剖分、定位、夹紧后车削制作模具，若用电焊时要充分考虑温度引起形位尺寸变化：以风机轴肩尺寸为定位面，采取一次车削保证轴键圆弧面和轴肩圆弧面的同轴度，两端孔制作配合定位销，其余用螺栓夹紧，两对半圆接合面的表面粗糙度达 6.3 级，倒角 1×45°，轴肩尺寸过渡配合定位；修磨轴表面；制作标准形位尺寸模板，保证涂胶层厚度与均匀，可开 10mm 间距、3mm 深度的网格槽，增加黏附强度；用抛光机将胶合面打磨光滑；固化脱模后，修磨接口部位，用塞尺、千分尺测量形位尺寸，对局部缺胶部位修补涂抹，然后装配轴承。该法一次装配可保证正常周期使用，避免二次装配带来不应有的间隙及相对运动。

◎ **轴承座漏油防范**

凡风机采用稀油站循环润滑、轴承座采用盘根式密封者，都是依靠压盖调节盘根张紧度防止漏油。但压得过紧，盘根磨损过快；如压不紧，就要漏油。若安装带有回油孔的新密封压盖（图 2.5.2），与原压盖配套使用，并将回油孔外接出一根铁管，至轴承座主回油管路上，且有高低落差，再分别调节新旧压盖的压紧力，不仅不会漏油，而且减少盘根磨损。

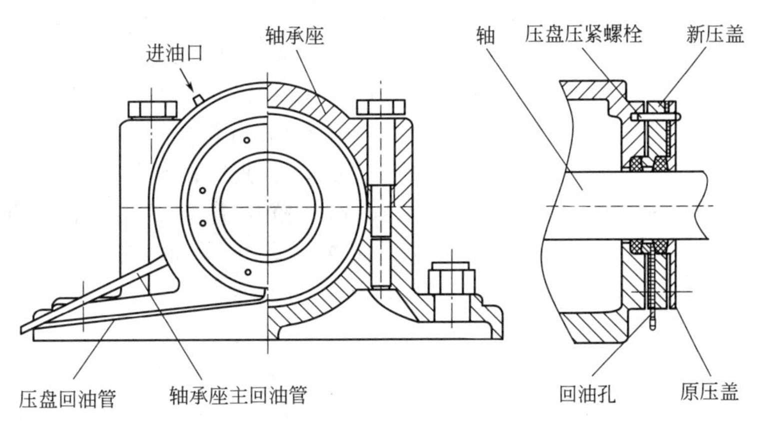

图 2.5.2 轴承座增加带回油孔压盖示意图

◎ **循环风机磨损修补**（见第 2 篇 7.3 节）

5.1.1 叶轮

◎ **修复经验**

风机的常见磨损区域是叶片工作面、迎风端、叶片与底盘的连接处和底盘。当进风机的气流粉尘浓度较高时，首先应从工艺上考虑降低粉尘量，如无可能时，再考虑从风机自身结构改造及提高材料耐磨性能上着手。

修改风机结构可尝试取消中盘，同时加强叶片与底盘强度；改变叶片迎风端与底盘的角度等。改造结果不仅使叶片磨损减轻，也要达到节能效果。

选择耐磨性能高的材料，在叶片工作面与底盘可选用耐磨陶瓷，Al_2O_3 含量＞92%；叶片迎风端及叶片、底盘的焊接区域，采用硬度达 88～89HRA 的超耐磨合金耐磨件。要综合考虑耐磨与抗冲击要求。为防止瓷片脱落，可在叶片与底盘焊接区域改直接粘贴为镶嵌，叶片上铣出燕尾槽，与燕尾状的陶瓷片镶嵌，陶瓷片厚度也由 1.5mm 增至 7mm；在叶片迎风端采用卡槽结构，用胶黏剂固定。

叶轮动平衡可分两步进行，第一次在风机叶轮机加工完毕后、耐磨层施工前进行；第二次在耐磨层施工全部结束后进行，此时若需少量加焊，则要用含水丝织物敷在施焊部位，以降低焊接高温对胶黏剂的影响。

对叶片采用挖补焊接及堆焊耐磨层的方式，原叶片为铬钼钒合金钢材料，准备 20 块直角边梯形的同材料备件，厚度 8mm，表面光滑，没毛边、毛刺，焊接处打磨出 30°倒角，每块尺寸误差 0.5mm 以内，并称重控制重量误差，用补焊或打磨找正；按比备件小 1mm 的样板，在叶片上画出加工图样，统一割掉磨损部分，且不能伤到中板的耐磨板；用砂轮打磨割边平滑，无毛边，也打磨出 30°倒角；用 ϕ4-R317 耐热钢焊条双面焊接，焊前先点焊，开始每个叶片先焊一根焊条，再焊对称的另一个叶片，防止局部过热叶片变形，焊后探伤检查，发现有裂纹，就要打磨后再重新焊接；用气焊枪对焊口加热到 200～300℃，均匀烘烤 2～3min，对称为叶片退火；在备件工作面上堆焊耐磨层，此时焊条为新型钨铬硼耐磨焊条，叶片边缘要全部堆焊，堆焊电流 140～180A、焊道高度为 3～4mm；最后进行静、动平衡。

◎ **前后盘开裂处理**

当风机前后盘钢板制作过薄时，再加之叶轮焊接时效处理不够，尚存内应力，如果工艺升温过快，应力释放不均，就会造成前后盘频繁开裂、掉块，以致振动偏大。

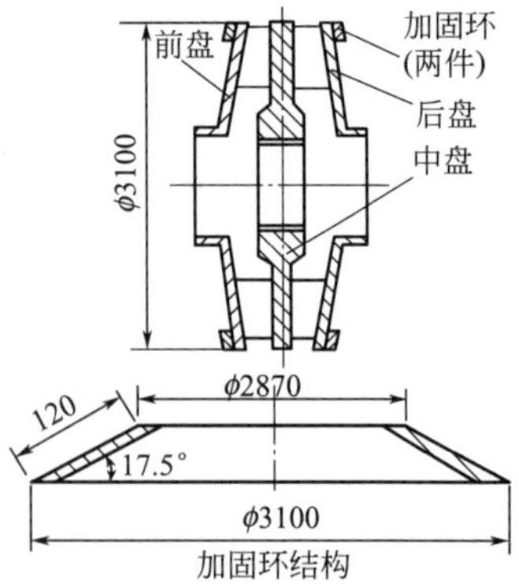

图 2.5.3 加固环结构及在叶轮上位置

此时只能用加固环强化叶轮：选用高强低碳贝氏体钢 DB685R 为制作材料，焊条选用 JQ-J707RH，属低氢钠型药皮的超高韧性；取厚 10mm 钢板制作加固环，尺寸见图 2.5.3，剖分成两块，要求留 100mm 滚型余量，滚型后去掉工艺余量，切口处加工出 8×30°V 形坡口；补焊叶轮前后盘上原有裂纹，对开裂处边缘 200mm 范围着色探伤，裂纹前方 10mm 处钻 ϕ8mm 止裂孔，裂纹朝非工作面磨削 10mm×60°V 形坡口，焊接后磨平焊道并探伤检查；焊接加固环时先点焊、后对称两侧同时分段焊接，木槌不断敲击，再打磨、探伤；用 HG3568 型系列动平衡仪找动平衡，最多四次，便能达到振动精度要求。操作升温时，风门调节不能过快，叶轮升温控制在 50℃/h 之内。

◎ **中盘裂纹处理**

大型风机中盘与轴盘连接法兰罕见出现大裂缝，原因是风机的劣质设计与制作：在中盘背面与轴盘法兰外圈设有焊缝，使应力集中易开裂；为了增加风量和全压，设计只调整了风叶尺寸和角度，并未增大叶轮中盘尺寸及厚度（与另一台风机比较）；风机出厂时未做探伤试验，不能保证焊接质量。运行一年多就严重开裂振动。

只能采取临时简易处置方法，恢复运转。将裂纹双面用碳弧气刨刨出坡口，用 507 焊条连续焊接，及时清理焊渣，用小锤不断敲打焊缝，若出现裂缝，就要刨开重焊；在联轴器侧的中盘上用 20mm 厚钢板，避开法兰螺栓，均匀加 6 道径向加强筋，减轻叶轮中盘轴向力；在中盘的另一面焊接一块外径 1300mm、内径 780mm 的钢板作为加强板，制作时要预留 16 个 ϕ30mm 的孔，以避开连接法兰螺帽；装上风阀、进风锥、机壳上盖，做动平衡符合要求后，仍只可临时使用，并加强巡检，及时掌握运行动态。

◎ **风机轴承拆卸**（见第 2 篇 5.9 节）

5.1.2 阀门

当阀片磨损或脱落后，应当及时维修，很多企业在大修中都忽视这项工作。

5.1.3 电动执行机构

◎ **执行机构断裂处理**

当风机百叶型闸板转动不够灵活时，对执行机构施加的推力就会产生较大反作用力，使其断裂。如将连杆原矩形断面增大为T形断面，而不影响导向轮，即可避免断裂。

5.2 罗茨风机

◎ **轴弯后的更换**

罗茨风机叶轮与轴的装配部位较长，换轴就要与叶轮一起进行，成本较高，若只换弯轴就需正确拆卸、加工与安装。首先要制作一专用支架，将叶轮与轴装配部位水平放在支架上；将叶轮用吊具由钢丝绳索住，用200t电动液压千斤顶吊起，顶在轴上，当叶轮轴与千斤顶轴同心时，用千斤顶加压，在压力达3MPa时，用两套气焊同时对叶轮与轴配合部位均匀加热，待温度达到100℃左右时（火焰太强，叶轮易产生裂纹；过弱会使轴温与叶轮温度同时升温），再用千斤顶缓慢加压，不撤火，待听到“咯嘣”声响，叶轮与轴便脱开，继续加压至轴全部顶出；对轴测绘后加工轴，轴材料用40Cr钢调质处理，叶轮孔直径实际尺寸比测绘值要小0.02～0.04mm，轴表面光洁度达3.6以上；装配前轴要打除毛刺，涂些干油，用吊具索住，将轴竖直吊起，用木火整体加热叶轮至130℃，擦净孔内炭灰，垂直放置支架上，轴对准叶轮，缓慢放下，待装配部位进去20mm后，快速将轴放入。

5.3 空气压缩机

◎ **典型故障分析**

（1）持续高温运行。其原因可能有三个：机房温度过高；测温元件报假；进出口温差在5～8℃间。若温差过大，说明机油流量不足，油路有堵塞，或温控阀未完全打开。可取下阀芯，封闭温控阀一端，强迫机油全部通过冷却器；若仍不能解决，就应判断油路堵塞；若温差过小，表明散热不良，检查散热器太脏，散热风扇异常，风量不足或散热器内有油垢。若温差正常，机器依然高温，说明机头的发热量超出正常范围，需检查是否超压运行，油品、油质是否合格，以及机头轴承或端面是否有摩擦。

（2）空压机不加载原因。如设定卸载压力为0.77MPa，加载压力为0.66MPa。当管路压力高过卸载压力而不卸压时，会发生油气分离器内油气混合压力过高，导致空压机安全阀连续动作，油气混合物喷出机外。此时应检查：电脑未传达卸载指令；控制回路中电磁阀未动作；空气过滤器内进气阀膜片转换器动作不灵活；进气口温度过低（－2℃），不满足使用要求。为此，重新设定卸载值降为0.69MPa，加载值为0.61MPa，增加进气阀膜片转换器动作次数，提高灵活度；同时将进气口由室外改为室内，提高进气温度>4℃。

（3）压缩空气含油多原因。当压缩空气中含油量较多时，不仅影响使用质量，而且油耗必将增加。可从如下方面排查：润滑油量太多，正确油位应不高于油视镜的一半；回油管堵塞；机组运行时，排气压力太低；油分离芯破裂；分离筒体内部隔板损坏；机组有漏油现象；润滑油变质或超期使用。

◎ **单螺杆轴承损坏原因**

FHOGD-45F单螺杆空气压缩机，在使用约7000余小时后，突发振动和噪声增大。发现轴承轴颈磨损，但经更换后不到20min又卡死跳停，甚至更换新机15s便又被卡住。其原因是：进气端非传动端的HR30305轴承受到轴向力，其余轴承不承受轴向力。如果电动机重新修理过，装配中未能准确控制联轴器间隙，启动不久就会卡住；更换新机时，间隙将更显重要，15s 与 20min 跳停的差异正在于此。为此维修装配及更换新机时，一定要让主机与电动机的联轴器保持 5mm 轴向间隙。

◎ **空压机主电机轴承换型**（见第 3 篇 5.9 节“轴承选配经验”款）

5.4 水泵

◎ **安装变频功能**

原为循环冷却水设三台卧式单级离心水泵，用手动闸阀控制出口流量，一般开启两台可维持生产需要。在对一台水泵更换并加装变频后，只开启此台，冬季就能满足生产要求。增加变频时，要在出水管口接一压力变送器（0～1MPa），变频柜上设定运行频率，用以调节电机转速，控制泵口出水压力和流量。改造后，可节电 28.6kW·h。

5.5 液压系统

◎ **管路安装**

液压管路安装质量关系到液压系统运行中的工作性能，而安装清洁是最为关键的要求，每道工序都必须有严格防止污染物侵入的规范。

液压管路安装均应在主体工程安装完成之后进行，尤其是在液压泵站及比例换向阀就位后，泵站基础找正及换向阀与底座连接都应完成。安装前，要检查所有管路材料的酸洗磷化，保证管壁无氧化层和浮锈等污染物，并且要密闭包装；安装中，每个管件切口必须内外倒角，切口无金属屑留边；先进行预安装，以完成配管及管路布置，然后再正式安装，程序如下：组装、点焊、焊接、软管连接及酸洗、冲洗等步骤。其关键要求如下。

检查钢管质量，符合图纸要求，通盘考虑组件、液压元件、管接头、法兰等连接件；不得有变形、腐蚀、裂缝等现象；可由比例换向阀接口分别向液压泵站及液压缸接口配管；严格按尺寸或样板切割钢管；必须由切割机或锯床切割，不允许用电焊、氧气切割；管道不能将不同规格钢管混用；弯管要按照管径留足较大曲率半径；较长钢管要增设活接头，并逐段接管；下料时要考虑为弯曲夹持和调整补偿留足余量。

管路布置要求各元件排列整齐、美观、牢固；优先敷设总回油管和总泄油管；避免管道交叉；管道与设备之间要有足够间隙，防止干扰与触碰；为避免管道振动，应在相隔一定距离安装管夹或固定支架；最后复查管道走向、连接位置及可分离性。

管道平台组装及点焊要求：管道端部先开坡口，并清净 20mm 以内的污物、油迹、水分和锈斑；钢管与连接件对口内壁要对齐，接合面中心线不能有较大错位、离缝或跷角；直管点焊要用直尺，弯头点焊要用角尺；对于支管较多的总管连接，借用法兰焊接；严禁焊接时用钢管打火引弧；满足搬运与以后焊接不产生歪斜，点焊量以少为宜；为保证与正式焊接焊缝融为一体，点焊条件应与正式焊接一致。

焊接管路前先清洁切口，要求用氩气保护电弧焊，至少打底时不能直接用手工电弧焊；焊接中不能有雨雪侵袭，保证常温冷却；尽量平焊；每焊层的起、终点应错开 10mm 以上，每层开焊时，要清理下层焊渣；检查焊缝不得有裂纹、夹杂物、气孔及“咬肉”，焊道整齐，无错位，表面无突起，无损伤强度的部位。

在高压软管与密封件安装中，先要检查软管不能有脱胶、破损，尺寸符合要求，安装后不能受拉或扭曲；可在软管外加保护套或防摩擦件；取消油泵、阀组、液压缸的专用塞应在安装时，严禁用棉纱、布、纸屑代替，不能碰伤它们的接口工作面；安装前要洗净螺纹，并要用相应密封垫；要求密封件质量，注意唇口方向，不能划伤，确保密封严密，不漏油。

安装完，要对管路打循环清洗：用低黏度油液，以较高流速（≥1.5m/s）和油温（60℃），约12h，定时振打管路，或用振动器，冲洗剩余或再生的污染物（见下款）。

◎ 管道清洗

液压系统安装最后步骤就是管路清洗，此步骤不能有任何投机取巧，更不能为节省安装费用省略，否则投产后会以更大代价维修或更换部件。下面就是认真清洗的标准。

合格的冲洗设备：油箱容量要足够让管道内充满冲洗油，不能让泵吸入空气，冲洗油要能够循环；油泵要能在指定流量下产生5MPa压力，如此压力的清洗泵并不易有，但必须大于2MPa。提供冲洗设备的厂家要供配从冲洗设备到冲洗回路连接所需用的高压软管及管接头。冲洗前，要用软管将液压管路系统串成几个独立回路，液压缸不接入回路，每次逐个冲洗。随时用在线粒子计数器对冲洗结果检测，确认清洁度达到要求。

为只对现场制作的环路和连接管路冲洗，断开液压站、蓄能器及液压缸的连接，利用拆下的高压软管，在立柱背面，重新组成冲洗回路。拆管时要检查管口洁净，并及时用干净棉布将开口封上，避免灰尘进入；在向串油机带的油箱注入冲洗油前，要检查确认油箱内没有包括水在内的任何其他液体，否则会让冲洗前功尽弃；冲洗前要确认回路中阀门都打开，而排油口阀门要关闭，否则会损坏过滤器并威胁人身安全；冲洗可用操作用油，但注入时必须有细过滤器，如用专用冲洗油，冲洗结束要放净；用油泵向回路缓慢注入冲洗油直至充满后，可加大流量，一个回路开始4h后，便抽样测试，如结果与要求差别较大，则再过4h测试，当接近要求时，可将取样间隔时间缩短，直到合格。若冲洗结果变化很小，则应更换滤芯。冲洗时间长短取决于管路干净程度和长度，所有回路逐个如此冲洗；回接冲洗完的管路时，要逐节进行，并保护好打开的管口。在换操作油时，必须要用细过滤器过滤；在注油过程中，先升压至5MPa，检查管件及法兰有无泄漏，至12MPa时，再检查，一旦发现泄漏，都应立即停止加压，泄压后重新紧固管件；冲洗完成后，清理立柱周围环境。

◎ 取料机液压故障

当堆场取料机料耙突然频繁卡死时，表现为液压缸推不动料耙，纯属伸缩压力上不去，此时可能造成液压泵坏、缸体内漏或管控压力的溢流阀卡住，但液压泵坏或缸体内漏均为渐变过程，突变情况应归结溢流阀故障。

当取料机行程频繁超限时，如限位开关正常，就是中位机三位四通电磁阀的换向阀出现问题，检查中位机时，阀体两侧电磁线圈磁力不一致，属电路故障。更换电气元件后排除。

当料耙工作角度从34°调到38°～42°之间，实际角度40°时，工作油压也下降了1～1.5MPa，不但更方便取料，而且液压油管爆管漏油的事故再未发生。

料耙左右运行中压力差异较大（7MPa与10MPa之差），与克服阻力相等的要求不符。查找其原因在于：主梁上的手摇钢丝绳滚筒不在料耙左右行程的中心位置，也造成料耙行走两侧滚轮受力不均，甚至料耙全部重量都压在了一侧滚轮上。对此更正，需要停产核实主梁结构和钢板承重强度后，当前只能暂时小范围调整行程开关位置。

◎ 立磨液压系统故障

凡液压系统出现故障，应从机械运行阻力、液压系统自身以及电控系统三方面查找。切不可单打一、只认准一门，影响排除故障的时间。

查找液压系统时，可将通入液压缸的阀门1和2关闭，再开油站，发出各种指令后，系统能正常运行，则表明液压缸存在故障；如液压管路仍无压力，就可确定是液压管路系统有问题，再进一步查找。

（1）表现压力不足。立磨开机、磨辊下降后无研磨压力；现场无法手动升辊和中控无法操作压力；立磨跳停后，磨辊无法正常泄压。这些现象都说明相关电磁换向阀可能卡死，需清洗或更换，同时检查过滤系统，确保滤芯及单向阀完好。

影响LM立磨系统失压的因素有：液压油泄漏、油箱油位低、吸油滤油器堵塞、溢流阀失效、蓄能器氮气不足及压力换向阀失效等。发生液压泵频繁启动、反向压力自动降低，操作无法稳定时，应对上述因素逐项排查，找出真正根源并解决之。

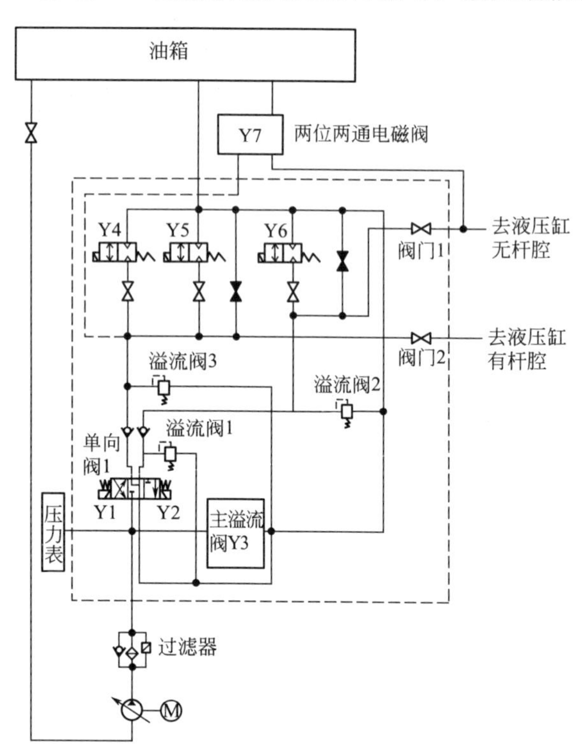

图 2.5.4 生料立磨液压系统原理

(2) 不能抬辊原因。在油泵压力正常时，要检查电磁阀Y1是否带电或接触不良(图 2.5.4)；如Y1、Y5、Y7得电后，油泵和抬辊压力仍为零时，要检查溢流阀1、2；当抬辊压力特别高，要检查电磁阀Y5、Y7是否得电或泄压，只有它们泄压了，液压缸的有杆腔才无备压，无杆腔才可能推动有杆腔；还有可能是系统充液阀卡死而未打开。

(3) 频繁补压使油站温度升高。如系统保压效果正常，但控制系统设置出现错误，上下偏差都设定为零；若系统不保压，要先检查电磁阀Y4、Y5，可能阀芯受卡未回到原位而泄压。可通过依次关掉的瞬时检验，判断是否存在泄压；如关掉两个仍不保压，再检查溢流阀3是否卡住，经清洗或更换仍不保压，就要检查单向阀1，这种检查要尽快恢复。

(4) 频繁抬辊。检查磨辊的低限位是否因磨机振动有改变。

电控系统故障案例：如立磨加压抬辊后，又自主加压落辊，说明电磁阀虽失电，但油泵仍在运行，继续给有杆腔供油。经查油泵电机供电开关下的接触器仍然吸合，主触点被烧融。这有两种可能：一是接触器容量偏小；二是立磨工艺不稳，频繁启停液压电机，接触器吸合频次过多，触点过热熔合。对此，除增大接触器规格外，将电磁阀由Y1型改为M型三位四通电磁换向阀，即使接触器发生故障，电磁阀也处于中位，油液也能直接回油箱，而不进入油缸。

◎ 辊压机液压故障

铜套式液压缸中，铜套和缸杆间的相互运动会产生金属粉末，且固定铜套的稳钉松动后，铜套移动就要发生漏油。当液压油受到污染，电磁溢流阀就会频繁损坏，不是处于常开常闭，就是时开时闭，引发一系列故障。这可从电磁溢流阀的动作状态进行分析。

电磁溢流阀常开：这是泄漏状态，油泵就要频繁启动或常开，泵与电机易烧损；同时，氮气囊中回油加快，下部菌柄阀的上部受力增大，阀芯迅速下落，发出阀顶帽对阀底的撞击声；且因回油量与泄漏量的不平衡，最终菌柄阀断裂，部分零件卡住工序，或割破气囊脱皮。

电磁溢流阀常闭：随着辊缝过大与变小，会导致液压缸与氮气囊连接管道抖动，甚至振断；如为钢管连接，动辊也会抖动，改用高压橡胶管后，抖动会减小。

电磁溢流阀时开时关：为上述症状的无规律表现。

欲彻底清除上述故障，只有更换所有阀门配件，且为确保液压油清洁，及时用专用滤油机过滤。

从表症上分析：参照第1篇图 1.5.2。

(1) 工作压力加不上去。只能靠手动加压，液压油温度偏高。此时电磁溢流阀正常，而泵站溢流阀卸油管温度较高，说明泵站溢流阀设定压力低或阀芯被杂物堵塞而有泄漏。应清理该阀，阀压力调至10MPa，就可使液压泵仅运行2min，便加到要求压力。

（2）左侧不加压。是因左加压阀线圈烧损，退辊阀的线圈与其相同，故可将其临时替代。

（3）两侧均不退辊。多系退辊阀被杂物卡死在开位，液压油将直接流回油箱。清洗之后，可吸一口烟，对着阀芯通路吹入，在手动推杆配合下，观察换向时烟的冒出通路是否正确。

（4）左辊不卸压。当停机后现场控制柜卸压按钮左辊不能卸压，右辊正常，说明左加压阀或电路异常，清洗后如仍旧如此，就要检查线路有无松脱。

（5）系统压力不随泵站压力上升。此故障只能是局部憋压。电磁换向阀没有打开，因泵站压力表是装在该阀之前，造成泵站压力高。此时需清除导致换向阀不动作的异物。

（6）液压泵启动时，高压过滤器报警；液压泵停止，报警消失。说明滤芯受堵，需更换。

◎ 篦冷机液压故障

凡篦冷机液压系统是选配电液动换向阀控制篦床往复运动，这种纯单一动作开关阀，其阀开口方向、开口量或弹簧设定都为指定，它不能根据实际情况实现自动补偿控制，便发生冲击振动；加之运行载荷的周期变化，且周期与行程都快而短，该阀难以适应，便在系统内部产生较大冲击，管路产生振动。只要用4WRZ16电液比例方向阀代替原DSHG-O4-03C电液动换向阀（电磁换向阀和液控换向阀的组合），便可通过比例放大器控制比例电磁铁，对液压系统压力、流量、方向实现无级调节后，冲击与振动便大为减轻。

液压驱动频率在正常时是通过比例阀开度，调整油缸推动频率，以控制篦床速度适应料层阻力变化。若只是在低频率时现场反馈保证与中控给定值一致，超过某值后，尽管比例阀100%开启，却保持不动。此时，多属于原比例阀通过流量偏小，只需将比例阀规格提高一挡，如从190L/min增大为220L/min，此故障便消失。

◎ 频繁加压原因

（1）系统内存在内、外泄漏点。

（2）信号隔离器损坏。干扰了压力传感器信号，使控制系统误检测，以为压力低而自动加压，造成实际压力不断上升，甚至超限。

（3）加压阀前节流阀在正常时应全开，如开得太小，加压效果差，就会频繁加压。尤其在处理故障需要减小时，运行后没有及时恢复。此时只能停机卸压后，再打开节流阀。

（4）油泵失效，供油压力达不到要求。当压力达不到12MPa时，就需要更换新泵。

（5）控制系统中某些参数设置不合适。预加压力与工作压力间差值过小、加压纠偏强度低、压力跟踪精度小、纠偏调节周期长等，都会增加加压次数。

（6）非液压系统因素。以辊压机为例，如进料不均匀或辊面局部凹坑、左右辊缝间隙大，就会有纠偏加压。这种频繁出现就会影响油泵及阀件寿命。

◎ 加不上压力的原因

（1）进料气动闸阀未全开，接近开关未动作。此时，关闭进料气阀后，重新开启即可。

（2）运行中任何一侧间隙小于初始间隙3mm以上时，程序认定进料气阀未打开，不会执行加压动作，尤其是自由端（一般为右侧），轴承座的摆动量稍大，程序只控制它的最小值。此情况在位移传感器松动、开机时显示原始间隙很小，辊面磨损较大时多见。

（3）辊子两侧间隙差大于3mm时，即使小端未达到预加压力值，加压阀也不会加压。

（4）压力传感器损坏，误认为工作压力正常，而不加压。

（5）当左右两侧压力差大于2MPa，且间隙差不大于最小纠偏间隙3mm，系统不加压。

（6）现场电控箱位于单机模式，系统不联锁。此时将控制模式转换为中控模式，纠偏方式转换为自动控制即可。

◎ **发热原因分析**

(1) 高温液压油冲击蓄能器氮气囊破裂。

(2) 液压管中液压油流速过高，阻力过大；高压软管抖动严重，增大流动阻力；软管与油缸连接的弯头及变径处，阻力更大。此时可加大氮气囊压力，减小流速、阻力和压力；且让液压站近移到磨机旁，减少阻力；使用黏度较大的液压油，降低流速。

(3) 入磨物料粒度过大，使磨辊振动大，液压缸活塞动作频繁，且幅度大。

进行必要技术改造，见第3篇5.5.4节“液压站降温改造”款。

液压系统发热原因可能有：系统设计不合理，需修改；油液污染超标，待换油；压力损失过大或负载过大，减负载；冷却系统散热不好，检查并排除冷却水或风冷通道堵塞；油站油位不合理，应调整；系统元件有较大摩擦，需及时消除，如是油压缸活塞密封件安装后，与缸套配合较紧，可强行风冷，数小时后降温正常。

◎ **油泵开裂修补**

当7.5kW电动高压齿轮油泵不能加压时，检查发现是油泵外壳一侧开裂，又无备件可换，为恢复生产，必须紧急修复，但泵为铸铝件，壳壁不厚，无法采用打坡口焊接。松开四个螺钉，发现裂纹能闭合。便采取在壳体外面用钢板将壳体紧紧夹住的办法，用两个长螺栓固定住两块长150mm、宽50mm、厚20mm的夹板，并在裂纹间涂上密封胶。虽有少量渗漏，但已能生产，并坚持一个多月，待新油泵购来后更换。

◎ **油管爆裂更换**

高压传动液压油管一旦发生爆裂，液压油就会迅速泄漏，如发现不及时，不仅液压泵要跳停，而且与之共用的油泵，会因油箱油位降低而跳停。此时，最快的办法是启动备用油泵，再将爆管包括油泵离线修复。如果备用泵也是备而无用，则只好尽快更换油管，此时将考验平时设备管理水平，一是否存有备用油管，二是油泵和油管连接螺栓是否为高强圆头内六角螺栓，能用标准内六角扳手拆卸。如果连接螺栓为进口英制，则只好将大尺寸公制扳手用砂轮机打磨，边磨边试，但更换油管的时间延长。油管爆裂原因可能是油温高导致油压过高，见本节“取料机液压故障”款。

◎ **拉杆断裂修复**

由于磨机运行时张紧液压站的工作压力长期处于临界值，而设计的拉杆有薄弱断面，因此常在与液压缸连接的梅花螺帽螺纹处断裂。对此的修复方法如下。

将断轴锥体部位车削，参照原头部尺寸重新加工M210mm×227mm螺纹，另铸造加工一个梅花垫块，与截去的拉杆等高，内孔为ϕ215mm；将原连接拉杆与液压缸6条M56mm的490mm螺栓加长到750mm。最后将梅花垫块装在原两个梅花螺帽中间。

自制拉杆以备使用，选用锻坯材质35CrMo，与原材质42CrMo相比，承受抗拉强度和屈服点、交变载荷都接近，选材直径略比拉杆粗，长度为6m。加工时对原结构进行优化，M210mm×6mm螺纹牙底加工成圆滑过渡，不能有尖角尖棱，表面粗糙度为1.6μm，拉杆其他部位也圆滑过渡。

5.5.1 液压缸

◎ **因安装错误损坏**

在国外项目LM56.4立磨安装中，竟发现厂家技术人员指导，接连四台立磨INASD183044A摇臂轴承装反，使轴承与液压缸损坏。而且厂家宁愿承认是缸体质量问题赔偿，而不承认安装错误。只是在运行两个月后，发现摇臂轴承端盖螺钉数条切断，并在要更换轴承时，对照图纸才发现。这种单列半固定圆柱滚子轴承，滚子位置内圈是两侧固定，外圈一侧固定，即轴承两侧结构并非对称。如果安装颠倒位置，在轴承滚子与外圈固定端之间没有足够膨胀量，造成直接挤压，滚子不能自由滚动，轴承内、外圈动作不灵活而受卡，使液压缸运动轨迹会偏离轴向，而过早与轴承一起损坏。只要纠正反装，就一切正常。

◎ **漏油治理措施**

RP140-110 辊压机的液压油缸因设计为单向式油缸，油缸内部渗漏不断积累，产生背压力，当压力不断增大时，活塞杆密封圈边沿渗油。再加之工作中会产生磨屑、杂质积聚在油缸内表面下部，又未及时清理。这些因素将加剧密封件与油缸内壁磨损，缩短油缸寿命，还影响液压系统的保压要求。为此，在安全行程范围内加装回油孔；在接油口与回油桶间加装过滤器、回油口、阀门、管道；安装油缸后应加压冲洗，彻底清除油路中的杂物。并规定制度，定期排放杂物，净化液压油。

◎ **现场修复**

运转三年的 RM57/28 立磨，液压系统为配套进口，额定压力 17.5MPa，发现停机液压缸自动泄压，油泵连续工作，无压腔油管有柱状液压油回流。将液压缸拆下检查，不但油封损坏，而且缸筒及活塞有多处划痕，深度约 0.25mm，缸筒内径比基准尺寸大 0.08～0.12mm。

新油缸供货周期长，且昂贵，只好现场修复。解体液压缸清洗，并保护油管螺纹；对缸筒和活塞划伤的沟槽采用冷焊技术焊补，并打磨平整；丙酮清洗后，用电刷镀工艺刷 0.05mm 铜，修磨清洗后，再刷 0.07mm 的钨镍合金，以保证耐磨性能；用快干粉制作模具，配用 400 目 01 号 W28、500 目 02 号 W20、800 目 04 号 W10、1000 目 05 号 W7、1200 目 06 号 W5 砂纸，对缸筒和活塞反复手工打磨抛光，保证圆度和光洁度。尺寸控制在±0.05mm；清洗更换油封，组装液压缸，打压保压试验正常后安装。修复过程仅为 48h，6 个月仍运行正常。

5.5.2 阀与密封件

◎ **不同泄漏原因分辨**

内泄是指润唇元件内部有液体从高压腔泄漏到低压腔，如表现为篦床速度逐渐变慢、立磨研磨压力波动范围增加等。判断内泄的症状有：油站回油管中有少量油回流入油站中；间隙或压力有较大波动；加压阀频繁加压，油泵电机连续工作。内泄多为密封件损坏，只要更换后便可正常。依据工作压力较高、动作频次高易坏的原则，易泄漏的阀门排序为：快速泄压阀、减压阀、液控单向阀、溢流阀 A、溢流阀 B。

判断具体泄漏阀门位置的方法是：凡回油管温度高的一侧，其上方的阀块泄漏可能性大；手动加压，检查各阀块对应的油孔，如有漏油出现，说明该阀块漏油。加压阀的泄漏，虽很少会将油缸中的油漏回油箱，但它会造成左右两侧油缸之间泄漏，影响加压速度。判断它的泄漏可通过手动模式为一侧加压，若另侧压力上升，说明此侧加压阀泄漏；或利用与泄压阀互换，观察其油孔是否有油渗漏。

外泄的可能是：管道接头处松动或密封件损坏，应紧固接头或更换密封件；部件之间的接合面不紧贴，应增大预紧力或更换密封件；动配合处出现外泄，更换密封件。

在更换密封件时，用时会超过 10h，为少影响生产，可结合现场实际和设备结构，采用规格相同橡胶条，对原密封圈黏结，只需要 1～2h 即可，并可用半年。

◎ **密封件装配更换**

维修密封件一般有两个内容：一是更换轴承或老化的密封件；二是修复或更换超出配合间隙的摩擦副。修复重点是密封件的装配水平。应该使用装配工具导入，以防止磨去密封件棱边而损坏，有时安装可以采用油浴加热，但要控制好油温；维修拆除阀件和管路接头时，先放掉一些油，防止带入污染物；为防止密封件可能滑入间隙，建议采用支撑件或挡圈配合；与密封件接触的液压元件不能有尖角、毛刺等，如有局部拉伤，应对其进行精加工抛光处理；并应按厂家要求选择密封件材料和形状。

5.5.3 氮气囊

◎ 损坏原因

LM立磨氮气囊损坏原因有三个：蓄能器壳体内有金属杂质，损伤了内胆；研磨物料颗粒过细，粉状物料在磨盘上不易形成稳定料层，使磨辊跳动加剧了蓄能器疲劳损伤；氮气囊预充气压力设置未满足要求（见第1篇5.5.3节“压力设定”款）。

为防止立磨蓄能器氮气囊频繁爆裂，就要稳定磨机工况，避免张紧拉杆剧烈振动和过大距离波动。同时，要重视充气方法与气压：要待蓄能器中残留空气排净后，再充入纯净氮气，并控制气压在6.5MPa（MPS立磨）。

5.5.4 液压油

◎ 油质变坏危害

当发生液压油温升高达50℃，泵体温度达85℃，研磨压力逐渐下降到6.0MPa时，尽管溢流阀无泄压、管路无泄漏，过滤器没有堵塞，实际都是因液压油污染严重，致使泵的密封圈破损、齿轮泵轴承损坏。此时只有更换新的液压泵、液压油及滤芯。因此，为保证液压系统的安全运行，有必要缩短油质的检查和过滤周期，定期更换滤芯。

◎ 油温升高原因

液压油温升高至50℃时就要报警，且在压力低或纠偏加压时，油箱冒出热气小。分析原因两种可能：或是单向阀或电磁换向阀故障造成油路堵塞，油泵回油只好靠溢流阀返回油箱，而溢流阀开启压力为12MPa，明显大于正常要求的工作压力8.5MPa，增加油泵负荷使油温升高；或是因阀件有少量泄漏及纠偏加压等因素，使油泵负荷加大，使原设计10min内不加压就应停泵的保护措施无法兑现，因此油温也要升高，及时检查更换阀门就可解决。

5.6 减速机

◎ 行星减速机安装

在辊压机大型减速机整体就位后，必须打开减速器上箱体，根据制造厂家所标识位置，用200mm/m框式水平仪，对下箱体精找水平度。使误差在±0.04mm/m以内，且所有测点（16个）都要达到标准，并做好记录；同时检查减速器输出端两个小齿轮与大齿轮啮合情况，齿长方向接触≥75%，齿宽方向≥55%；对轴瓦配合间隙也要符合规定。与磨机的同轴度要小于ϕ0.3mm，垂直度要小于0.7mm。

另外，必须注意以下几点。

（1）安装前，在拆卸时必须处理减速机输出轴及辊压机轴上的划伤处，用锉刀对减速机内孔及辊轴外表面的局部高点及各倒角处打磨光滑，但千万不能整体打磨。

（2）用柴油清理锁紧盘、减速机输出轴及辊压机轴，再用干净擦机布清除油质。由于减速机和辊压机轴是锁紧连接，不允许在两表面上有油污、油膜，否则无法锁紧，带负荷后两者会相对滑动，使配合面金属发生黏合。擦净后在联结表面均匀涂润滑剂（不含MoS_2）薄层。

（3）因厂房空间有限，当大型吊车无法施展直接就位时，就要配用手动葫芦：主吊装葫芦要根据减速机自重，辅助找平葫芦应是2～3t，还要有两个1～2个葫芦用于减速机两侧。

（4）检查减速器输出轴轴孔与辊子轴头安装尺寸是否超差，如果配合间隙过小而强行安装，就会损伤孔或轴；如果间隙过大，即使按额定力矩安装，但因轴与孔间无法有足够压强，它们在运转配合面就会产生滑动，严重时导致胶合。

（5）预先将扭力架装到减速器上，并用螺栓固定牢固。减速机轴和电机轴连接是靠可伸缩带花键的万向接轴，两轴偏差应≤0.5mm。开停车前，先用手转动万向接轴，正反转灵活。

（6）安装时必须对空心轴内孔与辊子轴端外圆找正，严禁用千斤顶一端顶在减速器输入轴上，另一端顶在电机轴上施力，一旦歪斜受力，即使轴不损坏，轴承也会受伤。此时说明间隙过小，需对配合处轴面只打磨高点、内孔面用软砂轮打磨，以保持形位精度。

（7）锁紧盘安装起吊时要保持水平，先将沿圆周均布的三个螺栓，依次拧入法兰螺孔中，将内套、外套顶开，再将锁紧盘放到设计位置的毂孔中，锁紧盘与减速机中空轴外端对齐后，先用手把锁紧螺栓全部拧上；然后用活动扳手一个方向依次拧紧螺栓，不可更改方向，每次只转动1/6～1/4，始终保持两个半锁紧盘平行移动，拧到额定力矩的1/4，直到活动扳手拧不动为止；换用转矩扳手继续拧紧，直到规定力矩值的2/3时停止拧紧；待8～10h释放应力后，再按照上面顺序和幅度继续拧紧到规定力矩；该过程确保减速机的中空套能缓慢、均匀地收缩，使两个配合面紧密贴合。此过程若采用对称拧紧或初始过大力拧紧方式，都会使中空轴产生梅花状变形或椭圆变形，从而缺乏足够抱紧力及摩擦力传递转矩，两轴面间就会出现滑动。

HFCG辊压机安装中，发现新购进的空心轴轴头底座上没有与行星轮座对应的8个ϕ45mm承载销及4条固定螺栓，需要先在空心轴轴头上钻出4个固定螺栓孔，与行星轮座装配并固定，再用行星轮座上的承载销孔定位，在空心轴轴头铰孔ϕ447mm，承载销选用ϕ450mm的45钢做毛坯，进行调质处理，并在承载销露出一端钻M10mm螺纹孔，用于安装和拆卸；安装前，必须用99%酒精对轴头与内孔脱脂，缩套内外表面和轴头配合面不得有油渍；用力矩扳手拧紧缩套联轴器锁紧螺栓，按圆周每180°规定力矩的1/4拧紧全部螺栓，逐次增加1/4，直至紧固完成，检查确保配合面受力均匀，防止局部研磨、胶合。

◎ 胀套安装要点

当不同机构中的两个轴选用胀套连接时，会使安装简单、寿命长、承受多重负荷、拆卸方便，如胶带提升机减速机与头轮、辊压机减速机与轴套的连接，都选用此种方式。

但若安装不注意如下要点，就会产生轴与轴套滑动而错位咬合，届时只得破坏性拆除。

（1）安装前需检查连接轴外表面、胀套轴套、锥套内孔、外圆和锁紧内表面，如有毛刺、拉毛等缺陷，应用金相砂纸处理，确保精度要求。否则或降低锁紧效果，或打滑后胶合。

（2）如发现轴套内与轴外表面存在油脂，应用汽油或丙酮清洗，再用烘枪烘干。

（3）重视螺钉的正确拧紧方法。将螺钉对称分成4组编号，用转矩扳手按等腰三角形顺序依次拧紧，分两圈达到240N·m后，再拧每圈只增加100N·m，直到要求力矩，并最后重复拧紧三圈。此过程中要保持两只锁紧盘距离在整个圆周上一致，否则要通过拧紧螺钉调整。

（4）按图纸采用高强度（12.9级）拧紧螺钉，不能用低等级代替。

◎ RPG减速机拆卸

更换辊压机主轴、轴承、密封时，都需要将减速器从主轴上拆卸下来。其步骤如下。

（1）辊压机系统停电，电机高压柜摇出，保证安全。

（2）拆卸万向联轴器；同时固定扭力盘；放掉润滑油，拆卸油管，传感器等部件。

（3）吊装。这是减速机拆卸中的关键，因为它必须吊装在中心位置，才能正确拆下减速机（图2.5.5）。首先应让电动葫芦或吊车等起重机具设在减速机正上方，吊点应确定在减速机重量基本

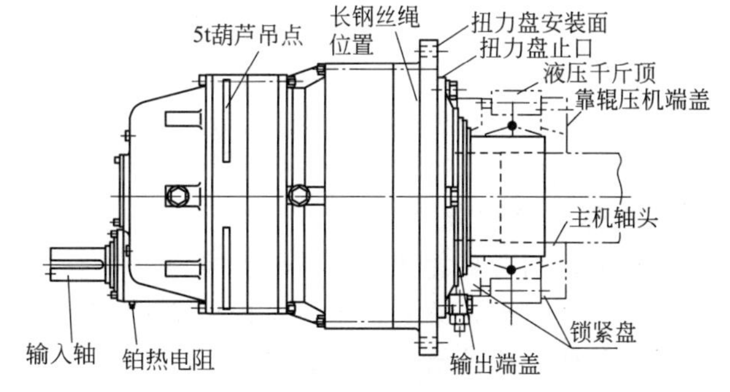

图2.5.5 减速机吊装示意图

集中的位置——偏输出端方向。用长钢丝绳在减速机直径最大处，尽量贴近扭力盘螺栓法兰绕行两圈，并挂在电动葫芦或吊车钩上。接着分别用两个5t手拉葫芦挂在输入端上方两个吊耳处，一起挂到电动葫芦吊钩上。向上微提电动葫芦，使钢丝绳及手拉葫芦保持伸直状态，调整手拉葫芦，保证电动葫芦吊点为垂直状态（严禁歪拉斜吊电动葫芦）。

（4）拆卸锁紧盘。

① 拆卸锁紧盘螺栓时，应按说明书逐圈拧松螺栓，不能一次直接拆掉螺栓，否则会造成最后几个螺栓受力过大而被拉断；拆卸扭力盘螺栓，左右各保留一个，其余全部拆掉。

② 在锁紧盘中间分三点均匀对称打入錾子，同时敲击，直到把锁紧盘一个外圈打出为止。如果较难打出，可适当加温，用焊枪对外圈迅速、瞬时烘烤，并用红外线测温仪随时检测表面加热温度不得超过100℃，不能烤到锁紧盘外圆和侧面的螺纹孔；若仍未脱开，温度可适当提高至130～140℃，同时对称敲击錾子；如还不能脱开，则要等温度全部冷却后，再第二次对锁紧盘烘烤。当靠减速机一端的半锁紧盘先松动时，可以在半锁紧盘中间使用薄型千斤顶，或将拆卸螺孔旋入相应螺栓，将磨辊侧锁紧盘顶出。如拆卸仍有困难，可按上述方法对半锁紧盘加热。

③ 把锁紧盘的两个外圈分别靠在减速机与辊系上，转动锁紧盘内圆，找到减速机输出轴上的开口，用錾子敲入开口再取出，重复几次，保证开口有相当余量。

④ 升降电动葫芦几次，使减速机相对松动，然后再吊起电动葫芦，起吊重量应略高于减速机重量。调整5t手拉葫芦使减速机空心套与辊轴同心：反复多次拉紧、放松手拉葫芦，使减速机上下摆动，空心套与轴间开始松动，并感觉上下摆动的极限位置，最后把手拉葫芦拉到中间位置。

⑤ 在输入端下方吊耳挂上3t手拉葫芦，并带上力。用2个100t液压千斤顶分别顶在减速机和辊系之间，两人同时同步加大液压千斤顶压力，直到减速机被顶出。注意应缓慢加大液压千斤顶压力，且最高压力不超过千斤顶许用压力的90%。在顶出减速机过程中，要不断调整电动葫芦起吊位置和5t葫芦，使减速机的空心套始终与辊轴同心，同时保证3t葫芦带力。当千斤顶长度不够时，应适时加入准备好的垫块或圆钢。

如果采用上述方法，仍未拆下减速机，可对减速机输出轴加热。将锁紧盘内圆与输出轴扣紧，对锁紧盘内圆外表面加热，让热量尽快传递到输出轴上。并用红外线测温仪随时检测表面加热温度，不得超过150℃，当温度已传到空心套时，千斤顶加压至许用压力的90%，顶减速机。若仍未退出，应待温度冷却到常温后，再重复上述步骤。

锁紧盘拆卸的难度一般较大，特别是局部发生胶合时，但采用薄形100t的两台液压千斤顶（行程60mm，直径ϕ180mm，高140mm），不用加热就可轻松拆下。

根据现场空间订制一套专用液压同步顶升系统，则可大大减轻拆卸工作量。该系统由分体式固定盘；8～12个150t、行程25mm的薄型千斤顶；高压油站和压力控制柜组成。操作时，将薄型千斤顶装在固定盘上，固定盘安装在主轴锥形轴部分，定位后逐一对每个薄型千斤顶单独、同步、均匀加压，减速器就能拆下。

根据拆卸的目的，当只要更换某部位配件时，可以分段拆卸。从图2.5.6中可知，第一级、第二级传动部分的壳体分成三部分，它们之间及与后段都是定位销连接，只要确认检修部位，拆除相应段位即可。

◎ 铸铁壳体裂缝修复

铸铁减速机壳体在冲击负荷较大时容易开裂，且不易通过焊接工艺修复，在经增设辅助拉板加固后，得到明显改善，未再发现裂纹出现。具体措施如下。

（1）堆焊。焊前清理、打磨开裂处成双面U形坡口，中间留5mm不开坡口，对坡口预热到300℃，并在焊接中保持此温度；用507焊条分层施焊，第一层用ϕ3.2mm焊条，后各层用

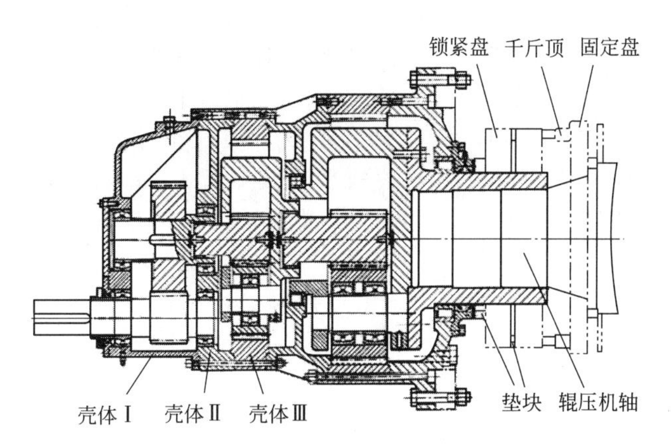

图 2.5.6 RPG 型减速机内部结构与拆卸

ϕ4.0mm 焊条，并敲击消除应力、清渣，至焊平为止；为保温退火，采用烘干炉的热，对施焊处盖埋保温，自然降温。

（2）增设辅助拉板。在壳体上裂纹两侧钻两个 ϕ16mm 相距 160mm 的孔；考虑 Q235 钢板的膨胀量，在辅助拉板上钻两个 159.7mm 间距的孔，让热装后得到较好拉力；制作装配销子（螺栓），按轻型过盈配合方式，确定尺寸；装配时先将销子打入壳体的孔内，辅助拉板加温 300℃，待孔距胀到能装入在壳体的销子后，用 M16mm 螺帽拧紧即可。

◎ 断齿维修

当发现 MLS3626 立磨主减速器鼓齿断齿时，维修中要保留大螺旋锥齿轮及轴承座，破坏性拆除齿轮轴。其方法如下。

（1）在拆除减速箱时，要特别注意 16 块推力合金瓦方向与位置完全一致，拆除大螺旋锥齿轮时，要保证其定位套配合面不受损伤。

（2）利用复制取销工具取出定位销，卸下紧固件，脱开大螺旋锥齿块并清洗干净。

（3）用环形带状电锯，沿定位盘上下平面距离约 10mm 处，切断大螺旋锥齿轮轴；用车床将定位盘找正并夹紧，用 ϕ45mm 引钻后膛孔移除大螺旋锥齿轮轴材料，加工至单边约 3mm；利用角磨机配用切割片将大螺旋齿轮轴残留部分沿轴线方向切断，不可伤及定位盘内孔。

（4）核实定位盘内孔与新的大螺旋锥齿轮轴配合尺寸符合设计后，即可装配。油煮法将定位盘升温至 200℃，热装到该齿轮轴上，安装大螺旋锥齿块至定位盘，用敲击法按拆除标记及顺序安装定位销，热装法安装相关轴承。

（5）对齿轮啮合面调整找正。齿侧隙为 0.35～0.65mm，接触区域要求齿长、齿宽方向有 60%以上，不允许出现线状或条状接触。将磁力座百分表座固定，并使表头垂直于齿轮工作面，依靠齿轮轴的调整垫厚度调节齿侧隙，用手正反盘动小螺旋锥齿轮轴，即可读出两极限尺寸，偏差值即为齿侧隙；为增加接触区域，调整输入轴调整垫的厚度，空载时啮合区域可靠近大螺旋锥齿轮表面中间的小端，重载时就可达到中间的最佳状态。

KMPS675 立磨减速机的弧齿大锥齿轮断齿后，首先排除焊接修齿方案，对断齿棱角和有裂纹部位全部磨掉，根据余下残齿长度，确定带病运转的负荷，直到更换新齿轮。对此，需制作工装卡具，对高速轴两个轴向轴承预紧力装配，测量轴承内套轴向安装尺寸；修理轴肩、轴套端面毛刺，依据着色齿面啮合程度，加工轴端垫片厚度后装配。

◎ 齿轮损坏原因

MFY250A 高精齿轮减速器为中心传动、功率双分、扭力均载、两级齿轮副对称布置。大修检查发现有二级传动小齿轮某一处圆周上，有17个齿面不同程度啃蚀剥落，且更换新齿轮不久，又出现同样问题。这才引起关注：在检查基础时，发现减速器一角下沉，最大幅度达2.07mm，且地脚螺栓二次灌浆面松动。这是该低位小齿轮快速损毁原因。

为此，首先铲除二次浇灌基础，调整基础垫铁，粗找下箱体水平偏差在0.02mm左右；新换齿轮就位后，通过调整垫铁，控制各轴颈水平偏差≤0.1mm，用框架水平仪校准；拧紧地脚螺栓后再次复验；清理基础面后，重新二次灌浆抹面；测量12个轴承间隙及齿轮啮合侧间隙，并符合要求；保证一、二级齿轮工作面接触长度不小于80%齿宽、高度不小于55%；清净接合面、涂抹密封胶后安装上箱体，拧紧连接螺栓；用百分表和直尺调整减速器与主电动机同心度，若有偏差调整电机；二次灌浆达到强度后，空载试车。

◎ 高速齿轴断裂

K810减速机高速齿轴在输入侧齿轮轴肩处纵向断裂。为尽快恢复使用，先是决定用45Mn2钢为制作材料，委托一有加工能力的制造商制作新轴，但很快齿面磨损严重；查看原轴虽断裂，但齿面仍完好如初，于是决定在原断轴上镶上新轴圆钢，恢复原断轴尺寸。

在断轴端加工一高精度的ϕ60mm圆孔，并在断口处打135°坡口，圆孔深度取56mm，利用材质45Mn2规格ϕ70mm锻打圆钢，先只加工前面66mm长、ϕ60mm带正公差的高精度轴。将两工件在油中加温、对接、冷却后，再将两边连接预留坡口用J506焊条焊接，此时焊件支垫平整，电流不可太大，焊速不能太快，及时清除焊渣，对称焊接，锤打消除应力。待完全冷却后，在车床上利用夹具找正，加工成与原形状尺寸相当的轴。如此修复后运行一直平稳，满足了使用要求。

◎ 推力瓦磨损修复

1995年投入运行的莱歇生料立磨，2012年9月主减速机跳停三次，发现轴承推力瓦压力过低，有三点报警。原因是磨盘给瓦的轴向力过大，受力不均，使得巴氏合金层磨损过多，破坏了高压油腔与磨盘间的油膜，部分高压油从侧面泄掉，压力无法稳定。又因每块巴氏合金层磨损量不一致，油膜形成厚度也不同，导致磨盘下方无法得到均匀支撑，磨盘偏载，进一步加快瓦的合金层磨损，压力逐渐变小，不能满足正常工作。

因是进口瓦，厂家供货周期竟需6个月，只好寻求国内厂家修复。先用车床去除原有巴氏合金层；将瓦放入熔锡炉内，220℃熔掉锡合金；将瓦在熔锡炉内两次挂锡；吊出推力瓦放平，用木模板固定，在模板内部加铺2mm石棉垫片，对合金层全覆盖，浇注温度280℃，厚度达到15mm，多余巴氏合金溶液赶出底部气孔，保证合金层连续、完整；对推力瓦粗车至厚度6mm时，进行磁力探伤，查看有无夹渣和裂纹；再精车瓦至厚度5mm；用铣床加工瓦侧部的油槽，宽10mm、深1mm，合金层上部注油孔处加工油隙，深0.25mm；最后精磨瓦的尺寸为140.2mm。主减速机组装后，13块推力瓦均匀涂满红丹粉，吊入磨盘，顺时针转动高速轴，旋转一周后，吊出检查合金层与磨盘接触情况，三次检查，确认连续接触即可。运行后的压力普遍提高，均远在报警值之上。

◎ 油封失效快速处理

减速机输入轴、输出轴等处广泛应用骨架油封，但由于是橡胶制品，难免老化损坏而漏油。但更换油封的拆卸工作量较大，运行中很难进行。若按以下快速处理，可以在1h内完成修补。即将原油封剖分拆下，再将新油封剖分装上，剖分部位用瞬干胶及密封胶分别涂抹后，用手按住断口约5min，便可黏结住。此过程中，要使切修面尽量小，且装上密封唇之前，应在环圈沟槽内涂抹一圈二硫化钼。先后两道油封与轴径向垂直左右相间15°。如轴的油封位有明显磨损或溜槽时，可在轴端盖外侧再加一道油封，并用喉箍套于油封外侧（图2.5.7），再用密封胶将内侧面与轴端盖间缝隙密封，并风干0.5h后，即可运行。

取消沟槽密封，改用骨架密封。将沟槽车去，形成一个台肩，选择匹配的骨架密封安装在台肩内，并尽可能多装几个油封。由于油封能与轴紧密地弹性接触，因不再漏油，每年可节油 450L。

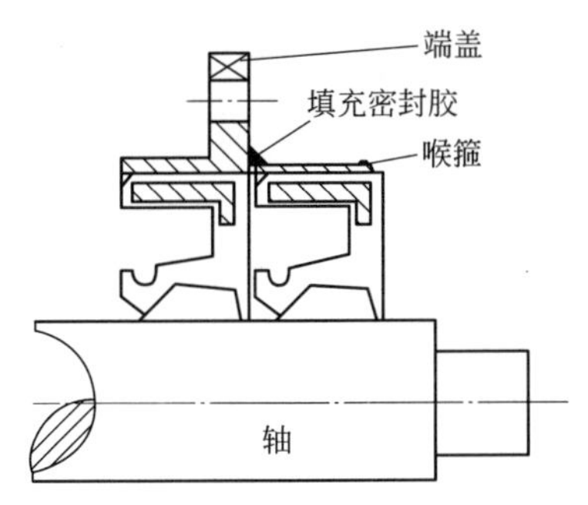

图 2.5.7 轴端盖外侧增加一道油封

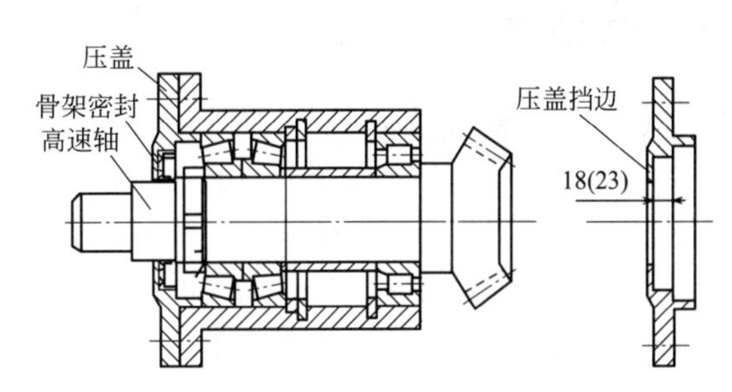

图 2.5.8 高速轴磨损后漏油的应急处理

◎ 高速轴磨损漏油

当发现减速机高速轴漏油时，打开高速轴压盖，发现骨架密封唇边磨损，高速轴表面也磨损出宽 3mm、深 0.4mm 的沟槽。为了解决漏油问题，在无法很快处理高速轴沟槽前提下，用车床将压盖内骨架密封挡边车薄 5mm，让压盖密封槽深度由 18mm 增为 23mm（图 2.5.8），使密封在高速轴上的安装位置向外移动 5mm，便能暂时解决漏油问题。

◎ 高速轴振动大

ZLY1045 型减速器，功率 2000kW。一次巡检中发现，高速轴轴承的轴向振动为 12mm/s，停机检查发现，该高速轴有三个支承轴承，两端为自由轴承，中间为定位轴承，发现中间轴承座定位端面开裂约 1/2，使轴承轴向定位失效，从而引发轴向振动大。从损坏断面看，轴承座存在气孔、夹渣等铸造缺陷，再加上平时受力大，导致轴承座疲劳破坏。

因轴承座下半部与减速器箱体整体铸造，现场无法修复。考虑将靠近辅传端的轴承座进行定位处理，代替中间轴承定位作用。实施步骤为：根据测量，在靠近辅传轴承的外压盖与轴承之间加工一个定位挡套，且做成两半，无需拆联轴节就能安装；压盖下调整加垫，使压盖止口与挡套间保持 0.2～0.3mm 间隙，为轴承受热膨胀用；对大齿轮与两侧小齿轮啮合间隙通过压铅比较，减速器轴承座损坏一侧的大小齿轮齿顶隙平均比另一侧小 2mm，齿侧隙小 0.1mm，为减小该侧受力，将该侧小齿轮、减速器、电动机向外调整 2mm，使两边电流相差仅 5A 以内，趋于平稳；对减速器放油后，清理检查内部并更换新油。

◎ 减速机轴伸适配

生产中经常会有减速机与设备互为代替的情况，在连接、装配形式一致、功率与速比相近时，如果仅是轴伸尺寸有不大差异时，可以通过加工处理，达到代用目的。

确定代用前，事先应核算转矩强度，尤其是对有定位销孔部位核算。处理直径不一致方式为，对小轴径的轴制作轴套，通过加工外径到相配尺寸；长度不一时，可通过短轴接焊方式，先车削出焊接所用之剖口，焊接后冷却加工至要求尺寸。

◎ 锈蚀分析处理

巡检中发现 MPS 立磨弗兰德减速器密封处有两处锈水流出，但密封橡胶圈外观并无损坏，说明减速器内部有锈蚀迹象。

处理方案为：用钢丝轮打磨盖板和密封环槽锈蚀处，再用 46# 柴油清洗，打磨期间要用胶布盖严轴瓦，防止污染；用白布擦净柴油，用 400 目砂纸裹上方木块沾油横向擦洗，清除锈蚀后，有微细划痕；再用 1000 目砂纸横向擦洗，减少划痕；用羊毛轮对锈蚀再次打磨、抛光；用柴油洗净盖板，白布擦净；再对轴瓦侧面和密封处锈蚀，重复上述步骤；堵上高压油孔和润滑油管孔，用柴油清洗整个轴瓦及箱体，清洗后尽量排干柴油；用湿面团粘去轴瓦、箱体及盖板等部件表面上的渣滓，然后再喷上润滑油（320）；往下部齿轮箱喷润滑油，焊死减速器底座位置防潮板，并喷上防锈漆。减速器合盖回位。

5.7 联轴器

◎ 用作图法求解同轴度偏差

联轴器安装中找正是一项极重要的工作，因大功率设备盘车困难，一次调整成功到位将极大影响安装效率。能正确使用作图法求解同轴度偏差，将十分必要。

同步转动两半联轴器，每隔90°测得四组轴向 a 值、径向 b 值（图2.5.9），并分别记录在图中方格内的圆内和圆外。若在四个位置上的 a 相等，表明两半联轴器端面平行；b 值相等，表明同心。总之，两半联轴器在任何位置上的 a、b 分别相等，就表明它们同心。安装中测量表座如图2.5.10所示，随时检测轴向圆跳动与径向圆跳动值。

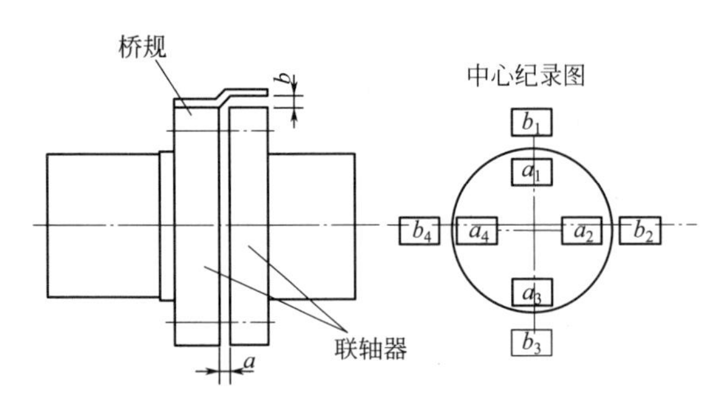

图2.5.9 联轴器中心找正原理图

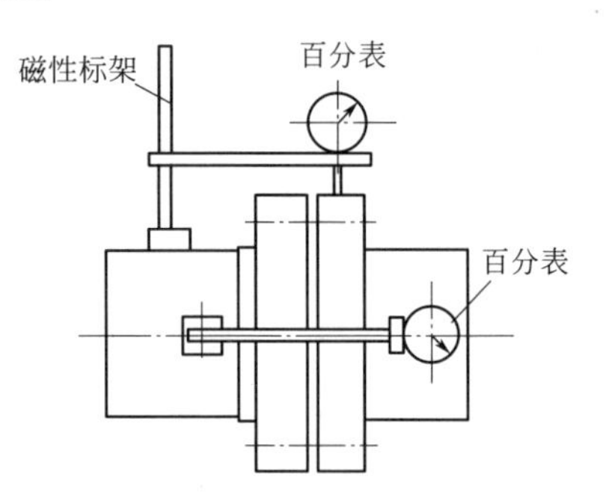

图2.5.10 测量工具安装示意图

计算的准确性取决于测量数值的准确，它又依赖测量数值的可靠和测量方法的正确。数值的可靠可通过 $a_1+a_3=a_2+a_4$；$b_1+b_3=b_2+b_4$ 验证，否则要检查表架松动或测量轨迹上有无油污或锈斑。测量方法的正确主要是理解相关参数的含义：如图2.5.11中 L 的数值，并不是联轴器端面至设备安装底座前支点的距离，而应是径向百分表测点和底座上前部调整垫片放置位置间的距离，避免外圆中的倒角及安装敲击在表面留下的缺陷，百分表的安装也要避开这些缺陷，并放置在便于测量和读数的位置。图2.5.11中 D 应理解为联轴器转动时，轴向百分表测量点所形成的轨迹圆直径，而不一定是联轴器外径。否则就会计算错误。有些资料还讨论了水平平面与垂直平面内有角向偏差和无角向偏差四种情况，实际都无必要。

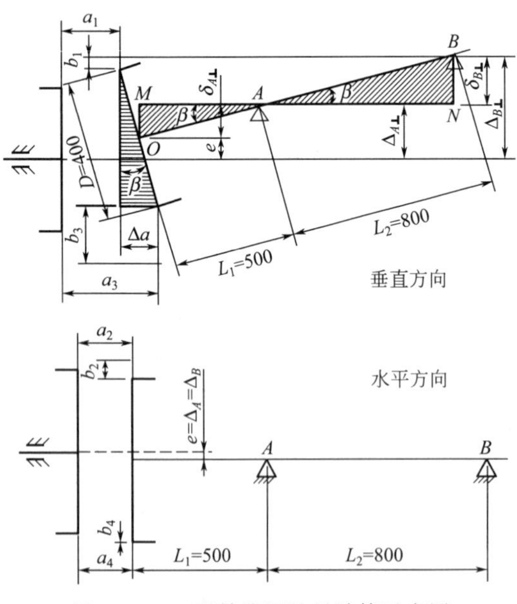

图2.5.11 联轴器调整量计算示意图

◎ 膜片式的安装

用膜片联轴器连接的减速器与电动机，除了要满足同轴度、垂直度外，特别要注意调整它们的垫片厚度。即安装后，打开主电动机轴瓦上盖，在主电机轴与轴瓦配合处，两台肩与轴瓦两端面间距应相等，才能保证电机磁力中心线符合电机铭牌要求。

◎ **尼龙柱销折断**

在使用对轮联轴器时，磨机边缘传动的大齿圈五年后翻面使用，小齿轮更新，当磨机加载到30%时，尼龙柱销竟成组折断。解体观察发现，小齿轮部分轮齿非工作面有非常明显的啮合顶压印痕，大齿圈齿顶向下弦高12mm左右齿形没有磨损，却有顶压印痕。说明维修前原啮合传动的微小弹性变形已固定为永久变形，使更新的小齿轮在空载时，齿侧间隙已显不足，带负载时就更加不够，才会发生卡顶，啮合阻力加大，导致柱销折断。为此，用样板和角磨机均匀研磨小齿轮啮合面1.5mm，使其60%面接触，加载运行后，振动降低，直至平稳。

◎ **齿轮式损坏更换**

磨机主电机与减速机配用CQR-350型齿轮联轴器，因端盖密封不好，未能保持专用液态润滑油位，便加快齿面磨损，齿侧有凹台深1.7mm，且齿侧两端磨损程度不一。后更换用高温锂基脂，未足半月，就致使外端盖破裂，内套齿圈完全损毁，此时内套连接端面的轴向与径向偏差都在1.5mm以上。只好更换新联轴器，先对原混凝土灌浆面铲除，再对电机前轴瓦上端盖的划痕刮研并抛光，让瓦、轴接触面大于95%，侧间隙小于0.02mm；清洗并涂抹高分子密封胶后加装上盖；新联轴器内套浸入CD40机油中，加温至140～160℃，水平推入轴端（先装端盖固定，后装内套），自然冷却后吊装；用水准仪粗找基座平面，再用四组平垫铁及楔形垫铁，精调电机轴中心线的水平与高度，用框式水平仪确保偏差不大于0.02mm/m，并留足前后活动余量4.5mm左右；用百分表测轴向、径向偏差合格，紧固地脚螺栓，查气隙符合要求，二次灌浆，72h后加注N320号齿轮油，开车运行。

◎ **联轴节膜片断裂**（见第3篇9.4.1节“极板结构改进”款）。

5.8 液力耦合器

◎ **自制快速拆卸工具**

若企业仍靠人力绞动丝杠拆卸液力耦合器时，可按图2.5.12制作新型拆卸工具，依靠液压力，缩短时间为原有的1/8。将丝杠套筒旋进液力偶合器丝孔中，将用圆钢做的导杆从套筒中穿进去，使用液压或机械千斤顶对导杆施力，通过导杆把作用力传递到液力耦合器丝孔对面的固定轴上，液力耦合器便从电动机传动端固定轴上脱开。不同规格的液力耦合器可使用不同直径的导杆和丝杠套筒。

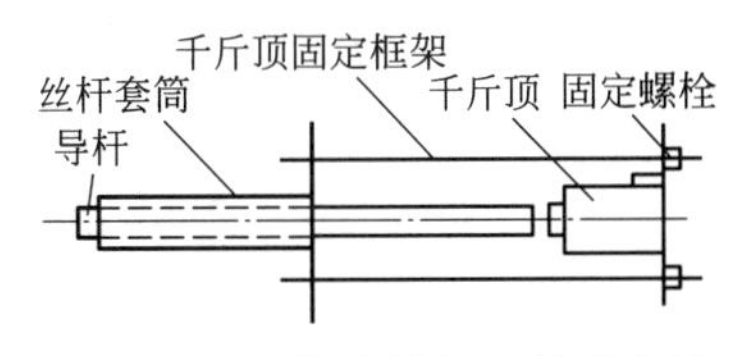

图2.5.12 快速拆卸工具示意图

◎ **进水原因处理**

按程序启动循环水泵时，发现液力耦合器油池的轴盖向外渗水，且越流越严重。经查，应是耦合器佩带的冷却器漏水，如为外漏水，系周边的胶垫断裂或膨胀外移造成，但油水不会混合；而内漏则为油区与水区的间隔胶垫断裂或偏移。在阀门关闭不严时，只能将2台冷却器中间的油路连接管拆开，发现冷却器B虽胶垫完好，但水区的入口处有比较集中的片状水垢，且中间盲板明显凸起变形、周边胶垫向油区移动。由此推断，开车前多次开停循环水，将沉积在管路上的水垢冲进水路进口处，使过水不畅，再次启泵时，盲板两侧压差瞬间增大而凸起。考虑到两侧盲板是一侧受压，故将中间盲板经整形后与最外边的盲板交换，在凸起的水路盲板胶垫槽里涂抹上密封胶，重新组装后恢复原有尺寸。不但不再漏水，而且油温也降低8℃左右。

5.9 滚动轴承

◎ 磨辊轴承装配

立磨磨辊轴承的装配精度直接关系磨辊使用寿命，但装配工艺并非只有一种，采取热装步骤少、吊装工作较轻、安装精度较高的方法，将会缩短装配时间，减轻操作强度。改进方法的要点是：先组装圆柱滚子轴承内圈、内间隔环、圆锥滚子轴承内圈附带滚子，将其同时放置油池中加热到 110℃；磨辊轴由非安装轴承段两点支撑为水平一定高度位置，依次将上述加热件装入，并用 ϕ410mm 轴端压板将轴承内圈压装到相应轴位；完全冷却后，拆下 ϕ410mm 轴端压板，装上圆锥滚子轴承间隔套及另一外圈，并用 ϕ615mm 轴端压板作为辅助工具压在轴承外圈上，缓慢将其倒置，将外间隔环外表面调整到与轴承外表面重合；将前端闷盖装于轮毂上，同进退火炉加热，慢升至 200℃保温 2h，取出检验轮毂内孔径已增大 0.8mm 以上；将预装的轴与轴承涂抹润滑油后，快速吊装进热轮毂内，轴承到位后盖上后端盖压紧螺栓，直到冷却常温前，每隔一段降温紧固一次；安装 O 形圈及磨辊密封圈，拆下 ϕ615mm 轴端压板，重装 ϕ410mm 压板。该方法相对于需三次加热、工作台较高、先在轮毂内装轴承不易观察的方法，应该更安全，精度更高，时间更短。

MLS 立磨磨辊轴承为双列圆柱滚子轴承和球面滚子轴承的组合配置，受力分工不同。运行中，在外侧的球面滚子轴承受温度较高，热膨胀量大，会产生比安装游隙大的工作游隙，两种轴承的安装游隙不应相同。因此，安装的最高要求就是掌握装配松紧度，过松就会使轴承内环与磨辊轴之间产生滑动而咬合；过紧就会减小辊道间隙，滚子及滚道难以形成油膜。

装配前要彻底清洗轴承和磨辊轴，并检测轴承的原始径向间隙，根据原始径向间隙数据装紧轴承。测定轴承装配间隙时，应将塞尺伸过两个滚道并在无润滑脂状态下进行。组装后两种轴承的剩余游隙分别为 0.62～0.65mm、0.40～0.47mm。

当安装更换轴承时，必须关注轴热膨胀的裕量，当一体式轴承箱两侧轴承没有轴向滑动余量时，轴的热膨胀是靠轴承外圈与轴承座的滑动弥补。此时必须在两侧端盖各加一定厚度的石棉垫（约 0.3mm），才会不影响轴承游隙，更不会烧毁轴承。

◎ 摇臂轴承反装损坏液压缸 （见第 2 篇 5.5.1 节“因安装错误损坏”款）

◎ 磨辊密封圈专用安装工具

立磨磨辊轴承密封大多采用金属包复式唇形密封圈，以往是用锤击边缘装配压盖内的方法，很可能使金属外层变形，唇口损坏。为此，制作专用的安装工具见图 2.5.13，对不同直径的密封圈均可使用，只是数量不同而已。先利用顶杆头部螺纹与压板连接，沿圆周方向均匀放置 8 个（或 10、12 个）此类装置，用螺杆旋入密封压盖固定，再将定位螺帽沿螺杆旋入，将密封圈压入密封压盖内，定位螺帽上定位止口与压板相配，保证了装置稳定且缓慢就位密封圈。8 个工具拧紧顺序应遵循 1-5、3-7、2-6、4-8 相间依次进行。

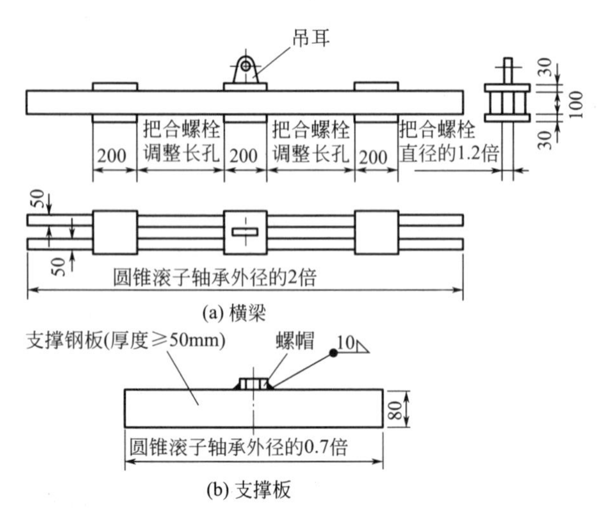

图 2.5.13　拆卸安装示意图

为检验装配密封性能，可在磨辊内腔充入 0.2MPa 压缩空气，如果保压

30min，压降不超过 0.1MPa，证明安装合格。此检验比用油更方便，还无污染。

◎ **磨辊密封质量**

MLS 立磨磨辊轴承的密封结构是，在耐磨衬套与磨辊轴间用 O 形密封圈实现，而耐磨衬套与轴承盖之间密封，用两个带弹簧圈的旋转油封实现。两个油封之间，用隔环隔开。装配完成后，对磨辊轴承腔室要打压试验，0.05MPa 保压 30min，不能低于 0.025MPa。旋转油封要通过轴承盖上油杯定期注入 ZL 锂基脂润滑，密封风由专门风机提供，风机入口设滤清器保持空气清洁。密封风不仅阻止灰尘进入磨损密封件、防止润滑油从轴承向外泄漏，而且还能为密封件降温、延缓老化。所以，如果密封风的 3 个压力变送器，只要其中之一压力小于 5kPa，都要报警；小于 4.5kPa，磨机自动跳停。

◎ **磨辊轴承拆卸**

TRM 立磨磨辊配有 NU 型圆柱滚子轴承和 X 型布置的双列圆锥滚子轴承各一个。它们通过内、外间隔套定位并相互支撑，分别承受径向和轴向载荷，被磨辊的闷盖和透盖压紧。当出现磨辊轴承损坏、磨辊油温过高或漏油等故障时，往往要拆卸它们。为此，需要掌握简单而又最少损坏轴承的拆卸方法。

(1) 将磨辊架设到两个等高的工作台上，台高宜略大于两组圆锥滚子轴承总高度。

(2) 制作专用拆卸工装：横梁、支撑板和双头螺栓（图 2.5.13），横梁要能够满足 100t 压力；支撑板按圆锥轴承外圈的外径设计；螺帽规格应与轴端挡板的把合螺纹一致，四周满焊在支撑板中央。双头螺栓长度为圆锥轴承高度、液压千斤顶之和，再高 150mm。

(3) 按图 2.5.14 安装拆装工装后，用手动液压泵将高压油打入油孔中，让轴承外圈收缩；先顶紧一端千斤顶，再加压另一端千斤顶，当两个 50t 千斤顶都有预紧力时，便同时打压，使辊轴与轴承内圈一同将圆锥轴承外圈Ⅰ从轮毂中顶出。将工装吊下。

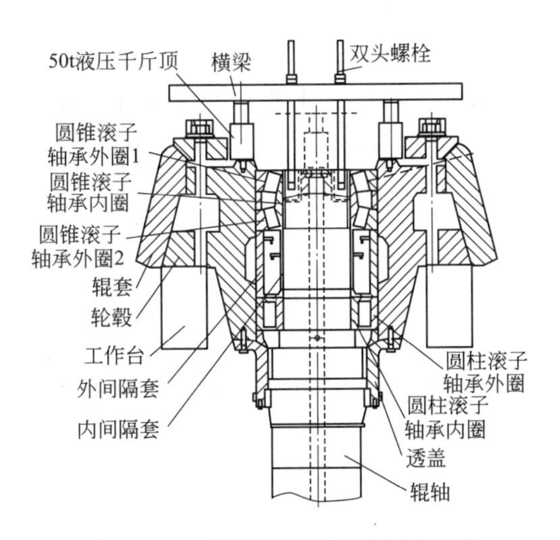

图 2.5.14 圆锥滚子轴承外圈的拆卸

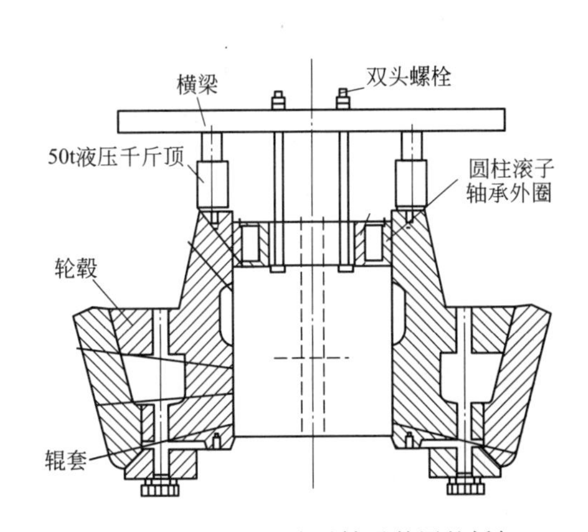

图 2.5.15 圆柱滚子轴承外圈的拆卸

(4) 拧下轴端面上的螺塞，用手动液压泵将高压油打入油孔中，让内圈膨胀。若此时轴承不能从轴上拆出，再安装上拆装工装，按图 2.5.14 中虚线标示位置，使用千斤顶对辊轴施压，就能退出圆锥轴承内圈，拆除工装；先吊出内圈，再吊出辊轴平放一侧。

(5) 再装上工装，按操作 (3) 将圆锥轴承外圈Ⅱ从轮毂中拔出，同时吊出外间隔套。

(6) 为拆卸圆柱滚子轴承外圈，将轮毂倒置，拆除磨辊装置的透盖，安装拆装工装（如图 2.5.15），采用与 (3) 同样操作方法，将圆柱轴承的外圈从轮毂中拔出。然后，对内圈用微火加热，便可从轴上拆除出来。

◎ 风机轴承拆卸

当风机因轴承损坏振动时，必须更换轴承。为了减少更换时间，保护主轴不被拉伤，对旧轴承可采取破坏性拆卸。打开轴承上盖，用千斤顶将主轴顶起，用乙炔火焰烧断轴承外圈，为避免主轴受热，应对内圈急火烘烤，让其受热膨胀后退出主轴。

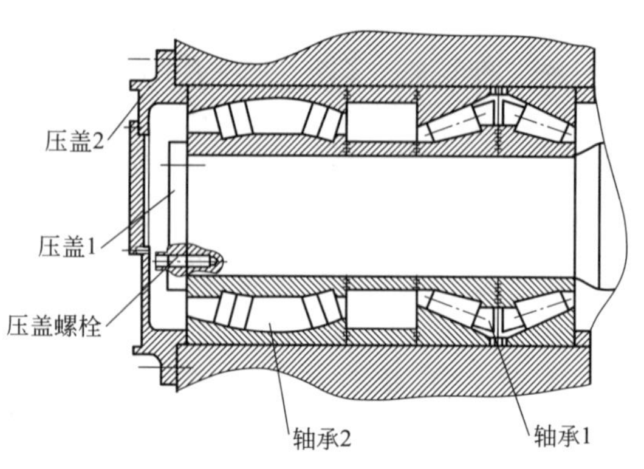

图 2.5.16 立磨辊内部结构示意图

◎ 磨辊轴承移位

更换这类轴承需时约用一周时间，且每个轴承价值 30 万元。由于长期运行振动，造成压盖 1 上 8 只（M48mm×150mm）螺栓不均衡松动（图 2.5.16），引起磨辊轴承在磨辊轴上窜动，从而造成轴承损坏。应采取如下方法防止螺栓松动：打开压盖 2，对压盖 1 螺栓用液压扳手对角紧固，保证力矩均为 4.817N·m。再用 ϕ6mm 圆钢将 8 只螺栓头两两焊接相连，形成八字形，既能防止螺栓松动，又方便拆卸。

另外，磨辊油位恒定在恰当位置，是保证磨辊安全运行且不漏油的重要措施。为此，需通过节流阀，恰当调节进出油量平衡。

◎ 辊压机轴承跑内圈

有锥度的轴承内圈是靠轴承端盖将主轴承与主轴锁紧。优点是方便卸装，缺点是当端盖磨损后，不能锁紧轴承，而发生跑内圈现象，轴承温升超标。一旦发生此故障，可对内轴承端盖增加垫圈，垫圈尺寸根据磨损量控制，厚度适当增加，与内轴承端盖焊死并打磨平整。大修时，利用美国高分子复合材料对动辊修复，并更换主轴承及内轴承端盖。

◎ 轴承座螺栓断裂防治

为防止摇臂轴承座螺栓断裂，可在与下轴承座整体铸造的横梁上焊一块 24mm 厚钢板（图 2.5.17 中 2），并在横梁上做四道加固筋（图 2.5.17 中 3、4），与横梁和钢板焊接一起，用 M48mm 螺栓（图 2.5.17 中 1）通过螺帽做成顶丝顶住上轴承座，其他三个方向均按此法对轴承座加固。同时，将原 ϕ40mm 定位销加大为 ϕ50mm，锥度 12°不变。如此便可增大上轴承座的承载能力。

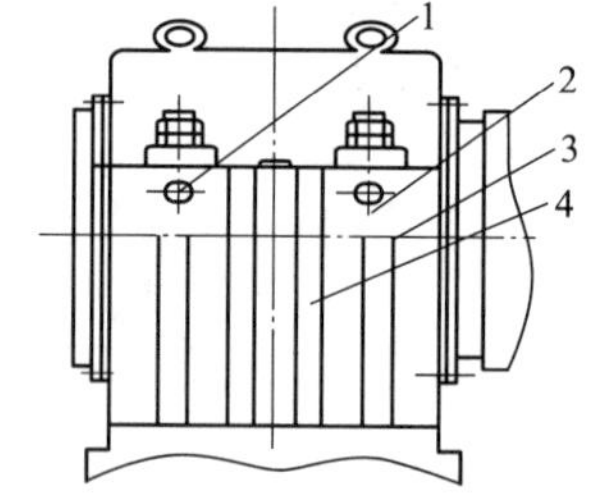

图 2.5.17 轴承座改造后

1—螺栓；2—钢板；
3，4—加固筋

◎ 轴承下座断裂修复

某磨机小齿轮轴承下座断裂，没有备件，只有修复。该材料为 HT200，在彻底清理油污后，置于划线平台，按尺寸要求划线，样冲冲眼后进行孔加工；用丙酮除去轴承下座断裂面上油脂，用 CH914 胶黏剂调配适量胶黏剂，均匀地涂在轴承下座断裂面及加工的孔内；用螺栓紧固连接，不能错位，同时将 3536 原轴承装入轴承下座，并合上轴承上盖，用螺栓紧固，防止后续的焊接变形；沿轴承下座底面断裂线用錾切剔出 V 形坡口，选用铸 308 焊条，采用手工电弧焊两遍，焊条不要作横向摆动，以减少母材溶化量；焊完一层冷却后再焊第二层，高出轴承下座底平面的焊缝，用磨光机修平磨光，如此已用四年无恙。

◎ 风机自由端轴承避磨

高温风机工作时会产生 8mm 的轴向热膨胀量，为此，自由端轴承需要在轴承座里游动以释放热应力，即轴承外圈与轴承座内孔间必须有间隙配合，设计为 0.04～0.07mm，此量还与内孔粗糙度有关。否则外圈磨损加快，风机振动大。为配合间隙放大，利用轴承座盖体内孔正中 3 个 ϕ8mm 润滑孔，在此处铣出 40mm×12mm×10mm 的限位槽，用 45 钢加工 1 条防转销（图 2.5.18）；将防转销小头紧打入轴承上一润滑孔内，再在轴承座结合面加垫片调大间隙至 0.10mm（这种办法会破坏圆度，并非最佳）。

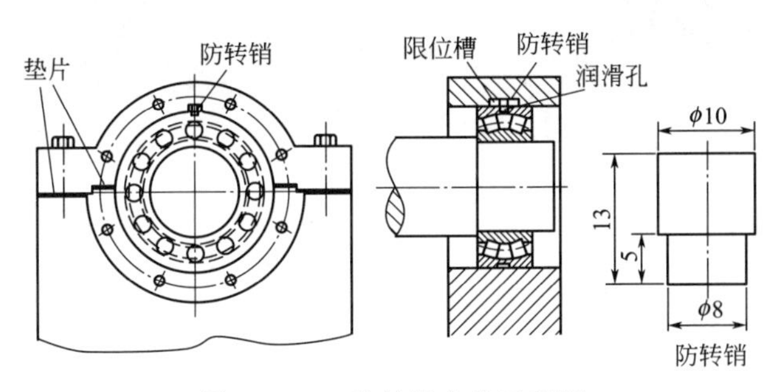

图 2.5.18 防转销定位示意图

防转销小头与轴承润滑孔为小量过盈配合，大头与轴承座限位槽是大间隙配合；限位槽长度大于高温风机最大热膨胀量；防转销小头长度不能影响轴承运动。

◎ 选粉立轴轴承损坏

O-Sepa 选粉机立轴上有三道轴承，其中上、下两个调心轴承主要承受径向力，中间推力轴承承受轴向力。但实际使用半年不到，中间与下部轴承都先后损坏。经分析原因，发现下部轴承因立轴长 5m 多，受热膨胀后原仅有 0.3mm 间隙不足以满足伸长要求，轴承受到较大轴向力。而中间轴承也难免有径向力对其破坏。为此，在下轴承压盖与轴承座之间加 4mm 厚石棉垫，让轴承压盖止口与轴承之间有足够间隙膨胀，还能提高密封性能；对中间推力轴承，改用 29240 调心滚子轴承，可以承受部分径向力，比原用的 51240 窄尺寸用定位套办法解决好得多。同时对立轴座周围增加 16 号槽钢加固，减少整体框架摆动。在安装过程中，通过加铜皮，找正立轴联轴器端面的水平度在 0.1mm/m 范围内。

6 环保设备

6.1 袋收尘器

◎ 制作与安装要求

袋除尘器制作中要满足如下要求：提高花板孔加工精度，尺寸精确；焊接变形要小，平面度要高；喷吹管需专用设备保证有较高喷吹孔直线度、中心度和垂直度。这些关键指标都影响滤袋寿命。负责任的制造商应将净气箱做成整体、喷吹管安装编号出厂，为运输拆分设备时，尽可能形成整体单元，虽然会增加制作与运输成本，但方便现场安装快捷、使用可靠。为减少漏风，人孔门要尽量少，减少密封条总长，密封垫要具备耐高温、抗老化性能。

安装中，现场焊接关键要求是密封，用煤油渗透法或用荧光粉逐条检验焊缝，宜采用双面密封焊，保证漏风率最低。锁风阀类型与安装都是为了卸料过程密封。滤袋安装中，要轻拿轻放，不要碰伤滤膜及袋笼。

对于湿度大的地区，必须做好全箱体及管道保温，不能因供气管道温差过大产生结露，露水进入滤袋，造成清灰困难，影响脉冲阀及滤袋寿命；安装中要重视气路系统除锈和除污，严防施工工期中发生锈蚀，在安装完成后，打开气路排污阀，对气路进行供气除锈、除污处理，以防污物进入脉冲阀，导致膜片压不下去而漏气。

烘干机收尘器的制作，还要有特殊要求。

（1）挂袋子的上花板厚度应在 6mm 以上，且板孔间距及加工要精确，操作人员不得在上面随意踩踏，以免花板变形，影响滤袋安装垂直度，造成袋底碰撞磨损。

（2）烘干烟气因含水结露，腐蚀性大，因此要求滤袋室和上箱体焊接时，要严格检查焊缝；上箱体出厂前要刷高温耐腐蚀漆，特别是焊缝处。

◎ 滤袋垂直度检查

在袋收尘安装中，控制滤袋框架垂直度将直接关系滤袋分布的均匀性，降低过滤面积，延长滤袋寿命。但在实际操作中，最多用目测检测滤袋框架的垂直度，根本无法判断垂直度是否合格。正确检查方法是：在检查台上，用钢板尺，或与线坠配合，或与基准垂直墙面配合，逐渐转动滤袋框架，在框架的底盖处检查每个纵筋与基准点的距离，其最大值与最小值偏差的绝对值要最小，如 4m 长滤袋，偏差小于 24mm，即为合格。

在滤袋的转运和装箱中，一定要轻拿轻放，防止垂直度超差。

◎ 篦冷机地坑除尘

斜拉链机地坑的除尘多由一根管道接到窑头收尘器，借用窑头排风机吸走，这已是设计院的典型设计。然而，此方案是对头排风机的人为漏风，因节省一台收尘反而增加头排电耗。在余热发电使用后，这种管道短路，更不利于利用废气发电。

最好的改造方案是，在窑头上增加一台 LPM7C-650 专用袋收尘，配一台 4-72No10D 风机，风量为 44026m^3/h，风压为 3159Pa，收尘灰的三个灰斗双板锁风阀下用一拉链机，将灰回至篦冷机三段。

改造结果，多发电 300kW·h/h，相当于 1.67kW·h/t，扣除投资 25 万元，运行多耗电

0.16kW·h/t，电价按 0.62 元/kW·h 计算，只用 46 天便可回收投资。

◎ **压力检测安装**（见第 2 篇 10.3 节）

◎ **袋除尘器控制故障**（见第 2 篇 11.1.4 节）

6.1.1 滤袋滤料

◎ **破袋在线封堵**

一旦发现滤袋破损，不但排放立即不合格，而且还会让含尘气体直接从滤袋破损处逸入其他相邻滤袋内积灰，造成其他滤袋过滤效果大打折扣。为此，如不能及时更换破袋，也要尽快在线封堵。为此，制作一种破袋在线封堵装置，见图 2.6.1。该装置底端带有圆形钩子的螺杆和圆形封堵板组成，找到破袋后，直接将本装置放到喷吹管下破损滤袋袋笼帽上，螺杆下端钩子钩住袋笼帽下部的袋笼护套，均匀拧紧螺帽，让封堵板和密封石棉垫板与袋笼帽间不漏风即可。

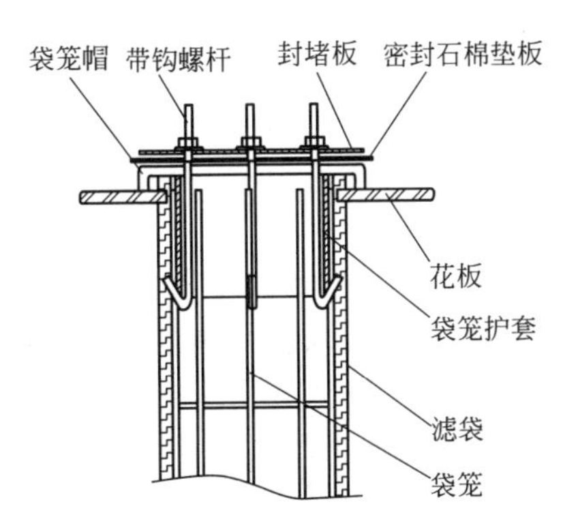

图 2.6.1 破袋在线封堵装置示意图

图 2.6.2 自制保护除尘袋口装置

如果袋口易破的原因是因喷嘴与除尘袋口距离较大，使压缩空气反吹时不能直线对准，而呈微伞形，长时间冲击袋口而损坏。为此制作长 280mm、直径 135mm 的铁皮管（图 2.6.2）罩在除尘器袋口，便可使破损率大大降低。

6.1.2 电磁脉冲阀

◎ **出气管磨损修复**

脉冲阀出气管与脉冲阀相接的密封部位在使用数年之后，就会磨穿，使阀长期进气，压缩空气损耗较大。正常更换出气管也很繁琐。若在线维修，只要找到磨损的出气管将该组气关闭，用割枪割去磨损部位，用内圆磨磨平，制作一密封套装上即可（图 2.6.3），在套下部车有密封槽，装上 O 形圈，与出气管相配密封。

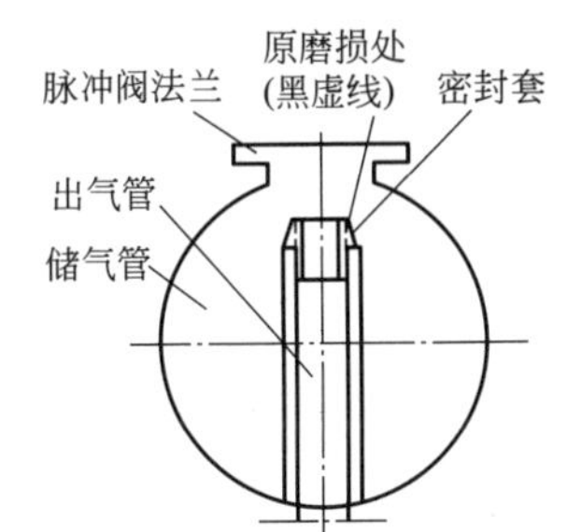

图 2.6.3 出气管加装密封套示意图

6.1.3 多管冷却器

◎ **列管与花板损坏防治**

使用不到一年的多管冷却器，随即到处冒灰，连接风管和列管多部位磨穿、花板开焊。这些部位有：进出弯头和膨胀节；灰斗铁板局部；上部模块中列管与上花板交接部位 5mm 范围内和花板下列管内部 20～50mm 处单侧局部。究其原因是：因熟料煅烧制度不稳，使进冷却器气流温度超过规定，且冷热变化频繁；气流转向或变径处，高温含尘气流的磨蚀冲刷更为加剧；原应选用冷拔无缝钢管作为列管材料，但制造商为降成本用有缝钢管代用；列管与花板配合尺寸不当，使磨损集中在上述位置；大多列管无耐磨插管可供更换。

采取对策是：对弯头和灰斗处磨损，在管道内壁上铺设一层龟甲网，用点焊固定，再涂抹一层耐磨浇注料；在膨胀节补打热态耐磨陶瓷浇注料，以缓膨胀节磨损，但要注意膨胀节伸缩方向，是否影响对膨胀的缓冲作用；严格要求上部模块中列管上部高出上花板 10mm，并将下部模块列管上部与上花板平齐改为高出 10mm，以便安装活套式耐磨插管；将 ϕ100mm×10mm×30mm 无缝钢管内壁车削掉 2mm×10mm（壁厚×高度），制作成活套式，取代原焊接结构，套接在列管进出口上，安装于上花板上部，加工精度应控制在 0.5mm。

6.2 电收尘器

◎ 分布板破损原因

某 5000t/d 线的窑尾电除尘仅投产一个月，就发现第一层分布板下、面对风管处的法兰脱落损坏，且双室出现相同问题。有人以为是分布板材质不好，实际是工艺管道布置不符要求。此时如不按以下要求修复，必然影响电场二次电压和电流上不去，影响除尘效率。

（1）管道风速较高，已达 22.8m/s，理应水平管道为 18～20m/s，倾斜管道为 12～16m/s。

（2）弯头曲率半径较小，仅 3750mm，本应是管径的 1.5～2 倍，即最小应取 4200mm。

（3）烟气进入除尘器前没有足够长的直段管道，本要求烟道风管与进口法兰连接时必须垂直，垂直段长度不小于风管直径的 3 倍。如场地无法满足，应在风管弯头内增加导流板。

（4）扩散管角度过大到 65°，导致变径管长度变短，气流速度已 15.08m/s，高速气流未能扩散就进入除尘器内，使分布板承受较高冲力。风管直径必须与进口法兰面积相当，气流速度≤15m/s，张角通常为 30°～60°，让气流均布。

◎ 极板在线维修

当极板使用中发生严重变形后，必须整形或更换，工作量大，费用高，占时长。此时，可采用固定支架定位的方法（图 2.6.4），只用 3 天时间，保证极间距偏差在±20mm 以内，基本不再变形，让三个电场的电压都能达到 50kV 以上，能暂时保证收尘效果。

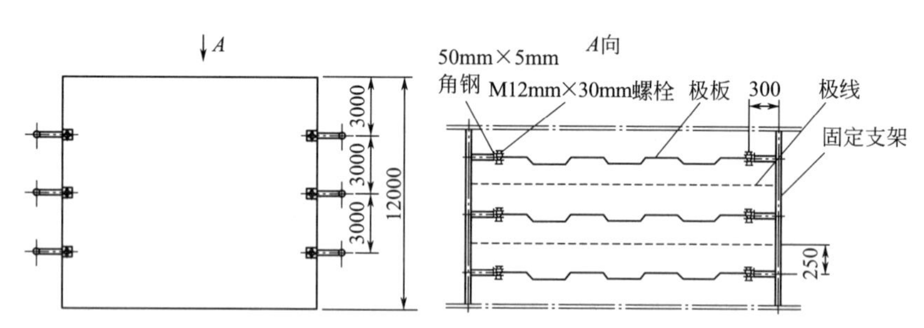

图 2.6.4　电收尘极板用固定支架整形布置示意

固定支架由 ϕ48mm×3.5mm 的钢管制作，钢管与极板距离为 300mm，大于极板间距的 250mm，不会影响电场升压；支架两端支撑在两侧壳体上，一端与壳体焊接固定，另一端不焊接，允许在热膨胀时移动；三个电场共加固 9 道支架，校正极板在中心位置。

◎ 维修要点

（1）重视导流板安装，至少为 6mm 厚钢板，不仅让风向分布均匀，并减少对分布板冲刷。

（2）修复破损的分布板，为承受更大风力，分布板高度宜短些。

(3) 更换阴极振打系统，使用耐磨套件结构的拨叉振打代替提升振打，拨杆和拨叉销采用耐磨耐高温材质，拨叉销外形在与拨杆滑动时摩擦力最小，拨杆与拨盘为主动轮与从动轮关系。安装时要求三根振打锤轴在同一水平线上、与振打砧子距离一致，锤头要打在振打砧子中心。

(4) 用 V15 一次拉伸成形的芒刺线更换，不易折断，伏安特性好，对粉尘比电阻适应性强，起晕电压低、电流密度高。安装时松紧程度一致，既不会晃动，也不会折断；确保两极之间距离同极 400mm，异极 200mm，在±20mm 之间。

6.3 增湿装备

◎ 发电后管路

在增加余热发电后，原增湿管道在发电正常运行时已失去作用，即应将原增湿管道短路，将高压风机出口与去生料磨的热风管道短接，至少应接至增湿塔下部，减少压力损失，减少漏风，不但节电，还可提高生料磨用风温度，提高磨机产量。

◎ 防管道涡流效应

当一级预热器出来的废气经鹅颈管进入增湿管道后，因气体的惯性，会产生明显涡流，导致内侧出现较大回流区，促使携带的粉料返混，进一步增大涡流效应，使喷出水雾捕捉到的粉尘富集在管道内壁，形成结块、塌落，对管道衬料寿命极其不利。为了改变涡流带来的危害，在增湿管喷枪安装位置上部 1～3m 处，分装两层分流板，分流板材质为不锈钢 310SS，可耐 1100℃高温，有槽钢板与无槽钢板搭错，再用不锈钢焊条满焊连接处，分流板的分布间隔及宽度均应根据风速、管径设计。

增湿塔进气口的合理布置，能使气流进塔后分布均匀，以提高增湿效果，但过去的锥形或圆柱形气流分布装置，无法解决气流在塔内径向分布，采用新设计的多孔气体分布装置，可以既不影响气流通过，又利用孔间间隔，对气流在轴向与径向双向分割，改善了气流分布均匀性，甚至还可采用双层多孔板形式，达到少用水、降温大的效果。

6.4 消声装备

◎ 降低发电排气噪声 （见第 3 篇 6.4 节）

6.5 脱硝

◎ CEMS 死机防范

CEMS 频繁死机，无法显示 NO_x 排放浓度。常是电气干扰引起，主要是 CEMS 主机接地线取自接地阻值高达 3.4MΩ 的预热器钢平台。将脱硝系统主机电源与 380V 电源分开，接地线单独从窑尾地网上引至脱硝系统主机，接地阻值减小为 0.15MΩ，避免了电气干扰产生的死机。

耐磨耐高温材料

7.1 复合式耐磨钢板

◎ 机加工特性

复合耐磨板机械加工有特殊要求，在以下机械加工中，要特殊重视如下操作要领。

(1) 切割。一般采用碳弧气刨、等离子、线切割、电火花、激光切割、水刀等方法，其中激光切割、水刀法成本较高；而等离子切割外观质量较好，虽精度要求较低，但能满足维修现场要求，只是在切割时要保留切割缝隙，在划线时需预留 3～5mm，避免装配间隙过大。同时，在选择切割方向时，要沿焊纹纵向切割出长边，整体成一直线。

(2) 焊接。复合板间焊接一般有平面对接、直角对接、插入连接等方式。为保证焊件结构整体性，堆焊层要充满覆盖整个区域，特别对受力、受压、受冲击部分，避免部件发生开裂。与普通板焊接时，如果没有连接到耐磨复合板基板，则连接强度不足，易产生焊接裂纹。为此，应将复合板堆焊层挖开，露出基板后再焊接，并对焊缝处用耐磨焊条堆焊。

(3) 弯曲。要首先考虑材料允许的最小弯曲半径，一般对 6+4 的耐磨复合板，最小弯曲半径约为 150mm，若适当加热，可减小弯曲半径；另外，要选择好弯曲方向，对耐磨层应向内弯曲；如若向外弯曲，弯曲半径要增大一倍；弯曲后要检查有无裂纹、开裂或崩脱，要重视对弯曲中损伤部位的修复：用与复合板堆焊层型号、规格相对应的焊条焊补。

(4) 开孔。对精度要求不高的孔可用手工操作；对精密开孔，需用电火花方法加工。

7.2 耐热铸钢件

◎ 立磨磨辊焊材选择

用于立磨堆焊的焊接材料均为高铬合金铸铁类药芯焊丝，分埋弧和明弧两类，前者焊缝成型好，内部缺陷少，但焊接效率不足后者的一半；后者效率高，但易出现气孔、疏松等缺陷。根据不同工况要求，高铬合金铸铁类药芯焊丝分三类：一类为不加其他合金的高铬铸铁类；二类为高铌高铬铸铁类型；三类为复合型多元合金高铬铸铁类。它们的适应能力依次增高，一类适于工况较好，磨损不甚严重的场合，而三类则适于工况恶劣，磨损严重场合。

磨辊堆焊有三种情况。

第一种是复合辊制造，采用低合金铸钢作母体，根据磨损情况，加工出磨辊外形尺寸，采用不同过渡层材料打底，提高辊体抗裂性和韧性，再堆焊耐磨层。主要的打底层材料有低合金结构焊丝、不锈钢药芯焊丝。

第二种是在旧的铸造辊体上堆焊修复，因原母体材料整体较脆，需对辊体全面探伤，判断有无再修复价值，如堆焊前对辊体适当处理后可行，可选一种或两种堆焊焊丝修复。

第三种是旧堆焊辊上修复。此类磨辊使用表面坑洼不平，需要对辊面前期处理，再采用特殊过渡层堆焊 2～4 层，找出辊面平面度，再堆焊硬质耐磨层。

◎ 磨盘衬板在线修复

(1) 人工清净现场，最后用压缩空气吹净灰尘，并保证施焊时不会有粉尘落入。

（2）用专用卡板检测磨盘磨损量，并做好记录。完成各种安全及材料准备，防雨防盗；开启磨内通风；为保证磨盘能以线速度 1.5m/min 速度转动，可用辅传并加装变频器驱动及调速，变频器可就地取材；在夏季对辅传要采取散热措施；要开启液压张紧装置油站，将磨辊全部顶起在合适位置；不允许现场同时立体交叉作业。

（3）选择耐磨焊丝，焊丝直径 2.8mm，焊接电流（400±10）A，焊接时用水冷却，保证中间层温度≤80℃，安装面≤60℃，堆焊后的层厚硬度均匀，要称重并记录焊丝消耗量。

（4）堆焊过程中随时检查焊缝成形，发现不足及时调整工艺参数，并局部焊补；每层用锤击检查堆焊金属熔合情况，适时采用样板检查外形并修正；焊接完成后检查裂纹情况；并使硬度达 HRC60±2。

任何磨盘与磨辊的堆焊，都必须考虑堆焊材料能否与原材质有效地形成金属间结合；考虑堆焊过程产生的热量对母材结构有无热胀冷缩影响；考虑堆焊层与基体间产生的应力能否释放。针对某立磨磨盘材质为金属基复合陶瓷，选择最新研制的 ZD903-O 型焊丝，为专用于堆焊矿渣立磨。为了不影响熟料生产，磨机每次只能停磨 24h，1.5t 焊丝分三次堆焊完成，但由于用双机头对称堆焊，焊后质量经运行检验，其耐磨程度远高于原母材。

◎ 辊面堆焊修复

辊压机辊面修复分在线与离线两类，一般在线修复几次后，就应离线到专业厂家修复。而在线修复又可分为表面耐磨层、辊面局部剥落破坏及辊面疲劳剥落损坏等三类不同程度的修复。每层应合理选用焊丝，不是越耐磨的焊丝，效果就一定最好。每种修复特点如下。

（1）在线表面耐磨层修复。只需用耐磨焊丝（如 ZD3），焊接工艺良好，抗裂性能优良，冷焊、多层焊效果好，焊接硬度达 HRC55；表面耐磨花纹则用高合金堆焊材料（如 ZD310），耐磨硬度达 HRC55～59；确保堆焊后，辊面保持高度圆形。

（2）辊面局部剥落修复。先用打底焊丝（如 ZD1），谋求其韧性好，可作为止裂过渡层将剥落的凹坑补平，留下 5mm 左右余量，用耐磨层补焊；最后用高合金耐磨焊丝堆焊花纹。

（3）辊面疲劳剥落破坏。此时要用碳弧气刨将整个耐磨层全部清理干净，露出金属光泽，而不能只用电动钢丝刷清理，用乙炔焰吹烤；其余与局部剥落修复相同。

（4）离线到专业厂修复。用短电弧切削专用机床对辊面彻底清理干净；用超声波探伤清理过的磨辊，检查内部有无疲劳裂纹与疏松组织；各层用不同焊丝焊接：打底层用 1 号、过渡层用 2 号、耐磨层及表面纹用 5 号；进行整体消除焊接应力热处理，恢复辊体的强韧性。实现新辊体保证 8000h。

堆焊工艺步骤如下。

（1）用气刨将辊面残留耐磨层、过渡层及所有缺陷刨净，露出金属本色，且辊面平整。

（2）测量刨后的直径、宽度及辊面平整度。

（3）在辊端面安装由圆钢及挡板组成的边环（图 2.7.1）。

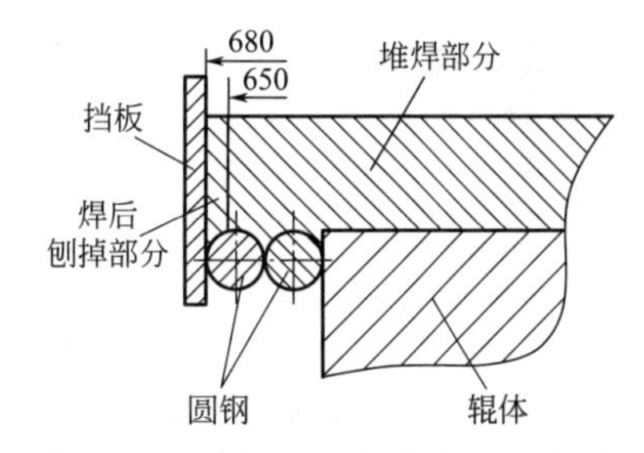

图 2.7.1 磨辊端面安装边环示意图

（4）对辊面个别深凹坑采用分层焊接、提前预热、锤击释放应力、整体保温和间隔堆焊的局部修补。再对辊面整体预热，用液化气加热到 80～120℃。

（5）按顺序堆焊打底层、过渡层、硬化层和一字纹。堆焊过程中要随时检查焊道有无裂纹和气泡等，并随时测量堆焊后的直径，保证堆焊厚度。要求焊后辊面跳动在 3mm 内，双辊直径相等，共测轴向三点直径后平均，中间略高。

（6）一字纹应控制高度（5mm）、宽度（14～18mm）及纹间距（8～10mm），在两纹间距中再补焊一道，而不能在焊道上再焊。一字纹焊好后，保温 12h，最后刨出端面边环外多余部分。

◎ 辊面修复误区

在选择堆焊修复辊面过程中，使用者经常表现有如下认识误区。

（1）只重视堆焊后的硬度，而不关心材料的韧性、抗裂性和抗疲劳程度。一味追求硬度，很易出现大面积剥落，甚至裂纹延伸至辊子母体，反而降低使用寿命。

（2）不是进口焊丝的质量就一定高于国产焊丝，且进口价格昂贵。以前用进口焊丝修复辊面，但效果并不理想，后改用国产郑机所出产品，已连续使用三年多，辊面磨损均匀。

（3）在线修复时，不一定是半自动焊效果比自动焊效果差，因为辊面清理后表面不会平整，如果焊丝随着凸凹不平辊面变化，焊缝不均匀，容易造成夹渣等缺陷。只有离线修复，才建议使用自动焊。

（4）辊面在线修复尽管方便，但不能修复多次，尤其是铸造辊体，最多3～5次，就应离线修复，因此需要购买备用辊。有人考虑在线修复采取预热措施会改善修复效果，其实不然，因为轴承不能过热，限制预热条件，研制的冷焊焊丝专门适用于在线堆焊。

（5）正常花纹未磨完、没有硬伤时，若过早补焊，反而伤害原耐磨层。

7.3 耐磨陶瓷

◎ 循环风机磨损修补

生料与水泥粉磨系统中循环风机的磨损，已成为困扰生产的普遍性问题。一般有三种方法修复，但每种方法都有弊病。如用复合耐磨钢板代替普通钢板，焊接强度较差；用陶瓷片粘贴镶嵌，在直角接口及弯曲部分不易处理，且此处母材磨损很快；堆焊耐磨材料，易引起叶片变形，且人工堆焊稍有疏漏，就会被冲刷磨透，又因堆焊表面粗糙不平，挂灰后易失衡。

经尝试，对于生料系统叶轮叶片中墙板与叶片结合部的磨损，可用耐磨粉块铺焊技术，尤其对旧叶轮修复效果明显；对水泥系统的叶轮墙板与叶片根部磨损，用塞焊专有技术，使叶片与墙板根部成直角，烧制专用陶瓷片，瓷片成交叉排列黏结；对叶片前端磨损，可用U形带子口的专用陶瓷片，提高抗冲击磨损能力；同时，采用双组分有机或无机黏结剂粘贴陶瓷片，在粘贴前对叶轮除锈防锈处理，提高与陶瓷片黏合力。另外，风机叶轮可成对制作，以便一用一备。小风机（16#以下）可用全陶瓷叶轮，大风机则以耐磨粉块与陶瓷相结合方式。如此措施，平均寿命可提高3～5倍。

风机叶轮修复前，要对其使用温度范围、含尘量、含尘颗粒大小、风机参数、易磨损部位、现场工况及原使用寿命，全面了解后，才能确定修复方案；同时，在修复后要经常检查效果，有瓷片脱落时，应及时修补；防止管道及壳体金属物脱落。

7.4 耐火砖（定形耐火材料）

◎ 窑口护铁结构

确保窑口耐火材料寿命达一年以上的措施是窑口护铁固定牢固。

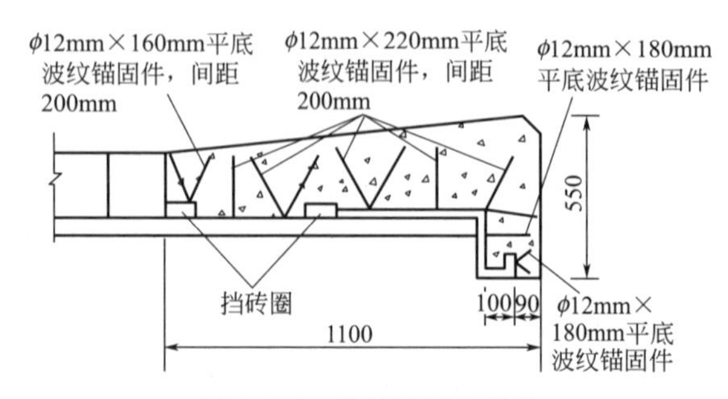

图2.7.2 改造后窑口结构

（1）在窑口内侧原挡砖圈后495mm处增设一道挡砖圈，在窑口内侧环向均匀分布8块带孔的耐热钢板，钢板两端焊接在两道挡砖圈上；在耐热钢板孔内穿入ϕ12mm×100mm平底波纹V形锚固件，V形口朝窑口内侧（图2.7.2）。

（2）锚固件由两种改为四种：在窑口护铁端面处、护铁平面处、护铁斜面（窑口内侧水平面和护铁前端夹角为135°的斜面）处及挡砖圈筒体处。尺寸及间距各有不同，分别为ϕ10mm×160mm、ϕ6mm×50mm、ϕ8mm×100mm、ϕ10mm×210mm，间距120～150mm、80～100mm，均与端面垂直，形状均为平底波纹V形锚固件。若上述锚固件尺寸加大，间距也需相对加大。

(3) 使用刚玉莫来石耐火浇注料浇筑。浇注前对锚固件和耐热钢板刷2～3遍沥青漆或缠一层绝缘胶布，浇筑中要严格控制水灰比，并用ϕ70mm振动棒，但不宜振时过长产生离析。

(4) 控制工艺操作，让窑皮能稳定挂在窑口，保护浇注料。

◎ 窑尾斜坡结构

确保后窑口下料斜坡寿命高于一年的措施是：5000t/d窑尾斜坡的骨架结构就由如下22块单体组成，在骨架单体的两道加固筋之间增加一个带有穿孔的加强筋板，并在孔内穿入平底波纹V形锚固件（图2.7.3），如此骨架单体具有更强的抗弯曲形变能力，其穿孔还便于一半锚固件在其上点焊。

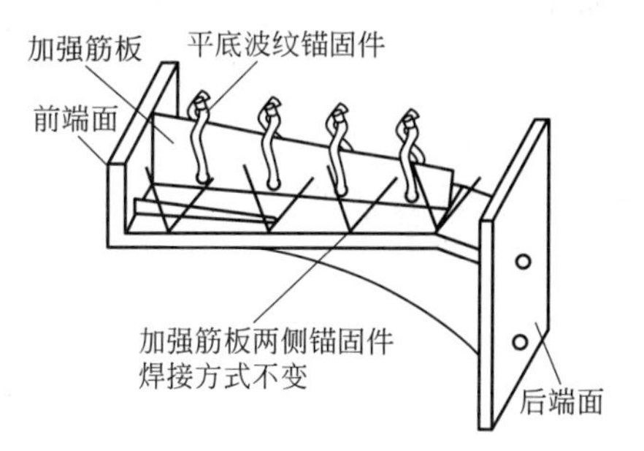

图2.7.3 改造后簸箕骨架单体结构

◎ 简易镶砖机制作

在补镶三次风管耐火衬料时，顶部的支撑最为困难，有简易镶砖机后，大大方便施工。对于有效内径1.8m的三次风管，先制作一块宽200mm、厚8mm、曲率半径为0.9mm的弧形钢板，长度为小半圆周，下面用槽钢底座。中间用几根可调丝杠支撑即可。

7.5 耐火浇注料（不定形耐火材料）

◎ 燃烧器上施工要求

燃烧器浇注料施工质量直接影响其使用周期，为达一年以上使用寿命，应该做到以下几点。

(1) 选择耐高温耐磨的专用浇注料；用耐热钢材质制作扒钉，并做防氧化与防膨胀处理；扒钉呈梅花状分布在管钢板上；底部要有不小于20mm的焊接面，使用THA402焊条焊接。

(2) 施工控制浇注料厚度既不能过厚，也不能过薄，以80mm为宜，对制模工艺要求严格；应用对半钢模分段垂直施工；并按1.5m预留一道膨胀缝。

(3) 浇注料的搅拌用水必须严格控制，不得大于6%，浇注前，模具应润湿；振捣充分，但防止粒径离析；养护时间依据环境温度而定，不得低于3天。

喷煤管一般应备用外管，并及早打好浇注料，避免临时抢修、打上浇注料就点火升温、缺少养护的尴尬。

重视锚钉质量，用1Cr25Ni20Si2耐热钢制作；直径为ϕ6mm×6mm，形状为V形，V字底要加工出20mm的焊接面，焊接前要对燃烧器表面清理和除锈；表面涂上一层2mm左右的沥青、端部缠一层塑料电工胶布，要避免膨胀后产生裂纹；纵横呈十字排列，扒钉间距为50mm（见第1篇7.5节“锚钉选用原则”款）。浇注料如开裂成通底的裂纹，使用中热气就会沿缝隙腐蚀耐热钢，待烧蚀到一定程度，就会导致浇注料与扒钉共同脱落。

◎ 用喷涂料快速修复燃烧器

当发现燃烧器筒外的浇注料突然脱落烧坏、而又无备用管可更换时，可采用莫来石高强喷涂浇注料修补。实践证明包括对烧坏的外筒修复在内，仅需16h便可投入使用，无需养护，仍能维持正常生产一月有余。

具体作法是：用等离子切割机割掉烧蚀变形的钢板，用备用的弧形板、尺寸略大于割除的钢板焊补，钢板边缘加工成锯齿状，增大焊接面积。焊接后用一次风机检查不能漏风，再在其表面焊接V形锚固件，确保牢固，并涂刷沥漆防腐。用JC-M46型用在高温区的浇注料，以高温复合黏结剂硅溶胶替代水拌和，且用量应从10%减至7%，减少气孔率。用专用的喷涂机施工，将料倒入料仓，通过压缩空气送到喷枪，料与黏结剂在喷枪内混合均匀喷射至已经修补后的钢板上，并刮抹压实。

8 润滑装备

8.1 润滑设备

8.1.1 高低压稀油站

◎ 清洗热交换器

无论润滑站使用板式热交换器，还是列管式热交换器，当水质较硬时，交换器上就会黏附水垢，逐渐堵塞水路。因此，需要定时用稀释过的工业盐酸浸泡数分钟后清洗。但清洗中，应重视如下环节，否则会出现油温更高或漏水、漏油、油水混合等情况。

(1) 拆除交换器前，要测量两压板间距离，为安装提供装配尺寸。

(2) 清洗完、重新安装前，应开启进水管冷门，将脱落水垢冲出管外，防止在管内继续堵塞水路。

(3) 安装时要按原距离尺寸压紧压板，避免漏水漏油；装波纹板片时，每片密封胶皮不能有破损，位置不能装错；装压板前，波纹板片四个内孔和外围不能有密封胶皮脱出。

(4) 如冷却器水路中间盲板有明显凸起变形、周边胶垫向油区移动时，可在整形之后，与最外边压板交换使用，抹布擦拭干净后，在凸起水路盲板胶垫槽里涂抹密封胶，再按原结构组装。(先进除垢技术见第3篇8.1.1节“在线超声波除垢”款)

◎ 油泵备而无用原因

有以下两种案例

(1) 稀油站都备有一主一备两台油泵，当主泵因油封磨损、电机内进油、绝缘能力降低、电流过高时，本应备用泵自动开启保护(油压低于0.15MPa、延时0.5s)，却直接导致主机跳停。经查明，原来主、备泵两个断路器保护(包括加热器断路器三者)是串联，或根本没有中间断电器，相互当然不能保护。为此，必须将两个油泵改为并联，备用油泵才会起到备用作用。

(2) JB/T 8522中规定，稀油站润滑泵为一用一备，并应能自动切换。只是切换后原工作泵是否能够在线维护，标准中并未明确要求，也易被制造商所疏忽，但对用户却至关重要。

为保证工作泵能在线修理，确保设备和人员安全，应进行如下改造：将刀形隔离器正装在油箱侧面(不能倒装或平装，防止闸刀可能因自重下落而误动合闸)；将低压泵电机线从接线盒拆出，接入刀形隔离器上端；并在隔离器下端到电机接线盒补线，将隔离器辅助触点的常闭触点信号接入接线盒；并补接从接线盒到控制柜的辅助触点信号线(接线时电源线应在上端，使分闸断电后闸刀与电源隔离，泵不会带电)；修改S7-312PLC控制程序，增加判断备用泵自投后工作泵隔离器辅助触点状态：若状态为断开，则程序不再自动切换；若状态为断开后又闭合，则可以恢复自动切换功能，同时系统切换到原工作泵。

◎ 齿轮泵频繁损坏

当发现压力表与压力齿轮泵频繁损坏，并在油泵启动时听到尖叫声，就可能是两台备用泵同时启动，特别是测点设在供油管道最末端时，达到压力设定值的时间更为滞后，备用泵同时运转时间更长。若每次开启，油站压力都要超额定值一倍以上，油泵也超载运转，难免频繁损坏，冬季则更严重。只要在电气控制程序中，给备用泵加一延时，待油站启动5min后，压力仍未达到时，备用泵再自动启动也不迟，却避免了此故障。

◎ **柱塞泵损坏分析**

某润滑站安装试车正常后，调试时高压泵却不能将磨机筒体浮起，且发现高压柱塞泵12条柱塞全部断裂，更换后仍断，或柱塞连接处滑靴坏。分析原因有：安装完成为夏季，调试时间却在冬季，原N320闭式重负荷油运动黏度原适宜，但现已显偏高，应换成相应中负荷油；检查油路有局部偏细、管径不一情况，或因安装焊接中原管路内径受伤，由ϕ6mm钢管，个别点缩小至ϕ2mm，阻力过大，同时管线过长，需将油管管径都一致增大为ϕ8mm；安装中将溢流阀不当调到最大，未起安全保护作用，重新调到柱塞泵额定压力以下。对上述原因逐项破解后，柱塞泵的原有故障消失，一切恢复正常。

8.1.2 干油润滑设施

◎ **智能润滑系统安装**

(1) 加油桶放置位置不要离辊压机过近，防止重力传感器精度受设备振动影响。

(2) 安装管路时，应首先检查油管内是否有杂质，油管是否有暗痕和裂纹，管边缘应平整光滑，弯管时要有弧度而不是直角，钢管应有防锈措施，接头卡套不能装反。

(3) 动辊轴承座的所有润滑点必须用软管连接，电磁给油器到润滑点管路用无缝钢管。

(4) 要考虑冬季管道保温，保持润滑脂流动性。

(5) 调试时的首次加油要按操作维护要求（见第1篇8.1.2节）。

8.1.3 其他润滑装置

◎ **边缘传动油位过高的异响**

ϕ3.2m×13m磨机为边缘传动开路水泥磨，半开式渐开线直齿圆柱齿轮传动，采用开式齿轮油、浸油式润滑，油池位于大齿轮下方，齿轮罩结构完整，密封性好。

但在更换大小齿轮检修后，却在小齿轮处发出异响，岗位工人听其响声，更不敢轻易降低油量。但实际观察，恰恰正是油位过高，导致油流入齿间，被两齿啮合力作用挤出而产生异响。油位合理控制标准应分静态油位、动态油位。全新状态时，加油让各处挂好油膜运转，待油稳定后，用油尺测量静态油位，在最下面轮齿的齿根上15mm即可。并可通过反复实践调整，尤其要根据季节及油品黏稠度控制。

8.2 润滑材质

◎ **油箱进水事故排除**

当发现润滑油箱内油呈乳白色时，表明油被水污染，应查找冷却器水路的泄漏部位，并及时更换水管。但与此同时，为维持设备运行，在确保轴承温度正常情况下，要尽快用新油更换被水污染的油。具体做法是：拆除发生泄漏的冷却器，关闭水路，用适合的橡胶油管连接进油管路，断开回油管，让污染油外排另作收集；准备好足够量的新油后，启动进油泵，向轴承润滑部位注入新油，同时启动回油泵，将污染油液抽到专用空桶内，此时要监控好油箱油位。严密观察抽回的油液颜色，直到恢复正常颜色为止，大设备需8h以上，抽取油样，检验水分指标合格，才能认定事故已排除。

9 电气设备

◎ 元件损坏应急替代

电气元件的储备不可能齐全，某元件损坏时，便需要电气人员有选择元件替代的能力，以解燃眉之急，为排除故障赢得时间和效益。

案例如下：励磁回路限流电阻 2RP 为 ZB2-1.17Ω 型绕线式瓷片电阻，因过热烧断，无法建立励磁，此时可用 TDGC2J-5 型接触调压器，将次级调至 1.0Ω 左右，串接在回路中，30min 便恢复生产（暂时短接 2RP 也行）；QL16-10 型励磁回路整流桥内部损坏且无法修复时，用 4 只 ZP-50A 整流二极管制作简易的单相整流桥，不到 2h 安装柜内便可生产；速度给定模块为三端口过程电压隔离端子 WS1521 型（输入 4～20mA，输出 0～10V）异常后，用某风机一块轴承温度 ST（AL818）型数显表替代并按要求接线，调整后便满足生产要求（窑速稳定时也可手动）；当速度仪表 24V 直流电源损坏后，将现场一块 XSD-B1 型多通道数字仪表暂时挪至传动柜内使用，按要求接线后，提供了稳定 24V 电源，速度显示恢复正常。

9.1 电动机

9.1.1 高压电动机

◎ 安装同轴度找正

在分别安装减速机输入端与电机输出端的轴套后，先粗找两轴同轴度，控制在 1.5～2mm；然后对地脚螺栓孔一次灌浆，并养护到规定强度 75% 时，开始二轴同轴度的精找正（图 2.9.1）：根据现场制作找正支架，并利用螺栓将支架固定在减速机轴套上，支架另一端用磁力座固定两个百分表，表的触头电机端轴套的圆柱面和端面接触；人工检查地脚螺栓已经紧固；盘动减速机输入轴，消除调整端轴承的间隙影响，找正电机中心线同轴度，记下数据，并根据数据松开底座上相应位置的螺帽 1～2 扣，调整底座下的斜垫铁，精确找正电机与减速机中心线的同轴度，反复调到合格（≤ϕ0.05mm）为止；最后对底座二次灌浆。

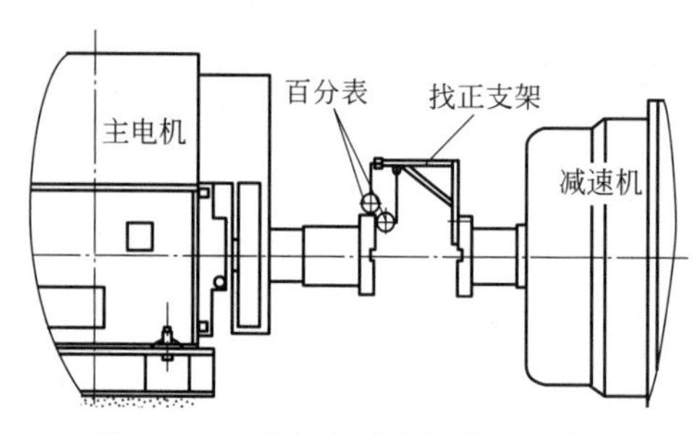

图 2.9.1　电机与减速机找正示意图

◎ 大修计划内容

对电机进行抽芯解体保养的大修要求如下。

（1）检查绕组。绝缘无过热受损，端部连线和线圈端部无变形，端部绑扎无松动，端部绝缘漆无脱落，引出线绝缘包扎、定位可靠，与空心轴无摩擦。否则应立即处理。

（2）若发现绕组受污损，应请专业厂家处理绝缘。

（3）对装有空-空冷却器的电机，要检查冷却器管道中有无阻塞及污秽堆积，并及时清堵。

（4）定时对电动机内部检查，带集电环的电机要检查电刷下陷程度，以主刷握上端面 10mm 为限，否则应及时更换，但更换数量不能超过电刷总数的 1/3；及时清理集电环周围与自身的碳粉，维护周期应视启动频率及碳刷质量而定；检查电刷与集电环的接触面积≥75%，如新电刷，要用细砂带在滑环上研磨；刷握与集电环间隙应为3～5mm，电刷压力不能过紧或过松；集电环表面应保持光滑的圆柱形，如果过于不平或成锥形、椭圆形时，应重新车削；滚动轴承磨损或间隙不符规定时，要及时更换。

（5）定期检查所有电缆、连接线及其紧固，尤其是绝缘部分与转动部分的螺栓。测量定子、转子绝缘电阻及吸收比，定子不低于1MΩ/kV。

◎ 气隙不均处理

如发现电机电流波动幅度超过10A，或现场听到异常间断撞击声响时，就应停机检查电机轴瓦和电机气隙。运转数年的电机，定、转子间的气隙都会有变化，当上下、左右、前后偏差大于±10%时，就需要处理。如返厂处理时间不允许时，就地通过对电机端盖的两个直口车削、修正偏斜的气隙量即可，而不用对瓦座进行任何处理。

处理时先找到圆心，确定前端盖需下移的数据，然后垂直向上偏心，以原外直口的半径经车床加工，并控制修正量不能过大，以最大限度地消除由于加工精度不够而导致直口与机壳接触不好、引起轴瓦发热的可能。

◎ 轴瓦烧毁原因

纯属自动化软件设计、油站联锁保护设计出现疏漏，导致某生产线在试车阶段发生电动机轴瓦烧毁事故。因为高压电机原润滑油站设计，只有中控发送高压电机运行信号后，才会报故障，并由DCS发出。但PLC处理器遇到重大故障时，该信号已不能发出，使油站对高压电机的硬联锁失效；与此同时，PLC处理器模板报警，现场低压运行电动机全部停止，油站也停运；而设计却让高压电动机采用两个输出点控制启停，所以还照常运转。如此，高压电动机在油站润滑停止时仍继续运转，无奈轴瓦只有烧毁。

某水泥磨电动机在运转三年后突然因轴瓦研伤而设备跳停，经检查为轴瓦内的铜质带油环因接头销子断而整体脱落，不能正常向滑动轴承供油，导致烧瓦。在更换新带油环的同时，将供油管路进口从侧面偏下位置改在上部，钻一ϕ40mm进油孔，堵住原油孔。这样，即使带油环脱落，也能保证足够润滑。

检修中在复紧地脚螺栓后，理应重新及时对电机与减速机联轴器找正数据复测。否则，重新运行后，很可能因联轴器径向偏差过大，而使电机轴瓦温度升高，且前后轴温相差较大。再加之操作略有不当，就会烧瓦。

◎ 轴瓦免刮更换

YRKK710-8风机用电机使用五年后，因电动机前端滑动轴承磨损严重，为缩短停窑时间，可对备件瓦实施免刮瓦的更换方案，但条件是备件瓦加工尺寸精度较好，且电机轴也完好。

对轴瓦测量时，如果没有内、外径千分表、尺，可采用压铅丝办法，测量轴瓦与轴的间隙、轴瓦与瓦盖的间隙。将新瓦清净后，下瓦放进轴承室内，用塞尺测量瓦口间隙；取1.5mm铅丝摆放在轴正上方一段、瓦对口螺栓孔处四段，将上瓦盖上，四条螺栓拧紧力矩一致，再拆下上瓦，测量铅丝厚度，便可看出轴瓦顶间隙是否在合适范围内；同样在上瓦正上方和瓦对口四条螺栓处，再进行压铅丝测量，以判断瓦与瓦盖间隙是否符合要求。上述测量数据理想后，便可加装附件，开启油站，进行试车，前后轴瓦温度稳定正常，进行电机找正，加装对轮销轴，便可投入运行。

◎ 异常振动排除

某立磨高压电机在试车时，轴承振动超差，在紧固地脚螺栓后，仍不能解决时，应对电机的前后轴承采用压铅丝方法检查，发现轴承顶间隙和瓦背间隙超过规定取值范围，即转速小于1500r/min时，顶间隙应在（0.8～1.2）d/1000内，如轴径d为180mm，即顶间隙为0.144～0.216mm之间，而实际都在0.24mm以上。根据其间隙超差范围，在磨床上将前、后端轴瓦的上半面分别加工去除 0.20mm、0.25mm，并在瓦背上分别用 0.25mm、0.85mm 的铜皮，用 502 强力胶固定在瓦盖上，再重新压铅丝检测瓦背间隙，符合规定要求。重新清洗装配好轴承后，电机轴承振动能控制在要求范围内，运行后轴温便转入正常。

◎ **撞瓦事故分析**

当电机轴瓦温度迅速升高、跳停时，很可能是因电机轴往电动机非负荷端严重窜动，即发生撞瓦。导致撞瓦的原因，可能是上下瓦定位销和螺栓松动，让轴瓦窜位；也可能是机械安装中电机与拖动的设备基础、螺栓、底板及定位销、外壳等不符合要求；包括电机与拖动设备的同轴度，如果超标，造成电机轴倾斜，则使轴向后方窜动，导致前轴肩碰撞摩擦，前轴瓦端面损伤后，部分乌金碎屑进入瓦面，轻微损伤瓦衬。

此时，需要对轴瓦侧面进行修整：先用刮刀将轴瓦侧面磨损的巴氏合金及碎块刮净，再用角向磨光机修整；对工作面上的斑点用相交形成鱼鳞状的刀纹刮削，再用 10 号砂纸磨平刮痕；用汽油清洗轴瓦、轴承座内腔、稀油站过滤网、管道，洗净后装配；重新找同轴度，调整电动机底座垫片，使同轴度达 0.03mm 以内；启动后瓦温稳定即可。

◎ **三相短路故障**

磨机某次启动发现高压电动机的启动电流增加幅度过大，转速明显加快，随即停车。发现电机引线铜芯电缆三相短路，在电缆沟内见故障点的电缆护套及绝缘层均过热严重碳化，1.5m 电缆烧灼短路痕迹明显。其原因或为电缆质量缺陷，或安装时被机械外力损伤，而沟内淤积粉尘较多，电缆散热条件恶劣，使电缆导电导体三相之间绝缘层过早老化击穿而成事故。处理办法见第 2 篇 9.2 节“电缆烧损抢修”款。

◎ **多台电机相间短路**

在 6～10kV 高压配电系统中，多采用中性点不接地系统，当发生单相电弧接地时，因系统中的电感和电容，会引起线路局部振荡，当电弧流经振荡零点或工频零点时，电弧可能暂时熄灭，又随电压升高重燃，如此断续交替对地放电将引起过电压，此值可能是线电压的 3.5 倍，远大于电动机的安全冲击耐电压值，从而会连带非故障相的电机绕组绝缘薄弱处击穿对地放电，造成本电动机与系统内其他电动机同时短路烧毁。

为此，应在各电机配电柜中，配置一组 TBP-A-7.6F/85 组合式过电压保护器，当断路器分、合闸及电动机单相电弧接地时，对可能产生的过电压进行保护；同时在变压器室 6kV 出线侧与出线电缆连接处，安装一组 TBP-B-7.6/85 组合式过电压保护器，实现变压器停、送瞬间及系统内产生过电压时的保护。

◎ **防轴电流危害**

某些原因处理不当（如电动机磁不平衡、静电感应等），尤其是采用变频调速、逆变供电电源含有较高次的谐波分量时，高压电机转轴与轴承间就会产生轴电流，它不仅危害轴瓦安全，也会使热电阻误报警。为此，应加强电机外壳可靠接地，尤其是变频器输出频率越高，轴电压产生的感应电流超高。因此，从电力室接地网直接引 50mm^2 接地线接到电机本体，电机本体各组装件间用 10mm^2 地线连接；重新处理前轴瓦端盖的前轴伸接地碳刷，为提高可靠性，再加装一个前轴瓦的放电碳刷；同时，对热电阻钢制套管用热缩绝缘管套住并加热，收紧后再次装入。即可避免套管与后轴瓦座拉弧，造成热电阻假报警；也避免上下瓦背原有的绝缘垫失去作用，成为轴瓦接地的诱因。

◎ **电机瓦漏油**（见第 1 篇 8.1.1 节）

9.1.2 进相机

◎ **静止式故障排除**

（1）在主机（如磨机）因某种保护措施跳闸时，因联锁关系会造成水电阻、进相机跳闸，如发现进相器的可控硅等弱电元件损坏，则是跳闸时引起网络电压升高所致。为此，在中控程序中为主机加2s的延时跳闸，使进相器有先行退相时间，让主机保护性跳闸正常条件下，不会威胁进相机安全。

（2）若发现可控硅与接触器线圈烧毁，应考虑进相器的散热环境及粉尘污染。应使进相器置于密闭带有空调的空间内，散热风扇不仅缺一不可，最好更换大规格。

（3）烧毁熔断器时，应检查可控硅接线错误，不符合柜子所标方向，引起进相电流过大。如发现一个可控硅坏或阻值有偏差，就要及时更换，否则引起柜子振荡，甚至长时间如此，其他可控硅全部击穿。

◎ **双投刀开关烧毁**

某主机跳停后，检查发现无功补偿的进相机控制柜HS13-630/31中，有双向触头刀开关中间一相动触头烧坏，造成10kV高压电机转子回路一相开路后故障运行，电机过电流保护跳闸。该触头螺栓连接紧固处松动，实为制造缺陷，巡检未及时发现其发热而酿成事故。

在无配件更换条件下，为满足生产，将烧坏的动触头上的电缆导线与对应两个静触头上的连接电缆导线直接连接。这种方式并不影响为主电机补偿提高功率因数的进相机正常投切，还能再利用已坏的该双投刀开关。

◎ **排除变频干扰**

当中控为循环风机电动机进相时，出现立磨主电机跳停，进相机未能进相，但循环风机电机未停。以至于发展到不敢进相操作，使立磨功率得不到补偿。检查发现，进相机电源其中两相是通过逆变变压器转换为8～12V的交流电压，然后通过电流型交-交变频施加到电动机转子回路中，因无明显中间滤波环节，并且输入与输出可逆，对电网干扰相当大。经检查，果然在进相机柜电源低压开关柜，发现有一相铜排连接处发绿氧化，接触不良。将此铜排取下用锉刀及细砂纸打磨光滑后，重新安装紧固送电，便能正常进行启动。后分析，接触不良一相恰好是连接逆变变压器，使三相电压严重不平衡；而立磨主电机水阻箱电源，与进相机柜电源线并排走线，控制电缆未用屏蔽电缆，受到不平衡电压干扰后，使水阻柜复位，立磨主电机跳停。因此，应继续采取隔离、屏蔽及软件滤波等措施。

9.1.3 低压电动机

◎ **安装细节**

除要求与减速机等设备同轴度外（见第2篇9.1.1节“安装同轴度找正”款），还要注意以下两点细节：（1）即使是同一制造厂家、同一型号的大电机，其中心高也会相差2～3mm。因此，大电机的安装都应在底座上加5mm调整垫片。以便更换备用电机时，能通过垫片调整与减速器的中心高。（2）电机轴瓦润滑回油管道的水平段节应尽量短，并用90°变径弯头向下，加大回油管道内径，使回油管到油站尽可能有倾斜角度，保证回油顺畅。

◎ **内接软启动器的优点**

电机启动时，软启动器通过对电压控制，实施对电动机电流与转矩调节，在启动完成时，晶闸管完全导通后，全部电源电压再施加到电动机端子上。软启动器与电动机绕组的连接方式有外接与内接两种，因外接是接到电动机的线电流，而内接是接到电动机的相电流，因此，内接电流是外接电流的$1/\sqrt{3}$，所以，为运行可靠，由外接改为内接是减少启动过热的措施之一。但此时需要增加3根15m长的电缆，而且在停机时，要拉下空气开关，否则电动机接线端子要带电。解决办法是在保险下端加接触器，由PLC驱动接触器辅助触点驱动软启动器，这需要控制柜内有足够空间。如不愿采用内接，在选型设计时，要充分考虑夏季环境最高温度，软启动器的功率选用要提高一档，同时做好柜内通风冷却。

◎ 轴磨损紧急修复

电机非负荷端轴承安装处的轴磨损 1mm，是因未安装弹性挡圈造成轴向窜动的均匀磨损。紧急修复方法：用丙酮溶液清洗磨损部位；在轴圆周三等份位置固定三条镀锌铁皮(50mm×8mm×0.5mm)，作为轴承圆周方向定位；在磨损部位均匀涂抹福世蓝 2211 胶；将新轴承加热到 100℃后，装到电机轴上；清干净挤出的多余胶体，防止小颗粒胶进入轴承，用碘钨灯烘烤到 70～80℃且持续 40min，待胶有强度后，便可安装端盖，其过程历时 2h。

9.2 电缆

◎ 安装要求

（1）桥架安装中对拐弯处要求尽量增大角度，弯曲半径不应小于电缆直径的 10～20 倍；桥架叠加安装时，层间距离应有 150mm；安装完成后，要对毛刺及尖锐金属头打磨，而且在敷设电缆前，不能再有焊接等作业。

（2）用标签纸写上敷设的电缆编号，透明胶带粘在电缆两端以供识别。

（3）立磨等振动较大的设备控制电缆最好采用多股电缆，要有强度。

（4）控制电缆接线时，电工刀割痕过深会导致屏蔽电缆接地层在较湿环境中漏电，甚至使驱动信号丢失。

◎ 单芯电缆敷设

某生产线从专用 110kV 变电站监控到 10kV 母线有小电流接地信号，相电压严重不平衡。在排除电缆和配电设备各种存在的器件异常后，发现 4km 长的三相单芯电缆在电缆桥架上，该桥架全程接地良好，不会对地产生电容，但因长距离单芯平行铺设，相间距离会时近时远，因而存在较大相间电容。尤其在天气潮湿时，电缆间介质变化就使这种电容改变，进一步影响电缆电压不同变化。对此，将此 4km 电缆从单芯平行改为紧贴的正三角形排列，并每隔 1m 用 12 号铁丝垫上胶皮捆扎，经此扎牢后，不平衡相压消失。

◎ 电缆烧损抢修

某主机启动时，发现高压绕线电机启动电流增幅过大，且设备启动速度过快，停机后检查，发现 10kV 主电机转子引线铜芯电缆有三相短路故障，打开电缆沟后，看到有 1.5m 电缆的护套及绝缘层均因过热碳化严重变色，面目全非，系电缆质量缺陷所致。此时无备用同型号整根电缆可换，决定采取人工气焊连接电缆通电导体，改用电机绝缘材料处理电缆导体外围绝缘，提高电缆绝缘的耐热水平，并用高压绝缘板现场制作两个电缆支架，放置在电缆沟内，将电缆三相导体分开一定距离后，平行牢固布置在电缆支架上，改善了修复后电缆的散热条件，仅用 3h 完成抢修，而且安全使用至今。

9.3 开关柜

◎ 安装要求

（1）电气室土建施工完成后，应在电缆沟边预埋件上焊槽钢，槽钢的全长不平度和不直度控制在 5mm 内，安装中须用水准仪随时校准、检测。

（2）盘柜进电气室选用叉车进入室内，放置在准备好的滚杠（圆钢管）上，使其就位。

（3）盘柜之间连接，需用力矩扳手紧固。

（4）接线前应先打印出电缆标牌和线号管，用以标识电缆回路号；13.8kV 中压电缆头制作及接线中，一定要对电缆彻底清理，用液压钳压实铜鼻子；拧紧接线端子螺帽，不留气隙，各相电缆线芯都要用相应颜色热缩管予以保护及标识；每个电缆头接线完成后，都要根据临时标识牌，更换为永久标识牌挂上。

（5）对独立设备控制柜的控制电缆接线时，需将接地线与柜内接地排连接，用针形鼻子接线。接线时须按线芯顺序接，并对每根所用线芯都套上线号管。

9.3.1 高中压开关柜

◎ 启动频繁跳闸处置

当真空断路器使用一段时间后，如储能机构辅助触点与断路器辅助常开触点不能同步协调时，就会造成备妥信号丢失，而取消中控驱动指令，致使断路器又跳闸。只要将 701 线与 703 线短接，就可避免此类故障。

◎ 电压互感器断线报警

生料粉磨系统调试中，发现所有高压开关柜电压互感器（PT）均断线报警，检查该柜电压母线前 B 相空气开关跳闸。虽逐柜检查，未查出异常，但从辊压机电机所配的进相机电源，是取自高压柜电压端子。拆掉仪表上的电压线，测量两侧接地，发现进相机上的功率因数控制仪表内部电压回路为接地。待更换一块控制仪表后，PT 报警消失。

◎ 电压互感器谐振

在总降与各电气室间都要设置电压互感器柜（PT 柜），但近年采用的环氧树脂干式电压互感器，都存在一定设计缺陷。如铁芯截面积小，磁感应强度数值偏高，以及伏安特性不好等，在运行过程中，一定条件下就容易造成铁磁谐振，引起内部过电压。也就是说，由电线线圈和铁芯构成的电压互感器，因电感、电容和三组线圈在一起，体积又小，就成为易产生谐振、引起过电压的原因。一旦带电投入运行，其开口三角形的电压能达几百伏，甚至上千伏，此时只有“硬”送电，一送电，电压反而下降了，再送一回路，现象消失，一切正常。于是，用白炽灯接于开口三角形两端，或在 PT 柜上增设消弧装置元件，等于改变阻抗参数，增加电阻值，将谐振能量消耗掉，过电压也随之消失。

◎ 防跳闸合闸线圈烧毁

高压开关柜采用弹簧操作机构跳、合闸线圈，不能长时间通电，只能用 1s 的短时脉冲，否则就会烧毁。原电力工业部在“电力系统继电保护及安全自动装置反事故措施要点”中规定，合闸脉冲应保持，以保证跳合、闸出口继电器接点不断弧，要求靠断路器的辅助触点断弧，而高压开关柜最终是靠开关本身的操作机构完成跳、合闸，如果该操作机构失灵，势必造成线圈长期通电后烧毁。为此，让操作机构不出故障，成了维护的关键。

◎ 高压电容器放炮教训

某高压电容补偿柜发出嗡嗡声，冒浓烟，约 10s 后放炮，产生的大电弧，又造成熔断器外壳熔化爆碎拉弧，所产生的弧光又引起电源三相短路，使柜内另两相电容器、熔断器及底座、3 台电压互感器、补偿柜柜门报废。导致如此重大连锁事故的原因是：最初某台电容器因自身质量或电路负荷过大，使内部击穿；控制系统设计时，将高压小车出线端同时接电动机与电容器，而高压小车不能监测电容柜电流变化，不能在电容柜出现问题时，切换故障点，只能靠熔断器保护；熔断器未选防爆型，断开时出现的弧光，并让事故扩大到另两相。

为此，应在三相熔断器及电容器间加装隔离装置；增加综保装置，在高压小车出线端增加电流互感器，所测电流信号，通过它的输出点送入高压小车综保参与连锁，并应提高熔断器及电容器质量。

◎ **电容补偿柜抗干扰**

因电容器回路是LC电路，对某些谐波易产生谐振，造成谐波放大，使电流、电压升高而导致开关和熔断器爆炸。在电容补偿柜中每个分支电容回路，串联一定感抗值的电抗器，可以避免谐振等事故发生，如设计阶段总体考虑供用电质量会更好。

◎ **高压柜送电跳闸防治**（见第2篇9.6.1节）

◎ **高压柜频繁跳停原因**（见第2篇10.2.1节“温度传感器故障危害”款）

◎ **无功补偿装置熔断器故障**

无功补偿装置中的喷逐式熔断器450kVar、600kVar，一旦故障熔断，电容柜门震开，柜内电容器瓷套管有烧灼，电压波动而导致全厂设备跳停；若不能找到原因，只能被迫退出时，系统功率因数就会降低而受罚。

排除谐波干扰后，首先要检查配套的放电装置是否容量过小，而无法满足快速放电，再次投入电容器就会冲击熔断器造成非正常熔断；然后查找熔断器安装位置与方向是否合理，若熔断器安装在电容器和电流互感器CT的放电区间以内时，虽然熔断器熔断，但电流互感器仍会有电；同时，喷逐式熔断器未按45°倾斜安装，且尾线回收方向未向外，无法保证熔断后尾线快速甩出并回收尾线。这些都使得熔断器熔断后，事故仍可能扩大。为此，需要更换大容量放电装置，并分别按图2.9.2、图2.9.3修改一次系统接线及熔断器的安装方向。

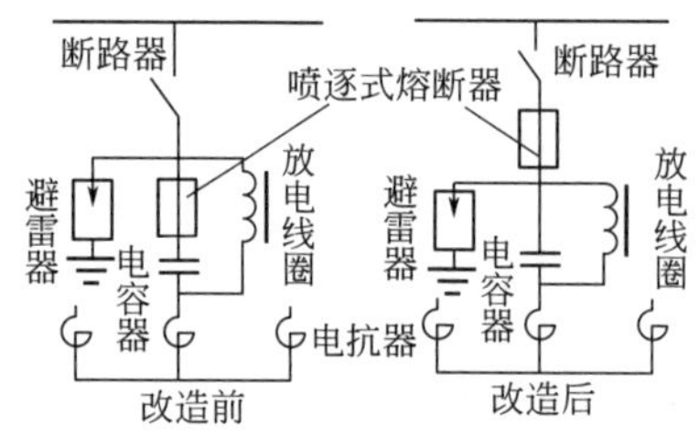

图2.9.2 一次系统接线方案改造

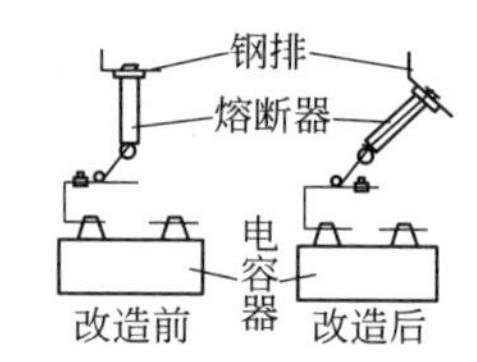

图2.9.3 熔断器安装方向改造

另外，提高RVC的目标设定值，避免电容器频繁投切；取消实际功率因数达不到目标值的报警，避免因报警系统产生波动；将电容器组切换间隔时间适当延长，让电容器切除后能充分放电，避免下次投运时有过大的冲击电流。除此之外，应加强对电容器的例行维护，尤其电容器室温不应超过35℃。

9.3.2 低压开关柜

◎ **触摸屏抗电磁干扰**

高温风机测控柜内有一台PWS6600C-S海泰克触摸屏，因与大功率窑主机电流调速柜安装较近，使用中常表现触摸屏发出错误信号。为此，采取如下措施：将抗干扰能力不强的DC24V直流电源更换为容量较大的明纬MWS-350-24V直流电源；加强屏蔽和接地处理，PLC输入信号使用屏蔽电缆接线，并将屏蔽一端接地；触摸屏通信线也使用屏蔽电缆与接地；PLC电源接地端子作接地处理；PLC程序中，对备妥信号进行2s延时断开处理，以区分能在2s内恢复的异常信号，不予响应。

9.4 高压启动设备

9.4.1 水电阻柜

◎ **安装配置要求**

(1) 液体启动柜应配置与其寿命相宜的配件，其中最重要的是真空断路器，至少应该和中压柜内断路器同等质量，以增加启动可靠性（见第 2 篇 9.4.2 节“真空接触器失效影响”款）。

（2）启动柜启动时间应根据设备的运行特点，对出厂设置的原 30s，重新设置。如石灰石破碎因启动前不会喂料，属空载启动，故时间设置仅 30s；而管磨机则是重载启动，时间可改为 35s；但风机就比较难启动，一般要设置为 55s。

（3）启动柜电解液阻值应随环境温度变化而相应调整；以在 20℃时为例，石灰石破碎配置 3Ω；循环风机 0.6Ω；生料磨主电机 1.2Ω；水泥磨为 0.7Ω。

（4）为要求电解液温度冷却在 65℃以下，每次启动都会升温 10℃左右，为增加连续启动次数，可在电解液箱体外部增加循环冷却水。

（5）水阻柜应放置室内。液体电阻启动器都会设计有加热装置，以防冬季箱体冻坏，尤其在北方。但因加热装置频繁加热，产生大量水蒸气会使柜内电触点接触不良，特别是直流 24V 触点，导致信号受阻，造成主机设备跳停。因此，在北方使用水电阻，更应放置在室内，并采用电暖等办法提高室温，避免只能依靠箱体内的加热器。

◎ 各类故障排除

配有 PLC 的液体水阻启动器常见故障如下。

（1）无法启动。有四种可能，均表现水阻柜无备妥信号：①液体温度超过设定值 5～70℃范围。②水阻箱液位低，这两种情况通过加水或加热器调整。③水阻柜复位后活动极板未移动，此时，要检查活动极板移动丝杠滑丝是否损坏、伺服电机是否不转、行程上限开关是否损坏，如有，需要更换相关元件。④PLC 自检启动前有报警信号，应在停机处理完毕后，断开 PLC 电源清除报警记忆。

（2）启动瞬间跳闸。原因是水电阻阻值变小，启动电流过大。夏季温度高，或启动频繁使水温升高蒸发，此时都应加水至标准水位。

（3）主机电机启动过程结束，切除水电阻时又跳闸。分四种情况：①水电阻阻值过大，因铜排上有白色 Na_2CO_3 结晶，或溶液渗漏补水，都使浓度降低，电阻增大，电机启动电流偏小，转速仅有 50%～75%，致使电流速断保护动作跳闸。此时应定量添加 Na_2CO_3。②箱底极板表面附着污物使启动电阻增大，当活动极板与箱底极板短接时发出大火花。需用 20%稀盐酸刷洗底板。③短路接触器或中间继电器线圈烧或辅助接点接触不良，更换元件。④启动时间超时，其原因是活动极板未移动，处理原则同（1）中③。

（4）运行中跳闸。启动后 30min 内液体温度仍高于上限设定值；或启动后主接点接触不良；或短路接触器运行中断开。其原理及处理方法均与上相同。

◎ 极板行程时间过短

当高压电动机配套的液体变阻器因启动电流过高，出现电动机速断保护掉闸，而无法一次启动成功时，在排除了液体阻值不对或风门关闭不严等原因后，就应检查设置的启动时间与极板行程时间是否对应。如果行程时间过短，启动电流同样过大，切除变阻器时，冲击电流过高，速断保护就会动作。这可能是由于设计不当或运输、装配时出现错误，且验收疏忽所致。此时只要变小极板传动机构皮带主动轮的直径，便可降低极板运行速度，使水电阻变化率基本接近电动机转矩变化率；如果还不够，再适当延续 PLC 控制程序中的时间保护设定值，此故障便可排除。

◎ 启动过电流

绕线电机空载启动时，定子额定电流就在一倍以上范围内摆动，并有沉闷声响，伴随振动，液体电阻柜的动极板下降时，也未见电流下降。

可能的原因：高压真空接触器接触不良；定子绕组接触不良或有接地现象；定子或转子电缆线接地；液体电阻柜极板相间短路或接触不良；转子回路星形接触器接触不良；进相机接触器触头损坏。但更不应该忘记检查：配制电解液的电解粉是否保存不当失效，影响了启动电阻的调节。

◎ 避免水阻液带电运行

如设计中将水阻柜启动信号来自高压柜内应答中间继电器辅助点，就可能当控制母线失电时，应答继电器失电释放，使水阻柜启动信号丢失而自动复位，造成电动机带水阻运行。为杜绝这类重大事故发生，应将启动水阻柜的信号取自真空断路器的辅助点上，只要真空断路器不跳闸，水阻柜就永远保持启动信号而不会自动复位。

◎ 速断保护跳停原因

高压电机启动中，速断保护动作有三种可能：一是高压电机 10kV 开关柜内的避雷器承受耐压能力不够；二是高压电机转子滑环有相间短路；三是水阻柜内转子短接用的真空接触器一次主触头有故障。其中第三种可能因主触头一直没有分开，高压电机启动就相当于直接启动，水电阻并未起作用。因此，要利用定期检修，对短接转子用的真空接触器主触头进行分、合闸操作，以判断其可靠性。

PLC 程序设计中应考虑防跳保护功能，否则会造成动极板不能按设计流程正常运行，产生虚假信号吸合真空接触器，强制启动高压电机，造成启动电流过高，使速断保护动作。为此，须改进水阻柜控制程序，可在 PLC 短接真空接触器之前，对定时器 T50 增加延时 30s，当启动命令闭合触发时，有此延时才允许短接真空接触器，此 30s 是考虑比动极板运行所需时间稍短，以避免真空接触器任意吸合所造成的速断跳停。

运行数年后，会有如下原因，致使主电机启动跳闸：(1) 极板在碱水中长期浸泡腐蚀，使导电截面积减小，导致上下极板接触不良，因而启动时发热打火；(2) 活动极板相关部位发生磨损，导致变形和错位，无法与下固定极板接触而打火；(3) 被腐蚀极板的铜离子，形成新的导电溶液，改变了原溶液的导电阻值，相应改变了启动电流。

抢修需拆除所有极板，在无新极板更换时，可采取如下对策：对腐蚀较深的部位用铜焊条堆焊再打磨；对固定极板与引出线处，用铜排重新焊接和钻孔螺钉固定；对烧蚀部位，采用铜排重新补焊打磨。然后安装调试，重新配制水溶液。

◎ 恢复水电阻启动

当高压变频器故障，不得不暂时恢复用原水电阻启动时，如果原液力耦合器拆除，用膜片联轴器直接启动，可能会击穿水箱阴极板，电动机速断跳停而无法启动。此时若修改 PLC 程序，适当延长原启动时间，由原 40s 增长为 48s，延长极板下行时间，缩小切换时的冲击电流，便可顺利启动。

9.4.2 其他设备

◎ 电抗器启动故障

当鼠笼高温风机启动后，高压柜内冒烟，并有强烈绝缘材料烧焦气味，紧急停车后，发现电抗器质量存在本体绝缘不好或绝缘老化，引起泄漏电流大、发热烧毁。因无备用电抗器，在仔细核算公司总进线继电保护定值和本电抗配电继电保护定值配置后，并认真评估了该电抗的启动运行性能及全公司实际负荷性质，决定适当放大调整该高压电机分路配电的继电保护定值，甩开已经烧毁的启动电抗器，直接启动高压电机。

◎ 变形窑体的启动

窑用直流电动机普遍采用 ZSN4 系列专用电机，配全数字直流控制器的直流驱动装置。但因结构较复杂，使用与维护不如交流电动机方便。

某企业因停窑不当造成窑体变形，再启动时，因启动电流过大（超过 1200A），电流振荡严重，无法启动。其症结在于：窑体负载变大，使飞轮转矩 GD_2 变大，即直流电机的机电时

间常数 T_m 变化，当要求原启动速度变化率不变时，必须增大电动机启动转矩 T，也就是增加启动电流 I_a。但因系统装置设有最大过流保护，而使窑无法启动。

解决方案是：按照控制器的电流环菜单步骤，进行“电流环参数自整定”：临时断开电动机励磁回路；设定参数“05.09”=1（自整定允许开始）；将系统装置置于零给定（此步非常重要），再使系统装置允许工作，上电投入运行。

近 1min 的事实运行后，电流环调速器自动计算出电流环参数；控制器自动跳停一次，使系统从参数设置状态跳出，表明“电流环参数自整定”成功结束；重新恢复系统装置的励磁回路接线，并对此次自整定所牵涉的电路认真检查。一切稳妥无误后，再次上电，重新访问控制器，进入电流环菜单，此时发现有四个重要参数自动生成了新的数值。

此时再重新转窑，给定逐步加至最大，电动机主电枢电流超过了 1200A，并一直延续了 20s 后，窑终于转动起来。此时主电枢电压旋即升至 440V，电流值立刻下降，回到 400A 以下，振荡幅度在 80A，连续运行 1h 后，电流振幅逐步稳定在 10A 以内。

◎ 潮湿环境启动

某厂窑主电动机为 ZSN4-355-092，用 ABB 的 DCS500 型晶闸管变流器直流传动控制器。启动后发现主电源过压而保护跳停，检查监视板、电源供电板、脉冲变压器板及 6 只晶闸管，正常完好。此时应怀疑控制板 SDCS-CON-2 异常，在天气潮湿，停机时间长的情况下，线路板表面含有微量水蒸气，会使各元件上灰尘受潮导电，造成线路板上众多元件漏电和爬电，导致窑主传动器误报故障。

使用热风枪对窑主传控制器线路板 50℃烘烤 10min，再开机试车，电压下降，并借助晶闸管发出的热量继续提供烘干热源，使窑的运行正常。

◎ 真空接触器失效影响

若真空接触器真空管的真空度不够，电机启动时转子产生的高压在真空管的一极时，管内真空间隙被击穿，相当于管内触头接通，直接将转子三相短接，电机变成直接启动。而直接启动的电流是额定电流的 7 倍，必将大于电机过渡一段设定的保护定值，造成电机每次启动都会发生过渡一段跳停事故。

如转子短接真空接触器设计为两组，应再增加一组真空接触器。

◎ 防真空接触器爆裂

真空接触器的三相信号不能串联进入 PLC，否则，造成即使三相都吸合，也要判定为转子短接，而不允许主机启动；若只有单相吸合时，PLC 还是判定转子没有短接，反而主机启动，使该相爆裂。因此，必须将三个辅助常开接点信号并联接至 PLC 的 DI 输入口，而且还应确认新换接触器吸合的同时性，不应有大的速度差异。

◎ 停电后自启动原因

某主电机在全厂断电后 10min 恢复供电，直接得电启动，此时并没有驱动信号，润滑系统等也未启动。显然，这将对人身及设备安全造成极大威胁。分析其原因如下。

（1）附属设备间的硬联锁，在试车阶段经过改动，为担心高压真空断路器跳闸会烧坏直流电磁线圈 TQ，拆除了相关连接线，并对原断电跳闸通电合闸改为通电合闸。调试后忘记恢复对拆除线连接。

（2）软联锁跳闸也因 UPS 电池已使用 4 年，容量降低而不能正常转换，失去作用。

（3）高压综保装置中，低电压保护没有设置和投入。更为关键的是：在试车时，只进行了现场和中控试验，而无模拟故障停车试验。这次事故的侥幸之处是：现场岗位及时发现，立即现场停车，才避免了重大损失。

9.5 变压器

◎ 差动保护误动作

有时变压器内部并无故障，CT本体及线路也无异常，却发生差动保护动作。可能原因是：当变压器空载投入或故障切除后电压恢复时，变压器铁芯磁通严重饱和，相对磁导率接近1，变压器绕组电感降低，伴随出现数值很大的励磁涌流，并产生以二次谐波为主的高次谐波，其数值可以达到额定电流的6～8倍，出现尖顶形状的励磁涌流。这种涌流在起始瞬间衰减很快，中小型变压器在0.5～1s之后，已是额定电流的0.25～0.5倍，而大型变压器则在2～3s后，瞬间流入差动回路，势必造成变压器的差动保护动作。而且还会在与其并联运行的其他变压器中产生浪涌电流，流入差动回路引起误动作。

克服励磁涌流有如下措施：采用带有速饱和变流器的差动继电器；利用二次谐波制动原理；鉴别短路电流和励磁涌流的波形；用波形对称原理的差动继电器。这些措施都可构成差动保护。当采用波形鉴别方式时，由于电压波形是正弦波，空载变压器在合闸投运时，可能是在电压峰值或零点值位置，这样变压器二次谐波电流大小不一样，如果此时二次谐波制动系数选取较小，就很可能无法起到制动效果。为此，有必要将制动系数由0.15改为0.20，同时，与当地电力部门联系，将差动保护的整定值由原0.440改为0.525，以避开变压器投运时励磁涌流的影响，避免差动保护的误动作。

◎ 控制变压器漏电故障

生料均化库底某执行器因其控制变压器击穿，导致执行器电路板带电，继而AI/AO带电，又使AO输出端带电，AO模块击穿，AO所有输出点均带电，DCS柜内所有连接执行器的AI输入点也都带电，AI点烧坏，操作员看不到反馈值。且因漏电点对地电压不同，所测得的对地电压也并不同。为此，对DCS柜所有AI/AO点均加装隔离器，是预防此类故障发生的根本办法。

9.6 变频器

◎ 安装要求

变频器属于精密的功率电力电子产品，安装质量直接影响变频器的干扰和抗干扰能力。具体要求有以下几点。

（1）安装布线要分开电源线和控制电缆，各自使用独立的线槽，如要相交，必须为90°。

（2）在屏蔽导线或双绞线与控制电路连接时，未屏蔽之处要尽可能短，且用电缆套管。

（3）如控制柜中的接触器为变频器的继电器控制时，一定要有灭弧功能，交流接触器采用R-C抵制器或压敏电阻抵制器。

（4）电机接线用屏蔽和铠装电缆时，要将屏蔽层双端接地。

（5）电压源型变频器的安装位置不宜离电动机过远，不仅是因电缆过长，而且会在电机侧出现高反射电压，威胁电机的绝缘安全。

（6）变频器柜的放电电阻不应安装在柜的背面，避免投入时它的烧毁，会烧坏控制柜内的通信和可控硅的触发光纤。柜门的联锁装置是安全措施，必须可靠，不能因振动而有误动作。

◎ 产生干扰机理

从结构上分，变频器可分为间接变频和直接变频两类，间接变频是经过直流转换，而直接变频则无须直流为中间环节，目前水泥企业较多应用间接变频器。而间接变频又分三种不同结构：一是用可控整流器变压，用逆变器变频，调压与调频分别两个环节进行，通过控制电路协调；二是用不控整流器整流斩波器变压、逆变器变频，它用斩波器整流，用脉宽调压；三是用不控整流器整流，PWM逆变器同时变频，它只有采用可控关断的全控式器件输出波形，才会形成非常逼真的正弦波。无论哪种变频，都大量使用晶闸管等非线性电力元件，不论如何整流，都是以脉动的断续方式向电网索取电流，与电网沿路阻力共同使电压发生畸变。

变频器由主回路和控制回路两大部分组成：主回路由整流电路、逆变电路和控制电路组成，而前两种电路都为非线性特性的电力电子器件，由于运行中开关动作快速，会产生高次谐波，成为变频器产生干扰的主要原因；控制回路是小能量、弱信号回路，却极易受其他装置的电磁波干扰。干扰的分类，从变频器角度分三类：自身干扰、外界设备电磁波对其干扰及它对其他弱电设备干扰；从干扰对象角度也分三类：对电子设备干扰（属感应干扰）、对通信设备及无线电干扰（为放射干扰）。

产生干扰的表现为：电机运行中突然停机；电机转速时快时慢，不稳定；电机停不下来，按钮失去作用。若变频器供电电源受污染、交流电网干扰后，电网噪声就会由电源电路干扰变频器，表现为过压、欠压、瞬时掉电、浪涌、跌落、尖峰电压脉冲、射频干扰等。

变频器干扰途径主要来自电路耦合、感应耦合和电磁辐射三种形式。电路耦合是电源网络传播，使网络电压畸变，它还可借助网络及其他配电变压器将干扰信号传得很远，影响其他设备，甚至民用用电也成为远程受害者，需要在变频器输入侧与电源之间安装输入滤波器；感应耦合是变频器的输入、输出电路邻近其他电路时，高次谐波信号通过感应，耦合到其他设备中，故应将变频器放置在独立隔离室，而不要在配电室内；电磁辐射是干扰信号以电磁波方式通过空中辐射，乃频率很高的谐波分量所为，它的辐射强度取决于干扰源的电流强度、装置的等效辐射阻抗以及干扰源的发射频率，且辐射场中的金属物体还可形成二次辐射，这种情况仍属于电缆屏蔽不好或接地不符合规定所致。

抗干扰有五大途径：隔离在电源和放大器间的线路上安装噪声隔离变压器；滤波，在变频器输出侧设置输出滤波器，还可在输入侧设置输入滤波器，提高抗干扰能力；屏蔽，变频器本身用铁壳屏蔽，输出线用钢管屏蔽，当用外部信号控制变频器时，信号线应在20m以内，并用双芯屏蔽，与主电路及控制回路完全分离；接地，不同形式中，多点接地用于高频、单点接地用于低频及经母线接地，变频器本身有专用接地PE端，接地电阻$<4\Omega$；加装电抗器，在变频器输入端加装交流电抗器，可抑制变频器输入侧的谐波电流，改善功率因数，同样，若在输出端加装，也能改善变频器输出电流，减少电动机噪声。若系统有微机等控制单元，软件还应抗干扰。

当干扰信号脉冲短时，可采取增加信号采样时间的办法，适当延时过滤处理，便可消除外部故障源瞬间产生的抖动，它与加隔离设施都是较廉价措施。

◎ **调试故障排除**

（1）并非所有风机与水泵都适用变频器，必须分清设备驱动负荷类型，对输送介质密度或比重大的风机与泵，应视为恒功率类负荷，或恒转矩负荷，这两类负荷都是在具备相当大启动转矩时，才能启动。对90kW以上的大型恒转矩类负荷，还应选配由功率开关管和制动电阻构成的制动单元，当直流母线电压波动时，开关管闭合，使转矩惯量产生的多余势能进入制动单元回路，在制动电阻上以余热量形式耗掉。如不能按要求选配，就会发生过电流故障。

（2）变频器的压频比曲线决定了三个参数：UO、Uns、Frs的设置，如果设置错误，就会引起变频器谐振，随着转速提高，振动越发严重，且主回路发热。现场小型控制面板可以控制变频器、软启动器、直流控制器等电气设备，但必须有专人负责，不得随意乱动。

（3）重视各配件安装质量。某输出电抗器的绕组电磁感应振动较大，发出啸叫声，只是因为在几套固定螺栓中有一套缺少了橡胶垫，增加并紧固所有螺栓后，振动与啸叫便消失。

9.6.1 高压变频器

◎ 高压柜送电跳闸防治

改造风机使用高压变频器控制时，若时常发生该段电源进线柜微机保护器速断保护动作跳闸，其原因是高压开关柜的合闸，相当于它的隔离变压器空载合闸，于是产生较大的激磁涌流，最大峰值可达变压器额定电流的6～8倍，折算成二次电流为14.4～19.2A，超过了微机保护器设定值（16.17A），因而跳闸。若在变频器上配置激磁涌流抑制柜，接入变压器中性点（0或+5分接头）处，使内置限流电阻在上电瞬间串联在电路中，有效降低了充电电流和激磁涌流，高压开关柜从此不再跳闸。

◎ 斩波调整装置弊端

绕线电动机如果用转子侧变频调整器，就是在转子回路引入附加电势，通过内反馈斩波调整装置和逆变变压器，将转差功率反馈回电网，实现调速高效，但它有如下弊端。

（1）因晶闸管逆变器需要吸收无功功率工作，又由于转子整流器也降低了电机的功率因数，使这种调速后的功率因数过低。只好在机旁增加一级电容补偿柜，并与主机联锁启停。

（2）当主变容量不足够大时，在雷电活跃地区，会因外部电网电压波动，导致主变10kV侧电压不稳，引起调速柜跳转到水电阻柜上，使风机振动，生产无法稳定。于是，要增加一台水阻调速柜替代原水阻启动柜，虽然可实现转速平滑过渡，但水温上升较快，除加强水循环冷却外，还要经常补水。

（3）因转子回路引入了频率较高的附加电势，会导致长期运行后的绝缘下降，使得滑环相间或集电环相间短路起火，发生铜螺杆熔断等事故。此时应选用绝缘性能更好的新集电环，以及耐磨性更强的碳刷更换。并停机时检查绝缘管的磨损情况，巡检时测量滑环温度。

另外，利用新线建设，对总降增容改造，便可减小外部电网电压波动的影响。并从直流屏为调速柜提供直流电源，而不用整流器整流。

◎ 简化电机转子回路

风机高压变频改造后，可用5mm×50mm×170mm（视电机大小而定）的三块铜排短接电动机转子引线，取消原有串接水电阻降压的启动方式，转子回路集电环不需要碳刷与滑环的换向。此改造本是高压变频的潜在效益，不仅节约了水电阻、碳刷，还减少了为此更换的停窑时间。

9.6.2 低压变频

◎ 窑变频应用故障

随交流电动机矢量控制、直接转矩控制理论的推广应用，大功率IGBT器件发展，交流变频调整系统已在窑主传动上应用，发挥了直接转矩控制优势：低速转矩大，静态机械特性硬。但调试中也遇到两个问题。

直流母线过电压。有三个原因：电网电压超过额定范围；电机减速时间设定太短，反馈能量使滤波电容充电过猛；并联在滤波器旁的制动电阻未接通。此时，将变压器参数由6000/2×720V调为6300/2×720V，降低变压器二次输出值便可。

输出电流过大。有四个原因：检测电路故障；电机负载短路；加速时间过短；机械传动装置卡住。将加速时间从50s延长到100s后，电机运行正常。

◎ 板喂机启动力矩小

调试板式喂料机带负荷启动时，若难以启动，在检查其他环节无解时，应复核变频器设定参数，发现电动机控制模式的参数选项，原设置SCALAR的标量控制模式，它适用在不能使用直接转矩控制场合，不能得到直接转矩控制的优异性能，结果启动力矩过小。修改为 DTC 直接控制模式后，无须电动机轴上速度反馈，传动单元就能精确控制转矩，且启动转矩增大。此时运行电流较小且平稳。

◎ 给料秤跳停

经常发现生料调配库下铁粉定量给料秤变频器跳停。经查是电动机过载原因，但秤体与电机选型合理，变频器保护电流与电机额定电流相同，怀疑是冷却风扇故障，但检查正常。经思考判断，是因铁粉用量配比仅为 0.5%，使变频器输出频率只有 3～4Hz，电动机长时间在低转速下运行，电动机自带风机转速也低得使冷却效果几乎为零，电机温度当然很高，迫使电动机过载跳停。为此，只需将电动机减速机减速比由 221 提高到 378 后，电动机转速提高，变频器输出频率也提高，问题得到妥善解决。

9.7 功率补偿器

◎ 无功补偿装置故障

当 10kV 电容器无功补偿装置出现喷逐熔断器熔断事故后，先排除谐波干扰，再检查装置是否匹配：选用 ABB 的 RVC 控制器，在系统负荷波动时，如按照功率因数自动投切电容器，配套的放电装置是 JDZJ-10 型电压互感器，额定容量仅为 40V·A，且电容器投切间隔时间太短，无法快速放电，待再次投入电容器时，就会对喷逐熔断器冲击而熔断。再加之一次接线方案不合理，熔断器安装为垂直方式，尾线的回收方式向内，也会使事故进一步扩大。

为此，先提高 RVC 的目标设定值，避免电容器频繁投切；解除只有报警而无保护功能的信号，保持连续运行；延长电容器组的切换间隔时间至 600s。

◎ 电抗器绕组相间短路

GB 50277—2010 规范中明确规定，并联电容器装置的放电线圈接线时，严禁放电线圈一次绕组中性点接地。但某生产线却让一、二次接线绕组接成 Y 形，让中性点直接接地，这就使得装置中 TV 电压互感器，形成了一次绕组、电抗器绕组与接地电容组成的 LC 回路，而失去代替放电线圈的主要作用。当整个回路发生谐振时（当采用因数自动调节控制，真空接触器就会一天内多次投切，合闸时就可能出现电压互感器因铁芯饱和、两相间感抗变小、形成谐振），出现额定电压几倍至几十倍的过电压和电流，将回路内绝缘薄弱部分击穿。这正是装置内发生串联电抗器绕组相间绝缘击穿，造成弧光短路烧毁的直接原因。该企业曾因未找到根源，一年多时间内，竟发生七次烧毁事故。

9.8 保护装置

◎ 高压配电综保原则

为考虑高压综合保护的灵敏性、速动性、选择性和可靠性，如何使用三段式电流保护，合理配置电流速断保护、限时电流速断保护和过电流保护各个功能，将是最大限度发挥保护作用的前提。如需要快速切除故障源，应将速断与限时速断配合，必要时增加过流；如仅需保证下级设备短路故障时切断故障源，可选速断与过流配合，或限时速断与过流配合，但此时下级设备须有变压器隔离。

◎ 反时限保护优势

采用反时限保护，其 TMS 时间常数及速断动作时间十分重要，只有通过反时限曲线的绘制，各级曲线上下之间的配合（即当上下级保护曲线交叉时，可通过增大上级保护曲线的

TMS或减小下级保护曲线的TMS，调整曲线高低位置，同时考虑动作时限的配合，上下级保护装置的动作时限应有一差值Δt，以保证保护装置具有选择性），才能准确确定TMS及速断动作时间。反时限保护与定时限保护相比，保护选择性大大提高，可避免不必要的跳闸，确保电网供电连续性，对提高水泥设备的运转率有重要意义。

9.8.1 接地保护

◎ 汽车衡接地故障

某厂数字汽车衡称重仪表突然不显示数据，发现主板上有一只二极管烧坏，并检查6只传感器电源线间电阻仅十几欧姆。经检查为电暖气漏电，导致穿线导管都有36V感应电压。但如果总线保护管接地焊接可靠，或配电箱配线符合要求，也能保证零线接地，即便电暖气漏电，也不应出现类似故障，否则，不用电暖气，也会有其他电气设备使用，或遇上雷雨等天灾，也会造成计量系统损坏。因此，接地保护千万不能省略或疏忽。

9.8.2 微机保护装置

◎ 重视设备调试交接

调试期间有人会为方便调试，有意将低压低频保护退出，保护压板不但未投入，而且连压板的跳闸线都未连接，事后又未及时恢复。结果在若干年后的生产中，一旦发生故障，没有低频低压保护，如某矿山大皮带的发电机，本应先解网后跳停，却直接跳停，失去安保作用，很可能扩大事故范围及程度，说明设备交接过程中的调试不能走过场。

◎ 差动保护装置跳闸

在调试和生产期间启动大型电动机时，可能会出现差动保护装置无故障跳闸，但多采用加大差保动作定值和动作时限的办法解决，以保证生产，但却降低了差动保护的灵敏度和可靠性。实际上，由于近年大型电动机都采用了先进的微机差动保护装置（简称差保）和微机综合保护装置（简称综保），它们与传统继电器保护装置相比，不仅原理不同，而且因其体积比要小得多，不需要再专有电动机保护柜。如果设计人员没有意识到两者的原理区别，有可能导致两组电流互感器的负荷严重不平衡，造成电动机启动瞬间跳闸（图2.9.4）。

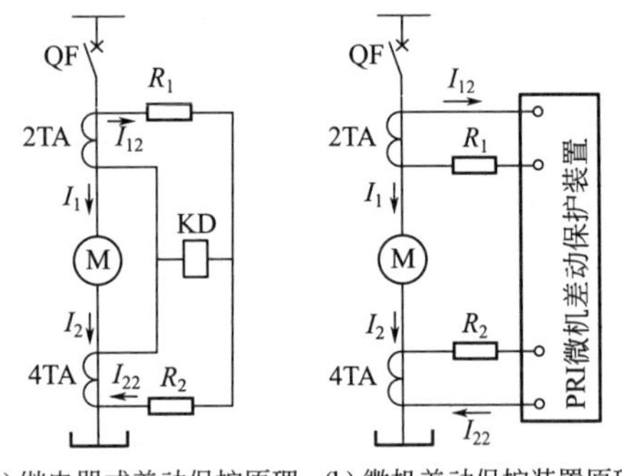

(a) 继电器式差动保护原理　(b) 微机差动保护装置原理

图2.9.4　电动机差动保护原理

为解决差保装置的负荷平衡问题，一般有两种方法。

（1）串电阻法。在2TA电流互感器二次回路内，2TA到差保装置间串联一个阻值等于4TA所接控制电缆电阻值的电阻，该电阻必须能通过最大短路电流发生时二次侧的最大电流。

（2）电缆补偿法。在上述方法中串电阻的位置改为增加一条控制电缆，电缆的型号规格及长度与4TA电流互感器所接控制电缆完全相同。这种方法简单可靠，无需更改原理图，只需对外部按线路图适当修改即可。

9.8.3 UPS电源

◎ 防隔离变压器跳闸

在UPS输出端装有隔离变压器，起到滤除杂波、稳定平衡电流、防止UPS所接设备受电网中其他设备影响的作用。但该变压器也有突然跳闸的可能，一旦发生这种故障，就会造成相关生料磨及窑尾废气风机等设备停车，而中控画面却显示运行，电流数值已成为水平直线不变。此时应针对这些停车设备与其他未停设备之间的联锁关系，在为变压器合闸时，设置预案，防止高温风机也联锁跳停，造成停窑。

9.8.4 其他类保护

◎ 防感应电压

长皮带输送机调试中，因保护用拉绳开关、跑偏开关的控制电缆较长，与动力设在同一桥架上，致使控制回路的感应电压较高，足以使拉绳和跑偏用继电器吸合报警，无法试车。尝试在该继电器线圈两端并联阻容回路及串联同型号断电器分压等方案后，效果并不理想。只是将控制电压改为直流 DC220V，继电器改为小型直流继电器后，问题排除。

10 计量仪表

◎ PA表安装要求

西门子PA仪表与DCS有三种配置方式：规模较小系统，仅有几台或十几台仪表时，速率无较高要求，只用耦合器（coupler）式；系统规模较大，超过20台以上仪表，要求速率较高时，使用链耦（Link＋coupler）式；要实现参数设置、下载、读取参数、在线诊断及仿真等功能时，PA仪表可通过SIMATIC PDM软件与DCS配置，称DCS式。要防止以下常见故障。

（1）避免DP主站数据归零。终端电阻必须连接适当，过多或过少都会影响通信质量；总线距离不能太长，即便专用PA电缆，分支线应在30m内，与干线之和不能超过1000m；西门子耦合器带负载能力可在110～1000mA，电源要有余量，且为单独电源；Link挂PA表常见20台左右，最多32台，必须Link输入、输出在244个字节内；Link参数配置时，有时“使能”，有时要屏蔽；Link配置PA仪表地址要从小到大，可以空缺。违反上述要求，数据都可能归零。

（2）为了抗干扰，认真对待总线单独接地。与设备接地要分开，接地电阻要小于1Ω，如大干扰源距仪表很近时，接地要靠近仪表侧。PA总线尽量短，单独走仪表桥架，有交叉进线时，要布管穿线；降低通信速度为31.5kbit/s；接线时要仔细整洁，注意屏蔽线的压接，不能出毛刺，接线接头要短；仪表安装远离大变频器电缆和高压电缆；远离设备。

PA仪表的屏蔽接地可参考图2.10.1；电缆沟中的PA总线要远离高压、变频等动力电缆，至少保持40cm距离，若有困难，就要穿管敷设。

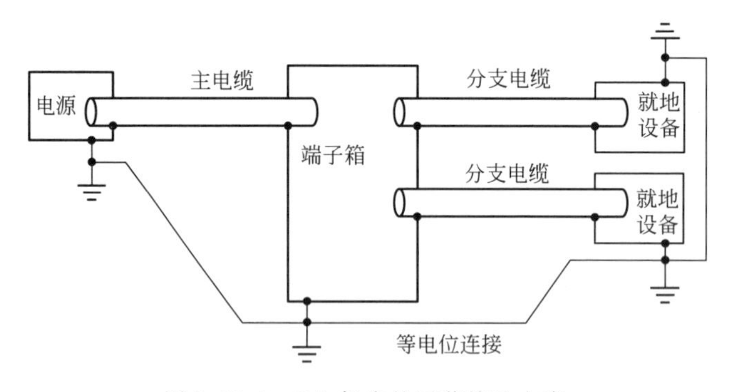

图2.10.1　PA仪表的屏蔽接地方案

（3）PA总线电缆的连接。若一条总线上某个点连接不好，将会使整条总线有通信故障，而且排除也很烦琐。因此，总线连接一般由T形头将总线上所有仪表连接，PA总线通过T形插头B卡入T形插座中，当插头拧紧时，插头的凹槽将电缆外皮割破，实现电缆连接。但要防范有的插头凹槽开口偏大，无法割破外皮，导致总线传输中断，因此要检查卡入后的现状。同时，还要确保PA电缆的极性匹配，即相连的仪表缆必须与主缆颜色一致，而T形头左右的PA主线间电缆必须是a缆与b缆相连。

（4）根据需要选择3路或4路分配器，尽量节约电缆和分配器。

◎ **PA仪表故障**

（1）解决PA仪表的干扰。对有源于各类外部电气设备，如直流电源、高中低压变频器、高压电机、电焊机、电气线路的敷设等，都会对PA仪表及电缆产生干扰，只要这些设备开启，原正常信号就会在中控画面上出现坏值。因此，要求敷设的PA电缆，应尽量远离动力电缆，且整段PA总线全部外穿镀锌钢管，并可靠接地，消除感应电压；要求电焊作业应在仪表3m以外，并将电焊地线接在被焊物件附近；对有源于PA仪表接地产生的干扰，关键是要单端可靠接地，而不是两端接地。如线缆外皮损伤，使屏蔽层与外界金属接触，PA电缆屏蔽层与温度变送器的接线盒接触，或与T形接线头金属环接触，或所有PA仪表电缆都在PLC柜内统一接地，都会使仪表电缆两端有不等电位，产生感应电流，造成接地效果不良。

（2）DCS系统无法识别PA仪表，表现为总线竟找不到仪表。其原因有以下几点。

① DCS系统硬件组态错误，即软件的编程必须和系统硬件对应一致，倘若PA组态中出现软、硬件不匹配，CPU就无法识别它们。

② PA仪表地址错误。必须正确写入每块仪表的唯一地址，并与系统硬件组态中的地址对应，包括更换损坏的仪表要对应设定地址，为此，要做好总线仪表的档案记录，使用可以设定地址的仪表，此情况易出现在调试阶段。

③ PA仪表自身或分配器故障。预热器系统中，常有仪表或分配器离锥体或下料管太近，受到高温而损坏，并导致整个PA总线的仪表均不正常，不仅影响某块仪表的信息接收，还会因它的内部短路，造成与PA电缆相连后，PA电缆短接，竟导致系统与总线无法通信。

④ 终端电阻的影响。为了消除在通信电缆中的信号反射，每一条主总线PA电缆的末端都设有一个无源终端器（终端电阻），当它虚接、总线电缆在中间短路，造成PA总线的终端电阻丢失，系统就识别不到该总线上的所有仪表。

⑤ 传输距离对PA仪表的影响。在PA仪表硬件组态时，要避免一条总线上T形接头上的仪表太多，距离太远，从而造成系统无法识别或仪表受到干扰。

◎ **查找仪表故障方法**

查找仪表故障有以下几种方法：

（1）仪表在DCS上显示值频繁闪动，或整条分支线路无显示、错误显示时，有如下可能：电气元器件选型时缺乏抗干扰能力；施工中，总线电缆未单独穿管敷设，离变频电缆及动力电缆较近；仪表分支线路长大于30m；电源模块未带隔离；在总线仪表电源进线处，未加装总线干扰抑制器。

（2）当发现现场PA总线分线盒内接地较乱，将屏蔽线直接连到分线盒盒体，或悬空未接时，就已成为大多仪表无法正常显示的原因。必须将其统一压接到盒内部的接地端子上，然后在DCS现场控制站内，将PA总线初始端屏蔽线连接到仪表接地上。除外观检查外，还可测量其正、负极有无短路，及时更换总线。

（3）当系统出现断电换卡后，在重新上电前，应对相应的设备和仪表检查校正，使中控显示和现场仪表信号一致，否则会因显示偏差对操作出现误导。

（4）最好方法是使用在线诊断装置（见第3篇第10章“在线诊断装置”款）。

10.1 重量计量装备

10.1.1 配料计量秤

◎ **计量秤布置空间**

当料仓与计量秤空间高度过大（>20cm）时，物料对皮带的落差冲击较大，皮带寿命较短，计量也无法准确。当物料不湿不黏时，可以增加板喂机，由皮带计量控制其转速，恒定皮带上的物料，不但提高计量准确度，而且皮带使用安全。

◎ 安装要求

（1）秤体安装应保持水平度≤3‰，且基础牢固，并与振动较大的设备隔离，以减小振动对精度的影响；若安装在室外，应有不影响操作的防护外罩防风雨。

（2）对计量皮带有较高要求，可调整张紧装置，以使皮带张力保持在合适稳定水平；在更换皮带或定期检修时，都要重新去皮。

（3）为防止物料紊动对计量干扰，要在物料离开给料点之后，皮带留有一段净空长度再称量。带速 0.5m/s 时，该长度不低于 1m。下料斗安装法兰中心应距从动滚筒中心线 250mm，料斗底面距皮带面 10～15mm，必要时可在料斗下部安装导料溜板。

10.1.2 定量给料装置

◎ 安装要求

（1）称重平台桥托辊的安装尺寸与设计要求不相符时（图 2.10.2），即使只有 2mm 的误差，也会产生 0.2%的相对误差。

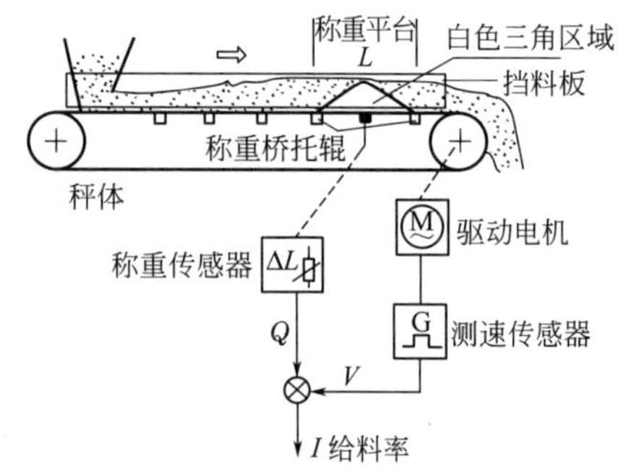

图 2.10.2 给料机计量安装示意

（2）当衡量桥为悬臂式时，称重传感器与支点的距离比设计值相差 1mm，引起相对误差为 0.45%。

（3）自动张紧纠偏装置是防止皮带跑偏、能自动调节张力、保持皮带张力恒定的必要装置。当安装不能完成以上任务时，导致实际零点与仪表记录零点不符，皮重即使只有 0.2kg 误差，计量的相对误差也有 1.33%。

（4）测速传感器与感应体之间安装距离必须适宜，太近在运行中会相碰而损坏；太远会造成电机转动过程中脉冲丢失，使检测到的脉冲频率变小。只要减小 1%，相对误差也少 1%。

（5）严格挡料板的安装间隙。挡料板与输送皮带间的间隙不能过小，发生摩擦接触，皮重就会不稳，产生随机称重误差；但距离过大，一是会漏料撒出，也会让物料夹在间隙处，带来称重误差。计量秤能否使用的关键正在于此。

◎ 测速装置损坏

当速度传感器被摩擦损坏，又无备件时，可应急更改线路，便能维持生产：以变频器输出频率代替测速装置测得的速度信号，用于 DCS 控制。将西门子变频器端子用两芯屏蔽线引到 FM148E 模拟输入模块上，替换测速变送器到 DCS 模块的屏蔽线；西门子变频器的模拟输出功能的 771 改为模拟输出的频率 21；将输出特性的 Y1、Y2 值，分别设定为 4、20，让变频器的模拟输出为 4～20mA。投入使用，重写给料机的零点和系数，秤体正常。

当变频电机与减速器发生脱节时，这种应急处理就会为 DCS 显示提供假象，所以，现场巡检要注意观察，但这种现象非常罕见。该公司几年来，居然将此方案设为正常使用，减少了故障环节，有备件也不再更换，说明了其可靠程度。

◎ 配料误差产生的原因

磨机操作员反映配料中 KH 失常，怀疑计量系统是否存在误差。分别排查影响误差的三个因素：查调变频器、速度传感器参数，测速系统是否丢速；查称重传感器性能是否稳定；查机械系统有无异常。在检查头尾轮轴承时，隐约听到不均匀的“咯噔”声响，但轴承温度无明显变化，这种异常虽然从外表肉眼难以发现，但确实因轴承使皮带轻微打滑，造成的计量误差已影响到 KH。由此案例说明检测轴承振动的重要性。

◎ 提高精度环节

（1）秤体型号、料仓要与计量物料适配。物料的流动特点不同，如料仓过小，使出料口前沿距离称量段长度偏小，始终让通过负荷达不到传感器容量正常要求，送入仪表的信号值波动就大。只要将料斗改大，秤体也更换为大的，加宽出料截面宽度，延长了出料口到称量段的距离，波动现象就此消失。有时修改了下料口的倾斜角度，就可改善下料顺畅程度。

（2）确保测量轮不松动将能保证速度测量的准确性。否则它的位置偏移，测速传感器有可能丢失脉冲，也无法和电机输出轴同步旋转。

（3）影响荷重测量精度的因素较多，凡在称重装置和机架间、砝码支架和挡料装置间有物料卡结，这是最易处理的，但也最不易防止出现的低级故障；保证自动防偏装置发挥作用，皮带才能具有恒定张力，皮重值也才能稳定；十字簧片不能扭曲变形，其材质一定要好，保证线性度是衡量准确的基本条件；对新秤体要重视测量轮托辊的调整，确保均匀度、同轴度和轴承灵活度，并要保证它左右的水平度，不能有倾斜。

10.1.3 转子秤

◎ 生料菲斯特秤故障

（1）流量阀电动执行器 3P1120-1000-01 电路板频繁烧毁。其中原因：一是流量阀电路板接收信号过于频繁；二是流量阀串入的 220V 作为电路板变压器输入电源，易受外界电压波动干扰。它们都成为电路板上变压器输出电压难以稳定的原因。用西门子执行器，将电压信号改为 4～20mA 电流信号，控制流量阀阀门开度；并在电流信号线路上串联隔离模块，避免信号输出短路烧坏 A/O 模块。使频繁波动的因素改观，电路板也不再轻易烧毁。

（2）负荷率波动大，流量阀开度变动较大，表现为喂料量难以稳定，提升机电流波动达 15A。其原因可能是：流量阀阀门卡料造成给料不均；现场控制箱 CBI 输出电流信号不稳定或隔离模块故障；主板自身损坏。可以通过现场手调转子秤，判断后排除。

（3）转子秤过流跳闸。因电动机的控制是采用速度控制，如果电动机后轴上编码器监测速度不够，就难避免控制滞后，造成电流频繁波动、电流虚高。检查编码器装配线路无异常松动后，就应果断更换编码器。同时，还要控制超负荷。

◎ 生料科氏秤故障

（1）当杂物、铁件等卡死快速回转的测量盘时，电机会过流掉闸，甚至使转矩传感器受损。为此，应在滑槽上端加装筛网固定，定期清理杂物。

（2）下料失控、卸料阀门频繁开关、入窑提升机电流数 10A 波动，预热器堵料。此是多属变频器高次谐波对控制系统的弱电信号产生干扰所致，需在 DCS 室到控制盘重新放一根接地线，确保控制盘、变频器出线屏蔽层与仪表盘都可靠接地。同时，在控制盘加装 24V 继电器实现信号切换，一旦手控，中控就不再控制秤的投料量，而是直接改控电动卸料阀门开度，避免喂料失控。

（3）本计量系统缺少挂码检验功能，无法检测计量秤线性。只好利用停窑时，通过计量仓对秤进行静态标定。还可利用生料磨的配料秤总量与生料库料位，或借助熟料外倒过磅办法，予以验证。

（4）对易发生冲料现象的库，可专门设计冲料外溢输送设备，经库底空气斜槽、窑灰斗提，再回库形成闭路循环，减少冲料对计量影响。

（5）保持秤体负压管道畅通，满足计量所需的微负压。

◎ 转子秤计量虚高

某水泥磨 S7200 控制 FLC 系列转子秤，配有进口变频调速器、高精度称重传感器和测速传感器，正常运转两年后，突然发生计量虚高故障。经查找仪表、计量秤密封、传感器电控、秤体内部、管道、零点、物料等方面因素均被排除后，最后查到为刚性叶轮给料机的开停对S7200控制仪带来干扰，再查系该设备的电机端屏蔽线接地螺栓断裂，导致接地功能消失。将接地螺栓重新安装后，一切正常。

◎ 菲斯特秤常见故障

（1）主控制单元（CSC）通信故障。当CSC和附属设备信号只要有一个回路异常，都会发生中断、报警、跳停，利用停窑排查，掉换CSC电路板，若属正常，可检查秤体及控制柜的接地状态，因为干扰信号可通过CSC外壳导致电路板接地，造成信号识别错误。

（2）变频器制动故障。当频繁发生制动斩波器故障跳停时，先将CSC原转速上限从2800r/min，降到2000r/min，因为速度波动过高，会导致较高的再生功率，使制动电阻短路或断路。同时，放慢变频器减速斜坡时间从3s为30s，防止负荷率变化过大。

（3）冲煤与断煤处理（见下款）。

（4）计量线性不好，检查过载保护杆和动轮支架有无变形，或更换阻尼油；如转子间隙过大，实测并重新调整间隙。

（5）称重砝码下有油污，这是煤粉与油的混合物，因外部环境的震动，使砝码有时悬空有时压在油污上，砝码都不起作用，当然压力传感器的信号会忽大忽小，直接影响喂煤稳定性。只要清除污泥，开机后就恢复正常。为此，要注意油壶固定阻尼板的螺栓必须紧固，杜绝漏油。

（6）安装或大修不当也会引发故障。如传感器安装要注意箭头方向，如安反信号就会异常，纠正后需重新调整配重砝码至输出信号为9～10mV左右，经静态标定、做零点曲线、检查放大系数和死区系数，7.5kg砝码时线性度良好，方可开机；又如当在有变频设备开机时，计量产生波动，就应检查线路的抗干扰能力，并重新安装；还如CSC控制器显示通讯故障时，应及时对通讯模块BK5120等检查，并及时更换，若一时缺配件，可用变频器直接控制喂煤量，此时要修改变频器有关参数，改动端子接线，速度给定要按原喂煤量；变频器在安装后若原设置有误，就需重新校正，可首先用其它变频器调换判断，只有变频器速度显示为正值时，改变电动机电源相序才能改变电动机转向。

◎ 转子秤耐磨件修复

菲斯特秤的出料头、出料管及两个出料补偿器都不耐磨，最多用不到半年，如果风速再高、煤粉再粗、磨蚀性再大，寿命更短。一旦磨漏，轻者影响计量，下煤不准，重者会漏出煤粉。若在此处粘贴陶瓷片，寿命可延长到三年。用10mm×10mm×3mm的陶瓷片，用A、B双组陶瓷黏结剂经严格配比后粘贴。对部件的粘贴位置要用丙酮认真彻底清洗、晾干；并保持有1h黏结剂的固化时间，粘贴速度不可太快，少量多次。

DRW4.12型菲斯特秤的出料管被磨损漏料、漏风时无须购买配件更换，只要在管内壁涂抹一种高分子耐磨材料作为2～3mm厚内衬，涂抹方法简单，只要出现磨漏，就可利用生产线大中修机会，反复涂抹便可。

◎ 申克秤空气轴承损坏

申克秤多次出现减速器内进煤粉，使煤粉计量不准，如果只简单更换空气轴承及下部传动齿轮，纯属治标不治本。真正原因在于：流化床与外壳体交接处、驱动轴套与壳体之间密封间隙用的硅胶脱落；压缩空气进入空气轴承后，因气道不畅，少部分空气带着煤粉进入驱动轴套与轴上表面之间，大部分空气顺着驱动轴向下游走，堵塞了消声器的通道，煤粉也随之进入减速器内。

为此，拆下测量轮，取出驱动轴，清洗所有不应有煤粉存在的轴表面、消声器通道和减速器等位置；对磨损的轴外表面及轴套内表面进行表面加工处理、修复，保证各部间隙配合控制在0.07mm以内；提高压缩空气压力到0.6MPa以内，增大吹入空气轴承的风量，让足够量空气顺着驱动轴向上游走，并顶起驱动轴，从轴的上端与轴套的上表面间的间隙进入流入室。如此治本办法确保了申克秤几年来运行正常。

申克秤计量轮减速箱一旦进入煤粉，就会使中间小齿轮及轴严重磨损，且只好整套购买进口计量轮。所以，必须防治煤粉进入，由于减速箱内部是靠压缩空气密封，就需要始终保持减速箱内空气压力大于计量轮腔内煤粉压力。原设计压缩空气压力不得小于0.32MPa，如果现场难于提供此压力，又降低让秤跳停的限定值，等于增加了减速箱进煤粉的风险，再加之送煤粉随意用罗茨风机取代，风压可能增大，使密封更易失效；又由于风量增加提高风速，使给料靴壳体也被磨穿。为此，煤粉秤运转中，不得随意停止压缩空气，最好配置专用空压机。如果不得不停止供风，也应先关闭煤粉仓闸板，再将秤体内煤粉送完，关停罗茨风机后，再停供压缩空气。

10.1.4 其他类秤

◎ 粉煤灰秤防干扰

某水泥粉磨系统用恒速计量绞刀喂入粉煤灰，绞刀上是与之软连接的双管稳流绞刀，由西门子MICROMASTER420型变频器控制，中控给定的喂料量与计量绞刀采集的称重信号及速度信号通过XR2105控制仪比较，由仪表输出4～20mA的电流信号对变频器调速。为让变频器仪接受电压信号，故在变频器输入端并联一个500Ω电阻，转换为2～10V电压信号。但投产后经常表现为失控，从控制仪表、变频器及电缆查找原因，终未有果，为排除可能的干扰，尝试用电流隔离模块代替并联电阻，完成电流、电压信号的转变，得到了理想正常效果。此实践说明，屏蔽电缆并不能隔断一切干扰，纵使更换新屏蔽电缆，并远离电缆沟，但电力室仍存在有强大电磁场，难免出现干扰。现场工业条件之复杂，各种天体放电、电晕电火花放电、电气设备频率、感应等干扰，均可通过电容、电磁、共阻抗、漏电流等耦合方式进入测量系统，使测量偏离准确值，严重时无法工作，因此对工业信号进行隔离，才能有效抑制干扰。目前，有一种能将4～20mA电流信号转换成0～10V电压信号的变送器，能很好地起到屏蔽、隔离的作用。

◎ 粉煤灰秤计量轮修复

KXT（F)-Ⅳ型粉煤灰计量秤使用三年后，叶片磨透，无备件更换，只好自行修复。

用磨光机修磨上盘及底盘平整；用剪板机按叶片尺寸下料，厚度仍为5mm，叶片材质为耐磨钢板NM400，并用磨光机修磨毛刺；用电子天平（精度0.1g）称量每件叶片质量并记录，以最轻叶片为质量基准，将其他叶片质量控制在±1g以内；新叶片上下按旧叶片原位与上盘和底盘焊接，每条焊缝消耗焊条长度一致，并注意焊接顺序，以防变形；对计量轮找静平衡，机加工一根光轴ϕ30mm×500mm，两端支撑后用水平仪找水平达到0.1mm/m；计量轮通过轴承安装到光轴上，多次手动两个方向旋转计量轮找平衡，计量轮可以停在任意位置即可。

◎ 螺旋秤跳停

当喂料量超过秤电动机的额定值后，电机就会跳停。但跳停原因不见得只是输送负荷的增大，或是轴承损坏。而是由于前端螺旋叶片间断性焊接开裂，叶片被物料反作用力下反向挤压在一起，物料不是靠叶片推出出口，而是靠后面物料挤出，从而导致电流更高。只要减少前端物料阻力，加强叶片焊接强度，螺旋秤就会正常运行。

10.2 测温仪表

10.2.1 热电偶、热电阻

◎ 温度不准原因

当发现温度信号不准确，多路温度信号同时波动时，应检查电缆接地、屏蔽有效等环节，但当发现为节省投资而采用单端共地接线方式时，无法抑制共模干扰信号，并且共用同一24V电源，信号波动会传导到电源中，使与之共用电源的其他模拟输入回路受到影响。将模件的接线改为差分输入浮地方式，每个回路信号地相互隔离，避免相互干扰，能有效过滤掉共模干扰信号。又因是独立电源，避免了电源对干扰信号的传染。

◎ 一级出口温度防干扰

双系列预热器一级出口的四个测温点，经常受干扰而较大偏离实际温度，原因在于毫伏信号受到100V直流电压信号干扰。而原热电偶并未带温度变送器，输出为电压（mV）信号，如改为电流信号就有较强抗干扰能力。改造方法是：用带温度变送器的热电偶，采用两线制接法，为变送器外供24V直流电源，并在电力室接线端子添加WS21525隔离配电器，再将热电偶模块用普通A1模块替换，使它能够接收到经隔离配电器隔离后输出的稳定4～20mA电流信号。四个温度值用2个双通道隔离配电器和1个8通道普通A1模块即可。

◎ 一体化热电偶测温偏差

一体化热电偶一般是用于预热器双系列的测温点上，当中控室显示两个同级预热器温度有较大差异时，究竟是测温不准，还是双系列工艺不平衡所致，作为仪表必须提供明确答复。双系列预热器由于所处风向、风力和风温不同，也确实会引起热电偶的冷端温度不同，而带来检验偏差。为此，将上述测点的K型一体化热电偶改为分体式，即将温度变送器拆卸，用K型补偿导线将热电偶与温度变送器引到低温避风且温度较为稳定的位置，集中放置，消除了环境影响。从此温度显示稳定，变送器也不再被烧坏。

◎ 正确监测温度仪表

PT100热电阻的初始值是100Ω，变送器对应输出温度0℃，当冬季低于0℃时，系统就显示报警，无法开机；而一旦有接线不良，输出就为无限大，DCS将显示程序所定的上限（如150℃），此时如程序未编写该判断功能，就会出现故障跳停。

为避免此类误监测，在PT100至温度变送器回路上增加一只普通电阻元件，阻值约为4Ω，以解决低温检测时4～20mA对应的温度可降到－10℃，如环境温度更低，可增加电阻阻值；同时，在DCS程序中增加断线检测功能，即如果突变20mA，可判断为断线或信号异常，不发出保护动作指令；当有油温和轴承温度等相关温度检测时（如窑的轴瓦），令其相互联锁，将同时超限报警作为程序条件。

◎ 温度传感器故障危害

水泥磨检修前两天的运行中，主电动机高压柜竟接连发生4次跳闸，而得不到排除故障要领。只是在查看西门子S7适配器，连接PLC上载其内部程序后，才发现有5种情况会使高压柜跳闸。其中之一是热继电器断开，但有人认为在跳闸试验中，当温度表显示最大值时，只引起报警，不参与跳闸，因此仍不怀疑是温度检测的原因。这种想法当然不符合原设计考虑：设计者考虑水阻柜启动时会有液温升高的可能，但启动后就会逐渐下降，因此设定30min内的液温只参与报警，但不能忽视短接接触器在未吸合或接触电阻大时，液温仍继续升高的可能，为防止烧损水阻柜，因此要求在0.5h高温后应有跳停保护功能。电工的试验只有几分钟，就“想当然”下结论，显然延误了高压柜跳停原因的查找。

当重点检查温度表传感器及连接线路时，果然发现有老化腐蚀现象，运行中接触不好或断线，温度表就会瞬时达到高压柜跳闸的最高值，更换后故障迎刃而解。

10.2.2 红外扫描测温装置

◎ 同步触发板烧坏处理

某生产线控制系统为美国开放性DeltaV系统，是以控制网络为基本框架、以现场总线标准为基础的规模可变控制系统。窑筒体扫描装置的控制由智能通信控制器、I/O接口板和同步触发装置组成。运行一年，检测窑转速的传感器烧毁，使控制器同步触发板烧坏，造成同步触发信号误动作或不动作，扫描仪中断工作。因 DeltaV 系统中备有延时触发模块，于是，决定借助它与比较控制模块、数字量输出模块共同完成同步触发功能。即用比较控制模块判断窑运转并计算窑运行一周所需时间，再利用延时触发模块开始延时计数累加，当大于窑运行一周时间时，送出一个信号给数字输出模块，反之继续延时累加（用转速确定窑运行时间，变频器控制窑转速，最高转速 3.5r/min 对应 50Hz，转速与频率正比），数字输出模块接到信号后将 0 置为 1，信号送给比较控制模块，开始第二周的比较，延时、输出，形成一个闭环控制，以此完成同步触发的整个控制过程。实践证明，此方式满足生产要求，且无元器件更换。

10.3 测压仪表

◎ 压力检测安装

袋收尘处处需要压力检测：如袋收尘进出口压差，以掌握收尘器阻力，并反映燃爆等异常情况；检测袋室压差，了解滤袋是否正常；检测压缩空气气包压力，根据压力变化判断脉冲振打规律。它们都可用就地式压力表，但高温环境时，要考虑环境温度对仪表的影响，可集中安装在控制盘内远离高温地区，用取压管从各袋室取压通过电接点或 4～20mA 信号远传到控制室。对于大型袋收尘，可在进出口各装一台压力变送器。安装测压元件的要求如下。

（1）取压点应选择在风管直线段，并设在管路中其他测量元件的前端，与阀门距离应大于 2～3 倍的管径，尽量躲避涡流、振动与高温对测压的影响。垂直工艺管道，取源部件应倾斜向上安装，与水平夹角大于 30°；在水平工艺管道上，宜顺流束方向成锐角安装。

（2）铺设的导压管径粗细适宜，对于含粉尘介质宜大于 10～15mm，且尽量短；含水气体要保温或伴热保温；取压口与压力表间应装切断阀并尽量靠近取压口；对粉尘要考虑反向吹气清堵系统。

（3）压力表连接处应加密封垫片，确保取压管路密封良好。

10.4 化学成分分析

10.4.1 废气成分分析仪

◎ 巧用替代配件

为防止过滤器结露、结皮，仪表需要电加热器保持探头一定温度。为此，减少取样探头自身长度，将过滤器紧邻排气管道外壁安装，利用废气管道 310℃温度，便可对过滤及时加温干燥。若在探头外部加长缠绕样气管道的伴热带，效果会更好。

真空泵运行 3 年多，膜片已经破裂、损坏，但备件很难购买，而整机更换费用很高。可利用空气炮脉冲阀内部更换下的废旧进口膜片，精心改制后代用。并经反复试验、磨合，真空泵的电动机由开始过载、发热，逐渐恢复到正常，运行一年多检查仍未磨损。

原过滤器及冷凝器备件因更新换代，购买困难，价格昂贵。经试验，用密闭式油水分离器，便可替代原两级过滤装置（第二级是石墨制作的密封式过滤器，第三级为半导体式制冷干燥器）。用 0.5m^3 精密型油水分离器，在水杯下部，充装少量清水或废气里的水汽过滤，起到降温和粉尘沉降作用。使用后，能保证被分析气体样洁净，只需定期清理油水分离器内部粉尘及过多水分即可。

10.4.2 中子活化分析仪

◎ 安装管理要求

（1）安装位置应靠近生料调配站。皮带实际负载应尽量接近设计负载，否则影响测试精度。若偏差大于10%时，应考虑降低带速或加装变频器，以提高皮带实际负载。

（2）对放射源要根据衰变情况，及时补充或更换。

10.5 料位检测

◎ 各检测技术渗透与取代

（1）超声波料位取代重锤料位。

用超声波传感器可检测堆料机料位，原石灰石圆形堆场的物料检测装置为进口长短料锤接触式料位计，因电缆短路损坏，且抗粉尘能力较差，只好改为非接触式检测的超声波传感器替代料位检测，事实证明可行。

超声波是由压电晶片在电压激励下发生振动，通过它们构成的振动器，可以将电信号与超声波相互转换，利用传感器和物体间声波的传送时间就可计算距离或位置。

选用德国倍加福公司UC6000-30GM-E6R2-V15双开关点输出的超声波传感器。根据原料位检测原理：当接触到长料锤时，输出一个开关信号到PLC，控制堆料机旋转3°继续堆料；当接触到短料锤时输出一个信号到PLC，跳停上游来料皮带和堆料机。现在，所选的超声波传感器，要能够在350～6000mm范围内分别找出A1、A2两个检测点，距探头OA1、OA2替代原检测装置的长短料锤。超声波传感器探头固定在堆料机大臂前端，约在石灰石料堆上方1m处，A1、A2分别在1.2m、0.8m处。将温度/设定插头分别插在A1、A2处，设定开关点完成，再插在T位置，进入工作模式。后转换为中控自动运行，工作正常。

（2）荷重传感器取代料位检测。

小型料仓，如煤磨的原煤仓、磨头配料仓，用称重式计量方式，比料位计更耐用数十年。如果设计的仓重就是靠三个钢支座支撑，这种改造就更为简单。只要选用符合仓重规格的三个轮辐式荷重传感器、一个并联式接线盒及一块称重数显仪即可。同样可完成仓空、仓满的上、下限报警功能。

如果料位计与荷重传感器两者相互补充，则更为可靠。比如，当库（仓）的进料挡板同时受两者控制，即不仅料位高，而且仓重也高时，才应关闭进料挡板，从而避免因电容式料位计失灵而误将挡板关闭，造成下道工序停产的窘况。

（3）用负压代替料位完成灰斗堵料报警（见第3篇12.1.2节“灰斗堵料报警”款）。

（4）电容料位计代替荷重传感器配料。

当配料的料仓容积较小时，为使配料不中断、又不溢仓，使用电容式料位计是可行办法。

FTC420电容料位开关根据测得的电容量，由电子变送器转变为电压信号，驱动继电器动作，实现高、低料位报警。在配料仪表柜中加装G-112型双路信号隔离器，接至配料秤输出信号，双路分别控制配料秤与板喂机的变频器转速，中控只调整配料秤转速即可。如果板喂机频率过低，就应减薄料层，加快转速。当仓内物料上涨到料位探头时，继电器动作，发出高料位信号，程序功能块让板喂机停车；当仓内物料下降到一定料位时，功能块延时到规定时间后，就会重新驱动板喂机。为防止板喂机启停对电动机的冲击，需优化变频器参数，并将频率信号引入DCS系统。如此改造还可节电，减少磨损。

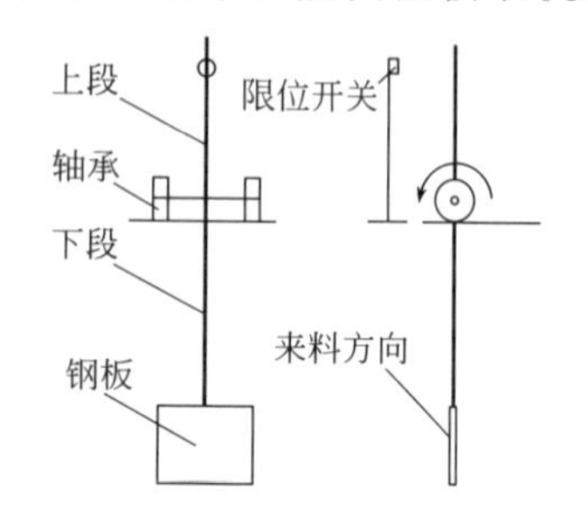

图2.10.3　自制高料位开关示意图

（5）自制高料位开关代替音叉料位开关。

原设计配料仓、库的料位控制为音叉式料位开关、料位计为缆绳式，均无报警及自控功能，且易损坏，可以自制高料位开关安装在仓顶，用来监测料位。它由一根悬垂的钢管、两端装有轴承的横轴结合的摆臂及接近开关所组成（图2.10.3）。

要求制作与安装时做到：摆臂下段焊接的钢板要正面对物料入库方向；杠杆安装距落料点大于1m，并调节好摆臂下段长度，使料位指示正确；接近开关要有防雨措施。当物料仓满后，物料开始冲击、推动摆臂底部的小钢板，摆臂开始偏转一定角度后，被上段摆臂顶端附近的接近开关所探测，向中控发出仓满信号，可实现自动控制或人工操作。

（6）光电开关代替水银倾斜开关。

原堆料机臂长杆设计选用水银倾斜开关，但随着堆料臂移动，开关会因碰触物料倾倒而动作，控制料堆料位可靠度不高，且更换频繁。为此，选用光电开关，将所有反射光线的物体及时检出，石灰石这种物料同样可以适用，提高了可靠性，也减少了维护量。

10.6 物理强度检测

◎ 自动取样器高负压取样

当自动取样器在下料溜管取不到样，或取样无代表性时，如果确属绞刀叶片无磨损，且运转正常时，应考虑溜管负压是否超过3kPa以上，破坏了连接软管及绞刀之间的密封，在螺旋绞刀内形成湍流，将物料冲走。只要在连接软管上端和取样器本体接口处涂抹密封胶，同时将连接软管下端与储料杯上面的密封圈，由原厚5mm硬质橡胶板更换为10mm质感软的橡胶板（硅胶板）后，就不会出现这类问题。

11 自动控制系统

◎ **抗电磁干扰**

（1）总线仪表频繁死机、数据全归为零、DP/PA 转换器断电、再上电才恢复正常。应检查 PA 线是否与动力电缆纠结、叠压，两者间距太小，隔离屏蔽效果不佳。PA 线应单独穿钢管敷设，与原桥架间距大于 200mm，电缆沟内 PA 线全部穿管，且不与动力电缆敷在同一托架；或重新敷设光缆，选用串口转光纤转化器 MOXA TCF-142-S 代替 PA 双绞线，将电信号转为光信号。

（2）当发现网络通信稳定性差、频繁中断时，同样表明 DP 双绞线在交流变频器影响区内。应该用 Profinet 以太网代替 ProfibusDP 协议，即增加以太网交换机 SCALANCE X104-2，两个 PLC 各增加一块网卡 CP343-1。

只有选择合适的通信介质和网络结构，适应电磁干扰、温度与粉尘等环境，并规范设计与施工电缆沟、电缆桥架，才是确保总线仪表功能优势的基本条件。

11.1 自动调节回路

◎ **自控设备故障分类**

自控设备故障分为三个层次：中央操作层，包括中控室设备及控制程序、UPS、电视监控系统等；过程控制层，包括 DCS 系统的过程控制器、I/O 机柜、UPS、DCS 系统通信网络；现场设备层，包括高低压配电设备、MCC 柜、随机配套控制柜、变频软启柜、液阻柜、自动化仪表、按钮盒、高低压电机、电线电缆等。

前两层设备只要调试好，就较少出现故障；而现场设备集中了绝大部分电控设备故障。

处理电气控制设备故障的思路是：首先从中控取得第一手原始资料；熟悉设备现场操作箱、控制柜工作原理与位置；不能放过任何可能，哪怕是不易出现的电缆断线。

◎ **PLC 应用故障**

西门子系列 PLC 产品，出现过如下故障。

（1）因 DI 模块的外部接线端子没有从模块上分离，电焊时接地又不好，产生的电流从现场的接近开关进入 DI 模块后烧坏。因此，在检修时不只是将 PLC 电源关闭就可以了，而要分离接线端子与模块，待检修完成后再插上。

（2）CPU 的内存卡、模块及以太网交换机都会因质量不好或接线错误而损坏，更换后正常。

（3）在电气柜吹尘时，如果有灰尘进入光纤头内，就会影响以太网交换机冗余不好；将现场交换机和中控交换机间两组光纤通信，由原交叉通信改为平行通信，其稳定性会增强。

（4）当电源模块上电池报警，且不能及时应更换电池，电池开关又未打到 RUN 位置，造成 CPU 内存储器程序丢失，即使通电，CPU 也不能识别通信模块而无法通信。

◎ **PLC 抗干扰措施**

在现场级控制中，小型 PLC 是主导控制方式。但它时刻在承受众多干扰的威胁。为此，对不同干扰类型，应当采取不同的抗干扰措施。

电源干扰。尽管PLC要求电源范围较宽，但决不宜与大功率设备共用电源，尤其与电感设备，它在断电时可产生瞬时电压峰值（是额定值几十倍），包括电焊机备用电源，它们在工作间隙产生的电涌和高压尖脉冲都能对PLC产生干扰，甚至烧毁。解决办法就是要净化电源，选取负荷相对稳定的电源。在PLC电源前加隔离变压器，其中间抽头和铁芯处必须可靠接地。同时加电涌保护开关（压敏电压600V、响应时间≤25ns）；再对电源滤波处理；选用屏蔽线或双绞线布线；接地端可靠接地；如需用传感器电源时，采用电容抗干扰接地。

输入端感应电压干扰。现场控制箱中小型电磁继电器及控制面板转换开关，如有AC220V电压，而触点是PLC输入24V的DI接口时，若它们再遇到潮湿粉尘环境，强电就必然干扰PLC输入端。对此，在PLC输入端采用低压中继隔离，面板上重新安装选择按钮，做到强电、弱电分开；且输入端线与强电分开敷设，不在同一线槽布线；并定期清理粉尘。

信号源及接地干扰。此类有两种干扰形式：一是通过变送器，供电电源或共用信号仪表的馈电电源窜入；二是它们的传输线受空间电磁辐射感应。消除此类干扰的办法是增加信号隔离器，将模拟量模块供电直流电源负端及所有信号源的负端并联接地。在模拟量的传输中，使用屏蔽电缆、屏蔽层在信号侧可靠接地；信号电缆应按各类分层敷设，并严禁用同一电缆不同导线同时传送动力电源和信号；信号线接入PLC前，应与地间并联电容，减少共模干扰；信号两极间加装滤波器，减少差模干扰。

除上述针对措施外，软件设计应消除可能的干扰。对于PLC输出，应考虑PLC受到强烈干扰时的断电、死机或停机状态。如DCS故障输出时，可考虑用PLC的开点，即将“0”状态作为故障输出点；如有驱动电磁阀等感性负载时，将一起输出的负载，改为间隔0.1s陆续输出（工艺允许条件下），以减少设备突然开停对PLC影响。对于PLC输入端，在设备状态监控、驱动信号DI端，要考虑信号传输远时，加软件定时器，以消抖、滤波。

11.1.1 用于稀油站

见第1篇和第3篇对应章节内容。

11.1.2 用于堆取料机

◎ 控制故障排除

针对QG800/38桥式刮板取料机使用中常发生的失控现象，做如下改进。

（1）原设计忽略了软启动器带载启动情况。现将加速斜坡时间由15s改为4s，电流限幅由400%改为500%，满足取料机设置启动的要求。

（2）取料机长期处于偏斜状态，原纠偏机构设置不合理。现将接近开关全部移到前部，以扇形排开，可供左右调节。固定杆上加焊一根20cm×1cm的铁板作为感应挡铁，增加感应范围，并同时感应5个接近开关，避免因感应杆跳动引起误动作，根据检测到中心、正常、轻偏斜、重偏斜四种不同的偏离程度，设置只有后两种情况，才发出让落后一侧的电机加速至50Hz（慢速行走时），或让超前的一侧停止（快速行走时）的纠偏指令；如纠偏不及时，导致取料机重偏斜时，便发出跳停指令。

（3）为避免感应挡铁恰好停在接近开关上方，而出现耙车停机不受控状况，改动为停机命令或故障信号到达，前后行的定时器将中断工作。

（4）为避免堆料机与取料机撞车，实现如下联锁：堆取料机位于同堆不能运行；取料机进入换堆区，但耙车不在后极限位置时，取料机跳停；取料机耙车开至后极限位置，并在换堆点停机时，才可为堆料机解锁；堆料机至换堆点时，才能为取料机解锁。

（5）对照图纸检查接线无误后，紧固所有接线。

◎ 料耙不返回防治

PLC 开关量输出通道驱动继电器时，晶体三极管因驱动频繁，导通与截止的频次很高，如在高温环境中长时间工作，输出特性变差，会使继电器电磁铁吸合，输出指令延时释放。于是，堆取料机料耙就会在该返回时未返回，而影响取料量，主机产量下降，甚至料耙脱轨。为此，PLC 应与其他高散热电器分开安装，否则要强化散热。

11.1.3 用于辊磨

◎ 立磨电控故障

（1）磨机辅机系统突然停机，而立磨未停。检查 PLC 的 CPU 模块 SF 灯亮，CPU 开关在运行位置，但指示灯为停止，其他模块未显示故障，DI 模块部分按要求灯亮。说明 CPU315-2DP 损坏，更换 CPU 和存储卡后，将原程序下载，系统恢复正常。

（2）立磨调试时，张紧站压力表显示 11MPa，但触摸屏压力，时而 11MPa，时而 18MPa，更换压力表无效，万用表核实压力传感器无误。发现是变频选粉机开机时，压力显示 18MPa，怀疑干扰所致，检查发现模拟信号电缆屏蔽层的接地与电源地在柜内相接。将两接地分开，单独接到 DCS 系统地网上，并将二线制用信号隔离器转换成四线制信号接通，故障消除。

（3）磨机正常运行时跳停。并显示为综合故障，即辅机发生故障。因磨机采取“逢峰必停”的作业，开停频繁，造成中间继电器分合次数过多，使触点打火接触不好而跳闸。再加之磨机的振动使继电器插脚与底座接触不良，导致电路时通时断，一旦断开，磨机就可能跳停。解决办法是，将原来有插脚的中间继电器改用整体式，且将中间断电器的触点并用。

（4）雷电使全厂停电且烧坏数显表。雷击时线路上出现瞬间过电压现象，为此，在仪表箱电源部分串联一台有浪涌保护功能的交流稳压电源，让仪表电源与电网隔离。

（5）磨机正常运行时无规律跳闸。跳闸后没有任何故障显示，所有设备均有备妥信号，可立即开机。对皮带机拉绳开关、现场接线盒、控制箱等逐项排查。接线盒内的固定螺钉松动，或按钮盒内控制电缆有线折断，轻振时接通，强振时断开。更换接线后故障消除。

（6）磨机等时间间隔自动跳闸。每开机 40～60min 便自动跳停，该规律多由温度上升所造成。查找中可能现场温度显示与温度保护设定不一致，要先想到打点时设备点号可能写错，否则会耽误查找时间。只要修改点号，故障便可排除。

（7）当故障停车后的现象与正常停车时一样时，分析故障较为麻烦，应重点检查控制回路，主要涉及总降或 DCS 系统，且不要疏忽查看电缆外皮的完整性。

◎ 辊压机电控故障

（1）系统不加压有如下几种可能。进料气动闸阀未完全打开，接近开关未动作，此时应止料同时将塌料气阀关闭，再重新开启；辊缝低于初始辊缝，尤其当辊面磨损较大时，让备妥栏中辊缝仍处于初始位置；加压与满足辊缝要求相抵触时，先按辊缝要求动作；压力传感器损坏，要及时更换。

（2）系统频繁加压有如下情况。液压系统存在内泄漏或外泄漏点，应找到具体泄漏阀件，予以清洗或更换；信号隔离器损坏，让压力传感器受到干扰，应及时更换；加压阀前的节流阀开得太小，加压效果差，往往是在检查阀件泄漏时，只开半圈节流阀而未及时恢复所致，只有停机卸压后，全开节流阀解决；若油泵失效就要更换；控制参数设定不合适时，如加压时间太短、压力跟踪精度小、纠偏调节周期不合理，都要与厂家重新确认。

（3）快速卸压阀动作频繁的可能。该系统保护阀遇到以下条件，就会造成系统跳停：辊缝间隙极限开关动作；操作现场急停按钮；辊缝差超限超时急停；压力差超高高限急停；左、右侧压力超高高限急停；外部卸料皮带联锁急停；主电机电流超高高限急停；电流差超高高限急停；主电机跳闸急停；压力下限急停；中控命令急停；停电等。

11.1.4 用于除尘器

◎ **袋除尘器控制故障**

相当数量的气箱脉冲除尘器是用 PPCS-A 型自动控制柜控制，采用西门子可编程序控制器为核心控制单元，实现对分室离线脉冲喷吹清灰及料仓振打、输灰、卸灰的自动控制。但同样相当控制量的除尘器，使用数月后都会有失控状态，清灰间隔与清灰工作的两个时间继电器经常同时常亮，说明 PLC 扩展的开关量输出通道损坏，使其居然同时断电。且清灰间隔时间越短的继电器，故障发生概率越大。

关键在于 PLC 扩展模块质量，西门子模块分进口原装与国内组装两类。不论外观还是尺寸，国内组装所用的微型继电器质量都要差，这正是袋除尘电气故障的根本原因。为此，对这些控制线路进行改进，增加 2 个小型中间继电器，对时间继电器信号转换，减轻了 PLC 扩展模块输出通道负荷，延长了使用寿命。

如果 PLC 控制器故障需要更换时，为节约费用，可利用计算机对 PLC 内部 I0.0 继电器有效强制，将 PLC “L” 端子电源取自启动继电器 ZM4 的常开辅点即可。同时，为避免 SF/DIAG 状态指示灯常亮，引起生产误判，需对部分控制线路修改，可在组态程序中将其修改为模块有 I/O 错误时点亮 LED，下载程序后，状态指示灯则恢复为正常。

11.1.5 用于风机

◎ **排除振动虚假信号**

将风机原设计振动值超高报警并故障保持，修改为只给 DCS 提供信号，振动峰值过后自动恢复，不要人工断电复位功能；将振动仪表的电缆用计算机专用屏蔽网的电缆单独敷设；传感器仪表电源改用 I/O 柜电源模块供电，电源线也用屏蔽线，屏蔽层接入 I/O 柜独立接地网中；同时，考虑风机振动通常为渐进性，只有主动轴与从动轴同时振动，才表明振动有威胁，因此，在 DCS 程序中增加振动保护跳停延时 10s，且将主动端与从动端振动信号联锁，只有 2 个信号都达到设定的跳停值时，DCS 才发出跳停指令。如此改造后，虚假振动跳停的可能性大大降低。

11.1.6 用于篦冷机

◎ **篦床失速原因**

篦冷机使用两三年后，有时发生篦床失速情况。检查液压环节比例调节换向阀正常，输送油管及接头无漏油，电气接近开关接线也无异常。此故障时隐时现，检查接近开关时，发现它被固定在液压传动轴支架上，篦床运动中只要有振动，就会反映接近开关采集信号不正常，篦床便失速。为此，停窑检修时，将篦床两个接近开关固定在静止不动的外围框架上，就再也未出现这类故障。

11.2 DCS 系统

◎ **施工质量要求**

（1）注意盘柜与地的绝缘可靠、母线接地可靠，盘柜防振；孔洞必须防火处理。

（2）电缆敷设要强弱电分开，屏蔽线可靠接地和抗干扰，机柜地与屏蔽地用两个接线端头为 50mm^2 软铜芯电缆接到接地网不同点；电缆槽分层布置；电缆与芯线标记清晰完整。当中控在设备停运，仍有应答信号时，都应怀疑有干扰。

（3）严格控制电子设备间的消防、通风、照明，满足对温度与湿度的要求；避免电子卡件进入粉尘，保持机柜和滤网洁净。

(4) 在完成接线检查后方能调试，否则易造成前期数据丢失，通信中断等事故。要注意对组态数据的备份及UPS电源的正常，避免调试期间电源不稳。

(5) 设备检测信号应齐全，为中控操作方便提供条件。如收尘器下方的收尘灰输送与锁风设备的运行信号未显示，就可能造成这些设备跳停或故障后，集灰斗内存满灰而酿成重大事故；又比如，破碎机控制部分和配套稀油站未经DCS控制，对轴瓦温度和电机电流不进行检测，或信号未输入中控，都难免引发事故。

(6) 有些施工不按图纸要求将信号接到相应端子排上，随意将支路COM接到总COM连线上，或是借接到其他设备COM电源上，导致系统COM电源可能丢失。只要发现一起此类现象，就应对该施工单位安装所有线路进行复查。

◎ **调试体会**

(1) 设置拨码开关可以防止不同模块与FM131A端子底座模块混装，及早发现信号错误原因。因为带有CPU的双冗余配置，它的所有功能模块都与相应的端子模块配套使用，实现与现场信号的连接。当方便地设置拨码开关后，地址就成了查找故障的标志。

(2) 使用切换功能块完成不同控制方式下的画面显示组态。当某种设备有安全及自动两种模式时，同样可以在中控的组态画面中，通过单通道实现两种模式的参数控制。如窑尾增湿塔中，安全模式的水泵频率及自动控制的进口烟气温度，都能按4～20mA信号切换。

(3) 更改数据库时，一定要按照工作程序的步骤进行。在正常开机时，如果需要更改仪表量程，不要立即更改数据库，而只要在SMACV组态画面中临时强制，就可以完成对下位机的更改，待停机检修时再在数据库中进行彻底修改，然后重新下载，既安全又可靠。否则可能会出现上位机与下位机数据库量程不同。

(4) 要重视AI模块两种线制的区别。FM148C对外提供24V直流电，输入二线制变量；FM148E是现场提供电源的四线制。在安装模拟量模块前，首先要对现场的模拟信号（如压力、温度、仓重、电流等）进行测试，检查有无其他电压信号干扰到端子上烧毁模块。

(5) 方便实现AO量的最大限制。为了安全限定回转窑转速、窑喂料量及煤粉喂料量等参数上下限，利用MACSV系统组态功能就能简单实现，无需增加程序。

◎ **PA总线仪表故障处理**（见第2篇10章“PA仪表故障”款）

◎ **DCS引发跳停排查**

某企业DCS800系统在运转四年后，突然发生“从设备不存在”的报警信号，接着就发生尾排风机频繁跳闸故障，中控显示“备妥丢失”和“无应答”。

DCS系统因通信模件出现故障的情况很多，常规处理方法是直接更换模件，以减少停机时间。但如果此法不奏效，就应考虑有无谐波干扰存在，不要以运转多年从未发生干扰为由，轻易排除此原因。迅速查找与变频器相关的配电室进出电缆，变频器柜、DCS柜及DP线，并通过对原有的屏蔽线重接、检查接地线连接点等途径，逐一排查。对凡是有发黑氧化迹象的位置都应打磨、抛光，重新安装，发现连接有虚接隐患位置都应重装，并检查接地电阻合格。当然，也不能排除主站采集从站信息的周期内，有因信号不畅而发生“丢包”的可能，此时应将所有可能原因（供电电源、通信电缆和DP头）在一次停机内全部更换。也可暂时以延时手段，给控制器提供一虚拟信号，避免“丢包”。

◎ **S7-300/400故障**

(1) 遭受信号干扰。该系统现场控制站与现场各种电机启动控制柜、变频调速柜等都布置在同一电气室内，形成了恶劣的电磁信号干扰环境。对策是：①建立有效完善的接地系统，与上述有电磁干扰的设备分别单独接地，并相距10m以外。其接地极是70mm^{2}铜芯绝缘电缆与80mm×50mm×6mm的铜板制成的接地极相连，接地电阻小于1Ω。②选用优质信号隔离器。只要在信号输入端与输出端间装上该装置，就能有效解决干扰，成为自控系统中不可缺少的重要组成部分。

（2）接线端子虚接。针对系统数字量、模拟量的输入输出点数繁多的特点，即使个别端子虚接，也会影响系统稳定运行和正常显示。只有采取定期检查与紧固措施，才会收到良好效果。

（3）个别硬件损坏。当接线错误，强电串入个别硬件（D1 模块 SM321、A1 模块 SM331、AO 模块 SM332 及 CPU413），或雷电防护不到位，就会烧毁硬件。在改正接线错误，并完善上述措施之后，硬件损坏概率大大降低。

西门子 S7-300 控制器故障报警原因：一是程序；二是外部通信。后者包括电压波动、设备联锁、卡件或接线松动，这些现象往往比较隐蔽，查找、排除比较困难；而从程序上稍加改动完善，就可解决故障：如控制站主控制程序很长，内容过多，又有很多模拟量处理与换算，运行超时，需要加装处理异常时的程序块；总站与子站的通信总线较长，会出现通信信号不好或中断，程序中应加装处理线路异常时的组织块，避免控制器故障停机。

◎ 中控数显误差排除

当中控画面显示的数据与现场电控柜面板显示不一致时，还会表现为平稳运行中数据逐渐衰弱或递增。在排除 IO 柜、隔离器、AIO 板等的可能故障后，就应确认 DCS 柜的通道是否有信号失真、零点漂移。而此问题无法在运行中排除，可设计新的分流器电路代替故障通道，将设备电机的电缆接到分流器，再通过新隔离器至 IO 柜到中控。

11.3 网络通信

◎ 串口通信故障

（1）现场测量设备故障。如果某仪表接口线路断路，该故障只影响该仪表通信，也易检查处理；但如果是某块仪表 RS485 通信接口信号短路，就会造成总线短路，而且不易排查。故一台串口转换器不宜连用过多仪表，共用较多时，应在每个终端设备 RS485 线路上加装隔离装置，一旦某台设备有短路，可自动断掉该信号，其他设备仍正常工作，也便于检查维修。

（2）通信线路故障。当现场仪表与设备正常，而线路损坏或受到干扰，同样无法工作。尤其出现干扰较复杂，需逐一排查（见第 2 篇 9.6 节“产生干扰机理”款）。

（3）现场仪表与设备通信接口线路阻值不匹配。串口 RS485 标准阻值，包括电缆阻值在内为 120Ω，因此，要合理匹配电阻，达到正常通信阻值要求。

◎ 与智能 MCC 通信故障

智能 MCC 与 DCS 系统的通信是通过 DCS 通信模块 CI854 完成的，当通信出现问题时，会造成中控操作无法进行，后果不堪设想。当通信管理机带的 Modbus 设备太多，通信链路配置不合理，就会造成网关与管理机间通信中断。为此，原在 2 个网关和 1 台通信管理机下的 2 台磨机相关回路，分成 2 台通信管理机和 4 个 AB7000 网关；对原通信管理机 1 个端口接 4 台 Sepam 的不合理链路改造为：1 外串口下只挂 1 台 Sepam，同时把普通不带屏蔽的网线换成屏蔽双绞线；并将 CI854 的通信波特率由 1.5Mbit/s 改为 500kbit/s，以免网关下的通信管理机和 Sepam 通信刷新过快，造成数据拥堵而不稳定。

12 余热发电设备

◎ 调试程序

余热发电调试分两个阶段：机组到送电；机组并网投运。第一阶段是完成发电机保护、同期装置、励磁系统的静态调试工作；第二阶段是完成：发电机转子交流阻抗及转子绝缘测试；发电机短路试验；发电机空载试验。发电机手动（自动）假同期试验：汽轮机将发电机转速分别带至2980r/min、3020r/min两种状态时，看电气同期屏调节开关发出调整脉冲将转速调至3000r/min附近能否满足并网条件；励磁屏将发电机电压分别调至比系统电压高或低500V两种情况时，同期屏调节开关发出调压脉冲，能否在系统电压附近满足并网条件。经过对这些假同期试验数据分析确定：合闸导前时间的合理性、发电机同期并网、发电机带负荷及励磁动态试验；在发电机负荷加至大约等于额定功率时，对发电机电流电压、有功、无功、励磁电流电压、功率因数及各保护装置显示值等，进行测量与校验。

◎ 防电网波动跳闸

当电网系统无功功率突然变化时，会导致发电机过电流、余热发电联络线跳闸，发电机组解列。此类事故发生原因多为原设计联络线开关未装上电流差动保护。若能装配ISA-367G线路保护装置，有低压闭锁方向有过电流差动保护，再核算保护定值，考虑余热发电机组额定功率与实际功率、额定电流，此类跳闸便不会发生。此时切不能随意调大总降站开关的限时电流速断保护定值，否则会引起发电机的对称过负荷保护动作而停机。

12.1 余热锅炉

12.1.1 水处理设施

◎ 除氧超标排查

当给水溶解氧从20mol/L突升至2000mol/L时，查出在除氧器和循环水箱一体设计中，中间隔开的钢板已部分焊疤脱落，除氧器漏气。但补焊后，氧含量仍居400mol/L以上，此值若长期下去，势必加速受热管的氧腐蚀。因此，决定制作单独的循环水箱，放置在除氧器平台上部，拆除原隔板，不但便于对真空系统排查，也增加除氧器容量。

◎ 给水硬度超标

（1）离子交换器是制软水的主要设备，一般都配备两台，一备一用，以确保给水硬度符合要求。当交换器出水与凝结水取样化验正常时，如果软水箱的水硬度超标，则要检查交换器，特别是它的进水管与出水管的控制阀门。如下进阀与出水阀都关不严，就可能出现给水硬度超标。此时应尽快更换阀门，如暂无备用件，可以增大运行交换器的交换速度，保证软水箱水位后，再停清水泵，让备用交换器下进阀不进清水。

（2）当射水泵切换为备用泵时，如凝汽器真空值没有变化，而凝结水硬度超标，就要考虑是射水器的工作水（深井水）进入凝结水中。当备用射水泵压力（0.24MPa）低于原运行泵压力（0.36MPa）时，虽未影响到凝汽器真空度，只说明此压力能满足第一混合室正常工作，但第二室因压力不够而满水，便通过轴封加热器抽真空管道进入其凝结水空间，并通过凝结水排水管进入凝汽器，造成凝结水硬度超标。

◎ 凝结水水质超标

当凝结水质电导率达 5～8μs/cm，钠离子浓度达 100μg/L，必是有外来水干扰。

凝结水泵轴封上接有一路循环冷却水，在密封失效、此泵停运时，因水泵内部负压，外界冷却水就能进入凝结水系统。若凝结水温不高，泵本可不接外界冷却水，即无此超标。

还有一种可能：凝汽器铜管和凝结水泵端口如果不渗漏，射水泵抽空气管会与凝汽器相通，如果加工或安装有误差，会使来自喷嘴的高压水束裹挟着气体，并未全部进入收缩管，而是部分激射反溅入抽气口，又恰碰混合室内满水，就会引起大量水倒流抽气口进入凝汽器。为此，只要将喷嘴加长 20mm，直径缩小 1.0mm，高压水束就会集中进入收缩管。并在抽空气管上加一 U 形弯管，纵使有部分水溅入，也不至于进凝汽器。

12.1.2 锅炉与管道

◎ AQC 过热器爆管抢修

当锅炉投运后风量与风温远超设计值时，表明锅炉为超负荷运行，仅一年过后，就要对其检修：发现导流布风板磨穿磨断，靠近炉墙的两排过热器受热面管束中，有 4 根螺旋鳍片管爆管漏水，这是两根磨漏管向对面另两根管，喷出蒸汽冲刷的结果。

首先修复原设计的上下两层、错列布置的导流板，上层为原状更换，对下层原 100mm×2225mm 平板，改用 ϕ108mm 管材轴向破开成圆弧状，开口向上使用，以增加系统风阻，更好地改善均风效果；同时距原挡板 500mm 高，沿护墙新增护板；对爆破的炉管与上下联箱从连接处割开，加盲板封堵，暂停使用；对锅炉的承压部件进行 1.25 倍工作压力的水压试验，无泄漏；改进原入废气沉降室结构，提高气流中沉降效果。

爆管位置常在过热器弯头与集箱管接口横管段无翅片保护处；若过热器材质为耐热极限 470℃的 20G/B3087，当锅炉进风温度过高时，管材就会出现蠕变而易爆管。可以在管的裸露无翅片保护部位喷涂耐磨涂料，若窑头进风温度持续偏高，可考虑提高材质耐温等级。

在采用切割封堵方式抢修时，将封头楔入管内，封头与管口平齐进行焊接，但在处理最后几根时，因锅炉顶部气温在 150℃左右，时有蒸汽产生，焊接易出现气孔、渗水现象，此时可在封头的中心轴线上钻孔、攻丝，用螺纹封堵，然后再将螺栓与封头焊接，以解决带压焊接的难题。最后再做满水试验，检查无渗水现象为止。

◎ SP 炉省煤器漏水原因

锅炉投运仅半年多，膜式管省煤器就漏水，多次维修也无济于事，原因如下。

(1) 制作质量不好。膜式片的两个端部与换热管，是先手工电弧焊接 20～30mm 后，再自动焊。而手工电弧焊存在咬边缺陷，均为漏点隐患处；结构设计中，换热管弯管部位与膜式片之间距离应为 70mm，而实际距离还不足 50mm，造成弯曲应力与焊接应力叠加。

(2) 系统设计未考虑有副烟道，使锅炉负荷与窑操作相互干扰，负荷变化很大。

(3) 因热力除氧器效果不佳，除氧系统变为真空除氧，使锅炉省煤器进水温度从原设计 104℃降至 40℃，再加之厂房与设备管线保温不好，使膜式管端部又增加了冷热交变应力。

◎ SP 炉塌料防治

SP 炉严重塌料，会导致高温风机过电流跳闸。关键是在窑尾锅炉出口到高温风机间的连接管道，包括从一级预热器出口管道、膨胀节和 SP 炉内部，存在的积料部位，只要角度偏小处，就会出现积灰，积到一定程度就会塌料，造成高温风机堵转。另外，个别位置严重漏风，如积灰斗闸板阀连接法兰位置，会造成回灰的二次扬尘，突然形成积灰而跳闸。只有利用大修期间，增大管道角度，适当增加积灰斗容积，与高温风机进口保持一定距离，才能彻底解决此类事故。

◎ 锅炉冻管处理

冬季停炉放水不及时、不彻底，都会造成锅炉冻管。用外部加热方法处理，会使保温层破坏。采用电焊机并联，用大电流加热解冻是可行办法。但要先对上水母管进行绝缘皮隔离处理，才能防止母管在支撑钢架上焊接点的分流，使近600A的二次侧短路电流完成加热解冻。此时，还可用压缩空气吹管配合解冻。还是应以防冻为好。

12.2 汽轮机组

12.2.1 汽轮机

◎ 安装质量要求

(1) 设备基础质量。必须有足够刚度，各点沉降量一致，安装试车后沉降量应近于零；二次灌浆充实，不能浸油造成与台板分离；垫铁不能有移动，且不能过高，否则会显著降低轴承座水平和轴向动刚度，使二次灌浆松裂，成为恶性循环。

(2) 轴承座中心与标高控制。它的几何中心线必须与轴承承力的中心重合，轴承座底面与基础要密实贴合，接触点达到75%以上，间隙小于0.05mm；汽轮机和发电机转子两端的轴承标高要符合图纸要求，防止两端负荷不均，否则负荷较轻一端轴承轴瓦内油膜不良，诱发机组自激振动；负荷较重一端轴瓦乌金温度必然偏高，产生碾瓦现象，也引发机组振动。

(3) 汽缸及缸内部件中心找正。汽缸就位时，要使缸体中心、隔板中心保持一致。以让缸内动静部分保持同心，运行中动静间隙一致，防止蒸汽在圆周上不均匀泄漏，出现间隙自激振动；动静间隙超标还会引起动静摩擦，如发生在转轴上，就使转子弯曲而出现强迫振动。

(4) 轴系连接。安装后机组各转子中心线，应在一条光滑连续的轴线上，关键指标是它的平直和同心度，转子角度确定后，汽机纵向水平随之而定，各轴承负荷、转子受力、轴向力都确定下来。同时，联轴器法兰外圆要与轴承同心，对轮的瓢偏摆度不能超标。

(5) 滑销系统安装。它既允许机组受热时汽缸与轴承座膨胀，又要保持汽缸和转子不能自由膨胀，使其中心与各部件的轴向相对位置变化，在轴向与幅向间隙允许范围内。为此，控制其间隙合理是安装重要参数。

(6) 严防异物进入汽轮机。安装中要保证全系统清洁，包括汽缸合箱前的内部清洁、蒸汽管道的吹扫合格、润滑油系统的冲洗合格、转子大轴中心孔无异物。

(7) 螺栓紧固。尤其要关注转动支撑部位螺栓、轴承螺栓的连接。

(8) 调试阶段。确保汽轮机油在调试中充分循环过滤，只有油质指标合格后，方能启动汽轮机。机组启动前要按要求暖机，让汽缸膨胀到指定参数。

◎ 盘车装置拉伤

当小齿轮和涡轮轴完全抱死，且两者都已拉伤时，应进行如下维修。

待汽轮机充分冷却后，用手动砂轮机装百叶轮打磨片打磨涡轮轴，用粗砂纸打磨小齿轮内毛刺，再都用细砂纸蘸汽轮机油打磨第二遍；在它们的接触面上涂抹少量汽轮机油，将涡轮轴直立，让小齿轮在涡轮轴上进行试滑，若下滑不顺利，再打磨，反复至能自由下滑为止，重新安装盘车装置，挂闸、脱扣自如，则可使用。

◎ 转子叶片频裂原因

发电汽轮机叶片运行不到一年，就先后在第十级叶片出现四次断裂事故，损失上千万元。查其原因为：

(1) 锅炉水处理作业不到位，蒸汽品质很差，转子叶片、隔板、隔板套和缸体内壁都有大量沉积附着物，其中磷酸根指标忽高忽低，很难控制，pH 值仅有 4.7。

（2）汽轮机缸体内第十级 ϕ20mm 疏水孔位置在缸体的一个加强立筋上，高出隔板底平面 20.5mm，高出缸体内壁 71.5mm，疏水不及时，缸体内积水发生水冲击，是造成叶片多次断裂的主要原因。

（3）有三种规格的节流孔板没有按图纸要求位置安装，第十、十一级间少接一根从节流孔板到冷凝器的 ϕ25mm 疏水管。

◎ **消除低负荷波动**

当汽轮机存在低负荷波动现象时，油压调节也会随之波动，主油泵出口压力偏低。此现象多系油动机回油和错油门回油互通所致，属于制造加工缺陷，可在两者接合面焊接一块小铁板，增加密封面宽度至 15～20mm，手工修平，保证油动机与错油门的回油分开，就彻底解决两者回油互通现象，保证机组安全经济运行。

◎ **自制法兰盘垫片**

汽轮机自动主汽门的法兰盘垫片损坏后，调节级、第一、第二和第三压力级的叶片也易损坏，主汽门运行易漏汽，压力降低，减少发电量，并威胁人身和设备安全。用 1Cr18Ni9Ti 制作合金齿形垫，代替原普通金属垫，便可纠正此制造缺陷。

◎ **余热发电后供电保护方式变化**（见第 1 篇 9.8.2 节“余热发电后的保护变化”款）

12.2.2 凝汽器

◎ **射水抽汽管路安装**

设计与安装射水抽汽管路必须遵循如下原则：射水箱与凝汽器间的连接管道有效水柱高度，一定要高于机组运行时凝汽器最高真空压力对应的水柱高度，防止水倒灌至凝汽器，危及汽轮机组安全；在水平管道中，沿抽汽方向，抽汽器要高于凝汽器，保持一定落差（120mm），确保管道中的凝结水能自由回流至凝汽器；可能情况下，拆除抽汽器进口的止回阀，以减小局部阻力，提高抽汽器效率。如违背此原则，在管中会发生水冲击和抽汽阻力大等现象，直接影响机组真空，降低发电效益，甚至威胁机组运行安全。

◎ **射水抽汽故障处理**

发现射水抽汽系统一号泵出力端轴承冒烟，应立即切换二号泵。若电流仍异常，说明备用泵也不正常。此时应尽快判断手动出口阀阀芯和阀碟是否脱落，如需尽快更换出口阀，必须同时做到：立即关紧凝汽器入射水抽汽器管道的阀门，防止在更换出口阀时空气进入汽轮机；中控要保持汽轮发电机稳定运行，不得增加负荷；如发现汽轮机真空度快速下降，及时打闸停机；开启备用循环水泵及制水设备，维持除盐水箱的高水位。

为确保备用设备能处于可靠状态，要求对备用设备每半月切换一次；新修设备必须带负荷运行 1h 以上；且利用停机对汽轮机做灌水试验，确保气密性良好，降低这类事故发生概率。

◎ **胶球清洗装置安装**

该装置由胶球泵、装球室、收球网、二次滤网、分汇器及数个阀门组成，流程见图 2.12.1。胶球泵是为清洗系统提供胶球能不断循环的动力设备，结构设计特殊，为无障碍离

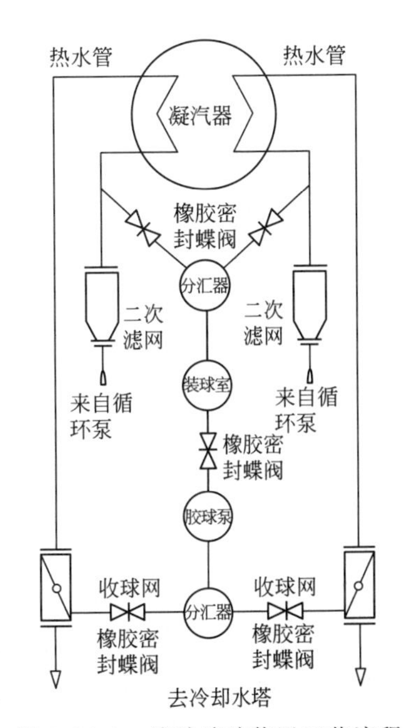

图 2.12.1 胶球清洁装置工艺流程

心泵，适用于输送含磨损小的固态物质混合液体，具有不堵球、不切球和少磨球的特点。

为保证该装置能发挥作用，安装时要做到：该装置尽可能靠近凝汽器，管道越短、拐弯要少，弯头要大于90°，曲率半径是管径的2.5倍；收球网开合灵活、到位、无磕碰，且出胶球口应高于胶球入口0.5m以上；分汇器应设置固定支架；胶球泵进出口要用可曲挠橡胶接头连接、底座安装隔振橡胶板；在胶球泵出口设置止回阀。

如原系统未设该清洗装置，是需先对凝汽器改造：封堵前、后水室拐角、死区，防止胶球在此聚积；增焊导水板，封堵狭缝，加软橡胶垫（或泡沫软塑料）密封，消除前水室冷却水进水侧、出水侧短路，提高冷却效率和胶球清洗效率；在连接凝汽器水侧上所有监测管孔、空气管、放水管加装滤网，对无用管孔加装盲板或堵头；保证冷却管口边缘光滑，消除毛刺；并对原有系统内的脏污和结垢预清洗，为胶球自动清洗创造条件。

第3篇 设计技改篇

概　述

众所周知，追求技术进步及提高管理水平是企业高速发展的两个翅膀，而技术改造是追求技术进步的重要手段之一。然而，在当前企业竞争已经相当残酷的市场中，回首中国水泥发展的历程，无非是在盲目追求规模、企业兼并重组、限产保价，却相当缺乏对先进技术的敏感程度，也缺乏对伪技术的识别能力，极大影响着国家水泥行业实力。

谁都会承认，唯有技术改造才能解决基本建设遗留问题，过去十余年中我国新型干法水泥生产线发展之快，不免是以降低工程质量为代价。其中最为明显的是，不重视原燃料进厂的装备水平、自动化仪表的配置以及安全生产设施的不完善。这些问题已经严重困扰着企业效益的提高，而只要经过少量的合理技改，便可当年收回投资。比如，物料的均化，在基建时没有得到重视，造成窑、磨生产难以稳定，若能应用 γ-活化中子在线分析仪，不仅可以改善物料成分稳定的程度，而且还能节省大量的资金与土地占用。

只有通过技术改造，才能彻底克服带病运转状态，也才能实现以降低能耗为核心内容的精细运转，而且才能促进人员素质的进一步提高。

既然如此，有必要在此讨论企业中如何开展技术改造。

（1）准确判断技改项目的可行性与价值。

并非所有的技改项目都能效果显著，甚至还难免失败，成了不少人对技改耿耿于怀的心理，因此，提高识别先进技术的能力上有这样几个原则。

① 必须尊重事物发展的客观规律。新型干法水泥生产的内在规律就是，任何化学反应都要符合“有利于生产均质稳定”这项根本要求。即凡是遵循此规律的项目就应该上，否则就不能上。这种判断不仅要从原理上，更要通过实践检验；当然，理论创新也是可能的，需要大胆实践予以证实，但不能与能量守恒、物质不灭等经典理论顶牛，否则就没有必要实践，因为它不会有好的结果。因此，决策者既要掌握广义的自然科学规律的基本知识及辩证思考问题的能力，又要能熟悉特定的水泥生产知识，深入了解新型干法生产的特点与要求。

② 重视实践调研考察。实践是检验真理的唯一标准，很多企业也都是通过决策前的考察判断，但同样一个现场，不同考察人得到的结论也可能大相径庭。因此，考察人需要技术发展的动向有敏锐的观察力，又要有深邃的判断力，能洞察其真假，不被表面现象所迷惑。为提高这种能力，考察人都应提出考察报告，充分摆足依据，这不仅是为领导审查，更是为本人日后的总结所需要。

对那些已经实践证实成功的先进技术，还要判断它们的应用条件是否符合本企业实际，千万不能照猫画虎地生搬硬套。就以 γ-中子活化分析仪为例，如企业配料站各原料储库（仓）相距较远，或原料成分波动较大，这种在线控制技术就不一定有理想结果。

即便是技术权威部门推荐的技术，同样不能盲从。曾有某设计院（实际可能是某设计人员）推荐陶瓷纤维板替代硅酸钙板做隔热材料，还有某设计院开发的反置式高温动态选粉机在技术刊物上公开发表成功，这些与事实严重不符的技术是很值得警惕的。

③ 推广新技术、新装备的态度要大胆而谨慎。对尚无应用业绩但方向及理论对头的新技术和装备，制造者应创造条件让使用者免费试用，待取得效果后付款。当然，也不应苛求任何新技术、新装备都没有失败，但所付学费理应由制造发明人承担。对于能积极提供现场试验的

用户，理应让他们最先分享试用成功所带来的经济利益。

④ 正确对待成熟技术。在选用某种新工艺方案或某种新装备时，很多人总是恋恋不舍地以原有成熟技术作为拒绝使用的理由，似乎这样才更稳妥、谨慎。其实，任何事物都有两面性，尽管成熟方案的实施风险会小得多，但相对有生命力的新方案，它被淘汰的时间会更近，可能性也更大，所冒风险更是灾难性的。当初预分解窑技术诞生时，更多人仍首选成熟的立窑及湿法窑，看来很有把握，但历史已证明，当初的决策人早已与这些成熟技术一起退出了历史舞台。该典型案例告诉人们，成熟就意味着开始落后，就一定会走向生命的末端，这是历史发展规律的必然。显然，追求成熟与勇于创新是格格不入的两种思路。

⑤ 如何衡量技术改造效益。以回收投资的期限为判断技改效益的依据，是国际上通用理念，而且对这种新技术装备的定价，往往以一年内让用户增获的收益作为依据。而且应当以能耗降低为核心指标，只增产不节能的项目不能称为技改项目。如篦冷机本应以熟料快速冷却的热用于煅烧回收多少作为改造的指标，然而不少人仍以冷却熟料温度低、篦板不漏料作为亮点宣传，不惜加大冷却用风，与降低能耗、提高质量唱了反调。

在报价中，国内不少人习惯用直接费用为依据，即以改造的硬件投资多少甚至是以装备的重量，衡量改造报价高低、改造是否合算的标准。而应该以改造后所获得的效益为标准。

国内技术创新的步伐之所以缓慢，一方面确实存在各种落后观念，另一方面则是法律尚有待健全，从而助长了等待甚至窃取别人开发成果的歪风。

(2) 技术改造的分类。

按照改造对象、内容，一般可以分类为工艺技改、设备技改、配件技改、材料技改。它们的投资大小与难易程度有很大差异，因此，在计划实施中可以采取不同决策。

① 工艺技改。这种技改往往要伴随机械、电气及仪表等设备的大幅度变动，甚至总平面也要变更。因此，这种大型技术改造，需要充分论证。

② 设备技改。设备整体升级换代，费用也较高。必须明确调研该装备的主要功能，以其节能原理及实践为重要目标。

③ 配件技改。这类技改是借助水泥行业以外的各种技术进步而来，而且配件费用并不多，即使多，也可在原有配件需要更换时进行，不必单独立项。对这类技改内容，尽早获取先进技术信息，尤显重要。比如：高密封皮带托辊、耐磨衬板、锤头等都属于此类范畴。

④ 材料技改。通过提高材质档次，便可提高使用寿命或节能，它同样可利用检修过程进行，很少需要增加投资。如新型耐火浇注料、耐火砖、耐磨钢板、预热器陶瓷内筒等。

(3) 技术改造重点的建议。

为了提高竞争力，企业实现精细运转，可以“三项提高”为主要技改目标。

① 提高生产流程各工序的稳定性。

提高原燃料均质稳定程度。a. 矿山的开采面点的设计。b. 原料的筛分与破碎方式。c. 矿石的进厂运输方案中，凡是进厂用量较大的原料运输可以用胶带运输机者，均应技改。d. 尽量减少厂内原物料的铲车倒料。e. 为防止混入金属件，必须增加有效的除铁装置及金属探测装置。f. 均化堆场的设置应该取长方形。g. 改进原料堆场，采用熟料出库方式。h. 进厂原料如果含水量超标时，要有烘干设施。i. 防止原燃料的输送与储存中的离析现象。

提高生料成分稳定性，降低生料电耗。a. 提高出库生料计量设施的精度，误差小于1%；保证入窑提升机电流波动小于1A；保证生料入库水分小于1%；生料入窑通道能保证给料指令与生料入预热器的间隔时间短于3s，这些要求均可采取技改措施实现。b. 提高与煤粉成分的配伍能力。c. 提高生料磨操作的稳定性。提高立磨磨辊、磨盘、挡料环、喷口环寿命；对液压系统、喷水系统都应改进为自动控制；减速机的可靠运行也是立磨稳定运行的关键环节。靠自控能力恒定辊压机喂料小仓的仓压；提高磨辊寿命及对液压系统控制。提高管磨机钢球、衬板及隔仓板等部件的耐磨性能。各种粉磨系统都应当重视系统的密封效果。所有与主机相配套的辅机都应不断提高性价比，以确保系统运转稳定。d. 降低生料电耗的措施是辊压机的终粉磨技术，并应选用LV专利选粉技术。

提高熟料烧成制度的稳定性，降低熟料热耗。a. 提高窑炉用煤量的控制准确性；降低煤粉水分含量，降低煤粉中由窑系统热风带来的熟料或生料量。b. 提高全系统各处用风的控制能力，特别是窑炉用风的平衡能力，提高三次风闸阀的可靠与灵活操作能力。c. 重视预热器内筒、撒料板、闪动阀等装置的可靠使用，积极采用耐热耐磨材质，如窑口铸钢、后窑口下料铸钢板。d. 根据现有窑的斜度，提高窑快转率到4～5r/min。e. 提高篦冷机冷却效率，使窑回收熟料热量最大化。f. 不断提高燃烧器的性能，使之更适应所用原煤。g. 重视全系统的密封水平，尤其是前后窑口的密封，加强系统的隔热能力，降低全系统表面散热。

提高水泥质量的稳定性，降低水泥电耗。a. 重视石膏、混合材质量的稳定程度。b. 所有可以提高预粉磨能力的途径都应列为考虑范围，辊压机配单仓管磨的联合粉磨将是节能工艺。c. 提高选粉能力。d. 提倡熟料与混合材的分别粉磨工艺。e. 提高水泥磨系统自动控制能力。

② 提高仪表装备自动化水平。

提高生料配料的准确性，除提高配料秤的计量精度外，应将取样检验的离线控制改为γ射线在线自动检测控制，缩小入库物料成分的标准偏差；为提高窑合理风煤配合，应配置在线窑尾高温废气分析仪；提高对水泥合理粒径组成的控制能力，应该使用在线成分粒径分析仪。

原物料加工与储存设备

1.1 破碎机

1.1.1 锤式破碎机

◎ **选型依据原则**

（1）石灰石含土量少于5%时，可选用单转子锤式破碎机，破碎比适宜时，也可选用反击式破碎机；若含土量超过5%，且水分超过7%时，应选择双转子锤式破碎机。

（2）对磨蚀性高的石灰石，应选用反击式破碎机，但此时含土量和水分不能过高。对于难破的石灰石，应该考虑两段破碎。

（3）对水分较高的白垩、泥灰岩等原料，应采用齿辊破或具有干燥功能的烘干破碎机。

（4）当需要将黏性物料与石灰石等干物料一起混合破碎时，应选用双转子锤式破碎机。

（5）当来料中有30%以上合格粒度物料时，或须将泥料筛除后才能用的原料，应选用波动辊式给料机配合使用。

（6）当开采面离破碎站较远，或变动较快时，应选用移动式破碎站。

◎ **设计要求**

（1）破碎机设计标高要保证卸车坑的容量足够大，让板喂机上有足够厚的料层，才能根据破碎能力调整板喂机的喂料速度，且避免板喂机裙板直接受过大冲击力。

（2）增加现场控制箱，实施现场急停功能，并增加破碎机电动机运行频率的显示功能，才能方便岗位的现场操作。在现场必须设置岗位工时，无须接入DCS系统，增加中控操作功能，更没有必要与现场转换。

◎ **锤破结构改造**

（1）将喂料板喂机缩短近1m，让石灰石不要直接冲到破碎机转子和给料辊上。

（2）在板喂机前端下料处增加栅板，让进入破碎机的石灰石沿栅板滑到料辊上，符合要求的细料，可通过栅板孔直接漏下为产品，大大提高破碎效率及降低锤头磨损，减少湿料堵塞破碎机的可能。

（3）取消原板喂机头部为接漏料的回料溜子，降低人工劳动负荷。

改造后整机振动小，板喂机负荷减小，产量从不足600t/h提高为900t/h，电耗从2.1kW・h/t降为1.7kW・h/t。

双给料辊位于进料口和破碎腔之间，由主动辊和被动辊组成，使用中振动与噪声都大，且被动辊易跑偏。改造方案为：拆除双辊间的传动链及被动辊，在板喂机和主动辊间增设厚74mm的篦板，分别上下焊接固定，用间距160mm、自身宽度90mm的篦条卡固在篦板上，篦条为锻打平整加工。改造后，石灰石入料由板喂机经篦板溜滑到主动辊上，小于70mm粒径50%能经篦条缝隙漏出为成品，其余物料经主动辊转动送至破碎腔。该过程不会引发振动，且漏出物料还带走一定水分，可缓解破碎堵塞。

◎ **锤轴与锤盘耐磨改造**

PCⅡ-160型破碎机没用到半年，两侧边锤盘与此处锤轴均严重磨损，导致整个转子都要更换，且不到半年轴承损坏4套。关键是锤轴挡板与壳体衬板的间隙较大，细物料均可从此通过。为此，加厚锤轴挡板至40mm，减小间隙；并在不剐蹭到锤盘的条件下，在衬板上焊牢半圈宽度适量的锰钢弧板；并根据边锤盘外径，卷制20mm厚的锰钢板，按边锤盘宽度预先汽割成数块条备用，待锤盘磨损时，将其满焊于上；同时，在轴承座与破碎机壳体间的支座上开一个孔，让存于此处的微尘颗粒及时流出，不再进入轴承座内，确保轴承润滑，避免磨损轴承。

◎ 喷水降尘改造

当破碎机环境粉尘严重，袋收尘仍显无能为力时，可尝试在数个固定反击板的螺栓中心穿孔，让它成为向破碎腔内喷水的通道，外接供水管，水源压力0.2MPa。当开机破碎时，用开关电磁阀与其联锁，根据需水量人为调节控制。两年使用中，后续工序环境得到改善，而未发现影响破碎效率等不良现象。

◎ 转子端迷宫密封改造

破碎机壳体与转子间原用压盖填料密封，但因填料石墨盘根的缠绕圈数少、回弹性差、储油量少，使盘根与转子干磨，并被运转中带起的细小熟料磨损，最终失去密封性能，使熟料颗粒挤出壳体，成为漏料。改造方案是：去除转子端两边的四个锤头；将四块厚20mm的半圆环钢板，分别焊在转子两端的端盘上，作为挡料环，活动端的挡料环与机壳间隙为5mm，固定端的间隙为2mm；用厚15mm钢板卷制L形圆环，对半割开，分别垂直焊接于破碎机上、下壳体上，坡口满焊加筋，保持圆环与转子同心；圆环正下方割出一个100mm×200mm排料口（图3.1.1）。该迷宫式密封不仅减少漏料，还可因物料能堆积在圆环与壳体间，减轻了对破碎机进料口两边耐磨墩的磨损。

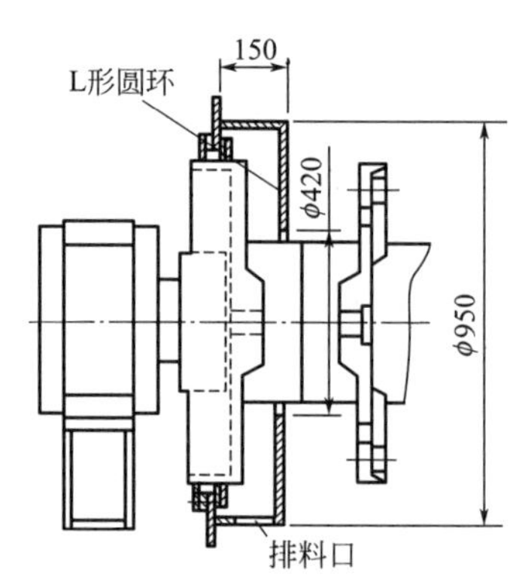

图3.1.1 转子两端增设迷宫密封

◎ 双转子单段锤破改造

2PCF1820型双转子破碎机，因实际生产量未到设计能力（400t/h）的一半，且轴锤频繁断裂，最快只有20h，且调节与更换篦子困难。进行改造如下：重新加工制作新转子；配制新壳体，保护端盘的衬板采用封闭式，让上、下壳体均有衬板，且衬板与壳体间留有空隙；篦缝由顺向改为横向，改造排料篦子结构，以方便调节篦板与锤头间隙，并可用取篦子小车轻易更换；在板喂机返程处，上壳体与其连接处增加挡板，不让大块漏出。改造后产量可达1100t/h，电耗不足0.6kW·h/t，轴承温度稳定在62℃以下。

◎ 砂岩破碎增设给料辊

当砂岩较湿黏，物料易在进料口、反击板、安全门外等处堵料时，就应考虑增加给料辊设施，而不应只选用筛分装置。对破碎机进行如下改造（图3.1.2）。

（1）增大进料溜子角度至70°，排除进料口堵料可能。

（2）壳体可延伸到破碎机底座外，为安全门外设置细粒出口的空间，消除此处堵料可能。

（3）根据进料粒度，确定两辊的间隙，让大部分小粒径物料在两辊之间筛下，不会在反击板处堆料。

（4）为使破碎机平稳运行，主动辊速度比被动辊高1/3，实现到破碎转子的速度过渡；且考虑板喂机过高时，在给料辊轴承座下垫10mm橡胶板。

（5）为提高辊面寿命，材料使用35Mn，辊面堆焊10mm耐磨层；且为防止物料在辊面上打滑，辊面采用每隔60°设置凹面，有助于推动物料。

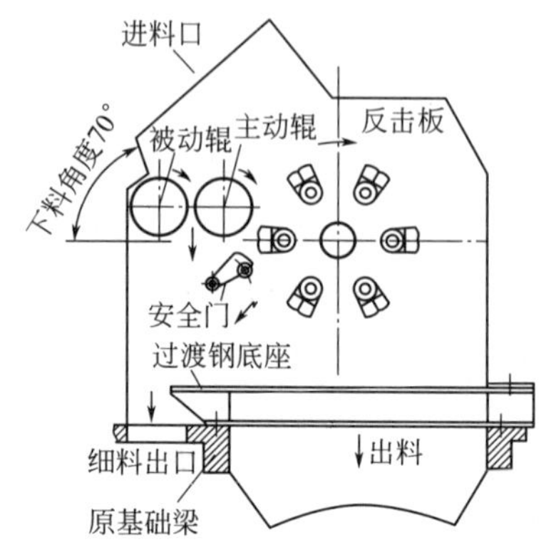

图3.1.2 单段锤破增设给料辊示意

◎ 黏土破碎机改进

CJ21250×1380型黏土破碎机运转数月，实际生产仅150t/h左右，电耗高达1.3kW·h/t；设备振动大，主轴承温度4h就超过75℃；黏性物料内部严重黏结，原设计链幕自身易脱落，将齿辊及刮刀卡死，或被黏土糊在一起；选用高锰钢材质的板锤，被黏土很快磨损，每套仅能破碎4万吨。为此改造如下（图3.1.3）：原主电动机端直径ϕ520mm皮带轮更换成ϕ300mm，使转速下降近一半，黏土团块便可破碎，设备振动也大幅下降；拆除原链幕，改在壳体内壁镶衬光滑的高分子耐磨防黏塑胶板，厚度为12mm；拆除齿辊刮料转子，在齿辊正下方安装固定刮刀；板锤材质改为铬合金，硬度达HRC 55以上，提高耐磨性能。改造后，台产从设计200t/h提到260t/h，电耗仅为0.6kW·h/t；轴承温度再不会因振动而超高；一套锤头可破碎10万吨。

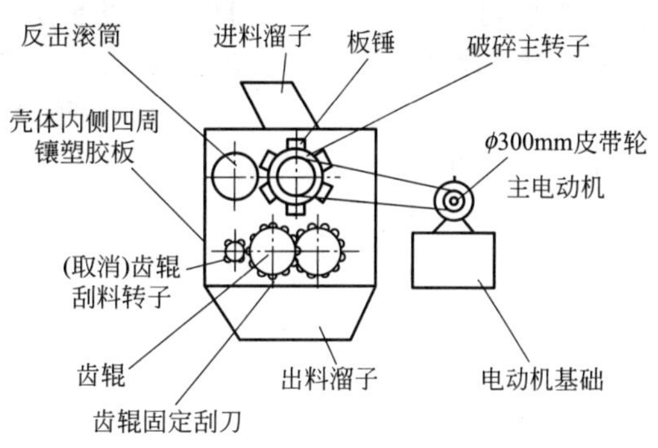

图3.1.3 黏土破碎机改造结构示意图

1.1.2 锤头

◎ 可拆卸式锤头

将锤头结构由整体式改为分体可拆卸式，其结构如图3.1.4所示。最大好处是锤头更换方便，不用再将所有锤头从锤轴中取出。而只要对需要更换磨损严重的锤头取下即可，工作量仅为原来的1/3，节省了更换时间和人力，只是制作工序要复杂，且使用效果有待考验。

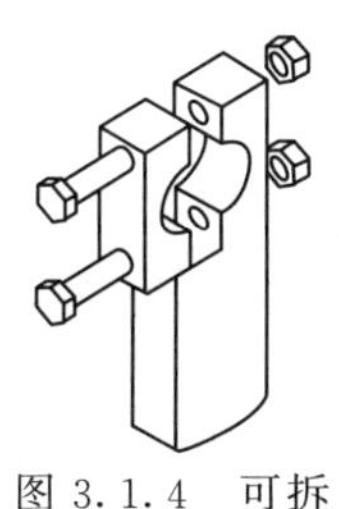
图3.1.4 可拆卸式锤头

◎ 材质与拆装改革

PCG2817型烘干锤式破碎机，因烘干热源温度达650～700℃，滤饼水分≥38%，90个锤头分六组安装在6根锤轴上。原材质为NM214，历经更换各种材质，包括双合金、单合金、45钢，直到选用ZG35Cr24Ni7SiV的材质，最高工作温度≥1100℃，由于使用寿命的延长，再加上自行研制的可拆卸锤头，使生产每吨熟料的破碎成本从18元降至1元以下，节省了更换锤头的劳动量，还减少了对锤轴、锤盘的损伤。

1.1.3 反击式破碎机

◎ 板锤新材质

大型反击式破碎机要求所用板锤能适应线速度30～40m/s的冲击磨损，新研制的超高铬铸铁板锤寿命是普通高锰钢的3倍以上。其制作工艺中最关键的是：制作水平制作倾斜浇注，辅助发热保温冒口和直接外冷铁，板锤表面无凹陷和凸起，弯曲变形≤2mm，组织致密；掌握最佳热处理工艺：1020℃保温3～4h，3～5min后空冷，400℃高温回火，保温4～6h，散开空冷至室温，淬火回火组织为回火马氏体＋共晶碳化物M_7C_3＋二次碳化物＋残余奥氏体，热处理硬度HRC 58～62，冲击韧性8.5J/cm^2。

1.1.4 颚式破碎机

◎ 颚破基础设计改进

颚式破碎机传统基础为混凝土加楔铁，但由于该设备是周期性受较大冲击负荷，强烈振动对基础影响较强：使底座与二次浇灌层在振动中磨损，导致底座与基础松动，需要经常紧固地脚螺栓；设备运行产生跳动，地脚螺栓断裂；楔铁和二次浇灌层渐失作用。

若在破碎机底座与混凝土之间夹一层橡胶垫板，受力状态就会完全改变。具体操作如下：将破碎机顶起 180mm，清除原二次浇灌层和楔铁；在原二次浇灌层位置安放钢筋网，高度 80mm，钢筋直径 ϕ8mm，以增加新二次浇灌层的整体性；用高强混凝土＋速凝剂重新二次浇灌，高度 150mm；立即将机体底座压在刚浇注完的混凝土上，依靠设备自重压下混凝土层厚 120mm，调整水平；用支柱固定机体位置，防止继续沉降或移动，让混凝土凝固；将机体顶起，底座距二次浇灌层约 50mm，将准备好的弹性橡胶垫板插入底座下（橡胶板硬度 40 度，拉伸强度 8～20MPa，扯断伸长率 500%，剪切弹性模量 2MPa），厚度 50mm，过厚将降低稳定性，过薄则减振性不好；让设备缓慢压在橡胶垫上，调整后将所有地脚螺栓拧紧；开机一天后停机再次紧固地脚螺栓。

1.2 均化装备

1.2.1 堆料机

◎ 圆形堆场技改

YDQ 型圆形堆料机在运行中表现有如下不足：堆料机的回转和悬臂的变幅是分别控制，属于定点布料，均化效果差；润滑系统除回转开式齿轮是干油泵自动润滑外，全部为人工油杯注油，可靠性低；液压驱动采用放大板和比例调节阀组合的控制装置，控制环节多、线路复杂、现场易积灰、易出现短路或程序紊乱，再加之管路接头密封不良、系统油温超标，都易使变幅运动失常；堆场中心没有物料，库容未充分利用。

针对 YDQ 型圆形堆场的不足之处，用可编程控制器将堆料机的回转和悬臂的变幅合成为一种复合运动，实现回转、往复式堆料，从而实现自动均匀地布料。当堆料机从料堆最高点作逆时针旋转时，悬臂向下移动，当旋转到 55°时，悬臂已降到最低点，此时摆动左传感器接收到达信号，并将信号传到 PLC 控制器，PLC 再发出指令，关闭悬臂下降电磁阀，并打开上升电磁阀，悬臂开始上升并顺时针转动。当到达料堆最高位时，高度传感器又接收信号并传到 PLC 控制器，PLC 又发出让悬臂停止上升及顺时针运动的指令，开始逆时针并向下运动。如此循环往复。

为了避免堆料时物料因离心力作用落不到堆场中心，减少堆场储量，在布料皮带前方加一靠液压推杆调节的耐磨挡板（图 3.1.5），以加大堆料半径。

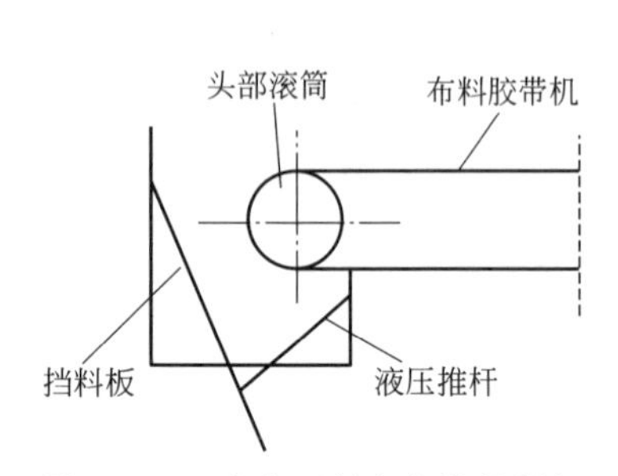

图 3.1.5 改变下料方向的挡料板

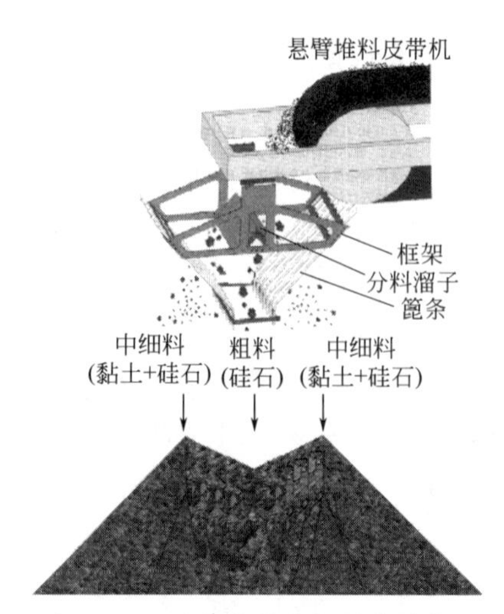

图 3.1.6 避免物料离析的收笼篦子

◎ **防止堆料离析技改**

当物料因不同成分使粒径有较大差异时，若仍按原堆料方式，大粒物料就会落在料堆根部，取料时就会使成分产生大的波动。如在悬臂堆料皮带机下料口安装一个分料溜子和收拢篦子（图 3.1.6），就可在物料落入料堆时，让粗料落在料堆中部，细料却落在料堆两侧。当横向取料时，出来的成分就会基本均匀。

◎ **应用工业无线控制**

堆取料机常因控制电缆的摩擦损伤，而出现电缆短路、断路；电动卷盘滑环因接触不良而导致控制信号时有时无；使每年都发生不少维护费用。如果选用 GRC1818 型无线控制器，就可以取消控制电缆，而是依靠 A、B 机的信号相互传递，将中控的启停等指令经 DCS 系统传输，并实现堆取料机间的互锁控制。其控制距离可达 5000m，抗干扰能力强。但要求对全部接线端子和模块插接紧固，否则会有信号脱失。

无线 AP 技术是通过安装主从无线路由器构建无线网桥，实现无线网络信号的无缝传输。在原料 PLC 室和均化堆场间铺设一条光缆，经光电转换器与主路由器的 WAN 口相连；同时，在堆取料机的 S7-300PLC 分别加装 CP 以太网通信模块，并用网线和从路由器的 WAN 口相连；在 STEP7 编写好程序，再用 Wince 组态软件将所有信息送到中控画面。

◎ **堆料机供电改进**（见第 3 篇 9.5 节）

◎ **堆料臂长杆料位计更新**［见第 2 篇 10.5 节，“各检测技术渗透与取代”款（6）］

◎ **堆取料机控制线路改进**（见第 3 篇 11.1.2 节“控制线路改进”款）

◎ **布料小车控制优化**（见第 3 篇 11.1.2 节）

1.2.2 取料机

◎ **桥式刮板机改造**

凡刮板取料机设计在头轮处有爬升段时，就易发生减速机扇形齿、锥形齿断裂，刮板链断裂、刮板变形、小车料耙行走轮轴承损坏等故障，因此，改造第一步就是取消上升段改为平直段刮板，即在头轮段下方挖出地沟，将头轮段整体下落；第二步是对相关部件加固处理，如增加头轮主梁及刮板链厚度、刚度等；第三步是减轻料耙多余自重，增加料耙液压缸压力到 10MPa 及料耙电机功率；如在冰冻地区，料耙的松料功能应加强到足以破坏冻料层的程度。

◎ **侧悬臂刮板机改造**

QCG250/26 侧悬臂刮板取料机使用中，取料机的刮板及链条易跑偏，刮板支架及链条销轴易摩擦链条罩。这是因为取料机向左取料时，刮板受到料堆横向阻力后，带着链条一起向右偏移，使刮板支架右侧面和链条销轴端面摩擦链条罩。反向时，则为支架左侧面与链条罩摩擦。

只要在原上、下刮板内分别增设一套上、下挡轮装置（图 3.1.7 中黑线），用销轴螺栓与

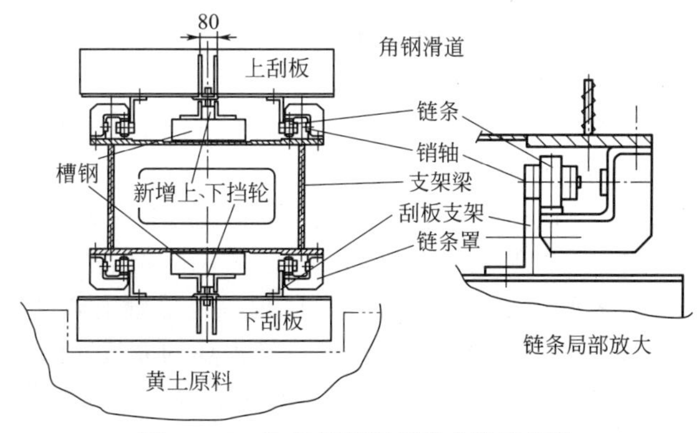

图 3.1.7 取料机短板挡轮改造示意图

挡轮连接，挡轮环绕销轴螺栓转动，挡轮滑道为 80mm×8mm 角钢，通过 10 号槽钢焊接在支架梁上。改造后，将彻底解决这类摩擦磨损。

◎ **传动链板销轴改进**

YDQ1500/900/90 混匀取料机的刮料斗传动链板销轴多次脱落，恢复加固也无济于事。进行如下结构改造后，将销轴一端带轴肩，另一端用 M24mm 螺帽对其定位和锁紧，再用 T 形销子定位并锁紧螺帽（图 3.1.8）。此结构确保销轴不再脱落，改变每月要 2 次停车现状。

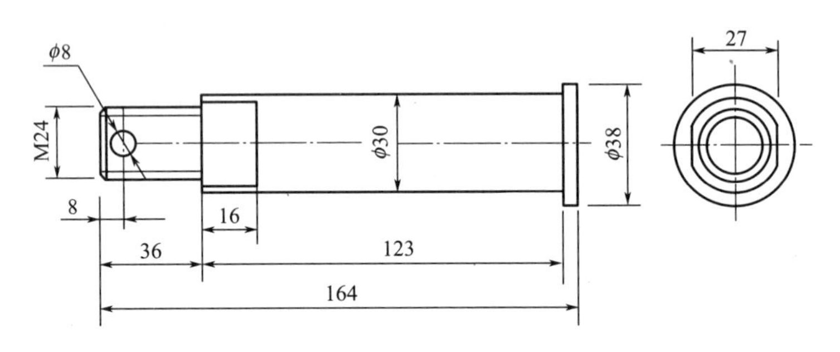

图 3.1.8 堆取料机传动链板销轴的结构改进

◎ **取料机液压站冷却系统改造**（见第 3 篇 5.5.4 节“液压站降温改造”款）

◎ **侧悬臂刮板取料机电磁离合器改进**（见第 3 篇 5.7 节“电磁离合器改进”款）

◎ **S7-300 控制圆堆取料机改造**（见第 3 篇 11.1.2 节“S7-300 控制改造”款）

◎ **S7-300 改造堆取料机电控系统**（见第 3 篇 11.1.2 节“控制线路改进”款）

1.2.3 均化库

◎ **库底充气箱及管路改进**

很多均化库使用一段时间就成了“直通库”，这是因为库底充气管道、充气箱及透气布，经料压与风压的共同作用，难免发生变形、断裂、漏风、堵塞，造成该有风的地方没风，该没料的地方有料，且不说均化能力，就连下料能力都越发难以保障。为此，应做到以下几点。

（1）尽量缩小充气管、充气箱与库底板之间距离，并用混凝土填实管路支撑，减少生料重力对充气管、箱的压力，既不让气流短路，影响下料通畅，又避免各区轮流充气中，工作的充气箱的出料，很容易进入不工作的充气箱或管路中，造成堵塞。

（2）增设对充气布的支撑装置，用厚度 3～4mm 多孔钢板，孔径 ϕ35mm，孔间距在保证结构强度的条件下不能过大，并打磨平钢板上毛刺，将其放置在原支撑扁钢上，周边段焊。确保透气布在多孔板上平铺拉紧受力，切防反复拉伸出现孔洞。

（3）单独引一根压缩风管给中心环空气箱，与四周原有八个下料区同时供气。有利于保证下料量，还可避免物料在库内边角形成死区。

（4）对于 NGF 型生料库，在内外环各电磁阀后的充气管道上增设一 ϕ10mm 的外排阀门（图 3.1.9），用以检查电磁阀。如果不论电磁阀开、关，外排阀门都有气体排出，特别当电磁阀关闭，还有较大气压时，表明环路充气管道有窜风现象，尽管电磁阀线路正常、开关灵活，但充气阀体并未到位或漏气严重，此时应利用停窑更换损坏的充气阀门。如发现电磁阀控制气路接反，应予改正。采用如此措施后，再未出现因充气压力高造成罗茨风机烧坏传动皮带现象，库的均化效果提高一倍，KH 稳定。

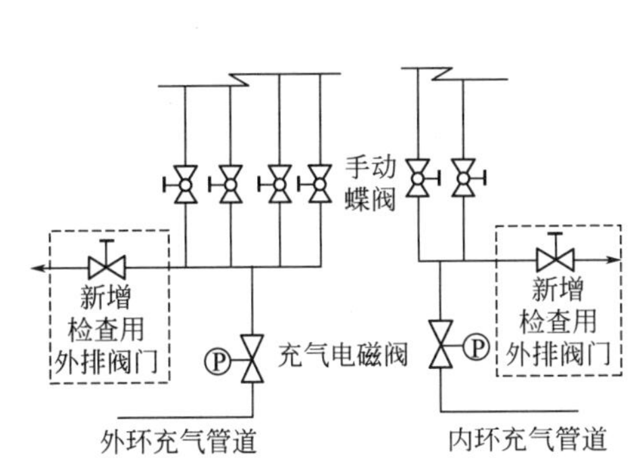

图 3.1.9 检查用外排阀门安装位置

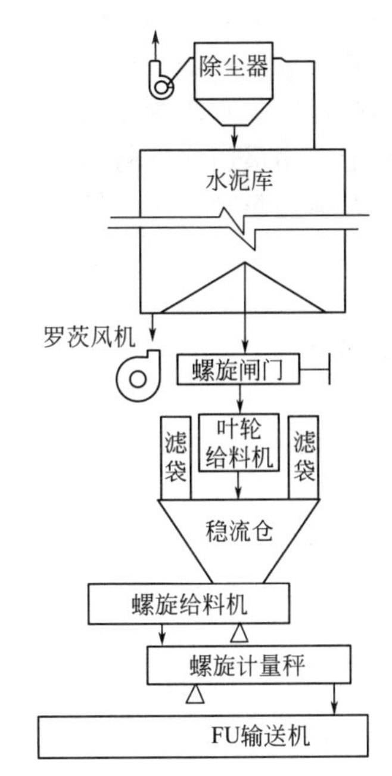

图 3.1.10 下流稳流与锁风改造示意

◎ **下料稳流与锁风改造**

对于均化库，曾尝试过单独用电动流量阀控制流量、用螺旋给料机阻止窜料、将罗茨风机管道加装放风阀门、加设稳料仓等措施，但均无明显效果。若将这些措施综合使用，只拆除原有卸料装置，对原螺旋给料机及螺旋电子秤保持不动。如图 3.1.10 所示，在原螺旋闸门下部加装叶轮给料机，让叶片与壳体内壁保持 2mm 间隙，以保持物料中气流的连续性，并让物料中所含气体经库顶除尘器排出，叶轮起到均匀供料作用。在叶轮给料机下部增设 $1m^3$ 锥形稳料仓，与叶轮给料机联锁，实现自动定量喂料；且稳料仓顶部有多个除尘器滤袋排气。

◎ **稳定入窑生料量、中间仓出料稳定**（见第 3 篇 10.1.3 节）

1.3 除异物装备

1.3.1 除铁器

◎ **选型原则**

（1）胶带机用选型原则。要依据皮带的带宽、带速、倾角、物料，与磁铁物各自的粒度、性质，使用环境与安装位置等；选用电磁或永磁除铁器时，如物料中含铁量较多，应选用连续自卸式；含铁量较少，可选用人工卸铁式；在使用悬挂式时，对过厚的料层，可与无磁平行托辊配套使用，而且要调整悬挂高度；当环境粉尘严重时，应选用全密封结构。

（2）物料中含有非磁性金属材料的选型原则。应配套使用金属探测仪，且将检测信号与专门排渣回路联锁控制。

（3）在溜槽、管道、链板机、提升机等设备上使用时，可选用管道式电磁、永磁除铁器。

（4）清除铁件难度较高，如短小或静止的铁件，或料层较厚、除铁距离较远时，都应加大除铁器规格、型号。

电磁除铁器的适用性广、寿命长，可配用 PLC 智能程控，实现自动化远程操作、监控。但缺点是整流控制元件较多，故障点也会多，且冷、热态磁场强度有差异。

带式永磁除铁器优点是磁场恒定、作用深度大、磁场强度大、吸力大，省电，无需整流、断电时不会将吸到的铁件落回输送物料上，结构制作简单。但在运输、安装、调试及维修中因始终有磁而带来较多麻烦。所以，不适用在有较高除铁要求的位置，如过宽的皮带机。

自动卸铁管道式永磁除铁器分管道除铁器及链式管道除铁器两类，前者有弱、中、强磁场之分，它由于采用最新永磁材料稀土金属，具有磁性设计合理，节能、分离效果好、适应性广等特点；后者结构新颖，由不锈钢管道、传动系统、多组磁链、观察窗组成，用于45°～70°倾角的水泥输送管道上，将混入的磁性物质吸出，由于永磁铁在出口处是循环离开，能实现自动除铁，其唯一不足是链磁力量不够强。

◎ **清理方式改进**

皮带油冷式电磁除铁器如采用固定挂点形式，只有在皮带停运时才能清除掉所吸附上的铁件。但若不能及时清理，所吸铁件过多时就会掉落，甚至划坏皮带。如能在皮带除铁器上方装有横向垂直的工字钢作为除铁器的行走轨道，再增加一个手动单轨悬挂小车，作为除铁器悬挂点。在需要排铁时，一人操作，将小车拉到皮带外侧，断电除铁，1min便可完成清理。

1.3.2 金属探测器

见第1篇与第2篇对应章节内容。

1.3.3 真空吸滤机

见第1篇对应章节内容。

1.4 料（仓）库

◎ **开发黏湿料料仓**

配料站中经常遇到物料湿黏易堵的情况，原常规圆筒加锥底的料仓形式难以适应，可将下部改为半锥体和阶梯形组合形式（图3.1.11），且仓体内表面安装不锈钢板或树脂等助流耐磨衬板。为防止料仓直筒与锥体的连接台阶处应力集中，此处采用环状加筋、三角支撑及加大法兰的措施。同时，料仓顶盖上配有收尘口、料位计，用于收尘及测定料位。因物料运行方向上增加了出口长度和面积，该料仓很适合黏湿物料的使用。

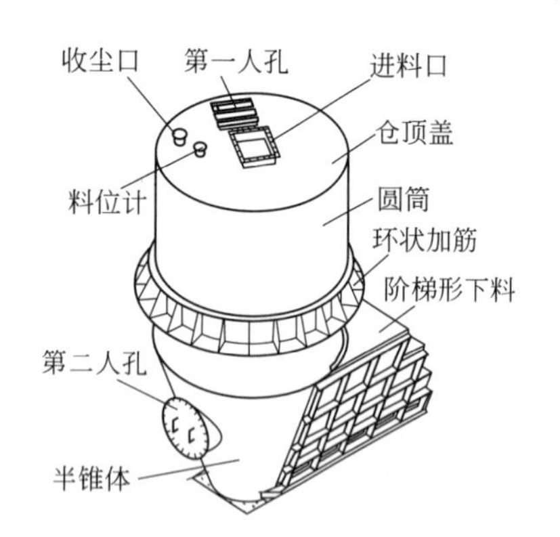

图3.1.11 用于高黏湿料的料仓结构示意图

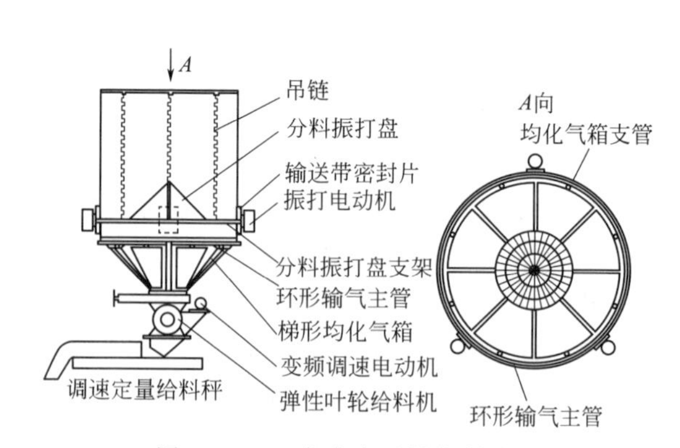

图3.1.12 磨头仓下料控制改造

黏湿物料在磨头仓下料管处最易堵塞，可以尝试如下措施。

（1）如图3.1.12所示，在仓底钢锥体内壁均分、以45°倾角安装8组梯形均化气箱，以ϕ25mm钢管为气箱支管，另以ϕ60mm钢管在仓底钢锥体周边加装环形输气主管道，与支管连接。向管道提供压缩空气，用电磁阀和时间继电器控制喷吹时间，让物料具有膨松作用。气箱中的滤布两年更换一次。

（2）仓内制作锥形网状分料振打盘，以 3 条吊链悬挂于仓顶横梁上，按三角形向外支开，分别与均分的三台 500W 振打电机相连，电机底座有 10mm 弹性垫片，确保振打幅度有效。

（3）出料口设置弹性叶轮给料机，避免卡机。给料机的电机减速器为变频调速，装有 24A 单排传动链，确保磨头仓均匀下料。

◎ **冲料现象预警**

粉料库（仓）难免发生冲料，对系统稳定干扰相当严重，但操作人员很难及早发现，待反映到后续工艺时，措施已经晚矣。为此，在下料皮带机护罩上开口，垂直放入一根可前后自由摆动（上方用轴承实现）的扁铁，扁铁下沿与皮带的距离即为正常料层厚度，上沿距可前后调节的接近开关 10mm。当冲料时，扁铁下部受料层推动，上部前倾接触接近开关，便向中控报警，及早提示操作员根据冲料时间长短，采取减料等措施。

◎ **圆筒库加强圈设计**

对于圆筒形容器，如料仓、预热器、增湿塔等，经常用到加强圈，它比单纯增加壳体壁厚更为节省材料，尤其是不锈钢壳体，更可以用碳钢节省投资。但相同厚度、相同截面积的加强圈，矩形比 T 形（含角钢）的组合惯性矩大，如果选用矩形加强圈，就可以减小加强圈的截面积或减少加强圈的数量，降低制造成本。水泥行业不应仿照化工行业多层壳体惯用 T 形加强圈的做法。为了避免计算加强圈最小惯性矩的烦琐过程，设计标准中，根据外压要求及料仓直径，规定了仓壁加强圈的数量和位置及最小截面尺寸。

◎ **粉煤灰入库节能** （见第 3 篇 10.3 节“电接点压力表应用”款）

◎ **蓬仓的应对措施** （见第 3 篇 10.5 节“阻旋料位计控制下料”款）

◎ **自制高料位开关实践** ［见第 2 篇 10.5 节“各检测技术渗透与取代”(5)］

1.4.1 钢板库

◎ **消除出厂水泥中异物**

当出库水泥中有块状物及大颗粒时，罐车出灰管道口易堵，不仅商混站对质量反映不满，而且也影响装车速度。这是因为钢板库外保温较差，水泥中出现结露，易吸附于库壁上结皮，到一定厚度便脱落于水泥中；顶部空间也有潮气上升成冷凝水，聚集成水滴落在水泥上成窝窝头状颗粒；若库顶漏雨，这种症状更为严重。于是，在库侧出料口安装振动筛，让水泥先经过筛选再装车，便可大大改善水泥品质，并有利于提高装车速度。

1.4.2 煤粉仓

煤粉仓上排风管道的连接见第 1 篇 2.4 节“防止燃爆的措施”款的要求。

1.4.3 熟料库

◎ **放熟料防尘与稳流**

帐篷熟料库底有几十个放料口，原有的放料装置较为简单，都是由棒阀控制，直接卸落到皮带上，形成较大扬尘，且下料或大或小。若在下料溜子侧面焊接一段钢板，缩短溜子下端至皮带面的距离，再在下料溜子前后端面（沿皮带运行方向）安装高度可以调节的活动闸板（图 3.1.13）。如此改进后，放料时待棒阀调节流量后，便可根据流量，调整新装闸板高度，让下料溜子始终充满物料，实际是以料封的方式减少了粉尘扬起，而且也能稳定下料的料量。

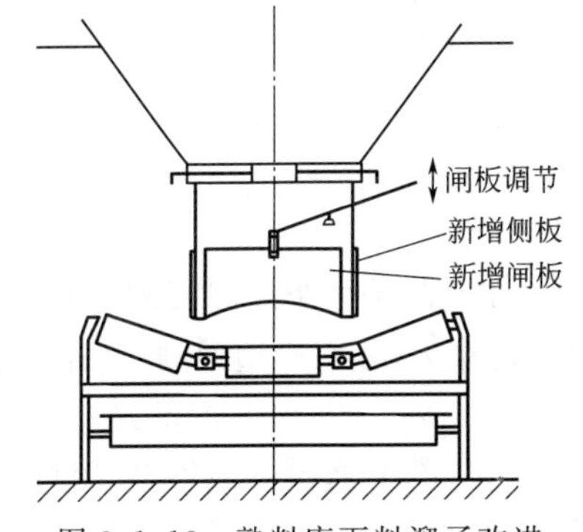

图 3.1.13 熟料库下料溜子改进

1.4.4 水泥库

◎ 水泥库下料器改造

称为B400的水泥库下料器，即为底部均设独立的充气箱，并配有气动开关阀控制，从而实现均化中心下料。但因水泥流动性好，又有压缩空气鼓风，使用中经常发生塌料和自流现象，造成水泥下料并不均衡，不仅水泥质量波动，还会将下部输送设备压死，而且充气箱的透气布也易损坏。尤其是当出料口到输送设备的高差较大时，问题更为突出。

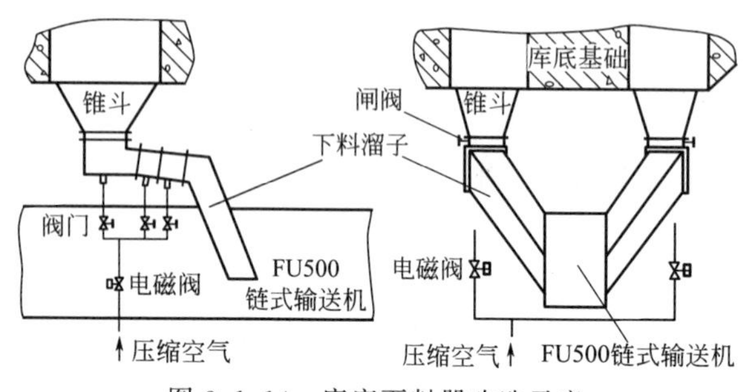

图 3.1.14 库底下料器改造示意

如将此下料器按如图3.1.14进行改造，去掉过渡节及出料三通，下料溜子整体旋转90°，用4mm钢板自制，朝向输送机头部，从侧面进料入输送机，上述故障不仅迎刃而解，还能节约1/4用气量。同时，每台下料器安装独立的电磁阀，压缩空气实现独立控制，在下料各进气管增设控制阀门，人工可根据需要调节用气量。

◎ 提高水泥出库率改造

原水泥库的出库率仅有60%左右，且在人工清库后也难以维持长久。

两个措施：由一个原中心碗状的减压锥出库，改为由15个下料口组成的分区下料形式，每个区都设置有流化棒。靠库壁的2个下料口，通过ϕ219mm的钢管将水泥输送到中心下料口，每3个下料口汇集到一个出库下料口，再通过库底空气斜槽输送出去。

如库位距包装提升机的距离较远，需增加提升机及相应通道。

1.5 出库装备

1.5.1 刚性叶轮给料机

◎ 端盖密封改进

入富勒泵前的刚性叶轮给料机漏煤粉严重，关键是煤粉用风的余压窜入所为。为此借鉴进口装备结构，将原壳体两端盖中心加工出一空间，实施五重密封改造，即迷宫密封、骨架油封、气密封、两道骨架油封。第一道是一对迷宫密封，各自分别装在转子及壳体法兰上，它不但改变气流方向及煤粉溢流速度，而且为后三道密封安装创造条件；在前两道骨架密封中间留有一段距离，通入可调节压缩空气，与经迷宫过来的正压风平衡抵消，实现气密封。此改造后彻底解决煤粉泄漏。

◎ 粉煤灰稳流改进

很多生产线因粉煤灰添加量难以控制，极大影响质量与效益。而计量波动较大的原因正是粉煤灰中夹杂有大量空气，且难以均衡控制，使得物料流动性忽大忽小。解决办法如下。

（1）在粉煤灰库闸板阀下装一刚性回转给料机锁风，且让叶片与壳体内壁间隙控制2mm，而在每个叶轮叶片边缘加3mm厚的耐磨胶皮封住此间隙，让物料出库时，少带库内松动空气。

（2）库下增设一能容2t物料的小型锥形稳流仓，该仓下带有称重计量装置，与给料机联锁，实现自动定量给料。

如粉煤灰中有较大粒径异物混入时，上述 2mm 间隙也会被卡住，为此，该回转给料机的叶片前端使用胶皮还难以胜任，需要选用带有弹性的金属片取代。

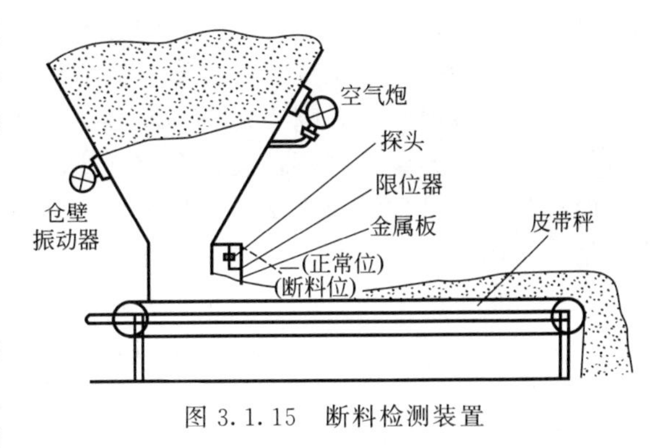

图 3.1.15 断料检测装置

1.5.2 仓壁振动器

◎ 黏料堵塞报警清堵

钢板仓遇到湿黏物料时，很易在仓壁黏结堵塞。为此，可由探头、电磁接近开关、限位器及金属板组装一套断料检测装置（图 3.1.15），元件价格虽低廉，但却能在 5s 内发现堵塞，并与仓壁振动器或空气炮联锁，自动清堵，而无须靠人把守。

1.5.3 筒仓卸料器

见第 1 篇对应章节内容。

1.5.4 散装下料口

◎ 熟料散装下料口改进

建立粉磨站，熟料产与水泥异地生产，熟料散装量越来越大，而下料口原安装的伸缩管道外围布袋，既不耐磨，更换频繁；也不利于粉尘处理，污染环境。为此做如下改进。

（1）将控制卸料的弧形阀或棒阀，与散装下料口连成一体，成为全密封的熟料散装装置，通过收尘口、收尘管道与收尘器连接。

（2）原用布袋做成的收尘通风管道，全部换为废旧胶带将下料口围绕一周，高度根据现场确定。为满足管道装车高度需要，增设一段仍用废旧胶带围绕的可伸缩管道，最上位与原管道重叠进收尘通风道，最下位为伸出后与放料面平齐。伸缩管道长一般 500mm 即可。

（3）增加常闭型接近开关，作为上限位联锁指示。当伸缩管未提升到位时，指示灯闪烁，警示车辆不得进入，避免刮坏伸缩管。原触料开关、下限开关仍使用。

1.5.5 筒库清库器

◎ 轮胎式潜孔钻清库

直径 ϕ15m、高 20m 的混凝土圆库发生结堵时，可使用轮胎式潜孔钻（仅投资 1 万元）在库顶平台上移动操作，利用调节钻机的钻头角度和方位，借助已有的电动空压机（20m^3）压缩空气，便可轻易清除“石笋状”堵料。其优点不仅节省劳动力，不影响正常生产，而且安全可靠、速度快。如清理库底积料时，仍需要人工进库配合，此时要停止喂料，但已很安全。

1.6 包装机

◎ BHYW-8 型改造

针对 BHYW-8 型回转包装机产量不足 60t/h，袋重计量不准、故障率多的现状，除包装机上传动、滑环、回转料仓仓体不动外，其余部分都需做如下改动。

（1）出料机构。将出料斗、叶轮、方出料口座、耐磨衬板和动力头等部件均改为精铸钢件，保证出料稳定、均匀，满足灌装速度。

（2）闸板控制机构。将原电磁铁拉簧卡轮结构，用驼峰撞块机械强制启闭的出料闸板改为双向电磁驱动、称重显示器的脉冲控制技术，结构简单、动作快而可靠、耗电少、寿命长。

（3）微机计量控制系统。新系统以插袋检测、闸板开启关闭和出料电动机启停三位一体控制。插袋判断应做到出料嘴不插袋不灌装、包装机不旋转不灌装，漏插不喷灰；定点掉袋，不达重量不掉袋、不到位置不掉袋；电控开闭闸板，整机运行平稳。

（4）其他。吊挂设置弹簧片及称重传感器的连接位置，提高称量准确度，并在上方装有磁感应信号，用于插袋检测；改制出料斗动力头电动机座、微机计量控制箱支架，拆除下轴承驼峰；更换下轴承支承座、旋转定位装置，增加通气系统；改造原包装机锥体中间盘，满足吊挂及称重下弹片连接可靠；改造电气控制系统等。

改造后的产量提高到 100t/h 以上，且提高袋重计量精度。

◎ 中间仓自控下料阀改造

原包装机中间仓的自控下料阀为机械传导式控制，它利用仓内料位变化，带动专用浮球上下浮动，连带二位四通换向阀阀芯上下运动，控制气缸开启与关闭中间仓的下料阀门。但实际阀芯受到压缩空气等阻力，浮力不足让阀芯失去上下运动，关闭阀门要借助配重，还无法实现良好密封。为此，将浮球的升降由接触片感应接近开关，向继电器发出信号，通过电磁铁动作，控制阀内的进出气孔改变风道，以完成下料阀门开关。由于用到接近开关，电气需要部分改进。但电磁阀因动作频繁，寿命不高，仍有待改进。

◎ 提高振动筛效率改造

当振动筛筛出的杂渣中含有大量水泥时，需要人工重新筛选或只能当混合材使用，显然是一种浪费。进行如下改造，可提高筛选效率。

（1）在筛网上靠近排渣口处增加挡板，延长物料在筛上停留时间，挡板与筛网有夹角，它与挡板宽度取决于各包装机能力及设备配置，需要试验确定。一般为 100mm，30°。

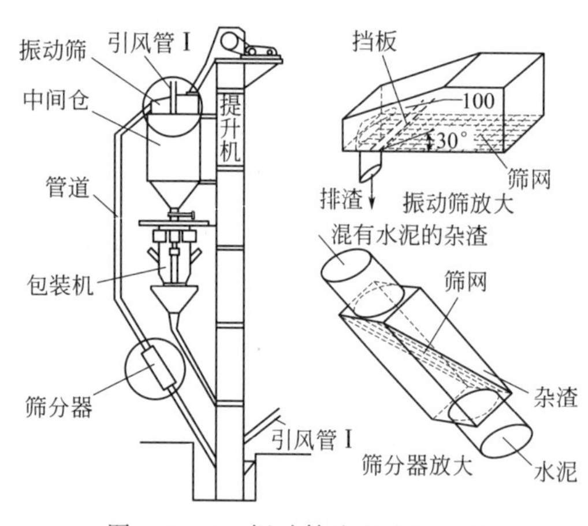

图 3.1.16　振动筛流程改进图示

（2）在振动筛下方的中间仓顶部增加与除尘器相连的引风管Ⅰ，中间仓产生负压后，有利于物料过筛速度。

（3）将排渣通过管道经提升机返回包装机，管道接近提升机的倾斜处设置筛分器（图 3.1.16），倾斜角度 40°为宜；它是一个长方体无上盖的槽型容器，长度 500mm 左右，宽度与管道直径相同，网眼 5mm 见方即可；两端与管道相连通，内有一倾斜的耐磨锰钢丝筛网，长度同筛分器，寿命可达 2 年以上。同时，在提升机壳体上开出与筛分器连接管邻近的引风管Ⅱ，此处的负压有利提高筛分效率，降低扬尘。

◎ 包装喷码机改造

喷码机常见故障是：喷头不喷墨及喷印不清晰两大方面。

喷头不喷墨水的原因是：喷头在间歇性工作中，喷头处油墨没能及时得到清洗和清理，导致墨水夹杂粉尘凝固结块堵塞喷头。但因喷码机喷头片较为精致，清洗比较烦琐，甚至要求返厂维修保养。如果在原配墨罐旁边增设一个清洗剂罐，并在原油墨喷墨管中间安装一个三通阀门，分别与墨罐、清洗剂罐和喷头相连。开机前将三通阀门旋至清洗剂罐，对喷头及管路清洗清堵；待喷码工作前，再将旋钮旋至墨罐，并将存留管内的清洗剂人为喷净，待墨迹清晰后便可开始喷码作业；喷墨作业结束后，再重新将三通接至清洗剂罐，清洗至喷出液为无色为止，如此往复工作即可。

原喷码机内置气泵损坏后，可以在包装车间压缩空气主管中焊接引压管，加装调压阀后引至喷码机处，压力调节到0.06MPa，就能满足喷码机要求。当气压调整到0.08～0.1MPa时，可增大喷墨量，提高清晰度，减少工作时的堵塞。

1.7 袋装水泥装车设备

◎ 装车机减速机改造

因装车机频繁开停，使传动减速机故障频出。传动减速机是带动链条连接在滚筒输送机上，因减速机装配在滚筒一端轴头上，频繁启动造成滚筒轴不同心，轴头断裂，减速机轴承散架、内套挤碎。此配合又为生铁件，不易更换。技改是通过原滚筒，自行加工“平型齿轮六级减速器”，代替链条。由六块厚25mm钢板焊接成箱体，再经铣、镗、钻机械加工，箱体内有三根齿轮轴、齿轮、6308轴承、ϕ45mm卡簧、轴承压盖共六套，箱体外用B型三角皮带轮各一件，链轮各一件，链条一根。总成本不足4000元。

因装车位置变换较大，位于两对行走轮之间靠所带牙盘链条传动的行走减速机，又在平皮带下部，不易发现地脚螺栓松动，且闪轴承不易加油，缩短了运行寿命。将中间带牙盘的一对行走轮与最前端的行走轮对换，在160mm宽槽钢上，铺10mm厚钢板作为减速机地脚架，增加了对减速机的维护与更换空间。

ZQD100/650-11000型移动式汽车袋装车机的驱动装置——摆线针轮减速机地脚螺栓孔经常瓣断，起因是装车机上有成品袋装水泥，启动频繁而力矩过大，通过链条作用于减速机的机壳上，经螺栓将力矩传递到最薄弱螺栓孔处。改造方法是：安装、装配一副皮带轮，通过三角皮带缓冲此转矩，便可杜绝此类事故发生。

◎ 皮带输送转弯结构改进

如果袋装皮带输送机转弯处仅是弧形钢板，一是袋装水泥在撞击后易破包，二是容易在此处堵包堆积中挤破。若在转弯外侧加装一组坐落在销轴上的托辊（图3.1.17），销轴下端固定在直角转变的底板上，上端垂直向上不受力，托辊能自由转动。袋装水泥在传送到直角转弯处时，托辊通过自由转动，对水泥袋弹性缓冲、助推，避免了破包堵包的发生。

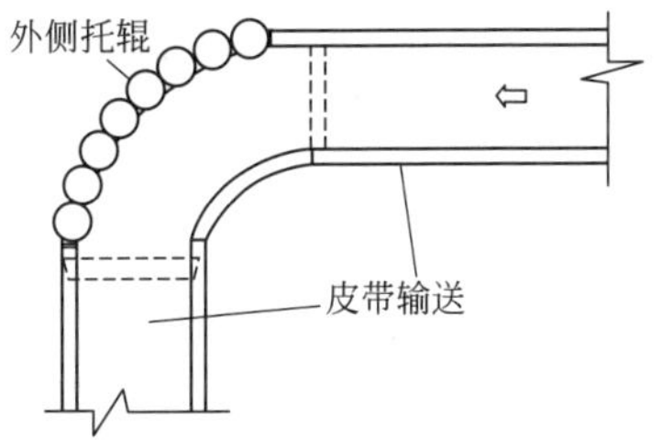

图3.1.17 皮带转弯结构改进

当皮带转弯溜子为电动时，由于袋装皮带轮驱动轴只有一个轴承支承，皮带轮处于悬臂工作状态，在袋装水泥的冲击下，轴头及联轴节键槽损坏，3～4个月就要更换，有时轴承、减速器轴也损坏。若在原驱动轴上增加一个轴承座及轴承，并用隔套定位，提高了皮带轮稳定性，寿命延长一倍，如果两轴承间距增加，效果会更好。

◎ 双道装车控制改造

当包装装车系统分A、B双道时，原使用电液推杆控制，常因包装速度较快，使本应进入A道的水泥袋，漏掉进入B道，或被转弯机挤住。如果推杆上限位开关失效或跑位后，故障更加频繁，甚至烧毁电机。

改进办法是：

(1) 用气缸代替电液推杆。取消转弯机电控箱，直接由PLC控制气缸电磁阀。且可以通过触摸屏更改转弯的延迟时间。

(2) 换道时让包装机自动降速。当A道即将计数完毕时，PLC将预警信号给包装机变频器，改变频率给定方式，由电位器控制改为面板给定频率控制，定义变频器参数，实现变频器降速。待B车道开始计数时，PLC又恢复原有的频率设定方式，包装速度复原。

◎ **卸袋溜板角度调节改进**

袋装水泥装车机是降低劳动负荷的重要装备，但如果斜皮带机前端的溜板角度不能自动调节，以适应码包高度，而要用螺栓调整时，就很不方便，应当改进。新的调节装置由调节板、顶板和顶板轴组成（图 3.1.18），原有溜板与溜板轴不变，只是在调节板上等距离焊接若干圆钢，便可根据需要高度，将顶板定位在调节板上的不同圆钢位置，此时只要用手稍微抬一下前端便可，极为方便。

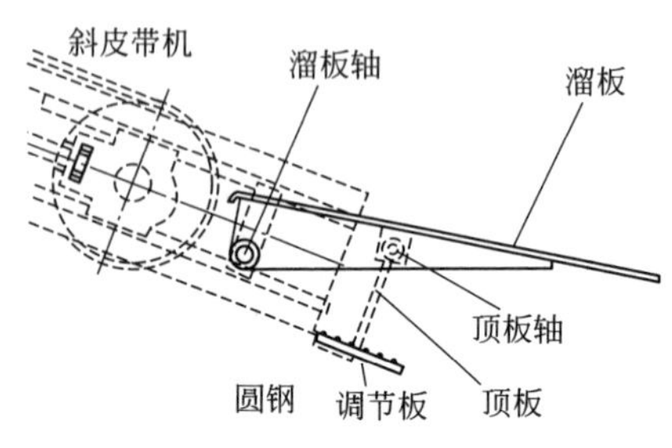

图 3.1.18　自动调节装车机高度的改进

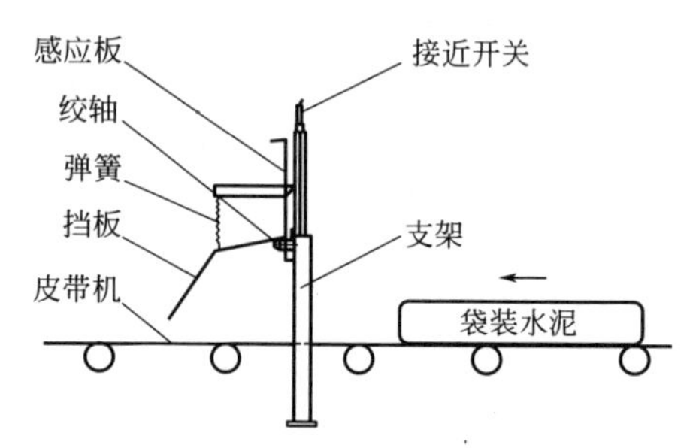

图 3.1.19　袋装水泥自动计数装置

◎ **自动计数检测装置改进**

原设计的超声波开关、光电开关计量不准的原因在于：粉尘使超声波、光电发出的波束在水泥袋面上发生折射，因而接收不到返回信号而失误。改用机电相结合的挡板式计数检测装置（图 3.1.19）后，只要将支架横跨在包装水泥的输送皮带机上，因挡板摆动方向与袋装水泥前进方向一致，且有接近开关的设定接通时间（如 0.5s），即使发生连袋，也不会漏计。

◎ **移动袋装车机收尘**（见第 3 篇 6.1 节）

2 粉磨设备

2.1 管磨机

◎ **球磨机结构改进**

当前球磨机结构存在的问题有以上几点。

(1) 磨内阻力偏大。无论是磨头，还是磨尾卸料，中间隔仓板，包括有筛分作用的隔仓板，都应充分考虑阻力对物料粉磨效率的影响。同时，要尽量让沿磨机断面的风速均衡。

(2) 篦板篦缝的宽度，既要减少阻力，更不能被研磨体堵塞。出口篦板不用铸件，而采用冲孔网结构；中卸磨烘干仓与粗碎仓间的盲板应设计成篦板；弧形筛钢筋保护装置的作用常会适得其反，应该拆除；篦孔的排列方式不宜采用同心圆形或放射形，而应采用符合物料运动轨迹的形式。

(3) 磨内筛分装置本是提高粉磨效率的结构，但不能损坏，否则事与愿违，为此，应掌握随时判断筛分装置完好的办法。应避免采用平面筛分板，因它要求两块间隙必须大于筛分板的孔径 (2mm)，很难满足；中心圆要有防止研磨体进入筛分装置接触筛片的结构，否则筛分装置极易损坏；三面弧形筛不如一面弧形筛可靠。

(4) 随着推广联合粉磨技术，物料入磨的粒度与配球都会减小，应充分重视这种变化。当间层隔仓板细磨仓入口易堵塞时，可在此侧增加一层冲孔网结构，设计出与传统的单层或双层隔仓板不同、专用于细磨仓入口处防堵塞的隔仓板。

◎ **降低水泥温度措施**

在环境温度较高时，水泥出磨温度常在130℃以上，一味增加磨内喷水，使水泥含水量达0.6%以上，就会损失水泥强度，迫使混合材掺加量减少3%～5%。采取磨尾有意漏风，加大磨尾排风能力的办法，会有显著效果，停用磨内喷水，反而水泥温度能控制在115℃，水泥水分稳定在0.15%～0.30%间，不影响混合材掺入量。具体措施是在磨尾增加一根DN1000的风管直进袋除尘器；在磨尾并列一台排风机，增加一倍排风量；为平衡磨内正常用风，在磨尾圆筒筛外部增加电动百叶阀，用以只增大圆筒筛内用风。此法要增加电耗。

◎ **大磨机辅传联轴器改造**（见第3篇5.7节“辅传联轴器改造”款）

2.1.1 传动装置

◎ **防止大齿轮张口设计**

合理的设计必须要预防大齿轮在受热情况下的张口，其要求如下。

(1) 设计中有意让把合面齿距在冷态时比正常齿距小，在两半齿轮组合加工时，在把合面中插入一块薄铜片，厚度依据齿轮规格及筒体温度而定，一般0.2～0.4mm；磨机开始运转时，虽会有振动，但随着温度上升便逐渐消失。

(2) 为减小张口，可以增加齿轮分片为四片、六片、八片等，增加把合面数量，减小每个把合面的齿距变化，这是对过大直径齿轮不得已但有效的办法。

(3) 大齿轮与筒体法兰的连接螺栓（Ⅰ）与大齿轮把合面的连接螺栓（Ⅱ）相比，其直径

（d）与数量（n）应符合如下公式：$n_{\mathrm{I}} \leqslant 9d_{\mathrm{II}}/d_{\mathrm{I}} \times n_{\mathrm{II}}$。

（4）减小大齿轮把合面的接触面积。可将大齿轮把合面设计为阶梯式，便可在大齿轮的法兰内径处的一段距离预留一定的膨胀间隙。

2.1.2 支承装置

◎ 磨尾瓦温偏高技改

对单一列管式冷却器串接板式散热器，增加回油与冷却水的交换时间。先增设 10m² 列管冷却器，再将 5m² 列管式冷却器更换为 10m² 列管式，后又将 30m² 列管冷却器代替 10m² 列管冷却器。如此更改后，炎热夏季供油温度降了 8℃，达到 40℃。

增设磨内喷水装置和滑履淋油装置。

在中空轴内加装隔热套，并用镀锌管增设冷却风管；加强对油质、水质管理。

上述各类隔热与散热都是治表，而降低热源才是治本举措。

（1）将轴瓦改换为滚动轴承传动，减少摩擦生热，才是降低能耗的根本举措，而且也成功应用于大直径管磨（见第 3 篇 5.9 节“替换大型轴瓦”款和文献 [5]）。

（2）新开发的陶瓷衬板及陶瓷球，对联合粉磨中的管磨机是减少负荷节电的好装备（见文献 [5]）。

◎ 滑履磨润滑密封改进（见第 3 篇 8.1.1 节）

◎ 稀油站压力控制器改造（见第 3 篇 8.1.1 节“压力控制器改造”款）

2.1.3 衬板与隔仓板

◎ 衬板材质选用

配置衬板与研磨物料特性、磨机类型、直径及转数等密切相关。一般原则如下。

（1）磨头衬板、一仓筒体衬板宜选用中、低碳高铬铸铁材料；二仓筒体衬板选用高碳中铬合金钢或中铬铸铁材料；出料篦板选用中、高碳高铬铸铁材料；整块隔仓板选用中碳中铬合金钢材料，分块组成的隔仓板允许使用低碳高铬铸铁材料；ϕ4.5m 及以下磨机用高铬铸铁 Cr15 或 Cr13 衬板即可，ϕ4.5m 以上磨机应采用高铬铸铁 Cr20 或 Cr26 为宜。

（2）钢球材料应与衬板材料相匹配。

（3）安装有螺栓孔的衬板，螺柱固定要紧贴、紧密，并用橡胶垫作垫层。试运转时，应填充一定量物料，严禁空磨运转。

粗磨仓衬板。因承受较大研磨体的抛落冲击作用，要求材料要有足够韧性及足够硬度，选择中碳铬钼合金钢材料，硬度 HRC48～55，冲击韧性（a_k）15～20J/cm²，使用寿命 2 年以上；而对于 ϕ3m 以上大型磨机衬板，应选用高韧性高铬铸铁，硬度 HRC58～62，冲击韧性（a_k）8～12J/cm²，使用寿命 6～10 年。千万不要选择高锰钢。

细磨仓衬板。因研磨体冲击力小，以应力切削磨损为主，可选择硬度高、韧性低的耐磨材料，如中碳合金钢，高、中、低铬铸铁，抗磨球墨铸铁等，硬度≥HRC 50，冲击韧性（a_k）4～6J/cm² 均可使用，但高锰钢受冲击力小，仍不能发挥作用。

磨头衬板。选择中碳多元合金钢衬板，HRC46～50，冲击韧性（a_k）15J/cm²，寿命比高锰钢高一倍。

隔仓板。因悬壁梁式安装，受力情况恶劣，要求韧性最高，冲击韧性（a_k）15～20J/cm²，HRC45～50，可用高锰钢，但仍不耐磨，易产生塑性变形，堵塞篦缝。

出料篦板。应以硬度为主选材料，可选择各类高碳合金钢，高韧性抗磨球墨铸铁等，硬度 HRC50～55，冲击韧性（a_k）8～10J/cm²。

◎ 立体筛分装置应用

高效立体筛分装置通过以立筛板代替传统双层隔仓装置的盲板，以立体筛（滚筒筛）代替双层隔仓装置中的扬料板，可以克服传统管磨机隔仓装置的阻力大、筛分效率低、磨损快等技术问题，强化筛分能力、改善磨机通风，提高粉磨效率，增强隔仓装置的抗磨损能力，延长使用寿命。在 ϕ3.2mm×13mm 磨内使用后，产量从原有 44t/h，提高到 53t/h，电耗从 37kW·h/t 降至 30kW·h/t。

◎ 隔仓板结构改进

因原设计隔仓板篦板的固定螺栓位于头仓一侧，且螺栓长度偏长，螺栓尾部露出篦板端面之外，螺帽迎着物料来向，此螺帽很快被磨坏、砸坏，使篦板成为悬臂受力，便连同螺栓一起掉入头仓内，隔仓板出现空洞，磨内便出现混仓。如果将固定篦板和盲板的螺栓沉头孔改到二仓一侧，并适当缩短螺栓长度，螺帽不可能再受料及大球冲砸。改进后，便很少有隔仓板断裂现象发生。举一反三，其他隔仓板螺栓也均应在二仓设置。

当闭路磨机一仓易饱磨、隔仓板易堵塞时，磨机产量低，多属于隔仓板过料能力不足所致。为此，增大隔仓板的通孔率及减小隔仓板架宽度，取消原有筋板。

◎ 湿物料中心篦板改进

当入磨物料水分已达到 2.5%左右，且短时间无法缓解时，只有靠加强磨内通风，防止饱磨、闷磨、糊球等故障。为此，将原出磨中心篦板改造为 8～10mm 圆锥网孔、间隔 5mm 的结构，选用 8mm 厚不锈钢板加工（图 3.2.1），有效通风面积占总面积 65%，比原通风面积大一倍多，并避免钢锻夹杂其内堵塞。该篦板可采用分半加工，安装后对接组焊。同时对风机增加风量。这种改造简单易行，只需花费近万元，用时仅 8h，就可解决水分偏高时的运行。

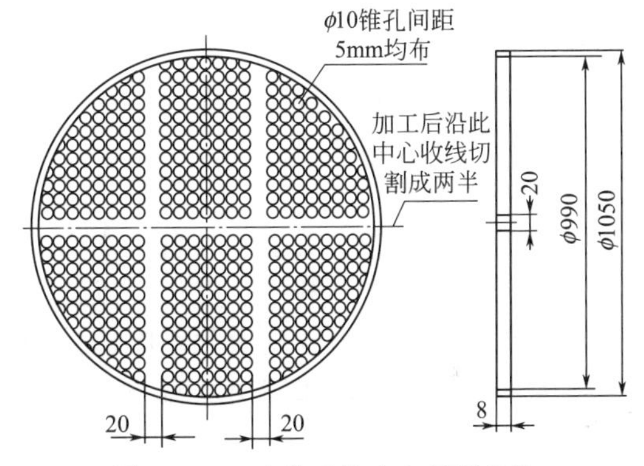

图 3.2.1 改进后的中心篦板结构

◎ 增加出料篦板通风

当磨尾出料篦板篦缝常被物料堵塞时，通风面积变小，阻力变大，过粉磨现象严重。为此，先将篦板上篦条割掉 3/4；然后用 4mm 厚度的 Q235A 钢板制作成筛板，筛缝尺寸为 25mm×4mm。径向分布筛缝；再将筛板焊在篦板上。因筛板较薄，物料不易在筛缝中存在，解决了堵塞，通风效果大为改善，磨尾温度也不会高，产量趋于稳定。一年后，对磨损较重的筛板，只要更换即可，不需要拆下篦板，且篦板寿命延长。

2.1.4 钢球

◎ 球与锻效率比较

人们曾经认为，同质量的钢锻比钢球的表面大 12%，所以，用钢锻的能耗会更低。但近年来，随着水泥细磨仓结构变化，普遍应用新型衬板及活化环，钢球提高耐磨性等原因，已重新重视使用钢球。德国某选矿研究所一系列（连续性与非连续性）的干法细度试验证明：在相同产品细度和粉碎率下，钢锻单位功耗要比钢球高出 24%，尤其当产品细度在 4～10μm 时，钢锻粉磨的单位能耗比同质量钢球要高 20kW·h/t；另外，钢球级配对物料易磨特性的变化，有更好的适应性。而钢锻比钢球能加快物料流速，这并不利于提高粉碎效率。从理论上讲，钢球的排列有序，按固定轨迹运行，携带物料少，大部分物料受钢球冲击和研磨的机会多，有利于提高质量、降低能耗。所以，随着市场上获得高耐磨≤ϕ20mm 小钢球出现，钢球的使用对辊压机联合粉磨更有意义。

通过小磨与大磨试验证明：以钢球代替钢锻，会取得理想效果。

在小磨中用相同直径配球、研磨体总重，获得同样筛余、比表水泥时，全用钢球要比全用钢锻研磨时间少 6min，比球、锻各半混装的研磨时间少 3min；在大磨中，因没有那么多钢球，只进行了球、锻各半混装与使用钢锻的效果对比，在研磨 P.O52.5 水泥时，在筛余及比表相同时，前者早期强度比后者提高 2～3MPa，水泥净浆流动度由 206mm 提高到 230mm，且在混凝土使用中与外加剂的相容性更好。这个结果再次证明，磨内钢球可以排列得更为有序，能按固定轨迹运行，很少将物料携带起来，增加了物料在钢球内受冲击和研磨机会，而钢锻则相反。

2.1.5 磨内喷水装置

◎ 新型回转接头进步

磨内喷水系统成败关键往往取决回转接头的密封性、可靠性及经济性。经过几代改进，新型回转接头能满足以下条件：不仅适应磨机膜片联轴器及传动轴的扭力形变，引起回转接头偏心、摆动等，而且还要允许部分轴向窜动；回转件能剖分制作并现场组装；适用于水及压缩空气；能适应不同压力需要；密封件寿命长；维护方便。

国内研制的回转接头，已在浙江红狮集团 ϕ4.2m×13m 水泥磨上使用两年。它的实际旋转密封面是一个圆柱面的几分之一弧形圆柱面，托瓦由复合弹力支承，能保证托瓦紧密响应回转轴及回转轮的径向圆跳动，及回转轮的轴向有限窜动，寿命可达 10 年以上，已胜过史密斯 2 年业绩，包括国外 V 公司采用碳纤维复合密封材料代替橡胶材质因结构未变而无效；最大规格适于传动轴径达 ϕ1220mm。

◎ 磨内喷水源更换

将喷水系统的进水端直接与自来水管相连，用稳定的自来水压（0.35MPa）代替原用水泵供水，不但不再受水泵磨损及电耗、维修等因素的困扰，而且废除原有蓄水池，并保证喷水系统有足够水压，不会因水压变化影响磨内降温，空压机也无须进行相应压力调节。供水控制原理与原喷水系统一样，按照出磨温度达 125℃时，根据 PLC 程序电磁阀打开，并自动调节水阀进水量，当该温度低于 110℃时，电磁阀关闭。

2.1.6 助磨剂

◎ 提高个性化要求

助磨剂个性化要求是指：同一种助磨剂对不同企业、不同磨机、不同物料的不同粉磨条件的使用效果，不会相同；同一台磨机也不应该始终如一地使用同一助磨剂，应该根据粉磨状态的改变而选择。当前助磨剂制造商差异较大，鱼龙混杂，有的作坊仅靠一纸配方打通天下，无能力实现个性化生产；更缺乏与混凝土搅拌站的使用效果对应。

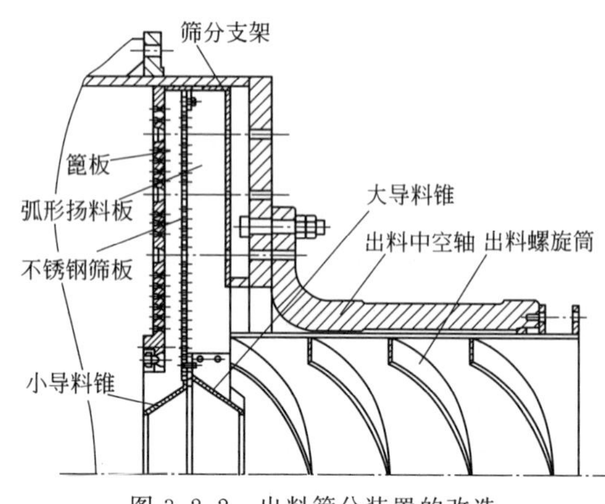

图 3.2.2 出料筛分装置的改造

2.1.7 卸料装置

◎ 高细磨出料筛分改造

该筛分装置入料端为 10mm 大篦缝的高锰钢板，后面是 1.5mm 篦缝的不锈钢筛板，两板之间距离为 75mm，并装有一个双向导料锥（图 3.2.2）。当末仓物料通过篦板进入到中间仓后，随着磨机筒体旋转，细粉通过薄筛板落到弧形扬料板上，提升到上部，经过导料锥落到螺旋筒内，排出磨机；而粗料和小研磨体在被扬料板带到高处后，通过反向导料锥返回磨机末仓，继续参加粉磨。该结构优点在于：改善原磨内均风不良，使磨机用风增加 2～2.5 倍，使联合粉磨更有利减少过粉磨现象；具有扬料、选粉与筛分多重功能，有利于平衡磨内各仓研磨能力；采用自清洁能力好的折线篦缝，解决跑段、堵段现象，并配合弧形扬料板，显著提高磨机过料能力；因有隔腔骨架的篦板保护，可延长核心原件筛板的使用寿命。此技术为某企业磨机改造的重要环节，效果明显。

2.2 立磨

2.2.1 进料装置

◎ 喂料锁风改进

立磨的喂料锁风常见两种方式：三道锁风阀及回转锁风阀。两者都未得到满意结果时，不能轻易割掉，造成严重漏风。

对回转锁风阀要做到三点：一是将回转阀尺寸加大一号，让每格内物料在满负荷时也只在锥斗内，不会有卡料可能；二是周边缝隙采用胶条密封；三是对潮湿物料应在阀体内设有夹层，内通热风。另外，还可做如下技改：ATOX 立磨原回转锁风阀阀芯结构为六个格子，内有胶皮分成独立的充气室和物料室。阀芯轴为中空轴，压缩空气通过轴上的六个 ϕ6mm 孔进入充气室，胶皮起到缓冲和不黏料作用，并且不堵料。但由于物料冲击力大，胶皮易破裂，让物料进入充气室，反而使物料堆积在此，形成堵料，导致立磨频繁跳停。参照伯利休斯立磨回转阀结构，进行两点改造：一是向回转阀阀芯引入磨机热风管道的热风（图 3.2.3），二是将阀芯格子胶皮改换为厚度 8mm 的 16Mn 耐磨钢板，形状同胶皮，充气室内也通入热风；在阀芯端面满焊一厚度 12mm 的 16Mn 钢圆环，环宽 120mm，直径为 ϕ1800mm，保证热风不外泄，圆环与回转阀端面法兰间隙 5mm。

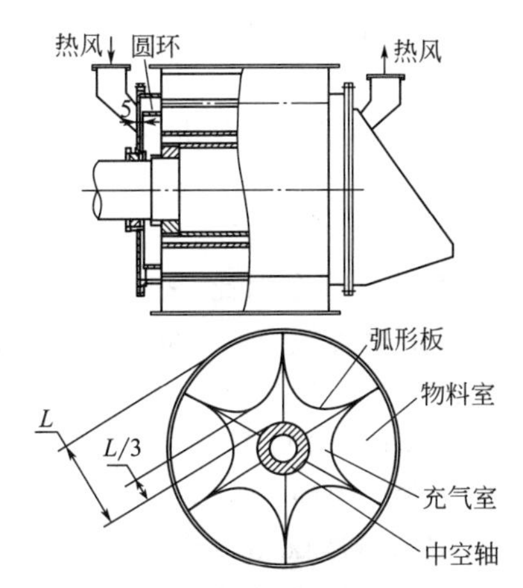

图 3.2.3 回转锁风阀结构改进

MPS 立磨回转锁风阀在用黏土配料时，每个格子底部常被黏土粘牢而堵死，每班都要停磨人工清除，无法正常运行。在锁风阀每个格内焊接 10 根均布链条，能在喂料时缓冲物料冲力，让物料保持松散，出料时随链条自重下垂，便带出黏附在格壁的松散生料。具体做法：将每根链条（由 10mm 圆钢制作）连通，从隔板开的孔中穿过；开孔位置十分重要，让格中链条长度既能接触到格斗格底部，又不能在下垂时超过锁风阀外缘，影响阀的转动；然后在开孔位置将其与隔板焊牢即可；同时，在物料进入锁风阀的上口，用一插板挡住两侧物料，尽量让物料不落在格壁上（图 3.2.4）。须定时检查链条的开焊或磨断，一旦开焊，就会夹在阀与壳体间，需反转脱开；如若断裂，则有进入立磨威胁磨辊寿命的可能。

对三道锁风阀的非传动侧轴承座端漏风，将原依靠很易磨损的毡圈密封，改为增设迷宫密封，迷宫间隙为 2mm，并把毡圈密封改为 U 形骨架密封（图 3.2.5），图中黑框内为增加部分；对于阀板三侧边的漏风，可利用废旧胶带制作成相应尺寸胶条，用螺栓固定在阀板背面三侧，与阀体侧壁和底边紧密接触，形成密封。这种方式需每 3 天定检一次，及时更换磨损胶条。

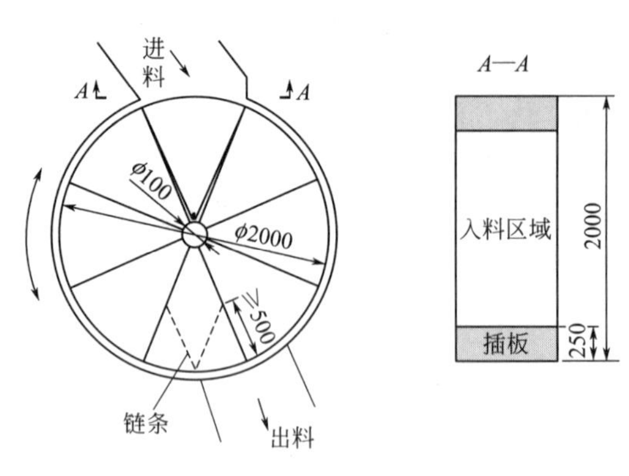

图 3.2.4 锁风阀进料处增设插板

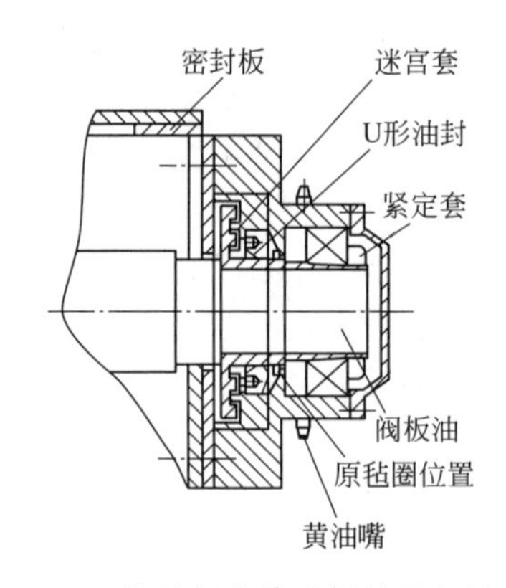

图 3.2.5 锁风阀非传动侧轴承密封改进

为减少外溢粉尘对轴承影响，也方便检修，在壳体上加焊一支撑平台，将轴承座外移400mm，离开阀板壳体150mm，同时将液压缸也同样延伸。

◎ **边喂改中心喂**

MPS5300B立磨原下料形式为边部，这种方式最终因粗、细料对磨辊的磨损程度不一，造成主减速机严重偏负荷运行，电流高，磨机整体振动大。为此，决定将其改造为中心下料，物料进磨盘中心，借助离心力再均匀向四周甩出，三个磨辊工况基本相同。在改造时，存在三道喂料阀、喂料皮带及中间仓标高的提升问题，也有液压站的压力与操作问题，还有磨内粗粉锥的支撑加固及耐磨问题，最后是整体喂料楼的加固。在每个问题成功解决后，改造便成功实现目标。

◎ **回转下料器自控改进**（见第3篇11.1.3节）

2.2.2 磨辊磨盘

◎ **不同材质辊套对比**

立磨磨辊辊套的修复材质与工艺现常用三种：复合高合金铸钢、高铬铸铁及铸钢＋堆焊。经实践对比结论如下：铸钢＋堆焊的一套价格是另两种材质的1.2倍，但使用寿命却是它们的1.5倍以上。并可节省拆装维修费用，减少每次拆装时的油耗和润滑管路的污染，三年两台立磨仅辊套一项即可节省250万元左右，显然有明显经济优势。

◎ **磨辊与辊座配合改进**

MPF2116型中速立磨的磨辊与辊座原材质分别为高铬合金KMTBCr20整体铸造、球墨铸铁QT450-10，磨辊与辊座结构为平面接触、过渡配合，采用热装方式，由于磨辊材质要求加热速度严格控制≤0.5℃/min，拆装极为复杂困难，但磨损损伤却极易发生。对此，可进行如下改造。

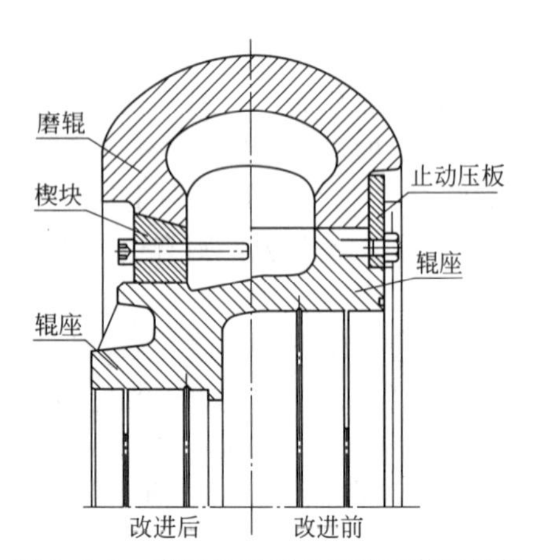

图 3.2.6 磨辊与辊座改进前后装配结构

（1）将配合结构改为斜面压紧配合，并配制专用楔块，用高强螺栓连接紧固。对磨辊尽量减少加工量，内圆配合面保证同心和圆度，可直接加工成斜面结构；辊座结构改进后尺寸变化较大，需重新制作；并配制对应的压紧楔块。相互配合改变见图3.2.6。如此结构不仅拆装方便，只要拧紧或松开螺栓即可，而且磨辊在运行中不会再发生松脱滑动损坏。

（2）辊座材质重新选择韧性更高的ZG270-500代替

原球磨铸铁，提高塑韧性、抗冲击性、加工性和可焊性，适应高拉伸应力和较大动负荷作用。

此改造后，操作可靠方便，还可重新利用原预报废的磨辊。

◎ 磨辊销轴改进

ATOX 立磨每个磨辊拉杆头的外端，是通过关节轴承和销轴连接到水平扭力杆上，扭力杆通过橡胶缓冲装置固定在磨机壳体上，以对磨辊起限位缓冲作用。在检查磨辊、更换轴承、骨架密封、轮毂及相关耐磨件时，必须拆除扭力杆销轴，但因它长时间在高温运行，拆除相当困难，加热后用液压也难以顶出，经常只好破坏性割除，不但无法恢复使用，且费时费力。

将销轴结构从整体式改为分体式后（图 3.2.7），此问题便可解决。分体式有销套及锥销两部分，锥销仍用原材质 Q235，销套用 45 钢锻打，外委加工。安装时先对销套内孔均匀涂抹适量防卡剂，将销套放入拉杆头和扭力杆销轴的关节轴承孔内；然后再把锥销压入销套内，撑大销套开口；压入到位后，装上轴端挡圈将锥销定位，销轴外侧用挡板定位销套，防止磨机运行时销套转动；拆卸时，只需将高强螺栓卸出，用液压顶将内锥销压出，销套开口缩小后便拆除。

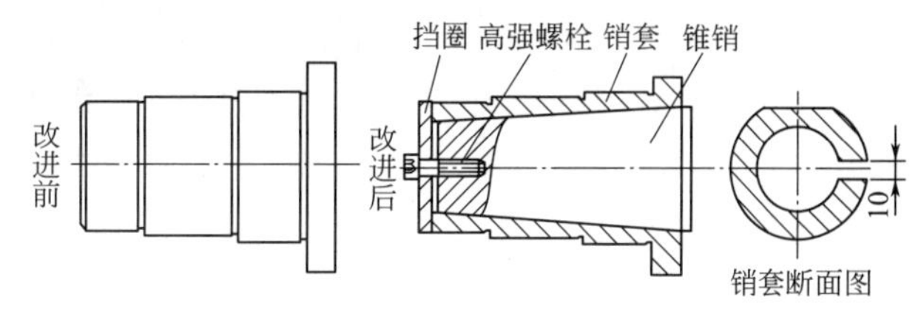

图 3.2.7 销轴结构的改进

◎ 磨辊密封改造

TRMR5341 立磨磨辊漏油现象普遍，且日益严重。应对磨辊密封进行如下改造：

（1）将圆橡胶密封圈和垫片材质由原丁腈橡胶改为氟橡胶，防止老化后漏油。

（2）将原三道骨架改为两道，并增加一组高科技新产品 FEY 金属叠环密封；取消原轴套上油孔，原骨架油封内用的黄油改为长城牌 7903 润滑脂。

（3）改造后的骨架密封压板，各增加一个与透盖配合止口和安装 FEY 金属密封止口。

（4）密封架上下两侧各补焊一块耐磨钢板，增加耐磨性能。

（5）取消喇叭套上排料孔，阻止颗粒和粉尘进入磨辊密封内。

具体更换操作要点：

（1）将磨辊吊到地面后，拆卸闷盖，检查轴承是否损坏，更换氟橡胶密封圈。

（2）安装轴套时需要热装，可以用油煮或两把割枪同时烘烤，保证轴套能一次安装到位；安装骨架油封时，两个油封唇口都要向下；安装之前必须在油封内涂抹润滑脂均匀适量。

（3）安装改造的压板时，先将其装在压盖上，再将压盖装在轮毂上。轮毂和透盖配合面上均匀涂抹高分子密封胶。装好透盖后，再拆下骨架油封压板，在压板上装入涂好一层黄油的 FEY 金属密封。安装顺序为：中间一片密封为大圈卡在骨架油封压板上，两边各一片为旋转装入骨架油封压板内。然后，再重新旋转装回到压盖上，此时要小心轻便，必要时在轴套上贴上铜皮，以免刮伤轴套。

◎ 磨辊轴套优化

TRM60.4 为最大规格生料立磨，基准生产能力 540t/h，磨辊轴承为日本 NSK 轴承，油封为瑞士 SKF 骨架油封。要想达到正常使用寿命，最大难点就是轴套与骨架油封间相对运动处的磨辊密封。为此，研发中参照其他型号立磨磨辊经验，对磨辊轴套优化如下（图 3.2.8）。

材质由原 45 钢改为 40Cr，表面渗氮处理，外圆表面硬度达 HRA77～78；轴套结构增加 1 个油槽和 2 个油孔，适当调整轴套长度，让新旧两组油槽和油孔对称，以便轴套 A 区域外圆面磨损后，可直接掉头使用 B 区域外圆面，轴套使用寿命延长一倍。

检测此轴套硬度值应在装配到轴上进行；且此时后圆度恢复，因过盈配合使外圆尺寸比设计值大 0.02mm，仍在允许范围内。运行证明密封效果良好。

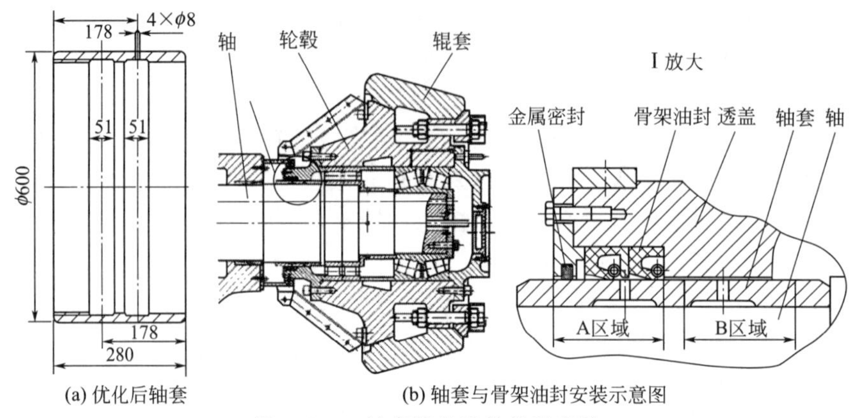

(a) 优化后轴套 (b) 轴套与骨架油封安装示意图

图 3.2.8 轴套优化后结构及安装

◎ **立磨陶瓷磨辊**（见第 3 篇 7.3 节）

◎ **立磨磨辊润滑系统改进**（见第 3 篇 8.1.1 节“磨辊润滑系统改进”款）

2.2.3 分离装置

◎ **选粉下料方式改进**

当立磨磨内压差变小时，就意味磨内阻力减小、风机无用功降低，因此就能增加产量，降低电耗。一般所测立磨磨内压差由两大部分组成：一小半是由风环处的压力损失构成，与风环盖板方位、斜度、面积和通风量等因素有关，该部分压损在运行中相对稳定，为 2～3kPa；另一大半是含尘气体从风环出口向选粉机下端运动所形成的阻力，它是磨内循环负荷大小的标志性参数，时刻受到喂料量、通风量、磨辊压力、选粉转速及喷水量等操作参数影响。

为了降低磨内粉料循环负荷，LV 选粉技术提高了选粉效率，凡是被选的物料，细料不会再被掺杂在粗粉中返回磨盘，因而，降低了这部分阻力损失；但还有相当一部分物料在磨腔内进行着无效循环，既没有被粉磨，也没有被选粉，成为磨内压差中的无用组成。努力降低这部分料量，就是进一步提高立磨产量与降低能耗的潜力所在。

为此，对原选粉回料方式进行改造。分三步（图 3.2.9）：

（1）在原回料锥斗底部增设一个 ϕ1000mm×500mm 回料改流圆锥，防止锥斗中形成过高料柱，增加回收粗粉的流动性。

（2）用 6mm 厚铁板全部封死回料锥底部，仅在中间对称预留两个 ϕ300mm 孔洞，用于安装下料管。

（3）制作两根壁厚 12mm 的 ϕ300mm 下料管（不可过细或过粗）与预留孔对接，下料点距磨盘 500mm，距喷水管 100mm。ATOX50 立磨如此改造后，同样物料，研磨压力不变，喂料量可增加 40t 以上，喷水量减少 30%，电耗为 16.5kW·h/t，降低近 3kW·h/t。

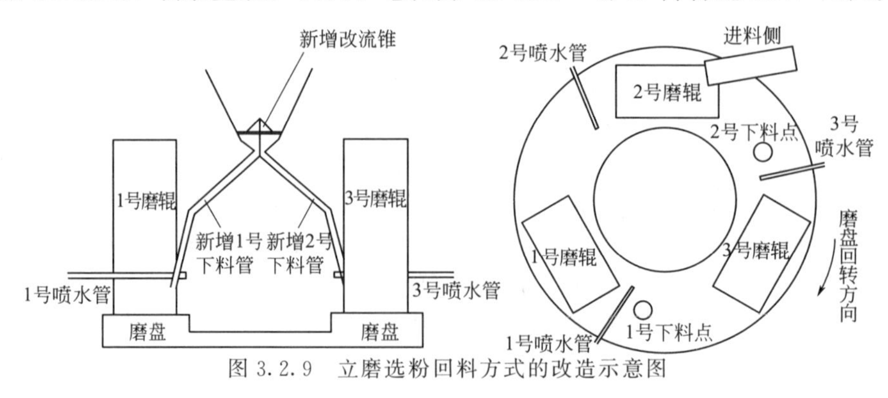

图 3.2.9 立磨选粉回料方式的改造示意图

◎ **主轴下轴承设计改进**

TRMS 型立磨选粉机下轴承维修与更换都费时费力，但却易发热，成了维护中的难点。经制造商反思，现对设计、制造与安装提出新的要求。

（1）修改设计。因生料粒度偏小，要求喷水、稳定料层，故要求废气出口温度高于 83℃，为改善下轴承高温环境，将下轴承座用上、下两块护套罩住，上护套与轴承座固定，下护套与联轴器固定。每个护套均制成两半，并与法兰连接，安装时销钉定位、螺栓紧固，上下护套间留有 2mm 间隙，并车制迷宫密封。然后，在上护套中部割孔，焊 ϕ50mm 钢管引致磨机上壳体外，靠磨内负压将外界冷空气引至护套围成的密封腔中，并从上护套与轴承座间隙排出（图 3.2.10）。护套制作：用 12mm 厚 Q235B 钢板卷制 2 个圆筒，在其上、下分别焊接 2 个环板，车制迷宫的环板厚 20mm，另一环板厚 12mm，之后将构件剖成两个半圆，剖切部位焊接法兰，法兰连接面铣平、配钻销孔和螺栓孔，用销钉和螺栓连接后，车制上护套与轴承座、下护套与联轴器接触部位、迷宫密封槽。改造后轴承温度降至 91℃。

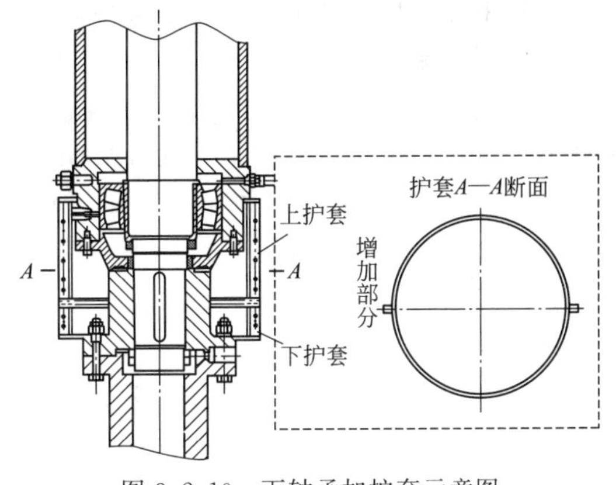

图 3.2.10 下轴承加护套示意图

在主轴与下轴套之间增加挡环，避免上方油污进入下轴套，并在下轴套设置排油孔，利于润滑油更换；对迷宫式密封盖与连接套径向间隙设计由原 1mm 增至 2mm，避免两者之间有摩擦发热；将密封套拆分为上、下两部分，上部为密封用，下部与转子连接；在下轴套外增加隔热罩，通入冷风排出热风，以利轴承冷却；改耐磨护套由塞焊连接为螺栓连接，确保上、下轴套的同轴度。

（2）提高制作精度。在轴套加工中，必须严格控制上、下轴套的公差在 0.025～0.050mm 内；在主轴套总装完毕后，对上部轴头增加压紧防窜工装，避免运输、起吊和安装中上轴套内的调心推力轴承下平面不能紧贴上轴套台面；严格迷宫径向尺寸误差，提高转子运转平衡度，确保密封盖与连接套间不会擦碰。

（3）因主轴上轴承在磨外，较下轴承温度环境好得多，润滑也容易保障。为此，当发现主轴上轴承温度偏高，且主轴有下沉现象，磨损联轴器上透盖时，要考虑上轴承为两盘轴承组成，其中下侧轴承的装配过松，导致轴承内圈与轴颈之间产生相对滑动，造成间隔环的端面磨损而高度下降。对此，重新设计下侧轴承内圈和轴颈公差配合，由 H7/h6 调整为 H7/n6，由间隙配合改为过渡配合，并控制加工的公差范围。

◎ **MPS 分离机改进轴承**（见第 3 篇 5.9 节）

◎ **立磨转子磨损修复**（见第 3 篇 7.1 节）

2.2.4 传动装置

◎ **高压稀油站长寿改进**（见第 3 篇 8.1.1 节“延长柱塞泵寿命”款）

2.2.5 加压装置

◎ **MLS 立磨液压缓冲器改进**（见第 3 篇 5.5.1 节“液压缓冲器改进”款）

2.2.6 卸料装置

◎ **排渣溜子阀板选型**

排渣溜子的翻板阀为防止漏风不应过大，否则打开困难，通过量为 90%较为适宜，但排渣量多少又与入料粒径等因素有关，要恰当调节，有利于入磨风温提高。

大型立磨都会设两个溜子，千万不要为减少漏风，堵死一个排渣口，反而使上方热风管道积料，严重影响磨机通风，刮料板磨损也加快一倍。若仅一个排渣口，就需在刮料室壳体内镶嵌一圈耐磨钢板，并定期更换，还要每月靠人工对管道清理。

提升机电流波动大，多为卸料装置不灵所致，不仅提升机液力耦合器易爆，减速机断齿，而且漏风影响立磨产量。将旋风筒卸料装置由双层闪动阀改为电动星型卸料器，使下料均匀，且锁风效果好，也不会卡死。原电流波动可由 10A 减少到 5A 以内。

◎ **进风口防积料改进**

MLS 立磨常因喂料量过大或运行不稳造成磨外循环量过大，若喷口环落下的物料不能及时排出，就会在进风口堆积，增大通风阻力，磨机运行无法稳定。如果将磨外进风管道角度向上提 35°倾角，略大于物料休止角，进风口法兰高度也作相应提高，热风管道与其平滑过渡，如此落入进风口的物料在重力作用下，就会沿倾斜进风口管道滑落回刮板仓内，通过刮板排出磨机。

◎ **刮板结构改进**

ATOX50 生料立磨在使用中频繁出现刮板仓密封板损坏，刮板下部圆弧部分严重变形向外翘起。原来整个圆周的 8 块刮板，是通过根部的圆弧经 8 个螺栓与磨盘相连，但两块相邻刮板间有 L 间距，而让填满的物料与密封板直接接触，且有与间隙同大的颗粒卡在此处，才造就上述问题。因此，如何消灭 L 间距，不让物料进入此处，就是改进的宗旨。新刮板圆弧两侧各延长 $L/2$，在每个接口焊接搭接板，使其圆周方向成为整体。

◎ **排料仓增设链幕**

ATOX50 立磨排渣仓下料口壳体经一段运行后竟变形、磨漏，并经 20mm（8mm 厚高铬铸铁）耐磨板补焊，也很快磨透。因使用 200℃热风，壳体温度有 110℃，并发现物料与刮板分离时有一定初速度，是对壳体的撞击磨损。对此，在下料口两侧壳体上横架一支撑，悬挂一定数量耐磨圆环链，用螺栓连接，形成链幕，圆链长度根据从支撑到壳体距离确定，链幕不需要与支撑固定。因链幕挡住了物料对壳体的冲击，起到缓冲作用。改后一年多，链幕也无磨损。

2.2.7 矿渣立磨

◎ **设计要求**

（1）工艺布置中要注意主机、袋除尘器、热风炉、排风机等相对位置及能力相配，特别是热风炉出口汇风箱的体积要足够大，使其热风、循环风与冷风能均匀混合。

（2）留足更换磨辊空间，考虑块状矿渣的筛分与破碎；液压缸无杆腔应设置缓冲氮气囊。

（3）提高电控设备，如测温、测压仪表、阀门执行器、稀油站、液压油路等配套水平。

（4）为防止磨盘上无料时，磨辊与磨盘金属间的直接接触，产生磨损及振动，每个主辊都安装了限位传感器和缓冲限位装置。但如果缓冲元件是采用弹性橡胶，则老化失效很快（一般6个月），必将威胁运行可靠性。为此，选择刚度大、缓冲吸振能力较强的碟簧代替橡胶．对原结构适当改进，而缓冲原理不变，预计寿命可达 3 年。

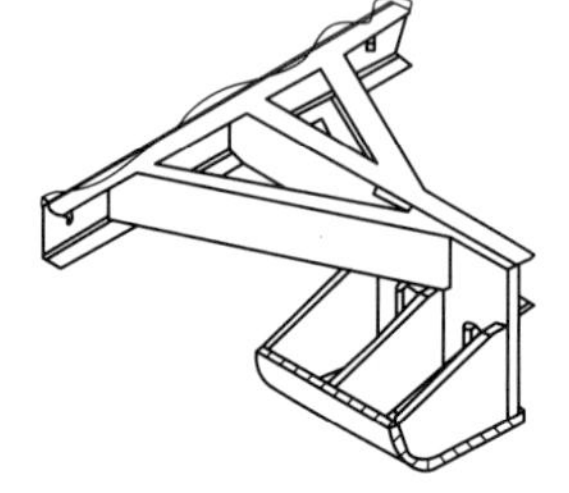

图 3.2.11 辅料板结构示意图

◎ **改磨熟料措施**

矿渣立磨在改磨熟料时，如果发现料床不稳，可采取如下措施。

（1）自制弧形铺料板三个（图 3.2.11），由 25mm 厚钢板和 16a 槽钢制作。分别在磨辊间固置，距离磨盘衬板高度可由喂料量大小及料层厚度决定，并可灵活调整；宽度与磨辊、磨盘工作面宽度相同，对料层起到布料整形、压料密实作用，有利于稳定料床。

（2）将磨盘上原粉磨矿渣的斜衬板，改为平衬板，增加研磨带宽度，加大物料与衬板接触面积，便可明显提高料床稳定性。

◎ **壳体防磨**

德国 POLYSIUS 的 RMS51/26/435 型矿渣立磨，原设计采用挂置耐磨复合挂板方式防筒体磨损，但使用一段时间后，由于复合挂板是逐块、逐层排列迭压安装，衬板之间难免有缝隙，磨内含矿渣粉气流通过缝隙，仍直接冲刷磨蚀挂板挂钩，使其挂板掉落磨内，轻则将挡料圈全部刮断，重则恰逢检修时，会致人受伤。对此结构有两种情况改进。

磨机内壁挂板要求安装有一定角度，以正确导风，因此只能努力消除衬板间缝隙。在全部更换完磨损的圆钢挂钩后，立即在壳体与衬板间用耐磨陶瓷料浇灌，然后逐层向上安装挂板，全部 5 层完成后，再对衬板间有缝隙部位手工涂抹修补，确保挂钩不受磨损。

因选粉机倒锥挂板无导风要求，将其全部拆除后，先焊上涂层固定钢网，再按耐磨陶瓷工艺要求，直接在上制作 25mm 耐磨陶瓷涂层，按照该材料耐磨程度，预计使用 20 年。

上述措施未破坏原导风结构，能确保安全及长期运行。

◎ **摇臂装置改造**

TRMS 矿渣立磨在检修更换磨辊辊套时，上摇臂只能翻转 10°，无法将磨辊翻出磨外检修。修改原有设计及制造：提高上、下摇臂与轴配合面处的表面硬度及粗糙度，防止接触面被拉伤；将内镶式胀套改为带法兰锥套，配合锥度由 1∶10 改为 1∶5，法兰上有把合孔及拆卸用螺纹孔，锥套与轴配合面倒角改为圆角，拆卸时不会与轴卡死，装配时锥面及内外圆配合面均匀涂抹防卡剂；上摇臂与轴配合面涂抹石墨粉，有益于润滑。

◎ **立磨辅辊摇臂窜轴改进**

4.6m 矿渣立磨的辅辊摇臂多次出现窜轴现象，经查系辅辊摇臂自由端与固定端均采用配紧定套的球面滚子轴承，难免在使用中受到振动、冲击而松动，最好的办法不是用锤击扳手再将锁紧螺帽拧紧，而是用退卸套的轴承代替紧定套轴承；且端盖螺栓改用 10.9 级。凡此类结构的故障原因及处理方法类同（见第 3 篇 3.3 节“锤破窜轴改进”款）。

2.3 辊压机

◎ **新型粉磨设备 BETA 磨**

德国近年新开发的单传动粉磨设备，它将集球磨机产品质量可靠、立磨紧凑和辊压机低能耗的优点于一体。因速度差异和摩擦力最小，磨辊寿命更长。属中高压操作，拥有广泛的调压范围，不受物料易磨性影响。其原理是制备好稳定的料层喂入粉磨区，上辊施加粉磨压力，下辊是变频控制的传动系统；料层厚度可根据不同的粉磨参数，如物料、含水率、细度及产量进行控制。单位能耗比辊压机还低 29.4%。

2.3.1 进料装置

◎ **喂料小仓设计要求**

（1）小仓容积要恰当，既要保持有一定料压，能稳定料流，不能过小；但又不要过大，将料压死，尤其物料较湿时；料仓断面尽量不取方形，四角易形成死料区；料仓上下断面变化不要过大，有锥体时角度要大于 70°，一定要大于物料休止角。

（2）物料进入辊压机前应设置有中控操作的斜插板，板的底边距磨辊表面距离不要大于 2mm，否则会从此处冒出细灰。

◎ 保气动阀灵活改造

当辊压机使用水平状气动阀控制设备喂料时，常会因阀板行走的滑道在开启状态时，被熟料或炉渣等细粉所填塞、凝固，阀板难以返回关闭，也不易再打开，造成设备待料空转（如是斜插板调节，此情况不会发生）。为此，可重新制作前端带有空边框的阀板（图 3.2.12），当阀板打开时，此边框占据滑道，细粉料不可能再充填进滑道，即使在驱动阀板运动的压缩空气压力仅达 0.4MPa 时，阀板也能自由抽拉。为了安全，对空边框要有保护壳套，以在关闭阀板时，边框不会因退出滑道伤人；另外，在边框运动产生的缝隙处，要加毛毡密封，以免漏料。

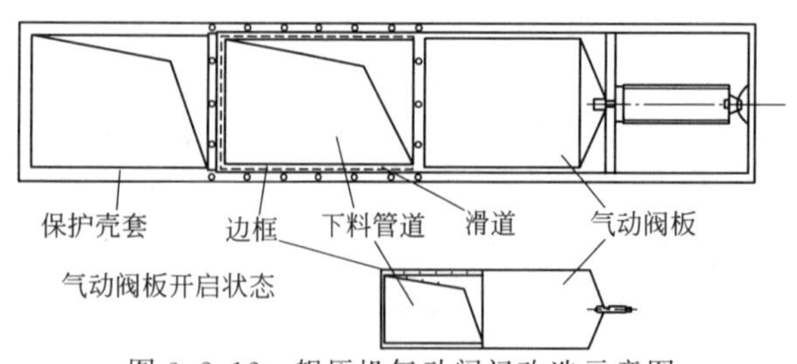

图 3.2.12 辊压机气动阀门改造示意图

2.3.2 磨辊

磨辊的耐磨性及楔入角是设计选型的首先考虑内容。

2.3.3 传动装置

◎ 主轴承冷却改进

当发现辊压机轴承温度报警，并频繁跳停时，就应考虑原设计冷却能力不足。为此，有必要增加一套循环水冷却装置（图 3.2.13）。冷却装置壳体材料选用 5mm 厚 Q235 钢板，做镀锌防腐处理。制作成两个 1/4 圆箱体，厚度 60mm，为确保其刚度，要做加筋处理，还可增设导流板。将箱体围绕轴承端盖满焊于轴承支架上。下部管接头作为进水管（*DN*25）接头，上部管接头作为出水管（*DN*32）接头，可配合使用橡胶软管。

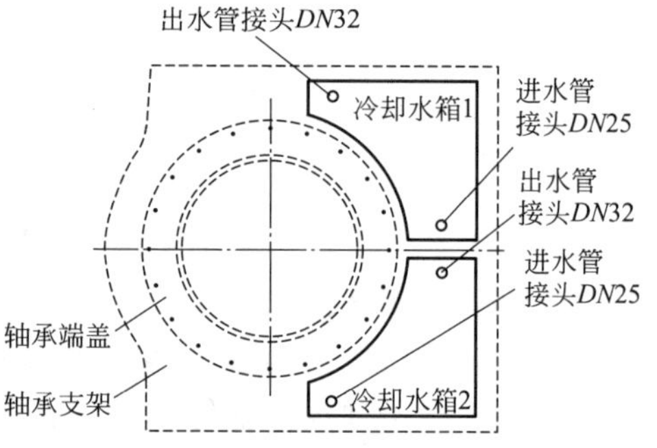

图 3.2.13 轴承增设循环冷却装置示意图

2.4 煤磨

◎ 用篦式烘干仓

当原煤水分较高，烘干能力不足时，可采用此技术改造，既较少投资，又效果显著。

在磨头进料端支承装置的外侧，无需改动磨机的主体结构，增加悬臂的篦式烘干仓。该烘干仓内结构是（图 3.2.14）：筒体周边均布篦式分料板，作为烘干湿煤的第一次热交换；周边挂有打击块和链条，对湿物料打击与抖动，使其不会粘连筒体；在仓筒中心设有锥形篦板，可以接抛并分离物料，是第二次热交换。该结构需要对原磨机功率及基础进行复核，原则上，这种悬臂结构有利于磨机转矩平衡，又因热风先通过烘干仓，还能改善磨机滑履运行条件。

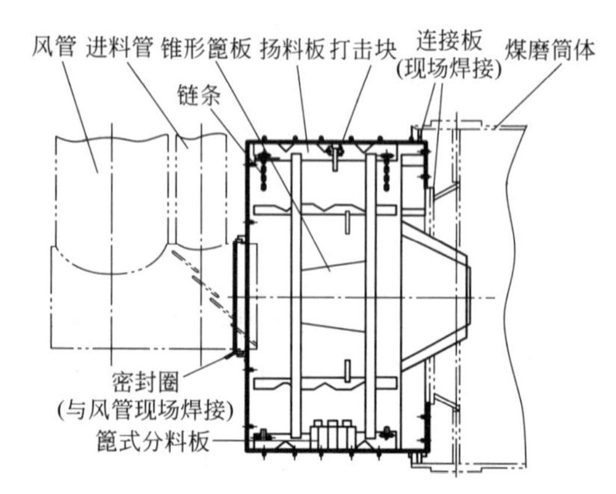

图 3.2.14 滑履磨篦式烘干仓结构示意图

此改造将适应水分较大（12%～15%）的原煤粉磨，烘干温度在 65℃ 时，煤粉水分小于

1.5%，这减少与发电对余热的争夺。

◎ **隔仓篦板改进**

当煤磨出现隔仓板篦条易断裂、隔仓篦板易脱落的故障时，可进行如下两点改进。

(1) 针对内圈隔仓板篦条留缝过长而使截面强度低，应将径向篦缝改为环向变短。

(2) 针对隔仓板原椭圆头螺栓制作粗糙，无法接触密实的现状，改为六角头螺栓。

改进后上述故障再未出现。

◎ **沟槽分级衬板改造**

当窑用煤由烟煤改为无烟煤时，煤磨衬板与配球应相应调整，尤其发现钢球有逆分级现象时，更要检查衬板选用的合理性。设计的沟槽衬板单件为35kg，衬板角度为7°。采用沟槽提升衬板与沟槽平衬板组合：靠近入料端，两种衬板的比例为1∶1，以适合于ϕ60mm的钢球；磨机前端，两者采用1∶2，适于ϕ50mm的钢球；磨机后端则为1∶3，与ϕ30mm钢球相配。同时调整钢球级配，取得降低成品细度、产量略增的效果。

◎ **防煤粉入分离器减速机**

ZGM113煤立磨原分离器减速机上盖和连接盘间的接合处密封结构是迷宫密封和V形密封各一道，但煤粉仍能进入减速机内，将轴承磨坏而停磨。强化机械密封的办法如下。

在连接盘与下料管间增加U形密封套，套内用润滑脂充满，为此，在减速机上盖均匀开4个注油孔；车掉原连接盘上部的迷宫，镶上新钢套，并用12个M12mm的内六角螺栓与连接盘固定，在钢套上车出和上盖相配的迷宫密封，套外沿仍设V形密封；在中空轴同旋转分离器间增设两道橡胶板密封，使橡胶板与中空轴壁间留(2±1)mm间隙；在易磨损的下煤管内壁和密封风口对着的外壁喷耐磨陶瓷涂料。

2.5 选粉机

◎ **主轴支承组件改进**

当XL35型选粉机主轴部位反复发生故障时，说明该轴承受轴向力过大，需做如下改进。

为贯彻主要支承准确定位、辅助支承浮动定位的原则，如图3.2.15右半侧所示，将32132轴承改为内圈有单挡边的42132轴承，且让单挡边向下，在底座与轴承外圈之间加定位套，作为调节环；同时加厚调节尺寸的石棉板2mm，保证压盖台阶与下轴套台阶面间隙>1mm，以满足主轴与套筒因温差而产生的自由伸缩，使3003124轴承浮动定位。改进后，3003124不再受轴向力，主轴组件不会有轴向窜动；且有预留空间，保证了与42132轴承的轴向游隙；其他所有轴承轴向定位都相对静止；压盖不受外力。

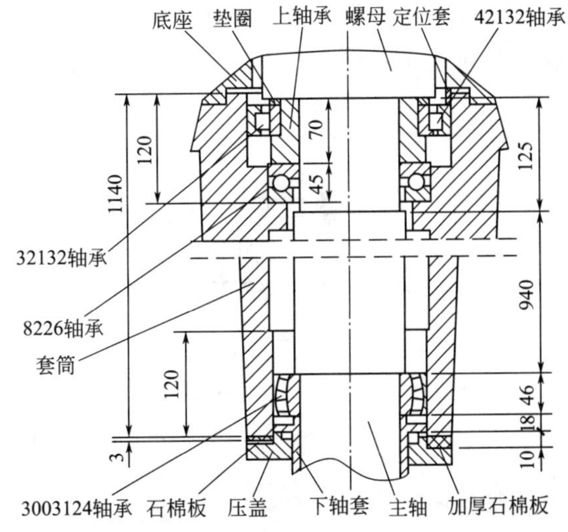

图3.2.15 选粉机主轴部位结构改进示意图

◎ **高效选粉机改造**

L-SEP3250双分离式高效选粉机刚投产时，选粉效率50%～60%，且回粉中含有大量成品，产量极受影响。对下列内容进行改造后，选粉效率提高达76.85%，水泥电耗降低4.2～5kW·h/t。

增加选粉范围，从110mm增大为190mm；优化上壳体结构，增加一层内壳体，改变原垂直上壳体结构及等分区域的气流方向；选粉机下料管由圆管改成300mm×300mm方管，提高下料能力避免内锥体填料；加大折流锥到ϕ1900mm；与更换导向叶片、折流锥和加粉管配套更换内锥体；导向叶片改为上下两个，单块尺寸为240mm×1030mm，螺栓固定，两块叶片垂直间隙60mm，固定基板高度70mm，避免随主风机开大风门后可能的自动闭合；转子叶片设计为垂直叶片，靠近转子叶片处增加涡流打散叶片。

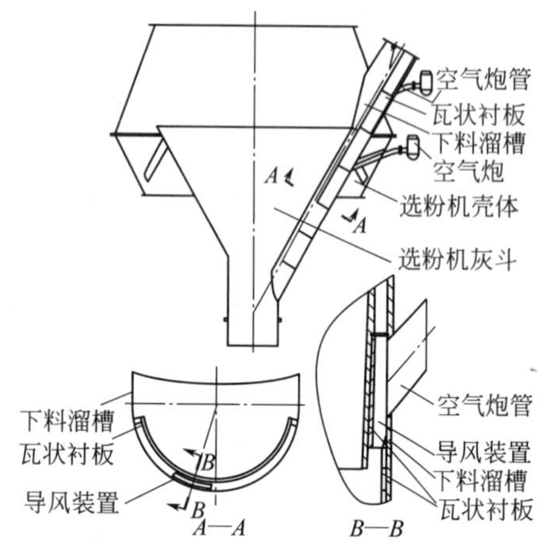

图 3.2.16 防堵防磨下料溜槽结构示意图

◎ **下料防堵溜槽设计**

相当多选粉机的下料溜槽一是磨损过快，二是容易堵塞，尤其当物料磨蚀性大或含水量大时，更易发生此类故障。为此，建议将溜槽下半部原方管改为半圆管，使用如下具有防堵与防磨功能的抽插式瓦状耐磨衬板，再配用空气炮，便可减少这类麻烦。

如图3.2.16所示，下料溜槽与选粉机壳体相连，入料口与灰斗出口相接。在溜槽内部自上而下层层叠加有瓦状衬板，并以插入方式固定，在瓦状衬板与溜槽本体之间有与空气炮管相通的导风装置，压缩空气定期通过它直接喷吹至易堵塞处，使溜槽上运动的物料畅通。因物料始终在瓦状衬板上运动，不会磨到溜槽上，而瓦状衬板是用耐磨钢板制作，即使磨坏，也方便更换。

◎ **选粉机耐材选择**（见第3篇7.1节）

2.5.1 O-Sepa选粉机

◎ **密封结构改进**

如发现产品细度变粗，比表面积减小时，就要考虑选粉机密封是否磨损，使部分粗料因密封失效短路为成品，而且这时成品的细度也与出磨的半成品细度有较明显相关性。原设计的迷宫密封间隙为（8±2）mm，而此时径向与轴向间隙都在15mm左右。

经对此结构分析，A法［图3.2.17(a)］为：将原密封槽开口向下改为向上，并将新迷宫结构用耐磨钢板焊接在撒料盘上；B法［图3.2.17(b)］为割除原壳体最内圈使用效果差的密封环，重新制作密封装置，让新增部件间的缝隙只有4～5mm。两种方法都能让进入撒料盘的物料不易进入迷宫槽内，不但降低了磨损量，而且还提高了选粉效率，提高了台产。

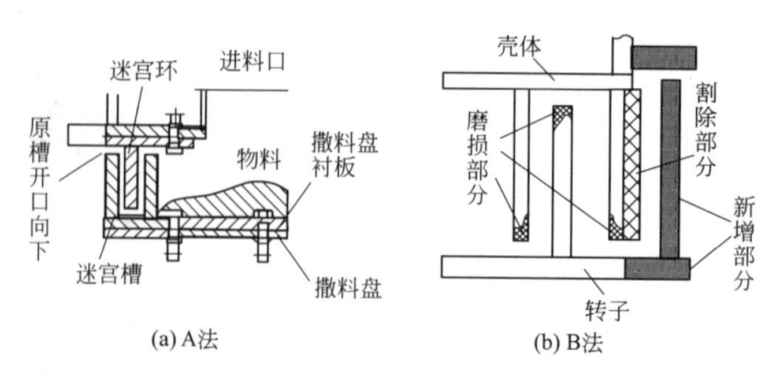

图 3.2.17 迷宫密封结构改进

利用更换下轴承转子密封环的机会，整体提高笼形转子，对传动底座及减速机包括电机整体提高5mm，凹形环内侧仍然补焊耐磨板，重新固定笼形转子内部支撑。重新找正转子垂直度，并试转检查内部无剐蹭现象即可。

2.5.2 V型选粉机

◎使用电中和装置

物料经辊压机压制成小颗粒并带有裂纹的料饼，但由于静电黏附而难于分散，直接影响选粉效率。为此，Ecofer公司开发中和静电装置，以阻止电黏附效应，将它设置在V形选粉机料饼的进料口，使带正电的小颗粒物料被中和，提高了选粉效率，试验证实，经电中和装置后，10～100μm间颗粒减少22%，水泥磨系统产量从125t/h增至140t/h。

2.5.3 K形选粉机

◎提高选粉能力

当粉磨物料温度较高成团时，不利于物料分散选粉。为此，可采取三大措施。

(1) 为降温并增加外来新鲜空气，在与循环风机进风口同一水平面，尽量在竖向向下增设次进风口，沿导风叶片切向进入，以防下部积灰。断面积为主进风口的1/9左右（图3.2.18）。但要核实与之相接的收尘器，是否有10%～15%富裕量，否则要另加一台收尘器。

(2) 在选粉机入料口增设限料板，确保来料在撒料盘正上方，有利于抛撒物料。

(3) 可利用调整皮带轮直径，适当增加磨内通风量，达到设计要求。

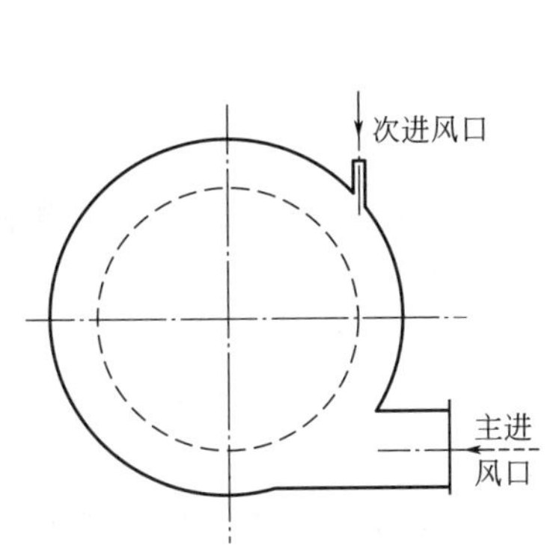

图3.2.18 次进风口开启方向

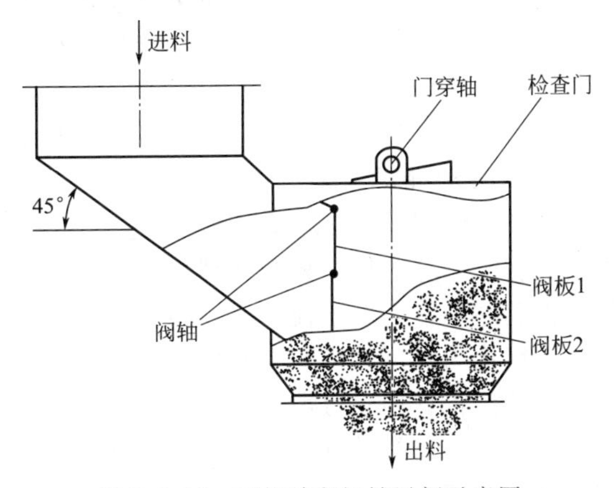

图3.2.19 可折单翻板锁风阀示意图

◎可折单板锁风阀应用

选粉筒下常用回转卸料器锁风，但因料量过大，常会发生分格轮轴承压挡自行脱落，盘根密封失效、漏料严重等故障，自制可折单翻板锁风阀（图3.2.19），上下两部分用阀轴铰接，能方便地适应不同料量通过，且上方有检查门，用于更换磨损后的阀板。上下进出口用法兰与原设备接口连接。

2.5.4 LV选粉机

◎对MLS3626改造效果

用LV选粉技术改造MLS立磨上的选粉转子，取得满意效果，改造后循环风机风门开度由原100%降至80%，电流由173A减至155A，选粉机转速由原1000r/min降至450r/min，电流由58A减至30A，且因选粉效率大幅提高，产品粒径改善的条件下，产量由原210t/h，增至252t/h，单位电耗降低3.7kW·h/t。可谓效益显著。

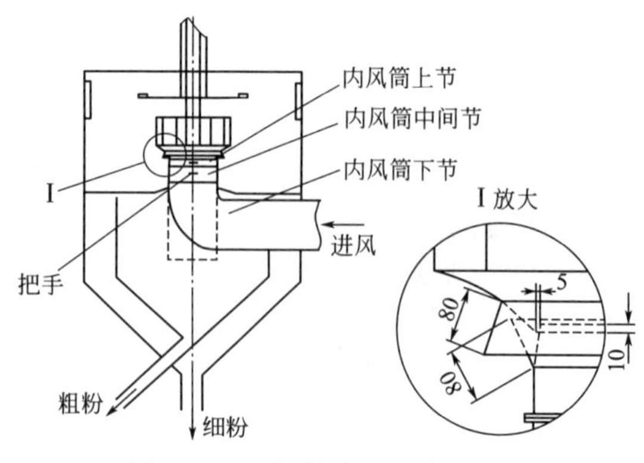

图 3.2.20 打散分级机结构改造

2.5.5 打散分级机

◎ **减少风轮磨损改进**

打散分级机风轮磨损较快，是因有两个进灰点粉尘磨蚀：风轮和内风筒间空隙；内风筒进风口。为减少该两点进灰，将该结构改造如下：减小内风筒顶端直径，提高其高度，让内风筒上端部插入风轮内 10mm，对风轮进风口一周和内风筒顶端一周各加焊一道宽 80mm 的钢板喇叭口（图 3.2.20），起迷宫防灰作用；将内风筒进风口由打散机内（图中虚线所示），改为外部进风，净化了气源；为方便风轮检修更换，内风筒改为三节，中间节高 200mm，并焊有把手，每节之间用法兰连接。

2.6 旋风筒

◎ **旋风筒锁风改进**

经实践摸索出既能锁风、又不会卡料、还不需要动力消耗的帘式锁风阀，制作相当简单，原理也不复杂，效果却很好，对主机运转有重大帮助。即两个串联的小钢板室，中间用钢板完全隔开，钢板经合页与上部焊接，能被来料掀起；旋风收下的物料落入进料室，当物料积到休止角后，下流挤开帘板，进入出料室，有多少料就挤开多大间隙，不但不磨损钢板，而且实现料封：空气不会进入，又不影响出料，是真正的锁风。

◎ **干扰式分离器的使用**

TDS 干扰式分离器实际就是改进型旋风筒，是专为在应用篦冷机废气余热前，分离其含尘的装备。它分内筒、外筒两部分，内筒有三级，在二级筒上有交错鳞片状折流板，让进入废气撞击到它后，急转折流 120°～150°，使夹带的大颗粒粉尘在此级筒壁上下滑到下料锥管收集；三级筒为扩展式内筒，使出此级的废气流速逐渐降低，再沿外筒折返向上，让残留粉尘再次被收集到锥管内；分离后的净化气体从外筒出气口排出。此装备可以代替原用的沉降室，或普通旋风筒，以有效降低废气中所含熟料细粉浓度，对后续利用此废气余热发电，减少熟料粉对锅炉管道的磨损，非常必要。目前最大目标是内筒材料既要耐高温、又要耐磨，才能延长使用寿命，否则成本太高。本装置还会有利于煤磨利用此废气，若熟料粉随烘干热风带入煤磨后，会使煤灰分增加 20%左右，热值下降，况且烧出的熟料细粉已是宝贵产品，却又随煤粉再次入窑，干扰煅烧，极不合理。

3 热工装备

3.1 回转窑

◎ 气缸式密封优化

原窑尾常用气缸式密封，因固定摩擦环与活动摩擦环间为面接触，磨损过快。若增加一可以控制摩擦面间隙的辊子装置，使其与活动摩擦环间为线接触，就可减轻磨损，大大减少摩擦阻力。若干辊子装置均匀固定在径向密封环的圆周上通过辊子自带的偏心机构，可以适当调整固定摩擦环和活动摩擦环的间隙在1mm左右，待磨损到此间隙为零值时，再用偏心机构将此间隙调到1mm，如此反复，直到辊子无法调整为止。同时，对电动干油泵定时送润滑脂进入两摩擦环之间，既润滑又密封。适宜控制气缸进气口压力0.2～0.4MPa，若过大，会加快辊子与活动摩擦环间磨损；若过小，辊子与摩擦环就会脱开，密封失效（图3.3.1）。

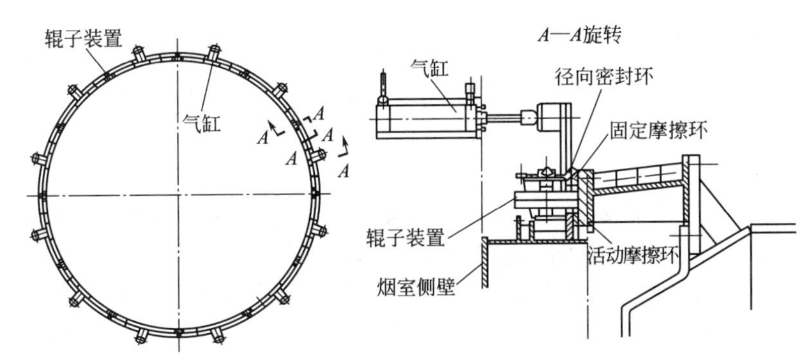

图3.3.1　优化气缸窑尾密封

◎ 窑尾护板改造

当窑尾护板频繁高温烧损（图3.3.2）时，可按以下方式改进。

（1）将新护板外形厚度由原165mm减少为145mm，一为在护板背后裸露位置浇注50mm厚的耐火浇注料，二为满足窑尾冷、热态变化留有空间。

（2）在铸造新护板时，于肋筋相应位置预留小孔，并在孔上安装与焊接扒钉，保证浇注料牢固；扒钉即可圆筋，也可为扁条，材质为耐热钢。

（3）选用与窑头相同的KG-80耐磨浇注料。

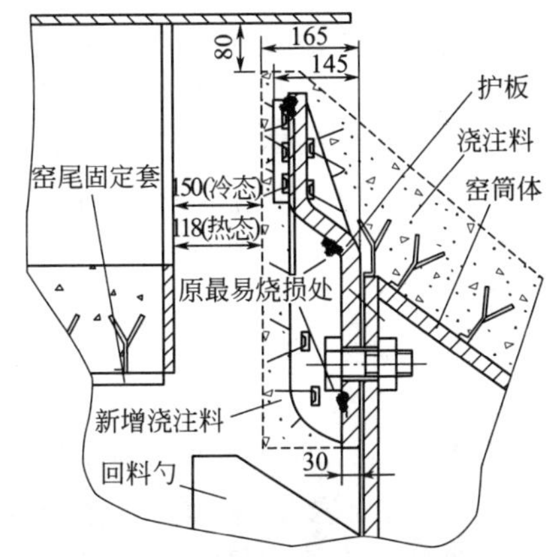

图3.3.2　窑尾护板改造示意图

◎ 用窑体散热发电 （见第3篇12.1.2节）

3.1.1 喂料装置

◎ 喂料斜槽分料装置改造

凡发生喂料斜槽冒灰送料不畅，或两个一级出口温度差≥20℃时，都应考虑一级喂料斜槽的输送量及分料装置不合理。为尽量减少改动，可采取只增高上壳体以增大输送量；在圆形分料装置内增加导流板，避免物料在圆腔内发生无效的循环流动，阀板要有足够厚度，方便执行机构调节。

3.1.2 传动装置

见第 3 篇 2.1.1 节“防止大齿轮张口设计”款。

3.1.3 预热器

◎ 捅料孔密封

为减少预热器捅料孔漏风，可在结构上按图 3.3.3 加工改造。用耐热钢 25Cr20Ni 制作带有螺纹丝扣的内套，其外径与原捅料孔内径一致，紧密配合，并焊牢。同时对端盖也配相同直径的外丝扣，端盖内塞满岩棉。

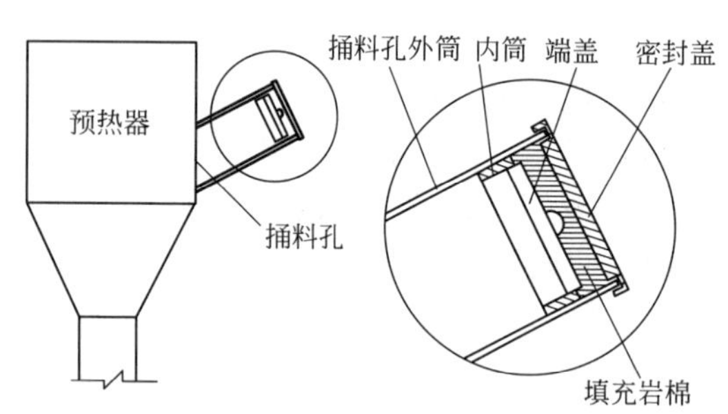

图 3.3.3　捅料口的密封示意图

此改造工作量并不大，虽每个捅料孔漏风对系统影响较小，但整个预热器捅料孔有数十个之多，累计效果就会非常显著。

◎ 陶瓷挂板内筒

原五级预热器内筒使用 ZGCr25Ni20 材质，寿命仅一年左右，现材质改用陶瓷挂板后寿命可在四年以上，在保证预热器正常选粉效率下，不仅减少维修量，不再担心损坏的挂板破损后堵塞预热器，而且总成本也大幅降低。只要维修中避免让耐火砖等异物碰撞，且开停窑温度变化不要过急即可。

◎ 三级挂板新材质

预热器内筒挂片常规使用 ZG40Cr28Ni6RE 奥氏体＋铁素体型耐热钢，现研究出一种无镍奥氏体耐热钢：增加 Cr 元素，强化碳化铬增加高温抗氧化能力，加入 Mn 元素，形成碳化锰，促进稳定奥氏体的形成；加入非金属元素 N，氮化物对合金有增强作用。用这种 Cr-Mn-N 奥氏体耐热钢制成的内筒挂片，在 700℃环境中表现出较高冲击韧性及高温拉伸性能，特别适宜制作三级内筒，不但寿命长，而且节约镍资源。

◎ 点火烟囱帽控制

有不同的控制方法。

很多生产线一级预热器顶上设计有点火烟囱，为冷窑与点火时，可免去高温风机运行，还可在高温风机有故障时，作为临时应对措施。但如果中控操作控制不灵，反而会出现更大损失，比如此处密封不严而漏风，就会有 500Pa 以上压损。

为此，对原设计应增设一套配重机构，提高该装置操作可靠性（图 3.3.4）。如烟囱帽已经关闭到位时，若电动执行器仍在运行，钢丝绳会在重锤作用下自动拉紧，防止钢丝绳继续松弛互相缠绕；打开烟囱帽时，电动执行器确保重锤拉至固定支架。

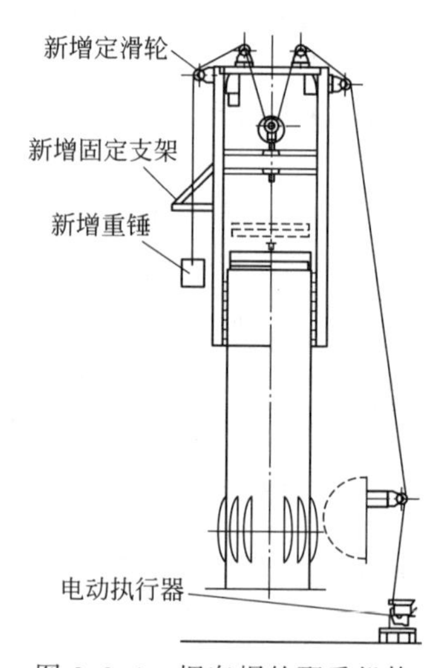

图 3.3.4　烟囱帽的配重机构

改造中重锤自身重量要小于烟囱帽及滑轮阻力之合，否则会出现关闭时，烟囱帽未动而重锤动作的可能；滑轮阻力大小因现场而异，需要摸索确定；还要兼顾钢丝绳总长不能超出电动执行器的正常使用量，才能保证烟囱帽开启和关闭。

执行机构原用自带的控制板通过模拟量来控制开关，后改伺服放大器也常因振荡而失控。改用上位计算机编程输出开关量控制烟囱帽开关，即用比较逻辑功能块，将给定值与阀位反馈信号比较，避免因给定信号受干扰而导致阀门开度波动。每套下位控制器需要控制点数为：AI 点 1 个，DO 点 2 个，用一根屏蔽控制电缆、两根普通电缆代替原老化电缆，再外加两个 AC220V 继电器控制现场接触器线圈的得失电。校线打点后，改造现场控制箱，在转换开关上引入 AC220V，作为电力室继电器常开点的公共端。此时，中控便能对阀门开关控制自如。

3.1.4 轮带

◎ 受力及材质应对

轮带主要承受温差应力、弯曲应力和接触应力，只要其中之一过大，就导致轮带损坏。运行中要保证轮带内外温差不超过 120℃。加入少量合金元素，可有效改善钢材性能：Cr 能提高钢的淬透性、抗回火性能及抗氧化能力；Mn 可提高钢材韧性，提高屈服极限；Si 可提高钢的屈服强度；而 Mo 可改善钢的淬透性和高温力学性能等。轮带材质的进步顺序是：ZG35→ZG45→ZG35SiMn→ZG40Cr→ZG42CrMo，以提高它能承受的弯曲应力及接触应力。

3.1.5 托轮与托轮瓦

◎ 使用锌基合金瓦

用锌基合金瓦代替原铜瓦，并对球面瓦磨损部位采用电刷镀方式修复，轴瓦瓦背与球面瓦内面配伍刮研，接触面积>70%，而且分布均匀，接触角应>150°，每 25mm×25mm 面积接触斑点不少于 3 点。在装配时，将 340 快固型厌氧胶涂抹在已剥落电镀层的部位，用厌氧胶作为填充物，使轴瓦瓦背与球面瓦内紧密接触。

◎ 托轮隔热装置改进

窑筒体表面温度最高可达 380～400℃，为减轻它对托轮轴与瓦工作温度影响，理应在其间安装隔热装置减轻热辐射。改进方式见图 3.3.5，由原有的上下两层隔热板、中间用支撑柱连接的结构，改为用圆弧设计，用 3mm 薄钢板弯曲成上下两块隔热板；在相应位置开孔后用支撑柱组焊，并在中间与两侧边分别焊上筋板，起加强和散热作用；中间用隔热材料塞满捣实，再用盖板四周焊接封闭。此结构增加了隔热作用、有利于散热，且不易变形。

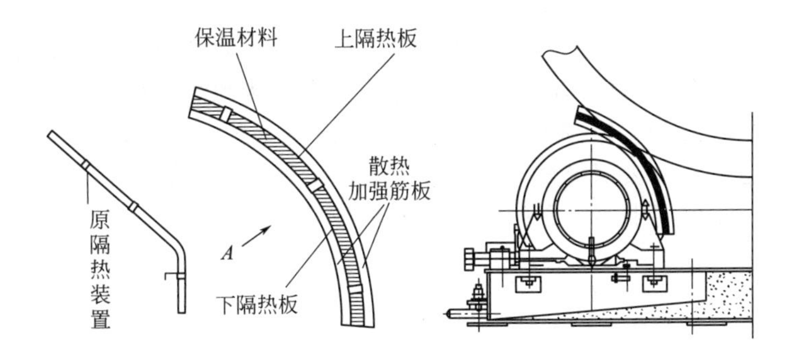

图 3.3.5 隔热装置改进结构及安装

3.1.6 挡轮

◎ 液压挡轮限位开关改进

当窑筒体上下滑动到位后，仍未自动切换时，就会损坏窑头窑尾密封，造成严重漏风。表明机械限位开关已受粉尘影响失灵，此时只有靠中控操作能发现窑在设定时间内未完成上下滑行要求（2～3mm/h）时，通知现场人员强制按下相应限位行程开关小凸轮切换。如用防爆非接触式接近开关Bi5-G18-Y1，代替原JW2-11Z/35组合接触式行程开关，检测距离为2～15mm，接近开关内无机械触点，具有抗振防尘不易损坏、便于调整液压挡轮行程的优点。

◎ **窑上下行程控制改进**

为了让大小齿轮、轮带与托轮的磨损均匀，应该让上下行程不只限于±10mm，而是以窑上位时，大小齿轮上端面齐平，下位时，下端面齐平为标准，逐渐放宽工作行程至±25mm，报警及跳停限位分别为±27mm、±30mm。目前，窑上行也可能不是液压挡轮所推，此时应有报警信号，否则窑会上撞烟室；而下行时因马蹄铁限制，跳停信号本可取消。因此，液压挡轮全部限位开关都可改装在大齿圈密封圈上，减少环节而可靠。

3.1.7 窑口密封装置

◎ **窑头风冷套位置**

不少窑头罩安装相对尺寸设计存在错误，造成风冷套装置、密封及窑头筒体段节都很快在高温下失效、变形、甚至损毁。改装的关键在于要根据窑筒体不同材料使用温度，计算窑筒体膨胀量，风冷套材质为耐650℃的1Cr18Ni9Ti，而护板材质是耐1150℃的ZGCr20Ni20，为此，应正确确定窑口冷态安装位置，以让热态工作时，风冷套能受到护板保护。如将过多深入窑头罩的窑筒体去掉200mm，并在窑头筒体处配钻安装窑头护板孔，重新制作风冷套装置、窑头密封装置及相关连接件，风冷套向高端顺延安装；延长护板外圆，以保护风冷套（图3.3.6）。

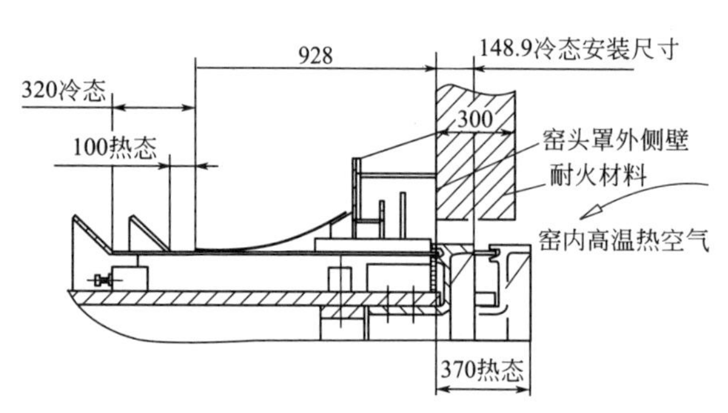

图3.3.6 窑头罩及窑头密封正确安装尺寸

3.1.8 三次风管与闸阀

◎ **耐磨陶瓷闸阀板**

用工业氧化铝陶瓷制作陶瓷砖，并用特制的笼形耐热钢筋骨架上制模，用高强耐火浇注料为骨料制作闸板，将陶瓷砖贴在其迎风面上；为增加陶瓷砖和浇注料的结合强度，在相互接合面上采取多个高度30mm的十字形凸台；骨架材料选用ϕ20mm的Cr25Ni20，制成笼形骨架代替原有锚固件，还节省耐热钢用量1/3。使用后，经两年考验，只在底部有约8mm不均匀磨损，其余均完好，比仅用半年的原闸板提高寿命数倍。

3.2 燃烧器

◎ **燃烧器性能对比**

TCB与SINOFLAME均为中材装备产品。前者为单风机，后者为双风机，虽后者电耗较高，但前者一次风机用量较后者多用2%；虽后者火焰高温区长度比前者长2m，但前者黑火头比后者长0.2m；前者只能在现场调试，且复杂，而后者在中控便能调节。前者的拢焰罩易损坏，后者无拢焰罩，是靠最外圈冷却风道保证火焰形状，不伤窑皮，有利于烧劣质煤。燃烧器制造商应考虑如何以使用后参数说明其效益，对于水泥窑用燃烧器，燃烧速率快是关键，能表示速率快的参数理应是窑尾温度降低（见文献[5]）。

◎ **清理端部结焦工具**

推荐两种方法。

(1) 燃烧器端部经常出现结焦，改变火焰形状，对熟料煅烧及窑皮都极为不利，经常靠人工在窑头罩侧面开孔清理，但清除不净，且易损伤燃烧器，也很费力。现有两种企业自行开发的工具：使用如图 3.3.7 所示的专用工具，将会利用它从喷煤管尾部穿进燃烧器的中心风道，利用手柄在外操作刮板旋转，即可轻易除掉燃烧器端部的结焦。

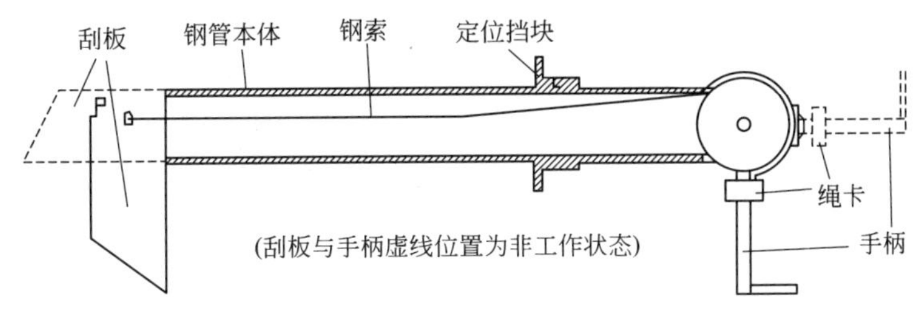

图 3.3.7 清理端部结焦专用工具

(2) 用角钢制作一方形框架，花篮螺钉一端焊接在框架上，另一端和钢丝绳相连，成为调节端；钢管一端焊在框架上，将钢丝绳穿过钢管，和钢管另一端耐热钢片相连，钢片用轴销固定在钢管上，作为清理端；用花篮螺钉调节耐热钢片位置：拧松螺钉时，将该装置推进油枪通道内，并超过燃烧器断面；拧紧螺钉时，便使钢片翻转 90°卡在钢管头部的槽中。耐热钢片刃部紧紧贴在燃烧器断面上，再转动框架装置，带动钢管和钢片转动便完成清焦；将清理装置向外拉出 1m，耐热钢片复位，并一直留在燃烧器中心通道内。

3.3 篦冷机

◎ **史密斯四代升级**

自 1997 年史密斯公司推出第一台用十字棒推动熟料在篦板上前进的篦冷机以来，自称为是篦冷机的革命，命名为 SF 型。从此，各类新型结构篦冷机应运而生，人们统称其为第四代。2004 年及 2009 年史密斯公司又进行两次升级，分别称其为 MM 型及 CB (Cross Bar) 型。旨在提高标准件模块化率、延长十字棒寿命、减少重量及便于安装。

该篦冷机维护十分简单：对所有部件只要每年定检一次，重点检查易磨损件的磨损程度，检查密封推棒与密封板间隙、十字棒与 C 形板间隙、支承辊与下托板间隙等为 1mm，支承辊子轴承的润滑脂每年添加一次，每点每次 20g。篦冷机效益的关键是以热回收多少为先进标志，即二、三次风温应分别达到 1200℃、1000℃以上，才是最先进的篦冷机，所谓消灭“红河”、消灭“雪人”、不烧篦板、不漏料、熟料温度低等优点，都必须将提高热效率作为最终目标。

◎ **传动轴密封改进**

原有传动轴密封结构为：静密封板与篦冷机壳体用螺栓连接，动密封板和传动轴之间靠轴定位，随传动轴上下运动，起密封作用。该结构易磨出间隙，热风将粉尘带入间隙后沉积，挤压密封板使其变形、漏料，冒出的细粉积在导向轮上，又加剧对它的磨损，使传动轮，左右受力不均，篦板间隙变大，磨损更大。有两个改造方案：方案一是自制密封装置，与原密封组合安装(图 3.3.8)。风室内将自制密封装置焊接，原有密封及螺栓全部罩在其内；向该密封罩内导入压缩空气，抵消压差，防止漏料并可冷却；在原动密封板外加装密封箱，在箱内外各焊一层密封板在传动轴上，形成迷宫密封；箱底设置粉尘沉积排放管，可将进入装置内的颗粒粉尘排出。

方案二是更换密封件材质。将固定密封摩擦板由灰口铸铁更换为铸钢件，将滑动密封板换为耐磨的聚乙烯板；去掉滑动密封板外全部结构，改用驱动轴上固定弹性部件压住滑动密封板，使之与固定在篦冷机壳体上的耐磨板紧密接触（图 3.3.9）；在固定密封板增设润滑油孔，并与篦冷机的在线润滑系统连通，让相互运动的摩擦板间零磨损。

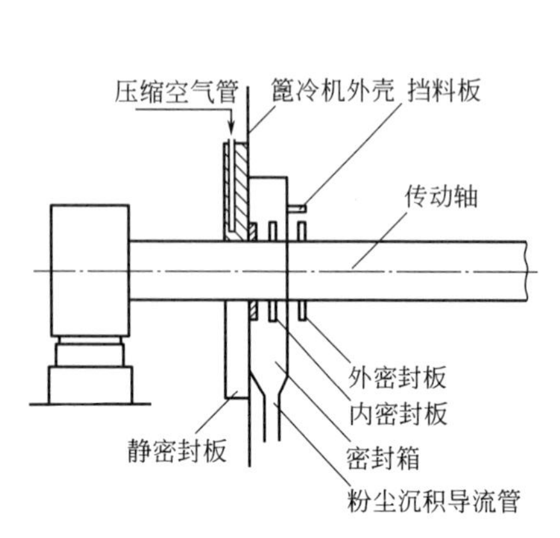

图 3.3.8　篦冷机传到轴密封改进方案一

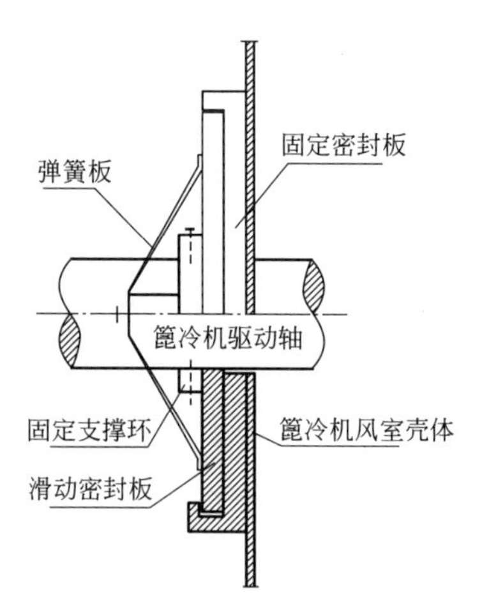

图 3.3.9　篦冷机传动轴密封改进方案二

◎ 锤破窜轴改进

原破碎机主轴的固定端、自由端都是配紧定套的球面滚子轴承，利用液压螺帽按轴承要求的转矩拧紧，使轴承定位。但因运行高温、冲击、振动，紧定套一旦松动就会窜轴。此时处理就需全部拆卸，造成长时停机。为此，现场常用锤击扳手拧紧螺帽，再用定位销钉定位，但不易掌握其冲击力大小，因此，很难控制紧定套上螺帽的松紧程度，过大使轴承安装游隙过小，轴承温度过高易抱死，甚至内圈胀裂；过小则会切断定位销钉而窜轴。

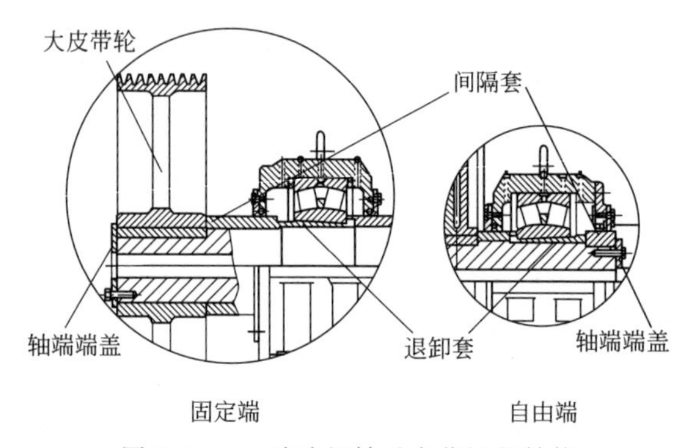

图 3.3.10　破碎机轴承定位调整结构

为彻底解决此问题，需改进轴承定位结构（图 3.3.10）。将配紧定套轴承改为带退卸套的轴承，轴承内外圈尺寸不变。固定端与自由端各自用轴端端盖压紧间隔套、退卸套，分别定位各自的轴承内圈，但固定端要通过大皮带轮压紧；同时，压紧螺栓由 8.8 级改为 12.9 级；空载一周后再次拧紧压紧螺栓。因螺栓都露在外边，操作相当容易。窜轴从此消匿。

◎ 传动部位衬套改造

SCQ 型篦冷机传动装置的曲轴头、滑块轴和外托轮等处，原均采用衬套支撑，磨损严重，平均每季更换一次。将曲轴头及滑块轴处的衬套更换为调心滚子轴承；外托轮处的衬套更换为双列圆锥滚子轴承后。寿命延长两年以上。

S 型四代篦冷机新型传动装置中的销轴、销套及摇臂衬套都为易损件，将其改用高铬铸钢后，磨损减少，预计使用寿命均可在三年以上。

◎ 熟料粒度控制

当篦冷机栅条与锤头磨损后，两者间的间隙就会变大，致使大颗粒熟料漏出。如果将栅条装置作一优化，将栅条与破碎机底座通过螺栓、螺帽和球面垫圈固定；栅条与螺栓固定又采用销轴铰接，改进后，栅条与锤头间的间隙便可灵活调节，从而满足出篦冷机的熟料粒度要求。

◎ **辊破应用效益**

在篦冷机中用辊破代替锤破，且置于篦冷机中部，其优越性很多：节电可达25%～40%；辊子比锤头耐磨性高；运行平稳；熟料出来粒度均齐，有利后续工艺。如能置于篦冷机中部，则能便于回收破碎后的熟料热，降低出篦冷机温度。遗憾的是，目前国内大多制造技术还只能置于出口。即便如此，耗材已仅限于辊套焊补所用耐高温不锈钢焊条，不再是锤头、衬板、栅条等，每年可省20余万元，而且杜绝了因大块窑皮或大球压住破碎机的可能，还可避免锤头意外断裂，造成后续设备故障。

◎ **转子端迷宫密封改造**（见第3篇1.1.1节）

4 输送装备

4.1 板喂机

◎ 喂料系统改进

当发生石灰石落料易压死皮带秤，铜尾矿及黏土因细、潮，成团砸在皮带上时，需要对原下料系统改造。

(1) 在倒料槽两侧板上，距前端下料口 500mm 处，增设一个可上下移动的阀板（图 3.4.1)，控制板喂机向皮带秤的喂料量，两侧板上各用两根角铁焊成导轨，为阀板升降轨道，阀板上打两个螺栓孔，以固定阀板移动后位置。

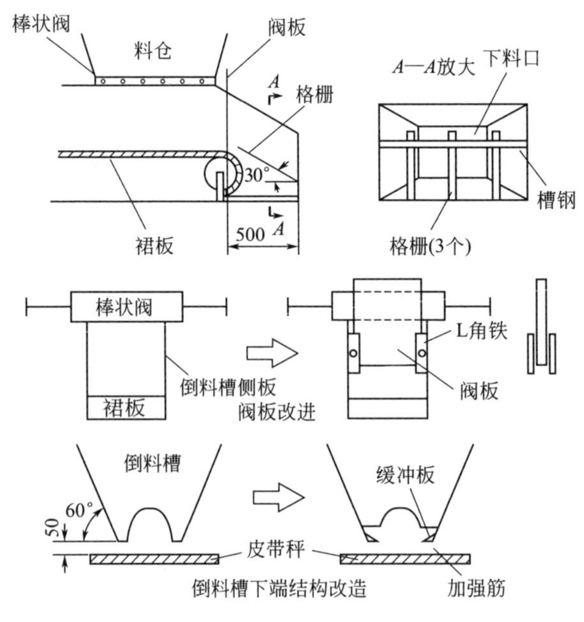

图 3.4.1　板喂机下料控制结构改进

(2) 现场在倒料槽下方补焊缓冲板，下部焊有加强筋。使石灰石先落到缓冲板上，使皮带秤得到缓冲，避免料被压死。并同时切除倒料槽前端部分挡板，不令其再卡料，减少皮带磨损。

◎ 下托辊润滑方式改进 （见第 3 篇 8.1.2 节）

4.2 大倾角链斗（槽式）输送机

◎ 链斗制造工艺改进

机械制造中常用塑性成型、轧制工艺，具有效率高、质量好、成本低，大量减少金属材料消耗等优点。链斗结构原成型是单独将侧板、底板、轴座分别成型后焊接，现改为整体轧制，即将底板和侧板视为一种特殊型材，开发出对应的料槽底板轧制生产专机。改进后平板利用率由 88%提高到 95%，制造设备总功率由 90kW 降至 45kW，大大降低人工工作量，还节省厂房占用面积。

◎ 防小托轮掉道

SDBF 型链斗输送机在使用 3 年后，经常发生掉道，原因是小托轮原靠外压盖定位，而外压盖易受力磨损，连接螺栓也易松动。将压盖改为内镶式（图 3.4.2），靠孔用挡圈定位，便解决为此掉道可能。

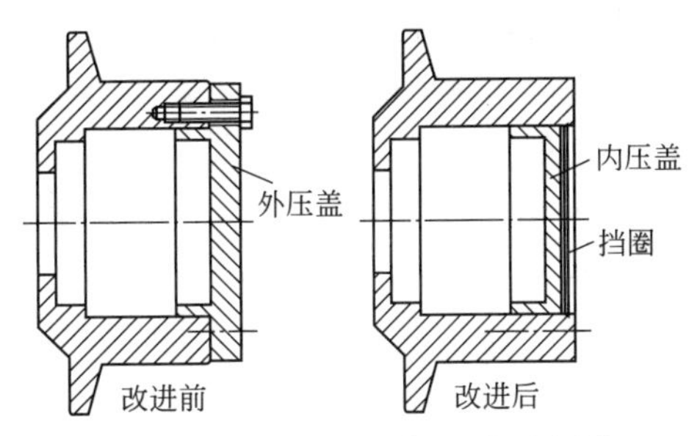

图 3.4.2　小托轮结构改进示意图

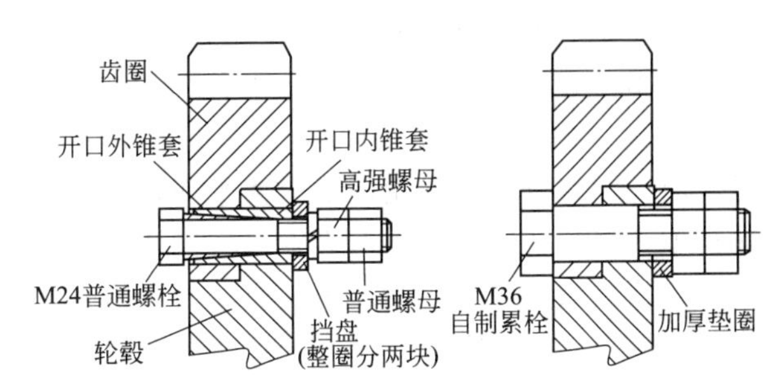

图 3.4.3　头轮齿圈与轮毂连接方式的改进

◎ 链轮内结构改进

原链轮分为齿圈和轮毂两部分，齿圈又分为 5 个扇形齿块，每个齿块用螺栓与轮毂连接，并采用内外锥套成对设计，以保护连接孔，避免该孔受磨损后链轮报废。但运行两年后发现，非减速器侧齿圈有连接螺栓掉落，大部分内外锥套及连接孔磨损严重，个别齿块即将掉落，头轮已严重磨损，而减速器侧完好无损。说明非减速器侧链条对齿块有外向推力，而内外锥套的胀紧量有限，难以承受齿圈的较大受力。为此，进行如下改进：取消轮毂与齿块连接中的胀紧锥套，只保留螺栓（图 3.4.3），这种螺栓只能自制，光杆部分尺寸取决于孔内径，螺纹部分为 M36mm，螺栓光杆与连接孔为过渡配合，用锤子将螺栓轻轻敲入孔内。自制垫圈厚度 5mm，采用双螺帽防松措施。改进后运行良好。

4.3 提升机

◎ 防止进料口冒灰改进

当产量提升后，不少循环提升机会有进料口处冒灰。增产固然是导火索，但如果有足够提升能力，还是要从提高进料口负压着手。为此，将 V 形选粉机进风口一侧接一根直径 450mm 管道到提升机中下部；同时，设法降低袋除尘器阻力；并对漏风机壳修补，清堵现有风管。采取上述措施后，冒灰现象再不出现。

4.3.1 钢丝胶带斗提机

◎ 整体式头轮胶层更换

原胶带斗提机头轮胶层磨损后就会使胶带跑偏、跳停，应及时更换，但因头轮原为整体式，所需工时烦琐，需时 3 天。因此，在头轮胶层去掉后，有必要安装事先制作好的分片式胶片，只要打开提升机头轮罩壳侧门，需时仅用 4～5h。这种改动，也为以后更换胶片创造方便条件。

制作分片式头轮瓦片的方法是（见图 3.4.4），用 8～10mm 厚的钢板卷制成圆筒，直径与宽度都与原斗提机头轮去掉胶皮的钢轮相同，其内径与原头轮钢轮外径相等；为让钢筒与头轮瓦片结合，在钢筒表面刻出较密花纹；用等离子切割机将圆筒等分五片；制作专用模具，对每

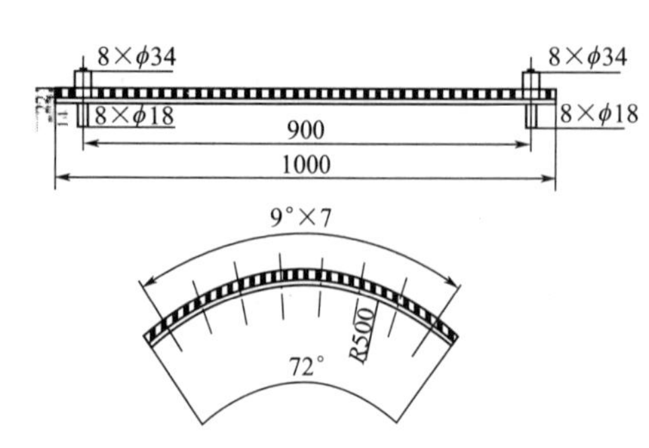

图 3.4.4 分片式胶片垫片制作

片钢片凸面，铸出 10mm 厚的胶层热压成型；用两侧沉头螺栓将该头轮瓦片与头轮连接。

◎ **超高斗提减速机降油温**（见第 3 篇 5.6 节“轴承降温改造”款）

4.3.2 板链式斗提机

◎ **进料口调整**

物料进入斗提机时，应沿斗宽方向均匀铺开，避免物料对料斗、链板或链轮产生不均匀磨损或链板跑偏；同时，要保持入料溜子角度合适，当溜角过大时，需将进口底板由斜面改为平面，以减缓物料对底板的磨损；当输送粉状物料时，可考虑掏取式装料，此时进料口设置可在侧面或对面进入，当斜向进入料斗时，可在进料对面加一块小于机壳与料斗间距的挡板，有益于布料均匀。但对粒状物料流入式装载应慎重考虑；选取进料高度时，除影响溜子角度外，还要考虑提升机负荷。

◎ **下链轮改造**

因辊压机循环物料量大，且细粉多，提升机受料冲磨，破坏了两侧密封板的密封效果，轴承内部进入粉料而损坏，下链轮失去平衡，链条掉道、齿轮卡住料斗。

改造内容为：保留提升机原下架壳体，下链轮改为不带齿的光轮；两端轴承改为轴套(40Cr)；连杆和配重改为两个圆盘形状，分别安装在下链轮两侧轴上，起平衡张紧作用；下架体两侧密封板改为 25Mn 方钢，作为下链轮上下运动的轨道安装在轴套两侧；改造后，下链轮全部密封在提升机下架壳体内。

◎ **下链轮轴承改造**

NE 型链板斗提机下链轮轴承原为滚动轴承，下链轮轴和机壳间密封很易失效，改为滑动轴承后，采用全封闭结构，取消原用于密封、紧贴机壳两面的活动封尘板、及配重压箱，减少了封尘板与机壳间的摩擦阻力及配重，下链轮靠自重就能紧贴链条运转。不但减小了对链条的张紧力，延长了链条寿命；而且漏灰现象彻底解决。

滑动轴承的制作安装过程为：利用原 NE 提升机下链轮轴，对其轴端车加工，内轴套与轴过盈配合，外轴套与预先加工好的外轴套座过盈配合（图 3.4.5）。其中的内外轴套是原 NSE400 斗提机下链轮配用轴套；利用原安装滚动轴承座的框架及原有滑轨定位，安装滑动轴承组件；在框架外侧加焊一副法兰，配上盖板，整套滑动轴承组全密封在框架内；再增加一对弹簧加丝杆，增加链轮运转的平稳性，还可通过丝杆露出长短，随时判断链条磨损状态，以便及时紧链。

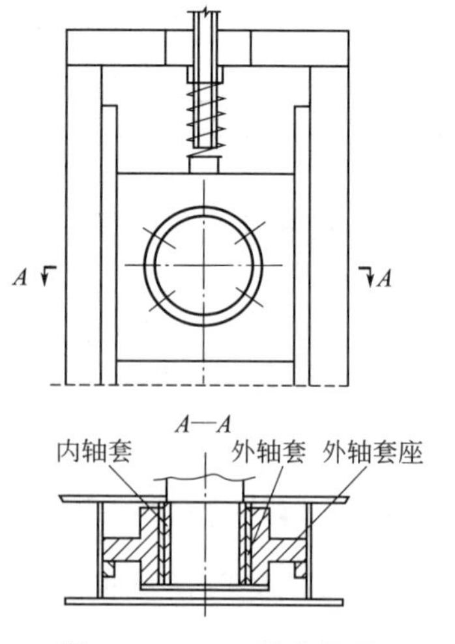

图 3.4.5 NE 提升机下链轮改进示意图

◎ **下链轮密封改进**

有以下三种处理方式：

(1) 原 NBH 型提升机尾轮敞开式轴承座改为带密封结构(图 3.4.6)，可防止灰尘进入，轴承改为 22315 调心滚子轴承，代替原 UCT315 型；在原密封滑板内侧加装密封套，并与原滑板焊接，密封套内安装两个骨架密封，防止灰尘外泄可能，加大滑板处壳体的滑道。

(2) 大多斗提下链轮组是浮动式，采用杠杆重力张紧或弹簧螺旋复合张紧等方式，下部轴要穿过壳体，安装于外置的轴承座上，由于下部轴需要随链条伸缩上下滑动，因此壳体上开有长圆孔，用带有密封毛毡的滑动盖密封，但毛毡在上下运行中磨损极快，粉状物料便从密封间隙中冒出。因提升机主轴转速仅 8～25r/min，用内装式下部重力张紧结构，让下链轮组和张紧装置位于机壳内部（图 3.4.7）。改进后，下部轴两端由 2 只滑动轴承支撑，并用螺栓固定在滑轨上，滑轨上段与配重箱用螺栓固定成张紧装置，它在下部机壳上滑轨支撑中，上下移动，实现下部平行自动张紧，最后用快速开启大门将机壳密封。

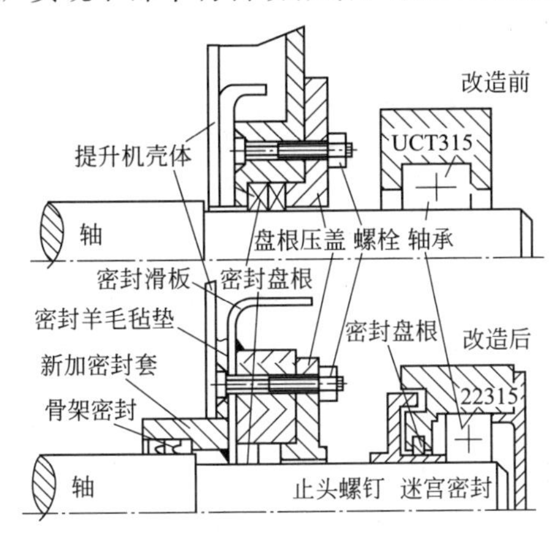

图 3.4.6 尾轮密封改造示意图

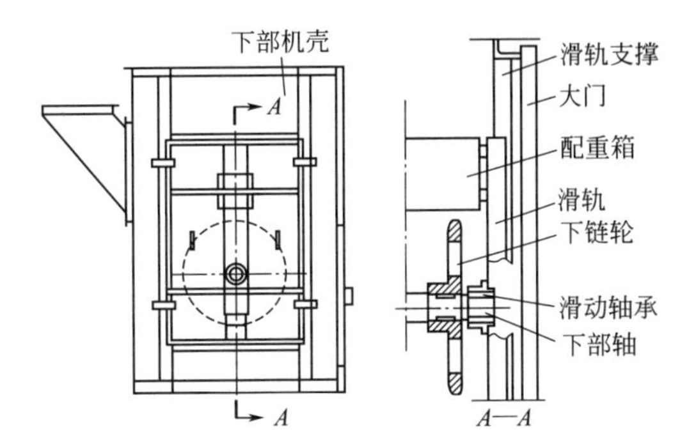

图 3.4.7 下链轮组结构改进

该结构的关键是下部滑动轴承，包括轴套和轴瓦，轴套内部留有凸起平面，起到键的作用，让轴套与轴一起旋转；轴套与下轴采用过渡配合，便于装拆；轴套材料为 ZG20CrMo，表面渗碳处理，渗碳深度 2～3mm，硬度为 HRC62，轴瓦材料为高铬铸铁，与轴套接触面热处理，硬度为 HRC55。根据经验，轴承转速只要低于 35r/min，就无需润滑，且无噪声。改进后漏灰彻底解决，且轴承耐高温、耐磨损、免润滑，装拆方便。

（3）下链轮轴承损坏的原因就在于轴承的密封效果。原用带滑块座外球面轴承，两侧有滑动槽，与尾部轨道配合调整轴两边的中心距，但因尾轴两端轴承外露，易进灰而磨损。现改为球面滚子轴承外加一个带滑块的轴承座（图 3.4.8），把轴端密封在壳体内，问题解决。

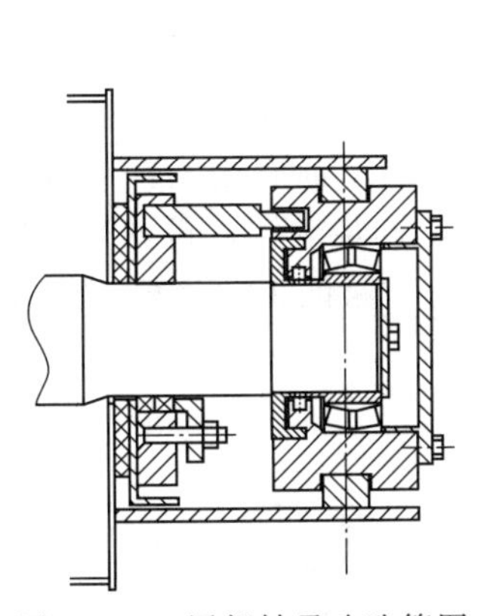

图 3.4.8 尾部轴承改造简图

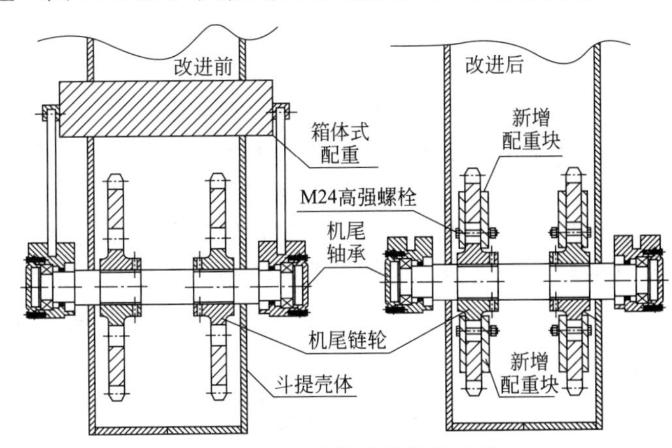

图 3.4.9 尾轮配重机构改进

◎ 机尾配重改进

取消原有作用于机尾轴承上的配重箱结构，可利用机尾链轮中间的工艺孔和链轮加强筋空间，安装铁板配重块（图 3.4.9），尺寸为 200mm×300mm×40mm，并与原配重箱重量相同，用 M24mm×150mm 螺栓固定。改造后避免了提升链左右摆动、料斗剐蹭壳体的现象；轴承受力大有改善。

原NE提升机下链轮配重箱与轴承座经拉杆组合为一体，当空气潮湿时，下链轮密封板、轴间隙就会被水泥粉尘凝固，轴承座便不能随物料量变化、随轴上下自由活动，料斗便发生倾斜、脱轨而卡死，被迫停车。

若用钢丝绳加滑轮组合代替拉杆组合，滑轮组就能保证轴承座受力垂直向下，使它能在轨道上自由滑动。具体方案如下（图3.4.10）：利用原轴承座下端连接拉杆的孔，两侧同时穿上ϕ6mm钢丝绳，在竖直向下200mm处安装1号滑轮，再向右水平500mm处装2号滑轮，钢丝绳再向上到一定高度，平行安装3、4号滑轮。钢丝绳末端连接配重箱。

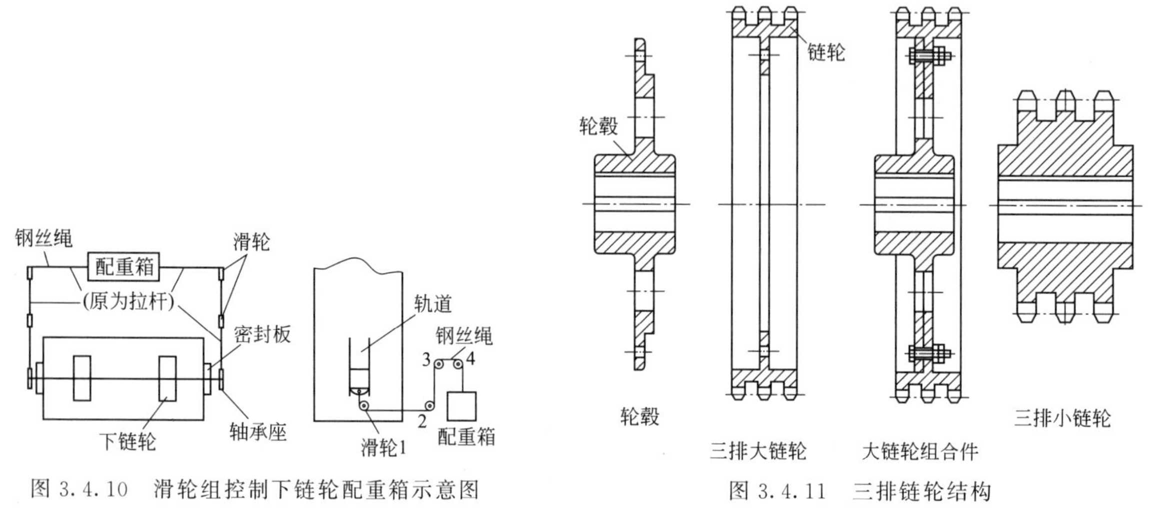

图3.4.10 滑轮组控制下链轮配重箱示意图

图3.4.11 三排链轮结构

◎ 驱动链轮改进

原NBH型提升机双排大小链轮的结构使用周期太短，装拆也不方便。改造为三排链轮结构（图3.4.11），换面使用不仅寿命可延长到3年以上，而且更换方便。

◎ 减缓棘轮逆止器磨损

为防止提升机逆转事故，棘轮逆止器的棘爪始终与棘轮接触运行，即棘爪不停地与棘轮上的齿接触磨损，并发出噪声。若能改进为正常时棘爪与棘轮齿不接触，而只当齿轮逆转时，棘爪才进入棘轮齿内死死卡住，将最为理想。

在棘轮轮毂上设一卡槽，有一配对卡环就位于卡槽内，且左右各有1mm间隙，卡环用螺栓连接，并加装压缩弹簧（图3.4.12）。卡环上钻一个ϕ16mm圆孔，用销轴通过连杆与棘爪连接。用手盘动提升机，调节压缩弹簧压力，确保卡环靠摩擦力与棘轮同步旋转；再调整棘爪架上的限位螺栓，让棘爪爪尖与棘轮的齿顶间最远距离为10mm左右，保证正向运转时棘爪不碰到棘轮，而逆转时就能卡进棘轮内。此时，实现原设想目标。

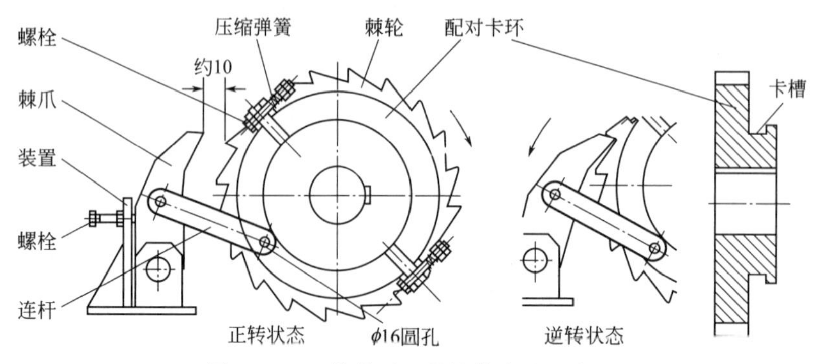

图3.4.12 棘轮逆止器结构改进示意图

◎ 料斗选用原则

料斗分深斗、浅斗及三角斗三种形式：深斗用于输送干燥、松散易于抛出的物料，如水泥、碎石、碎煤等；浅斗输送潮湿易黏结、难于抛出的物料，如黏土、电石渣等；三角斗是沿斗背溜下卸出物料，适于输送比重大、腐蚀性大的块状物料，如铁矿渣等。

4.4 FU 链运机

◎ 结构设计优化

（1）链运机用于收尘器下输送收尘灰时，如电动机与减速器成一体机，链条传动机械效率损失大，并加快链条磨损和变形，如改为分体，通过联轴节直接驱动，可提高机械效率近5%，传动部件寿命增加2年以上。

（2）如链运机所用侧板和底板普遍较薄（仅4mm），又因是矩形截面，侧底板磨损很快，如果不限制物料速度及重视衬板防护，寿命最多只有半年。为了克服中底部和两侧表面磨损，机槽应取某种独到的截面形状。

◎ 输送高温物料应对

输送来自余热发电120℃以上的热排灰时，排灰的溜槽与其接口，不应直接接在链运机侧面。否则溜槽受热膨胀，会使链运机产生变形应力，某企业如此连接后不久，机壳扭曲变形呈S状，部分地脚螺栓支撑被拉起，运行声音异常，电机电流超载。测量输送链轨道，直线度也超出安装要求。现改为在物料溜槽距机壳50mm处，制作物料接口，包括物料溜槽的长度在400mm以上，接口内径比物料溜槽外径大15mm左右，为物料溜槽受热膨胀时能无接触地自由伸缩提供空间，使热应力释放。但接口处需要有效密封。

链运机输送高温物料时，会遇到如下症状：链条上滚子卡死、磨损成扁平状；链条在头轮上难以脱开；链轮及轨道磨损严重，尾轮光轮成齿状；尾部机壳易受拉开裂；进料口法兰变形等。原因在于：高温物料使链条受热膨胀伸长，而尾部螺杆未能及时调整链条张紧度；链条滚子与套筒也因热胀卡死，与导轨成滑动摩擦而加剧磨损；若链速过快，料层过薄，则磨损更快。

针对性措施有：靠近头部托轮的中部机壳处增加一个托轮，让受热后伸长链条多一个支点，减少下垂量；将尾部丝杆张紧改造成丝杆弹簧复合张紧，即在调节螺杆与尾部轴承间加一压缩弹簧，让原调节螺杆为粗调，压缩弹簧为微调，尽量消除温度变化对链条长度的影响；适当增大滚子与套筒间的间隙，避免热胀引起相互卡死；为降低链速，将驱动小齿轮原齿数由21减少为17；头部机壳用地脚螺栓固定，中、尾部机壳只采取左、右方向限制，长度方向可自由收缩；螺栓连接采用砂封形式。

用于输送锅炉灰时，链运机为了使链条头尾保持在同一直线上，并减少摩擦力，在靠近主链轮的前部设置了可转动的托轮组，起到导向支撑作用。但因锅炉灰温度介于200℃左右，会导致轴承中润滑油迅速蒸发并碳化，密封烧毁；且一旦轴承与壳体密封不严，物料易从缝隙进入轴承，无法转动，变成摩擦阻力，导向轮报废；更因轴承座紧贴壳体，轴承损坏也不便更换。基于这些原因，对托轮组改进如下：重新制作一根能伸长到链运机壳体外两侧各30mm的托轮轴，轴与托轮切面方向中心重合；增加一组固定于壳体两侧的轴承座底座；用密封压盖将柔性密封材料用螺栓固定安装在壳体上，实现轴与壳体的密封。如此避免了使托轮快速失效的各种可能。

◎ 防止库顶带料措施

用FU链运机输送水泥至库顶入库时，如果有少许物料被输送链板带至机头，积累较多时，设备就会振动停车。为此，用橡胶带制作如图3.4.13的“士”字形清扫器，用螺栓将清扫器固定在“士”字形钢板上，橡胶上螺栓孔开成长槽型，用于调整，如果在每个沿途下料点都安装有这些清扫器，它们在入库点，将把手翻转90°并固定，通过柔性较好的橡胶与输送链板接触，便将链板上物料清理干净，带料问题迎刃而解。

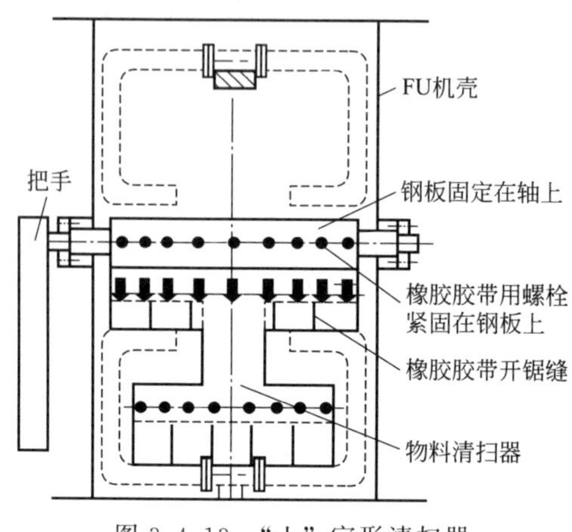

图 3.4.13 “士”字形清扫器

4.5 胶带输送机

◎ 选用转弯皮带优势

某矿山输送皮带机2km长，原初设时考虑由两条直皮带机经转运站成组完成进破碎机石灰石的输送。后经优化改为一条转弯皮带机就可完成；它是国内皮带机新产品，通过对转弯处弧段的托辊改进后，让弧段不同位置的托辊保持不同的微小倾斜角度，让皮带机平缓转弯而不跑偏、撒料。目前最高水平能到最小转弯半径120m，最大转弯角度47.7°。改为转弯皮带后，可不用建设转运站及相应的收尘器，省去一套驱动装备、电机和控制电缆等电气设备及安装。也免去大量日常维护工作。

该皮带最大输送能力为1000t/h。带速提高至2.5m/s后，带宽由1.4m改为1m；并采用先进的液压张紧技术代替中间重锤张紧装置；该皮带机大部分处于下运发电状态，降低了电机功率。这些优点大大压缩了基建投资，并减少日后管理维修量。

◎ 对长皮带变频改进

对于用双驱动（头部、尾部）长皮带输送，如果发生停机现象，会有两种情况。

头部、尾部变频器都可能因信号干扰所致，即变频电机上测速用的旋转编码器与变频器CUVC板间连接的信号电缆，受到来自无线电信号或周围雷达等信号的干扰。为此，采用编码隔离器（DTI）即数字测速机接口板，可对干扰信号有效滤波。

另外，头部变频器停车还会由于皮带下坡阶段，物料在重力作用下迅速下滑，电动机转速超过同步转速，呈再生发电状态，造成头部变频器过电压。此时增加制动单元和能耗电阻各一组，让电动机转速控制在同步转速下。

◎ 使用液压调速制动器

事实证明，使用逆变柜、更换大功率制动抱闸系统等措施，在运输量超载或上游设备联锁跳停时，仍会发生“飞车”。而使用液压调速制动器，其原理是控制器通过电液比例调速阀，使流量正比于皮带速度，即制动力矩永远与皮带实际载荷相对应，就能使皮带速度下降，实现制动，防止下坡“飞车”。将该制动器安装在电动机尾部，加长变频电动机转子轴后，经联轴器连接制动器的输出轴，制动压力设置为35MPa。启运时，先投入制动器，控制皮带加速度，直到接近额定速度时，投入电动机，再使制动器卸载空转；当运行中遇超载时，则制动器启动，与电动机共同抑制皮带超载，待载荷恢复正常后，制动器卸载空转；停车时，在电动机断电的同时，投入制动器，直到制动零速后，断掉制动器电源。

◎ **大落差皮带机发电改造**

当大落差皮带机采用变频驱动、能耗制动方式时，带料运行的电动机处于发电状态，造成制动电阻柜持续高温运行，不仅浪费能源，还会因产生尖峰脉冲电压，冲击电机绝缘，造成电缆击穿或电机烧毁，不利于设备安全运行。

(1) 增加能量回馈装置，选用加拿大 IPC 公司的重载回馈装置，可按需配置容量，并适于各厂家变频器的回馈制动。针对皮带发电完全回收要求，需切除原制动单元电阻器，并采取如下措施：加大单机回馈装置设备容量，用单机回馈方式取代原并联运行回馈；加大滤波器容量，改原内置滤波方式为外置滤波，并增加通风量；更换计量仪表，采用自带接口的紫光电能测控装置。按保守计算，此投资回报期约 14 个月。

(2) 使用四象限运行、能反馈发电的 ACS800-17 系列变频器，它可调反馈发电的电压，不仅有益于电动机绝缘，而且利用反馈发电。它的整流不是普通变频器用整流二极管，而用 IGBT 模块，与逆变器对称。能量可在电网侧与负载侧间相互流转。比采取降低喂料量，减小皮带下滑力、只求安全的消极方法，会取得更大效益。

(3) 拆除原有 2 台机尾电动机、变频器中的一套，在原位置安装一台 150kW 的发电机和稳压调整回馈电路。前者与原有变频电动机，通过减速器和皮带机机尾辊筒连接；后者将发电机发出的三相电压 300V 交流电，经整流为 420V 直流电，再经回馈逆变调相输出 220V、50Hz 的三相交流电，又经升压变压器转成 380V，回馈到电网。

如此改造后，在皮带机正常运行时，可回馈电流约 70A，发电机功率约 55kW，产生制动力矩抵消势能做功，起到制动作用；当输送物料少时，皮带机本身的刹车力和制动阻力足以克服产生飞车的热能时，回馈装置自动退出，发电机空载运行。如此便实现了皮带输送能力既能满负荷，且又能发电的双赢结果。

◎ **圆管带式输送机优点**

与普通胶带输送机相比，圆管带式输送机的优点显著。

(1) 可实现柔性布置，小半径三维空间转弯，避免中间设置转运站，特别适合空间狭小、有障碍物的复杂环境，再加之输送倾角大，可最大达 30°，可大幅缩短输送距离。

(2) 因是密闭输送物料，物料不飞扬、不洒落，且回程也成管状，可实现往返都带负荷双向送料。因此，输送中定能满足环保条件。

(3) 相对普通皮带机，节能幅度较大，且占地面积仅是一半。

◎ **长皮带的噪声防治** (见第 3 篇 6.4 节)

◎ **失速自动保护改进** (见第 3 篇 11.1.7 节)

◎ **防止下料口堵塞** (见第 3 篇 11.1.7 节)

◎ **超长胶带集中控制** (见第 3 篇 11.1.7 节)

4.5.1 托辊

◎ **托辊吊耳改进**

当胶带输送机跑偏时，常见回程胶带将与吊耳发生摩擦，两者同时损伤，甚至整条胶带划伤、变窄，尤其是长胶带更为显著。如按图 3.4.14 改进，大大增加吊耳与胶带边缘间距，即使胶带有些跑

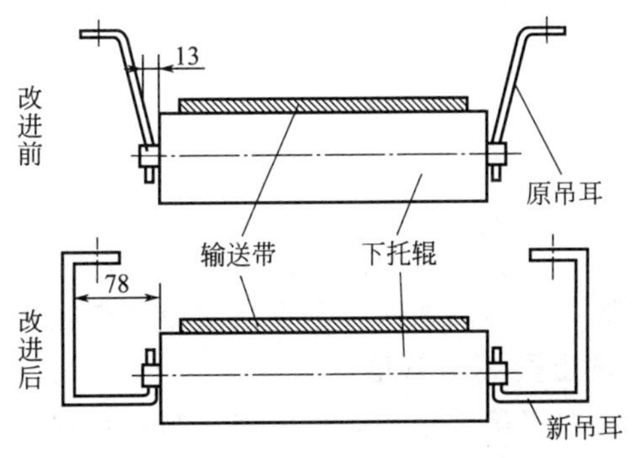

图 3.4.14 托辊吊耳的改进

偏，两者也会相安无事。

4.5.2 橡胶输送带

见第 1 篇与第 3 篇对应章节内容。

4.5.3 滚筒

◎ 端盖焊接坡口改进

DT 型皮带机滚筒系两个端盖与筒体焊接组成，端盖材质为 ZG45，筒体为 Q235-A，滚筒外径 ϕ1000mm。但原焊接坡口设计要求 V 形坡口底部留 5mm 间隙（图 3.4.15），此设计使端盖与筒体组对后，不但增加组对难度，易发生轴向不匀及径向错边，而且焊接打底时易烧穿，产生夹渣、裂纹。为此，修改坡口设计为在端盖侧留有 4mm 子口，有助于提高筒体组对时的组装质量，也避免了焊接打底时产生缺陷。

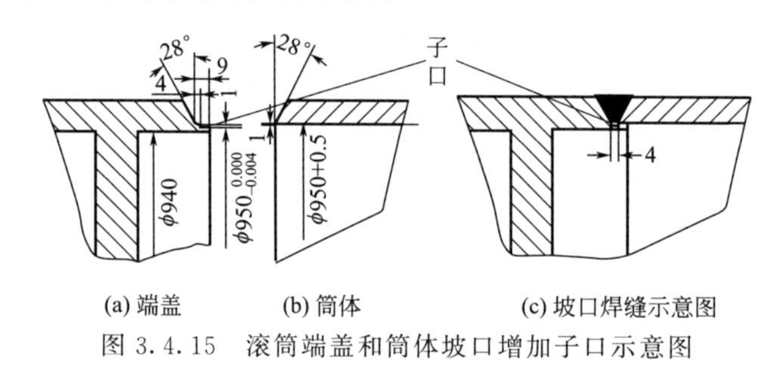

图 3.4.15 滚筒端盖和筒体坡口增加子口示意图

4.6 空气斜槽

◎ 选型设计要求

空气斜槽虽是简单输送设备，但设计中应遵循气垫气动规律，才能提高效率。

斜槽充气层现有两类材料：普通帆布织物及抗磨多孔板。要根据所输送物料选择得当，否则就会造成堵塞或寿命过短。当输送含有粗粉的半成品时，比如出辊压机、进选粉机物料、出选粉机粗料、中卸磨粗粉等，都应选用带抗磨性的多孔板作为透气材料，用普通帆布不足 1 月就会磨穿；而输送生料或水泥成品时，就可用帆布织物，寿命可达三年。

除此之外，还要根据不同透气层选用风机。

斜槽输送用风量的计算公式为：

$$Q=60qBL$$

式中 Q——小时斜槽耗气量，m^3/h；

q——单位面积耗气量，$m^3/(m^2\cdot min)$；

B——斜槽宽度，m；

L——斜槽长度，m。

风机风压一般取 6000～6500Pa。对于普通斜槽，q 取 2～2.5$m^3/(m^2\cdot min)$；对于抗磨多孔板，q 取 3.2～3.5$m^3/(m^2\cdot min)$，如果此时仍按普通斜槽取值，斜槽就会堵塞。

利用斜槽料面流速的对称性，对有三通要求的斜槽，可以在斜槽内分支处直接设置分流导向板，而不用在两个分支后架设闸板截流阀，不但不易调节控制，而且还易堵塞。

◎ 防止烫坏透气层

要正确处理排风管出路，当双系列预热器需要用空气斜槽喂料时，不能轻易与其他负压管连通，尤其是一级预热器接到高压风机风管，负压过大，在窑止料、高温风机停止运行后，或风机跳闸时，闸板如不严密，高温气体窜入斜槽，就会烧毁透气层。因此，单独设置收尘器，才是良策，尤其当进出料有锁风装置时，应与回转下料器联锁。

◎ **接料缓冲板改造**

当空气斜槽因工艺布置进料的冲力较大时，透气布寿命仅为半年左右，为此，应改造接料的缓冲板，令其耐冲击。按图 3.4.16 制作缓冲板，实际是由若干双头螺栓组成的缓冲格栅，不但耐冲刷，而且易更换。去除原有缓冲板，在斜槽两侧壳体上割出一个 700mm×60mm 的条状口子，将加工好的两块 800mm×100mm×10mm 的钢板分别焊到两侧割开的口子上，然后用长度比斜槽宽 100mm 的双头螺栓插入焊上的新钢板预留孔中，加垫圈后用螺栓紧固。如此改造后，透气布寿命可至两年以上。

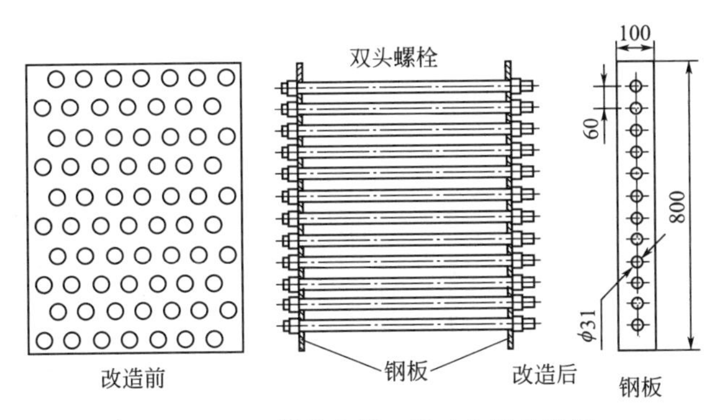

图 3.4.16 斜槽入料口缓冲格栅示意图

4.7 螺旋输送机

◎ **GX 型结构改进**

（1）增加中间轴连接件强度。当叶片法兰与中间轴法兰频繁断裂时，要加大法兰直径，增加法兰厚度，以 GX600 为例，分别为 ϕ240mm 和 35mm，螺栓增大到 M20mm。

（2）尾部轴承及轴承座改为中间轴结构，用悬挂轴承倒支撑。只要调平吊瓦架，与其他悬挂轴承吊瓦架，保持直线度。

（3）增加单节长度。原单节未超过 3m，造成节数过多，提高了连接部分的故障频率。可以延长到 5m，只要在法兰与厚壁钢管焊接处径向三等分焊三角筋，便可增加法兰的抗转矩能力。

◎ **轴端密封改进**

螺旋输送机轴端因不易更换填料、润滑不当时，再加之轴有弯曲，就会产生间隙漏料。为此，按图 3.4.17 改进：填料函壳改为分体式，以方便更换填料；采取填料加动态气流密封技术，以弥补轴挠度产生的间隙。

（1）填料函壳 2 内加装气流密封环，上有三个进气孔，压力为 0.85MPa 的气体进入密封环腔体内形成正压，阻塞了相对低压的粉料泄漏通道。

（2）增加一套加油装置，润滑脂借助轴的旋转到润滑部位，避免轴与填料干磨，填料函壳 1 上钻有加油孔。

（3）为补充工作温度较高导致润滑脂流失，每 8h 应加油一次。

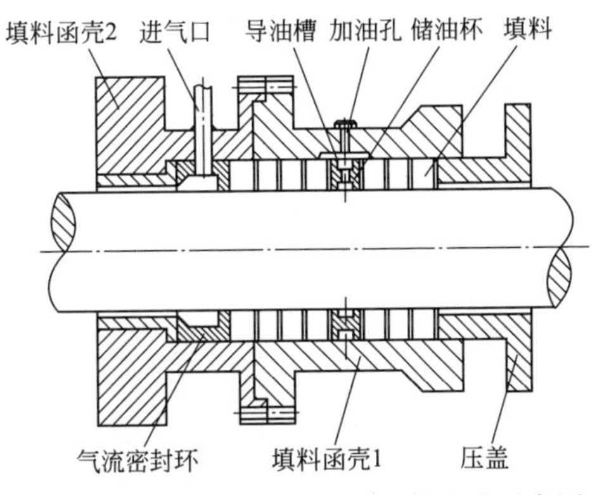

图 3.4.17 螺旋输送机轴端密封改进示意图

◎ 吊瓦吊轴改进

当今，新型干法水泥生产中很少使用螺旋输送机，仅用于煤粉和增湿塔粉料输送。表现故障较多的是吊轴螺栓切断。原因在于吊瓦、吊轴连接结构不合理、材质易磨损，从而使螺旋主轴同心度不足。

原有结构是头尾轴采用舌式嵌入连接，吊轴与主轴是法兰式靠两条螺栓连接，这种结构便于拆装，但同心度难以保证。磨损后同心度更差，从而加剧了磨损，甚至切断螺栓。因此，决定对其改造为轴套连接方式，尾轴改为台阶轴孔式，轴与轴套间隙配合 0.5mm，由两根十字垂直螺栓固定传动。吊轴改为轴和轴孔式，吊轴两端各有两根十字垂直的高强螺栓固定（图 3.4.18、图 3.4.19）。与此同时，材质由原有耐磨铸铁，改为高锰钢 ZGMn13 增韧处理，表面硬度由 HRC 25 升为 HRC 42。

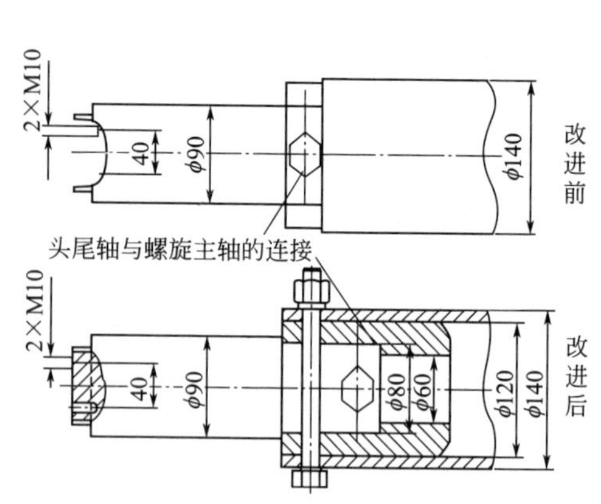

图 3.4.18 头尾轴与主轴连接方式改进

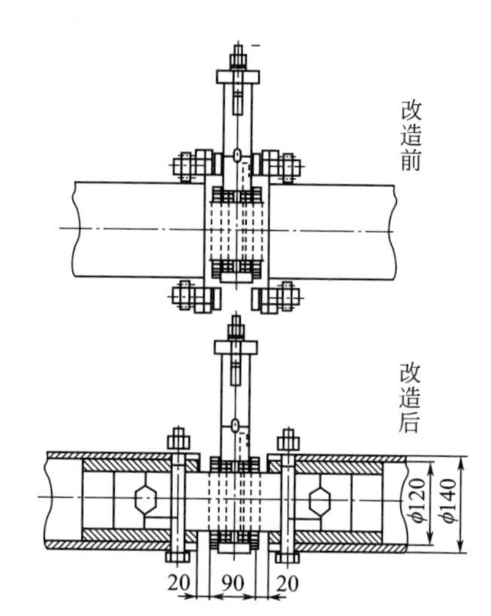

图 3.4.19 中间吊轴与主轴连接方式改进

5 动力与传动装备

5.1 离心风机

◎ 大型风机提效方案

（1）风机工作区应选择在最高压力 0.95 倍以下，工作点的工作效率不低于 $0.85E_{max}$，设计选型要准确把握系统所需风量和风压，不要考虑极端情况，以获得较高效率并稳定运行。

（2）对于需要经常调节风量且常不满负荷运行的风机，要考虑加装变频器，以保证风机节电效果；反之，则不一定要加装变频器，还可免去变频器本身消耗的电力。

（3）应选择低能耗风机，如只考虑价格，可能一年的电费都会超过采购差价。

（4）加装变频器后，可以拆除风机入口风量调节阀。

在停机时，应测量转子与风机喇叭口处间隙，如果较大就会降低风机容积效率。此时可在进风喇叭口与风机转子间隙处，根据间隙大小补焊与其相近直径的圆钢一周，如为双进气口风机，可在进气侧安装导风挡板，安装位置为垂直于进风口的风机壳体底部，宽度为进风壳体宽度，长度延伸至风机喇叭口与壳体连接处。此挡板让气体更快进入转子并排出，不要在壳体内循环。如此改造，开机后风机电流明显下降。

◎ 拖动模式选择

随着电机拖动技术的发展，大型风机慎选电机配置及拖动模式越发重要，除考虑风机本体技术参数外，还要考虑所配电机和电控装置。常用模式有：直接（全压）启动；液体电阻启动器启动；变频器启动；变频器＋工频手动旁路直接启动；变频器＋工频手动旁路液体电阻启动；液体电阻启动＋转子变频。不同启动方式各有优缺点，也有各自适用范围，主要是看风机运行中的调速要求、节电前景、电机的启动特性及电网情况、设备运行可靠性等。

对水泥企业中大型风机拖动模式具体建议如下：原料磨循环风机可选用绕线式电动机，以液体电阻启动器启动；窑高温风机宜采用变频器＋工频手动旁路液体电阻启动；窑头排风机、窑尾排风机、煤磨排风机都可选用 690V 变频器启动；水泥磨排风机采用液体电阻启动；辊压机循环风机新建项目可用变频器＋工频旁路液体电阻启动，若为改造项目，考虑电控室空间有限，选择液体电阻启动＋转子变频运行模式。

◎ 电改袋收尘风机

电改袋收尘方案改造中，袋收尘的系统阻力和风量都要相应增加，为此在改造方案中，必须要考虑风机适应能力。新风机全压是在原管网阻力不变的条件下，再增加 1000Pa，并乘以 1.2 系数；风量是按除尘器要处理风量的 1.15 倍。为此，有三种可能：原风机设计余量大，在验算风机的轴功率后，风机不用改变；如果余量不多，就需要改用大功率电动机，或不改变叶轮转速而增大叶轮直径，但此时需验算原风机部件的设计强度和极限转速，尤其是轴的强度；如果余量很小，需改变风机型号，这是其他选择无奈时，才不得不进行的改造。

◎ **降低风机噪声**（见第3篇6.4节）
◎ **防雨降噪帽改进**（见第3篇6.4节）
◎ **低压变频调节风速**（见第3篇9.1.3节“低压变频取代高压”款）

5.1.1 叶轮

叶轮形状是以降低气体阻力、减少紊流作为衡量进步的标准。

5.1.2 阀门

阀门的选择应当以开时减少管道阻力，闭时又能准确到位不泄漏为技术先进标准。

5.1.3 电动执行机构

◎ **控制方式改进**

电动执行器包括控制和执行两部分，控制部分包括伺服放大器和位置发送器，执行部分包括伺服电机和减速器。当有输入信号后，与极性相反的反馈信号比较，得出的偏差信号经过放大，便输出足够大的功率，驱动伺服电机，输出的转矩经减速器转变成低速大力矩，带动负载（阀门）转动，直到偏差信号为零，阀门就停在与输入信号相符的位置上，完成调节任务。但执行器常会出现反馈不准确、阀门误动作或反复动作等故障，使中控操作无法设置工艺参数，尤其是伺服放大器损坏，现场很难修理。

将DCS控制模拟量4～20mA信号改为中控数字量控制方式时，即用模块与中控给定信号比较：当反馈信号小于给定信号时，程序发出“开”命令；大于给定信号时，就发出“关”命令；相等时，就是“停止”命令。死区可以在程序中调节设置。如此用PLC程序编写，实现了伺服放大器功能，既可靠，又节约成本。

西博思（原西门子）电动执行机构公司SIOPS5Flash执行器，突然出现反馈波动，使风机出口压力波动，极大地影响生产。在确认DCS系统AO输出模块、信号隔离模块等不存在信号故障，执行器本身也无波动症状后，可怀疑为信号干扰。查执行器原设计的远程控制十种控制方式，当执行器开度与给定信号成比例控制，就会受到干扰波动；而如果用端子板开关量持续接点控制方式，代替原方式，让开度只与开关命令的时间长短成比例时，就可成功避免信号干扰引起的波动。若操作员反映执行器执行速度过快，可对速度参数重新设置降低。

5.2 罗茨风机

◎ **齿轮箱防漏油改造**

罗茨风机齿轮箱漏油会造成排风中含油多，管道壁上油垢也多，每年为此多耗油400L。查其原因在于，原结构中齿轮箱与轴接触处的沟槽迷宫，因沟槽宽度及数量均有限，密封效果有限，无法靠墙板将油全挡在中腔外；更何况，中腔宽度仅为8mm，且风机转子有正压区与负压区形成的闭合回路，能让更多油液从齿轮箱流进中腔，形成漏油。为此，将沟槽迷宫密封改为骨架密封，就能避免此类漏油。具体方法是：拆下沟槽处的支座（图3.5.1），将沟槽处用车床车出一个台肩，再根据尺寸D及轴径选

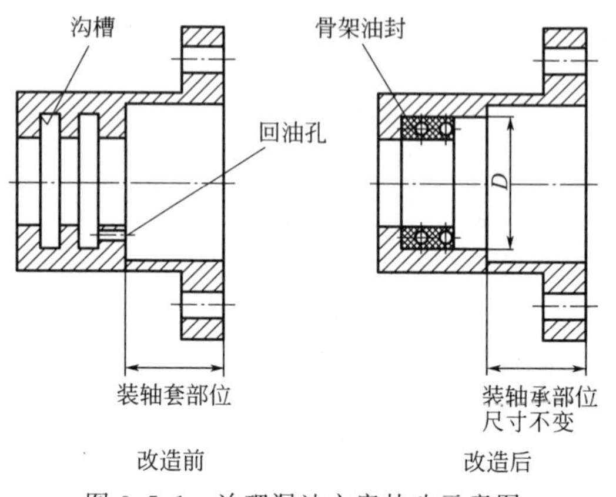

图3.5.1 治理漏油方案技改示意图

择合适的骨架油封镶嵌在内，阻挡住油液流到中腔内，便止住漏油。

5.3 空气压缩机

◎ 选型原则

水泥企业现一般选用螺杆式空压机，可根据用气设备适当集中即可，避免高度集中，浪费气源输送能耗；当环境空气清洁时，可选择风冷；水质较好时，可选用水冷；配套电机最好选用低转速型，可延长转子使用寿命；润滑可选用加氢精制矿物基础油和各类合成型基础油调和的合成油。对于现代空压机，国家设计规范早应重新修订。因无须定人看守，可按巡检设备处理。因此，不必要专用建筑物，更不用再加装起吊设备，只要有铲车通道，便可整体插装、检修、更换；对于偏远的小型袋收尘，若输送管道太长，不如购置小型空压机就近安装。

◎ 变频节能改造

为减少空压机在空转与频繁加载、卸载中浪费电耗，理应采用变频技术改造。方案为：将一台空压机当作主机，设置上、下限压力参数，始终处于加载状态，而对其余 1～5 台空压机作为辅机，利用变频器的 PFC TRAD 宏并行的控制模式，主机由变频器控制，其他辅机直接接在电网上，并由继电器切换开关；变频调速系统以管道压力为控制目标，由变频柜、电动机、压力传感器组成闭环控制系统；空压机电机采用星-三角启动方式，原控制不取消，串接在主回路中；备机足够时，无须考虑控制系统的工频、变频切换；主机启动为现场自动，先在柜门面板上启、停变频器，压力设定由面板给出，正常运行时，由空压机的接触器辅助触点启动；选压缩机专用的压力传感器，24V 供电、4～20mA 输出。

调试分两步：先调主机。通电后低频开启看电机转向，并设置变频器禁止反向输出；压力传感器应显示压力，为防传感器失控，对运行频率控制要设置上下限；设置参数 99.02 为 PFC 宏，变频器面板设置给定压力；如原为 PID 宏控制，要更改如下细节：需要取消 PFC 宏主机与辅机连锁，否则变频器不能启动；为设定压力值，先修改参数 41.02 为 EXTERNAL 外部修改模式；若变频器不能自动调节频率，要将它由面板驱动改为端子驱动。主机调试完成后再调辅机（当管道压力低时，是主机启动辅机的过程）：先将变频参数 14.01 中参数设为 M1 START，用第一个继电器作为驱动，启动第二台空压机；在空压机控制屏中，将运行方式改成远控方式实现自动加载；当系统管道压力低于设定值时，才启动第二台空压机。

使用中注意：用气量小，变频器低频时，电机绕组温度会不断升高；空压机虽可低转速运行，但不是最好状态；要熟悉本地控制模式与实现远控功能的转换。

5.4 水泵

◎ 无密封自控自吸泵

自吸泵是一种新型离心泵，它在启动前无需灌水，密封性能较一般离心泵高，停机后机壳里的水也不会自动排空，它是靠电机带动涡轮高速旋转后在泵内形成负压，利用大气压将水压至泵壳内，再离心扬程。因无人值守，有利于自动化程度高的生产线使用。

WFB 泵是自吸泵的一种，主要由优质船用钢板、增强聚丙烯、不锈钢、铸铁等四大材质制造。它的特点是：采用动态离心密封装置，用迷宫密封和离心密封技术代替传统的橡胶 O 形圈密封、填料密封及机械密封结构，实现无泄漏；自吸性能可靠，不仅移植了真空泵原理，并在泵进液口端装设“电动空气控制阀”，解决了停泵时人为难以控制的引流液“虹吸慢漏”现象，实现“一次引流、终身自吸”；自控性能灵敏、稳定，通过变频、软启、自耦、Y/Δ 等启动方式将自控与水泵设计成一体，实现无人操作；因电机是立式运转，故振动小、噪声低、安装便捷、节能；因密封装置为“间隙配合”，故彻底消除为密封所产生的摩擦，主轴与叶轮连接也是一体化，取消了丝扣连接等陈旧工艺，因此使用寿命长。

可根据使用环境选型：南方气温较高地区室内可选用圆锥形；降雨较少地区应选用户外型；北方寒冷地区，不仅要有采暖设施，而且要选用防冻型；高海拔地区需配置高原电机，根据海拔高度选择不同档次；如水池水位高于水泵进水中心线，则应选用正压进水型水泵。水泵装好后，应先点动，检查主轴灵活性及旋转方向；注意首次引流灌满输送介质，排净泵内空气，拧紧引流口拼帽，防止漏气。

5.5 液压系统

◎ 液压节能三大环节

为降低液压系统能耗，应掌握三大环节：选用节能的液压元件、节能的液压系统以及科学维护方法。

（1）选用节能液压元件。

① 选用负荷敏感式变量柱塞泵（见下款）。该柱塞泵专门设计有一外控负荷敏感口，用于采集来自指定尺寸管道的负荷信号，泵的排量将能随负载变化自动调节。

② 变截面液压缸。由于液压油可在此类缸体内“体内循环”，从而在实现相同快速上下空行速度时，油缸的进油流量与排出流量都大幅下降，油泵及电机功率便会降低。

③ 自保持型电磁阀。它只需瞬间通电便可完成阀门开关动作，而且无需用电保持阀芯位置，不仅达到节电效果，且不会有温升影响线圈寿命。

④ 插装式锥阀（或称二通插装阀或逻辑阀）。通过该阀启闭对主油路通断起控制作用后，可将每条流道上的串联阀个数减到最少，使大流量的主回路简化。该插装阀与同直径滑阀相比，开启度大、流动阻力小、密闭性好，因此压力损失及泄漏损失均最小。

⑤ 重视高寒地区液压和润滑系统防冻。当环境温度低于－35℃时，金属管路与高压胶管的韧性都会下降，发生破裂及油质泄漏，密封件容易折断。因此，这些设备必须放置在封闭、采暖的空间内，对管沟实行密封并做好排水工作，液压油站要选用大加热器功率，对管路及执行机构保温。

（2）选用节能液压系统。

① 选用高效率液压泵。高压泵在低压区运行，或低压泵在高压区运行都不会有高效率。因此要合理选择液压泵类型，原则上，2.5MPa以下应选用齿轮泵，2.5～6.3MPa范围选叶片泵，6.3MPa以上选用柱塞泵。还要选择泵的最佳转速范围：转速为1000～1800r/min时效率最高。转速过高流量成比例增加，泄漏量减小，容积效率虽提高，但相对滑动表面摩擦增加，机械效率降低；转速低会造成吸油不利，因滑动表面油膜不易形成，同样降低机械效率。

② 选用高效率液压阀。既要高容积效率：确定液压阀滑动表面的合理间隙，间隙小能大幅度减少泄漏量，但间隙过小又会增加黏性摩擦阻力引起功率损失；又要高压力效率：要求实际流量小于液压阀的额定流量，使局部阻力造成的压力损失降至最小。

（3）科学维护方法（见第1篇5.5节“系统科学维护”款）。

◎ 使用负载敏感系统

相对于传统中位开放式和中位封闭式两类液压系统而言，负载敏感系统可根据系统要求，对其压力及流量综合控制，实现突出的节能效果并可控。因为开放式系统中流量不可调节，功率主要以热能形式损失；而封闭式虽可调节流量，但对流量大、压力低的工况，也会损失较

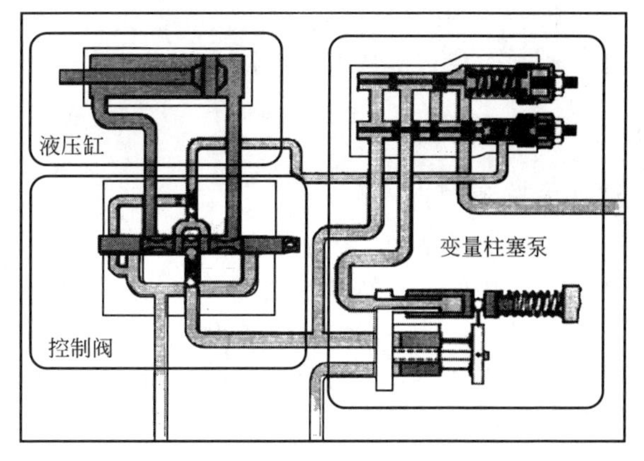

图 3.5.2 负载敏感系统组成示意图

多能量。负载敏感系统由变量柱塞泵、特殊感应的油路及控制阀、液压执行元件等组成（图 3.5.2）。其中变量柱塞泵又包含高压补偿器及压力-流量补偿器，它们分别安装在液压泵上，负责调节液压泵的待机工作压力和最高工作压力；控制阀一般选用中位封闭，从它引入的油路作为反馈油路接入压力-流量补偿器，初始控制电压信号通过放大板转换成比例的电流信号，作用于阀的电磁铁上，控制阀的开度和方向；如此对液压缸任一工况流量及压力做出瞬间响应，最终调节泵的流量及压力输出。因此，它在应用液压传动的水泥装备中，如破碎机、辊压机、立磨、篦冷机及窑传动中会大有可为，与恒压传动相比，节能幅度可达 30%以上，尤其是对工作压力变化较大的工况，更为显著。

5.5.1 液压缸

◎ 液压缓冲器改进

原设计 MLS 立磨的液压缓冲器缸径太小，承载能力不足，水平振动大；充氮位置不合理，无法充分吸收与释放压力，几乎每月都要更换密封，且每次修复都要解体压力转矩支撑，极不方便。为此做了改进（图 3.5.3），从改进前后结构对比可看出：将液压缸直径从 150mm 增大至 200mm，长度从 700mm 加长到 900mm，使液压系统承载能力提高 1 倍以上；将氮气腔从前端改到后端，并加大氮气腔容量，提高缓冲能力；增加了一个液压腔，并增加阻尼管，使活塞的推进速度受到限制，加大对活塞的反作用力，有力缓冲来自非驱动负荷。改进后两年多的运行证明此结构成功，利于提高产量及降低电耗。

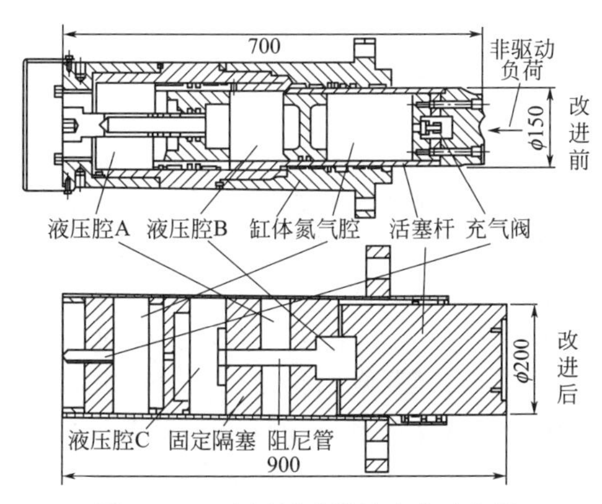

图 3.5.3 液压缓冲器的改进示意图

5.5.2 阀与密封件

◎ 液压密封件选择

随着对密封件要求提高及新材料层出不穷，选择合理密封件就是经济运行手段之一。选购原则为：进口液压设备应选用原品牌的密封件；更多选用质量上乘且有使用经验的品牌；当不能确定密封件规格时，一定要测量密封件的安装尺寸和确认结构。具体选择原则为：根据工作压力确定密封件参数，选择其形状和材料的变形抗力；密封件唇边或棱边越长，越难承受高压，此时需要提高密封件材料强度；在低压情况下，为兼顾密封间隙润滑和密封效果，可将硬质和软质材料组合使用。

5.5.3 氮气囊

◎ 蓄能器管密封改进

常见立磨蓄能器底部连接管道密封损坏，造成漏油，影响蓄能器工作，现场卫生差。原因在于卡套式连接时，液压管道会随磨机振动，将螺纹振松。现将原卡套式连接改为双法兰连接，且将原O形圈直径从 $\phi3.5$mm 增大为 $\phi5$mm，上部法兰内孔按蘑菇阀的螺纹尺寸制作，下部法兰制作后直接从外部焊接在管道上；用螺栓固定上、下法兰。

5.5.4 液压油

◎ **液压站降温改造**

（1）当液压站处于高浓度粉尘状态时（如取料机等），风冷散热器很快损坏，无法降低液压油温，就会使液压站高温跳停。为此，用循环冷却水代替散热器，只要制作容积足够大的水箱，保证供水，让水在冷却管外循环，液压油在冷却管里通过。并设水温与水位报警，就能保证液压站的正常运行，且节约了散热器的损坏更换成本。

（2）液压站位置不应太高，距离液压缸不应太远，油管弯头要尽量少，使液压油回油畅通而不消耗过多能量。另外，适当加大储能器，以有效缓冲振动波动。

5.6 减速机

◎ **输出空心轴改进**

为了解决行星减速器输出空心轴的拆卸困难，现有两种结构性改进方法（图3.5.4），仅供参考。

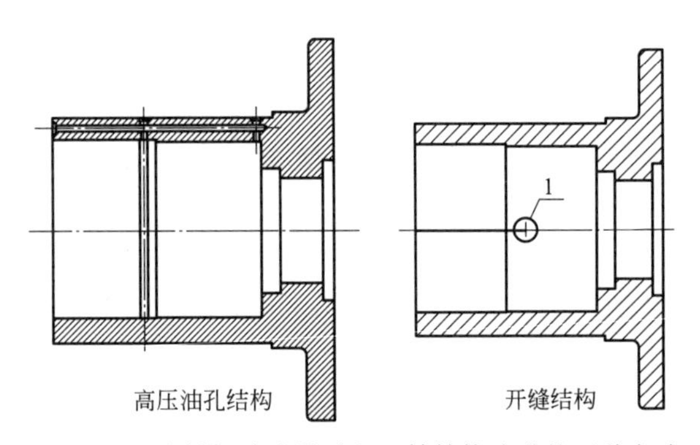

图3.5.4 为拆卸减速器对空心轴结构改进的两种方式

（1）高压油孔结构。在轴端面沿轴线方向钻一深孔，并在径向适当位置取两截面钻两通孔，孔的上端用高压螺栓堵住。此种改进在拆卸时，先松开锁紧盘的全部连接螺栓，用斜锲分开锁紧盘的两块压板，此时锁紧盘内锥套已完全松开；再在轴端面内螺纹接口处接高压油管接头，逐渐加压5～10MPa，“涨开”空心轴，产生极大的径向力和轴向力，使其轴向移动，便将整机取下。

（2）开缝结构。沿轴线切两条缝，缝宽2～3mm，缝长根据结构确定，并在末端开止裂孔。锁紧盘达到额定力矩时，空心轴同整体结构一起传递转矩。当锁紧盘全部松开时，空心轴会产生轻微“开口”，便易于拆卸。此结构要求锁紧盘必须达到额定力矩锁紧，不能用滑动，否则空心轴会损坏，并经常检查锁紧螺帽是否达到要求。

◎ **轴承降温改造**

轴承温度高原因之一是，冷却供油量不足。一方面是供油压力低，另一方面是供油口径偏小。若供油管道阻力过大，可加大油泵规格；同时加大供油孔径。

当超高斗提减速机油温过高而无散热系统时，可以增设风冷式油冷却器，便能从夏季高温季节最高100℃，降到不足70℃，保证了设备正常运行。

选用CB-B10的低压、低流量齿轮泵及配套电机；YLF100风冷式油冷却器；在提升机钢结构平台上焊接齿轮泵与冷却器的底座，与减速机底座高度基本一致。改造减速机进出油口，原排油口改为三通形式并安装球阀，新增一个口作为冷却系统的循环油路输入油口；减速机排气口也改成三通型，新增口作为冷却系统循环油路的输出油口；将减速机与齿轮泵、冷却器之间用6in（*DN*20）管径连接，并检查无漏油；连接电缆线路到专用接线箱内。至此，启动齿轮泵电动机，润滑油便可在冷却系统内充分循环。

◎ **主辅传切换改进**

大型设备在启动或检修时会用到辅传，它与主传的切换多用双轴主电机、摆线针轮减速器，通过两半联轴器的分离与合上完成切换。但双轴轴伸的主电动机及摆线针轮减速器价格都高，如果换为大小链轮，用链条传动，则只要单轴主电动机，整体费用会降低10%。因辅传运转时间不多，此改进运转可靠。

◎ **转矩信号检测技术**

在大型重要减速机上增设一套有转矩传感器的监测系统，一是能够帮助预警、检测与分析故障类型；二是可避免其他设备故障对它产生的冲击。它由转速传感器、转矩传感器、XY方向振动传感器、加速度传感器、振动检测单元、DALOG监测系统和分析软件组成。

共设计有五类故障报警。

（1）转矩最大值报警。可能原因为：减速机损坏；主要轴承损坏，同时会有轴承温度上升；磨盘内混入异物，同时有冲击报警。

（2）转矩均值报警。表示有可能：设备过负荷运行；启动时阻力过大；物料不易排出；对其施加压力过大；主要轴承损坏，伴有转速低等现象。

（3）转矩峰值冲击报警。起因为：启动设备时，离合器间隙大；设备内出现金属异物；设备零件落入设备内；减速机损坏。

（4）负转矩报警。引起诱因是：设备非稳定运行、振动大；减速机出现断轴或断齿。

（5）动态值报警。设备运行不稳定、振动大；设备主件出现裂缝、断裂或剥落，比照特征曲线分析；设备衬板出现坑洞、开裂。

◎ **当保险用的端盖**

取料刮板传动减速器为M4RHF70型进口产品，使用中突然发生，三轴端盖掉落、润滑油泄漏故障。当发现该端盖为塑料制品时，才明白设计者的目的：将端盖当作设备薄弱环节。一旦减速器通气孔堵塞，内部温度、压力升高时，为了保护齿轮安全，塑料端盖便可自动脱落泄压、降温，泄漏的大量润滑油，也成为及早让巡检工发现的信号。本来，通气孔旁已有明确说明，要求运行后去掉螺帽换成通气塞。但从调试起，却始终为普通螺栓拧死，说明现场管理如此粗略。为对此补救，这种设计确实用心良苦。

◎ **对减速机强制润滑**（见第3篇8.1.1节）

5.7 联轴器

◎ **选型原则**

电机和机械设备选用联轴器，应先从电机给定参数中获取输出转矩与转速的特性曲线，以及电机定子电流与转速的特性曲线，联轴器必须同时满足电机输出最大转矩与电机最高转速两个要求。

◎ **RL型软启动联轴器**

RL型软启动安全联轴器（图3.5.5），为机械式用于高压电机与减速器连接，回避了传统液力耦合器质量大、尺寸大的缺点。其工作原理与过程为：主动轴带动转子旋转，转子上的叶片将壳体内分成2～6等份空腔，并推动空腔内的钢球作圆周运动。钢球靠离心力沿联轴器径向运动，逐渐贴紧壳体内壁并滑动，随着转速升高，钢球与壳体内壁间摩擦力达到一定值时，钢球带动壳体旋转，形成同步。壳体通过销轴组件带动半联轴器旋转，将动力再传递到工作机。

它的特点是：软启动性好，在启动初期近似空载启动；当工作机过载或卡死时，它可打滑限制功率增加，可靠保护过载电动机不被堵转，并通过对钢球填充量调节，调整过载保护功率；减振性好；节省能量及维修费用；安装拆卸方便。但它不适于频繁启动与转向。该联轴器专门用于冲击载荷较频繁的场合，如辊压机这类设备，当辊面剥落时，系统会有强烈振动，不可避免产生冲击载荷，将加速减速机点蚀与断齿。

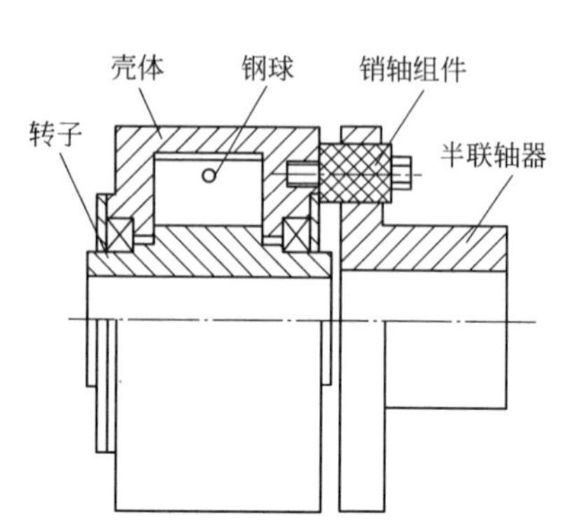

图 3.5.5 软启动安全联轴器结构示意图

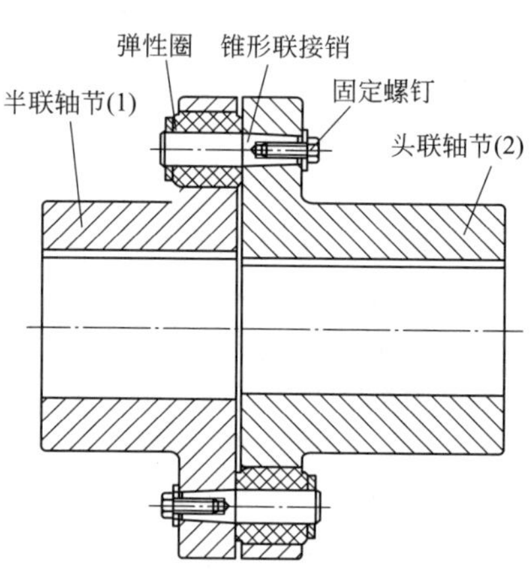

图 3.5.6 弹性圈联轴器示意图

◎ 弹性圈联轴器

万吨级斜斗输送机要求联轴器传递转矩达 345kN·m。为解决大型联轴器安装找正困难，装配钢芯弹性柱销的两个半联轴节孔，被设计成圆孔与锥孔交错布置（图 3.5.6），安装时将两个半联轴节推拢，锥孔端具有自动找正对中作用，不再用其他辅助工具，操作简单。弹性柱销是锥形钢芯连接销外包弹性橡胶圈结构，橡胶圈材质为高密度合成橡胶，强度高、耐磨、耐老化，与销轴装配的内孔壁采用两层纤维加强，提高传递转矩能力。

◎ 辅传联轴器改造

原 ϕ3.8m×13m 水泥磨传动装置的辅传减速机输出端三级轴联轴器为鼓型齿式联轴器，始终随着主电动机高速转动，而二级轴并不转动。导致箱体内润滑油温很高，轴承烧毁失效，且这类联轴器维修用时较长。

用弹性柱销式联轴器代替鼓型齿式联轴器，同样具有两轴相对偏移的补偿能力，符合主减速机的特点。同时，因为辅传只在磨机检修时使用，故平时可将弹性柱销取出，辅传装置不工作；待检修时，再将柱销装入销孔。为了弥补弹性柱销联轴器的可靠性不高，制作两个比弹性柱销孔的直径小 2mm 的钢销，对角装入，起到保险销作用。其余柱销直径比销孔小 1mm，长度比销孔长 30mm，可方便取出。按此原理，根据选型计算，辅传输出轴的转矩与冲击载荷均不大，故可选 HL11 型联轴器。

◎ 电磁离合器改进

侧悬臂刮板取料机的取料电机与调车电机之间，用牙嵌式电磁离合器连接，因离合器换向频繁，易造成动圈带弹簧螺栓松动，进而摩擦到线圈的外保护层，刮坏线圈，每半个月就要更换一次。如改用 DLM3 摩擦式电磁离合器，其工作原理是靠线圈吸合动圈，靠左半联轴器的摩擦片带动右半部的摩擦片，起到连轴作用。实践证实改进成功。

◎ 减小同轴度误差

当发现稀油站齿轮泵振动较大时，会伴有异常的有规律的冲击声。其原因是安装时电动机输出轴与齿轮泵输入轴的同轴度误差过大所致。为尽快解决，可用梅花形弹性联轴器代替原用的弹性套柱销联轴器，前者具有一定的补偿两轴相对偏移的能力，并能减振、缓冲，且结构简单、制作容易，维修方便，可靠性强。

5.8 液力耦合器

◎ 防渗油改造

液力耦合器在使用一段时间后，会发生漏油现象。其原因是耦合器内油封老化变形，传动液溢出；或是由于轴承运转游隙过大，轴在运转中产生跳动，油封无法封住内部的传动液。

除采用传统办法更换油封，或更换轴承之外，现有简单改造结构的方法，十分有效。如图 3.5.7 所示，将输入轴轴套嵌入储油室壳体内的一部分截掉 20mm，利用此空间在储油室壳体内，焊制一块封闭盲板。改造后，当油封件失效时，耦合器输入轴端也不会发生油渗漏现象。

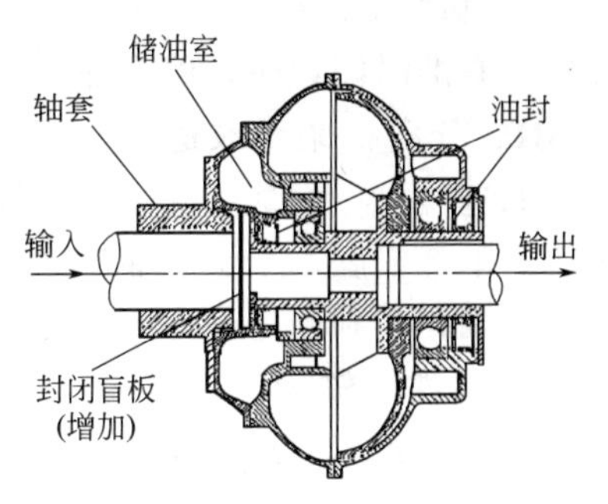

图 3.5.7 液力耦合器改造

5.9 滚动轴承

◎ 替换大型轴瓦

管磨机大型轴瓦被滚动轴承取代的优势越发明显，它不仅节电 10%～15%，维护简便，不再用水冷装置、稀油站及测温装置，还可比同规格磨机多装研磨体，有更大增产降耗潜力。

实施证明，滚动轴承并无需用螺钉将其外球面与固定球体座定位，不只是因轴承在球面座内被回转部分重量压住，定位可靠，而且轴承的外球面需要在球面座内不断摆动，起到自动调心作用，降低运转阻力。对滚动轴承内套的固定，只要在中空轴上加工出环沟槽，再将两个半圆卡环装入环沟中便可，而不应用隔套顶住、隔套外端面再由螺旋筒与中空轴间的固定法兰内面挡住的方式，反而会引起中空轴窜动。

◎ 轴承选配经验

（1）提升机、FU 拉练机及螺旋输送机等输送设备的头尾轮轴承，宜选用带紧定套的调心滚子轴承，而不是双列调心滚子轴承。这是因为当轴承及密封损坏时，更换时间两者相差十余倍。

（2）HFCG 辊压机原选配 YRKK560-4 型电动机，所配轴承分别为 N334（轴伸端）、6344（固定端），由于 N334 外圈不带挡边，轴向不定位，电动机轴受热膨胀时受到限制，只好向非轴伸端膨胀，6334 轴承因承受轴向力而损坏。辊压机供应商又提供另一厂家电动机，固定端是两盘轴承 NU232 及 6032，轴伸端为 N232，更换后，轴的窜动量依旧较大，温升仍高，经检查发现，轴承外圈 R 角值（3mm）与定位凸缘高度（2mm）不相符，使轴承 6032 根本无法在轴上准确可靠定位，其外圈还与定位凸缘摩擦而磨损。最后，将 6032 更换为 6232 后，增强了轴承承载力；并重新加工符合定位要求的轴承座，问题不复存在。

（3）SRC-150SW 型双螺杆空压机选用的主电动机为 Y2-3155-2 型，110kW，正常使用仅 2 个多月，转子输出端轴承便烧坏，该轴承型号为 6319E 型深沟球轴承，内径 ϕ95mm，外径 ϕ200mm。现场检查密封完整不缺油，更换新轴承后不久又烧坏。且 7 台空压机故障类同。经分析，该电机转速快，温升高，有轴向膨胀，而该型轴承无法承受轴向力。在改选圆柱滚子轴承 N319EF1 后，再没出现轴承烧坏现象，生产厂家对此也表示肯定。

◎ 用自耦变压器热装

当大型轴承需要过盈装配时，传统方法是用油槽加热法，加热程序烦琐。如使用废弃自耦变压器改装成轴承感应加热器，则不失为无污染、省时、省力、省材料的好方法。

具体方法是，将原自耦变压器的硅钢片解体，确认一组无绝缘损坏的电磁线圈，且对地绝缘良好；利用该组线圈按U字形组装硅钢片，在U字形预留开口上，用硅钢片组装两个通用轭铁，轭铁选择要按相应轴承内径，并根据加热件大小确定组装数量；将串套好轴承的轭铁放置到主机铁芯端面上，吻合放平；加热时，用测温仪测量轴承内圈端平面处温升，当温度符合要求，看准时间记录，停止加热，移开轭铁，即可安装。

◎ **MPS分离机轴承改进**

原选粉机上部加油孔设计在轴承29336E下部，当骨架油封密封失效后，润滑油就要靠自重流到下部空腔，当润滑油流失后，轴承便烧毁；且轴承上负压管磨穿，下轴承便进灰损坏。如将加油孔改到侧上部，并增加测温装置，且及时更换磨穿的负压管，轴承寿命延长。

◎ **识别高性能轴承**

材料上采用超级纯净钢；设计的先进几何结构能基本消除因载荷过高或偏心所产生的边界应力集中；加工中对轴承的滚子、内圈、外圈表面采取特殊工序，能减少表面损伤；相对寿命要比一般轴承高出4倍，即使在杂质多、润滑不足的工况下，寿命也能高出2倍；制造商具有专业轴承的修复业务，在较短时间内将旧轴承恢复如初，节省50%～90%的成本和时间；能帮助客户定制轴承选用整体方案，提升设备性能。

◎ **铁姆肯E型轴承改进**

主要是改进保持架，对小型轴承，EJ型用冲压钢制作。特点如下：由内圈引导，减轻滚动体载荷；不需要引导环对路引导，降低滚子和内圈间的摩擦，并留出更多空间，改善润滑或用更长滚子可提高负载；采用表面渗氮，提高强度和耐磨性；端面有独特的开槽处理，有利于提高润滑剂的流动性，降低轴承温度。对中大型轴承，EM型和EMB型用黄铜制作，采用开放式的定型设计，使润滑油轻易到达所有需要润滑的表面。

其次是优化滚道和滚动体接触面的吻合度，工艺上改进其表面粗糙度和表面纹理。提高承载能力，使运行温度更低、热转速等级更高。

6 环保设备

6.1 袋收尘器

◎引射式清灰

袋收尘在清灰方式上已有不同层次的进步，最早是气箱式脉冲，现发展用行喷式脉冲，还有一种更先进的 LJP 分室引射式脉冲，在不少企业也有好的应用业绩。它的特点在于以下几个方面。

（1）它与行喷式相同，不再像气箱式那样需要提升阀、切换装置及相应控制元件，减少了运动部件，不需要损坏更换，也不需要耗电。

（2）它的设备花板开孔率低，阻力损失比脉冲式小 300～500Pa，清灰效果好，进气最高含尘浓度可达 1300g/m^3（标）。

（3）它比行喷式喷吹更先进的原理在于，含尘进气口是在除尘器的灰斗内，部分较大的粒尘就因碰撞、沉降等作用直接落入灰斗，其他尘粒在除尘室内阻留在滤袋外侧，净化后的气体经滤袋内部进入净气室，再通过文丘里管进入净气汇集箱，此时的废气既可从系统风机排出，还可与反吹的压缩空气一起，在文丘里管的导流下当作反吹气体，这种循环不仅大大节约了压缩空气消耗量，而且这种带有温度的气体减少了结露可能。

（4）它的喷吹因是有引导气流加入到压缩空气中，就形成了数倍于自身气量的二次空气，使压缩空气在箱体内高速膨胀，让滤袋高频振动变形，有利于袋上附集的尘饼脱落。该过程能靠清灰控制器依靠阻力信号（也可定时）动作。降低清灰阻力，延长滤袋寿命。

（5）在线清灰，为充分利用滤袋，不需都安装文氏管（和文献 [5]）。

◎进气方式与气流均布

袋除尘器选型设计时，往往考虑最多的是过滤风速、滤袋的数量长度、滤料、单个脉冲阀所配滤袋面积，清灰系统结构与控制等，而常常忽视进气方式的结构和气流分布，反而导致收尘效率不高、滤袋寿命过短。

在进气方式结构上要有如下考量：烟气进入袋室后向下运动，与粉尘的沉降方向一致，可大大减少清灰过程中的二次吸附，加速粉尘沉降；要使滤袋表面过滤速度和粉尘颗粒分布更均匀，不允许局部风速过高；要充分考虑结构的沉降作用，让气流均匀进入每个袋室。这些要求对低压长袋的脉冲除尘器尤显突出，对于温度与湿度较大的烟气也更难得。

在电改袋及电袋复合改造中，这个问题同样不能忽视，而且电收尘的气流方向与袋收尘的气流均布同时满足，就更显不易，千万不能麻痹。

◎百叶截气阀使用

为让袋收尘能在线分室检查与换袋，需在进气到各室灰斗的管道上设置截气阀，目前较流行的两种形式是蝶阀或翻板阀，现推荐使用可调百叶式，便可综合两者优点。该阀结构见图 3.6.1，阀框内按需分割成多块阀板，每一阀板均有独立转轴、手柄和定位板，通过手动或气动控制开关及不同开度；每个阀如同抽屉，可随意抽出检修和维护。转轴一端手柄和定位板上配制有定位孔，以调节阀板位置；阀板总长 L 取决于安装部位的纵深尺寸，两端与灰斗壁板

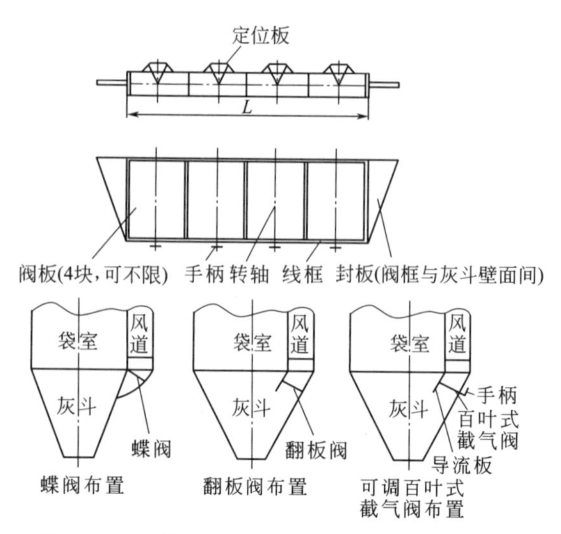

图 3.6.1 可调百叶式截气阀结构及应用方案图

用封板密封焊死。用此百叶阀改造原有蝶阀或翻板阀后，将增加原通风面积，减小阻力，且开度调节方便，以使各室负荷均衡，也无关闭后积料现象。

◎ 收尘方案选择

从收尘效果要求看，袋除尘器排放浓度低，可靠性好，在要求粉尘排放苛刻的地区，它应首当其选，尤其对于含细微粉尘多或粉尘比电阻不在 $10^{6} \sim 10^{11}\Omega \cdot cm$ 范围内的粉尘，不应选用电除尘。而随着低压长袋技术的推广，它的占地会更少；但袋收尘投资及日常维护运行费用要比电除尘器高 20%；对于温度较高或湿度较大的烟气，为避免滤袋的板结及烧毁，应选用电除尘器。

经经济效益对比，在线清灰系统比离线清灰系统的优点在于：后者清灰时可以不影响收尘效率，甚至可以在线检修；但其一次性投资要高 6.49%，运行费用要高 4.28%。但这是在相同质量滤袋及脉冲阀条件下的比较结果，随着滤袋质量与寿命的延长，离线清灰可能更有优势。

◎ 整机优化设计

(1) 进风气流均布的优化。当采用下进风方式时，含尘气体进入灰斗后还易产生偏流和斜向气流，增加阻力，滤袋会受直接冲刷而破损。如采用“惯性预收尘气流均布技术”，在灰斗水平、垂直截面分别设计百叶状导流板。通过调整百叶间距和角度，使各袋室过滤负荷趋于平衡，并最大限度地增加粉尘的惯性沉降量，减少滤袋对粉尘的吸附量，降低出口烟尘排放浓度，提高滤袋寿命；通过导流板，有效降低滤袋底部区域气流速度，缓解直接冲刷作用；有效降低含尘气流上升速度控制在 0.8m/s 以内，改善了滤袋长度对流场的不利影响。

(2) 脉冲喷管喷吹孔径的优化。喷吹孔径截面积总和与脉冲阀出气口截面积之比应为 60%～65%。如使用美国 ASCO 公司的 3″淹没式脉冲阀，喷吹孔径有 20mm、18mm、16mm 三种，喷吹孔距公差为±0.5mm，喷吹孔垂直向下，安装的轴心线垂直度≤0.4mm，避免喷吹气流冲刷滤袋。为保证每个喷吹孔喷气量相当，离脉冲阀远的喷吹孔径要比近的喷吹孔径小 2～4mm。

(3) 壳体的优化。对原采用的筋板结构修改为 6mm 以下的 TF 特种保护板压制成形，通过对其波宽、波高和板厚等参数分别单因素变化分析，以验证压型板优化后的承载能力，结果证明，可使钢耗从 $19.42kg/m^2$ 降到 $15.63kg/m^2$，还减少了约 30%焊接量。

(4) 袋笼的优化。原采取袋口护套及在花板下安装文丘里管的方法，不免会牺牲一定的过滤面积，增加运行阻力。如果选用新型袋笼导流装置，结构如图 3.6.2 所示，就会增加 3%过滤面积，过滤风速会降低约 3%。

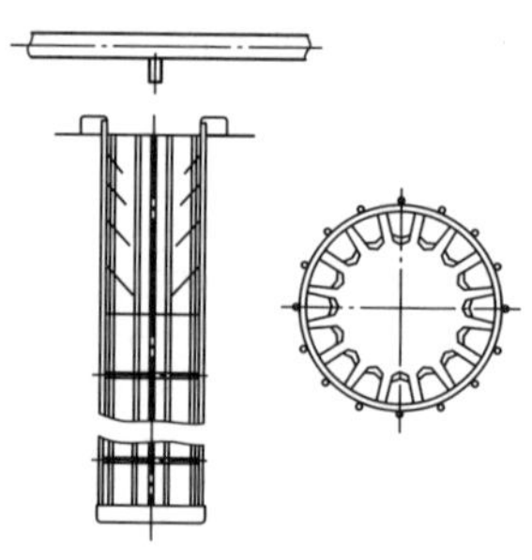

图 3.6.2 新型袋笼导流装置示意图

如此优化后，袋收尘在排放指标小于 $15mg/m^3$ 时，运行阻力从原有的 1300Pa 降到 1000Pa 以内，设备投资也会少 20%。

在线更换袋收尘器的结构设计并非最合理。虽然方便袋子更换，但它是以增加设备阻力为代价的，据介绍，5000t 线窑尾排风机每增加100Pa阻力，每年就要增加13万元的电费。而实际上现在的滤袋质量完全可以保证两年不破袋，利用检修时间统一检查更换才是保证措施，即便坚持保留在线功能，建议不要设置进气阀门，以降低阻力损失，利用顶部检修门虽有一部分外部空气倒灌，但更有利安全。

当采用离线清灰方式时，应降低离线阀门的打开速度，以降低鼓胀滤袋的折回速度，及气流再次流向滤袋的速度，减少穿透滤袋的粉尘量，提升清灰时的过滤效率。故应选用“快进-慢退式”气缸，以区别离线阀门的关闭速度与打开速度。

JP单机型的设计优化，是将滤袋卡箍卡在框架上，现应将袋口胀紧圈卡在花板孔内，提高密封效果；原花板上无加强筋，影响花板平整度，造成滤袋下部挤碰，现必须增设加强筋；原结构的安装检修都要在袋室内进行，现改在顶部进行，方便检查维修；下料控制取双翻板阀方式较回转式更有益于密封；所配风机选型能满足风压阻力需要，保持一定风速，还要满足处理风量的需求。

◎ **电控设计要求**（见第3篇11.1.3节）

◎ **横卧褶式滤筒除尘器**

对配料库皮带秤下料口扬尘处理，如用横卧褶式滤筒除尘器，就可解决库底空间有限的困难。该类收尘器还有如下特点：褶式滤筒选用连续长纤维纺黏聚酯滤料，过滤效率高达99.99%；透气性能好，可低阻力运行，降低系统压差；经表面处理，还可适于不同工况；清灰方式为在线定阻脉冲喷吹，每行滤筒均设置一个脉冲阀、一根喷吹管，每次只启动一个脉冲阀清灰，利用气包内压缩空气充分；该褶式滤筒与相同外形尺寸滤袋比较，过滤面积效率提高2～3倍，处理风量高；滤筒采用一体结构设计，比传统的滤袋笼骨结构，安装简便，减少换袋工作量及时间；与花板紧密结合，密封效果好，确保排放浓度低；结构紧凑；控制方式采用PLC可编程程序清灰，监测除尘器压差变化，减少耗气量，延长滤筒寿命1.5倍以上。如某企业使用，经环保部门监测四次结果，入口为70g/m^3，出口11.5mg/m^3。

◎ **卸料点收尘**

(1) 降低卸料点高度，当高度无法降低时，可在卸料管道下方装设翻板阀，以达到缓冲目的。

(2) 适当通过喷雾，增加物料湿度，减少扬尘。

(3) 向库内卸料时，在库顶增设收尘器，不但风量满足进入风量要求，而且要使库内形成微负压；并注意库壁密封。

◎ **扬尘点收尘**

对于生产线库顶、库底等处的扬尘点，袋收尘所选用的风机趋向于压力偏高而风量偏小，且管道直径偏小、不注重减小管道阻力。为节省大量电力，要遵循以下原则。

(1) 管道风速应以16～20m/s计算管道直径；管道避免水平布置，避免积灰，否则要设清灰孔；弯头曲率半径要保持在管径2倍左右；管道布置要直和近，管壁应光滑。

(2) 风机压头应该是管路阻力乘以1.2系数，加上袋收尘自身阻力，总计应在1500Pa以内；风机风量取除尘器处理风量的1.05～1.2倍。

(3) 风机电机选型，根据风机参数确定，转速以四极为宜，优先选用直联方式。

(4) 消声装置及防震底座等附属设备，依据现场情况而定。

◎ **电改袋风机选用**（见第3篇5.1节“电改袋收尘风机”款）

◎ **水泥磨袋收尘器改进**

当袋收尘阻力过大（压差达2500Pa）时，不仅粉尘排放浓度过高，而且袋子寿命变短，还影响主机产量与能耗，此时不应盲目增大排风。应从以下原因分析，并对症排除。

(1) 清灰的喷吹气流力量不足、不匀。如气包过小，储存的喷吹气体不够；喷吹管直径较小，没有引流管，导致喷吹气体扩散无力；气包与喷吹管之间为软连接，接口多易漏气；

直角脉冲阀消耗气源压力较高等。为此，加大气包、喷吹管直径，加设引流管，取消软连接，用直通式脉冲阀低压脉冲原理喷吹，调整喷吹管到花板的距离等措施，均可取得明显效果。

（2）进入收尘器的气流因截面突变会产生较强旋涡，使刚收下的粉尘再次上扬，增加了滤袋负荷。为此，要重视气流进收尘器的截面有合理过渡。

（3）更改电控柜 PLC 程序，将喷吹间隔时间设定确保清灰有力，同时保证室与室之间的清灰效果能使收尘器下料均衡，也不会使后续输送设备有较大的电流波动。

（4）及时对失效的滤袋、提升阀盖板、脉冲阀与接线、密封条等配件进行更换；对漏气处补焊，或加密封垫和生胶带密封。

某磨机由原有辊压机加管磨的闭路预粉磨系统，改为联合粉磨的开路粉磨系统后，大幅减少了磨机通过风量，磨尾袋收尘内水汽浓度大幅提高，尤其冬天袋内结露严重，滤袋上结料很厚，垮落后又将下料管与输送压死。该厂是利用选粉机平台与收尘器锥斗的落差，用空气斜槽将提升机喂入的出磨水泥分两路直接接入袋收尘器内，并在接口处焊接一块水平撒料板，利用原高差，让百余度高温的水泥经撒料板冲击后分散与扬起，与袋收尘内气体热交换，提高含尘气体温度，便能减少滤袋结露和仓壁结料现象。

◎ 箱体防开焊结构

大型布袋收尘器制作时，为便于运输，都将上箱体分开，到现场后再将其焊接。但经常发生焊缝在运行中热胀冷缩开裂，且反复补焊无效。无论是直接焊接，还是在原拼缝上补上扁钢、角钢或圆钢再焊，都不能排除开焊。只是采用钢板折弯后焊接，因折弯处自然形成了圆角，具有较好的柔性与弹性，克服了因烟气温度升降产生的热应力，上箱体再未开裂。

◎ 高负压箱体内支撑

袋收尘壳体处在高负压状态时，内部需用支撑管支撑，但因风机开停或清灰引起系统压力变化后，钢板变形造成支撑结构失效而拉脱、掉落。为此，如将原支撑板不与支撑管直接焊接，而是做一套管，高度约 80mm，直径略大于支撑管外径，让它与支撑板焊接，支撑管置于该套管内部，成为活动支撑，有伸缩余地，此类故障便可消除。

此办法可用于所有会有压力变化的高负压容器内的加固。

◎ 熟料散装机收尘

（1）控制熟料散装操作必须有足够高的平台，操作员能同时看到所有散装机作业，并能看见被装车厢底部，而不能在地面操作。

（2）将原长方形（2100mm×1500mm）集灰罩改为圆形（ϕ1200mm），为提高密封效果，对挡料皮采用分离式层叠安装。

（3）将原布袋伸缩节改为伸缩金属套管，即可经受熟料较高温度，又能消除布袋被风机负压吸扁堵塞进风口，在每节金属套管上预留螺栓孔，装入羊毛毡等密封材料。为了检修方便，在 2～4 节用 ϕ30～50mm 圆钢，在四个方向均布焊接支撑，避免让上节金属套管落到底部。安装中让收尘管对接金属套管，确保后者自由垂直，运行自如。

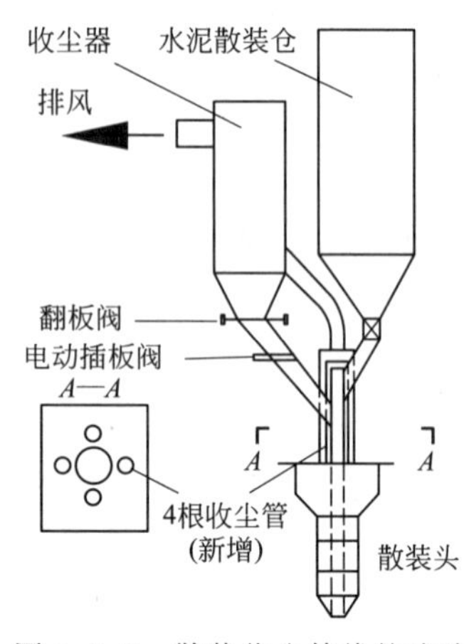

图 3.6.3 散装收尘管线的改造

◎ 散装装车收尘

散装水泥装车处的收尘效果对现场装车环境影响极大，若有大量粉尘向外喷冒时，可进行如图 3.6.3 的改造。将原 ϕ400mm 收尘管在下料点上方封闭，用均布在装车机头

四周的四根 ϕ100mm 的钢管代替原收尘管，并避开收尘灰下料溜子等设施。在收尘灰下料溜子上安装一个气动插板阀，并与装车放料阀连锁，当装车停止时，该插板关闭，防止收尘灰下落。

下料区要与负压进风区分开，减少进入负压区的粉尘量；加大散装设备的收尘风量，为此，有必要增加收尘风管数量，在库内负压管道增设加压调节阀，调整库内收尘风量；操作中应先接通散装车的下料口，待车内形成负压后再开始下料。

◎ 移动袋装车机收尘

为减少包装袋内残留气体在装车机出料托板落入车厢时的扬尘，特设计专用收尘器。设计的中心环节有以下几个。

(1) 收尘风量选择。选用气箱脉冲 PPCS64-4，处理风量为 17800m³/h，风机 9-26No11.2D，配套电机 Y225M-6，功率为 30kW，水平进风管内风速按 20m/s 设计，圆形管道直径为 ϕ560mm。

(2) 收尘罩尺寸。为让罩口中心风速与边缘风速相近，罩的扩张角要小于 60°，粉尘源长度 L 为车厢宽度 (2.3m)，粉尘源宽度 W 为水泥袋宽度 (0.5m)，粉尘源到罩口距离高度 H 为 1.5m，罩口面积 $A=(L+0.5H)(W+0.5H)=3.8m^2$；收尘罩安装在输送皮带机出料托板前段上部约 0.5m 处。

(3) 收尘管道的移动设计。风管固定在出料输送皮带机的机架上，距离皮带 0.5m，中心线与皮带机中心线重合，当出料皮带上下变幅过程中，圆形风管只绕管中心线转动；滑动头固定在行走小车的车体上，滑动头和行走小车相对静止，进风端有一 ϕ570mm 钢管，中心线也与出风管 ϕ560mm 中心线重合，在小车前后移动和出料皮带上下变幅中，进、出风管相对位置始终不变，因出风管插入进风管内 100mm，出风管可在进风管中做 10°～20°转动，两者环向的 5mm 间隙用废旧收尘袋密封。滑动头出风端位于地面固定风箱的软密封下，两端用平托辊压紧密封，滑动头随行走小车在软密封面下前后移动，固定风箱和滑动头下端面间隙 1mm，用羊毛毡密封。此方案可回收 80%粉尘。

◎ 小型袋收尘电控箱控制优化（见第 3 篇 9.3.2 节“小电控箱控制优化”款）

6.1.1 滤袋滤料

◎ 滤料选择

滤料不只影响使用寿命，更关系到粉尘排放的合格及整个除尘器的压差阻力。分无覆膜与带覆膜两类：普通非覆膜滤袋有针刺毡及机织布等，只能为深层过滤，滤袋容易板结而过早失效；覆膜滤袋是在普通滤袋上覆上一层憎水的 PTFE 薄膜，表面光滑，即使烟气湿度较大，也不会让滤袋板结，称为表面过滤。因阻力小，过滤风速保持在 1.1m/s，有利于减少用袋量。其中常用的滤料为玻纤覆膜，耐温达 260℃，耐化学侵蚀性能较好，但抗弯折性能较差。

水泥行业常用滤袋种类有以下几种。

涤纶：应用于温度较低的场合，如水泥磨、煤磨、破碎机和转运站等。

诺梅克斯 (Nomex)：可用于温度较高的场合，如窑头篦冷机粉尘，若要利用高抗折优势、经受较高喷吹压力的窑尾除尘，需要后处理技术加工。

玻纤覆膜：不仅耐高温性能好，还有高抗拉性、抗耐碱性及憎水性，过滤效率高、阻力低，使用寿命长，处理风量大，因此，特别适于窑尾袋除尘器使用。但抗折性差，运输与安装中要特别注意，清灰压力不能太高，所用袋笼要有 20～24 根竖筋，配合精度要高。

P84 是由意大利英太公司研制的优越纤维材料。耐高温性能与玻纤相当，而过滤性能没有其他滤料可比，抗酸、碱性性能也很好。由于价格昂贵，所以使用者都较谨慎。

对于反吹风袋收尘器，国产覆膜滤袋过滤风速是玻纤布滤袋过滤风速的1.6倍，处理相同风量时，前者的设备规格要比后者小很多，即使前者滤袋价格较高，但一次性投资相比，前者投资仍低2%，但后续运行费用要高6.7%。从长期经济效益考虑，还是玻纤滤袋较好。

◎ **FJ滤料优势**

对于窑尾袋收尘，面临较高含尘浓度的烟气，滤料需要不断提高性能。FJ、GW与P84是常用的三种化纤滤料，FJ是在价格昂贵的进口聚酰亚胺（P84）纤维中，迎尘面填入一定比例的国产高性能芳纶纤维，呈三维非对称结构设计，经针刺工艺生产，并经PTFE乳液发泡涂层表面处理技术，使其表面微孔化，成为FJ新型高性能复合滤料。它在性能上可与P84媲美，又能大幅降低成本，比传统使用的玻纤覆膜滤料GW优越得多。

三种滤料的测试结果是：热性能测试中，耐热性能相当，但高温下尺寸稳定性，尤其230℃以上FJ热收缩率小于P84；在化学性能测试中，FJ的耐酸、耐碱综合性能在三种滤料中最优；而机械强力衰减性能测试中，脉冲喷吹次数达2万次以上时，GW爆破强力下降45%，P84及FJ表现更好韧性，衰减幅度小；过滤性能测试中，FJ比GW的优越性，更不可比拟：阻力减少一半，平均清灰周期提高3倍多，排放浓度降低70%。

◎ **滤料过滤风速选择**

过滤风速是滤袋应用过程中的重要参数，它的计算公式为：

$$v=\frac{Q}{60A}$$

式中 v——过滤风速，m/min；

Q——除尘器处理风量，m^3/h；

A——滤料过滤面积，m^2。

真实风速还应除以粉尘层的平均空隙率 ε（0.8～0.95）。

实际确定过滤风速时，要考虑滤料种类、粉尘粒径及物理化学性质、清灰方式等因素。过滤风速过大，会使滤料两侧压差增大，可能将附在滤料上细粉挤压过去，不仅增高排放浓度，而且易磨损滤料纤维而加速损坏；过滤风速小，就要增大除尘器体积，增加投资。对于水泥粉尘，过滤风速宜选为0.8～1.2范围内。

◎ **新型滤料**

长期用进口的NOMEX、P84滤料，但聚酰亚胺纤维已能在国内工业化规模生产，与国外同类产品水平接近，产品稳定性与均匀性还有待加强；其中纤度0.3旦、直径5μm以下的超细纤维，用作滤料可在迎风面层当梯度滤料，降低过滤阻力、提高过滤性能。

另外，耐高温滤料有：采用天然矿物原料熔融制成的玄武岩滤料，能耐600℃，且隔热与隔音性能优异；陶瓷滤筒是利用多孔陶瓷（堇表石、碳化硅）表面覆盖一导极薄陶瓷膜制造而成，可耐900℃、并耐4MPa高压、耐酸碱腐蚀、过滤精度高等优点，对粒径小于10μm的粉尘，效率可高达99.5%，能稳定满足5mg/Nm^3的超净排放要求。

6.1.2 电磁脉冲阀

◎ **脉冲振打时间调整**

单机脉冲袋收尘是处理扬尘点收尘的常用装备，但随着时间延长，常有排放不合格情况。如果通过脉冲控制仪对除尘器脉冲清灰次序及清灰间隔时间调整，无须任何投资，也不增加成本。即改变原逐排清灰的顺序，在清完第一排袋子后，紧接是清理第四排袋子，中间间隔两排，便可解决后排滤袋清灰下来的粉尘，重新被紧挨着的前排滤袋吸附，导致降低收尘总效率的缺陷；间隔时间调整为，原脉冲振打周期小于240s改为288s，而单个脉冲阀振打时间 18s/次。此调整可以根据收尘效果确定，但它确实是单机脉冲袋收尘提高效率的方法。

6.1.3 多管冷却器

◎ 烟气降温方式对比

虽然出篦冷机烟气大多已被余热发电当作热源，但当发电通道故障时，也会遇到系统不稳定，或操作失误时的高温，因此，一定要正确选择确保收尘器安全的降温设备。

烟气降温系统常用以下两种。

喷雾恒温方案：它是靠回流调节阀，以及喷枪数量双重调节，通过水的用量对烟气准确降温，实现恒温控制。结构本身无阻力，但喷水增加气体体积，相当于增加 2kPa 阻力，新增风机功率约为 10kW，配置水泵总装机功率 66kW，长时间运行会增加管道与设备板结概率。

空气冷却器降温方案：它是靠轴流风机提供冷风作为降温介质，通过管壁与烟气热交换，调节温度靠开停风机数量或变频改变风机风速，因此灵敏度低，难以实现恒温控制。设备阻力增加 1kPa 左右，新增功率为 50kW，6 台轴流风机加输送系统装机功率增加 108kW。管道磨损增加，寿命 1～2 年。

两种方案均为余热发电备用，前者作为备用管道会更经济些。

◎ 冷却管与框架密封

为了降低进入袋收尘的废气温度，在无余热发电时，前端多采用多管冷却器，但该设备中冷却管与支撑框架的连接，因冷却管温差所产生的膨胀量，很难实现密封。传统用压盖加填料的方式，不仅效果不好，且成本较高。而采用普通钢板制作的弹性结构（图 3.6.4），既不影响冷却管的自由膨胀，提高密封效果，且因无需压盖冲压件及填料，造价低廉。

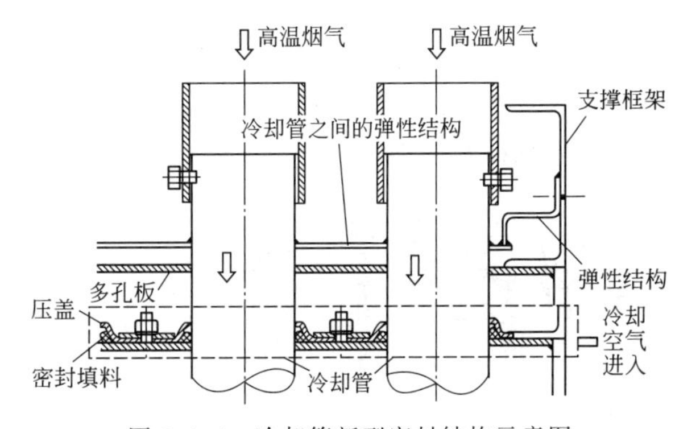

图 3.6.4 冷却管新型密封结构示意图

该结构的安装程序为：先将冷却管外围的弹性结构满焊完成后，再焊接冷却管。使焊接应力随温度变化自动消除，不会影响冷却管本身强度。

6.2 电收尘器

◎ 电改电技术

提高供电质量是降低电收尘排放标准的重要措施。电源分电压源、电流源，它们的主控变量分别为电压、电流。在电压给定时，电流随电场阻抗变化；电流给定时，电压随电场阻抗变化。而在放电过程中，电场阻抗受工况因素影响而变化。但两者比较，电流源可以对电晕功率进行精确定位控制，此时，电场火花可以自然熄灭，电场工作平稳，收尘过程稳定。恒流源是电流源，而普通可控硅电源为电压源。用恒流源代替可控硅电源对电场供电，就可提高电场运行水平和收尘效率。

所谓 MEC 达标技术是指：除尘器本体机械（*M*）。要从防止气流短路和改善气流分布出发，增设或改进阻流板，出口增设槽形板；阳极板改为移动式，清灰采用固定在极板下部的旋转刷，不但清灰干净，而且防止清下粉尘的二次扬尘。

电源（E）。采用高频高压技术，可以无火花电压运行，平均电压可达常规电除尘器的1.3倍，电流可达2～4倍，与工频相比，可减少电耗50%～80%，除尘效率提高30%～50%。

改善烟气（C）条件。在余热发电后，窑外烟气采用增湿技术降低比电阻已很困难，此时可借鉴电厂SO_3调质工艺，让它与烟气中水分相结合形成稀硫酸，吸附在粉尘表面，可大大提高粉尘表面导电率，提高收尘效率。

◎ 提高效率措施

（1）降低二次扬尘量。使用腰部振打机构；使用高频脉冲直流电源，与工频电源的电压纹波35%～45%相比，它的纹波仅5%，闪络电压高于工频电源的1.3倍，使电收尘器能够保持在接近火花临界点电压运行，运行电流可为工频电源的2倍。再加之高频电源脉冲时间极短，火花控制性能好，仅需很短时间即可检测到火花发生，并且立刻关闭供电脉冲，火花能量损失小，电场恢复快，提高了电场的平均电压，故而收尘效率高。

（2）改善阴阳极结构。阴极采用整体电晕线，很多放电芒刺均匀地焊接在一根直径8mm的圆钢（单根轧制不锈钢管）上，因刚度大，允许得到更大的振打加速度；底部为一体式框架结构，避免在气流下摆动；L形燕尾放电针与鱼骨状放电针组合使用，提高放电效果。阳极单电场设立多个独立悬挂系统，应对热变形；底部自由伸缩，小块板分区设计，减少热效应引起的变形；极板错位拼装与阻尘板配合也有利于防二次扬尘。

（3）优化电收尘灰斗及排灰系统（见下款）。

（4）多重组合预收尘与气流均布装置的开发，由烟气进口处的互错槽形导流截尘装置、L形叠置引流装置和多层多孔均流装置组合而成。它可实现40%以上的预收尘效果，并经气流均布后，电场横断面平均气流速度的标准偏差约为16%。

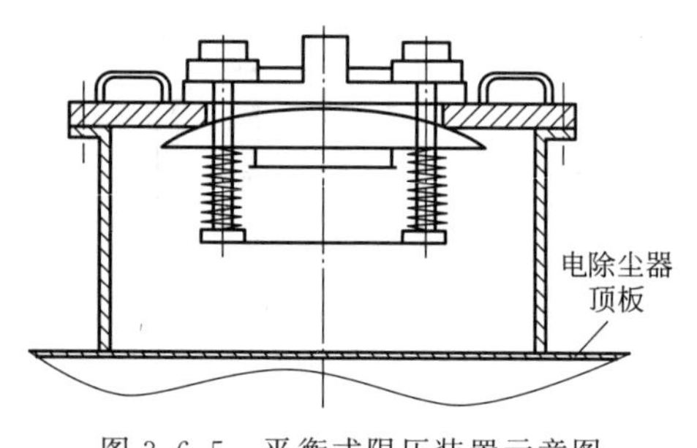

图3.6.5 平衡式限压装置示意图

（5）定形制造的压型板壳体优点（见第3篇6.1节“整机优化设计”款）。在壳顶使用平衡式限压装置（图3.6.5），有利于利用弹簧引导芯门的形状，控制电除尘器内外压差在设计范围，无需依靠增加壳体板厚实现保安。

（6）清灰系统的优化。组合振打清灰装置的传动都设在阴阳极顶部，形成侧向传动分别结合电场外（阳极）和电场内（阴极）顶部的多层多排振打，它占用空间小，振打力传递均匀，加速度分布更加合理，使振打清灰性能好、结构简单、故障率低、投资小。同时，振打频率适宜，选择振打周期的标准是，在保持极板导电性能条件下，让粉尘以片状剥落，有利于减少二次扬尘。

（7）其他优化措施。防烟气旁路措施（变阻流式结构为引流式结构）；末端电场出口处增设二次扬尘再收集装置；灰斗与输灰避免粉尘结露、棚料等。

◎ 气体分布板创新

基于不同气流速度区域所捕集到的粉尘量不一样，低风速高浓度区域的收尘效率会提高，高风速区域则相反，但提高的效率不可能抵偿低效率的损失。让气流非均匀分布进入电场，无法弥补降低效率的损失；而要求整个电场截面流速均匀，也并非是最佳选择，应当让电场下部浓度高、上部低才为理想。为此，不仅要依靠分布板开孔率高低，确定分布板位置，使用折叶板改善气流均布，某公司还设计创新分布板，使用活动的加挂导流板，主动根据实际气流分布速度，调整加挂位置，以有效缩小气流分布板模拟试验与实际除尘器之间的误差，而且也方便在原设计不合理时，通过安装此板，起到纠正作用。

另外，负责任的制造商，第一层分布板应选用高硬度耐磨钢制作。

◎ **耐高温阳极板**

当废气温度较高时（如窑头收尘），电收尘阳极板就会受热膨胀变形，使极板间距变小，电场电压还未达到要求时，空气就被击穿而放电。为此，开发耐高温阳极板，提高对瞬时突变的工况适应性，是电收尘技术存在的必要条件。这种极板按高度方向分割成若干个小极板，再用圆环链连接；环链通过特殊结构铆接在极板两侧，根据电除尘器的总体电场尺寸确定极板排组合尺寸；每个极板排的上部都连接在极板悬吊梁上，下部用夹紧装置固定在振打杆上。这种结构确保了极板受热后，不仅每块板的变形量小，而且彼此之间的变形不会相互影响，同时，因它的重量较常规极板重，热容较大，吸收热量较多，对后续极板有保护作用，因此，这种极板更适宜第一电场选用。

◎ **灰斗排灰优化**

电收尘灰斗及排灰系统常因结料、棚料及崩塌而发生堵料，还会因漏风及链运机故障直接影响系统的收尘效率。在设计、制作、安装收尘器时应满足如下要求。

（1）只要高度允许，选择灰斗单列布置，比双列布置有益。

（2）制作中应严格控制内壁表面平直度和光滑度，不能有翘曲变形及局部凸凹现象，打磨光滑焊渣及毛刺；灰斗上下两面中心线应对齐，5m以内高度，重合度误差<±5mm，10m以内误差<±10mm；所有焊缝都须经渗油试验检查；灰斗侧板相交棱角用溜灰板圆弧过渡。

（3）每个灰斗设计配置：①高度下1/3处安装一台振动器，功率<0.25kW，手动控制，不宜长期运行及空仓运行；②在排灰口附近安装1kW的加热器，灰斗容积<50m^{3}配置2台，电收尘开机前8h启动，以后长期运行；③在排灰口法兰与膨胀节法兰间加设300～500mm的单向闸阀，使灰斗与排灰设备能独立检修；④在排灰口处安装捅灰装置，以方便清理结料与棚料；⑤在灰斗内侧上方安装一台射频导纳料位计，控制灰斗内料柱高度，以用料封防止卸灰时漏风，但在上方150mm处要焊接断面为圆弧形的挡料板，保护它不受物料冲击；一般用电气与链运机、回转卸料阀联锁，控制料柱高度在10%～70%之间。也可用阻旋料位开关（RZ-32）在卸料阀上方1100m、灰斗任一侧面中心开孔安装。不仅能改善灰斗锁风水平，而且能做到每天只运转15min，大大减少数十个卸料阀的磨损及耗电。此要求适于为发电设置的熟料沉降室锥斗的料位控制。

（4）链运机优化（见第3篇4.4节“结构设计优化”款）。

◎ **阴极振打万向节改造**

电除尘器阴极振打由减速器、绝缘磁轴和振打轴组成，绝缘磁轴两侧用万向节将减速器输出轴与振打轴连接。振打轴长度约10m，允许存在一定挠度，并靠万向节弥补该连接的角度偏差，保证平稳运转。但实践中，因万向节安装在除尘器内部，运行中无法润滑，且橡胶油封老化快，轴承早期失油，粉尘进入轴承体，使轴承滚针折断损坏卡死，随着万向节调整角度偏差功能的丧失，转矩增加，绝缘磁轴断裂损坏。

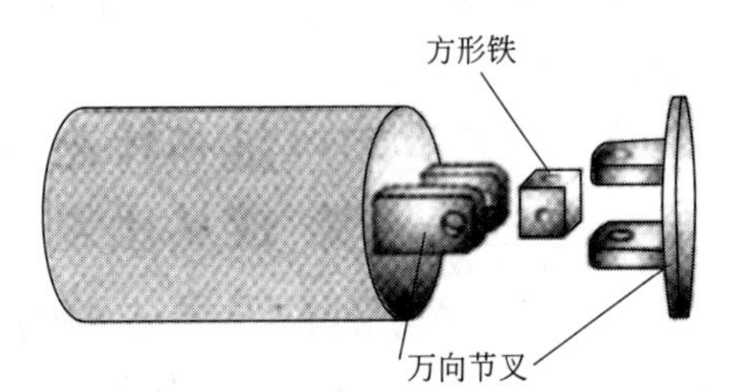

图3.6.6 自制万向节示意图

为了解决万向节频繁发生的故障，决定自制万向节：结构见图3.6.6，材质选用45钢，取消滚针轴承，改为与轴、孔配伍的滑动轴承，由万向节叉、方形铁和销轴组成，仍可完成上、下、左、右方向上的调整。轴、孔的配伍间隙要大，使之其他方向也可有微量调整，且不需要加油润滑。实践验证，改造后其寿命至少提高一倍以上。

6.3 增湿装备

◎ 喷雾系统选择

选用低压双流体的喷水系统，比传统的高压回流系统虽投资高，但因提高水珠雾化程度，控制水珠直径 60μm，水压和压缩空气压力只在 0.5MPa，大大降低用水量与用电量，且不易造成增湿塔湿底，而使运行费用大大降低，一年便可回收增加的投资。

◎ 管道喷雾要求

（1）喷雾单支喷枪的喷水量过大，会降低喷雾效果。可将原 8 支 SEDF3 喷枪改为 40 支雾化好的 SEDF01 喷枪及喷嘴，每支流量 0.6m^3/h，雾滴直径平均 60μm，以保证在 18m 管道内水雾完全蒸发，使废气温度从 550℃降到 180℃。

（2）从喷雾机到喷枪顶部的压缩空气管道，如太细将增加阻力、消耗压力。将管道内径从 $DN80$ 增大为 $DN100$，或另加一根 $DN80$ 旁路管道及相关控制阀门，并在每支喷枪的水路和气路，都增加手动球阀，保证增湿系统用气压力在 0.45MPa 以上。

（3）将废气管道圆周均分 40 份，安装 ϕ138mm×198mm 套管，再安装喷枪。

如此改造，方可实现最少水量、最大降温效果，且不会发生堵塞。

◎ NHP 型喷雾系统

余热发电投入后，原回流式喷雾系统已不能适应低废气温度的运行要求，应选用 NHP 型智能喷雾系统替代。其优势为：喷嘴由特种材料制成，能耐酸、耐碱、耐高温、耐磨损；其特殊结构设计使喷出的雾滴直径介于 20～70μm，可有效降低粉尘比电阻和废气温度；喷枪具有低压无回流雾化的特点；变频自动控制柜可跟踪烟气温度变化调节供水量，实现节能型自动喷雾。因此，该系统可在喷水压力接近 0.3MPa 条件下，完成增湿调质处理要求；不仅在生料磨开停与锅炉开停的各种状况中，简单变换操作，而且通过降低水泵功率及应用变频技术大大节电。

改造需完成以下工作：变更供水管道，保留原上水管线，将回水管道改为旁路供水管道，实现主、旁路两路供水，并分别安装喷枪，且可独立工作；更换水泵为变频低功率水泵，从 160kW 降至 90kW；用变频自动控制柜，对系统实施自动跟踪控制，水泵启停的烟气温度设定分别为 120℃和 75℃。

6.4 消声装备

◎ 降低风机噪声

（1）在选用风机型号时，要确保与所需要的工况风压、风量相符。提高风机效率是降低噪声的最根本措施。

（2）增强叶栅的气动力载荷，降低圆周速度。

（3）采用合理的风舌间隙和风舌半径。实验表明，风舌间隙 $\delta t/R=0.25$；风舌半径 $r/R=0.2$ 时，风机效率最大，噪声最小。

（4）把蜗舌做成倾斜式，蜗舌倾斜角 α 可按 $\tan\alpha=(t-2r)/b$ 计算，式中，t 为叶轮出口栅距；r 为蜗舌半径；b 为叶片宽度。

（5）叶轮上适当增设短叶片分流。当叶片较少时，叶片通道后半段易产生负速度区，容易导致气流分离。叶片较多时，又容易产生进口阻塞和气流分离。

（6）叶轮入口处加紊流化装置。

（7）在动叶进出气边上设锯齿形结构，使叶片上气流层流附面层较早地转化为紊流。

（8）在蜗舌处设置声学共振器。

（9）在蜗壳内设置挡流圈，可增加风机进口集流器与叶轮入口边之间空隙的密封效果，减少涡流区。

◎ 降低发电排汽噪声

当发电利用蒸汽冲刷管道时，外排废汽会有巨大噪声。只要在原容气罐上并行接通多个结构相同的消声管，就会收到降低噪声污染的明显效果。

余热发电疏水扩容器排汽管未采取降噪措施时，在每次汽轮机暖管时，因蒸汽量和压力大，出口噪声高达 110dB 以上，排放的蒸汽柱达 20m。如按图 3.6.7 中的虚线部分所示增加二级孔板及两个阀门后，在疏水时，关闭阀门 1，调整阀门 2，控制进入疏水扩容器流量，二级孔板的降压作用，能降低蒸汽通过量。孔板的孔径需理论计算和实践测试，摸索出一级孔板径为 10mm，二级孔板径为 8mm 时，效果最佳。此时噪声已达白天为 60dB、夜间为 50dB 的国家标准。

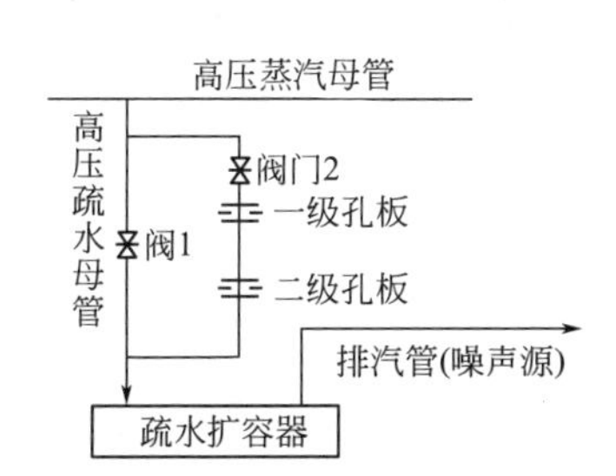

图 3.6.7　二级降压孔板安装示意图

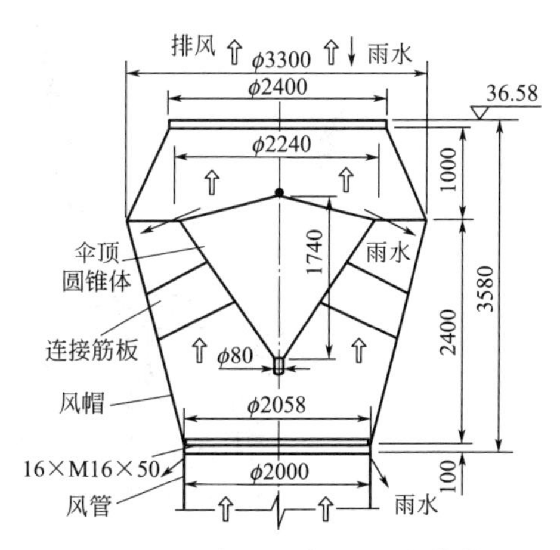

图 3.6.8　降噪有效的防雨帽结构

◎ 防雨降噪帽改进

原防雨降噪帽结构为风从风管排出后，被圆筒顶盖挡回，相当于气流转向 180°，再从槽钢间排出，这种结构防雨效果好，但阻力大，噪声大，风机能量消耗大。改为如图 3.6.8 所示新的防雨降噪结构，风将向上顺着光滑伞顶圆锥外表面向上直接排出，而雨水从锥顶沿风帽内表面从与风管的接口处流出。如此结构减少了风的阻力，噪声也因此降 10dB 以上，效果显著。

◎ 长皮带的噪声防治

长距离皮带的噪声可达 75～85dB，超过国家相关规定，会干扰周围居民正常生活。为此，应从如下几方面着手。

（1）将普通托辊更换为降噪托辊，即托辊管体采用高分子复合材料制作，有利于吸震。

（2）加固支撑与结构桁架，提高刚度，令其不成为震源。

（3）敷设隔声板，在胶带机下方加舖底板，在距板 5m 处噪声可下降 7dB。

（4）优化防雨罩结构，采用整体弧形防雨板，减少拼接点。

6.5　脱硝

◎ 分级燃烧脱硝

在脱硝治理中，应先实施减少 NO_x 排放的工艺，在烟室和分解炉间建立还原燃烧区，从

源头上降低燃料型 NO_x 生成量，减少氨水或尿素消耗量，并有利于系统参数优化，实现节能。

改造方案由安徽海螺川崎提供（图 3.6.9）：将窑尾上升烟道直段由 540mm 向上延长为 1140mm，直接与分解炉锥部相接，锥部缩口尺寸通过改变浇注料厚度由 220mm 改为 380mm 而减小；在上升烟道与分解炉锥部结合部设计弧面扬料台，防止塌料；入分解炉煤粉由单层 2 个喷煤点改为上下两层 4 个，增加燃烧空间，并增加锥部喂煤点比例。

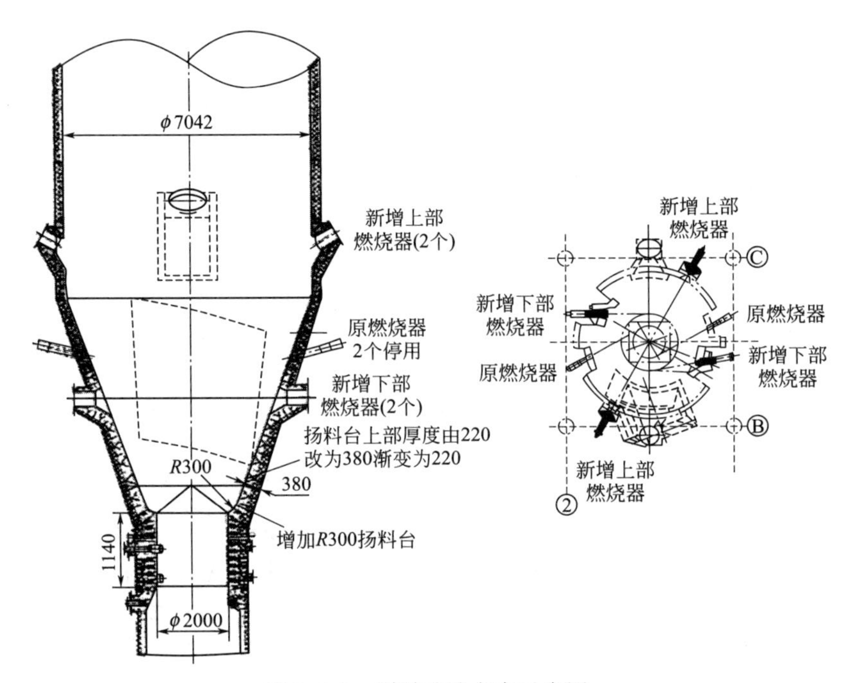

图 3.6.9 脱硝改造方案示意图

改造后，在排放量不变（$330mg/m^3$）的前提下，氨水平均用量从 900kg/h 降至 560kg/h，平均每吨熟料氨水降低成本一元以上；熟料热耗下降 20kJ/kg 以上。

◎ 脱硫减排的应用

硫会以各种形式从原料或燃烧中带入，其中由原料带入的硫化物都会在 600℃以下氧化为 SO_2，是废气超标排放的主要根源。分解后的活性 CaO 是最好的脱硫剂，但它一定要有温度与湿度要求，才会对 SO_2 有很高的吸附效果。采用从生产线上取出含高活性 CaO 的 880℃高温气体，经冷却器稀释冷却到 400℃，通过旋风分离器将物料收集下来，通进 $40m^3$ 的制浆罐中，加水制成 20%浓度的 $Ca(OH)_2$ 浆液，用循环泵打入储存罐中。使用时利用喷雾技术，选配喷枪数量与位置，并配置浓度计、液位计控制，并防止浆液内颗粒物的堵塞枪头，就会取得理想脱硫效果，将硫控制在 $200mg/Nm^3$ 限值以内。

6.6 水处理装备

◎ 微孔弹性膜片曝气器

好氧生物法是污水处理的方法之一，而好氧活性污泥所应用的主要设备——曝气装置有多种形式，作为生物转盘，弹性膜片微孔曝气器比一般曝气器有很多优点。

当曝气装置充氧不均匀、不充分时，导致气泡在水中停留时间过短，甚至使局部失压而形成污水的反渗透，最终堵塞曝气孔。只有曝气器释放出的气泡均匀细小，在从水底上升到表面过程中，气泡由 2mm 增大到 5mm，池中溶解氧分布均匀，才能具有较高供氧速率，充氧动力效率高，节省能耗。

以陶瓷、塑料、橡胶及钛为原料制作的盘式、板式及管式等微孔曝气器中，管式要比盘式更有效供氧，但如果用刚性管无法克服振动，会造成连接松动导致漏气，且易断裂；若直接改用软管，对微孔要求壁厚适宜而增加难度。所以，用弹性膜片作软管曝气器获得成功。其特点在于：支承管为软管，具有柔性作用，可按一定曲率半径弯曲，并避免振动；可任意调节有效长度，用一根曝气器在池中连续布管，安装方便，充氧均匀且动力效率高；可为不同安装方式、进气形式提供多种形式产品。

耐磨耐高温材料

7.1 复合式耐磨钢板

◎ 选粉机耐材选择

部件耐磨是选粉机长久高效运行的必要条件，对不同分选物料和工况条件，不要千篇一律、一成不变地选取某种材料，而应从如下材料中确定选择方案。

(1) 高聚陶瓷耐磨涂料，为英国伊伍德公司生产的高分子聚合陶瓷材料，是较为有特点的耐磨耐腐蚀材料。由双组分材料按一定比例拌和均匀，在两种组分热反应开始之前约 30min，直接涂抹在粗化处理后的母材上，即选粉机构件上。为防止涂层脱落，还可在涂层内部加设强度网，提高耐磨涂料附着力。可用在选粉机异形分级叶片表面上。

(2) 复合高聚耐磨材料，是由聚氨酯添加有机合成材料热塑而成的非金属耐磨材料。这种材料的物理性能将决定它适合于干态 80℃低温下应用，如果添加一定比例的无机耐磨材料，可以提高到 120℃；因它的密度较小，可以降低分级转子重量，有利于降低电耗，有以柔克刚的超强耐磨性。

(3) 纳米级 SiC 金属表面耐磨技术，它是在微米、亚微米金属陶瓷耐磨分级叶片的表面技术基础上，开发出的高性能新型表面处理技术。在特殊添加剂作用下，使纳米级的 SiC 陶瓷微粒上带正电荷，并按比例加入电解液中，利用电沉积方法将表面活化的纳米陶瓷微粉和基质金属按顺序共同沉积到普通碳钢分级叶片表面上，形成复合耐磨层。它既具有硬而不脆的高磨蚀性，又有与不锈钢类似的高耐腐蚀性，耐磨性是高铬钢的 13 倍。但由于它只能采用普通碳素钢，叶片刚度不够，易被金属异物打弯变形，而使选粉机无法运行。

(4) 95 互压式防脱落耐磨陶瓷片。它可用于选粉机壳体内衬，转子主轴套外壁和出风管的防磨损保护。它的 α-Al_2O_3 含量≥95%，厚度 5～15mm，硬度≥HRC80，密度≥3.53g/cm^3，耐温范围由黏结剂决定在－50～600℃之间，贴片表面光滑平整，可以在特殊形状的钢板上粘贴，通过互压式和螺钉固定式，确保不脱落。但黏结剂在运输过程中不允许海水浸湿，否则易脱落。

(5) BAOER 系列免烧结耐磨陶瓷涂料，是一种非金属胶凝材料，通过特殊处理方法，严格配料的化学反应，使其在常温下形成极高强度和硬度，韧性好、耐磨性高、高温性能稳定，且由骨料、超细结合粉及纳米、微米超微粉不同粒径颗粒，形成最大堆积密度，达到陶瓷结合强度标准。再加入金属龟甲网，形成网状长纤维，提高抗冲击能力。

(6) 复合耐磨钢板，种类很多，以 UP 板最早使用，但随着工艺进步，现在有更高性价比的复合板。

(7) JFE-EH-SP 超级耐磨钢板，不但具有良好的焊接性和可加工性，而且还有比以往 HB500 级别更高的耐磨性，利用碳化钛析出相的超高硬度，无须提高材料硬度，便可实现超级耐磨性能。

◎ 立磨转子磨损修复

ATOX 立磨选粉机转子型号为 RAR LVT50，6 年后磨损量超过 30mm，本需要更换一套新转子。但使用碳化钨耐磨板焊接修复后，寿命还可提高 3～8 倍。它是依靠在 16Mn 钢板表面涂碳化钨材料，经高能离子注渗钢基体内，形成1.2～1.5mm厚高耐磨合金。焊接时让耐磨表面正对转子转动的迎料方向。严格按施焊要求完成后，做动平衡试验。

◎ **开发高铬铸铁焊丝**

高铬铸铁的高耐磨性早已被人们所认识，尤其是铬含量保持15%时，随着碳含量增加，共晶碳化物量逐渐增加，当碳含量达3.86%时，得到过共晶组织，出现初生碳化物M_7C_3。此组织的各相，通过相互支撑，极大提高材料的耐磨性，尤其对抗低应力磨料磨损，性能非常优异。然而，目前铸造工艺很难实现过共晶组织，充其量只是亚共晶或共晶，因为：

（1）碳含量增加过高（3%）时，高温浇注中因碳无法补充充分，肉眼就可看到出现大量有显微空隙的针状晶体，它们在磨损中极易脱落而加剧磨损。

（2）铸造中产生的巨大热应力在铸件中难以释放，使铸件变形或开裂。但是通过堆焊工艺，只要保证堆焊金属与母材的结合性高，且只产生垂直于焊缝的裂纹释放应力，就可实现超高碳高铬合金组织的目标。

郑机所研制高铬铸铁焊丝，已有ZD901-O及ZD902-O系列产品，取得阶段性成果，用于矿渣立磨及原料立磨磨辊的堆焊中，表现出效果显著的耐磨性。

◎ **超声速火焰喷涂修复**

所谓超声速喷涂的原理是，将燃气和氧气分别在700kPa压力下输入燃烧室，混合燃烧形成高压气流，通过喷嘴进入受水冷壁的长管压缩后，在出口处燃烧，形成高温射流迅速膨胀，其焰流速度是普通火焰喷涂的4～5倍，也远高于等离子焰流速度。此时，将涂层粉末由氮气或压缩空气送入喷枪喷管的轴向同心圆处，对金属表面喷涂，形成超声速火焰喷涂工艺。该法制备的涂层致密，结合强度高，孔隙率小，涂层残余应力小，可喷涂层厚；且火焰温度低，粒子飞行速度快，被氧化程度低。使喷涂层的耐磨性是16Mn的6倍以上。

修复工艺分基体表观预处理及喷涂两个阶段：预处理包括对磨损部位的局部更换，恢复原始尺寸，喷砂除油和除锈，使表面呈金属本色，且无气孔、裂纹和焊渣等缺陷，圆滑过渡；喷涂则按优化的工艺参数进行，喷涂中工件温度要小于150℃，避免开裂或剥落，对严重磨损区域可加厚喷涂层0.1mm，并确保表面平整，减少风阻和冲刷。实践证明，这种修复比堆焊及粘贴陶瓷的效果都要理想。

7.2 耐热铸钢件

◎ **ZD501焊丝的进步**

新研发的ZD501焊丝比原用于辊压机的MD501焊丝性能更优越，它并非依靠增加材料的硬度，而是通过优化熔敷金属的微观组织结构，实现材料的抗冲击和抗剥落性能，特别适合于对易磨性较差原料的粉磨，如钢渣、水渣及含硅高的原料等。某厂混合材中加入15%的黑石子及水渣，原新辊一般材质仅一个多月就磨光了花纹，使用MD501焊丝就可使用3～4个月，在2009年，换用ZD501焊丝后，寿命提高到半年以上。

7.3 耐磨陶瓷

◎ **立磨陶瓷磨辊**

HRM立磨研磨电石渣生料时，若立磨筒体内风速设计过高，会加快如下部位磨损。

（1）磨盘上方约1m的筒体衬板仅2000h就要更换，当材质由16Mn（Q345）改为高铬铸铁（Cr26）时，使用寿命超过5000h。

（2）原高铬铸铁磨辊运行到翻面仅2036h，实际粉磨能力只达到设计的60%。当改用陶瓷磨辊后，寿命也近5000h。

（3）为解决分离器下灰斗局部磨损，将喂料溜子延长，接入分离器下灰斗中，不仅不再有局部磨损，还有利于缓解下料不均引起的磨机振动。

7.4 耐火砖（定形耐火材料）

◎ 镁铁铝无铬砖

它是采用合成亚铁尖晶石作弹性剂，与含有氧化铁的烧结氯化镁作为原料，通过特殊煅烧而成。由于亚铁尖晶石的化学成分与铬矿石成分接近，较镁铝尖晶石更易让 Al_2O_3、MgO 或 FeO/Fe_2O_3 取代 Cr_2O_3，制成无铬耐火砖。亚铁尖晶石不与周边物质反应，因而抗熟料侵蚀性强，这是与镁铝尖晶石相似之处，而在抗碱侵蚀上却有不凡表现；同时，镁铁尖晶石、C_2S 等易与生料作用，生成黏性高的铁酸钙和铝酸钙化合物，提高了挂窑皮性能，胜过镁铬砖。它还具有优良的弹性和抗热震性能，蠕变应力低，抗热应力、机械应力优秀，在合适的耐火度下，耐压强度高约20%。因此，应该是预分解窑、碱负荷重的烧成带及上过渡带耐火材料的最佳选择。

◎ 白云石砖应用优势

白云石砖在国外水泥窑烧成带应用广泛、历史悠久。不但无铬污染，而且使用寿命在一年以上。原因在于：它的铝、铁含量较镁铝砖低4/5，减少了低熔点矿物相组分与熟料的反应，砖不会因此受损；如果让其再含锆，将比尖晶石砖提高更大抗剪切能力，它与石灰形成锆酸盐，有利于提高耐火性能；它可在砖内形成微裂纹，有效限制应力裂纹发展，提高砖的热震稳定性，减少温度变化引起的砖剥落及断裂；又由于它有较高氧化钙，易与熟料中 C_2S 发生反应，极易形成厚而稳定的窑皮；因它的杂质含量极少，很少形成低熔化合物，砖内很难存在变质蚀变层，具有变形而不裂的特点。镁铝、镁铬砖不可能具备这些优势。

我国之所以普及应用白云石砖较慢，不仅是社会对消除铬公害的要求太迟，还因未能掌握保障它在运输与储存过程中不被水化的技术。使用铝膜真空包装技术后，再经普通胶带粘贴，其保持期已能在一年以上；当停窑长于一个月时，为防止水化，简单处理砖表面即可。如陕西某生产线停窑四个月，仍能保证重新开窑后继续使用。

7.5 耐火浇注料（不定形耐火材料）

◎ 高强耐磨耐火浇注料

分解窑的窑头罩、篦冷机高温段及燃烧器头部都要求耐火衬料既要耐磨、又要耐高温，因此，选用亚白刚玉颗粒作骨料、铝酸钙水泥作结合剂，并加入纯度达90%的碳化硅，以及硅微粉外加剂，再加三聚磷酸钠减水剂减小用水量，制作高强耐磨耐火浇注料，十分必要。配制的这种浇注料，施工简单，节省劳力和工时，由于有高分子聚合物，与基层混凝土黏结牢固，能满足窑热工条件最为苛刻的位置使用。

◎ 浇注料预制件

在篦冷机矮墙、三次风闸板、三次风管弯道等处，原来都设计为现场浇注料施工，但寿命不长，分别为4～6个月，后改为预制件生产，同性能质量的浇注料，竟能用到两年，而且有些位置还可翻面使用。这是因为工厂批量机械化生产，预制施工条件规范，便于严格控制水灰比，并经足够烘干、焙烧、养护时间，与水泥企业现场抢工期的施工相比，质量差距显然很大。直接用预制件到现场装砌，还节省了大量时间和劳动力。

◎ 无水泥耐火混凝土

RHI 耐火材料公司开发的无水泥耐火混凝土，代号为 M10-6，所用原料为黏土、莫来石、铝矾土和管状氧化铝，因含有不同孔径的微孔，可迅速排出溶胶混合物吸附水。窑的升温曲线推荐时间为 36h，与低水泥（LCC）耐火混凝土相比，其柔韧性、耐火度、抗硫碱等性能均优，在工作条件较为苛刻的窑口、燃烧器前端、窑门罩及篦冷机进料口等处，都有上佳表现，比低水泥混凝土寿命延长约 10 倍。该产品早在 2008 年已上市。

7.6 硅酸钙板

◎ 保温层经济厚度

设备与管道的保温厚度选择直接决定能耗水平及露点腐蚀的发生。厚度过大，投资费用大；但厚度过薄，热损失加大，甚至威胁设备正常运行。保温层的经济厚度随热能价格、年运行时间、贷款偿还年限、流体温度、保温层导热系数和管道直径而确定。其中随管径的增加而增厚，影响程度变缓；随材料的单位投资价格、年利率和环境温度的增加而减小；但与在一定范围内的热能价格、年运行时间、年利率、贷款偿还年限及风速的影响不大，而需要重点考虑的是流体温度、管道外径、环境温度、保温层导热系数及保温层单位投资价格等因素，进行优化设计。

8 润滑装备

8.1 润滑设备

8.1.1 高低压稀油站

◎ 在线超声波除垢

对于循环冷却水换热器，相对于酸洗、碱洗和机械清洗除垢方法，使用在线超声波防垢除垢技术（ZNCF），不会对设备有腐蚀危害，且无须花费大量人力和水，也不会有清洗死角。使用该装置前，首先需要通过其主控模块调测单元微处理器和软件系统，对超声波的频率、振幅、脉冲周期、脉冲宽度、加速度等声学参数进行设定，以控制产生超声波的脉冲电信号，经强磁致伸缩材料换能器电/机能量转换后，直接作用于换热设备上，通过超声脉冲振荡在换热器管、板壁传播，并在金属管、板壁和附近液态介质之间产生一系列效应，破坏污垢的附着条件，以防止换热装置运行中可能产生的结垢。

在换热器前、后管板处，各电焊紧密连接1只换能器，用电源线（AC220V±10%2A）将换能器接至主机。3个月运行后，打开换热器封头检查，与安装前相比，原有80%管束堵塞，现基本无垢存在，换热器对数平均温差提升50%以上，相当年节约标煤600t、清洗费72万元，设备延长寿命2年以上。同时在线连续工作，自动化程度高，安装方便。

◎ 滑履磨润滑密封改进

双滑履磨的滑履罩是分片罩壳法兰把合而成，下部固定在滑履轴承底板上，壳体与滑环间采用橡胶唇型密封圈＋工业羊毛毡形成密封，但效果不佳，导致灰尘进入污染润滑油，使中空轴与主轴瓦间缺少良好油膜，瓦温升高。将其改造为组合式密封（图3.8.1），以保证滑履润滑系统正常工作。

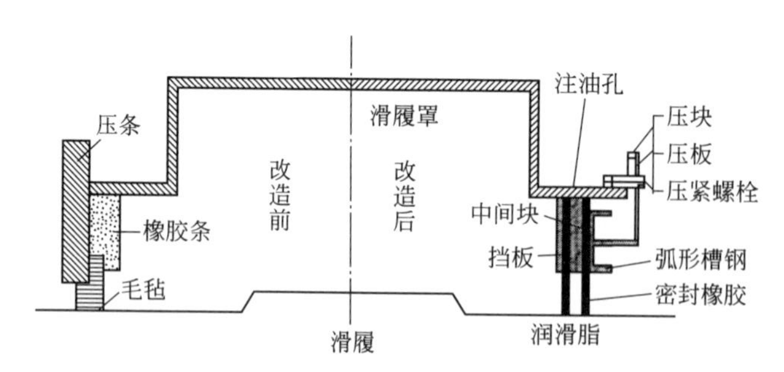

图3.8.1 滑履罩密封结构改进示意图

鉴于滑环外径线速度较高，在罩壳密封圈内侧设置一道甩油环，周向分成三段，通过锁紧螺栓让其内径与滑环外圈保持良好贴合，并与滑环外圈点焊以防松脱；在滑履罩壳体两侧壁内部设置接油槽，以防壳体上的油滴进入甩油环与橡胶密封之间；安装后橡胶变形对密封面形成压力；内部通过中间块的注油孔打入干油滑润脂充填。

◎ 立磨磨辊强制润滑

鉴于ATOX立磨真空负压润滑的复杂性，对外部条件要求苛刻，故障判断与处理解决都较麻烦（见第1篇8.1.1节“立磨润滑站维护”款），如改用强制润滑方法取代，会有如下优点：连通管路可取消；中心架和磨辊轴加工简单；加油泵和供油泵均为间歇运行，有益于提高泵的寿命；不会造成轴承腔内润滑油过多或过少，磨辊密封处不会因润滑失误而泄漏；一个磨辊出现问题不会殃及另两个轴承。

采用供油泵向磨辊轴承泵入润滑油，当润滑站油箱油位到最低点时，停供油泵，开启回油泵；当润滑站油箱油位到最高点时，再次开启供油泵，停回油泵，如此循环往复。每个磨辊润滑站油箱独立。通过对回油温度和过滤器监控，确保轴承安全。

◎ 对减速机强制润滑

堆料机为提高能力，将电动滚筒改为电动机减速器后，其原有飞溅润滑方式已不理想，为此，应为减速器配置一套外置强制润滑系统。为保证减速器箱体内合理润滑量，只对输入轴小伞齿轮强制润滑。选用齿轮泵流量18.3L/min，出口压力0.33MPa，电机功率1.5kW。油路全部采用不锈钢管连接；管路上增加润滑油路截止阀，可在安装维护润滑系统时，避免油路污染和浪费；增设不锈钢过滤器，满足油质要求及方便清洗；进油管上安装压力报警传感器，随时监测压力过低时报警；管路靠支架固定在减速器螺纹孔上。

◎ 磨辊润滑系统改进

不同类型立磨改进方法不同。

（1）RMS立磨四个磨辊的大型滚动轴承原采用油池润滑，磨辊工作压力为10～13MPa，磨内温度为150～200℃，使润滑油很快变质，且轴承磨损后的金属粉末仍在轴承腔内，使磨损继续加速。大多用户只好采取定期停机，拆开轴承端盖检查，或缩短换油周期应对。

为了有效监控，实施轴承安全稳定运行，借鉴减速机润滑方式，对磨辊专门增设一套外置油箱集中循环润滑装置。每个磨辊轴承通过一套耐高温高压油管与其连接，并选用抽真空能力较强的齿轮油泵，在30m外将磨辊润滑油抽到润滑站中循环使用；配有双筒过滤器在线切换，过滤25μm以上杂质；配有堵塞检测自动报警功能，以及灵敏的温度、压力、流量、压差等传感装置。

该润滑站可实现加油、放油以及正常润滑三种功能。在停机时可以通过它进行磨辊油位校对；更换润滑油时，只需开启加热器和油泵即可，避免磨内更换润滑油时可能污染；无须拆开轴承端盖，便能校对磨辊轴承油位及自动及时补油；磨辊轴承正常磨损金属粉末可以由双筒过滤器及时除掉；循环后的润滑油温降低，增加润滑效果。

（2）TRM立磨4个磨辊共用一个润滑站，但回油系统采用虹吸装置，每个磨辊另有平衡管道经磨辊上腔通外部大气，但每当环境温度较低或油站刚启动时，油黏度较大，无法虹吸回油，便从平衡管溢出。若堵住大气出口，磨辊腔油过多，出现正压，使磨辊油封较快损坏。

将回油改用4个回油泵强制进行，并将润滑油由原来220号改为460号，改善磨辊高温重载下的润滑。上述情况不再发生，油封寿命延长一倍。

（3）某集团自制的立磨，在冬季因天冷油液黏稠，油泵设置在磨辊润滑系统油箱附近，距离较长，负压不够，回油泵无力，造成磨辊内存油量增加，出现磨辊空气帽喷油现象。为此，在磨辊端再增配一套回油泵装置，作为油箱端回油泵的补充，该泵不一定要常开，只是在回油不畅时再启动，并保留管路的加热带。

（4）BRM生料立磨磨辊漏油严重，轴承损坏。分析原因：当磨辊腔进油大于出油时，油压升高，大于骨架油封承受压力后漏油；磨辊轴承室透盖处的骨架密封有3道接触式动密封，2个是为防粉尘进入，但因密封耐冲刷的防护设计不到位，密封间隙不能保证，操作中又不能完全确保密封风机压力一定大于磨内压力，就使得粉尘进入密封腔内，加剧了辊轴及骨架油封磨损；当润滑油黏度较高时，还会挤压骨架油封而外溢。

为此，采用新骨架油封结构（图3.8.2），为氟橡胶制作，增加副唇，以有效防止较大颗粒粉尘进入油封中卡滞。同样3道密封，靠轴承的2道油封有效方向对内，防止溢油，第3道

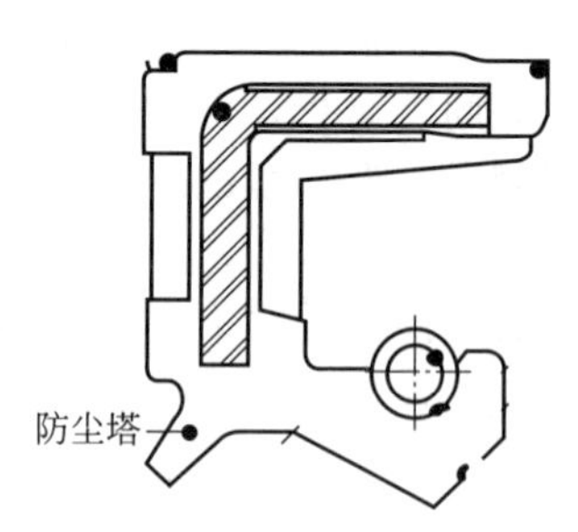

图 3.8.2 骨架油封改进

则对外，为防粉尘；安装时要严格校核，保证不变形，且不剐蹭表面，在装配后进行气密性试验，堵住辊轴靠近骨架密封处的出油孔，只留下部出油孔；密封风室外加护耐磨，动密封环用耐磨钢制作，控制好间隙，动、静密封环间位置形成台阶状，避免粉尘直接进入密封室内；在辊芯防护罩锥形体靠近大端处，增设几个均布排料孔，保证透盖处不存物料。

◎ 变润滑方式降瓦温

磨机所配电机为 YR1600-8/1430，原轴承为上下式滑动轴瓦。原润滑方式为双油环、飞溅润滑，冷却方式是循环油冷却，但油温常达 70℃，威胁生产。将轴瓦进油由侧面改为上部淋油，进出油管端与底部的连接方式由绝缘胶木改为塑料连接。改造后不再用电扇降温，而最高瓦温也只有 60℃。

◎ 冷却水与换热器选用

某企业风机轴承润滑未设稀油站，每逢夏季轴承温度过高报警，更换润滑油种也无济于事，只是在增加水冷却的稀油站以后，风机运行才正常。

某企业所用地下水，因离入海口较近，含 Cl^- 的浓度大于 178mg/L，远大于不锈钢的最大耐受程度 60mg/L，而使板式换热器内进水腐蚀漏油。此时为防腐选用钛合金或紫铜板，但板式换热器成本昂贵，只好更换管式换热器，改用铜管，代价较低。

◎ 延长柱塞泵寿命

为 TRM 立磨主减速器配套的 XGD-C200/500 型高低压稀油站，其中高压泵是四台德国哈威轴向柱塞泵，但使用不足半年，泵的柱塞滑履组就严重磨损、油封损坏。检查润滑油和管道清洁，符合规程；原稀油站设计柱塞泵的泄油口封闭，但因斜轴式柱塞泵要有一定量油输出，使得这部分油憋在油泵内，加快损坏，磨损了柱塞滑履组。

为此，打开四台柱塞泵的泄油口，各接一根高压软管，再连上止回阀，让输出的油共同汇入油箱，泄油口压力控制为 0.1～0.2MPa，减少了多余的油对柱塞滑履组和油封的冲击。改造后，柱塞泵使用寿命大为提高。

◎ 压力控制器改造

有以下三种改造情形：

(1) 稀油站两台油泵本互为备用，当主油泵油压低于 0.1MPa 时，备用泵应当开启，若油压继续低于 0.05MPa 时，应自动控制主电动机联锁跳停。原控制系统是由压力控制器给 PLC 信号，但稀油站运行环境及压力继电器本身无法保证信号准确无误，导致稀油站每年都会有 10 次以上误动作。为此，将原有压力控制器拆除，在出油口管道上开口焊接一个内丝头，安装 HPB-800 型号压力传感器，在稀油站控制柜内加装一块 SPXM2011P5 智通数字显示报警仪。连接方式如下：将报警仪上 4、5 端子与压力传感器相连；原接在 PLC0007 端子上压力继电器的连线断开，连接到仪表 ALM1 的 10、11 端子；将原接在 PLC 的 0008 端子上的继电器断开，再接上控制柜内新增的继电器 K21，由 ALM2 控制。此时，再根据前述控制要求对仪表的 In 设置，稀油站再不出现误跳停。

(2) 磨机为主电机、主减速机、前后轴承配套的四台稀油站均为欧姆龙 CMPIA 控制，都因缺油造成过减速机轴承及齿轮损坏事故，原设计油泵与备用油泵的关系是：出口油压大于 0.25MPa 时，备用泵停，且主机允许启动；当供油压力小于 0.12MPa 时，备用油泵自动投入并输出报警信号；如果供油压力仍未提高时，PLC 发出停车信号，主机停机。但实践证明，这种设计会因现场原因造成压力控制器接线断开或接触不良；或因机台振动使压力控制器调节螺栓松动，使其反应不灵敏。此时即使出口压力再低，PLC 仍不能发出报警、跳闸指令。为此，除要求油站线路绑扎牢固、控制器调节螺栓拧紧固定外，要充分增大 PLC 功能，增加油站工作和停止时，对压力控制器上限点和下限点的动作监测，即增加开停机的自检功能。

(3) 如稀油站控制系统仍采用大量中间继电器、选择开关设计，将会因接线复杂，而存在严重安全隐患，并难以查找。可用S7-200PLC外加EM223扩展模块更换。

◎ **稀油站齿轮泵故障原因**（见第3篇5.7节“减小同轴度误差”款）

◎ **防止油站过度加热**（见第3篇11.1.1节）

◎ **保护系统软硬件改进**（见第3篇11.1.1节）

◎ **LOGO! 自动控制**（见第3篇11.1.1节）

8.1.2 干油润滑设施

◎ **下托辊润滑方式改进**

重型板喂机下运行，是由下框架里侧的若干下托辊支撑，由托辊、铜套及支撑轴组成。因现场粉尘大，油嘴经常堵塞，影响润滑，使铜套和支撑轴磨损严重，托辊无法转动，链板在托辊上滑动。为此，将原压注式油杯卸掉，安装一弯管和一旋盖式油杯，通过加油旋紧杯盖，对润滑脂产生压力，形成强制润滑。再不存在油嘴堵塞现象。

◎ **智能集中润滑系统**

新设计的辊压机都应使用智能集中润滑系统，对其18个润滑点实施整机自动加油控制。它由主控设备、油站、电磁给油器、给油管路、控制及信号线路组成：由西门子可编程控制器作为主控设备的指挥中心，主要负责控制油站启停、电磁给油器开闭、收集现场信息、监控各润滑点状态，调节和显示循环时间、供油量及故障报警，通过触摸显示屏实现人机对话；油站作为动力设备，负责将润滑脂输送到管路、电磁给油器到每个润滑点。

该系统配有流量传感器、重力传感器、压力传感器，分别负责对各润滑点的油量、加油桶中油量及电动润滑泵的供油压力自动检测，每个传感器都应设上、下限控制值，超过该值就会有控制动作，否则报警。对各润滑点的加油时间及供油间隔周期，要根据各点要求有所不同，如轴承处润滑要比密封处用油多，主轴承比推力轴承用油多。此系统再好，也需要正确使用与维护（见第1篇8.1.2节）。

8.1.3 其他润滑装置

◎ **窑开式齿轮润滑装置**

以往设计的回转窑大、小齿轮润滑都是靠带油轮连续供油完成。它要求小齿轮带动带油轮，而油箱中的最低油位必须浸没带油轮的带油杆。这种润滑方式有如下四个缺陷：当带油轮的轴断裂后，很难及时发现，使大小齿轮缺润滑而磨损；通过卡板和螺栓固定的带油轮轴头，容易发生移位，与小齿轮撞击，损坏其齿面；一旦带油轮损坏，就要停窑处理，影响窑的运转率；带油轮靠小齿轮带动，要消耗动力。

改进后取消带油轮结构，抬高原油箱底板，并有一定斜度，将齿轮罩下壳体与小齿轮底座直接焊接，形成密闭油箱，并在上沿口焊有和大齿轮罩连接的法兰；油箱内注入的油面，恰使小齿轮在运转时，其下齿根淹没在润滑油中；并设置液位控制开关，当油位超低限时报警或停机。这种自动连续润滑方式，不再有原润滑装置的缺陷。

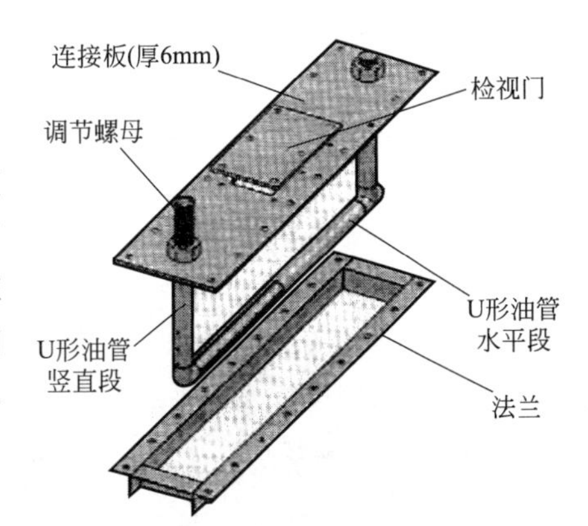

图3.8.3 自制喷油装置结构示意图

◎ **托轮外循环喷油装置**

托轮外循环油泵喷油装置如图3.8.3所示，法兰

(4[#]角钢组焊)和连接板相互配钻，用以固定和调整喷油管，喷油管为1″镀锌管，按尺寸切割、攻丝，用弯头和三通连接成U形，油管水平段（660mm）上钻10个ϕ3mm的孔，间距50mm，靠近止推圈的竖直油管（320mm）上钻3个ϕ3mm的孔，间距30mm，在油壶上盖开安装孔，将喷油装置的法兰焊接在该安装孔上，再对割口和焊缝打磨光净，不让杂质进入油壶；安装喷油管时，水平段与竖直段油管到止推圈的距离都为30mm。通过检视孔调整水平段油管油孔的喷油方向，以在停窑状态下喷出的油，能沿着托轮轴表面流到轴瓦入油口为准。此装置既防止了托轮出现歇轮、也防止了非正常停窑后带负荷重新启动时，有可能因润滑不良和没有油膜而烧瓦的现象。并让托轮轴和止推圈能均匀散热，保持轴承温度稳定。

8.2 润滑材质

◎ 减速机润滑油选择

减速器选择润滑油取决于它的工作速度、载荷大小和环境温度；油的黏度是关键参数，速度高要用黏度小的油，因为此时黏度低也能在轮齿接触面间建立所要求的润滑油膜，而且高速时产生的搅动轻微，功率损耗少。而辊压机行星减速器是低速高负载，就应选用高黏度齿轮油。新减速器在加注齿轮油前，应用低黏度机油，清洗制造厂出厂前涂上的防腐油脂，并清洗掉减速器内的铁屑和粉尘污染物；运行400h或2周后（取短值），将润滑油全部放掉，用N100低黏度机械油清洗内部，润滑油经125μm筛网过滤后，可重新使用；运行2000h或连续3个月后，更换新润滑油，需清净旧油。

◎ 轮带垫板润滑油选择

有人愿意选择黏度过高的润滑油，以为可以产生较厚油膜。但黏度高的油会有较大阻力，势必造成运行中增大窑电流；而且，油的流动性因黏度高而变差，换热性能反而不好。因此，2500t/d线选用460，5000t/d线选用680，它们的黏度较低、黏温特性好，是较为适宜的选择。

轮带与垫板润滑起初是喷射专用高温润滑油，但价格昂贵，后改用托轮瓦换下的废油与石墨粉按2∶1混合，涂抹在轮带内表面，经试用后效果不错。

9 电气设备

◎ **新装低压电路检验要领**

新装设备首次开机调试前的检查非常重要，需要较高的专业技术能力与经验。

(1) 一次线路检查。检查线路有无短路、缺相、漏电和电压等级；检查用电设备接线的正确性、测量线圈电阻值、测量漏电及相间短路的可能。这是有效避免重大事故的步骤。

(2) 二次线检查。一般不必脱电进行，断开弱电电源后即可送电，检查各个继电器动作和声光指示，用万用表测量弱电电压及极性，如有异常，应立即断电检查更正。

(3) 接好弱电电源出线，并检查正负极接线正确后方可送电。检查各个声光指示正常后，按照设备工艺顺序，分别做各个动作的手动操作。此步骤是检查二次线路接线、元器件质量、限位装置和报警功能等的可靠性，再检查系统试验的自动或半自动操作，是否达到设计和使用功能要求。

(4) 检查各通信系统与传感器正常。通过模拟检查传感器与数据采集箱、设备与计算机的通信，能够正确显示检测到的数据。

9.1 电动机

9.1.1 高压电动机

◎ **同步异步电动机优点**

同步异步电动机（亦称三相感应同步电动机）在国内虽有成功使用，但因价格较高及使用习惯，选用该类型电机者还是少之又少。它的启动特性与绕线型异步电机相同，而运行特性与同步电机相同，因此具有启动电流小、功率因数高的双重优点。

它配备的励磁装置，可使电机在启动后很快以同步状态运行，即使励磁装置故障，仍可转入异步运行，并维持额定功率；它是在充分考虑同步与异步两种运行状态后，优化确定了气隙；采用磁性槽楔代替绝缘槽楔，使其效率比一般的普通绕线式异步电机高1%～2%，有较大节能优势；它的转子槽数要高一半以上。

◎ **特制滑环使用条件**

带螺旋槽的特制滑环所具有的优点是：一为可以导出碳粉，防止滑环与碳刷因接触不良而产生打火；二为通风散热能力强。但当风机转速较低（8极电机）时，不仅碳粉很难被风叶带走，反而碳粉产生量比普通滑环还多，磨损更快，频繁更换滑环，甚至半年内就会“放炮”。虽然普通滑环风温会高些，但仍在允许范围内，也可用轴流风机散热。因此，转速较低的风机，应选用普通滑环。

◎ **电动机轴承选配**（见第3篇5.9节“轴承选配经验”款）

◎ **变润滑方式降瓦温**（见第3篇8.1.1节）

9.1.2 进相机

◎ **变负载进相器应用**

普通静止式进相器无法适应如辊压机、破碎机等负载变化大的设备，必然发生过补或欠补现象。WVP 系列变负载进相器串接在电动机回路上，采用双 CPU 控制，适时根据负载变化调整相关参数，达到动态补偿，使功率因数始终处于最佳状态。

9.1.3 低压电动机

◎ 低压变频取代高压

该厂利用低压变频电机替代高压电机尝试，试车后实现风机软启动，且满足生产调节要求，工作频率为 35Hz，工作电流大幅降低，振动与噪声、轴承温度等大为改善。且风机调节精度高，便于实现自动化控制。水泥磨循环风机原高压电机为 YFKK500-8 型，额定功率 355kW、电压 10kV、电流 29.1A、转数 745r/min、功率因数 0.76，选用的低压变频电机 YVF2-355L-10 型，额定功率 160kW、电压 380V、电流 333A；并配置 ABBACS800-04-0260-3 型低压变频器，取消了原挡板电动调节器；变频器接入低压电力室的低压母排与新电机之间，变频器控制接入原 DCS 系统，确定循环风机低压变频控制的 DI、DO、AI、AO 点号，并进行编程；封存了原高压柜和高压电缆，做好警示标记；为变频电机和风机制作了一套直接连接的对轮和基座，便于安装。

安装中要注意对变频器的冷却和防尘要求；控制线及输出线要用屏蔽电缆，不能与动力线放在同一电缆托架上；安装位置要考虑电缆长度不超过 150m。

◎ 直流电机调速装置选型

回转窑负载工况适用直流电动机，启动转矩可达 2.5 倍额定转矩的要求，调整性能优良，一次投资费用较少，在国内广泛使用。对于 5000t/d 以下生产线，电动机功率较小，电枢电压多为 440V；但大于 5000t/d 生产线电枢电压多为 660V。为此，选择启动装置要分别对待。

对于电枢电压 440V 的直流电机，工厂电压 380V 就能满足，此时只要调速装置的输出电流能符合 2.5 倍直流电机的电枢电流即可。但对于 660V 电枢电压的直流电机，所要求系统进线电压为 575V，就需要配置专用变压器，此时就要考虑干式变压器的过载能力，它还与电机的启动时间有关，一般不超过 1min 时，变压器的过载能力按照二次额定输出电流的 2 倍计算，并满足直流调整装置额定电流与启动电流之间的 1.5 倍要求即可。

◎ 预防直流电机过载

（1）在 DCS 中，增加对回转窑主电机电枢电流的报警，不允许电机在超额定电流的数值上运行，一旦报警，必须查找原因排除后，方能继续运行。

（2）直流电动机的调整可控硅整流器是采用风机冷却，冷却风机在整流器下方，当负荷电流增大时，最上端 2 只可控硅散热不足，就会过热击穿。为此，在最上端可控硅散热片上安装一个温度开关，常闭点与控制回路串联，一旦实际温度超过设定 56℃就报警，并切断主开关控制电源，直流调速装置立即跳停，使可控硅得到保护。

◎ 停机后电机发热改造

窑主电机使用直流电机与变频器调节技术时，在窑停机后，若不停总电源，其励磁绕组线圈就会持久带电，并发热使电机温度升高，若长时间停机，将成为破坏电机绕组绝缘，以致烧坏电机的原因。为此，需要对电路改造。在励磁回路上增加一个接触器，改变控制程序为：在原有线路中增加一励磁驱动信号、一励磁运行信号，发到 DCS，为方便中控，中控的窑主电机启动不做改动，只在程序中做一个延时驱动，通过 YTUU 和 YTU 两个延时模块分别延时 20s、30s，处理主令开关合闸信号与励磁运行信号的关系，主电机启动完成，然后由中控操作员给定转速。如此改造后，当窑停机时，励磁系统会停止运行而不再发热。同时，为考虑现场启动操作，为励磁启动增加一个启动按钮，并将励磁接触器运行串联在主令开关的启动回路上，避免操作顺序错误。

9.2 电缆

◎ 选用原则

电缆导体材质选择原则为，一般大截面选用铜导体，小截面选用铝导体或铝合金导体。

电控箱供电的电力电缆宜采用 4 芯电缆（三相加 PE），控制电缆则在电控箱内设一小容量的控制变压器即可。避免采用 5 芯电缆，可节省费用。

为选择电缆绝缘水平，应先确定整个供电系统接地方式，优先选用中性点经低电阻接地，以降低设备的绝缘水平。此时电力电缆只需满足导体与绝缘屏蔽或金属层之间，额定电压不低于 100%使用回路工作相压的要求，可节省相当可观的材料费用。绝缘材料选用低压 1kV 交流聚乙烯绝缘电力电缆（XLPE），要比聚氯乙烯绝缘电缆（PVC）有绝对优势。

电缆导体截面选择，要尊重电缆厂家保证的电缆额定载流量值，在此基础上，还要考虑实际使用环境温度、电缆并列敷设的根数、电缆桥架的敷设状态等因素。中压电缆还需要根据回路短路电流值进行短路电流的稳定检验。

选用质量较好电缆，是避免产生感应电压的首要措施。敷设电缆中会大量存在着感应电压，只因能量过小，未影响设备运行，但当存在设备虽已停电，或该设备导线的绝缘层潮湿或性能变差的两种可能时，都会因邻近带电导线，使其产生感应电压。为此，开关量信号线要用镀锡铜线屏蔽控制软电缆；模拟量信号线用铝箔与镀锡铜线双屏蔽软电缆。并在线路敷设中严格与动力线分层。

◎ 变频电缆特性与选用

变频电缆与普通电缆不同，两者结构区别如图 3.9.1 所示，它们都具有对称结构，以确保传输线各个单元都具有稳定的空间电磁场，改善供电品质。但变频电缆特点为普通电缆所不具备，它有较低而均匀的阻抗，各自的电抗值，都低于目前的四芯普通电缆，降低了波阻抗，减少了波反射，能有效防止大功率频率变化产生的高次谐波对邻近控制系统电缆的干扰；它自身具有优良的抗干扰能力，良好的屏蔽结构，能有效防止外界电磁干扰；当运行中线路出现高频浪涌电压和高次谐波分量时，屏蔽层同心导体内电流总和为零，不对外界产生电磁干扰。敷设变频电缆要与信号电缆隔开，不要在同一桥架内，接线时 3 根小线双端接地，外屏蔽单端接地。

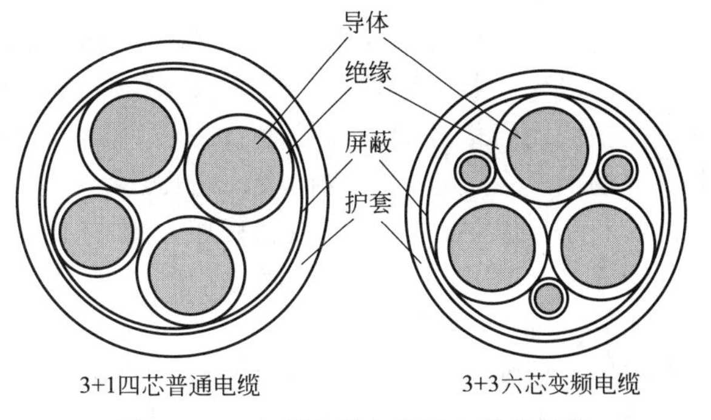

图 3.9.1 变频电缆与普通电缆的差异

◎ 轻质高强高耐腐桥架

采用两道关键先进工艺：辊轧冷弯数控一次成形工艺，对卷材不断辊轧横向弯曲，使侧帮立面形成有凸凹型瓦楞结构，关键受力部位用夹层板激光数控对焊加工；表面高耐腐气相缓蚀（VCI）复合涂层工艺，是双金属鳞片状锌粉和铝粉混合配置成锌铝粉，用 VCI 分子扩散迁移到涂层封闭空间的每个角落。分别代替了原传统的以平板折弯成形粗糙加工，以及球状锌粉作填料涂层的桥架。所以才有轻质（轻 20%）、高强（加载高 1/4）、高耐腐（15 年不退色锈蚀）的优势。

◎ 夹层喷淋消防设计

为了满足水泥厂消防设计要求，应要求对电缆夹层配备消防喷淋设施。

水泥厂电缆夹层一般位于电力室的下层，对其采用各电力室共用的常高压消防管网供水，并与室外消火栓及其他车间的消防系统连通（目前国内少有此配置）。自动喷淋系统配用消防软件要符合 NFPA，备有的报警控制器负责对各组件的启闭，当感温探测器动作时，雨淋阀会因互锁而开启，压力水进入自喷系统，但此时尚不能喷水；还必须在喷头因温度过高破裂时，系统才会喷水。这种双保险，避免了系统任何误动作喷水的可能。

此系统的喷头额定温度为 93℃，流量系数为 80，采用闭式感温直立型，还是边墙型，取决于夹层高度是否大于 80cm，喷头间距 1.8～3.7m，与墙间距 1.2～1.85m；具体流量要经过计算（$340m^3/h$）；消防水泵是该系统的核心设备，流量要满足自喷系统和消火栓系统的最大用量，扬程要满足包括室外管网的水头损失和管网末端消防用水的压头，约 90m；相应的管材、管件、附件等均应满足公称压力 1.6MPa 要求，同时要适当放大管径，以免压力损失太大。

9.3 开关柜

◎ 快速查找电气故障

大型设备用 PLC 测控柜控制程序，DCS 系统是依据接收测控柜“允起”信号，决定该设备启停，但它是监控现场多种压力和温度，以及电机状态信号，其中有些“软故障”（如空气开关、接触器的触点和中间继电器的触点，会因灰尘或电压不稳而无规律抖动），短时频繁动作后又恢复正常，常使现场技术人员查找故障点棘手。

若增加捕捉程序，将这些故障编制程序触发出脉冲信号，对应 PLC 输出模块“位”指示灯亮，并对故障信号锁存，利用触摸屏显示，查找故障将易如反掌。

◎ 增设故障锁存功能

某立磨测控柜为 AB PLC SLC500 系列的 1747-L531CPU 控制，配有一台触摸屏、四个电控柜，以对现场状态监控。但现场状态信号与模拟信号众多，其中任何一个信号缺失，都将导致测控柜的允启信号消失，促使 DCS 系统对立磨保护停机，但触摸屏上能显示的信号却很少，常令现场电气人员很难查找排除，尤其是一些异常而未停机的“软故障”。

若利用厂家 AB PLC 的控制程序，基于 RS 触发器的机理，对其增加故障捕捉程序优化，便可助电气人员很快查找出故障原因，迅速排除。如：当立磨主电机运转（1：4/9 位）正常时，如果 1# 低压泵的“备妥”信号因触点抖动消失，程序将触发一个脉冲信号，将“0：14/0”输出位置 1，则对应 PLC 输出模块的位指示灯将点亮，这就是对故障信号的锁存方式；在每次启动立磨电机时，因在“B3：4/8”中间位产生一个上升沿脉冲信号，便对前次显示的全部故障输出位清零复位，使程序又进入下一轮的故障捕捉状态。当然，如在触摸屏上显示此功能，就再好不过了。

9.3.1 高中压开关柜

◎ 配电聚优柜应用

如原有 PT 柜不能保护 35kV 系统过电压，对计量柜熔断器和电压互感器冲击时，应增加一台配电聚优柜，通过母排与原 35kV 主变馈线柜并联到母线。该柜是新型系统过电压抑制设备，它是通过微机控制器，实时不间断检测 PT 的电压信号，因此不仅可以吸收各类过电压能量，保护各设备的绝缘性能；而且全频 0～300Hz 的二次消谐器，可以解决 PT 上产生的铁磁谐振过电压；还能通过中联在 PT 中性点的过流保护器，在系统对地电容电流对 PT 充分放电过程中，可积极保护可能损坏 PT 或 PT 熔断器；将 PT 饱和点由 1.6～1.9 倍相压提高到 2.0～3.5 倍；微机控制器还能将故障前后的三个周波故障波形进行录制，以便于事后分析、查找原因。

9.3.2 低压开关柜

◎ **小电控箱控制优化**

通常袋收尘器出厂设计是只控制电磁阀，如脉冲间隔时间、周期间隔控制、气缸指示及控制、脉冲指示与控制等，而收尘器下部回转下料器及输送绞刀控制并不在其中，造成每台收尘器要多配 MCC 柜抽屉各一面、现场按钮盒各一台、系统 PLC 要增加 4 个 DI 点和 2 个 DO 点。为此，对于数十台收尘器系统，增加的安装投资，是一笔不小的费用。

如果在原控制柜内增加断路器、交流接触器和热继电器，并用控制箱内的 PLC 点，控制新加交流接触器的线圈，就可实现对下料器及绞刀电机的控制；并将这两台电机的故障点与原控制箱内部 PLC 统一，共同做好备妥、应答、驱动及故障报警。同时，用中间继电器隔离电磁阀线圈，在收尘器进出线口安装电缆防水防尘接头，便可减少 PLC 故障率，提高控制箱可靠性。如此改造，不仅运行可靠，即使发生故障，也能极快排除。

9.4 高压启动设备

9.4.1 水电阻柜

◎ **极板结构改进**

当风机与电机的联轴节膜片反复断裂时，如果是使用液体电阻调整器，不应只分析轴的连接是否对中，还要怀疑水电阻结构是否正确。若该结构导致某相极板易烧毁，因极板仍浸没在电解液中，并未造成电动机断相，对电机的启动与脱开水电阻后的全速运行都无大碍；只是该相电阻偏大，三相转子所串电阻严重不平衡，使得电机处于调速状态，转子带载能力极不稳定，难以与负载转矩平衡，导致转速变化长期处在暂态过程，无法稳定，其结果让电机与风机之间的转速始终不在同一平衡点上变化，致使轴上的联轴节膜片抖动疲劳、老化、断裂，此现象如不及时纠正，会严重发展为电动机转子绕组过热脱落、扫膛损坏。

为此，应检查调速柜的极板结构，是否与真空断路器的最初平板触头结构类似，在动静极板接近时，大量电流集于极板最薄弱环节，聚集的电弧发生放电，并产生大量热量，加速极板烧毁。如果改为类似于纵磁场触头的最新结构，即使动静极板距离拉近，也只会形成分散型电弧，使电流分布均匀，保护极板。

◎ **控制改进**

（1）绕线式电动机冬季启动时，自动加热装置的可靠性将成为关键。但在实际运行中，温度刚下降至设定值时，电接点表的下限接点常处于似接非接状态，加热器回路接触器短时间的频繁启动会使线圈过热，甚至烧毁。为此，需修改 PLC 程序，增加一延时 100s 的回路，即让接触器的分合至少有 100s 间隔，现场听不到频繁吸合声响，避免了线圈过热烧毁。

（2）当球磨机启动电流持续居高不下时，不仅继电保护会动作，甚至会烧断电机转子引出线。如果不是因液压不足负载过大，或电机转子回路有问题，就应检查转子的短接开关：特别是为有效降低其容量，使用两个短接开关时，如其中之一出现故障，就会导致报警失灵。为此，对变阻柜采取如下改进：在 PLC 输入接口增加 2 个短接接触器分状态信号，以判断星点是否完全分开；更改 PLC 程序，将短接信号作为磨机启动条件之一，只要转子星点未正常分开，磨机就不能启动，并将报警信号输入中控 DCS 系统；变阻柜面增加转子星点短接指示灯和报警器，在短接接触器异常时，能提醒巡检人员注意。

（3）如原将来自高压柜小车及水电阻柜面板上的控制试验按钮的两个启动信号，同时并接入一个 DI 点时，则应将其分开单独接入各自 DI 点，并增加试验按钮的复位功能，就可避免中控驱动时（虽概率很小），有星点接触器提前合闸或高压小车速断的安全隐患。

将原程序设置的3个中控信号（启动完毕、允许启动、故障）改为4个，即将其中的“故障”信号拆分为“备妥”和“报警”信号，做到一旦开机前有报警时，备妥就会消失；且在主机开启后，如出现水位低、水温高等报警信号时，备妥并不消失，现场检查处理不会影响主机运行。

为避免PLC瞬间跳电时难以查找故障点，可设置报警信号保持，待人工复位消除的程序。

为防止继电器进灰，造成信号虚接，将原施奈德CAE22改为密封性较好的RXM2CB2BD型号。

上述改造只需对原西门子S7-221新增一EM2223扩展模块即可。

9.4.2 其他设备

◎ 电抗器启动优劣

某矿粉立磨选用额定功率为2000kW鼠笼式电动机，额定电压10kV，电流144A，启动转矩/额定转矩为1.8。其启动方式一般因启动电流小且可调、无谐波、平滑，取定子串水电阻；当然，若选用电抗器启动，则安装方便快捷、维护保养低廉，但此时有启动电流大、压降大、所占空间大，又不宜频繁启动等不利因素。经对不利因素的分析，HRM立磨属于轻载启动，因启动时间短，电抗器只选择1.7～2.0Ω即可（原取6.15Ω）；将电抗器置于露天，大幅降低土建投资，且不需要一次、二次电气元件及二次接线；生产工艺也不需要立磨频繁启动。实践证明，在此条件下选用电抗器启动并非不可行。

◎ 自耦变压器启动

对自耦变压器启动电气回路改进，让自耦变压器线圈当作电抗器，成功实施对鼠笼式电动机的电抗启动、自耦变压器升速、全压运行三个阶段。该技术在大型磨机、破碎机供电系统容量偏小时，针对电网电压降低、难以启动的现状，非常可行。

◎ 无刷启动器

一般绕线式异步电动机启动，都需转子回路中串接电阻或电抗器，以达到降低启动电流的效果，但这类辅助启动装置复杂，仍会有大的冲击电流，它要在电动机转子上装有滑环、碳刷、刷盒和短路环等易损零件，与控制柜中频敏变阻器、交流接触器、时间继电器等组成二次回路系统。它易产生的故障有：滑环和碳刷磨损快，消耗量大，需停机更换；摩擦生热增大了接触电阻；也不利于频繁启动；磨下的导电粉末吸入到电机内成为烧毁隐患。

于是，由线圈绕组、内外铁芯、前后轭板、轴套等组成的无刷频感启动器，就具有较多优势。它实际是一种圆形电抗器，将它装在电动机转轴上，并接入转子回路中。电机启动时，转子电流频率随转子转速升高而降低，该启动器阻值也随之减小，铁损、电抗都减少。启动结束后，阻抗降至很小，甚至接近于零。因而达到电机启动时，既能限制启动电流，也能提高功率因数，增大启动转矩。相比于液体软启动器、电阻启动器、频敏变阻器等启动装置，是一种更新换代产品。

因它的轴套尺寸与电动机轴颈尺寸相同，安装非常方便。拆卸滑环、碳刷、刷架等元件时，需记清转子绕组6根引出线的相序标记，将启动器对准电机轴上键，用铜棒轻敲启动器到安装位置，用钢丝挡圈卡牢，防止启动器轴向窜动。将转子引出线分别与6个启动器的接线柱作固定连接，螺帽压紧。用500V兆欧表检测对地电阻大于1MΩ即可试机，如有跳闸，可适当调整过流保护值为额定电流的2.5～2.8倍。

无刷变阻启动器是一种无触点电磁装置，为BP4型频敏变阻器工作方式的演变。将它直接安装在电机转子轴上，便可实现软启动，不仅省去滑环、碳刷及二次回路的电气元件，免维护；且电机启动平衡，无级变速，启动时力矩大，电流小；即便超载时，还具有稳速功能；并减少电耗。

但是，无刷变阻启动器必须与电动机规格匹配，并精确测量电动机轴距，安装后无间隙；并让转子绕组出线与它接线牢固，检修时要重点检查其牢固程度；使用时，要关注全厂电压不能过低；但它不是调速设备。

◎ 高压软启动设备

RNMV60100-E 系列软启动柜主要由旁路真空接触器、RC 吸收网络、触发电路、可控硅高压组件及微处理器 CPU 组成。其原理是通过先进的微处理器 CPU，对主回路可控硅移相角触发控制，实现软启动。它通过逐渐增加电机端的电压和电流，平滑地增加电机转矩。在此过程中，RC 阻容不仅吸收尖峰电压，以做到静态均压；光纤隔离可控硅与触发单元发出强的触发脉冲，保证可控硅组件的动态均压；并在线检测输出到电机的转矩，反馈到软启动器；检测来自相位、电流、温度的正常信号；当电机达到额定转速时，软启动器发出旁路合闸命令，直至电机正常运行。

如辊压机为避峰操作频繁开停时，用此软启动设备更为恰当。直接使用已有的 KYN28 中置柜当进线柜，将原有总降高压室 KYN28 中置柜到电机侧 6kV 电缆从电机接线盒端拆下，直接拉到软启柜上继续使用；从软启柜到每台电机，新敷设一根 YJV-6/3×70mm^2 电缆；不再需要更改柜内真空接触器启动电机的控制方式；电脑 WINCC 操作界面只需增加两台软启动备妥，故障及启动完毕的运行信号显示，故操作也无须有适应过程。软启柜启动方式设置为限流模式，限流倍数为 3.2 倍，活动辊与固定辊同时接到启动信号，固定辊需延时 10s 启动。DCS 系统 PLC 程序不做任何修改。辊压机自带的设备控制柜内部参数也无需改动。

确认各主电缆、信号电缆接线正确后，先断开电机轴输出端和万向节连接，确保 1cm 间隙；使用 5000V 兆欧表测量主回路绝缘；柜进出线密封，严防小动物进入；上方无滴水；前后门关闭到位。核实电机转向正确，上电后观察柜面板各指示灯显示是否正常；按照先电机、再空载、后负载的顺序调试；观察主板三相电流显示与柜面指示的一致性；如软启动显示有故障需要甩开时，须将 6kV 主接线从软起柜接线端子上全部拆下，避免反送电时击穿可控硅、过热着火等。改造后达到降低冲击电网、消除启动机械冲击等效果。

◎ 固态软启动器

水泥磨主电机为 10kV 电压供电，系统 30kW 以上笼型电动机原为自耦降压启动，故系统选粉机及细碎机在先后同时启动时，变压器电流过流继电器就要动作，使全厂低压停电。为此，决定用 WGQ7 固态软启动器代替自耦降压启动器，其效果证明，不仅不再担心启动峰值电流过高，而且还能缩短启动时间，并有明显节电效果：选粉机风机节电 8%，细碎机节电 18%。

具体改换步骤：拆除自耦降压启动器，就位固态软启动器；将新启动器接地端子可靠接地，进线端配置 DZX400A 型断路器；接进、出线时根据电机转向，注意电源相序，并按图接控制线路；在具有的恒流软启动、电压斜坡启动和脉冲突跳启动三种启动方式中：选择其中第二种，起始电压为 0.4U，启动时间为 30s，启动限幅电流 4L。

9.5 变压器

◎ 主变选择原则

企业主变压器的选择包括用电负荷量、供电电压等级、容量及型号等内容，它对未来运行电能成本有极大影响，可遵循如下原则。

(1) 当前 5000t/d 熟料生产线的用电平均负荷为 25500kW，最大负荷为 27000kW。随着节电设备的逐渐开发与应用，此数值应该降低。

（2）选择供电电压等级时，应以110kV为好，其供电线路损耗要比35kV小2/3以上，用电单价也低，合计每年要节约242万元。

（3）变压器容量选择大些，尽管日后调度设备开停及技改会方便，但过大容量势必要支出更高年费，31500kV·A、35000kV·A、40000kV·A变压器年费分别为1021万元、1134万元、1296万元，显然选用31500kV·A变压器，要比35000kV·A变压器省年费113万元，这还不算变压器购置费。

（4）选择型号时，不能只考虑采购价格，而要比较在能耗节约上的优势。以SZ9、SZ10、SZ11三种型号为例，因自身损耗功率的差异，年损耗电费分别是61.2万元、57.9万元、54.2万元，显然，选用SZ11型，电费要比SZ10型省3.7万元，比SZ9型省7万元。

◎ 短路阻抗与接地方式选择

正确选择变压器额定容量和短路阻抗，对低压电气设备选择及无功补偿十分重要。一般情况下，对较大容量的车间配电变压器，适当增加短路阻抗，便可经济地选择低压电气设备，且补偿为此增加的低压侧无功损耗的成本较小；而对工厂主变压器，因电压等级较高，短路电流较小，多数低于40kA，更应侧重考虑短路阻抗对无功的影响，不能轻易增加短路阻抗。

主变压器接地方式，应根据供电电压等级Yd或Dy型级别，使工厂接地系统与地区电网完全隔离，可采用直接接地或低电阻接地（故障电流在200A以下选取），此时，不会因为单相接地故障电流，增加开关设备成本，且提高零序保护灵敏度。电缆绝缘水平也不必因追求更高等级而提高造价。

◎ 堆料机供电改进

堆料机前后移动需要供电电缆在卷线器上反复弯曲、拉伸，会造成电缆的金属疲劳，绝缘性能降低，甚至断裂，此时若是高压供电，就容易产生电气击穿或爆炸。为此，用低压电缆代替高压电缆，才是改善供电安全的根本措施。因此，将供电原理由原来高压电缆经滑环室后，由变压器降为低压，为堆料机供电，不仅消除了高压电缆存在的安全隐患，而且也避免了冬季因结露爬电造成的相间短路恶性故障。

为达此目的，需要在堆料机联络柜处修建变压器室，拆除堆料机变压器高、低压电缆线，将变压器从堆料机上移至变压器室内，联络柜的高压进线不变，出线作为变压器高压端电源线，变压器低压端电源线经断路器后引到电缆卷盘上，再经其滑环室到堆料机低压柜。此时高压电缆就可改用低压聚酯软电缆线了。

9.6 变频器

◎ 谐波保护器作用

HPD2000谐波保护器可通过外部CT采集电流信号送到谐波检测模块，该模块会将采集到的系统谐波成分和它已发出的补偿电流比较，其差值作为实时补偿信号输出到驱动电路，触发IGBT逆变器将补偿谐波电流注入到电网中，实现滤除谐波的功能。它比无源滤波装置、输入端加电抗器等方法滤波，效果更加明显。它安装在变压器低压侧主分配母线处。

它的选型要根据计算：$I_{THD}=0.15S_rK_1K_2$，式中，I_{THD}为谐波电流，A；S_r为变频器容量，kW；K_1为负荷率，通常在0.5～0.7；K_2为补偿系数，通常为0.5～2.0，强干扰项1.5～2.0，计算结果再参照样本选择。

◎ 先进的永磁调速

2007年，我国从美国引进永磁耦合器与调整驱动器，用于电力、冶金、石化、采矿等行业的电机转速调整。它的先进性在于：平滑无级调速，节能效果显著，调速范围0～98%；柔性启动，减少冲击电流，延长电机使用寿命；控制精度±1%；无谐波、无污染、无电磁干扰，对环境噪声增量小于5dB；适应各种恶劣环境；无机械连接，隔离振动，传动平稳、安全；安装简单，轴向窜量10mm，对中误差1mm；延长传动系统轴承、密封等部件使用寿命，降低维护成本。完全适合水泥企业的风机等需调速设备，代替变频器调速使用。

它是由导体转子、永磁转子和控制器三部分组成，根据调节方式主要分为气隙调节和啮合面调节两种，按冷却方式有空冷型与水冷型两种调速驱动器。第一代为气隙调节，是将永磁调速驱动器中的导体转子固定在电动机轴上，永磁转子固定在负载转轴上，两者由原来的机械硬连接变为磁软连接，通过调整气隙获得可调整、可控制、可重复的负载转速。第二代永磁调速是根据啮合面的大小控制相应的磁场大小，实现负载转速变化，永磁转子在调节器作用下，沿轴向往返移动时，永磁转子与导体转子间的啮合面积发生变化，啮合面积大，传递的转矩大，负载转速高。为冷却转子与铜导体转子间因转差所产生的热量，空冷型是由铜导体转子上的散热片带动冷却气流，适用于315kW以内的电机；水冷型是由磁转子与铜导体转子转动的离心力，驱动冷却水流冷却，适用于较大电机。

9.6.1 高压变频器

◎ 变频手动旁路

变频调整系统采用手动一拖一方案，是手动旁路的典型方案。它由3个高压隔离开关和高压开关、异步电动机组成，要求其中两个隔离开关相互存在机械互锁逻辑，不能同时闭合。变频与工频运行的相互切换是靠它们完成。它能快速、自动地切除出现故障的单元，保证系统继续正常运行。当功率单元故障时，故障报警信号经由通信电路传输给主控系统，主控系统对故障的种类进行判断、协调，在条件满足后，用最短时间将故障功率单元旁路切除。

这种变频器的运行频率既不能低于25Hz，又不能超过45Hz，否则，变频器温升较快，运行不安全。

◎ 四象限运行变频器

高压变频用在大落差矿山皮带输送机上时，为保证皮带机正常开机、停车和紧急停车，避免发生事故，一般不采用机械抱闸制动，而是采用可控制动装置，但目前应用的制动装置，如盘式制动器、液力制动器、液压制动器和黏液可控制动器等，在下运皮带机电机处于再生发电状态时，它们都需要配备泵、电阻等耗能设备，靠制动电阻消耗电能来完成。若选用四象限运行变频器，可以让电机从电动到发电两种状态中自由切换，并将皮带机势能通过电机和变频器转换成电能回馈到电网。

下运胶带机中，对变频装置的性能要求是：带载运行的电机应始终处于发电状态，变频器始终处于回馈状态；变频器始终处于带电工作状态，任何情况都不允许断电；变频器应具备高压供配电规范要求；变频器要具备主从控制多驱功能，通过光纤、编码器等反馈控制系统，实现主从同步驱动。

9.6.2 低压变频

◎ 代替软启动

风机启动时，因原西门子软启动装置容量偏小，长时间过负荷启动，晶闸管常被击穿。若加大容量，还要增加电动执行机构，难度较大。用ABB变频器代替，拆除风机原人工操作阀门，因主回路基本不动，只需在二次回路上增加DCS程序点即可。此替代优点明显：节电22.5kW·h/h，电机寿命延长；且方便中控操作及时准确调整用风量。

◎ 变频制动功能选用

当动态选粉机使用变频器控制其转速时，由于选粉风叶的工作惯性大，在降速操作时，由于电机转子转速降低有滞后，使电机处于再生制动状态（即发电状态），即变频器出现直流母线过电压而跳停，导致选粉机乃至系统连锁跳停。为此，可将减速时间延长，从 20s 到 90s，激活直流母线过电压保护功能，检测到母线电压的上升趋势，并对其抑制，从而降低跳停的可能性。但过分延长减速时间，将使选粉机调速不灵敏。

原变频器中有可选用的制动斩波器和制动电阻装置，它们的作用就是：当电动机处于再生制动状态时，将再生到直流电路中的能量尽快消耗掉，以保持直流电压在允许范围内。对于选粉机类设备变频，应选购这些构件，并安装在线路中，而对于风机等设备就不一定需要。

用变频调速选粉机等设备时，如果生产中需要停车，都要等待 20min 才能停稳，在检修等工作中很耽误时间，如果加装制动电阻，则不需 3min。为计算和选择制动电阻，需要变频器厂家提供电动机飞轮转矩资料，经查 AB 变频器用户手册，决定采用 2 个制动电阻和 2 个制动单元组成主从关系，电阻为 5Ω，功率 45kW，制动单元为 AB 的 1366-WB110。将其固定在变频器附近，环境干燥、通风良好。安装过程为：按图 3.9.2 接线，用双绞线连接，其中制动单元（slave）5、6 脚用导线短接；注意直流正负极，并打开单元机壳，将制动模式跳线帽插在从模式的方式，默认是主工作模式；修改变频器参数，进入变频器的设置（setup）项，将减速时间 1 改为 120s，停止选择 1 改为 Ramp2，再进入高级设置项，将制动限制改为 Enabled，直流保持时间改为 90s，直流保持电平改为 100%，安装完成。

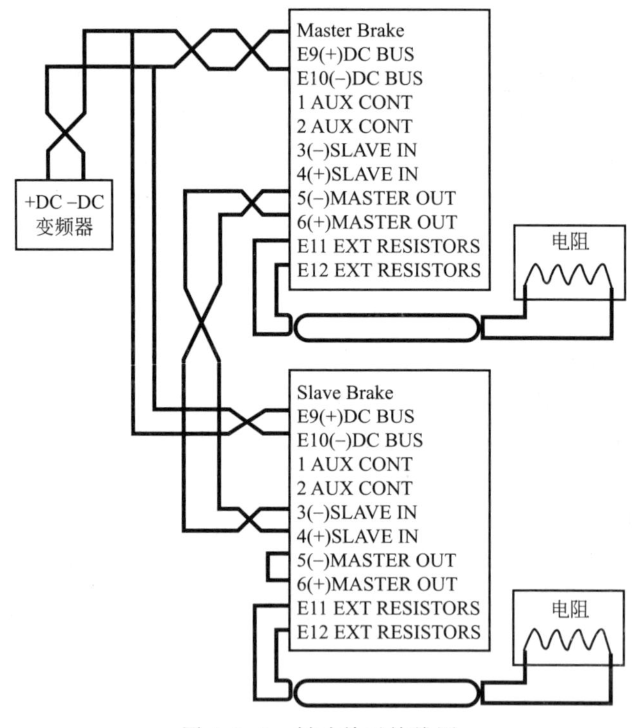

图 3.9.2　制动单元接线图

◎ 检测冷却风扇

为了保证变频电机的冷却状态，应当对风扇状态进行在线检测。

当断路器选型过大时，又未配热继电器，即使风扇电机烧毁，断路器也不会动作。推荐采用如下两种方案，均可行。

（1）将冷却风扇运行状态接入中控室。增加一个单独的断路器用于冷却风扇，实现过载和短路保护。并增加一中间继电器，其线圈与风扇电源并联，将继电器的常开触点，连接一个状态信号经 DCS 接入中挖室监控画面。当 DCS 模拟信号输入点已无余量，而数字信号输入点空余较多时，可采用此方案。

（2）在电动机外壳的散热片表面钻孔，将热电阻插入孔内，用密封胶封装固定，通过温度变送器转换至中控监控画面，可以检测电动机外壳的温度变化。当模拟量信号输入点有余量，且机旁箱内有多余的电缆备用时，此方案较好。

◎ **长皮带变频器应用改进** （见第3篇4.5节“对长皮带变频改进”款）

◎ **低压变频电机取代高压** （见第3篇9.1.3节“低压变频取代高压”款）

◎ **变频器直控皮带秤配料** （见第3篇10.1.1节“变频器直控皮带秤”款）

9.7 功率补偿器

◎ **智能电容器应用**

在很多技改后，往往会使变压器负荷过高，尤其是应用变频技术后，提高了5次谐波，使原电容器难以承受，晶闸管短时间大面积损坏。此时，选用滤波式TDS（ZB）-23SZ/GL系列智能电容器，代替原电容补偿，并适当加大电容补偿量。因该补偿器采用高品质的干式电容器，回路中串联了高品质的电抗器，对谐波十分严重的线路，可以吸收一定谐波。再配置一台TDS-1811ZB综合测控器，负责整套系统的控制与保护。此方案比简单增容变压器，要节约一次性投资10余万元，也节约电费支出近2万元。

◎ **电容控制线路改造**

某生产线窑头功率因数补偿有两路：一是变压器低压母线补偿；另一是高压电容母线补偿，即高压电容直接并联在窑头进线母线上，采用两组高压补偿电容，使用MGK-C型高压控制器自动控制。投运以来，窑头进线整体功率因数会因煤磨的开停从0.92波动到0.96，其中变压器低压补偿一般在0.97，而高压补偿只能设定为0.9。为此，对高压电容控制方案进行改造：将两组电容中一组不变，另一组改为双回路控制，让它既受MGK-C控制，又能实现与煤磨系统联动投入。改造后，当煤磨主电机运行后，DCS使合闸继电器脉冲动作，进而驱动第二组高压电容控制柜1KM投入；当煤磨主电机停机后，DCS使分闸继电器脉冲动作，驱动2KA，使该组电容随煤磨系统切除。如此不增加设备，改造却使第二组电容切投可靠，功率因数稳定在0.96，日节电4200kW·h。

9.8 保护装置

◎ **M102-P装置**

电动机控制和保护单元（MCU）的M102-P装置是基于微处理技术，开发的电动机智能管理系统，通过MCU及先进的现场总线通信技术，为低压电动机提供集控制、监测与保护于一体的智能化管理方案。其控制权限包括现场控制及远程控制，通过对控制权限的选择，规定电机控制的优先权，它已将各种需要的启动控制方式集成在装置中，包括直接启动、正反转启动、Y/Δ启动、自耦变压器降压启动、软启动控制等；其监测功能可以完成对电机运行、停机、故障脱扣等状态信号的测量和计算，电动机额定电流63A是直接测量与否的界限，当大于此值时，需要配合外部电流互感器CT进行；其保护功能包括热过载保护、断相保护、三相不平衡保护、欠电压保护、电动机热保护（PTC）、接地故障保护及空载保护，各保护功能相互独立，均可通过参数设置软件来设置。

MCU Setup是基于PC机的参数设置软件，它能通过计算机的通信串口对M102-P装置设置参数，包括基本信息（电动机、控制、通信）设置，电机输入/输出和控制信息设置，电机保护信息设置，其他信息（维护、诊断用户自定义）设置等。

9.8.1 接地保护

◎ 低压电气安全接地

接地形式分：工作接地，电气装置的电源中性点接地，保护接地，电气装置外露导电部分的接地。在各种接地系统的接地保护特性中，等电位联结有几种方式：即 TN、TT、IT 等，TN 系统与 TT 系统的不同之处在于：当发生接地故障时，前者是故障电流≥保护电器自动切断电源的动作电流，接地故障回路总阻抗≤220Ω；后者是电气装置外露导电部分故障电压≥50V 时，保护电器必须在规定时间内切断故障电路。而 IT 系统则是故障电压≤50V，但对第二次接地故障的保护要求比较复杂。在 TN 系统中，总等电位联结有四方面作用：能大幅减少预期接触电压；能消除自建筑物外沿 PEN 线或 PE 线窜入的危险电压；能减少保护电器动作不可靠带来的危险；有利于消除外界电磁场引起的干扰。而在 TT 系统中，它的作用能让预期接触电压比 TN 系统下降幅度更大。

国内水泥企业接地系统，在中高压系统中采用 IT 系统，是考虑对地故障电压很低，而故障电流仅为非故障相的对地电容电流，发生故障时可不切断电源而继续供电；在低压系统大多采用 TN-S 或 TN-C-S 系统，但室外照明是用 TT 系统，并安装灵敏可靠的 RCD 作接地故障保护，而不能在无等电位联结的条件下用 TN 系统。

等电位联结中要注意的是：生产车间建筑物的总等电位联结应当重视，因为进出建筑物有大量工艺管道、公用设施的金属管道及建筑物的基础钢筋，对它们都应有电位联结，并与电气室连通，做到等电位；联结导体的密度也应有一定要求，即地面任一点距基础接地不超过 10m，如无法利用基础钢筋，可在基础槽内预埋 25mm×4mm 的扁钢；防雷装置的引下线和接地极要与等电位联结的端子板等连接。接地极充分利用自然接地体更为经济；要计算接地电阻值满足要求；接地母排宜靠近进线配电箱单独装设，不应与 PE 或 PEN 母排共用。在 TN 和 TT 系统中，末端插座回路上都应装漏电保护器，但应与等电位联结结合使用。

选择 PE（PEN）线的断面要满足机械强度与热稳定两个要求。

◎ 避雷材料与截面选择

按国家标准，水泥企业的防雷类别为：矿山用炸药库为第一类；总降压站、氧气瓶库、乙炔气瓶库、储油系统为第二类；年预计雷击次数>0.25 也为第二类，≥0.05 为第三类。

建筑物的防雷装置包含接闪器、引下线、接地装置。接闪器多采用金属屋面、屋顶金属栏杆及厚度不小于 2.5mm 的金属管等固定金属物；或独立避雷针、避雷带或避雷网，它们是镀锌钢管或圆钢制成。引下线可利用建筑物钢筋混凝土构件中的钢筋，或构筑物的钢柱，但最好是独立引下线。现行标准为：引下线镀锌圆钢直径≥10mm；水平接地装置镀锌扁钢≥25mm×4mm，若考虑抗腐蚀年限，扁钢可加大。防雷设计必须收集好项目所在地的气象信息，才能准确计算防雷装置导体截面，做到既安全，又不费材。

◎ 接闪器定位寻优

接闪器的合理性主要体现在定位上，要求被保护的建筑物都处在保护体/空间内，此定位才为充分。IEC6 2305-3 标准介绍有三种定位方法：保护角方法、滚球方法及网格方法。水泥厂常用后两种方法。对于较复杂的屋顶平面，并不一定需要全面架设避雷网，应该寻优。可用网格法与滚球法结合完成：对于最高屋顶平面，应采用网格法，对如屋顶棱线、屋檐、紧接网格尺度等局部接闪定位，根据防雷四级分类，网格尺度都有最大限度，网格大小就应有对应尺寸，如第四类不应小于 20m×20m；再用滚球法确定其他不同较低屋面，是否已处于保护范围内，并逐层确定各类防雷等级的球体半径 R，如第四类 R 为 60m。如有小范围未受保护，就需要再用网格法，但仅需对此范围重新定位。最后通过整体布置屋面避雷网，使之形成可靠电气连接。这种优化设计既能安全避雷，又经济合理。

9.8.2 微机保护装置

◎ 过电压保护改进

原10kV配电系统采用HFB-A-12.7/150型三相组合式过电压保护器，它是用氧化锌非线性电阻（阀片）加放电间隙的保护结构，最大通流容量为150A。但因对高压电动机进行变频调速改造，将原来直接对电动机的保护，变为对变频器中的移相变压器的保护，保护对象不合适，且高压电机大电流难以得到释放，尤其制造商选用的氧化锌阀片面积较小。为此，曾发生高压柜爆炸，过电压保护器被击穿的事故。后改为EAT-5Z-17/600六柱全相保护器，该系列保护器取消了放电间隙，增大了氧化锌阀片的截面积，大大提高了过电压时的通流容量，同时，还配备在线监测仪，及时了解过电压保护器的过电压次数。

9.8.3 UPS电源

◎ 润滑油泵不应选UPS

正常情况时，发电机轴瓦是靠交流油泵润滑，但在事故时，直流油泵应自动启动，如果此时直流油泵的电源不来自直流屏，而是靠UPS，当作备用电源时，若恰好它也出现故障，即便控制回路正常，也无法启动，使发电机轴瓦瞬间拉瓦停车。因此，必须选用直流中间继电器，使直流油泵的主回路和控制电源来自同一直流屏，确保直流油泵自动启动。

当全厂突然失电掉闸，如果未能连锁自动开启直流油泵，操作员也无法备妥启动直流油泵，未能立即通过操作台紧急按钮启动，或直接停车，可能还要通知现场启动，就会贻误时机，造成轴瓦缺油拉伤。发生此事故表明新机组安装接线时，没有认真复核设备的联锁保护；也没有定期对保护连锁进行检查、模拟试验，必将造成如此危险后果。

9.8.4 其他类保护

◎ 浪涌保护器

供电系统为防止瞬间过电压，不论是来自外界雷电，还是内部发生操作过电压，都需要一系列防护措施：如直接雷防护、屏蔽和隔离、合理布线、等电位连接、公共接地等，但实践证明，尽管实施了这些措施，仍应使用浪涌保护器，才能确保万无一失。

浪涌保护器分供配电系统用的电源浪涌保护器，以及应用于仪表及DCS系统的信号浪涌保护器两类。而电源保护还要有二级防护：第一级安装于各车间的电气室低压侧；第二级安装于低压专用设备配电柜的进线端；信号浪涌器应安装于信号线路、光缆引入终端箱处的电气线路侧。

◎ COM电源线断路器

原设计DCS的COM电源如为集中提供，不能让现场每台设备都有单独回路时，就会发生共用电源中，因某一台设备故障，就会伤及相关设备导致大面积停机，而且查找排除根源困难。为此，应改造COM电源，为所有设备均在自身的控制回路上采集COM电源，增加1A的小断路器或保险，且遵循在同一相电源上采集的原则。使COM电源分散管理，互不干扰，也不影响DCS系统。不仅不会有相互连带故障，即便COM电源有问题，也能很快准确找出故障点。

DCS系统现场控制站设于一个电气室时，不同控制范围的控制站将容易共用一套供电电源，而且模拟量信号输入时，未经过信号隔离器。这就难免发生一块仪表电源跳闸，导致全线连带停车的可能，而且还很难查找到根源，影响故障排除。进行仪表供电电源改造，分别对不同控制站使用不同电源，并给各个带配电的仪表供电线路加上保险，就会避免连锁反应，且一旦出现故障，也能很快查找到原因。

◎提高接近开关可靠性

立磨入料皮带由接近开关检测速度，当接近开关收集到的有效感应时间过短，反馈电压极不稳定，且无隔离保护回路，使SD速度信号返回的高低电平会频繁冲击FM输入模块端子，闪动频率过快、缩短使用周期，它所发出信号就难免失误，使立磨误跳停。为此，重新设计感应铁片，由原长18mm更换为45mm，使有效感应时间从0.2s增长为1.2s；在控制回路内增加一隔离外部电源回路，由MY2N1欧姆龙继电器、专用继电器底座及一根长2m的信号线组成；选取3RG4024-3AG01-PF型号的感应报警控制的接近开关，以及控制模块C12-1-F-4A，用以设定高低转速值，分别为200r/min、1400r/min。

10 计量仪表

◎ **在线诊断装置**

水泥生产线中，由多家公司产品组成的PA总线仪表有200台左右，常常会由于某台仪表故障造成其他仪表不稳定，甚至是整条线路故障而不能正常工作。为了及时查找并排除故障，需要花费较多时间及劳动力，极大影响中控操作的准确性与可靠性。

某企业自主研发的“PA仪表在线诊断分析装置”，正是针对这种状况应运而生的好装置。它由故障采样线路、模盒分段线路及检测线路组成。它可替换目前现场用的T形头和传统的接线盒，从而实现：

（1）当现场PA仪表出现故障时，该装置会自动切除故障仪表，并准确显示故障仪表位置。

（2）该装置可自行诊断PA支线及PA设备的开、短路等连接状态，自动隔离故障PA区段，解决由此产生的通信中断，现场指示灯将明确区分现场线路的接地极性及短路与断路状态。

（3）设计有抗干扰电子电路，能有效过滤干扰信号，保持信号纯净。

10.1 重量计量装备

10.1.1 配料计量秤

◎ **改用模拟信号计量**

生料配料用的电子皮带秤在中控显示数据常常与现场表头不一致，主要原因是从表头通过脉冲继电器发给PLC的信号时有时无。因为这种电磁式继电器在控制线圈得电带动主触点动作时，因触点动作过于频繁，再加上现场粉尘污染，导致继电器触点烧蚀，接触不良；若对其密闭处理，空间条件及散热效果又难以满足。

如果不采用料量的脉冲信号作为计算参数，而是采用模拟量输入，即瞬时流量4～20mA信号，通过对它积分，同样也可以计算出经过皮带秤的物料累积量；并用长整型代替浮点数。如此优化程序后，不但计量反映实际，而且还可以显示每班产量，为企业考核管理创造条件。由此可知，在所有计量设计程序中，能采用模拟信号时，尽量少用数字信号，便可获得更稳定、更可靠结果。现在很多采用模拟信号，直接通过工业总线（如Conbus，Profibus-Dp）接受仪表的累计值则更为准确。

◎ **秤控制回路改造**

为提高矿渣粉配料计量系统精度，又要节省资金，对电气回路可尝试做如下改造。

（1）利用FPO403称重控制仪替换原计量仪表，需加装24V直流电源。

（2）同时对原仪表接口电路改线，并改造全部控制信号：采用HBM50kg的六线制传感器代替原有的四线制荷重传感器，保证负载线性；用富士变频器输出脉冲功能，引出速度脉冲信号代替原尾轮的测速编码器测量计量皮带速度；将变频器切换到接口印制电路板上，SW6拨码开关拨向FMP处，并将功能代码F29参数选择为2，以从变频器中FMP和CM端引出速度信号接入仪表。通过调整仪表B04参数，使现场实际速度与仪表显示速度一致。

（3）在皮带机拖动电动机上加装 3.7kW 富士变频器调节速度。使恒量计量秤改造成调速计量秤，以保证瞬间下料量满足中控操作要求。

（4）控制系统中加装 24V 有源双路隔离器，一路自动控制计量秤电动机转速；另一路控制回转下料器转速。让两者保持同步。前面加装的直流电源恰恰满足此需要。

（5）将 2 台变频器报警点串入设备应答回路中，参与电气连锁。

（6）输入相关参数到控制仪表中，进行零点校验和挂码检验，调整变频器适中频率，设定信号增益系数，调整手动闸板开度及锥部进风压力，调整仪表的比例、积分参数，使回转下料器的转速在 15Hz 左右，便能满足控制要求。

改造后，稳定了矿渣加入量，并使加入比例由原 5%提高到 8%。

◎ **变频器直控皮带秤**

对皮带秤所使用的 ABB 变频器稍加改造便可直控皮带秤，实现远程集中与现场调速两种操作控制。改造后即使在计算机发生故障，或现场清堵或标定时，都可实现手动调速配料。

实现直控的具体操作如下。

（1）重新调整接线。现场调整器接 AI1，电源取自变频器+10V，旋钮电位器选 4.7kΩ；仪表调节信号接至变频器的 AI2；开关点全部外接无源触点；DI3 接远程集中位触点，DI1 接启动信号触点，DI4 接外部允许触点，同时 DI1 与 DI6 短接。

（2）重新设置参数。必须对应用宏、速度控制方式、外部控制源等关键参数进行重新设置，即根据参数序号，将原参数值修改为新的参数值。例如：手动、自动宏由 1 改为 5；适量速度控制，由 3 改为 1；D16 复电启动由 0 修改为 7；方向固定由 3 改为 1；DI3 得电（外部 2）失电（外部 1）由 0 改为 3；恒速无效由 9 改为 0；设置 DI2 低限由 0 改为 20；DI4 运行允许由 0 改为 4 等。该技术同样适用其他需要调速的设备，如皮带运输机、刮板机、风机、定量给料机（见第 3 篇 10.1.2 节“变频器直控效果”款）等。

◎ **用串口通信配料**

原 DCS 控制配料精度并不高，只需很少投资改用串口通信，在现场配料柜增加一 NPORT5210 串口服务器，将 7 个配料秤仪表 RS485 信号线并联接到该服务器后，再通过网络与配料计算机相连。计算机安装配料软件、仪表驱动程序，并完成对应参数设置，便可使用。此改造不但使配料计算机数据与仪表没有误差，而且参数显示更齐全（瞬时流量、累积量、重量信号、速度信号运行状态、通信状态灯参数等），能实现全方位监控，操作中无开关量、模拟量区分，大大减少现场元器件及 DCS 控制环节，提高精度。

◎ **电容式料位计用于配料** ［见第 2 篇 10.5 节“各检测技术渗透与取代”款（4）］

10.1.2 定量给料装置

◎ **选型原则**

定量给料装置一般分拖料给料及预给料两种方式。两者差异在于：前者在给料仓与秤体皮带间只有进料斗，它广泛适用于自由流动物料，且系统设备少、布置紧凑、高度占用小、投资小，给料控制特性好、精度高；而后者需设预给料装置，即板喂机、圆盘给料机、筒仓卸料器和皮带给料机等，它是专门对付黏滞性物料、倾泻性物料及流态化物料而设计开发的。所以，物料的流动性和黏滞性程度将是选型依据。但随着链板式称重给料秤和皮带式强制性定量给料秤的研制成功，有些湿黏性物料也可选用拖料给料方案。对倾泻性物料应推荐管螺旋给料机，其设备高度小，对物料适应性强，可靠性高，流量调节范围大而平滑。预给料的控制方式优选双调节方式，且预给料装置与称重计量装置须统一组成完整的闭环调节系统。并要充分考虑反馈的长滞后性为控制带来的不利因素。在选型时，还要考虑料斗形状及皮带宽度对计量的影响。

针对拖料给料强制给料计量的优越性，更适用于黏湿物料，开发出 TDGN 型强制给料定量给料系统，它具有如下特点：一是进料斗处皮带承料面大，可以在 1m 以上，采用高精度优质密布托辊支架，防止皮带蛇形运行，完全适应大出料口的料仓要求。TK 型进料斗三面铅直，后侧面为倾斜梯形，高度尽量小（容量为小时给料量 2 倍、高径比为 2），使下料出料阻力小，皮带压力负荷小，黏堵机会小，必要时料斗内侧可加装光滑材料衬板，或后侧板加装轻型振动器。二是采用优质高强花纹环形胶带，让皮带面与物料有足够的摩擦阻力，类似于金属链板作用，因此，不需要配置预给料机。且让胶带具有良好的纵向柔性，以提高称重灵敏度，并适当加大电机功率。如果将小仓做成稳重校正仓更好。

◎ 提高链板秤档次

（1）选用窄链板，减少运行跳动。

（2）拖动链条不在链板两边安装；两边支撑采用滚轮，并沿着平整钢梁运动，减少冲击。

（3）料仓采用大开口设计，防止出料不畅，且在出料端加一可调节面积的插板。

（4）称重装置为悬浮式结构，用四个传感器，有效控制横向和侧向力，稳定性好。

（5）输送采取重载、低速模式，料层厚度大于 300mm。

（6）称量段四个角都设有挂码装置，标定与运行校验均可随时进行。

（7）变频调速控制方式，自动去皮，称重补偿，在下料端加装狼牙式破碎装置，保持下料均匀度。控制仪表选用进口 ABB 的 PLC 模块组装。并设有丰富的外部连接信号。有三种控制方式：集中方式、机旁方式、维修方式。变频器功率比电机要大一级。

（8）选用德国 HBM 的电阻变式压力称重传感器，不锈钢外壳、内充惰性气体、全密封、防尘、防水、防腐；精度从 0 到 105%满载，误差低于 0.01%。

◎ 变频器直控效果

某国产定量给料机控制仪表采用申克 VEG20610，变频器采用施耐德 31 系列，在无法读取速度信号时，控制器不再显示皮带速度而发生“飞秤”，表明控制器内部故障，在得知更换控制器价格不菲且实际使用效果不理想时，开始尝试用变频器直接调整皮带速度，以能稳定下料。此尝试的有利条件是，公司所用原煤进厂水分较低，流动性与稳定性较好，不会有堵料与卡料现象。

尝试过程：秤体不变，用变频器不再考虑皮重变化对计量精度的影响，只要提高挡皮高度不出现撒料现象既可；完全切除控制器，原控制内容直接移到变频器上，中控可直接启动变频器，原需要的备妥、运行和故障等信号直接从变频器输出；变频器模拟给定信号由原电压信号改为电流信号，增加一个电压转换电流的信号隔离器，中控反馈量程采用变频器的频率输出，中控程序增加一个 CT _ ANA 模拟输入累积模块，用于替换原吨脉冲信号，实现累积功能；将台时产量折合成电动机频率，换算出电动机额定转速时喂料秤的实际台时产量，作为中控的给定量程；增设一个正对着皮带的摄像头，方便中控实时监控。

此种尝试只能局限于单个喂料环节，控制精度也不能太高。

◎ 原煤秤控制系统改造

原煤秤 MDGV 系列全密封皮带给料机，本要求精度不高，但控制仪损坏，彻底失去原校验原煤使用量的作用。在不投资条件下进行如下改造：将称重传感器信号通过隔离器转换成 4～20mA 信号，与经变频器取出的皮带秤实际转速反馈信号一起接到 DCS 现场柜的 AI 通道中。同时，将中控手动时设定的皮带秤电动机转速信号，经 DCS 现场柜 AO 通道，接入变频器信号给定端子中。调试中，发现零点校验与满点校验相互干扰，只好采用在下位机的程序中，用现有称重信号减去已有称重显示值（零点），再乘以相应系数后，获得满点。通过将变频器的速度信号转换成皮带电机的实际转速，并计算皮带 50Hz 的实际速度，获得速度信号；将经隔离器送至 DCS 称重信号，经 4～20mA 信号转换的重量值获得称重信号；再通过 PID 逻辑功能块，便达到控制给煤量的目的。

◎ **现场总线用于定量给料机**（见第 3 篇 11.3 节“用于定量给料机”款）

10.1.3 转子秤

◎ **稳定入窑生料量**

稳定生料入窑量是窑生产稳定的关键，但要稳定它并非易事。在近年常有的几种入窑生料量调节控制系统中，有如下几种组合：流量调节阀加固体流量计系统、流量调节阀加恒速皮带秤系统、流量调节阀加定量给料机系统。其中哪一种调节最为灵活与控制稳定呢？

影响生料入窑量的因素主要有两方面：一是生料的流态性难以稳定，其影响因素有生料自身的物理性能，如细度、水分、容重及成分等要素，也有外力对它的作用力改变，如仓压、机械强制搅拌力及状态、风动风压等。这方面已有专题讨论（见文献［2］654 题）；二是调控系统本身因素，如给料装置控制的非线性关系，传输信号与执行指令的滞后性，以及控制多环节的耦合性等，好的计量控制系统必须避免或降低这些影响。

从原理与实践证明，以流量调节阀加定量给料机系统最为理想。

不少生料入窑的 PID 控制回路常被认为不如手动而失效，其中除设备及操作不稳定的因素之外，与 PID 自身编程不完善有关。编程本应满足如下两点要求：应具有手动/自动切换自动跟踪功能，即手动与自动切换时，要做到无扰动的平稳切换；阀门的反馈值不可能做到 100%与设定值吻合，因此要设定一个允许误差值为不再调整的死区值。

控制入窑生料量有两个基本 PID 回路：调节均化库下料阀开度，控制缓冲仓仓重；调节缓冲仓下料阀开度，控制喂料量。只要前者稳定住，后者才易控制稳定。对 PID 的比例、积分时间、微分时间的设置，应当通过试验摸索，以观察被控制参数，如仓重、喂料量的稳定效果（见下款）。第一个 PID 控制仓重基本回路的试验结果是：比例 $P=2$、积分时间 $T=5$s、微分不使用，最后达到仓重只在 2～3t 内变化的效果。

目前已有更先进的科里奥利生料控制系统出现，不受生料的流态性稳定型、生料自身的物理性能（如细度、水分、容重及成分等要素）影响，也不受外力（如仓压、机械强制搅拌力及状态、风动风压）的影响，计量精度可达 0.5%，控制稳定性为 1%满量程，调控系统采用双回路灵敏度在 0.1%的气动阀门，生料粉流量对提升机电流的影响在 1A 以内。6000 t/d 熟料生产线上控制误差可达 1t/h 以内，通过稳定窑的煅烧，使煤耗、熟料强度都有改善。

◎ **缓冲仓出料稳定**

生产实践证实，缓冲仓出料稳定程度与仓内料量（仓压）的稳定有关，仓压相差越大，造成出料量的波动越大。而影响仓重波动的重要因素是，均化库下的电磁阀控制，长时间使用后，每个下料区充气箱和管道的物料流态能力都会有较大差异；同时，每 20min 下料区间的转换中，料量会因电磁阀关开而波动持续 2～3min 之久。为此，采取如下措施。

(1) 改变库下换区电磁阀在关闭时的控制方式，让流量阀并不立即关闭，而是有意留有 20%开启，让后续余料能平缓流出；且前一区助流空气的截止方式改为三个电磁阀陆续截止，而后一区同时陆续开启充气。为此，相应减少了换区产生的助流空气压力波动，避免了罗茨风机安全阀有放气现象。

(2) 改入库助流空气用的罗茨风机为可变频调速，并在罗茨风机管道上增加远传压力表，使压力反馈与该风机转速形成控制回路，确保入库助流空气压力稳定在给定压力上。

(3) 对缓冲仓料位增设 PID 控制回路，让仓重传感器所测仓重通过对流量阀的控制，提高下料量精度。

(4) 从根本上满足缓冲仓出料阀的锁风要求，确保出料系统无须除尘排风而不表现正压。

落实上述措施后，下料量变得稳定，反映提升机电流波动减小，表现在熟料产量、质量、能耗方面均有所改善。

◎ 改进科氏秤长期稳定

某些科氏秤作为生料计量时，开始10min下料量的波动很大，以后逐渐稳定，对窑最初的正确操作十分重要。这是科氏秤计量原理，先开阀、后采样处理，控制滞后的结果。如果将开始阶段改用手动，根据入料提升机电流做参考，下料量大波动就会有明显改善，此时流量阀的控制不直接受秤控制柜指令，而是通过现场I/O柜，如此可减小最初波动，为使10min后料量也能保持稳定，此时再让中控转换开关选择到自动控制方式，并在转子秤控制柜上再增加一个中间继电器，切入秤控制柜输出的阀门控制信号，让正常运行时，实际流量不再经过I/O柜控制系统，而是经中控控制新增中间继电器常开触点至流量阀。如此实现了不仅初期没有波动，而且后来也更加稳定。

◎ 入转子秤溜子改进

喂料机到转子秤间的下料溜子不宜采用上大下小的形状，在计量偏高时，这种形状易使物料下料不畅，尤其当粉状物料中夹有气体时，更会引起计量波动。经现场敲打检查，可以听到物料填实的发闷声音。此时应修改加大较窄部位的溜子，并对原有排气管道重新加设小型袋收尘，专门处理此处排风，而不要与其他收尘共用。

◎ 煤粉计量系统选择

煤粉计量系统有四大环节：稳流系统、给料装置、计量设备和输送锁风装置（一些先进的计量系流没有该装置）。前者相对独立，而后三环节却有不同的设计理念组合。

（1）三个装置分别设计、组合成定量喂煤控制系统，其中给料装置常用叶轮给料机、螺旋给料机等，煤粉计量常用科立奥利流量计、冲板流量计等；锁风装置采用螺旋泵、分格轮等。三部分功能明确，但仍会相互影响，特别是正压气流存在时；整个系统组成比较复杂。典型代表是科立奥利流量计系统。

（2）将给料装置与计量设备合成一个环节，使煤粉计量过程中可以同时调节喂料量，这种方式避免了给料调节滞后，提高了计量精度。但是，输送锁风环节的单独考虑变得复杂，否则正压气流会影响计量结果。此方式代表有环状天平转子秤系统、调速双管螺旋绞刀秤等。

（3）将三个环节一体化，大大减少系统的复杂程度和相互间影响，从而提高控制精度到±0.5%。但它要求较高的技术，风、煤的平衡、转子和耐磨板用特殊合金制作，寿命可达几十年。其占地小、结构紧凑简单、计量准确、自动调整均匀给料，自动锁风集煤粉输送于一体。但价格较高，对安装及维护要求较高。其应用典型代表为菲斯特转子系统。

（4）不用输送锁风装置时，在锁风环节采用特殊的设计使计量设备产生负压，计量装置采用不受正负风压影响的科里奥利质量流量计。结构简单，省去耐磨件输送锁风装置的更换，降低维护成本，保证计量稳定性。Schenck、Fengbo科里奥利煤粉系统就是如此。

四种配置都需要称重喂料仓，对它的关键要求是稳定料位，以稳定仓压，而且能实现实物标定。煤粉水分是保证喂煤系统运转正常的基本条件。煤粉仓下部应设置不锈钢板衬里，锥体角度大于70°，仓外锥体有环状风管吹入压缩空气。为了锁风效果好，可选用福勒泵等螺旋锁风泵，并设计均压仓和排风装置，及时消除有害的返风现象。同时，保持微负压状态，提高计量精度。

◎ 秤喂煤方式选择

菲斯特秤有三种喂煤方式：直接下料；增设中间小仓；煤粉仓底增加搅拌器。直接下料式投资最少，但随着使用时间增长，误差较大，尤其是受煤粉仓位影响较大，煤粉质量及水分更要稳定。而后两种方式能克服这些缺点，但投资大，占空间大，尤其第三种自动化程度虽高，故障点也会多。所以，以增设中间小仓为最好。

◎ 科氏转子秤优劣

因科氏秤送煤需用较小风量（即煤气比高），因而罗茨风机可省电，压缩空气用量也低，还有利于提高一次风速设计。科氏秤在节能降耗上虽有如此优势，但与转子秤厚重稳定、管理较为宽容的要求相比，它因精巧细致，严禁水和煤粉进入轴承，对操作管理要求较高。且在用煤量加大时，科氏转子秤的输送不易稳定。

◎ 科式秤喂煤波动治理

在确认给料机及科式秤本身正常后，应在煤粉称重仓至水平星型给料机间，认真查找影响煤粉下料不畅的原因。可能有如下细节未严格遵守设计要求。

（1）更换煤粉称重仓底部。如图 3.10.1 所示，锥体与垂直方向夹角为 15°，内衬有 3m 高表面光洁度的镜面不锈钢，厚度为 2mm，且锥体与内衬同时预制好，确保紧贴，并保证原上部锥体直径略小于新锥体上部直径。始终保持煤粉仓中心位置与高度不变。

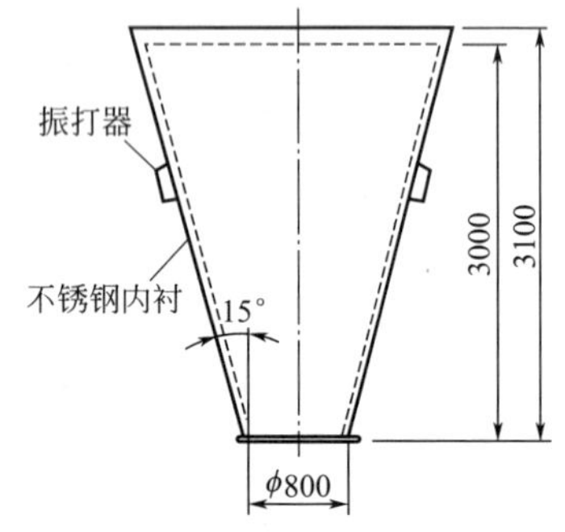

图 3.10.1 煤粉称重仓锥体结构

（2）在锥体上对称安装 2 台仓壁振打器。因有独立驱动的搅拌器安装在给料机上方的小仓内，且给料机拥有足够大的进料口径时，就无需再使用助流风，避免因压缩空气中的水分造成煤粉结块。

（3）锥体下部安装密封性能好、结构坚实、动作灵活的气动闸板阀，无须用加固钢板占据空间。完善建筑物防水措施，确保设备环境干燥。

（4）当发现螺旋泵输送能力不足，造成泵顶仓内煤粉塞满、管道风压降低时，可在主回路上增加变频器，将电动机的额定功率由原工频 50Hz 提高到 60Hz，电机转速提高 20%，相当于送煤量提高 20%，解决煤粉输送不畅问题。

（5）因煤粉仓内气体较多而下煤不畅时，可在仓锥体下料口上加装缓冲装置，并开启仓壁振动电机。

（6）在煤粉仓下料口和稳流给料机之间安装回转下料器，缓解冲料现象，为此，需将煤粉仓下锥体割掉 420mm，安装手动闸板和回转下料器。并将其电机和稳流给料机的电机用同一个变频器控制，并与流量计实现 PID 调节，通过变频器比较流量计瞬时反馈值与 DCS 设定值，实现自动控制。

KXT（F）科氏粉煤灰定量给料系统，是通过内部转矩传感器采集的信号传输至变送器 BS，转换成 S7-200PLC 接受的 4～20mA 信号，由 EM235 模块输入至 PLC，计算实际流量与给定值比较偏差，经 PID 运算，通过 EM232 模块控制给料机的频率，调节给料量。

但突然发生现场触摸屏上给定信号在 6～20t/h 间波动，令秤无法正常使用。因配料站电气室聚集了所有秤的控制仪表柜，各类变频器 18 台，距离近；且仪表室与 DCS 柜站距离较远，又与模拟量信号线放在同一桥架上，之间的严重干扰成为如此波动原因。

将所有模拟量屏蔽电缆两端接地，上位机给定值不再波动；但现场秤反馈流量依然波动，将现场传感器和转矩传感器的屏蔽两端同样接地，波动仍存在。故采取特定措施：用屏蔽信号电缆、专用等电势导体及保护地导体、屏蔽层两端与外壳体相连接地；同时在距配料站 5m 外，用镀锌角铁打下 3 个 2.8m 长接地体，彼此间隔 15m，并用镀锌扁铁与厂内接地网连接，接地电阻小于 2.4Ω；控制仪表柜上所有接地点，用接地线连接一起，接在镀锌扁铁上。采取此系列措施后，信号不再波动。

◎ 菲斯特秤断煤改造

（1）头、尾煤仓及下料管的收尘器能力不能选择过小，致使收尘风管内常滞留煤粉，堵塞管道。可用一根 ϕ100mm 的管子直插入煤粉仓下料管内，另一端通入收尘器，并在管道上设有中控操作的阀门，当下煤不稳或断煤时，可用此阀门放风。收尘器最好为专用，如要借用煤磨系统袋收尘，则开停磨时，要调节总风门或变频控制用风量。

（2）煤粉仓下煤管道直径由 ϕ500mm 加大到 ϕ600mm，减少下煤阻力。

（3）转子与上下密封板的间隙要严格控制在 0.25～0.35mm 之间，间隙过大时一定要重新精加工，减小运行时的窜风间隙。

（4）清洗油阻尼器，更换旧油，保证煤粉秤能灵敏地计量反馈。

（5）在煤粉仓入口加装筛网，可严防滤袋、铁棒、螺栓等异物落入秤体内卡死。

（6）重视秤体消风管道的安装角度与畅通，避免因拐弯太多，使送煤的高压风进入转子秤内棚住煤粉，且当管道角度小于 45°时，容易让气体中所含煤粉降落滞留于管道内堵塞。

（7）可用端面连接式减速电动机制作搅拌器，带动两片平直桨叶（400mm×90mm），安装于下煤管下部，打碎结块、下料；此时可取消压缩风助流。

◎ 科氏秤螺旋泵防断轴改进

KXT 科氏煤粉计量秤，螺旋泵型号 NL-250，叶轴为空心轴，但生产后每 3～6 个月就要从根部断轴，虽改为实心轴、局部加粗、堆焊等方法，效果并不理想。经查，螺旋泵叶轴根部端盖密封是用压缩空气反吹，并用 3 号锂基脂每班加注两次，因根部无螺旋叶片，煤粉在此处与锂基脂混在一起成为油泥，它与轴长期磨损后，轴根便断裂。为此，结构上进行改进：在轴根部距端盖 10mm 处加一块厚 10mm、直径 250mm 的隔板与端盖同心平行，将锂基脂与煤粉隔离，以消除摩擦源；将原叶片加长到隔板处（图 3.10.2 中虚线），直接送走根部煤粉，减小叶片阻力，螺旋泵运行更稳定。

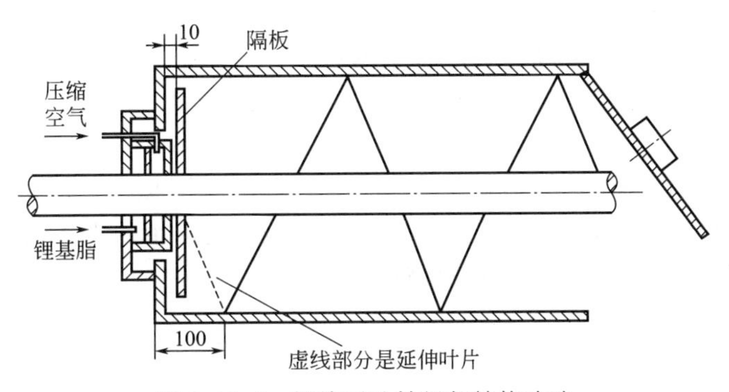

图 3.10.2 螺旋泵叶轴根部结构改造

10.1.4 其他类秤

◎ 粉煤灰配料秤改造

由于粉煤灰流动性强，且对设备有磨损，因此保持计量准确并不易，但其准确性将关系企业的经济效益。其中关键点如下。

（1）稳定下料是前提。增加稳流仓，由仓体、仓重计量、吹松装置、给料装置组成。稳流仓容量 10t 为宜，且仓位控制在 80%，气路管道压力调节在 0.15MPa。既让流化气体能透过料层向上排出，不会向下料口拱气窜料；又能起到流化作用，避免断料。

（2）选择占空间不大且投资不高的定量给料机作为计量设备。通过速度传感与称重传感综合信息，控制变频分格轮和皮带速度，以稳定下料、精确计量。

（3）对定量给料机采取全密封措施，保留环形皮带裙边，机架、下料斗支点与皮带间隙保持 3mm，在左右垂直安装挡板和上盖板，板厚 5mm，以防溢料、扬尘。

某年产 100 万吨粉磨站的粉煤灰原来由螺旋闸门、单管螺旋给料机、环状天平秤组成计量控制系统，但经常失控，使掺加量波动极大。后改为由螺旋闸阀、水平回转式稳流给料机、科氏力计量秤、控制装置组成的计量控制系统后，控制准确度高，无冲料、跑料现象。

与此同时，要稳定粉煤灰水分、细度，控制库内料位，不能受潮、进雨水，停产时要放空库。

用 TGGS 系列粉料稳流定量给料螺旋喂料秤，代替原 XK3101-3 称重显示器、普通调速螺旋绞刀和转子计量下料器组成的喂料系统，效果明显进步。TGGS 秤由稳流螺旋和计量螺旋同步调速，填充系数分别为 1.0 和 0.6，在两个螺旋之间有一溢流仓，这种独特的稳流结构和填充率恒定，使计量精度较高。为配合此要求，粉煤灰库的下料口要足够大，拆除原有流化装置，操作中要确保库内料面不低于 2m，并在上位机上设计一个可自动停秤 30s 的程序，使秤启动后的物流已经稳定，避免冲料。

◎ **连续式失重秤应用**

该秤在河南丰博天瑞水泥粉磨站成功应用，它代替原采用叶轮给料＋斜槽＋科氏秤的计量系统，可以提高计量精度达 0.4%，有利于多掺、掺准粉煤灰 1%以上；避免粉煤灰在库内结拱、下料不均，防止窜仓无法计量；更有利于标定。

其结构特点为：粉煤灰库底部增加充气箱、气化棒，使物料充分流化，降低物料在库中结拱概率；库下采用缓冲仓与计量仓的双仓式计量结构，缓冲仓顶部及两仓间均加设粉体专用的闸板阀，为各仓的进料阀门，两者交错开、闭，防止窜仓影响计量；两仓还各配进气阀，它们与本仓进料阀交错开闭，缓冲仓上设料位开关测定仓内料位，自动实现间歇进料而能连续出料；有三只传感器均布支撑在计量仓下，出料的螺旋出料机采用变频调速，以满足计量及控制需要；计量仓上有标定装置，可随时轻松标定。

◎ **改造悬挂式螺旋秤**

因螺旋管中物料并非恒速流动，当给料量不稳时，就会造成填充率增大，使阻力增加，物料流速变慢，因此，它很难保证计量的线性度。又因秤体无固定支架，外界环境和电动机共振都会冲击拉力传感器，也无法保证计量准确。

改造要点：将原秤体三个传感器减少为一个，秤体由悬挂改为支架支承；在电动机一端安装支架，并增加滚珠支点，减少外界环境对计量的影响；为防卡滚珠式支撑结构受污染，采用箱体对其密封保护（图 3.10.3）。改造后计量误差达 0.55%。

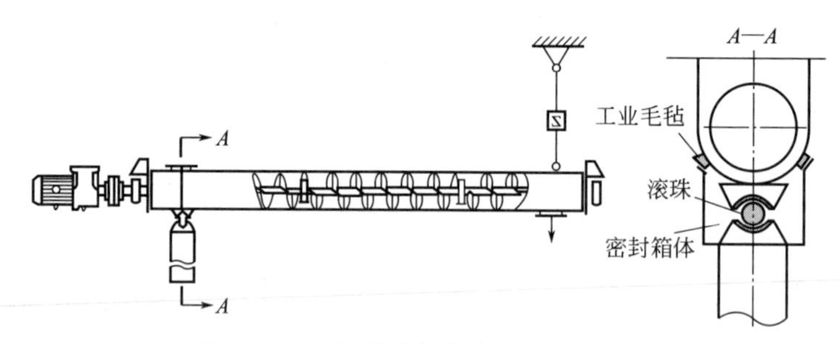

图 3.10.3 悬挂式螺旋秤的改造示意图

◎ **散装计量出厂控制**

大多企业散装装车系统都用库下地磅或冲板流量计方案，但它们都不如用 ERP 智能发运系统能满足装车时间短、灌装准确、改善工作环境、消除人为误差等效果。其核心装备为新型科氏秤，该秤测量瞬时转矩得到瞬时流量，不会受任何外力散装风压、风力的变化干扰，计量稳定、精度高，且密封性好，免去配套收尘设施。设备体积小，安装维护方便。将它与 ERP 管理软件结合，可对散装水泥发运全程进行自动化控制，包括读卡、装车、计量及结算一系列管理。现场有摄像头，控制室只需一人，便可操作多台散装机。

该装置需在仓底有充气箱，现在已经有无动力出料设施，将更先进合理。

◎ **电石渣粉秤改进**

电石渣粉计量常因混有杂物将给料机或计量盘卡死而失效，且因其温度高对传感器也有致命威胁。改进措施为（图 3.10.4）：在库顶增加塔型垃圾分离器（图左上角），它比平面筛网增加更大的过滤面积，并使异物自动滚落于筛网四周，便于清理；并在缓冲称重仓内增加可方便拆卸的活动过滤网；保留原有插板阀，阀下的叶轮给料机改为双分格轮，以稳定下料量；将原科氏秤更换为环状天平转子秤，并在双分格轮与秤之间增加缓冲称重仓，仓下设星型卸料器和排气管道，稳定进秤体物料渣流量；重力传感器安装在设备外部，以防受高温物料影响；卸料器为低速运行，即使卡住也不会损坏电机等部件；控制系统采用双环调节，双分格轮为粗调，转子秤为精调；在库底和空气输送斜槽间焊制一负压缓冲仓，为转子秤提供一定负压。

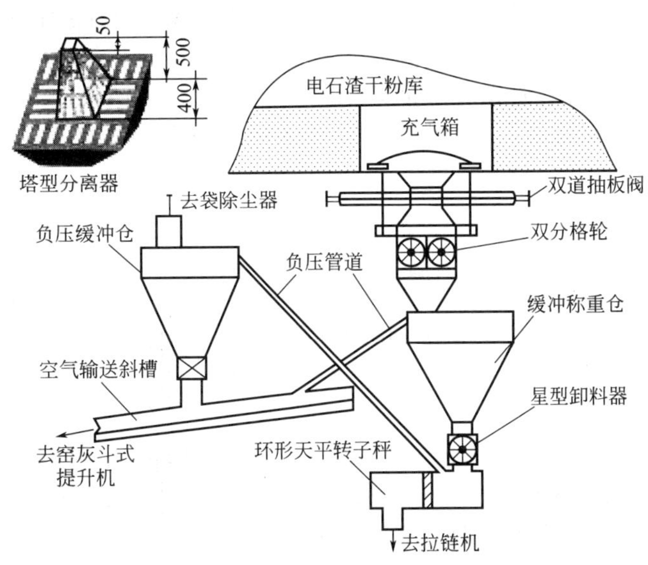

图 3.10.4 电石渣计量与给料系统改进示意图

10.2 测温仪表

10.2.1 热电偶、热电阻

◎ 立磨选粉轴承测温设计

为能随时监测立磨内选粉机（动静态分离器）轴承的运行状态，安装轴承测温装置对立磨安全运行大有益处。因通过轴承外圈的温度便能准确得知轴承运行中的温度变化，故选用热电阻 WZPM-201（PT100）作为测温元件。

上下轴承的测温关键是，如何将测温元件引线从轴承测温点引出。

上轴需经过轴承护套及轴承支架。先在轴承支架钻 ϕ6mm 孔，在与轴承护套试组装后，再在轴承护套上划定孔位，拆分后钻 ϕ10mm 孔，再对原 ϕ6mm 孔扩为与热电阻螺纹一致的 M8mm×0.75mm 螺纹孔。为日后维护更换热电阻方便，在上盖板开设人孔门。由于轴承护套与支架壁厚相加达 130mm，必须与热电阻制造商定制探头及与弹簧适应的专用长度产品。

下轴的引出管线要穿过粉尘区，可用普通钢管作为保护套管，设计成法兰，采用内径为 ϕ60mm 内六角螺栓连接。热电阻同样要定制。

上下轴的螺纹接口都用密封胶涂抹，引线出口用玻璃胶密封。

报警与自动停机均按中控屏幕操作控制。

◎ 风机轴承测温改进

某企业风机温度联锁保护几经改造，使保护既能及时跳停，又不会误动。

将热电阻由原陶瓷芯套管式改为铠装热电阻，避免设备振动引起的断芯或短路；再将单分

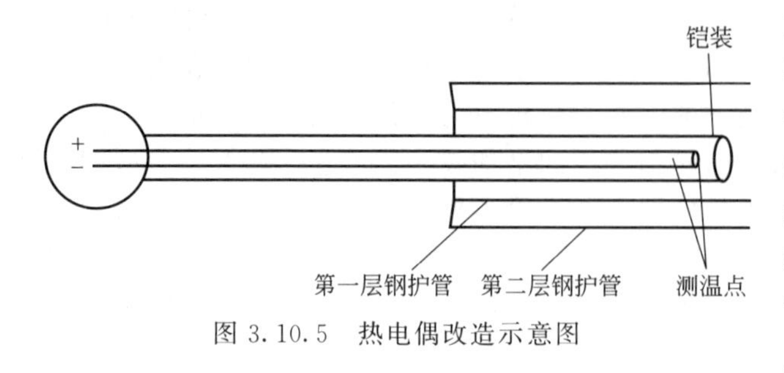

图 3.10.5 热电偶改造示意图

支热电阻改为双分支热电阻，对原安装孔扩径，两个测温元件封装在一根保护管内；增加一台温度巡检仪，一组接线端子接入设备前后轴承热电阻，另一组接线端子接入原温度巡检仪，两台同时输出信号与设定温度比较运算，再作“或”逻辑运算。此措施避免了因端子虚接及信号干扰的误动作，又实现轴承温度超限的及时跳停。

另一方法：为防止磨透套管壁，烧断热电偶丝。如在它的探头前部焊接两层钢护管（图 3.10.5），不会对测温结果造成影响，却大大减轻风料对热电偶的磨损，由原只能使用一周的寿命延长至 3 个月。

◎ 铠装热电阻改进

提供两个改进案例：

（1）立磨磨辊轴承测温用 WZPK-335/PT100 型、长 4000mm 的铠装热电阻，直接插入磨辊中心轴承内，其端子引出线的电缆通过磨壁测温孔引出，剩余的 3m 线盘成螺旋状，随磨辊上下移动，因此铠装线极易损坏，平均每根寿命仅 6～7 天，而磨内温度高，无法及时更换。

用钢丝皮带多余边角料改造后，使用寿命可达 2 个多月，效果明显。将废旧钢丝皮带割成 1.5m 长，纵向在偶数根数钢丝处用裁纸刀割成独立的一根，取出割开处钢丝，保留其中奇数根数处钢丝，作为导线，每根钢丝皮带两头各再去除 50mm 长的橡胶，露出钢丝，用紫铜管和软导线连接后，用压线钳压紧。此时，以前损坏的热电阻只要阻值正确，就可修复使用，取其测温端 1m 长，截断处用 AB 胶固定，装上接线端子和端盖。如此组装好铠装热电阻插入轴承内，取 3 根钢丝皮带作连接导线，一头接在热电阻端子上，另一头和磨壁测温孔处电缆连接，用废旧收尘袋剪成条状，对接头处包裹以绝缘，再用平板固定不移动便可。

（2）WZPK-335Pt100 型铠装热电阻用于立磨磨辊测温时，原长度 5m，剩余铠装部分盘成螺旋状置于磨内随磨辊运动，但此部分极易断裂，平均寿命 15 天。但原有热电阻仍可重新制作测温传感器。只要自制引出线护套和圆形密封接线盒，接线盒为螺纹连接件，分底座和上盖。将原接线盒内的陶瓷接线座固定于新盒内，对原配的双头螺栓及锁紧螺帽稍做加工，用一个弹簧，一端套在引出线护套的小端，另一端经磨壁引至磨外固定，磨内长度适当，有自然垂度，便可保护耐热导线。如图 3.10.6 所示装配，用完好热电阻测温端截取 800mm，保留 70mm 引出线，接至接线柱上，再引出导线至磨外的数显仪表，磨内导线选用耐温铜导线。如此改制寿命已达数月，只是弹簧护套及导线易磨断。

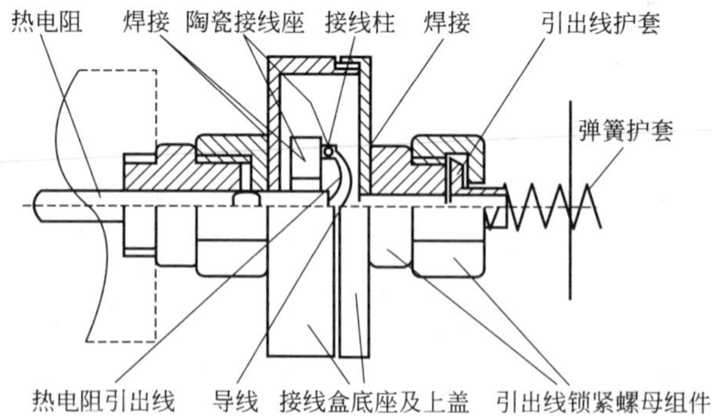

图 3.10.6 测温传感器的改造示意图

◎ 无线测温技术应用

原斗提机轴承无温度监测，如增加热电阻，需钻孔、敷设电缆，实施困难。如使用 GRCW-Ⅱ型无线测温技术，通过电磁波传输信号，便大大方便温度检测。因轴承温度在 100℃以内，且位置空间不大，采用无外置天线的内置型传感器，直接粘贴在电动机两端及斗提尾轮两侧。该装置能同时支持18个无线温度传感器显示，带背光的LCD显示屏，能够显示6个通道的温度值，且可拥有报警与跳停保护功能。使用后，经与离线红外线测温枪对照检测发现，误差均在1℃以内，数据真实可信。

◎ **红外测窑尾温度**

原窑尾温度都是用高价热电偶测量，因环境恶劣，损坏较快，甚至有些企业为节约费用都不检测此点温度，增加了操作盲目性。使用红外测温装置在窑尾测点极为便利，因不存在高温腐蚀与磨损，因此寿命可达5年以上，而且设计有压缩空气定期清理结皮，提高了测量稳定性及精度。与用热电偶方法比较，虽一次性投资较高（5万元），但原方法每年也要有2万余元的更换与维护费用（见文献[5]）。

◎ **自制熟料温度检测装置**

出篦冷机熟料温度高低是表明系统热耗大小的重要参数，用测温枪只能测熟料表面温度，且因照射点不同，波动很大。制作一种简便、快捷、准确的检测装置，十分有用。

熟料输送机旁检修电源箱接出24V直流电源，安装温度变送器、量程400℃热电阻，用3～5m导线连接。在废弃铁皮油桶（ϕ300mm×400mm）外用50mm厚保温棉包裹，外面再用硅胶布包裹；桶盖用2层铁皮，中间夹50mm厚保温棉，此保温桶中部预留热电阻插孔。检测时先插入热电阻，多点取熟料混在一起倒入桶内，即可显示熟料温度。此装置如装设在篦冷机破碎机出口溜子旁路，上、下各有插板控制熟料进出，更为方便。

◎ **低通滤波器抗干扰**

发现DCS模拟量输入通道的电流值波动，是现场压力和温度变送器显示值不稳所致。于是，仅从二线制变送器采用配电器供电着手，按规范验收要求，自动化信号电缆的屏蔽接地时采取现场仪表侧悬浮、PLC侧接地的单点接地方式。在供电线路上加装低通滤波电路便可解决干扰。低通滤波器的原理如图3.10.7所示。将其在变送器端串入回路，并经多次试验调整电感与电容值，便可实现抗干扰。此原理还可用于主机设备温度监控数显表的测量波动上。该滤波器直接焊接即可，制作简单，成本低廉。

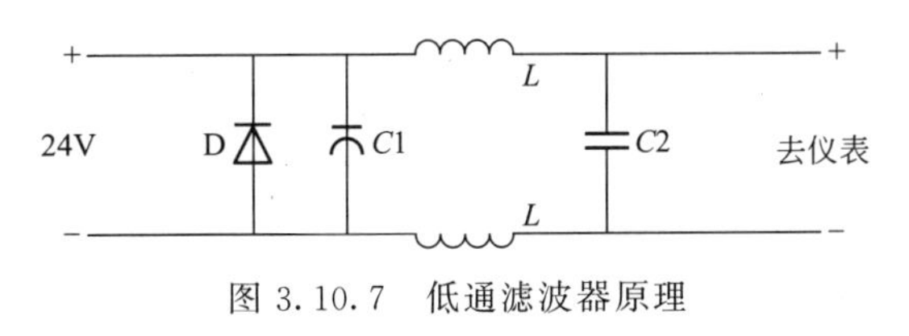

图3.10.7 低通滤波器原理

10.2.2 红外扫描测温装置

10.2.3 测温枪

10.2.2～10.2.3节参见第1篇与第2篇对应章节内容。

10.3 测压仪表

◎ **电接点压力表应用**

粉煤灰入库是靠罐车由压缩空气打入库内，此时需要开启库顶收尘器及风机。但因库顶上下很麻烦，罐车到达时间也无规律，因此虽罐车工作时间不长，在实际生产中收尘器却成为常开设备，浪费能耗。如果在压缩气管路上加装电接点压力表，当压缩气阀门打开时，压力表上限为0.15MPa接点接通，对应PLC点置1，由程序控制自动开启库顶收尘器和排风机；反之，当压缩气阀关闭时，收尘器及风机也自动停机。为减少开停次数，还可根据两辆相邻罐车间隔时间，设置延时；为避免压力表触点受振动影响，应在它与压缩气管道间用铜弯管连接；为保证压力表触点可靠，应定期清理灰尘或表面氧化层。

10.4 化学成分分析

10.4.1 废气成分分析仪

◎ 便携式烟气分析仪使用

德国德图集团公司制造的 Testo350M/XL 型便携式气体分析仪，能够同时检测 O_2、CO_2、CO、NO、NO_2、SO_2 6 种气体成分含量，其中 CO_2 传感器为红外线型，其余为电化学型。该仪器轻巧便捷、检测精度高、速度快，能够短时间在线实时检测测点烟气变化，也可以离线测量。通过用它在系统中多点测量，可以快速分析出窑内、分解炉内煅烧条件、温度和结果，及预热器、增湿塔、立磨、收尘器等各处的漏风水平。对尚未配置在线高温废气分析仪的生产线，是廉价的投资方式。

◎ ACK 分析仪国产化改造

ACK 高温气体分析仪系统为德国原装进口设备，经过多年使用后，分析仪大部分部件已接近使用期限，开始故障频繁，如果继续进口配件，不但维修成本极高，而且以后仍很被动，况且国产分析仪在性能上已能和进口产品媲美，因此，国产化改造已成必然。

具体现场分析：取样探头、返回装置和冷却装置通过维修就能使用；样气取样及处理系统的气泵、过滤器均可更换国产部件；而已经损坏的进口分析仪，虽可用国产分析仪更换，但系统中的 PLC、样气取样及处理单元和分析仪之间的保密通信协议和数据都必须重新设计，这正是改造的难点。

控制系统的硬件采用西门子 S7-200 系列 PLCCPU226 作为主控制器；选配 EM223 和 EM222 作为数字输入、输出控制使用；选配 EM231 热阻输入模块，用于测量取样探头冷却水温；EM232 模拟量输出模块，用于控制系统热交换器电机转速控制的 ACS140 变频器；另添加 TD400C 文本显示器，实现本地化系统信息显示和取样时间等参数设置。系统软件将为手动状态下取样探头就地移入移出控制、探头吹扫控制；自动状态下探头水冷却系统流量、压力、温度监控；探头周期取样及吹扫、探头结皮清理；软件还对 TD400C 文本显示器、系统允许参数修改提供支持。更换后，分析仪各项性能指标达到原有要求。

10.4.2 中子活化分析仪

◎ 增大应用范围

土耳其特拉奇姆水泥厂是中国公司设计的 5000t/d 生产线，采用澳大利亚生产的中子活化在线分析仪，以提高配料和预均化的质量控制。不仅在生料配料上采用了该分析仪，将现场分析数据用光纤维传递到中心化验室的控制计算机上，与软件上给定的三率值对照后，反控调节现场各配料的计量系统，这种闭环实时控制，已经使入窑生料稳定。而且该公司为了克服配料中泥灰岩潮湿黏度大的困难，还采用与石灰石、铁粉预配料措施，并在预配料前再安装一台该仪器，以提高配料稳定程度。美中不足的是，在预配料中并未按不同原料各自安装计量设施，破碎机也未配置合适的给料机，使预期效果打折。

10.4.3 X-荧光分析仪

◎ 测量室的除尘

AXIOS2.4kW 扫描型顺序式 X 荧光分析仪为帕纳科公司产品，它是下照射式，在样片传送过程中气缸活塞下降时，大部分粉末会散落到测量室，或黏结到底部密封圈上，导致测量室真空报警；且洗耳球很难将样片边缘毛刺吹净，进样位置散落的粉末也不能及时清出。

备有一台 2kPa 的小型空压机作为气源，确保空气无油无水；配备真空发生器、DC12V 电磁阀（常闭型、气通量略大）及电源，PU 压缩空气软管（ϕ12mm）组成吸尘系统，对光谱仪的进料位置吸灰；购置吹尘枪及软管（ϕ10mm），吸尘口切出 2～4 个豁口，直接对准成型后样片各部位表面除尘。工作时间不必过长。

10.5 料位检测

◎ 高频雷达料位计

SITRNAS LR560 是一款全新微波（雷达）料位计，首次采用 78GHz 调频微波技术，透镜式平面天线。天线直径不到 3″，波束角仅 4°，波长仅 3.85m，可在很细的颗粒表面产生良好的信号反射，即使物料表面倾斜，也能可靠测量。它可用 3″法兰安装，长达 1m、直径大于 3″的安装立管不会影响测量；安装后几乎无需任何调整，参数设置快速、简便，可用表头按键或红外手操器操作，可很方便地在几十秒内完成图形化界面设置。在生料库及熟料库的使用过程中，不受高浓度、高温粉尘的影响，比以往用过的重锤、超声、激光、电容等各种原理的料位计都可靠稳定。

◎ 阻旋料位计控制下料

当库内粉料出现冲料倾向时，就会威胁下游设备运转。为此，在卸料口处安装气动闸阀，借助其快速截止功能及好的气密性进行控制。但是，闸阀的关开是依靠下游设备安装的阻旋式料位计发出指令，如链运机、螺运机等，均可在离下料口近处的侧壁增加一附加箱体，用以安装此料位计。当冲料发生时，输送设备中的料位提高，该料位计中的微型电机带动的叶片旋转受阻，发出触点信号让气动闸阀及时关闭。当物料下降离开叶片时，叶片在弹簧作用下恢复转动，闸阀打开喂料。为进一步稳定料流，加装分格轮会更好。

料（仓）库经常会发生棚仓，为此，大多库下都设计由压缩空气或罗茨风机向库底定时吹气。如果在下料口上方装一台阻旋式料位计，当粉料充满料位计周围时，料位计叶片受阻不会转动，但当料位计上方棚仓时，料位计周围因没有料就会转动，它对应的 PLC 点置 1，就会按程序控制气路上的电磁阀开关，向仓内吹风 1～3s，避免时间过长反而冲料，若粉料仍棚住，再间断吹。如此改进，总比盲目的不间断吹风效果好。

10.6 物理强度检测

◎ 成型振实台结构改进

某企业已成功对购置的试体成型振实台动手改进，取得较理想效果。现简介如下。

（1）对卡具固定点改进。为了改变它与台盘固定不紧的缺陷，用电钻扩大台盘固定点内孔，孔径为 ϕ10mm；然后用与卡具螺杆直径相同、长约 25mm 的螺杆焊接在卡具底端的螺杆上，打光焊接点；再将卡具底端的螺杆穿出台盘底部，用配套螺帽紧固在台盘上。此做法可以随时对振松的卡具进行紧固，直到卡具磨损得不能再用。需要注意，修改后的台盘总质量不得超过原质量 0.25kg。

（2）加固电动机连接螺钉。可采用外加套办法，用 3mm 钢板制成 10mm×10mm 底板，四角开四个与电机前端盖上孔位置对应的 ϕ8mm 孔，找四根 ϕ6mm×135mm 钢筋，两头车成 ϕ6mm 螺纹。一头把电机前端盖和振实台法兰固定，另一头穿过底板用螺帽把电机定子和后端盖夹在中间，形成一个钢筋套，将电机夹紧，使电机正常带动凸轮跳动而无松动。

（3）应备有传感器，确保运转过程中发现不计数时，便及时更换。

11 自动控制系统

◎ 最新自控配置

（1）用简单的 PLC 加上位控制软件所组成的控制系统，处理开关量多、速度快，比早期 DCS 系统占有优势，并为系统升级和扩展留有很大余地，且价格低廉。如 ABB 的 Freelance2000、Honeysell 的 Plantscape 及 Siemins 的 PCS7、国产和利时公司的 SmartPro（粉磨站）等都是基于 PLC 的 DCS 系统。

（2）高压总降采用电站综合自动化系统，以满足与电力部门的通信，且能对企业的高中压电力设备集保护、控制和监测为一体。并具有相对的独立性，所采集数据、信息均不会与生产线 DCS 的数据采集与控制相互混淆。

（3）在现场设备与自控系统之间，采用双向多节点数字通信开放型测控网络技术，即现场总线控制技术（FCS），是自动化技术的发展趋势。尤其数据较为集中的设备，局部采用现场总线方案，减少了大量隔离器、端子柜、I/O 模块、电缆与桥架，并提高了信号的测量、传输和控制精度；同时，FCS 中使用了大量 Profibus 现场总线的 PA 标准智通传感器，其中 ABB 的 MTV 型压力变送器和温度变送器，不仅可周期性输入与输出数据交换，还能对参数进行远程调校。如窑尾采用总线仪表后，比传统控制系统，故障率降低约 60%，维护费用下降 40%。

（4）应用变频调速等节电技术和设备。如风机、配料秤、板喂机等，可平均节电 15%。

（5）在 6kV（10kV）配电站中取消两段母线间的联络。只在低压设置联络即可。

（6）随着进口大型先进设备配套的控制子系统越来越多，不但能简单完成对配套设备的控制功能，而且保护功能更为出色。如生料立磨、转子秤、配料秤、辊压机等都有控制子系统，只要掌握上电、清灰及现场操作，不再有技术故障。

◎ MCC 电控方案选择

现在已有四种 MCC 电气控制系统，对从电力室 MCC 柜、PLC 柜和 ACC 辅助电源柜引出到现场的低压动力电缆、控制电缆和信号电缆有不同配置方式，使投资及日后维护成本有巨大差异。

（1）现最多采用控制信号进 PLC 柜的现场优先模式，它会造成电力室进出口处电缆多处交叉、拥堵，施工量大，运行中查找故障困难。

（2）分布式 I/O 柜＋现场优先模式方案。采用分布式 PLC 控制模式，将三四个 MCC 柜并为一级，安装 I/O 模块。制造厂直接在柜内连接，整体包装运输。现场只需连接按钮控制线和电流或功率信号线即可。但它只部分减少 MCC 柜内状态信号到 PLC 的引线，并未解决大量现场信号需要引到电力室的电缆拥堵问题。

（3）分布式 PLC 模式＋远程 PLC＋现场 I/O 站控制方案。该方案将现场大量信号直接接入到远程 PLC 柜现场 I/O 站。并在现场设置中间接线箱、现场按钮控制箱。该方案较第一方案电缆安装工作量减少 80%～90%，控制电缆与信号电缆总长度减少 30%～40%，桥架减少 30%左右。但该方案要求现场箱的密封等级达到 IP5X 以上。

（4）分布式 PLC 模式＋现场 I/O 站＋集中优先控制方案。为性价比最高方案。它的电力室电缆出口处基本没有控制电缆与信号电缆，使相关电缆总长度减少 50%～60%。

11.1 自动调节回路

◎ **自制回路保护端子**

当PLC系统设计及安装时，模拟量输入输出信号为4～20mA电流远传，但模拟量通道未装配电器及信号隔离器，且24V DC电源负端与地线接到一起，就会因维护中传输电缆碰触机壳时，或万用表电流挡检测，或外部故障，造成24V电压正负极短路或产生特大电流，损坏测量仪表或瞬时拉低24V电压，甚至烧坏24V电源，导致部分设备或整个站系统跳停。

此时应采取如下措施：24V开关电源负端与地线完全有效分开；每个I/O柜模块24V电源单独配保险端子，并将每个模拟量通道单独配置保险端子保护；虽加装隔离配电器或信号隔离器后，可保护AI、AO通道，但因模拟量点数较多，实施成本较高，柜内布线改变工作量大，保险端子易熔断。为此，可利用78L05恒流源电路自制保护接线端子，串联在4～20mA回路中，使最大电流限制在30mA内，既能使回路限流，又能防止外部电压串入。

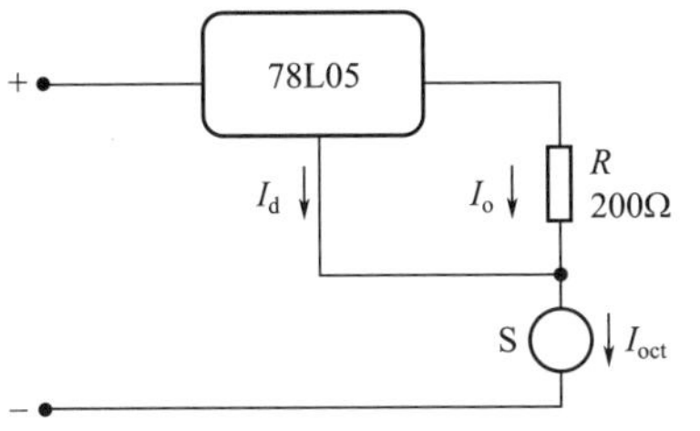

图3.11.1 限流电路原理

限流电路原理如图3.11.1所示，图中S为AI、AO通道，$I_{out}=5V/R+I_d$，I_d取决于78L05本身电流，最大为3～5mA，取最大值30mA。用此电路制作的接线端子便可替换原接线端子。

11.1.1 用于稀油站

◎ **防止油站过度加热**

一是在控制回路中加入硬联锁，使用加热驱动继电器，取其常开点作为硬联锁信号。当PLC程序判定加热器温度信号未发生断路，且温度未达到加热上限时，该继电器吸合，常开点变常闭，此时现场可启动加热器；否则，该继电器将不会现场启动。

二是程序中加入自动判定温度信号是否断线的功能，将某模块输入信号数据格式配置为工程单位，对应4～20mA模拟量信号，此时，加入的编写程序指令可随时与输入信号进行比较，驱动相应线圈，使其得电或断电，以达到报警、延时、开停的效果。

◎ **磨瓦保护电路措施**

用双滑履四片托瓦支承的大型磨机，有两台供油油泵，设四种轻故障报警。其中当出口油压持续低于0.2MPa时，备用油泵启动，若持续3s，压力并未提高或油位仍低时，则磨机跳停。而当油压大于0.4MPa时，则自动停一台油泵。但电接点压力表的接点若发生接触不良等故障时，自动保护就会失灵，甚至酿成重大事故。为此，在稀油站出口处并联一只工作电压为交流220V的电接点压力表；并将控制两台油泵的接触器常闭点串联；将控制跳闸线圈继电器的两对触点并联。这些措施采取之后，该保护电路就未再失误。

◎ **保护系统软硬件改进**

当磨机稀油站保护系统设计未满足如下要求时，应进行改造，以保护稀油站可靠运行。

（1）为消除安全隐患，压力控制如选用开关量控制时，都应改为4～20mA输出的模拟量压力传感器，并在中控的控制程序上增加模拟量比较模块。且压力传感器应布置在流量调节阀之前，避免流量调节阀关小或全部关闭时，反而误检出压力上升，并未反映进入稀油站的润滑油实际在减少或全无，威胁磨机安全运行。

（2）成组启动控制程序应增加成组启动条件和成组运行条件，即稀油站启动前必须先对油箱油位和供油压力进行检测；运行时如果出现油箱油位低或低压压力低等不正常现象（某触点氧化失效、接线端子松动、保险丝熔断、电缆故障等），中控都会报警，5s内自动启动备用泵，22s后低压压力信号仍不正常时，磨机跳停。并在程序组态时，对压力低信号取反，以保证运行中，若该信号丢失，程序仍能起保护作用，让磨机跳停。

◎ LOGO！自动控制

原习惯设计用继电器控制高温风机油站润滑系统，由于接触器辅助接点老化，经常出现缺油事故。在改造成LOGO！自动控制以后，运行稳定可靠。

根据风机控制要求，输入信号有：系统压力高、低；油泵启停；工作泵选择和现场轴承温度高等。输出信号有：油泵电机启停；至中控备妥；允许高压柜合闸和故障指示等。按输入与输出点数对LOGO！选型。它的模块具有8个基本控制功能块，21个功能块，通过它们的灵活组合，方便地实施控制方案。它的功能较强，且机身小巧，安装接线方便，可以代替原用西门子S7系列PLC控制的小型自动控制系统，节省大量投资。但如果所需控制设备超过8个，它将无法胜任，此时需通过外加继电器转接。

11.1.2 用于堆取料机

◎ S7-300控制改造

YG500-90石灰石圆堆取料机系统在很多环节中故障率高、可靠性差，应进行如下改造。

（1）堆料机悬臂皮带打滑保护失灵，常造成皮带压料。解决办法是：在皮带尾轮滚筒侧安装一个接近开关，内侧焊4块钢片作为感应器，信号送回S7-300系统，且在程序中增加测速检测计数保护功能。

（2）为改善润滑效果，对堆取料机多个润滑点加油周期及注油时间，根据情况修改。

（3）原滑环室在地平以下1m处的圆形坑内，不利于散热与检修，现在原基础上提高1m，彻底消除由于积料埋压发生扯断电缆的故障。

（4）为减少扬尘，改善堆场环境，在拱形皮带到堆料机皮带落料点，增加喷水降尘自控系统，将皮带电流引入DCS系统，通过PCS7组态，实现根据实时电流值判断物料量，控制喷水电磁阀开停与大小，现场水箱有自动水位控制电机启停，并重新调整安装料堆触料开关。

（5）重新组态编程取料机系统的停机顺序，让料耙停车后，刮板应有延时（40s），避免物料堆积在刮板处不利于重新启动。

用S7-300改造堆取料机电控系统后，竟有6条报警信息无法消除，还出现堆料机转动时，触摸屏无角度显示，不能实现自动布料现象。只好重新订购了一台CPU313C取代后，恢复正常。同时，拆下CPU313C后部的铝片，将24V直流电源的负极和配电柜的接地分开，避免因使用电焊机等原因，引入高电压侵入电源损坏模件。

◎ 控制线路改进

当堆取料机的备妥回路交、直流发生串电事故时，应进行如下改进。

（1）为保证备妥可靠，进入模块的直流电源，必须与经断路器辅助触点的交流电源有效隔离。即将控制回路电源由DC24V改为A相AC220V，增加220V交流中间继电器K，辅助触点串入K的线圈回路，K的触点再接入SM321模块的输入回路。同时要排除电机启动时，电压降低丢失备妥信号的可能，即在直流电源后侧加入一个50W的直流稳压电源模块，并将中间继电器K更换回DC24V规格。由此即便直流电源烧坏，自动化组件也会得到保护。

（2）对串电的防治在于：交流电源与直流电源间应设置隔离区；并在线槽里将交、直流电源系统导线分别穿在不同的软绝缘管里，形成线路隔离。

（3）建立每月检修一次线路的制度。在检修线路时，要按规范操作，必须在停电状态下进行，不但安全，而且可避免交、直流线头发生碰触，烧毁自动化组件，还可防止PLC的CPU、触摸屏由于非正常停电丢失数据。

◎ **开关量控制改造案例**

在堆取料机上，经常会出现中控启动或停止指令不灵现象。这是因为负责启停的两个继电器，因线路之间的感应，同时得电，而使设备无法动作。只要在继电器线圈上并联一电阻，就可消除感应电的产生，不会再出现操作失灵现象。同理，对待皮带跑偏开关和料位开关存在的感应电干扰信号，也可如法解决。

当均化堆场有多台堆取料机作业时，为防止撞机，就要准确判断每台机的堆位，如原设计有五台羊角开关，容易发生开关误动。若改为一个行程开关，并使用 S7-300 加减计数器功能程序，在堆料机通过两堆区间的堆位撞块时，车体上的行程开关便动作发出一个脉冲信号。如车体左行时，计数器加 1，右行时减 1，使计数器显示数值准确反映了车位实际堆位。

修改后，为避免制动器失效时，地面皮带会将车体拉走，堆位检测时，程序中只作左行连锁，确保堆位正常计数；现场人员不得随意触动检测开关。

堆取料机为防止限位开关被料耙撞坏，曾尝试不少办法，最先换用机械结构行程开关；后又用感应距离 30mm 的接近开关。但均因料耙仰角变大，效果并不理想。后将挡铁换成有韧性的弹簧片，弹性不要过大，就可解决接近开关被撞可能，而保留挡铁的目的是为控制极限停车。

当行走机械严重磨损后，堆取料机行走就易偏斜，原电磁感应式接近开关只有 10mm 感应距离，当工作挡铁偏斜超 10mm 以上时，控制开关失灵，就会引起堆、取料机相撞。如果选用新型光电式接近开关（E3F-DS10C4）代替原开关控制，控制距离可在 1～10cm 范围调节，而原接线方式保持不变。为让光电头不积灰，它应垂直向下安装；且防止偏斜时仍能接收信号，工作挡铁长度增加至 20cm。

◎ **布料小车控制优化**

原设计布料小车是由西门子 S7300PLCS7-300、控制器 CPU315-2DP、若干 I/O 模块组成，但使用中频繁出现机械行程开关损坏，以及抱闸制动失灵。进行如下改造后，取得明显效果。

（1）修改 PLC 程序，增加小车换向延时控制，即在换向前，先停止运行并持续 4s 后再反向运行。以避免突然换向产生惯性力，减少对减速机构和抱闸的冲击磨损。

（2）用 PLC 时间计数器方法在先控制，与原限位信号在后控制，组成双重控制模式。不仅提高计时精度，往返动作可靠，还大幅减少限位开关的动作次数。由于阻力及机械特性影响，时间控制会在多次往返后产生偏移，对在后的限位控制发生作用，两者相互补充保障。

除上述软件技改外，硬件上还可改用非接触光电开关或磁性开关，将更加完善此技改效果。

◎ **应用工业无线控制**（见第 3 篇 1.2.1 节）

11.1.3 用于磨辊

◎ **回转下料器自控改进**

当立磨喂料回转下料器因物料水分过大（10%）时，下料器会很快堵塞，立磨跳停。现重新修改控制程序，让喂料电机此时立即自动反转启动运行，如果电机还停止，再让它正转启动运行。如此反复切换，只有在 1min 内仍不能运行时，再让磨机主电动机跳停。因接触器触点寿命为 3 万次，经运行一年多证明，立磨没有再发生此类跳停。

◎ **液压泵自控**

CLM 型煤立磨利用液压缸加载，实现磨辊加压。但油泵若不能自动开停，不但影响油泵寿命，使油温升高，而且每天多耗上百度电。为此，在现场安装一个电磁溢流阀，并新增两位

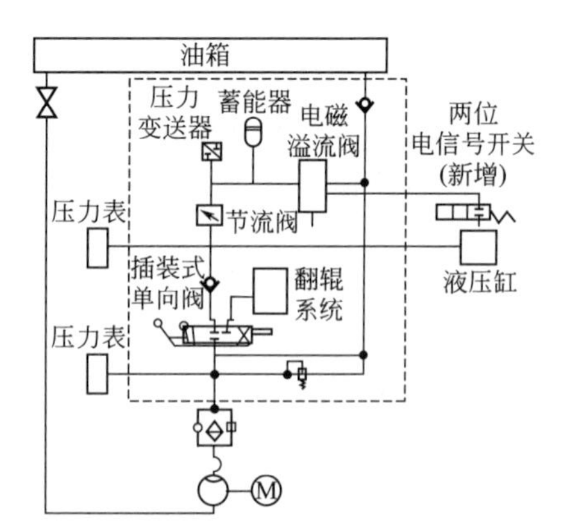

图 3.11.2 立磨磨辊液压泵自动控制线路

电信号开关（图 3.11.2）。此开关为常闭状态不受电，当系统运转加载压力达到最高设定值时，便可停泵，系统保压；当加载压力降到最低给定值时，只需开泵重新加压即可；当系统停机或磨机系统存在较大波动，需要泄压时，就打开此电磁溢流阀，保障系统安全运行。当现场巡检发现磨机存在问题时，也可在现场打开此阀泄压。

11.1.4 用于除尘器

◎ 电控设计要求

袋除尘控制柜的供电电源应设置单独的供电回路，控制柜应自身配电，不能引自其他回路电源；控制柜要适合环境温度、海拔高度及湿度要求；控制柜应有手动和自动控制相互切换的功能，以现场自动控制为主，但以“机旁控制”优先；至中控室的接口信号是无源接点，还是模拟信号，要满足用户要求；主控制器可采用单片机或 PLC 可编程序控制器；要配备温度、压力、料位、粉尘尝试、灰斗防结露、黏结、防煤粉燃爆的整套检测仪表及控制功能，而且质量过关，安装位置正确。

电除尘户外高压电源应在整流变压器旁配置高压隔离开关柜，户内式应在变压器室内布置四点式高压隔离开关；高压整流变压器与电场之间应配置阻尼电阻，功率应为实际功率的 3 倍以上，并有良好通风；高压电源的容量应取二次工作电压和电流的上限；低压供电系统应具有控制振打及绝缘材料加热功能；电除尘器壳体四角必须有可靠接地，电阻小于 2Ω；控制柜的安装倾斜度要小于 5%，并可靠接地。

11.1.5 用于风机

◎ 热继电器分流改造

原常规设计小型风机设备直接启动时，当接触器 KM2 触头（图 3.11.3 中，虚线为改进前，黑线为改进后）进灰或氧化时，就会导致接触电阻增大，使启动电流从与之并联的热继电器 FR 动作，而保护性跳闸。如按图 3.11.3 改造，接触器短接热继电器后，就不会出现启动时 FR 过热动作，反而延长 KM2 使用寿命，减少设备故障次数。但这种改进仍要重视现场清灰与清洁，否则电动机会断相运行。

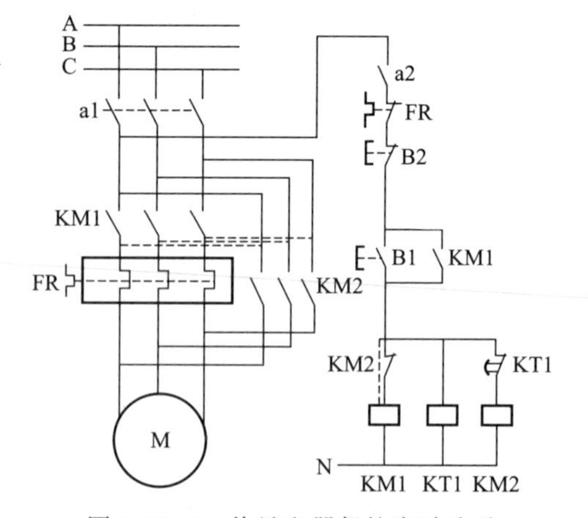

图 3.11.3 热继电器保护启动改进

11.1.6 用于篦冷机

◎ 弧形阀自动开启控制

有以下方式尝试：

凡篦下风室卸料控制，最初设计是通过电控箱按三个一组，设定放料时间和间隔，通过接近开关给出信号，实际由于各室风压、篦板漏料程度不一，弧形阀开关时间与风室需要卸料时间并不对应，不是风室料空而漏风，就是料满刮坏篦板。

改用料位开关检测风室内存料，以决定卸料时间，显然要比人为设定时间合理。但电容式料位开关被熟料细粉包裹后，灵敏度大大下降，控制效果也不理想。

将控制信号改为风室上、下设置两个负压管控制压差，会改善控制弧形阀效果，当上位负压管被料堵埋时，压差突然变小，此时闪动阀打开放料；当料放至下位负压管之下时，负压值突然增加很大，此时弧形阀关闭停止放料。剩余细粉在风室内起到料封作用。负压管是用ϕ42mm×3mm的无缝钢管制成，并伸入风室中部，反映风室内的料面情况。取压口应斜向下放置，避免细粉堵塞造成信号失真。但弧形阀并非最好的密封形式。

篦冷机灰斗控制卸料的弧形阀开启时间不应为固定参数，应根据篦板漏料情况随时修改。在不增加其他通信模块的情况下，只在控制柜面板上增加西门子TP177B触摸屏，使用DP总线连接器做一根通信电缆与S7-200PLC连接，便可实现触摸屏上设定弧形阀放料时间和间隔时间，也能查看故障报警信息。硬件连接中，只需用DP总线将PLC与触摸屏连接即可，其他接线不改动。然后编辑程序，当“手动/自动”开关选到“时间自动”模式下，各弧形阀根据运行周期自动开启并关闭，15s后启动1号阀，完成开启并关闭后，启动2号阀，依次启动各阀门。各阀门的运动周期（>2min），以及阀门开启后保持时间（2～600s）均可在触摸屏上设置。并能从触摸屏上得到各种故障报警来源。

11.1.7 用于胶带输送机

◎ 失速自动保护改进

实践证明，用DH-Ⅲ型失速开关对胶带输送机皮带打滑或拉断的保护，由于检测轮磨损快，使用寿命短，而且抗干扰能力差，无法起到保护作用。

某厂成功利用XSA-V11801型接近开关，它集成有脉冲检测、处理和信号输出转换功能，在皮带正常运行时，从动轮带动检测条同步转动，当一个检测条通过电子测速开关时，测速开关就产生一个脉冲，当单位时间内脉冲数目达到预先设定的数目时，表明皮带运行正常；如果脉冲数目不足，说明皮带打滑，便发出相应报警信号。

安装这种接近开关，是将宽度为15mm的检测片直接固定在胶带机从动轮的轴面上（对大于30°的胶带机，可装在加配重处的摆动轮上，以防出现抱闸倒料撞坏测速装置)，感应开关与检测片的距离为10mm以内。当皮带输送机运行正常后，调整电位器，使电位器的输出信号正常，接近开关上的灯不闪烁，一般此频率设定在90个脉冲/min。安装检测片的数量取决于从动轮转速，转得快，安装的数量相对少，一般4～6个即可，检测片应装在同一平面上；检测片和测速开关距离为0.5～1cm；现场到DCS的信号传输延时3～5s闪跳，避免脉冲不均匀、内部电位调整不当而造成误动作；由于这类传感器不含过载和短路保护装置，因此，须配备0.4A速成熔丝与负载（接触器）串联。为保证发出信号可靠，还需要根据运行情况对现场测速开关的失速信号进一步处理：按照胶带长短，设置启动失速屏蔽时间；正常运行时加信号闪跳屏蔽延时；失速信号保护只对胶带运行时有效；失速报警信号要成为设备跳停保护的必要条件。

接近开关有NPN型和PNP型两种形式，选择依据是PLC数字量输入模块公共输入端为电源0V还是电源正端。用西门子S7-200型PLC带有24V直流电源时，就选用PNP型常开点接近开关。

当发生皮带撕裂、带料过多、摩擦等异常情况时，因阻力增加会造成电流明显上升，高出正常工作电流，在此附近设定报警值和跳停值，通过报警与跳停，可以及早发现下料过多超载、下游堵料、被异物卡住、皮带打滑等异常状态。

皮带机或斗提机等设备因皮带打滑、联轴器尼龙棒断裂、液力耦合器喷油等，会对其本身及下游设备造成危害。为此，在尾部应装有相应的转速检测装置，在打滑时报警并让设备跳停。但原来使用的接近开关是靠发出脉冲信号检测，它会导致DCS隔离断电器频繁动作，影响使用寿命；且因DI点是以数据打包形式上传，扫描周期内可能检测不到信号而导致误报。

为此，应将接近开关改为旋转探测仪，以脉冲信号常 1 或常 0 信号发送至中控，隔离继电器就不会再频繁动作，也不会丢失信号。同时，再将信号与设备电流连锁，只有打滑信号与电流超限信号同时发生，才会发出连锁跳停指令，进一步降低了误报的可能。

◎ **防止下料口堵塞**

可参考如下作法：

胶带输送机常见保护装置有跑偏开关、拉绳开关和速度开关，而速度开关常被省略，从而造成胶带打滑、下料口堵塞等现象不能及时发现，损坏设备。典型的速度开关及旋转探测仪是较为正规的超速保护装置，灵敏可靠，但有时会遇到托辊架变形，胶带跳动，或遇到铁质等杂质干扰，造成打滑低速、断带和卡转中失速等情况。使用接近开关，加自制皮带测速保护装置，可控制各类事故发生的概率。

自行研发的堵料保护开关，在胶带机下料斗侧边开出 250mm×250mm 方形孔，割下的开孔板，用合页与下料斗连接，并在开孔边安装一个限位开关。当下料斗内物料堆积到方孔高度时，物料会推开以合页为轴的开孔板，并触动限位开关，接通急停触点而保护设备跳停。它虽然造价低廉，仅不足速度开关的 1/10，但它却能及时发现胶带运行中的上述故障，而且还能及时检测到下料口堵塞、下游提升机等设备堵料或库满等异常情况。

胶带输送堵料会因物料粒度过大或异物，发生在机尾下料罩内。某企业使用成本低廉的接近开关，自制皮带测速保护装置，其原理是在皮带机从动轮上安装信号装置，一旦皮带出现问题，从动轮不能正常运转，便发出信号，监控器接收后发出皮带停车指令，避免事故发生。具体做法如下。

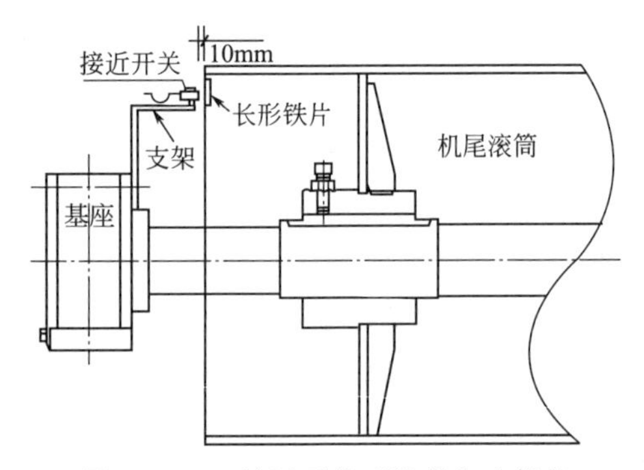

图 3.11.4　接近开关对胶带失速保护

在机尾滚筒边缘内侧，焊牢一长形铁片，以滚筒转动时不会刮碰到皮带为宜；与此同时，在基座上安装一如图 3.11.4 所示形状的支架，在该支架上安装性能稳定、不易磕碰、价值仅数十元的 LJ24A3-10-J/EZ 接近开关，并将接近开关与铁片距离调至小于 10mm。

当滚筒转动到接近开关感应区时，接近开关产生一个上升脉冲，传至 DCS 系统的下位机内。下位机内程序如下：皮带开始运行后，不断接收来自接近开关发出的连续脉冲。当任意两个脉冲间隔时间长于设定的间隔时间 2s 以上时，程序认为皮带打滑或断裂，发出停车指令。同时，中控室监控机也发出报警指令，操作员根据指令及时通知现场检查。由于程序中还加入了解锁及恢复连锁按钮，便于皮带修复及重新开车操作。

此方法经实践检验有效，简单易行。

◎ **超长胶带集中控制**

总长为 17.106km、分四条皮带接力输送的长距离胶带输送机，可利用 Profinet 和 Profibus-DP 总线相结合的通信方式，将 PLC 与人机界面、变频器及远程 I/O 相连接，通过集中控制系统，解决多设备集中控制的难度。从而实现主机设备与保护控制为完整的集监控、保护和信号为一体的机电一体化；保证每条皮带现场慢速验带运行，实现软启动和软停车，避免“飞车”和撒料；做到多台输送机驱动电机的功率平衡，电流误差小于 3%；它们的控制与工厂 DCS 联网，实现集中操作和信息化管理；对跑偏、拉线、纵撕、堆煤、打滑、信号、温度和压力保护等传感器，能在人机界面上一一对应显示。

具体方案为：①制动方案经详细计算，2、3 号输送带配置的变频器，仅需与配套的盘式制动器相互配合，而无需回馈制动功能，四条皮带均无超过同步转速的可能。②通过 5 个控制站，分别设在每条胶带输送机头部和2号输送机中间驱动部位，实现多点驱动控制和联锁集控。③控制实现软件的多站点通信；多驱动点电动机的分时启动，避免某输送机转动惯量较大，紧急停车需要时间，使相邻皮带因不可控停车时间而造成受料点堵塞。确保多驱动点负荷均衡和速度同步，驱动电机间可为刚性连接和柔性连接：刚性是指两台电机同轴连接，柔性是指通过皮带连接。刚性连接是主机通过转矩控制速度；柔性连接中主机不能用转矩控制，否则会因从机皮带和滚筒摩擦力突然下降而引起飞车。

11.1.8 用于联轴器

◎ 尼龙销断保护电路

在尼龙销联轴器使用中，尼龙销折断后，往往因上游设备仍继续运转，本设备虽电机运转，但实际停转而堵料，为避免事故扩大，可设计一款有效的断销检测保护电路。

图3.11.5中虚线部分为新增加的保护电路。其中接近开关SL为电感式双向可控硅输出两线制的常闭型，如LJA18m-10A2-NC型；时间继电器KT选用ST3P，以适应阻容降压电源在频繁开关时不易损坏。在安装中要注意：在设备低速主轴上焊接一段ϕ10mm×30mm的钢筋，作为感应金属凸块，以延长接近开关寿命；拨码开关编程可以略大于主轴旋转一周的时间作为延时设定；为避免停机时，凸块刚好停在接近开关感应范围内，会影响下次开机，可再转90°～180°串联一接近开关。

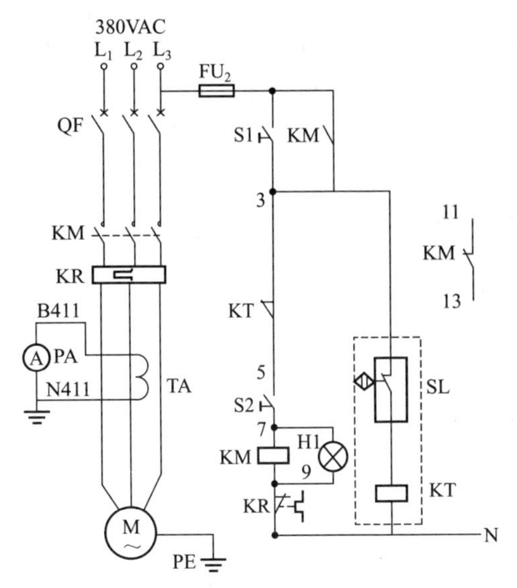

图3.11.5 联轴器断销防堵保护电路

11.2 DCS系统

◎ 应用结构选择

在DCS常用的三种应用结构中，服务器冗余结构主要适于点数较多，控制方式灵活的场合；CPU冗余结构主要用于稳定性要求较高的场合；单站结构主要应用于控制简单、投资较小的项目中。不同结构的DCS系统间也可以进行数据共享及连锁要求。

◎ DCS更新及扩展

运行多年的DCS系统技术不免会落后，尤其在线路不断使用变频设备后，抗干扰能力已显不适。应在如下方面进步：主干网更换为以太网，并通过光纤通信与总线型网络连接；将工程师站通过双绞线进入交换机，与各操作员站连接，同样也通过光纤通信与总线型网络连接。此改造不仅减少了停机故障，提高速率，而且降低系统成本。

技改中经常会遇到早期的DCS系统，不能支持目前应用的PROFIBUS总线，而集成的PLC子系统的新设备需要接入DCS系统控制，此时只要增加部分卡位及电缆，用MODBUS通信方式，即可实现PLC与DCS系统之间的通信。原DCS控制系统作为通信主站，新设备子控制系统为通信从站，进入工程师主菜单，分别对DCS及PLC系统组态，根据需要分别建立开关量与模拟量数组。连接两系统后，测试所有设备运行状况，输送道限位、驱动现场设备、输送道位移反馈、测温及压力反馈、调整循环效率等操作，都能在中控正常进行。

◎ 为设备安全优化

原Honywell PKS系统只能实现设备开停、联锁及电流报警功能，未能在设备发生故障之前，实现对设备的安全保护。应通过 DCS 控制程序的优化，无须增加新的投资，就可实现启动与运行的分开保护，并调节保护的上限和下限，确保设备始终在安全区间运行。

为避免设备超载电流过大及低于空载电流过小而酿发事故，程序中必须能区分设备启动电流与故障电流的情况，并能躲过启动过载电流而不跳停，而正常运转时要起到保护作用。首先是增加延时模块和上下限保护程序，将逻辑比较模块与逻辑功能选择模块组合使用；然后确定保护参数的设定值，由逻辑 STOP 模块控制设备保护停车。

对提升机控制程序如此优化后，便可有效避免超载时压坏料斗、传动链条断链、液力耦合器甩油（完全空载），以及它与减速机的连接棒销断裂等故障发生。

11.3 网络通信

◎ DP 通信功能

通过 DP 网络通信代替以往 PLC 与 DCS 间点对点的通信方式，可以少占用 DCS 的 I/O 点数，省略复杂接线，节约大量电缆，减少故障点。DCS 为主站，PLC 为从站，通过 DP 实现操作画面监控现场过程状态参数和控制的目的。

（1）直接用 DP 电缆将 S7-300 和 DT200M 的 DP 通信口连接，而 S7-300 再与 DCS 系统现场控制站 DP 重复器的 DP 通信口连接，即可实现两个系统间接数据通信。

（2）对 PLC 端处理：①在现场控制柜内安装相应模块，用 MPI 电缆连接手提电脑与 PLC 的 MPI 口。②电脑打开 PLC 组态软件 STEP7-5.3，进行软硬件组态，插入 S7-300 站、定义 CPU 模块地址，并进行参数设置，以同样方式设置另一从站。③下装程序并调试 PLC，保存并编译 PLC 组态程序，并对 DP 从站下装。

（3）对 DCS 端处理：①将 PLC 中 CPU315-2DP 和 ET200M 的 GSD 配置文件拷贝到 DCS 工程师站上的 C/PCBaseIO 目录下，重新启动 ConMarker，在硬件配置中进行组态，添加 DP 主站及从站，DCS 系统要求每个从站配置至少 10 个模块，也可配置空模块，保证 DP 通信正常。②依次在 ConMarker 分别定义输入、输出物理点变量，并将其参与组态程序中进行逻辑运算。③将编译好的组态程序，下装到 DCS 现场控制站的 Smartpro 中。

（4）监控画面显示。DCS 上位机的 FacView 中，将要读写变量分别添加到标签变量、趋势变量、报警变量中，利用 FacView Explor 图形编辑器制作监控画面。

◎ 现场总线应用

PROFIBUS 现场总线是一种连接现场设备与控制器或监视器的双向通信系统。同时，它也是一种国际化、开放式、数字化、多点通信的底层控制网络，能将过程自动化设备集成到统一的系统中。它不再依赖设备生产商的现场总线标准，能够完成分散设备间的高速数据传输，实现中控室对它们的监测、控制和诊断。它具有调整、稳定、传输精度高、现场布线少、易于维护等特点，与传统的模拟量和开关量通信相比，提高了系统集成度，有更强的抗干扰性。该总线技术主要包括 PROFIBUS-DP，PROFIBUS-PA 和 PROFIBUS-FMS 三部分，其中 PROFIBUS-PA 总线技术是：电源和通信数据通过总线并行传播，主要用于面向过程自动化系统中单元级和现场级通信，是以国际标准 IEC6118 的 PROFIBUS-DP 为基础，增加了 PA 行规以及相应的传输技术，使其能更好满足各种过程控制的要求。其应用范围越来越广。

（1）现用的 DCS 或 PLC 系统的缺陷：现有的产品都系厂家各自的硬软件专利技术，相互彼此封锁，只能通过接口通信，速度普遍较低；需要将众多的检测信号汇集到 DCS 或 PLC 入口处，导致此处成为信号堵塞“瓶颈”；它们仍然采用自己的数据库，不利于相互访问；Ⅱ型仪表参数不易调整，不易控制，互换性差。预计将来 DCS 或 PLC 仍会用于开关数据量的控制，但将同现场控制总线 FCS 系统相互渗透，后者将成为现场仪表和设备的信息交换和控制的主流，以太网将成为主流通信协议，甚至取代其他通信协议。而且 PA 仪表的使用会越来越广泛。

(2) 现场总线 FCS 系统的优点：开放性好，具可互操作性与可互换性，全数字化，无须交直流转换，是双向通信、智通化的现场仪表；减少一半以上的隔离器、端子柜、I/O 终端、卡件、文件及柜子，大量节省了 I/O 装置及所占空间；减少电缆用量 60%以上；可将 PID 功能植入到变送器或执行器中，大为缩短控制周期，从目前 DCS 调节 2～3 次增加到 10～20 次，改善了调节性能；组态简单，安装、维护方便；方便用户择优最佳集成。

(3) 现场总线的缺陷与发展方向：各公司产品的通信协议不统一；目前绝大多数现场总线通信速度较低，只能带十几台防爆型智能变送器，价格偏高。另外，它毕竟处于企业最低层，局部效益有时不能为企业带来整体效益，尚需管控一体化，与企业管理自动化相结合。

水泥行业常见的 DCS 系统与第三方 PROFIBUS 总线设备通信模式主要有以下内容。

(1) 与 PLC 系统通信。堆取料机、立磨、篦冷机、辊压机、稀油站和空气炮等设备都配有 PLC 控制子系统，以适应监视控制测点多的要求。如使用传统的常规物理点连接，PLC 侧需配置较多扩展模块，且控制电缆多。若采用通信方式便可大大降低成本，还能减少信号干扰、提高控制精度和快速响应能力。

(2) 配置 DP 选购卡后，便可以与西门子、ABB、AB、欧姆龙等变频器通信。

(3) 与 DP 智通马达控制器通信。低压电机均可采用具有 DP 通信功能的马达控制器控制，可大大节省控制电缆，便于维护，有利于安全。

(4) 与 PA 仪表通信。用于与现场智能仪表的连接有树型和线型两种拓扑结构，如温度、压力、流量、料位、阀门等变送器、定位器及执行机构等，树型较适用于水泥厂仪表比较集中的场合，如预热器、窑头等部位。PROFIBUS-PA 仪表已是传统哈特仪表的取代品。

◎ **用于定量给料机**

采用主从式系统配置完成数据通信，主站可采用西门子 PLC S7-400 或 S7-300，通过专用工业以太网或通信卡 CP5611 建立与工控机的通信；定量给料机作为从站，与主站间通过屏蔽双绞铜电缆通信。

定量给料机中的 FCO-461 是一种多功能控制器，不仅具有标准的 4～20mA 模拟量和开关量通信功能，同时还有标准的 RS232 串行口和 RS422/485 串行口，采用目前较流行的 ModbusRTU 通信协议，与上位机和 KCS 方便连接，也有 Profibus DP 现场总线通信功能。组态后，它向主站传递大量数字信息，仅仅是一根电缆作为传输介质，投资成本大大降低，并避免模拟信号的衰减和变形，减小了远程管理系统的数据采集误差。

PLC 与 FCO-461 之间的通信步骤如下：创建 PLC 与 FCO-461 之间的物理连接，用 Profibus DP 电缆将 CPU313C-2DP 与多台 FCO-461 仪表连接；在 Step7 硬件配置选项中安装 FCO-4610. GSD 文件；设置 PG/PC Adapter（MPI），并在选项中选择 PC Adapter（MPI），在 [属性] 栏中选择传输率和 USB 接口；通过 Step7 进行 PLC 的硬件组态，增加 Profibus DP 网络，设置该站的地址和传输速率，组态好的配置下载至 PLC 中；西门子组态软件自动分配给每台 FCO-461 仪表 48 字节的 I/O 地址操作，如 MOV 指令可完成对定量给料机设定和状态显示。

12 余热发电设备

◎ 电气设计内容

发电机接入系统。按用电装机容量配置一座110kV总降，总降主变二次侧为10kV，为全厂提供电源。余热发电机采用母线制接线，接到余热发电10kV母线段，经一10kV电缆接入公司总降，为水泥生产提供电源。

电站电气配置。厂用变压器用干式变压器；低压控制回路采用直流控制，提高控制电源的可靠性与稳定性，并在低压侧分段处采用低压微机BZT装置，可自动投入另一电源，不需重新启动；事故照明电源由直流屏直接提供；在发电机与总降联络处增加电抗器，限制10kV母线侧短路电流。

继电保护。发电机配置MICOM P343＋MX3IPG2A型微机保护装置；电抗器联络线配置MICOM521＋P721型微机保护装置；厂用变压器、10kV电动机及10kV母线分段各配置一套MICOMP712型微机保护装置；对发电机差额并网，线路差频与同频并网，采用WX-98F（T）型微机准同期装置，YAC-2000型同期智能操作装置保护。

◎ 防短路电流上升

当余热发电通过总降母线并网后，就会增加总降母线段的短路电流，因此，设计时应计算新系统的短路电流，必要时增加限流装置。一般是串联限流电抗器，但它会增加有功电耗，降低发电机功率因数影响出力，增加电抗器压降使大电机启动困难以及易产生漏磁场对弱电干扰等负面影响。为此，需要在限流电抗器两端并联大容量高速开关装置（FSR），其额定电压6kV、额定电流2kA、启动电流5kA、动作电流7.02kA。其作用是：正常运行将电抗器短接，以避免电抗器的电耗及漏磁场；还可在短路电流上升初始阶段快速分断，将限流电抗器串入主回路中，由故障处断路器切除故障。

◎ 在线化学仪表配置

为保证锅炉及发电机组的给水、炉水、凝结水的水质，应在线监测饱和蒸汽、过热蒸汽质量，原早期建设的余热电站没有配套在线化学仪表监测设备，而用手工取样分析，均会为使用不久的频繁结垢、腐蚀、爆管付出沉重代价。欲真正降低成本就应尽快配齐在线仪表。

检测指标主要是溶解氧、pH值和电导率，仪表的设置既不要遗漏，也不应重复。合理的检测点及项目应是：在给水泵出口、凝结水出泵口、化水出水口设置在线电导率仪，检测其电导率；在给水泵出口、汽包炉水、过热蒸汽处装设在线pH计，测定pH值；在给水泵出口、凝结水出泵口、除氧器出口装设在线溶氧分析仪，测定溶解氧；在过热蒸汽处用在线氢电导率仪，测定电导率；在除氧器出口设在线亚硫酸根分析仪，测定亚硫酸钠（如用联氨除氧，要改用在线联氨分析仪，测定联氨）。

◎ 技术发展方向

低温余热发电的技术发展方向有如下几方面。

（1）有机工质朗肯循环技术（ORC）。即在传统朗肯循环中，采用有机工质代替水，推动涡轮机做功，可选用的有机工质有R123、R245fa、R152a、氯乙烷、丙烷、异丁烷等，它们具备发电性能好、传热性能好、工质的压力水平适宜、来源丰富、价格低廉、化学稳定性好等优点。

(2) 卡琳娜循环技术(Kalina)。最简单的卡琳娜循环是一级蒸馏，尝试为70%的氨水溶液经过给水泵加压、预热器升温之后，进入余热锅炉，成为过热氨水蒸气，进入透平机做功。由于氨水混合物不能在传统环境温度下凝结，所以它需要蒸馏冷却子系统，包括蒸馏器、吸收器、再热器、分离器、冷凝器和预热器等一套装置，让从透平机排出的氨水混合物工作溶液和分离器分离出的贫氨溶液混合，形成浓度较低的基本溶液。该系统装备的耐压、防泄漏及安全性要求都较高，故虽然能利用温度更低的余热(70～250℃)，但成本代价会很高。

(3) 螺杆膨胀机技术。螺杆膨胀机发电有两方面应用价值：或对于大流量的低温水和汽水两相液体；或小流量的蒸汽及汽液两相流体。它与速度式膨胀机(汽轮机等)的适用范围不同，螺杆膨胀机是一种容积式膨胀机，依靠消耗内能对外做功的机械，更适合于后者小流量、热源品味低、负荷变化大的场合。

12.1 余热锅炉

12.1.1 水处理设施

◎ 无阀过滤器

在冷却水补充水源水质不能满足要求时，一般需增建工业水沉淀预处理设施，原浊度大于60mg/L的水质可降为10mg/L，后因生产能力扩建，沉淀池水流速度增加，水的浊度又变为40mg/L，此时在原沉淀池后，串联一台400t/h的全自动无阀过滤器(35万元)，可以使水的浊度再降至1～3mg/L。该无阀过滤器由5个独立过滤器组成，每天过滤器不同时1～2次反洗，每次5～6min，每天反洗耗水量150m^3，可连续产水，过滤效果好，且节水、节电、节人工，占地面积小，是后续处理水成本最低的方式。它的工作原理是利用滤层阻力改变，使水位在虹吸管中位置变化，进而控制连通或切断虹吸水流，进行或结束反冲洗。该过程既无电能消耗，又无专人管理(维护要求见第1篇12.1.1节)。

◎ 全自动净水器

当水源污染严重、浊度在200NTU以上时，都应在水源处增设BD-50型全自动净水器，对原水进行絮凝、沉淀和过滤，净水能力为50t/h，处理后水浊度≤3.0NTU，水质完全能够满足循环水系统要求。投入使用后，可明显改善凝汽器、冷油器和空冷器等设备的热交换性能，水温下降1.0～1.5℃，发电量增加500～1100kW·h；并节省凝汽器、冷油器和空冷器的清洗费用；也节约了循环水处理的药剂成本。三项合计可有21万元的效益。而设备投资15万元，每年运行费用不足1万元。相比之下，当年便可回收全部投资。

该净水器随机配置一套加药装置，每天配一次药、做一次沉淀区的排污。配药是在加满清水的加药桶内，加入28%含量的聚合氧化铝，根据进水浊度调整药量(10～25kg)，原搅拌器配药时搅拌，后改为定时每6h搅拌10min。

◎ 除氧方案比较

余热锅炉运行不久，就会发生氧腐蚀，不到三年就需大修，说明给水除氧效果并不满意。在常见除氧技术中，有真空除氧、化学除氧及热力除氧。

真空除氧理想要求为，除盐水温应高出除氧器运行真空度所对应的饱和温度3～5℃，且真空泵循环水温应低于该饱和温度3～5℃，即要求一般在30～60℃，否则，真空除氧效果并不可靠，而且使用循环射水泵耗电为厂用电量增加0.2%。

化学除氧中，不论是加药除氧，还是铁屑除氧，都需要较高温度和足够反应时间，但余热凝结水温度较低，除氧无法达到预期效果，增加了水中可溶性盐类含量，且除氧剂价格不菲。

因此，热力除氧方式得到重视，即加热水至沸腾（100℃），水蒸气分压增大，溶于水的氧及其他气体的分压下降，氧与其他气体逸出。这种除氧技术有利于提高发电系统热效率，降低窑头锅炉排烟温度，获得良好的除氧效果。这种方式要核实生产线余热参数，包括进口废气温度及锅炉出口排气温度。现场布置应尽可能靠近窑头区域，有利于凝结水的预热，方便操作给水泵。它在系统中有三种安装位置，各有利弊。

除氧器布置在主厂房内，有利于设备防冻、维护，且距离汽轮机近，凝结水泵要求低，易保养。它全部采用 AQC 双压锅炉产生的低压蒸汽加热凝结水及热力系统补水除氧，但因耗费较多低压蒸汽，影响发电量约 6%；若将除氧器布置在 AQC 双压锅炉上，或与低压汽包做成一体，其优缺点恰好相反：此方案略微多发一点电，但距离主厂房较远，抗冻、维护不便，且凝结水泵的性能要求较高。

◎ 化学除氧剂选择

一般有联氨及亚硫酸钠两种化学药剂。

联氨与氧及金属氧化物最终产物是水、氮气，它们不增加水中的溶解固形物，但效率不如亚硫酸钠，只能在较高温度下才能有效除氧；而且它是一种毒性较强的物质，不利于安全生产；且挥发性强，易燃、易爆，给运输、储存都带来困难。

因此，价格低廉、来源广泛的亚硫酸钠成为传统除氧剂，但它的最大缺点是，它与氧的反应速度受 pH 值、温度及催化剂等因素影响，为反应彻底，需要维持 $(20\sim40)\times10^{-6}$ 的过剩量，但过量又会增加炉水中的可溶性固形物含量，劣化水质，增加排污次数，又反过来造成化学药品的浪费。因此，借助在线仪表对加药量准确适量控制，就显得非常必要。

◎ 新型除氧工艺

低温余热利用、负荷波动较大的特点，决定了余热除氧方式的特殊性，现有的三种除氧方式都不理想，为此，创新提出一种新型除氧工艺——无专用除氧器的综合除氧系统。它比热力除氧，可以节省高位布置的热力除氧器，降低土建费用、降低蒸汽消耗量，提高发电量，降低给水温度，使余热能充分利用；比真空除氧，节省了高位布置的真空除氧器及射水泵等，节省电耗和大量补水，节省了加热凝结水及补水加热器等系统；比化学除氧节省了化学加药设备及药剂，减少对环境污染及对人体危害。在此基础上强化了除氧效果。

该方式的工艺流程见图 3.12.1，为保证补入水温恒定于真空除氧要求，需设一足够容量、

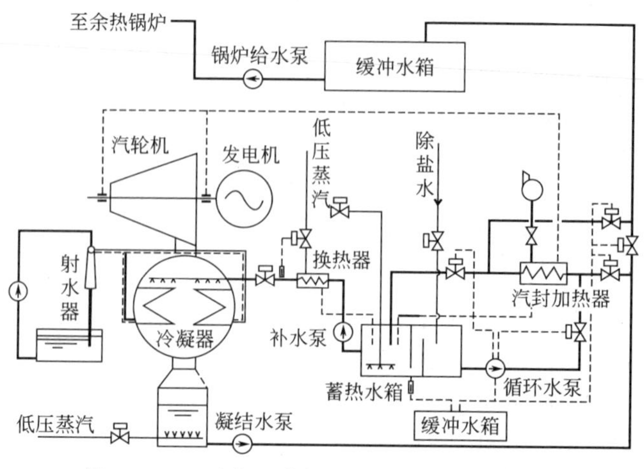

图 3.12.1 无专用除氧器的综合除氧工艺流程

满足负荷波动的蓄热水箱，将原疏水箱改造为可调节水箱，其蓄热热源来自汽封漏气的乏汽、低压蒸汽与蒸汽疏水，水箱上的温度开关控制汽封加热器上的电动阀门，及循环加热水泵加热补水，使其温度保持在凝汽器的饱和温度，缺少的蒸汽量由低压蒸汽补充，电动调节阀由控制室电脑人工操作。同时，在凝汽器的补水专设一补水泵，补水管路上加设换热器，其蒸汽调节阀由换热器出口温度开关控制；在凝汽器热井内增加鼓泡加热装置，使热井水温达饱和状态，除去剩余的溶解氧；为调节凝结水量与锅炉给水量的同步，在凝汽器与余热锅炉间加设一缓冲水箱。

◎ **温控反渗透膜**

当发现起炉开机时，因制水能力不足等待时间过长，就应考虑制水设备能力趋于偏紧，尤其冬季进水温度偏低或窑况不稳时，这种现象更加严重。

由于反渗透膜存在温度特性，膜体因热胀冷缩产生形变，水体黏度与表面张力等参数都要改变，使通水量变小。为此增加一套水箱温度自动控制装置，即 6 只 4kW/380V 的电热管，一个数显控制器、一只 PT100 热电阻和若干导线。当进水温度过低时，会发出声光报警并自动加热；相反，水温达到设定值将自动停止加热。再新增一个软水箱。如此改造后，不但冬季能确保正常供水，多发电，而且还节约了 4500t 自来水。

◎ **酸碱储罐改进**

当酸碱储存罐置于同一储存室内时，分别有泄酸、泄碱、进酸、进碱四台泵，不但易发生药雾扩散、污染环境，而且酸碱腐蚀现象严重，泵电机损坏过快，酸罐底易发生泄漏。做如下改进后，上述问题得到明显改善，且只需要两台泵，还能互为备用。

(1) 提高酸碱储罐基础 1m，下垫耐酸碱的胶垫，酸碱罐内药液靠重力自流到再生容器内，既省电，又减少故障。

(2) 将酸雾消除装置及碱排空装置移至室外，定期处理。

(3) 在泄酸、泄碱管道上加装 5 个阀门，用于切换输送管道，泄酸、泄碱泵可互为备用。

◎ **加药位置改进**

对于四炉一机的复合闪蒸系统，Na_3PO_4 加药箱设计原于锅炉下部，药品直接加到锅炉汽包内，冬季加药泵在该位置易冻坏，再加之药品易结晶，汽包逆止阀堵塞，处理中还会使汽包蒸汽泄漏。而改在锅炉给水泵入口，此处压力低，温度较高，加药容易，加药泵只需一台，药品由此送入省煤器加热后，再分别送入汽包和闪蒸器，进后者的水量仅占 22%，而额定产汽量 2.8t/h，不会使药品在闪蒸器有高倍率浓缩，出现汽水共腾事故。

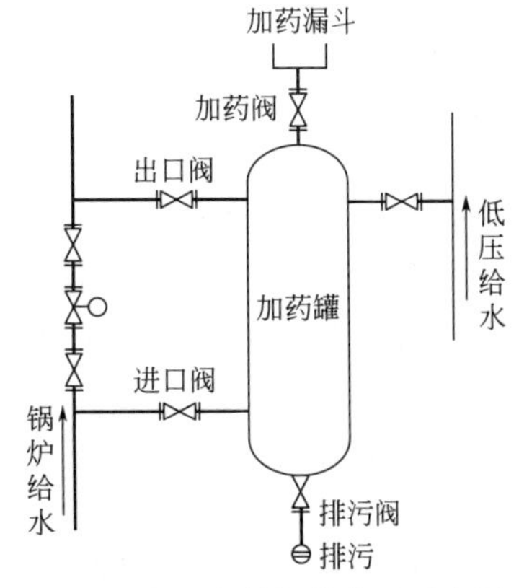

图 3.12.2 自制加药装置示意图

通过给水泵加药，意味着对三个汽包同时加药，当某一汽包需要加药时，造成另两个汽包 Na_3PO_4 含量超标，增加排污与补水，浪费药品和炉水。为此，设计如图 3.12.2 所示的加药装置，制作一加药罐，其进出口分别接在锅炉给水调节阀前后，加药时关闭进口阀、出口阀和排污阀，打开加药阀，将 Na_3PO_4 通过漏斗加到加药罐内；然后关闭加药阀，打开进、出口阀，使 Na_3PO_4 溶液随锅炉加入锅炉汽包中。AQC 炉是双压锅炉，只要在加药罐上多加一个出口，阀接至低压给水管道即可。优点是无需加药泵，结构简单，缺点是不能连续加药。

◎ **给水控制改进**

提供两个案例：

(1) 采用海螺川崎公司设计的混汽凝汽式汽轮发电机组运行，给水控制解除一次调频及凝汽器补给水泵后，效果反而更好。

发现运行中锅炉水位迅速高升，降负荷操作不起作用。这是因为一次调频的动作快且调整量有限，反而影响操作人员控制，为此解除了一次调频，包括以后再次并网操作。

原投入运行时，开启凝汽器补给水泵，冷凝器水位控制均为给水阀和回水阀自动控制，结果反而使冷凝器水位波动很大，并且速度很快，甚至发生甩炉、发电机解列。为此决定停止凝汽器补给水泵，反而利于纯水箱水位比冷凝器水位高，确保冷凝器处于真空状态，使纯水箱的水及时补充到冷凝器里面，保持冷凝器水位平衡，而且每年节电 6 万度。

（2）某项目在安装 AQC 炉中将一级与二级省煤器出口安全阀倒置，它们的开启压力分别是 0.88MPa 和 3.3MPa，从而造成调试误动作，并威胁 SP 炉运行。为此，在给水泵出口管道上接一根管道，至 SP 炉给水管道上，并在此管道上配置中间阀，让 SP 炉独立出来。当 AQC 炉有故障时，只要关掉去 AQC 炉给水阀，打开中间阀，SP 炉照样运行。

12.1.2 锅炉与管道

◎ 增设 AQC 炉调温风管

为摆正窑炉关系，原设计 AQC 炉取风点过于靠近篦冷机高温区，易使锅炉受热面损伤，风管及阀门叶片烧损严重，故应在取风管与篦冷机余风管间，增设直径足够大的调温风管，不但满足锅炉风量要求，而且有利于增大窑头负压。另外，合理设置篦冷机内的挡风墙，确保窑的二、三次风温。只有确保熟料煅烧稳定性，熟料煤耗下降，才会有更多发电效益。锅炉取风管应设在挡风墙中低温区段。

◎ 清灰方式选择

锅炉清灰方式的选择，不仅影响锅炉换热效率；而且对余热锅炉受热面的冲刷、磨损甚至磨穿管子都会有重大影响，还可能造成停产；如果积灰突然塌落，还会影响系统风机运行。在蒸汽、声波、机械振打、空气炮、爆燃式激波等众多在线清灰方式中，选择合理的方式，对发电效益十分重要。对于窑的余热锅炉，AQC 锅炉面对的是 70％为 88μm 以上的尘粒，可以用重力式沉降室清灰，沉降室的锁风装置将是影响清灰效果的关键，室内的耐磨及气流控制折板是必要的配置；而 SP 炉，面对的是较细小尘粒，宜采用机械振打装置清灰，控制振打频率，以及振打杆与锤间通过保温箱体壁面的导套密封性能也很关键。

◎ 排灰系统控制改造

若篦冷机废气经沉降室有效分离粉尘后，排灰系统中的颗粒物就会减少，而无须窑头拉链机和卸料器连续 24h 运转，只要每小时间隔运行。此时需要对 DCS 系统的电动机控制程序稍作修改。但要注意停车时间的合理控制，若卸灰量突然过大，也会引起拉链机跳停。对此，有的企业用变频器控制卸料器，但若能让手动闸板开度适宜，就可满足拉链机负荷的稳定要求。

◎ 振打装置改造

当发现经过一段时间运行锅炉蒸发量越来越小时，就应考虑到管壁机械清灰效果不高。这与粉尘黏附性、振打力和频次等有关。如将锤头质量从 8kg 增加到 9kg，并确保振打产生的弯曲应力小于单根传热管的许用应力，就能提高振打清灰效果。在其他条件不变时，如锅炉蒸发量有所增加，就表明提高锤头重量的措施有效。

当 SP 炉现有的 288 套振打装置运转损坏严重后，维修工作量很大。主要表现在振打锤头尾两处的销轴磨损大；传力短轴轴头部位产生变形后，很难从支撑套抽出，更换传力短轴就要动焊割工具；且传力短轴支撑套和筋板经常脱落，失去振打功能并漏风。

为此，可采取以下措施。

(1) 在可拆式振打锤座与连杆的连接部位处，增加两盘滚动轴承，并设置回油孔保证轴承润滑（图 3.12.3），连接轴销采用定位片定位，不让销轴随连杆转动。

(2) 振打锤与连杆之间采用焊接连接。

(3) 将传力短轴支撑套改为可拆卸的法兰连接，将支撑套与法兰焊接，以方便更换。

当振打轴较长时，扭力过分集中于传动端而断轴。如图 3.12.4 所示，将其断开，新增链条联轴器连接，并增加轴承座支承，大大减小扭力，即使联轴器链轮错位，链条脱落，也不会断轴。

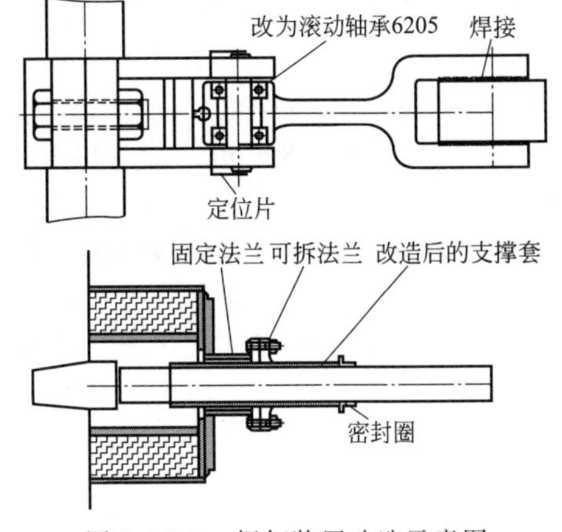

图 3.12.3 振打装置改造示意图

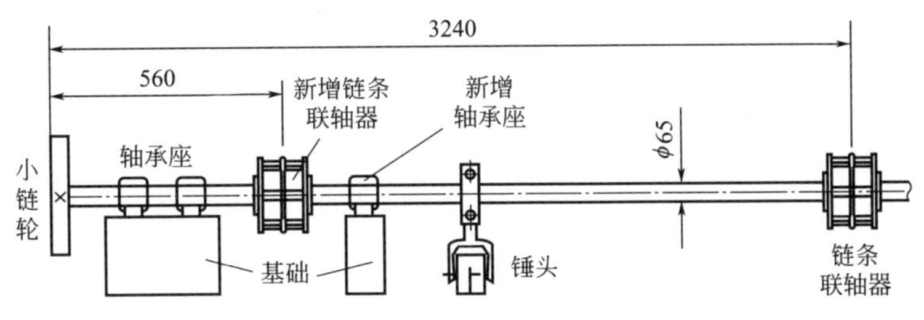

图 3.12.4 振打轴改造示意图

◎ **灰斗堵料报警**

当锅炉各种积垢掉落入灰斗后，也会引起偶然堵料。为此，有必要安装自动报警装置，才能及时发现灰斗异常。在灰斗锥部法兰上方 5～10cm 处开一个小孔，用 ϕ15mm 的镀锌管伸入 5cm 焊牢密实，另一端接到量程为－8kPa 的压力变送器上，密封严实。压力信号接入 DCS 系统。设置灰斗堵塞与正常的压力值，操作员便可根据信号报警，通知现场处理。这种简易负压报警装置比料位开关等方式可靠而省钱。

◎ **用窑体散热发电**

某生产线 ϕ4.8m×74m 窑的筒体表现散热占全系统总散热量的 63%，在窑体上方安装由单层回环锅炉钢管制作的弧形集热器，收集其辐射热能，用于加热锅炉给水，可增加余热发电量 0.9kW·h/t，计算投资回收期为一年。

在窑筒体上安装弧形窑体集热罩，可加热循环软化水，用于冬季室内取暖，并在取暖季节之后，可改造为加热锅炉给水的热源，将原除氧器内已达到 45℃的除氧水温提高到 64.5℃，使 AQC 炉及 SP 炉的排烟温度分别升高 10℃和 3℃。最终熟料发电量提高 2kW·h/t。

只要在真空除氧器后、锅炉高压给水泵和省煤器之间的给水管道上（管道内给水压力为 2.5MPa 左右），距离窑体余热取暖循环管道最近位置，加装一台 HW4.0 型列管式换热器即可。

◎ **改造疏水扩容器降低排汽噪声**（见第 3 篇 6.4 节“降低发电排汽噪声”款）

12.2 汽轮机组

12.2.1 汽轮机

◎ **降低排汽真空措施**

除操作上特别遵循真空系统维护要求，特别是保证循环冷却水水质的基本要求外（见第 1

篇 12.2.1 节“真空系统维护”款），还可改进凝汽器结构材质。

（1）将凝汽器换热的黄铜光管改用符合 GB/T 19477—2013 的铜合金无缝焊翅管，无须更换凝汽器，传热系统效率就可提高 23%～48%，如对一台 3000kW 汽轮机凝汽器改造，冷却面积从原 $280m^2$ 增至 $800m^2$，冷却倍率从原来 60 倍降到 25 倍，冷却水量大量减少，循环泵改为变频。

（2）用接触式蜂窝汽封代替原梳齿式密封。它综合接触式汽封与蜂窝汽封的优点，在汽封低齿部位钎焊蜂窝带，主体部分为接触式汽封齿，与直接接触式相比，起到节流密封的核心作用，还可利用蜂窝网格对气流产生摩擦阻尼效应，减少汽流动能，有效达到节流作用，从而减少漏汽，提高真空。N15-3.43-435 汽轮机改造后的效果是：前汽封漏汽明显减少，均压箱向凝汽器阀门开度为改造前的 30%；汽封加热器的凝结水进出口温度降低 4℃；在切除高压加热器、平均负荷 14MW 工况下，汽耗率降低 1.6%，每小时少耗汽 980kg，可多发电 228kW·h。

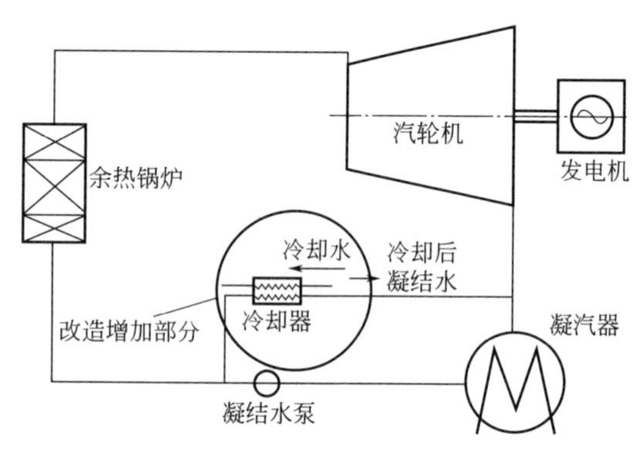

图 3.12.5　冷凝系统的优化示意图

◎ **冷凝系统优化**

当汽轮机超负荷运行，或由于蒸汽温度高、循环水温上升时，最佳冷却效率不能实现，凝汽器真空降低，排汽温度升高，使汽轮机做功能力下降。虽可在凝汽器喉部喷水，或将除盐水直接补入凝汽器热井，以弥补凝汽器冷却能力，但效果均有限，且增加水处理成本。如将凝结水泵输出的凝结水分流出一部分，通过外置冷却器冷却，然后再通过凝汽器喉部喷水，送回汽水循环系统（图 3.12.5）。则可将冷却后的凝结水直接与凝汽器喉部的乏汽混合，实现排汽降温、提高真空的目的。

12.2.2 凝汽器

◎ **材质优选效果**

（1）冷凝管材应选用螺纹状不锈钢管。因螺纹状既能提高管材刚度，又能促使水流形成旋转冲击作用，减少沉积和结垢；而不锈钢管与铜管相比，耐冲刷、清洁度高，虽价高，且传热性能稍差，但因强度高，管壁厚度可从 1mm 减为 0.7mm，无论投资、成本都有补偿，只是要降低水中氯含量。

（2）射水抽气器中被水汽冲击的部位受冲刷严重，为了提高该部位寿命，可在清洗剂清洗后，涂一层光滑的可赛新金属修补剂，使用周期延长 3～5 个月。在新的备件上，对扩压管被冲刷部位进行改造：减薄 5mm 金属层，再镶上同样厚的致密耐冲刷的聚四氟乙烯板，效果显著。

◎ **重视管径选择**

（1）蒸汽管径改造。母管制主蒸汽系统中，AQC 和 SP 锅炉过热蒸汽都汇到主蒸汽集箱，再分配到每台汽轮机组。锅炉过热蒸汽管道为 ϕ219mm，但主蒸汽疏水管路和疏水阀为 ϕ25mm。若都分别改为 ϕ50mm，便缩短了暖管时间，提高了暖管质量，从原 3h 缩短至 1.5h，每次并炉便可多发电 3000kW·h，且减少了蒸汽的外排量，也有利于环境保护。

（2）增大抽气补水管径。当发现射水抽气器喷嘴口的进水温度过高，造成凝汽器排气温度高，影响排气真空度时，就应加大补水管直径，从原 ϕ25mm 增大为 ϕ50mm，可有效增加射水箱内水的循环速度，水温可从 42℃降至 29℃，使凝汽器真空度维持在－93kPa 的水平（原夏季只有－89kPa），每小时提高发电量 180kW·h。

◎ 无垢减阻紊流管

凝汽器换热管结垢是导致换热效率下降的重要原因，而结垢多少将受液体在管内边缘滞留层的流速影响，为此，人们开发研制了不少管型结构，如波纹管、高齿管、单向槽管、双向槽管和螺旋扁管等，虽然缓和结垢已优先于光管很多，但却大大增加流体阻力，且沟槽部位极易结垢难于处理，反而加重沟槽部位断裂的概率。

无垢高效换热紊流管的特性是，流体所接触的是圆弧且光滑低流阻的旋转梯度场，流体借助旋转惯性力的作用，根据梯度场的角度，向前对应冲刷，破坏了对应面的滞留层，达到自洁，呈现稳定的自然紊流状态。

参 考 文 献

[1] 《水泥》、《新世纪水泥导报》、《水泥技术》、《水泥工程》等期刊近五年相关论文．

[2] 谢克平．新型干法水泥生产精细操作与管理．第2版．北京：化学工业出版社，2014.

[3] 谢克平．新型干法水泥生产问答千例（操作篇、管理篇）．北京：化学工业出版社，2013.

[4] 谢克平．新型干法水泥中控室操作手册．北京：化学工业出版社，2014.

[5] 谢克平．高性价比水泥装备选用动态集锦（2015～2016）．北京：化学工业出版社，2016.